Banach 空间中非线性常微分方程边值问题

冯美强　张学梅　著

科学出版社

北京

内 容 简 介

本书是关于Banach空间中非线性常微分方程边值问题的一本专著. 全书共 8 章, 在介绍非线性泛函方法的基础上, 分别对二阶非线性微分方程边值问题、二阶超前型和滞后型微分方程边值问题、二阶脉冲微分方程边值问题、二阶混合型脉冲微分方程边值问题、带 p-Laplace 算子的二阶脉冲微分方程边值问题、无穷区间中二阶脉冲微分方程边值问题、高阶微分方程边值问题、二阶微分方程共振边值问题、高阶脉冲微分方程边值问题、抽象空间中常微分方程边值问题和时标上动力方程边值问题, 讨论了可解性、多解性以及正解对参数的连续依赖性的存在条件. 本书总结了作者与其合作者关于非线性常微分方程边值问题的一些研究成果, 阅读本书可使读者尽快了解这一研究领域的前沿.

本书可供高等院校数学专业高年级本科生、研究生及教师阅读, 也可作为从事相关专业科研人员的参考书.

图书在版编目 (CIP) 数据

Banach 空间中非线性常微分方程边值问题/冯美强, 张学梅著. —北京: 科学出版社, 2018.2

ISBN 978-7-03-051048-8

Ⅰ.①B··· Ⅱ.①冯··· ②张··· Ⅲ.①巴拿赫空间–非线性方程–常微分方程–边值问题–研究 Ⅳ.①O177.2

中国版本图书馆 CIP 数据核字(2016) 第 303814 号

责任编辑: 王丽平 / 责任校对: 杨 然
责任印制: 张 伟 / 封面设计: 陈 敬

科学出版社 出版
北京东黄城根北街 16 号
邮政编码: 100717
http://www.sciencep.com

北京京华虎彩印刷有限公司印刷
科学出版社发行 各地新华书店经销

*

2018 年 2 月第 一 版 开本: 720 × 1000 B5
2018 年 2 月第一次印刷 印张: 28
字数: 550 000

定价: 198.00 元
(如有印装质量问题, 我社负责调换)

前　　言

在自动控制、各种电子学装置的设计、弹道的计算、飞机和导弹飞行的稳定性及化学反应过程稳定性的研究中，许多问题都可以化为常微分方程边值问题的求解，或者化为解的性质的研究. 因此，常微分方程边值问题具有重要的应用价值，是常微分方程最有生命力的分支之一. 到目前，对非线性微分方程边值问题的研究已经取得了丰硕成果，并且出版了多部优秀专著. 本书对二阶非线性微分方程边值问题、二阶超前型和滞后型微分方程边值问题、二阶脉冲微分方程边值问题、二阶混合型脉冲微分方程边值问题、带 p-Laplace 算子的二阶脉冲微分方程边值问题、无穷区间中二阶脉冲微分方程边值问题、二阶微分方程共振边值问题、高阶微分方程边值问题、高阶脉冲微分方程边值问题、抽象空间中微分方程边值问题和时标上动力方程边值问题的可解性、多解性以及正解对参数的连续依赖性进行系统的研究. 本书出版的目的是帮助致力于非线性微分方程边值问题研究的学者尽快了解这一领域的前沿并融入该领域的研究之中.

全书共 8 章.

第 1 章概述 Banach 空间中非线性常微分方程边值问题进展，论述了二阶非线性微分方程边值问题、二阶非线性脉冲微分方程边值问题、高阶非线性微分方程边值问题、抽象空间中常微分方程边值问题和时标上动力方程边值问题的发展概况、背景知识与最新进展.

第 2 章介绍基本概念和理论，主要内容包括锥和不动点定理、迭合度理论、抽象空间中的锥和不动点定理、时标上动力方程微积分基本理论、特征值理论以及 Hölder's 不等式.

第 3 章讨论二阶奇异非线性微分方程边值问题，运用上下解方法、锥上不动点定理和锥上不动点指数定理分别研究了二阶奇异非线性微分方程边值问题、二阶超前型和滞后型非线性微分方程边值问题正解和对称正解的存在性、多解性，并获得了正解存在的特征值区间.

第 4 章讨论二阶非线性脉冲微分方程边值问题，运用锥上不动点理论、特征值理论以及 α-凹算子理论分别给出了二阶非线性脉冲微分方程边值问题、二阶混合型非线性脉冲微分方程边值问题、二阶滞后型非线性脉冲微分方程边值问题、带 p-Laplace 算子的二阶非线性脉冲微分方程边值问题以及无穷区间中二阶脉冲非局部问题可解性、正解的存在性和多解性的条件，并获得了正解对参数的连续依赖关系.

第 5 章研究高阶非线性微分方程边值问题, 运用锥上不动点定理分别给出了 Banach 空间中四阶微分方程非局部边值问题、四阶脉冲微分方程非局部边值问题、带 p-Laplace 算子的四阶微分方程边值问题和 n 阶脉冲微分方程边值问题存在正解的充分条件; 利用最大值原理和上下解方法给出了一类 $2n$ 阶奇异边值问题存在正解的充分必要条件.

第 6 章研究非线性常微分方程共振边值问题, 利用 Mawhin 连续性定理和推广的 Mawhin 连续性定理给出了二阶微分方程非局部共振问题和二阶脉冲微分方程非局部共振问题在 $dimKerL=2$ 的情况下有解的条件.

第 7 章讨论抽象空间中非线性微分方程边值问题, 包括抽象空间中脉冲微分方程边值问题和脉冲积分–微分方程边值问题, 首先利用抽象空间中严格集压缩算子的不动点指数理论得到了一个新的泛函形式的锥不动点定理; 然后, 利用这个定理和抽象空间中严格集压缩算子不动点定理对抽象空间中二阶微分方程、二阶脉冲微分方程、四阶微分方程、四阶脉冲微分方程以及 n 阶微分方程和带参数的 n 阶脉冲微分方程进行了系统的研究, 获得了一系列新的结果.

第 8 章研究时标上非线性动力方程边值问题, 运用锥上不动点定理给出了时标上二阶动力方程边值问题和带 p-Laplace 算子的二阶、四阶动力方程边值问题存在正解的充分条件; 利用最大值原理和上下解方法给出了一类二阶动力方程边值问题存在正解的充分必要条件.

作者与其合作者自 1998 年以来一直得到郭大钧教授和刘兆理教授的指导和帮助. 在 2005 年和 2007 年, 作者与其合作者先后到北京理工大学师从葛渭高教授从事非线性常微分方程边值问题的研究工作. 在此, 谨向他们致以崇高的敬意和衷心的感谢! 本书的出版得到了国家自然科学基金项目 (11301178), 北京市自然科学基金项目 (1163007), 北京市教育委员会科技创新服务能力建设–科研计划项目 (71E1610973), 北京信息科技大学促进高校内涵发展–软性支出项目 (5211623901), 北京信息科技大学促进高校内涵发展–数理公共基础课程教学改革项目(5211623901) 等项目的资助, 在此一并感谢!

书中有不当之处, 恳请读者多提宝贵建议.

作　者

2016 年 9 月

目　　录

第1章 Banach 空间中非线性常微分方程边值问题的进展

微分方程几乎是和微积分同时产生的, 牛顿在建立微积分的同时, 对简单的微分方程用级数来求解. 后来瑞士数学家雅各布·伯努利、欧拉, 法国数学家克雷洛、达朗贝尔、拉格朗日, 又不断地丰富了微分方程的理论. 其后, 常微分方程的发展是和力学、天文学、物理学, 以及其他科学技术的发展密切相关的. 数学的其他分支的新发展, 如复变函数、李群、组合拓扑等, 都对常微分方程的发展产生过深刻的影响, 当前计算机的发展更是为常微分方程的应用及理论研究提供了非常有力的工具. 牛顿研究天体力学和机械力学的时候, 利用了微分方程这个工具, 从理论上得到了行星运动规律. 后来, 法国天文学家勒维烈和英国天文学家亚当斯使用微分方程分别计算出了当时尚未发现的海王星的位置. 这些都使数学家更加深信微分方程在认识自然、改造自然方面的巨大作用. 微分方程也就成了最有生命力的数学分支之一. 在微分方程这个数学分支中, 对边值问题的研究深受国内外数学工作者的热爱, 1900 年, 希尔伯特应邀参加巴黎国际数学家大会, 并在会上作了题为《数学问题》的重要演讲, 提出了 23 个著名的数学问题, 边值问题就是其中之一. 现在, 常微分方程边值问题在很多学科领域内有着重要的应用, 如自动控制、各种电子学装置的设计、弹道的计算、飞机和导弹飞行的稳定性的研究、化学反应过程稳定性的研究等. 许多问题都可以化为常微分方程边值问题的求解, 或者化为解的性质的研究. 应该说, 应用常微分方程边值问题理论已经取得了很大的成就, 但是, 它的现有理论还远远不能满足需要, 有待于进一步的发展, 以使这门学科的理论更加完善.

1.1 常微分方程的边值问题

二阶常微分方程两点边值问题有 Dirichlet 边值问题、Neumann 边值问题、Robin 边值问题、Sturm-Liouville 边值问题和周期边值问题. 这些问题已经被广泛研究, 并取得了深刻的结果, 见参考文献 [1]—[8]. 对二阶微分方程的周期边值问题

$$\begin{cases} x''(t) = f(t, x(t), x'(t)), & a \leqslant t \leqslant b, \\ x(a) = x(b), & x'(a) = x'(b), \end{cases}$$

Gaines 和 Mawhin[9] 运用上下解方法建立了上述问题解的存在性条件, 所得定理中

的条件之一为: 存在正值函数 $\psi \in C^1[0, +\infty)$ 使得

$$|f(t, x, y)| \leqslant \psi(|y|), \quad |x| \leqslant R; \quad \int_0^{+\infty} \frac{\sigma d\sigma}{\psi(\sigma)} = +\infty.$$

Yang[10] 研究了二阶微分系统周期边值问题

$$\begin{cases} x'' = f(t, x), & x = (x_1, \cdots, x_n), \quad f = (f_1, \cdots, f_n), \\ x(0) = x(1), & x'(0) = x'(1), \end{cases}$$

运用上下解方法在 $f(t, x)$ 关于 x 满足 Lipschitz 条件的假设下建立了该问题有解的结果. Zhang 和 Wang[11] 研究了周期边值问题

$$\begin{cases} x''(t) + \rho^2 x(t) = f(t, x(t)), & 0 \leqslant t \leqslant 2\pi, \\ x(0) = x(2\pi), & x'(0) = x'(2\pi), \end{cases}$$

应用锥拉伸、锥压缩定理证明了在 f 满足

$$\lim_{|x| \to 0^+} \max_{t \in [0, 2\pi]} \frac{f(t, x)}{x} = 0, \quad \lim_{|x| \to 0^+} \min_{t \in [0, 2\pi]} \frac{f(t, x)}{x} = +\infty \quad \text{(超线性)}$$

或者

$$\lim_{|x| \to 0^+} \max_{t \in [0, 2\pi]} \frac{f(t, x)}{x} = +\infty, \quad \lim_{|x| \to 0^+} \min_{t \in [0, 2\pi]} \frac{f(t, x)}{x} = 0 \quad \text{(次线性)}$$

时方程存在正解. 对于三阶微分方程周期边值问题, Kong L, Wang S 和 Wang J[12] 用锥拉伸、锥压缩定理研究了下面的周期边值问题解的存在性:

$$\begin{cases} x'''(t) + \rho^2 x(t) = f(t, x(t)), & 0 \leqslant t \leqslant 2\pi, \\ x(0) = x(2\pi), & x'(0) = x'(2\pi). \end{cases}$$

对于四阶微分方程周期边值问题, 文献 [13] 使用锥拉伸、锥压缩不动点定理研究了问题

$$\begin{cases} x'''' - \beta x'' + \alpha x = f(t, x(t)), & 0 \leqslant t \leqslant 1, \\ x^{(i)}(0) = x^{(i)}(1), & i = 0, 1, 2, 3 \end{cases}$$

的可解性. 文献 [14] 采用上下解方法研究了问题

$$\begin{cases} x'''' = f(t, x(t), x''(t)), & 0 \leqslant t \leqslant 2\pi, \\ x^{(i)}(0) = x^{(i)}(2\pi), & i = 0, 1, 2, 3 \end{cases}$$

解的存在性.

对于一般的高阶微分方程边值问题也引起了许多数学工作者的兴趣. 例如, Chyan 和 Henderson[15] 研究了如下一类高阶边值问题

$$
\begin{cases}
(-1)^{(n-p)} x^{(n)}(t) = f(t, x(t), x'(t), \cdots, x^{(n-1)}(t)), & 0 < t < 1, \\
x^{(i)}(0) = 0, & i = 0, 1, \cdots, p, \\
x^{(i)}(1) = 0, & i = p+1, p+2, \cdots, n-1.
\end{cases}
$$

在参考文献 [16] 中, Davis, Eloe 和 Henderson 研究了所谓 Lidstone 边值问题

$$
\begin{cases}
u^{(2m)}(t) = f(t, u(t), u''(t), \cdots, u^{(2m-1)}(t)), & 0 < t < 1, \\
u^{(2i)}(0) = 0, & i = 0, 1, \cdots, p, \\
u^{(2i)}(1) = 0, & 0 \leqslant i \leqslant m-1,
\end{cases}
$$

利用 Leggett-Williams 不动点定理, 得到了以上边值问题三个正解存在的充分条件.

对于非局部问题, 是在 20 世纪 70 年代, 由 D.Barr 和 T.Sherman 提出研究微分方程多点边值问题而产生的. 这类问题被国内外学者称为非局部问题: 方程的定解条件不仅依赖于区间端点上的取值, 而且依赖于解在区间内部的一些点上的值. Gupta[17] 研究了二阶非线性微分方程三点边值问题

$$
\begin{cases}
u''(t) = f(t, u(t), u'(t)) - e(t), & 0 < t < 1, \\
u(0) = 0, & u(\eta) = u(1),
\end{cases}
$$

其中, $f \in [0, 1] \times \mathbf{R}^2 \to \mathbf{R}$. 利用 Leray-Schauder 连续性定理, Gupta 获得了上述问题的可解性结果.

Gupta[18] 研究了二阶微分方程多点边值问题

$$
\begin{cases}
x''(t) + f(t, x(t)) = 0, & 0 \leqslant t \leqslant 1, \\
x(0) = \displaystyle\sum_{i=0}^{m-2} \alpha_i x(\xi_i), & x(1) = \displaystyle\sum_{i=0}^{m-2} \beta_i x(\xi_i),
\end{cases}
$$

其中, f 是非负连续函数, α_i, $\beta_i \geqslant 0$, $i = 0, \cdots, m-2$, $0 < \xi_1 < \cdots < \xi_{m-2} < 1$. Gupta 借助函数凹性, 利用锥拉伸、锥压缩不动点定理证明了问题在 $f(t, x)$ 为超线性和次线性时存在正解.

由于非局部问题在热传导问题和半导体问题等方面有着重要的应用[19,20], 所以国内外学者开始关注一类更广泛的非局部问题——带积分边界条件的非局部问

题. 例如, Boucherif[21] 利用锥上不动点定理研究了边值问题

$$
\begin{cases}
x''(t) = f(t, x(t)), & 0 < t < 1, \\
x(0) - cx'(0) = \displaystyle\int_0^1 g_0(s)x(s)ds, \\
x(1) - dx'(1) = \displaystyle\int_0^1 g_1(s)x(s)ds
\end{cases}
$$

的可解性, 其中 $f : [0,1] \times \mathbf{R} \to \mathbf{R}$ 连续, $g_0, g_1 : [0,1] \to [0, +\infty)$ 连续且是正的函数, c 和 d 是两个非负参数.

在参考文献 [22] 中, Liu 和 Ge 借助 Mawhin 连续性定理获得了高阶边值问题

$$
\begin{cases}
x^{(n)}(t) = f(t, x(t), x''(t), \cdots, x^{(n-1)}(t)) + e(t), & 0 < t < 1, \\
x^{(i)}(0) = 0, & i = 0, 1, \cdots, n - 1, \\
x(1) = \displaystyle\int_0^1 x(s)dg(s)
\end{cases}
$$

解的存在性结果. Tian 和 Ge[23] 利用 Leray-Schauder 度和 Vitali 收敛定理对上述高阶边值问题解的存在性进行了研究.

对含 p-Laplace 算子的微分方程的研究起源于 20 世纪 80 年代初期, 人们从非牛顿流体力学、多孔介质中的气体湍流、弹性理论、血浆问题、宇宙物理等大量的应用领域及对非线性偏微分方程径向解的研究中发现, 这些问题可归结为带有 p-Laplace 算子的微分方程

$$
(\varphi_p(u'))' = q(t)f(t, u, u'), \quad 0 < t < 1,
$$

其中 $\varphi_p(x) = |x|^{p-2}x, p > 1$; 而研究弹性梁方程的微小形变又导出高阶 p-Laplace 边值问题

$$
\begin{cases}
(\varphi_p(u''))'' = f(t, u, u''), & 0 < t < 1, \\
u(0) = u(1) = u''(0) = u''(1) = 0.
\end{cases}
$$

由实际问题抽象出的微分方程边值问题的非线性项在很多情形下都具有奇性, 由此产生了一类边值问题: 奇异微分方程边值问题. 如何寻找奇异微分方程边值问题的可解性一直以来都是人们研究的热点之一. 关于奇异微分方程边值问题系统的内容, 见参考文献 [24], 该文献的作者比较全面地研究了微分方程

$$
u'' + f(t, u, u') = 0, \quad t \in (0, 1)
$$

在不同的边界条件下的可解性. 研究工作的关键一步是利用边界条件将微分方程转化成相应的积分方程, 之后再利用不动点定理. 这一方法不适用于讨论具 p-Laplace

算子的边值问题. 困难在于当 $p \neq 2$ 时, 微分算子 $(\phi_p(u'))'$ 关于 u 是非线性的, 因此, 很难将微分方程转化成一个等价的积分方程. 事实上, 到目前为止, 在研究具 p-Laplace 算子的二阶奇异边值问题正解的存在性时, 现有的结果大都局限于两点边界条件, 如

$$\begin{cases} (\phi_p(u'))' + q(t)f(t,u) = 0, & 0 < t < 1, \\ u(0) = 0, \quad u(1) = 0, \end{cases}$$

当 $f(t,u) = f(u)$ 在 $u = 0$ 具有奇性时, 文献 [25] 研究过这个问题; 当 $f(t,u)$ 在 $u = 0$ 具有奇性时, 参考文献 [26] 对该问题的可解性进行了讨论.

常微分方程边值问题不仅大量出现在传统的物理领域, 诸如力学、电学等学科及机电、土木、冶金等工程技术领域, 而且迅速进入了一些非物理领域, 诸如经济、交通、人口、生态、医学、社会等领域. 随着各类边值问题应用研究的不断深入, 各种新的复杂边值问题又会随之而生. 因此, 常微分方程边值问题的理论研究仍需要继续做大量的细致工作, 解决各种新问题.

1.2 常微分方程边值问题的正解

许多具体的微分方程和积分方程往往只有在非负解或正解的情况下才符合实际意义. 因此, 如何寻求算子方程的非负解或正解的问题就显得十分重要. 例如, 在材料力学中考察梁的横向弯曲问题时, 梁的挠度曲线 (梁轴上各点的横向位移)$y = y(x)$ 满足

$$EJy'' = M(x),$$

这里 x 为沿梁的长度方向取的坐标, E 为材料的弹性模量, J 为梁横截面的惯性矩, M 为作用在横截面上的弯矩 (截面内的合力矩). 作用在相应横截面上的剪力 (截面内的合力)

$$Q(x) = \frac{dM}{dx};$$

在 x 点的载荷密度即单位长度上的载荷

$$q(x) = \frac{dQ}{dx}.$$

综合有

$$\frac{d^2}{dx^2}\left(EJ\frac{d^2y}{dx^2}\right) = q(x)$$

为梁的挠度曲线 $y = y(x)$ 所应满足的微分方程. 为了知道梁的挠度曲线, 需要知道梁的承载方式, 典型的方式有两种: 简支梁和悬臂梁, 可用如下边值来描述

$$y(0) = y(1) = y''(0) = y''(1) = 0;$$

$$y(0) = y'(1) = y''(0) = y'''(1) = 0.$$

显然, 变号解是没有意义的.

1998 年, 马如云开始研究二阶微分方程三点边值问题的正解. 后来, 许多数学工作者寻找了二阶微分方程各类多点边值问题存在一个或者多个正解的充分条件. 方法是将问题转化为一个积分方程, 然后定义 Banach 空间上的锥和全连续算子, 应用 Banach 空间锥上不动点定理给出正解.

例如, Ma 和 Castaneda[27] 研究了二阶微分方程多点边值问题

$$\begin{cases} x''(t) + f(t, x(t)) = 0, & 0 \leqslant t \leqslant 1, \\ x'(0) = \sum_{i=0}^{m-2} \alpha_i x'(\xi_i), & x(1) = \sum_{i=0}^{m-2} \beta_i x(\xi_i) \end{cases}$$

和

$$\begin{cases} x''(t) + f(t, x(t)) = 0, & 0 \leqslant t \leqslant 1, \\ x(0) = \sum_{i=0}^{m-2} \alpha_i x(\xi_i), & x'(1) = \sum_{i=0}^{m-2} \beta_i x'(\xi_i) \end{cases}$$

的正解的存在性, 其中 f 是非负连续函数, α_i, $\beta_i \geqslant 0$, $i = 0, \cdots, m-2$, $0 < \xi_1 < \cdots < \xi_{m-2} < 1$. 所用的方法是锥拉伸、锥压缩不动点定理.

一些作者希望推广以上结果. 例如, Zhang 和 Wang[28] 研究了如下更复杂的边值问题:

$$\begin{cases} [p(t)x'(t)]' + f(t, x(t)) = 0, & 0 \leqslant t \leqslant 1, \\ x(0) = \sum_{i=0}^{m-2} \alpha_i x(\xi_i), & x(1) = \sum_{i=0}^{m-2} \beta_i x(\xi_i), \end{cases}$$

$$\begin{cases} [p(t)x'(t)]' + f(t, x(t)) = 0, & 0 \leqslant t \leqslant 1, \\ x'(0) = \sum_{i=0}^{m-2} \alpha_i x'(\xi_i), & x(1) = \sum_{i=0}^{m-2} \beta_i x(\xi_i), \end{cases}$$

$$\begin{cases} [p(t)x'(t)]' + f(t, x(t)) = 0, & 0 \leqslant t \leqslant 1, \\ x(0) = \sum_{i=0}^{m-2} \alpha_i x(\xi_i), & x'(1) = \sum_{i=0}^{m-2} \beta_i x'(\xi_i) \end{cases}$$

的正解的存在性, 其中 p 连续且 $p(t) > 0, t \in [0, 1]$, f, α_i, β_i 和 ξ_i 如前面定义.

另有一些作者希望建立带 p-Laplace 算子的微分方程非局部问题正解的存在性结果. 例如, Wang 和 Jiang[29] 用上下解方法研究了下面问题的解的存在性:

$$\begin{cases} [g(x'(t))]' + f(t, x(t), x'(t)) = 0, & a \leqslant t \leqslant b, \\ x(a) - \xi x(\alpha) = A, & x(b) - \eta x(\beta) = B, \end{cases}$$

其中 $a < \alpha \leqslant \beta < b; \xi, \eta \geqslant 0; A, B \in R; f$ 是 Caratheodory 函数. 文献 [30]—[32] 研究了方程

$$[\phi(x'(t))]' + a(t)f(x(t)) = 0, \quad 0 < t < 1$$

与下面的边值条件之一构成的边值问题的正解存在性, 即

$$x(0) = x(1) = 0,$$

$$x'(0) = 0, \quad x(1) + g(x(1)) = 0,$$

$$x(0) - g(x'(0)) = 0, \quad x(1) = 0,$$

$$x'(0) = 0, \quad x(1) + B(x'(\eta)) = 0,$$

$$x(0) - g_1(x'(0)) = x(1) + g_2(x'(1)) = 0.$$

在讨论多个正解存在性方面, 对二阶微分方程两点、三点边值问题, 已有作者用 Banach 空间的锥上的多不动点定理证明了两个或者三个正解的存在性. 例如, 对问题

$$\begin{cases} x''(t) + f(t, x(t)) = 0, & 0 \leqslant t \leqslant 1, \\ x(0) = 0, & x(1) = \alpha x(\eta), \end{cases}$$

He 和 Ge[33] 证明了三个正解的存在性. 文献 [31], [34], [35] 用各种不动点定理研究其他相似问题, 也得到了较好的结果.

关于高阶微分方程边值问题正解的存在性和多解性的研究同样获得了很多优秀成果. 例如, Bai 和 Wang[36] 利用不动点定理和度理论讨论了四阶两点边值问题

$$\begin{cases} x^{(4)}(t) - \lambda f(t, x(t)) = 0, & 0 < t < 1, \\ x(0) = x(1) = x''(0) = x''(1) = 0 \end{cases}$$

正解的存在性、唯一性和多解性结果.

Wei 和 Zhang[37] 考虑了如下边值问题

$$\begin{cases} x^{(4)}(t) = f(t, x(t)), & 0 < t < 1, \\ x(0) = x(1) = 0, \\ ax(0) - bx'''(0) = 0, & cx(1) + dx'''(1) = 0 \end{cases}$$

正解存在的充分必要条件. 其中, $f \in C((0,1) \times \mathbf{R}^+, \mathbf{R}^+)$, $\mathbf{R}^+ = [0, +\infty)$, $\mathbf{R}^- = (-\infty, 0]$.

在参考文献 [38] 中, Graef, Qian 和 Yang 利用 Krasnosel, skii's 不动点定理研究了如下四阶三点边值问题

$$
\begin{cases}
x^{(4)}(t) = \lambda g(t) f(x(t)), & 0 < t < 1, \\
x(0) = x'(1) = x''(0) = x''(p) - x''(1) = 0
\end{cases}
$$

正解的存在性问题. 其中, $p \in (0,1)$ 是一个常数.

对带 p-Laplace 算子的四阶边值问题正解的研究也获得了一些好的结果. 例如, 在参考文献 [39] 中, Zhang 和 Liu 讨论了如下一类边值问题

$$
\begin{cases}
(\phi_p(x''(t)))'' = w(t) f(t, x(t)), & t \in [0,1], \\
x(0) = 0, & x(1) = ax(\xi), \\
x''(0) = 0, & x''(1) = bx''(\eta),
\end{cases}
$$

其中, $0 < \xi, \eta < 1$, $0 \leqslant a < b < 1$, $f \in C((0,1) \times (0, +\infty), [0, +\infty))$.

有些作者对一般的高阶边值问题正解的存在性进行了研究并获得了一些经典结果. 例如, 在参考文献 [40] 中, Eloe 和 Ahmad 利用锥不动点定理对 n 阶边值问题

$$
\begin{cases}
u^{(n)}(t) + a(t) f(u(t)), & t \in (0,1), \\
u(0) = u'(0) = \cdots = u^{(n-2)}(0) = 0, & \alpha u(\eta) = u(1)
\end{cases}
$$

正解的存在性进行了研究, 其中, $0 < \eta < 1$, $0 < \alpha \eta^{(n-1)} < 1$.

Pang, Dong 和 Wei[41] 利用不动点指数理论研究了 m 点边值问题

$$
\begin{cases}
u^{(n)}(t) + a(t) f(u(t)), & t \in (0,1), \\
u(0) = u'(0) = \cdots = u^{(n-2)}(0) = 0, & u(1) = \sum_{i=1}^{m-2} \alpha_i u(\eta_i)
\end{cases}
$$

正解的存在性, 其中, $0 < \eta_1 < \eta_2 < \cdots < \eta_{n-2} < 1$, $\alpha_i > 0$ 满足条件 $\sum_{i=1}^{m-2} \alpha_i u(\eta_i) < 1$.

还有些学者研究了奇异边值问题正解的存在性. 例如, Jiang 和 Xu[42] 研究了奇异边值问题

$$
\begin{cases}
(\phi_p(u'))' + q(t) f(t, u) = 0, & 0 < t < 1, \\
u(0) = 0, & u(1) + B(u'(1)) = 0
\end{cases}
$$

多个正解的存在性. 其中, $f(t, u)$ 在 $u = 0$ 具有奇性.

Eloe 和 Henderson[43] 利用锥不动点定理对 n 阶边值问题

$$
\begin{cases}
(-1)^{(n-k)}u^{(n)}(t) = f(t, u(t)), & t \in (0, 1), \\
u^{(i)}(0) = 0, & 0 \leqslant i \leqslant k-1, \\
u^{(j)}(1) = 0, & 0 \leqslant j \leqslant n-k-1
\end{cases}
$$

正解的存在性进行了研究. 其中, $f(t, u)$ 在 $u = 0$ 具有奇性.

另外, 还有些学者研究了含无穷多个奇异点的边值问题正解的存在性问题. 例如, 文献 [44] 讨论了如下问题多个正解的存在性

$$
\begin{cases}
-u'' = a(t)f(t, u), & 0 < t < 1, \\
u(0) = u(1) = 0,
\end{cases}
$$

其中, 对 $p \geqslant 1$, $a(t) \in L^p[0, 1]$ 且在 $\left[0, \dfrac{1}{2}\right)$ 中有很多个奇异点. Liu[45] 以及 Liang 和 Zhang[46] 推广了 Kaufmann 和 Kosmatov[44] 的相关结果.

1.3　常微分方程边值问题的应用背景和发展概况

常微分方程边值问题最初是用分离变量法解二阶线性数学物理方程时提出来的. 1833 年至 1841 年, Sturm 和 Liouville 一起研究了二阶线性齐次方程的边值问题和 Sturm-Liouville 特征值问题. 1893 年, Picard 运用迭代法讨论了二阶非线性常微分方程两点边值问题解的存在性和唯一性. 1894 年, Burkhard 讨论了一般边界条件下的边值问题并引入了常微分方程的 Green 函数. 20 世纪初, Hilbert 奠定了常微分方程边值问题的理论基础. 此后, 有关非线性常微分方程边值问题的研究日益活跃, 有许多专著出版. 如我国郭大钧、孙经先和刘兆理教授合著的《非线性常微分方程泛函方法》等. 在国外, Agarwal 和 O'Regan 教授等对非线性常微分方程两点边值问题进行了深入细致的研究, 发表了大量的文章并出版了多本专著, 如 *Existence Theory for Nonlinear Ordinary Differential Equations, Theory of Singular Boundary Value Problems, Positive Solutions of Differential, Difference and Integral Equations*. 这些文献系统地研究了微分和差分方程两点边值问题.

非局部问题的研究起源于许多不同的应用数学和物理领域, 对它的研究相对常微分方程两点边值问题的研究起步较晚. 非局部问题可以将许多经典的两点边值问题纳入同一个框架来处理, 而且非局部问题考虑了实际问题中的测量误差及相关因素的干扰, 因此, 常微分方程非局部问题的研究具有实际意义. 例如, 在利用分离变量的方法解线性偏微分方程的经典问题中, 人们遇到了含有几个参数的满足非局部边界条件的微分方程; 由 N 部分不同密度组成的均匀截面的悬链线的振动可以

转化为非局部问题; 在弹性稳定性理论的许多问题中也可用非局部问题处理. 20 世纪 70 年代, D. Barr 和 T. Sherman 提出了微分方程多点边值问题. 1992 年, Gupta 开始研究二阶非线性微分方程三点边值问题. 此后, 国内外一些数学工作者研究了更一般的非线性非局部问题. 我国数学家在常微分方程非局部问题的研究工作中做出了很大的贡献, 见参考文献 [47]—[59]. 马如云教授和葛渭高教授先后出版的专著《非线性常微分方程非局部问题》和《非线性常微分方程边值问题》系统地总结了他们在这方面的研究成果. 从这些文献不难看出对更一般的非局部问题——积分边值问题, 特别是利用特征值理论研究非局部问题的专著还未见到. 例如, 马如云[8]利用锥上不动点定理研究了广义 Sturm-Liouville 型边值问题

$$\begin{cases} x''(t) + \omega(t)f(t, x(t)) = 0, \quad 0 < t < 1, \\ ax(0) - bx'(0) = \sum_{i=1}^{m-2} a_i x(\xi_i), \\ cx(1) + dx'(1) = \sum_{i=1}^{m-2} b_i x(\xi_i), \end{cases}$$

其中 $a \geqslant 0, b \geqslant 0, c \geqslant 0, d \geqslant 0, \rho := ac + bc + ad > 0, \xi_i \in (0,1), a_i, b_i \in (0, +\infty)(i = 1, 2, \cdots, m-2)$. 但是, 还没有看到学者对边值问题

$$\begin{cases} (g(t)x'(t))' + \lambda \omega(t)f(t, x(\alpha(t))) = 0, \quad 0 < t < 1, \\ ax(0) - b \lim_{t \to 0^+} g(t)x'(t) = \int_0^1 h(s)x(s)ds, \\ ax(1) + b \lim_{t \to 1^-} g(t)x'(t) = \int_0^1 h(s)x(s)ds \end{cases}$$

的可解性进行研究, 特别是正解对参数 λ 依赖性关系方面的研究, 其中 $\lambda > 0$ 是一个参数, $a, b > 0$, ω 可能在 $t = 0$ 和/或者 $t = 1$ 点奇异, 在 $J = [0,1]$ 上, $\alpha(t) \not\equiv t$.

　　抽象空间中的常微分方程理论是 20 世纪 80 年代发展起来的一个新的数学分支, 它把常微分方程理论和泛函分析结合起来, 利用泛函分析的方法研究抽象空间中的常微分方程. 它的理论在无穷维常微分方程组、临界点理论、偏微分方程、不动点定理等多方面都有广泛的应用. 基于此, 国内外一些数学家对抽象空间中的常微分方程理论进行了深入细致的研究, 发表了大量的文章, 出版了许多专著. 例如, 郭大钧教授和孙经先教授合著的《抽象空间常微分方程》, 郭大钧教授和 V. Lakshmikantham 教授合著的 *Nonlinear Problems in Abstract Cones*, Lakshmikanthan 和 Leela 教授合著的 *Nonlinear Differential Equations in Abstract Spaces*, Barbu 教授编著的 *Nonlinear Semigroups and Differential Equations in Banach Spaces* 等对这方面的工作进行了总结和发展, 其中抽象空间中常微分方程边值问题已经获得了许多

重要结果[60-68]. 研究抽象空间中常微分方程边值问题中所使用的工具主要是锥理论、上下解方法、单调迭代技巧、逐次迭代法、锥拉伸压缩不动点定理、不动点指数理论等. 受参考文献 [63] 的启发, 刘斌[52] 利用严格集压缩算子不动点定理研究了抽象空间中一类二阶非局部问题, 并获得了正解和多个正解的存在性; 文献 [67] 研究了抽象空间中一类二阶非局部问题, 同样获得了正解和多个正解的存在性结果; 戚士硕[66] 研究了抽象空间中一类高阶两点边值问题, 获得了多个正解的存在性结果. 这里需要特别指出的是: 郭大钧教授在抽象空间微分方程研究领域获得了一系列优秀成果. 例如, 郭大钧[69] 利用上下解方法给出了如下周期边值问题极值解的存在性定理:

$$\begin{cases} x'' + f(t, x, Tx, Sx) = \theta, & 0 \leqslant t \leqslant 2\pi, \quad t \neq t_k, \\ \Delta x|_{t=t_k} = L_k(x(t_k)), \\ \Delta x'|_{t=t_k} = L_k^*(x(t_k)), \quad k = 1, 2, \cdots, m, \\ x(0) = x(2\pi), \quad x'(0) = x'(2\pi), \end{cases}$$

其中, $f \in C(J \times E \times E \times E, E)$, $J = [0, 2\pi], 0 < t_1 < \cdots < t_i < \cdots < t_m < 2\pi$, $L_k, L_k^* \ (k = 1, 2, \cdots, m)$ 是非负常数.

在参考文献 [70] 中, Guo 和 Liu 利用严格集压缩算子不动点指数定理研究了一类二阶脉冲微分方程多个正解的存在性问题:

$$\begin{cases} -x'' = f(t, x), & 0 \leqslant t \leqslant 1, \quad t \neq t_k, \\ \Delta x|_{t=t_k} = I_k(x(t_k)), \quad k = 1, 2, \cdots, m, \\ ax(0) - bx'(0) = \theta, \quad cx(1) + dx'(1) = \theta, \end{cases}$$

其中, $f \in C(J \times P, P), J = [0, 1], P$ 是实 Banach 空间 E 中的一个锥, θ 是 E 中的零元素, $f(t, \theta) = \theta, \forall t \in J, I_k \in C[P, P], k = 1, 2, \cdots, m, 0 < t_1 < \cdots < t_i < \cdots < t_m < 1, a \geqslant 0, b \geqslant 0, c \geqslant 0, d \geqslant 0$ 且 $\delta = ac + ad + bc > 0$.

在抽象空间中研究常微分方程高阶两点边值问题的结果较多[66,71-75]. 但是, 在抽象空间中研究非线性常微分方程高阶非局部问题的文献却不多见[77], 尤其是带积分边界条件的文献更少. 在已有的结果中所用的方法基本与参考文献 [63] 类似, 能否用新的方法和技巧研究抽象空间中常微分方程高阶非局部问题, 尤其是带积分边界条件的问题, 需要我们深入探讨.

许多生命现象可以用动力学的方法建立数学模型, 通过数学模型的研究来使人们对生命现象有更多的了解, 并进行优化控制. 这些数学模型常常归结为数学理论中微分方程的研究. 近些年来, 人们发现有许多生命现象的发生以及人们所作的优化控制, 并非是一个连续的过程, 不能单纯地用微分方程或者是差分方程进行描述. 例如, 在药物动力学中, 药物在人身体内的吸收、代谢、排泄等是一个连续过程, 但是口服药物以及静脉注射则是一个脉冲的瞬时行为. 要把这个瞬时行为和体内药物流动的行为结合起来研究的数学模型, 则是一个脉冲微分方程模型. 人们需要应用脉冲微分方程的理论和方法来制订合理用药的最佳方案. 类似地, 在传染病动力学中制订免疫接种的最优策略, 在渔业养殖与森林管理中确定养殖、收获、种植、砍伐的优化方案, 在植保研究中提出防治害虫的最优管理策略, 在环境保护中, 研究更有效地保护生物多样性, 都与脉冲微分方程的理论和方法有关.

由于脉冲微分方程最显著的特点是能够充分考虑到瞬时突变现象对状态的影响, 能够更深刻更精确地反映事物的变化规律, 从 20 世纪 80 年代末, 越来越多的学者开始关注脉冲微分方程理论和应用, 已有多部专著出版. 例如, V. Lakshmikantham, D. Bainov 和 P. Simeonov 教授合著的 *Theory of Impulsive Differential Equations*, D. Bainov 和 P. Simeonov 教授合著的 *Systems with Impulse Effect*, A.M. Samoilenko 和 N.A. Perestyuk 教授合著的 *Impulsive Differential Equations*, 傅希林, 闫宝强和刘衍胜教授合著的《脉冲微分系统引论》等总结了这方面的工作.

在这些专著和已有的文献中, 学者们大多研究脉冲一阶或二阶微分方程局部边值问题的可解性[77-87]. 例如, Dong[79], He 和 Yu[80], Neito[85,86] 研究了下面的脉冲一阶微分方程的周期边值问题的可解性:

$$
\begin{cases}
x'(t) = f(t, x(t)), & 0 \leqslant t \leqslant T, \ \ t \neq t_k, \ \ k = 1, 2, \cdots, n, \\
\Delta x|_{t=t_k} = I_k(x(t_k)), & k = 1, 2, \cdots, n, \\
x(0) = x(T).
\end{cases}
\tag{1.1}
$$

但是脉冲微分方程两点边值问题和非局部问题的研究才刚刚起步. 例如, 刘衍胜, 郭林[87] 研究了 Banch 空间中二阶脉冲微分方程两点边值问题

$$
\begin{cases}
\dfrac{1}{p(t)}(p(t)x'(t))' + q(t)f(t, x(t)) = \theta, & t \in (0, 1), \ \ t \neq t_k, \ \ k = 1, 2, \cdots, n, \\
\Delta x|_{t=t_k} = I_k(x(t_k)), & k = 1, 2, \cdots, n, \\
\Delta x'|_{t=t_k} = -H_k(x(t_k)), & k = 1, 2, \cdots, n, \\
x(0) = \theta = \lim\limits_{t \to 1-0} p(t)x'(t)
\end{cases}
\tag{1.2}
$$

正解的存在性. 其中 $q(t)$ 可能在 $t = 0$ 和 $t = 1$ 点附近有奇异性, $p \in [I[0,1], R^+]$ 且在 $(0,1)$ 上 $p(t) > 0$.

目前, 关于脉冲微分方程边值问题的研究主要集中于一阶脉冲微分方程两点边值问题或周期边值问题. 有关应用研究则多集中于种群动力学和生物管理资源等生物数学领域. 关于二阶脉冲微分方程非局部问题的研究结果为数不多, 特别是对带有 p-Laplace 算子的脉冲微分方程及脉冲泛函微分方程等非局部问题的研究成果还

很少见. 因此, 无论在理论方面还是在实际应用方面, 脉冲微分方程边值问题都很值得我们进行深入研究.

迭合度方法与微分方程共振边值问题 拓扑度方法最早是由 L.E.Brouwer 在 1912 年建立的, 主要用来讨论有限维空间中连续映射的不动点问题. 随后, J.Leray 和 J. Schäuder 发展了这种方法, 将其适用范围推广到了 Banach 空间中的全连续场, 成为研究微分方程的主要方法. 迭合度方法是 20 世纪 70 年代由 R.E.Gaines 和 J.L.Mawhin[9] 提出并逐步完善的. 这种方法主要用于解决算子方程 $Lx = Nx$ 的可解性问题, 特别是当 L 不可逆时. 迭合度方法是研究常微分方程边值问题, 特别是周期边值问题和共振边值问题解的存在性的一种重要方法.

在参考文献 [88] 中, Gupta 利用迭合度方法研究了如下边值问题

$$x''(t) = f(t, x(t), x'(t)) + e(t), \quad t \in (0, 1), \quad x(0) = 0, \quad x'(1) = x(\eta),$$

$$x''(t) = f(t, x(t), x'(t)) + e(t), \quad t \in (0, 1), \quad x(0) = 0, \quad x'(1) = \sum_{i=1}^{n} a_i x'(\eta_i)$$

解的存在性.

1997 年, Feng 和 Webb[89] 应用迭合度方法讨论了边值问题

$$x''(t) = f(t, x(t), x'(t)) + e(t), \quad t \in (0, 1), \quad x'(0) = 0, \quad x(1) = \alpha x(\eta),$$

$$x''(t) = f(t, x(t), x'(t)) + e(t), \quad t \in (0, 1), \quad x(0) = 0, \quad x(1) = \alpha x(\eta)$$

解的存在性和唯一性问题.

2002 年, Liu 和 Yu[54] 把迭合度方法推广为如下脉冲微分系统

$$\begin{cases} (\rho(t)x'(t))' = f(t, x(t), x'(t)), \quad t \in [0, 1], \quad t \neq t_i, \\ \Delta x(t_i) = I_i(x(t_i), x'(t_i)), \quad i = 1, 2, \cdots, k, \\ \Delta x'(t_i) = J_i(x(t_i), x'(t_i)), \\ x'(0) = 0, \quad x(1) = \sum_{j=1}^{m-2} \alpha_j x(\eta_j). \end{cases}$$

其他关于共振边值问题的结果和应用请看参考文献 [90]—[92].

从这些存在的结果可以看出这样的事实: 关于共振的情况, 或者是研究线性微分算子在无穷区间上共振边值问题, 或者是研究在 $dimKerL = 1$ 情况下的非局部问题. 但是, 关于在 $dimKerL = 2$ 情况下研究非局部问题、非线性脉冲微分方程边值问题、带有 p-Laplace 算子的脉冲非局部问题, 还没有出现相关结果. 这些问题都有待于我们思考并加以解决.

时标上 (on time scales) 动力方程的初步研究是 Hilger 在 1990 年实现的, 是当前数学界非常关注的热门问题之一. 因为时标上的分析理论不仅能够在连续分析理

论和离散分析理论之间建立一个桥梁, 而且具有重要的应用价值. 例如, 不同季节昆虫种群的活动期和休眠期就可用时标上动力方程来描述, 还可以用来研究神经网络、热传导、流行病模型等. 一个时标就是实数集的一个任意闭子集. 当这个时标是实数集时, 动力方程就是微分方程; 当这个时标是整数集时, 动力方程就是差分方程.

该理论自从问世以来受到了国内外很多学者的关注. 2002 年, 荷兰著名的数学杂志 *Journal of Computational and Applied Mathematics* 的第 141 卷出版了时标上的动力方程论文专集, 极大丰富和发展了时标上的微积分的结果. M.Bohner 和 A.Peterson 于 2001 年和 2003 年先后出版的 *Dynamic Equations on Time Scales* 和 *Advances in Dynamic Equations on Time Scales* 及时地介绍了这方面的工作. 我国数学工作者在时标上的动力方程边值问题的研究中做了大量的工作, 对时标上动力方程的应用和理论方面做了许多有益的探索, 得到了很多有价值的结果. 时标上的动力方程这一新的领域极具吸引力和挑战性, 在理论上, 它结合了连续和离散的特征但又超出了连续和离散的范围, 到目前为止它的发展还很不完善; 在应用上, 时标上的动力方程源于实践, 有着非常广泛的应用前景. 因此, 这一研究领域具有很重要的理论和实际意义!

最近, Anderson[93] 研究了如下二阶时标上的边值问题:

$$\begin{cases} -x^{\Delta\Delta} = \lambda w(t) f(x^{\sigma}(t)), & t \in [a, b] \subset \mathbb{T}, \\ \alpha x(a) - \beta x^{\Delta}(a) = 0, \\ \gamma x(\sigma(b)) + \delta x^{\Delta}(\sigma(b)) = 0. \end{cases}$$

作者通过运用锥不动点定理, 给出了上述问题解的存在性结果, 从而得到了特征区间的存在性结果. 在参考文献 [94] 中, Anderson 应用 Leggett-Williams 不动点定理研究了时标上动力方程的二阶三点边值问题三个正解的存在性结果, 推广了 He 和 Ge[33] 的相关结果.

在参考文献 [95] 中, He 和 Long 运用 5 个泛函不动点定理研究了如下时标上带有 p-Laplace 算子的动力方程边值问题

$$\begin{cases} (\phi_p(x^{\Delta}(t)))^{\nabla} + g(t) f(x(t)) = 0, & t \in [0, T]_{\mathbb{T}}, \\ x(0) - B_0(x^{\Delta}(\eta)) = 0, & x^{\Delta}(T) = 0, \end{cases}$$

并给出了边值问题至少存在三个正解的结果. 到目前, 关于时标上带有 p-Laplace 算子的动力方程多点边值问题, 以及时标上动力方程高阶多点边值问题的研究结果还未发现. 另外, 由于常见的积分工具, 如费马定理、罗尔中值定理和拉格朗日中值定理等结论在时标上不再有效, 因此, 对时标上动力方程的边值问题, 特别是高阶多点边值问题的研究需要克服很多困难, 也就是说, 这是一项极具吸引力和挑战性的工作.

上述问题是非线性常微分方程边值问题理论和应用发展的几个前沿课题, 也是本书要介绍的主要内容.

参 考 文 献

[1]   Agarwal R P. Boundary Value Problems for Higher Order Differential Equations [M]. Singapore: World Scientific, 1986.

[2]   Agarwal R P. Focal Boundary Value Problems for Differential and Difference Equations[M]. Dordrecht: Kluwer, 1998.

[3]   葛渭高. 非线性常微分方程边值问题 [M]. 北京: 科学出版社, 2007.

[4]   郭大钧, 孙经先, 刘兆理. 非线性常微分方程泛函方法 [M]. 济南: 山东科学技术出版社, 1995.

[5]   郭大钧. 非线性泛函分析 [M]. 济南: 山东科学技术出版社, 1985.

[6]   郭大钧. 非线性分析中的半序方法 [M]. 济南: 山东科学技术出版社, 1999.

[7]   Guo D, Lakshmikantham V. Nonlinear Problems in Abstract Cones [M]. New York: Academic Press, 1988.

[8]   马如云. 非线性常微分方程非局部问题 [M]. 北京: 科学出版社, 2004.

[9]   Gaines R E, Mawhin J L. Coincidence Degree and Nonlinear Differential Equations[M]. Lecture Notes in Math, Berlin: Springer, 1977.

[10]   Yang X. Upper and lower solutions for periodic problems[J]. Appl. Math. Comput., 2003, 137: 413-422.

[11]   Zhang Z, Wang J. On existence and multiplicity of positive solutions to periodic boundary value problems for singular nonlinear second order differential equations[J]. J. Math. Anal. Appl., 2003, 28: 99-107.

[12]   Kong L, Wang S, Wang J. Positive solutions of a singular nonlinear third-order periodic boundary value problem[J]. J. Comput. Appl. Math., 2001, 132: 247-253.

[13]   Li Y. Positive solutions of fourth-order periodic boundary value problems[J]. Nonlinear Anal., 2003, 54: 1069-1078.

[14]   Jiang D, Gao W, Wan A. A monotone method for constructing extremal solutions to fourth-order periodic boundary value problems[J]. Appl. Math. Lett., 2002, 132: 411-421.

[15]   Chyan C J, Henderson J. Positive solutions of $2m^{\text{th}}$-order boundary value problems[J]. Appl. Math. Lett., 2002, 15: 767-774.

[16]   Davis J M, Eloe P W, Henderson J. Triple positive solutions and dependence on higher order derivatives[J]. J. Math. Anal. Appl., 1999, 237: 710-720.

[17]   Gupta C P. Solvability of a three-point nonlinear boundary value problem for a second order ordinary differential equations[J]. J. Math. Anal. Appl., 2010, 33: 1762-1770.

[18] Gupta C P. A generalized multi-point boundary value problem for second order ordinary differential equations[J]. Appl. Math. Comput., 1998, 89: 133-146.

[19] Cannon J R. The solution of the heat equation subject to the specification of energy[J]. Quart. Appl. Math., 1963, 21: 155-160.

[20] Ionkin N I. Solution of a boundary value problem in heat conduction theory with nonlocal boundary conditions[J]. Diff. Equat., 1977, 13: 294-304.

[21] Boucherif A. Second-order boundary value problems with integral boundary conditions[J]. Nonlinear Anal., 2009, 70: 364-371.

[22] Liu Y, Ge W. Solvability of nonlocal boundary value problems for ordinary differential equations of higher order[J]. Nonlinear Anal., 2004, 57: 435-458.

[23] Tian Y, Ge W. Existence of solutions for nonlocal boundary value problems with sigularitis in phase variables[J]. J. Appl. Anal., 2006, 12: 93-107.

[24] Agarwal R P, O'Regan D. Singular Differential and Integral Equations with Applications[M]. Dordrecht/Boston/London: Kluwer Academic Publishers, 2003.

[25] Wang J, Gao W. A singular boundary value problems for the one-dimensional p-laplace[J]. J. Math. Anal. Appl., 1996, 201: 851-866.

[26] Agarwal R P, LüH, O'Regan D. Existence theorems for the one-dimensional p-Laplacian equation with sign changing nonlinearities[J]. Appl. Math. Comput., 2003, 143: 15-38.

[27] Ma R, Castaneda N. Existence of solutions for nonlinear m-point boundary value problem[J]. J. Math. Anal. Appl., 2001, 256: 556-567.

[28] Zhang Z, Wang J. On existence and multiplicity of positive solutions to singular multipoint boundary value problems[J]. J. Math. Anal. Appl., 2004, 295: 502-512.

[29] Wang J, Jiang D. A unified approach to some two-point, three-point and four-point boundary value problems with Caratheodory functions[J]. J. Math. Anal. Appl., 1997, 211: 223-232.

[30] Kong L, Wang J. Multiple positive solutions for the one-dimensional p-Laplacian[J]. Nonlinear Anal., 2000, 42: 1327-1333.

[31] Liu Y, Ge W, Multiple positive solutions of a three-point BVP with p-Laplacian[J]. J. Math. Anal. Appl., 2003, 277: 293-302.

[32] Wang J, Gao W. A singular boundary value problems for the one-dimensional p-Laplace[J]. J. Math. Anal. Appl., 1996, 201: 851-866.

[33] He X, Ge X. Triple solutions for a second-order three-point boundary value problems[J]. J. Math. Anal. Appl., 2002, 268: 256-265.

[34] Guo Y, Ge W. Three positive solutions for the one-dimensional p-Laplacian[J]. Nonlinear Anal., 2003, 286: 491-508.

[35] He X, Ge W. Twin positive solutions for the one-dimensional p-Laplacian[J]. Nonlinear Anal., 2004, 56: 975-984.

[36] Bai Z, Wang H. On the positive solutions of some nonlinear fourth-order beam equa-

tions[J]. J. Math. Anal. Appl., 2002, 270: 357-368.

[37]   Wei Z, Zhang Z. A necessary and sufficient condition for the existence of positive solutions of singular superlinear boundary value problems[J]. Acta Math. Sinica, 2005, 48: 25-34.

[38]   Graef J R, Qian C, Yang B. A three point boundary value problem for nonlinear fourth order differential equations[J]. J. Math. Anal. Appl., 2003, 287: 217-233.

[39]   Zhang X, Liu L. Positive solutions of fourth order four-point boundary value problems with p-Laplacian operator[J]. J. Math. Anal. Appl., 2007, 336: 1414-1423.

[40]   Eloe P W, Ahmad B. Positive solutions of a nonlinear nth order boundary value problem with nonlocal conditions[J]. Appl. Math. Lett., 2005, 18: 521-527.

[41]   Pang C C, Dong W, Wei Z L. Green's function and positive solutions of nth order m-point boundary value problem[J]. Appl. Math. Comput., 2006, 182: 1231-1239.

[42]   Jiang D, Xu X. Multiple positive solutions to a class of singular boundary value problem for the one-dimensional p-Laplacian[J]. Comput. Math. Appl., 2004, 47: 667-681.

[43]   Eloe P W, Henderson J. Singular nonlinear $(k, n - k)$conjugate boundary value problems[J]. J. Differ. Equations, 1997, 133: 136-151.

[44]   Kaufmann E R, Kosmatov N. A multiplicity result for a boundary value problem with infinitely many singularities[J]. J. Math. Anal. Appl., 2002, 269: 444-453.

[45]   Liu B. Positive solutions of three-point boundary value problems for the one-dimensional p-Laplacian with infinitely many singularities[J]. Appl. Math. Lett., 2004, 17: 655-661.

[46]   Liang S, Zhang J. The existence of countably many positive solutions for one-dimensional p-Laplacian with infinitely many singularities on the half-line[J]. Appl. Math. Comput., 2008, 201: 210-220.

[47]   Bai C, Fang J. Existence of multiple positive solutions for nonlinear m-point boundary value problems[J]. Appl. Math. Comput., 2003, 140: 297-305.

[48]   Bai C, Fang J. Existence of multiple positive solutions for nonlinear multi-point boundary value problems[J]. J. Math. Anal. Appl., 2003, 281: 76-85.

[49]   Bai Z, Du Z. Positive solutions for some second-order four-point boundary value problems[J]. J. Math. Anal. Appl., 2007, 330: 34-50.

[50]   Du X, Zhao Z. On existence theorems of positive solutions to nonlinear singular differential equations[J]. Appl. Math. Comput., 2007, 190: 542-552.

[51]   Liu B. Positive solutions of a nonlinear four-point boundary value problems[J]. Appl. Math. Comput., 2004, 155: 179-203.

[52]   Liu B. Positive solutions of a nonlinear four-point boundary value problems in Banach spaces[J]. J. Math. Annal. Appl., 2005, 305: 253-276.

[53]   Liu B, Liu L, Wu Y. Positive solutions for singular systems of three-point boundary value problems[J]. Comput. Math. Appl., 2007, 66: 2756-2766.

[54] Liu B, Yu J. Existence of solution for m-point boundary value problems of second-order differential systems with impulses[J]. Appl. Math. Comput., 2002, 125: 155-175.

[55] Ma R. Positive solutions for a three-point boundary value problem[J]. Electron. J. Differ. Eq., 1999, 1999: 1-8.

[56] Wei Z, Pang C. Positive solutions of some singular m-point boundary value problems at non-resonance[J]. Appl. Math. Comput., 2005, 171: 433-449.

[57] Zhang G, Sun J. Positive solutions of m-point boundary value problems[J]. J. Math. Anal. Appl., 2004, 291: 406-418.

[58] Zhang X, Liu L. Positive solutions of fourth-order multi-point boundary value problems with bending term[J]. Appl. Math. Comput., 2007, 194: 321-332.

[59] Zhang X, Liu L, Zou H. Positive solutions of fourth-order singular three point eigenvalue problems[J]. Appl. Math. Comput., 2007, 189: 1359-1367.

[60] Feng M, Zhang X. Multiple solutions of two-point boundary value problem of fourth-order ordinary differential equations in Banach space[J]. Acta. Anal. Funct. Appl., 2004, 6: 56-64 (in Chinese).

[61] Guo D. Initial value problems for nonlinear second-order impulsive integro-differential equations in Banach spaces[J]. J. Math. Anal. Appl., 1996, 200: 1-13.

[62] Guo D. Multiple positive solutions for first order nonlinear impulsive integro-differential equations in a Banach space[J]. Appl. Math. Comput., 2003, 143: 233-249.

[63] Guo D, Lakshmikantham V. Multiple solutions of two-point boundary value problems of ordinary differential equations in Banach spaces[J]. J. Math, Anal. Appl., 1988, 129: 211-222.

[64] 郭大钧, 孙经先. 抽象空间常微分方程 [M]. 济南: 山东科学技术出版社, 1989.

[65] Guo F, Liu L, Wu Y H, Siew P. Global solutions of initial value problems for nonlinear second-order impulsive integro-differential equations of mixed type in Banach spaces[J]. Nonlinear Anal., 2005, 61: 1363-1382.

[66] 戚仕硕. Banach 空间积分方程与微分方程的解 [M]. 山东大学博士学位论文, 2000.

[67] Zhao Y, Chen H. Existence of multiple positive solutions for m_r-point boundary value problems in Banach spaces[J]. J. Comput. Appl. Math., 2008, 215: 79-90.

[68] Zhang X, Liu L, Wu Y. Global solutions of nonlinear second-order impulsive integro-differential equations of mixed type in Banach spaces[J]. Nonlinear Anal., 2007, 67: 2335-2349.

[69] Guo D. Periodic boundary value problems for second order impulsive integro-differential equations in Banach spaces[J]. Nonlinear Anal., 1997, 28: 983-997.

[70] Guo D, Liu X. Multiple positive solutions of boundary-value problems for impulsive differential equations[J]. Nonlinear Anal., 1995, 25: 327-337.

[71] Guo D. Multiple positive solutions for nth-order impulsive integro-differential equations in Banach spaces[J]. Nonlinear Anal., 2005, 60: 955-976.

[72] Guo D. Multiple positive solutions of a boundary value problem for nth-order impulsive integro-dfferential equations in a Banach space[J]. Nonlinear Anal., 2004, 56: 985-1006.

[73] Guo D. Multiple positive solutions for a class of nonlinear integro-differential equations in Banach spaces[J]. Appl. Math. Comput., 2004, 154: 469-485.

[74] Guo D. Existence of positive solutions for nth-order nonlinear impulsive singular integro-differential equations in banach spaces[J]. Nonlinear Anal., 2008, 68: 2727-2740.

[75] Guo D. A class of nth-Order impulsive integro-differential equations in Banach spaces[J]. Comput. Math. Appl., 2002, 44: 1339-1356.

[76] Feng M, Ge W. Existence results for a class of nth-order m-point boundary value problems in Banach spaces[J]. Appl. Math. Lett., 2009, 22: 1303-1308.

[77] Agarwal R P, O'Regan D. Multiple nonnegative solutions for second order impulsive differential equations[J]. Appl. Math. Comput., 2000, 114: 51-59.

[78] Ding W, Han M. Periodic boundary value problem for the second order impulsive functional differential equations[J]. Appl. Math. Comput., 2004, 155: 709-726.

[79] Dong Y. Periodic boundary value problems for functional differential equations with impules[J]. J. Math. Anal. Appl., 1997, 210: 170-181.

[80] He Z, Yu J. Periodic bouhdary value problems for first order impulsive ordinary differential equations[J]. J. Math. Anal. Appl., 2002, 272: 67-78.

[81] Hristova S, Bainov D. Monotone-iterative techniques of V. Lakshmikantham for a boundary value problem for systems of impulsive differential-difference equations[J]. J. Math. Anal. Appl., 1996, 197: 1-13.

[82] Jankowski T. Positive solutions of three-point boundary value problems for second order impulsive differential equations with advanced arguments[J]. Appl. Math. Comput., 2008, 197: 179-189.

[83] Lee E, Lee Y. Multiple positive solutions of singular two point boundary value problems for second order impulsive differential equation[J]. Appl. Math. Comput., 2004, 158: 745-759.

[84] Liu Y. Structure of a class of singular boundary value problem with superlinear effect[J]. J. Math. Anal. Appl., 2003, 284: 64-75.

[85] Nieto J. Basic theory non-resonance impulsive periodic problems of first order[J]. J. Math. Anal. Appl., 1997, 205: 423-433.

[86] Nieto J. Impulsive resonance periodic problems of first order[J]. Appl. Math. Lett., 2002, 15: 489-493.

[87] 刘衍胜, 郭林. Banach 空间中一类带奇异性的脉冲微分方程边值问题的正解 [J]. 数学物理学报, 2002, 22: 391-398.

[88] Gupta C P. A second order m-point boundary value problem at resonance[J]. Nonlinear Anal., 1995, 24: 1483-1489.

[89] Feng W, Webb J R L. Solvability of three-point boundary value problems at reso-

nance[J]. Nonlinear Anal., 1997, 30: 3227-3238.

[90] Feng H, Lian H, Ge W. A symmetric solution of a multipoint boundary value problems with one-dimensional p-Laplacian at resonance[J]. Nonlinear Anal., 2008, 69: 3964-3972.

[91] Du Z, Lin X, Ge W. On a third order multi-point boundary value problem at resonance[J]. J. Math. Anal. Appl., 2005, 302: 217-229.

[92] Ma R. Multiplicity results for third order boundary value problem at resonance[J]. Nonlinear Anal., 1998, 32: 493-499.

[93] Anderson D R. Eigenvalue intervals for a two-point boundary value problem on a measure chain[J]. J. Comput. Appl. Math., 2002, 141: 57-64.

[94] Anderson D R. Solutions to second-order three-point problems on time scales[J]. J. Difference Equ. Appl., 2002, 8: 673-688.

[95] He Z, Long Z. Three positive solutions of three-point boundary value problems for p-Laplacian dynamic equations on time scales[J]. Nonlinear Anal., 2008, 69: 569-578.

第 2 章　基本概念和理论

本章介绍书中要用到的一些基本的定义和定理, 主要包括锥和不动点定理、迭合度理论、抽象空间中锥和不动点定理、时标上动力方程微积分基本理论、特征值理论以及 Hölder's 不等式. 这些概念和结论可以在参考文献 [1]—[13] 中查到.

2.1　锥和不动点定理

Banach 空间中的锥不动点理论和不动点指数理论是研究非线性边值问题正解的存在性和多解性的有力工具. 本节内容可在参考文献 [5]—[7] 和 [13] 中查到.

定义 2.1.1　设 E 为 Banach 空间, $K \subset E$ 是 E 中的闭凸子集, 如果对于 $x \in K$, $\lambda \geqslant 0$, 就有 $\lambda x \in K$ 成立, 且若 $x \in K$, $-x \in K$, 则有 $x = 0$. 则称 K 是 E 中的闭锥.

定义 2.1.2　假设 P 是实 Banach 空间 E 中的锥, $P°$ 表示 P 的内点集, 如果 $P° \neq \varnothing$, 则称 P 是 E 中的一个体锥.

设给定 E 中的一个锥 P, 对于 $x \in E$, $y \in E$, 如果 $y - x \in P$, 则记 $x \leqslant y$, 容易证明按此方法定义的 $\leqslant$ 具有性质: (i) $x \leqslant x$; (ii) 如果 $x \leqslant y$, $y \leqslant z$, 则 $x \leqslant z$; (iii) 如果 $x \leqslant y$, $y \leqslant x$, 则 $x = y$.

因此, 此方法定义的 $\leqslant$ 确定了 E 中的一个半序, $(E, \leqslant)$ 是半序 Banach 空间.

若 $x \leqslant y$, $x \neq y$, 则记 $x < y$; 若 $y - x \in P°$, 则记 $x \ll y$.

定义 2.1.3　如果存在 $\delta > 0$ 使当 $\|x\| = 1$, $\|y\| = 1$, $x, y \in P$ 时, 恒有 $\|x + y\| \geqslant \delta$, 则称 P 是正规的.

命题 2.1.1　设 P 是 E 中的锥. 则下列诸结论互相等价:

(i) P 是正规的;

(ii) 存在常数 $\gamma > 0$ 使得

$$\|x + y\| \geqslant \gamma \max\{\|x\|, \|y\|\}, \quad \forall x, y \in P;$$

(iii) 存在常数 $\eta > 0$ 满足

$$0 \leqslant x \leqslant y \Rightarrow \|x\| \leqslant \eta \|y\|;$$

(iv) 存在 E 上的等价范数 $\| \cdot \|_1$ 满足

$$0 \leqslant x \leqslant y \Rightarrow \|x\|_1 \leqslant \|y\|_1,$$

即范数 $\|\cdot\|_1$ 是单调的;

(v) $x_n \leqslant z_n \leqslant y_n (n = 1, 2, 3, \cdots)$, $\|x_n - x\| \to 0$, $\|y_n - x\| \to 0 \Rightarrow \|z_n - x\| \to 0$;

(vi) 集合 $(B + P) \cap (B - P)$ 有界, 其中

$$B = \{x \in E : \|x\| \leqslant 1\};$$

(vii) 任何序区间 $[x, y] = \{z \in E : x \leqslant z \leqslant y\}$ 有界.

注 2.1.1 有些作者把论断 (iii) 作为锥 P 正规性的定义, 并且把正数 η 中的最小者 (它显然存在) 叫做 P 的正规常数. 显然, 正规常数 $\eta \geqslant 1$(令 $x = y \neq 0$).

定义 2.1.4 如果算子 T 是连续的而且将有界集映为相对紧集, 则称 T 是全连续的.

定义 2.1.5 设 E 是实 Banach 空间, P 是 E 中的锥, 连续映射 $\alpha : P \to [0, \infty)$ (i) 如对任意 $x, y \in P, t \in [0, 1]$ 有 $\alpha(tx + (1-t)y) \geqslant t\alpha(x) + (1-t)\alpha(y)$, 则称 α 是非负连续凹泛函; (ii) 如对任意 $x, y \in P, t \in [0, 1]$ 有 $\alpha(tx + (1-t)y) \leqslant t\alpha(x) + (1-t)\alpha(y)$, 则称 α 是非负连续凸泛函.

定理 2.1.1 设 Ω_1 和 Ω_2 是 Banach 空间 E 中的有界开集, $0 \in \bar{\Omega}_1 \subset \Omega_2$, P 是 E 中的锥, $A : P \cap (\bar{\Omega}_2 \setminus \Omega_1) \to P$ 全连续. 如果下列条件满足:

(a) $\|Ax\| \leqslant \|x\|, \forall x \in P \cap \partial\Omega_1$; $\|Ax\| \geqslant \|x\|, \forall x \in P \cap \partial\Omega_2$.

(b) $\|Ax\| \geqslant \|x\|, \forall x \in P \cap \partial\Omega_1$; $\|Ax\| \leqslant \|x\|, \forall x \in P \cap \partial\Omega_2$.

那么, A 在 $P \cap (\bar{\Omega}_2 \setminus \Omega_1)$ 中至少有一个不动点.

定理 2.1.2 设 P 是实 Banach 空间 E 中的一个锥, 并且 $P_{r,R} = \{x \in P, r \leqslant \|x\| \leqslant R\}$, $R > r > 0$. 假定 $A : P_{r,R} \longrightarrow P$ 是一个全连续算子, 并且以下两个条件之一满足:

(a) $Ax \nleqslant x, \forall x \in P, \|x\| = r$; $Ax \ngeqslant x, \forall x \in P, \|x\| = R$.

(b) $Ax \ngeqslant x, \forall x \in P, \|x\| = r$; $Ax \nleqslant x, \forall x \in P, \|x\| = R$.

那么, A 在 P 中至少有一个不动点 x 满足 $r < \|x\| < R$.

定理 2.1.3 设 Ω_1 和 Ω_2 是 Banach 空间 E 中的有界开集, $0 \in \bar{\Omega}_1 \subset \Omega_2$, P 是 E 中的锥, $A : P \cap (\bar{\Omega}_2 \setminus \Omega_1) \to P$ 全连续. 假定以下两个条件之一满足:

(i) 存在 $x_0 \in P \setminus \{\theta\}$ 使得 $x - Ax \neq tx_0$, $\forall x \in P \cap \partial\Omega_2$, $t \geqslant 0$; $Ax \neq \mu x$, $\forall x \in P \cap \partial\Omega_1$, $\mu \geqslant 1$.

(ii) 存在 $x_0 \in P \setminus \{\theta\}$ 使得 $x - Ax \neq tx_0$, $\forall x \in P \cap \partial\Omega_1$, $t \geqslant 0$; $Ax \neq \mu x$, $\forall x \in P \cap \partial\Omega_2$, $\mu \geqslant 1$.

那么, 算子 A 在 $P \cap (\bar{\Omega}_2 \setminus \Omega_1)$ 中至少存在一个不动点.

假设 P 是一个实 Banach 空间 E 中的锥, ψ 是定义在锥 P 上的一个连续非负函数, 对任意 $r > 0$, 令

$$P(\psi, r) = \{u \in P : \psi(u) < r\}.$$

定理 2.1.4 (Avery-Henderson fixed point theorem)　　设 P 是实 Banach 空间 E 中的一个锥. 假定 α 和 γ 是锥 P 上的两个非负连续增函数, θ 是锥 P 上的一个非负连续函数满足 $\theta(0) = 0$, 且对任意的 $c > 0$, $H > 0$ 和 $x \in \overline{K(\gamma, c)}$,

$$\gamma(x) \leqslant \theta(x) \leqslant \alpha(x), \quad \|x\| \leqslant H\gamma(x).$$

假定存在全连续算子 $A : \overline{K(\gamma, c)} \to K$ 和 $0 < a < b < c$ 使得

$$\theta(\lambda x) \leqslant \lambda \theta(x), \quad \forall 0 \leqslant \lambda \leqslant 1, \ x \in \partial K(\theta, b),$$

且

(i) $\gamma(Ax) > c$, $\forall x \in \partial P(\gamma, c)$;

(ii) $\theta(Ax) < b$, $\forall x \in \partial P(\theta, b)$;

(iii) $P(\alpha, a) \neq \varnothing$, $\alpha(Ax) > a$, $\forall x \in \partial P(\alpha, a)$.

那么, 算子 A 在 $\overline{P(\gamma, c)}$ 中至少存在两个不动点 x_1 和 x_2 满足

$$a < \alpha(x_1), \quad \theta(x_1) < b, \quad b < \theta(x_2), \quad \gamma(x_2) < c.$$

假设 $0 < a < b$ 是两个常数, β 是定义在锥 P 上的一个连续非负凹函数. 定义凸集合 K_a 和 $K(\beta, a, b)$: $K_a = \{x \in K : \|x\| < a\}$, $K(\beta, a, b) = \{x \in K : a \leqslant \beta(x), \|x\| \leqslant b\}$.

定理 2.1.5 (Leggett-Williams fixed point theorem)　　设 P 是实 Banach 空间 E 中的一个锥, $A : \bar{K}_a \to \bar{K}_a$ 是一个全连续算子, 对任意 $x \in K_a$ 都有 $\beta(x) \leqslant \|x\|$. 假设存在常数 $0 < d < a < b \leqslant c$ 使得

(i) 对任意 $x \in K(\beta, a, b)$, $\{x \in K(\beta, a, b) : \beta(x) > a\} \neq \varnothing$ 且 $\beta(Ax) > a$;

(ii) 对任意 $\|x\| \leqslant d$, $\|Ax\| < d$;

(iii) 对任意 $\|x\| \leqslant d$, $\beta(Ax) > a$ 且 $\|Ax\| > b$.

那么, 算子 A 至少存在三个不动点 x_1, x_2, x_3 且满足

$$\|x_1\| < d, \quad a < \beta(x_2), \quad \|x_3\| > d, \quad \beta(x_3) < a.$$

设 γ, θ 是 P 上的非负连续凸泛函, α 是 P 上的非负连续凹泛函, ψ 是 P 上的非负连续泛函, a, b, c 和 d 是正数, 定义下面的集合:

$$P(\gamma, d) = \{x \in P | \gamma(x) < d\},$$
$$P(\gamma, \alpha, b, d) = \{x \in P | b \leqslant \alpha(x), \gamma(x) \leqslant d\},$$
$$P(\gamma, \theta, \alpha, b, c, d) = \{x \in P | b \leqslant \alpha(x), \theta(x) \leqslant c, \gamma(x) \leqslant d\},$$
$$R(\gamma, \psi, a, d) = \{x \in P | a \leqslant \psi(x), \gamma(x) \leqslant d\}.$$

定理 2.1.6　设 P 是实 Banach 空间 E 中的一个锥, γ, θ, α 和 ψ 如上定义, 且 ψ 满足 $\psi(\lambda x) \leqslant \lambda\psi(x), 0 \leqslant \lambda \leqslant 1$. 如果存在正数 M 和 d, 使得对任意的 $x \in \overline{P(\gamma, d)}$ 满足

$$\alpha(x) \leqslant \psi(x), \quad \|x\| \leqslant M\gamma(x). \tag{2.1.1}$$

又设 $T : \overline{P(\gamma, d)} \to \overline{P(\gamma, d)}$ 是全连续算子. 如果存在正数 a, b, c 满足 $a < b$, 而且下面的条件成立

$(S_1)\{x \in P(\gamma, \theta, \alpha, b, c, d)|\alpha(x) > b\} \neq \varnothing$ 而且当 $x \in P(\gamma, \theta, \alpha, b, c, d)$ 时, 有 $\alpha(Tx) > b$;

(S_2) 当 $x \in P(\gamma, \alpha, b, d), \theta(Tx) > c$ 时, 有 $\alpha(Tx) > b$;

(S_3) 当 $x \in R(\gamma, \psi, a, d), \psi(x) = a$ 时, $0 \notin R(\gamma, \psi, a, d), \psi(Tx) < a$.

那么, T 至少有三个正解 $x_1, x_2, x_3 \in \overline{P(\gamma, d)}$, 满足

$$\gamma(x_i) \leqslant d, \quad i = 1, 2, 3,$$
$$b < \alpha(x_1),$$
$$a < \psi(x_2), \quad \alpha(x_2) < b,$$
$$\psi(x_3) < a.$$

设 γ, β 和 θ 是 P 上的非负连续凹泛函, α 和 ψ 是 P 上的非负连续凸泛函. h, a, b, d 和 c 是正数, 定义下面的集合:

$$P(\gamma, c) = \{x \in P|\gamma(x) < c\},$$
$$P(\gamma, \theta, \alpha, a, b, c) = \{x \in P|a \leqslant \alpha(x), \theta(x) \leqslant b, \gamma(x) \leqslant c\},$$
$$P(\gamma, \alpha, a, c) = \{x \in P|a \leqslant \alpha(x), \gamma(x) \leqslant c\},$$
$$Q(\gamma, \beta, d, c) = \{x \in P|\beta(x) \leqslant d, \gamma(x) \leqslant c\},$$
$$Q(\gamma, \beta, \psi, h, d, c) = \{x \in P|h \leqslant \psi(x), \beta(x) \leqslant d, \gamma(x) \leqslant c\}.$$

定理 2.1.7　设 P 是实 Banach 空间 E 中的一个锥, $\gamma, \beta, \theta, \alpha$ 和 ψ 如上定义. 如果存在正数 c 和 M, 使得对任意的 $x \in \overline{P(\gamma, c)}$ 满足

$$\alpha(x) \leqslant \beta(x), \quad \|x\| \leqslant M\gamma(x).$$

又设 $T : \overline{P(\gamma, c)} \to \overline{P(\gamma, c)}$ 是全连续算子. 如果存在正数 $h, d, a, b \geqslant 0$ 满足 $0 < d < a$, 而且下面的条件成立:

(i) $\{x \in P(\gamma, \theta, \alpha, a, b, c)|\alpha(x) > a\} \neq \varnothing$ 而且对 $x \in P(\gamma, \theta, \alpha, a, b, c)$ 有 $\alpha(Tx) > a$;

(ii) $\{x \in Q(\gamma, \beta, \psi, h, d, c)|\beta(x) < d\} \neq \varnothing$ 而且对 $x \in Q(\gamma, \beta, \psi, h, d, c)$ 有 $\beta(Tx) < d$;

(iii) 如果 $x \in P(\gamma, \alpha, a, c)$, $\theta(Tx) > b$, 则 $\alpha(Tx) > a$;

(iv) 如果 $x \in Q(\gamma, \beta, d, c)$, $\psi(Tx) < h$, 则 $\beta(Tx) < d$.

那么, T 在 $\overline{P(\gamma, c)}$ 内有三个不动点 x_1, x_2, x_3 满足 $\beta(x_1) < d$, $a < \alpha(x_2), d < \beta(x_3)$, $\alpha(x_3) < a$.

定理 2.1.8 (Fixed point theorem of Leray-Schauder) 设 E 是一个实 Banach 空间, $A : X \to X$ 是一个全连续算子. 如果 $\{x : x \in X, x = \lambda Ax, 0 < \lambda < 1\}$ 有界, 那么, 算子 A 至少存在一个不动点 $x^* \in \Omega$. 其中,

$$\Omega = \{x : x \in X, \ \|x\| \leqslant l\}, \quad l = \sup\{x : x \in X, \ x = \lambda Ax, \ 0 < \lambda < 1\}.$$

定义 2.1.6 设 X 是实 Banach 空间 E 中的收缩核. 对于 X 中的每个有界 (相对) 开集 $U \subset X$, 设 $A : \bar{U} \to X$ 全连续且在 ∂U 上没有不动点 (即 $Ax \neq x$), 则整数 $i(A, U, X)$ 称为 A 在 U 上关于 X 的不动点指数, 如果:

(i) **正规性** 若 $A : \bar{U} \to X$ 是常算子, 则 $i(A, U, X) = 1$;

(ii) **可加性** 若 U_1 与 U_2 是 U 的互不相交的子集, 都是开的 (关于 X), 并且 A 在 $\bar{U} \setminus (U_1 \cup U_2)$ 上没有不动点, 则

$$i(A, U, X) = i(A, U_1, X) + i(A, U_2, X),$$

这里 $i(A, U_k, X) = i(A|_{\bar{U}_k}, U_k, X)(k = 1, 2)$;

(iii) **同伦不变性** $H : [0, 1] \times \bar{U} \to X$ 全连续, 使当 $(t, x) \in [0, 1] \times \partial U$ 时, 恒有 $H(t, x) \neq x$, 则 $i(H(t, \cdot), U, X)$ 与 t 无关;

(iv) **保持性** 若 Y 是 X 的一个收缩核, $A(\bar{U}) \subset Y$, 则

$$i(A, U, X) = i(A, U \cap Y, Y),$$

这里 $i(A, U \cap Y, Y) = i(A|_{\overline{U \cap Y}}, U \cap Y, X)$;

(v) **切除性** 若 V 是开集 (关于 X), $V \subset U$, 且 A 在 $\bar{U} \setminus V$ 上没有不动点, 则

$$i(A, U, X) = i(A, V, X);$$

(vi) **可解性** 若 $i(A, U, X) \neq 0$, 则 A 在 U 中至少有一个不动点.

定理 2.1.9 设 P 是实 Banach 空间 E 中的一个锥, Ω 是 E 中的一个有界开集, 并且 $0 \in \Omega$. 假定 $A : P \cap \bar{\Omega} \to P$ 是一个全连续算子, 并且满足条件

$$Ax = \mu x, \quad x \in P \cap \partial \Omega \Rightarrow \mu < 1.$$

那么, 必有 $i(A, P \cap \Omega, P) = 1$.

定理 2.1.10 设 $A : P \cap \bar{\Omega} \to P$ 全连续, 并且满足条件:

(1) $\inf\limits_{x \in P \cap \partial \Omega} \|Ax\| > 0$;

(2) $Ax = \mu x, x \in P \cap \partial\Omega \Rightarrow \mu \notin (0,1]$.

那么, 必有 $i(A, P \cap \Omega, P) = 0$.

定理 2.1.11　设 P 是实 Banach 空间 E 中的一个锥, 并且 $P_r = \{x \in P : \|x\| < r\}$, $r > 0$. 假定 $A : \bar{P}_r \to P$ 是一个全连续算子, 对任意 $x \in \partial P_r = \{x \in P : \|x\| = r\}$ 满足 $Ax \neq x$.

(i) 如果 $\|Ax\| \geqslant \|x\|, \forall x \in \partial P_r$, 那么

$$i(A, P_r, P) = 0.$$

(ii) 如果 $\|Ax\| \leqslant \|x\|, \forall x \in \partial P_r$, 那么

$$i(A, P_r, P) = 1.$$

定理 2.1.12　设 P 是实 Banach 空间 E 中的一个锥, Ω 是 E 中的一个有界开集, $A : P \cap \bar{\Omega} \to P$ 是一个全连续算子. 如果存在一个点 $x_0 > 0$ 使得

$$x - Ax \neq tx_0, \ \forall x \in K \cap \partial\Omega, \ t \geqslant 0,$$

那么 $i(A, K \cap \Omega, K) = 0$.

注 2.1.2　由文献 [5] 中的引理 4.2 知 $x_0 > 0$ 表明 $x_0 \in K$ 且 $x_0 \neq 0$.

定理 2.1.13　设 K 是实 Banach 空间 E 中的一个锥, D 是 E 中的有界开子集满足 $D_k = D \cap K \neq \varnothing$ 且 $\bar{D}_k \neq K$. 假设 $A : \bar{D}_k \to K$ 是全连续算子, 使得 $x \neq Ax, \forall x \in \partial D_k$. 则下面的结论成立.

(1) 如果 $\|Ax\| \leqslant \|x\|, \ x \in \partial D_k$, 那么 $i_k(A, D_k) = 1$.

(2) 如果存在 $e \in K \backslash \{0\}$ 使得 $x \neq Ax + \lambda e, \forall x \in \partial D_k$ 和 $\lambda > 0$, 那么 $i_k(A, D_k) = 0$.

(3) 令 U 是 K 中的开集满足 $\bar{U} \subset D_k$. 如果 $i_k(A, D_k) = 1$ 且 $i_k(A, U_k) = 0$, 那么 A 在 $D_k \backslash \bar{U}_k$ 有一个不动点. 如果 $i_k(A, D_k) = 0$ 且 $i_k(A, U_k) = 1$, 结论同样成立.

2.2　迭合度理论

迭合度理论作为 Leray-Schauder 拓扑度的一种推广, 有着丰富的内容, 请参考文献 [4] 和 [10]. 本节仅介绍迭合度理论和本书相关的一些基本概念和主要结论.

定义 2.2.1　设 X 和 Z 是两个实赋范线性空间, $L : X \supset dom L \to Z$ 是一个线性算子, L 称为一个指标为零的 Fredholm 算子, 如果下列条件满足

(i) $Im L$ 是 Z 的一个闭子集;

(ii) $dim KerL = codim ImL < +\infty$.

定义 2.2.2 设 X 和 Z 是两个实赋范线性空间, $L : X \supset domL \to Z$ 是指标为零的 Fredholm 算子. 令 $P : X \to KerL, Q : Z \to Z/ImL$ 是投影算子. $K_p = L|_{domL \cap KerL}^{-1}$. $E \subset X, N : E \to Z$ 是一个连续映射, 称 N 在 E 是 L-紧的, 如果 $QN : E \to Z$ 和 $K_{P,Q} = K_p(I - Q)N : E \to X$ 都在 E 上紧, 即 $QN(E)$ 和 $K_{P,Q}N(E)$ 分别是 Z 和 X 中的相对紧集. 称 N 在 E 上是 L-全连续的, 如果 N 在 E 的每个有界子集上都是 L-紧的.

定义 2.2.3 设 X 是实赋范线性空间, $\hat{X} \subset X$ 为其子空间.

算子 $P : X \to \hat{X}$ 称为投影算子, 如果 $P^2 = P, P(\lambda_1 x_1 + \lambda_2 x_2) = \lambda_1 Px_1 + \lambda_2 x_2, \forall x_1, x_2 \in X, \lambda_1, \lambda_2 \in \mathbf{R}$.

算子 $Q : X \to \hat{X}$ 称为半投影算子, 如果 $Q^2 = Q, Q(\lambda x) = \lambda Q(x), \forall x \in X, \lambda \in \mathbf{R}$.

定义 2.2.4 设 X 和 Z 是两个实赋范线性空间, $M : X \cap domM \to Z$ 称为拟线性算子, 如果 $ImM = M(X \cap domM)$ 是 Z 的闭集且 $KerM = \{x \in X \cap domM : Mx = 0\}$ 线性同胚于 n 维空间 $R^n, n < \infty$.

定义 2.2.5 设 X 和 Z 是两个实赋范线性空间, M 是拟线性算子, $X_1 = KerM, X = X_1 \bigoplus X_2$. 设 $\Omega \subset X$ 是一个有界开集且 $0 \in \Omega$. 称 $N_\lambda : \bar{\Omega} \to Z, \lambda \in [0, 1]$ 在 $\bar{\Omega}$ 中是 M-紧的, 如果存在 Z 的子空间 Z_1 满足 $dimZ_1 = dimX_1$ 和全连续算子 $R : \bar{\Omega} \times [0, 1] \to X_2$ 使得对任意 $\lambda \in [0, 1]$, 则有

$$(I - Q)N_\lambda(\bar{\Omega}) \subset ImM \subset (I - Q)Z, \tag{2.2.1}$$

$$QN_\lambda x = 0, \quad \lambda \in (0, 1) \Leftrightarrow QNx = 0, \tag{2.2.2}$$

$$R(\cdot, 0) \equiv 0, \quad R(\cdot, \lambda)|_{\sum_\lambda} = (I - P)|_{\sum_\lambda}, \tag{2.2.3}$$

$$M[P + R(\cdot, \lambda)] = (I - Q)N_\lambda, \tag{2.2.4}$$

其中, $\sum_\lambda = \{x \in \bar{\Omega} : Mx = N_\lambda x\}$.

定理 2.2.1 设 L 是一个指标为零的 Fredholm 算子, N 在 $\bar{\Omega}$ 上是 L-紧的, 并且下列条件满足

(a$_1$) $Lx \neq \lambda Nx, \forall (x, \lambda) \in [(domL \backslash KerL) \cap \partial\Omega] \times (0, 1)$;

(a$_2$) $Nx \notin ImL, \forall x \in KerL \cap \partial\Omega$;

(a$_3$) $deg(JQN|_{KerL}, \Omega \cap KerL, 0) \neq 0$.

其中, $Q : Z \to Z$ 是一个投影算子, 且 $ImL = KerQ, J : ImQ \to KerL$ 是一个同构映射且满足 $J(\theta) = \theta$. 则抽象方程 $Lx = Nx$ 在 $domL \cap \bar{\Omega}$ 中至少有一个解.

定理 2.2.2　设 X 和 Z 是两个实赋范线性空间, $\Omega \subset X$ 是一个有界开集且 $0 \in \Omega$. 假设 $M : X \cap domM \to Z$ 是拟线性算子, $N_\lambda : \bar{\Omega} \to Z, \lambda \in [0,1]$ 是 M-紧的. 另外, 如果下列条件满足

(a_1) $Mx \neq N_\lambda x, \forall x \in \partial\Omega, \lambda \in (0,1)$;

(a_2) $QNx \neq \theta, \forall x \in KerM \cap \partial\Omega$;

(a_3) $deg(JQN, \Omega \cap KerM, \theta) \neq 0$.

其中, $N = N_1, J : ImQ \to KerM$ 是一个同构且 $J(\theta) = \theta$, Q 是一个半投影算子. 那么, 抽象方程 $Mx = Nx$ 在 $\bar{\Omega}$ 上至少有一个解.

2.3　抽象空间中的锥和不动点理论

本书介绍的一些关于抽象空间中的锥和不动点理论的内容主要来源于参考文献 [7] 和 [9].

定义 2.3.1　设 P 是实 Banach 空间 E 中的一个锥. 如果

$$P^* = \{\Psi \in E^* | \Psi(x) \geqslant 0, \forall x \in P\},$$

那么 P^* 是 P 的对偶锥.

定义 2.3.2　设 S 是实 Banach 空间 E 中的一个有界集. 令 $\alpha(S) = \inf\{\delta > 0 : S$ 可表为有限个集合的并: $S = \cup_{i=1}^{m} S_i$, 使每个 S_i 的直径 $diam(S_i)$ 满足 $diam(S_i) \leqslant \delta, i = 1, 2, \cdots, m\}$. 显然, $0 \leqslant \alpha(S) < \infty. \alpha(S)$ 叫做关于 S 的 Kuratowski's 非紧性测度.

定理 2.3.1　非紧性测度具有下列性质 (S, T 表示 E 中的有界集, α 是实数):

(i) $\alpha(S) = 0 \Leftrightarrow S$ 是相对紧集;

(ii) $S \subset T \Rightarrow \alpha(S) \leqslant \alpha(T)$;

(iii) $\alpha(\bar{S}) = \alpha(S)$;

(iv) $\alpha(S \cup T) = \max\{\alpha(S), \alpha(T)\}$;

(v) $\alpha(aS) = |a|\alpha(S)$, 其中 $aS = \{x = az | z \in S\}$;

(vi) $\alpha(S + T) \leqslant \alpha(S) + \alpha(T)$, 其中, $S + T = \{x = y + z | y \in S, z \in T\}$;

(vii) $\alpha(\bar{co}S) = \alpha(S)$.

定理 2.3.2　设 $D \subset E$ 有界, 映射 $f : J \times S \to E$ 有界且一致连续. 则

$$\alpha(f(J \times S)) = \max_{t \in J} \alpha(f(t, S)), \quad \forall S \subset D,$$

其中, $J = [a, b]$.

定理 2.3.3 设 P 是实 Banach 空间 E 中的一个锥, 并且 $P_{r,R} = \{x \in P, r \leqslant \|x\| \leqslant R\}$, $R > r > 0$. 假定 $A : P_{r,R} \to P$ 是一个严格集压缩算子, 并且满足下面两个条件之一:

(a) $Ax \nleqslant x, \forall x \in P, \|x\| = r$; $Ax \ngeqslant x, \forall x \in P, \|x\| = R$.

(b) $Ax \ngeqslant x, \forall x \in P, \|x\| = r$; $Ax \nleqslant x, \forall x \in P, \|x\| = R$.

那么, A 在 P 中至少有一个不动点 x 满足 $r < \|x\| < R$.

定理 2.3.4 设 P 是实 Banach 空间 E 中的一个锥, 并且 $P_{r,R} = \{x \in P, r \leqslant \|x\| \leqslant R\}$, $R > r > 0$. 假定 $A : P_{r,R} \to P$ 是一个严格集压缩算子, 并且满足下面两个条件之一:

(a) $\|Ax\| \geqslant \|x\|, \forall x \in P, \|x\| = r$; $\|Ax\| \leqslant \|x\|, \forall x \in P, \|x\| = R$.

(b) $\|Ax\| \leqslant \|x\|, \forall x \in P, \|x\| = r$; $\|Ax\| \geqslant \|x\|, \forall x \in P, \|x\| = R$.

那么, A 在 $P_{r,R}$ 中至少有一个不动点.

定理 2.3.5 设 P 是实 Banach 空间 E 中的一个锥, Ω 是 P 中的一个有界非空凸开子集. 假定 $A : \bar{\Omega} \to P$ 是一个严格集压缩算子, 且 $A(\bar{\Omega}) \subset \Omega$. 则必有

$$i(A, \Omega, P) = 1.$$

定理 2.3.6 设 P 是实 Banach 空间 E 中的一个锥, $P_r = \{x \in P : \|x\| < r\}$ $(r > 0)$, $\bar{P}_r = \{x \in P : \|x\| \leqslant r\}$. 假设 $A : \bar{P}_r \to P$ 是一个严格集压缩算子. 如果 $\|Ax\| \geqslant \|x\|$ 且 $Ax \neq x$, $\forall x \in \partial P_r$, 则

$$i(A, P_r, P) = 0.$$

定理 2.3.7 设 D 是一个实 Banach 空间 E 中的有界闭凸子集. 如果算子 $A : D \to D$ 是一个严格集压缩算子, 则 A 在 D 中存在一个不动点.

定理 2.3.8 如果 $H \subset C(J, E)$ 有界且等度连续, 则 $\alpha_C(H) = \alpha(H(J)) = \max\limits_{t \in J} \alpha(H(t))$, 其中 $H(J) = \{x(t) : t \in J, x \in H\}$, $H(t) = \{x(t) : x \in H\}$.

2.4 时标上动力方程微积分基本理论

本书介绍的一些关于时标上动力方程微积分基本理论主要来源于参考文献 [11] 和 [12].

定义 2.4.1 如果 $\mathbb{T}$ 是实数集 $\mathbb{R}$ 上的一个非空闭子集, 则称 $\mathbb{T}$ 是一个时标.

定义 2.4.2 对于 $t < \sup \mathbb{T}$ 和 $t > \inf \mathbb{T}$, 我们在 t 定义前跳算子 $\sigma(t)$ 和后跳算子 $\rho(t)$ 为

$$\sigma(t) = \inf\{\tau > t : \tau \in \mathbb{T}\}, \quad \rho(t) = \sup\{\tau < t : \tau \in \mathbb{T}\}, \quad t \in \mathbb{T}.$$

定义 2.4.3 如果 $\rho(t) = t, \rho(t) < t, \sigma(t) > t$ 和 $\sigma(t) = t$, 则分别称点 $t \in \mathbb{T}$ 是左稠密的、左发散的、右稠密的、右发散的.

定义 2.4.4 设函数 $y : \mathbb{T} \to \mathbf{R}$, $t \in \mathbb{T}$. 如果对于 $\forall \varepsilon > 0$, 存在 t 的某个邻域 U, 使得对于所有的 $s \in U$ 满足

$$||[y(\sigma(t)) - y(s)] - y^{\Delta}(t)[\sigma(t) - s]|| < \varepsilon|\sigma(t) - s|,$$

则称函数 y 在点 t 处是 Δ 可导的, 记作 $y^{\Delta}(t)$.

定义 2.4.5 设函数 $y : \mathbb{T} \to \mathbf{R}$, $t \in \mathbb{T}$. 如果对于 $\forall \varepsilon > 0$, 存在 t 的某个邻域 U, 使得对于所有的 $s \in U$ 满足

$$||[y(\sigma(t)) - y(s)] - y^{\nabla}(t)[\sigma(t) - s]|| < \varepsilon|\sigma(t) - s|,$$

则称函数 y 在点 t 处是 ∇ 可导的, 记作 $y^{\nabla}(t)$.

如果 $\mathbb{T} = \mathbf{R}$, 则 $f^{\Delta}(t) = f^{\nabla}(t) = f'(t)$. 如果 $\mathbb{T} = \mathbf{Z}$, 则 $f^{\Delta}(t) = f(t+1) - f(t)$ 是前差分算子; 如果 $\mathbb{T} = \mathbf{R}$, 则 $f^{\nabla}(t) = f(t) - f(t-1)$, 是后差分算子.

定义 2.4.6 如果函数 $f : \mathbb{T} \to \mathbf{R}$ 在时标 $\mathbb{T}$ 中的右稠密点是连续的, 在左稠密点处极限存在 (有限), 则称 f 是右稠密连续的, 或者 rd-连续的, 记为 $f \in C_{rd}[\mathbb{T}]$.

如果函数 f 是右稠密连续的, 则存在一个函数 $F(t)$ 满足 $F^{\nabla}(t) = f(t)$, 这时有

$$\int_a^b f(t)\nabla t = F(b) - F(a).$$

定义 2.4.7 如果函数 $f : \mathbb{T} \to \mathbf{R}$ 在时标 $\mathbb{T}$ 中的左稠密点是连续的, 在右稠密点处极限存在 (有限), 则称 f 是左稠密连续的, 或者 ld-连续的, 记为 $f \in C_{ld}[\mathbb{T}]$.

如果函数 f 是左稠密连续的, 则存在一个函数 $F(t)$ 满足 $F^{\Delta}(t) = f(t)$, 这时有

$$\int_a^b f(t)\Delta t = F(b) - F(a).$$

定义 2.4.8 如果函数 $f : \mathbb{T} \to \mathbf{R}$ 在点 $t_0 \in \mathbb{T}^K$ 处是 Δ 可微的并且 $f^{\Delta}(t_0) > 0 (f^{\Delta}(t_0) < 0)$, 则称 f 在点 t_0 是右递增的 (右递减的).

注 2.4.1 在本书中, 令 $\mathbb{T}$ 是任意的时标 ($\mathbf{R}$ 的非空闭子集), $[a,b]$ 是 $\mathbb{T}$ 的子集如果满足 $[a,b] = \{t \in \mathbb{T} : a \leqslant t \leqslant b\}$. 这样, $\mathbf{R}, \mathbf{Z}, \mathbf{N}, \mathbf{N}_0$, 即实数集、整数集、自然数集和非负整数集都是时标的例子.

2.5 固有值和固有元

本节介绍的一些关于固有值和固有元的内容主要来源于参考文献 [5] 和 [7].

定义 2.5.1 设 E 是一个实 Banach 空间. $D \subset E$, $0 \in D$, $A : D \to E$, $A0 = 0$. 若 $x_0 \in D$ 满足 $x_0 \neq 0$, $Ax_0 = \lambda x_0$, λ 是某实数, 则称 λ 是 A 的固有值, x_0 是 A 属于 λ 的固有元.

注 2.5.1 线性全连续算子的固有值至多可数个, 而属于同一固有值的固有元 (加上零元素) 构成 E 的子空间. 而对于非线性全连续算子, 一般来说, 它的固有值构成一些区间, 而属于同一个固有值的固有元一般不构成子空间 (有时一个固有值只对应一个固有元).

定理 2.5.1 设 E 是无穷维的, $0 \in D$, P 是 E 中的锥. $A : P \cap D \to P$ 全连续, $A0 = 0$, 并且

$$\inf_{x \in P \cap \partial D} Ax > 0,$$

则 A 在 $P \cap \partial D$ 上对应于正固有值具有固有元. 即, 存在 $x_0 \in P \cap \partial D$ 和 $\mu_0 > 0$ 使得 $\Gamma x_0 = \mu_0 x_0$.

定理 2.5.2 设 $A : P \cap D \to P$ 全连续, $A0 = 0$. 如果满足条件

(a) $\lim\limits_{x \in P, \, \|x\| \to 0} \dfrac{\|Ax\|}{\|x\|} = 0$, $\lim\limits_{x \in P, \, \|x\| \to +\infty} \dfrac{\|Ax\|}{\|x\|} = +\infty$;

或者

(b) $\lim\limits_{x \in P, \, \|x\| \to 0} \dfrac{\|Ax\|}{\|x\|} = +\infty$, $\lim\limits_{x \in P, \, \|x\| \to +\infty} \dfrac{\|Ax\|}{\|x\|} = 0$.

则下列两个结论成立:

(i) A 的每一个固有值 $\mu > 0$ 对应一个正的固有元, 即, 存在 $x_\mu > 0$ 使得 $Ax_\mu = \mu x_\mu$;

(ii) 满足条件 (a), $\lim\limits_{\mu \to +\infty} \|x_\mu\| = +\infty$, 并且满足条件 (b), $\lim\limits_{\mu \to +\infty} \|x_\mu\| = 0$.

2.6 α-凹算子

为了研究边值问题的正解与参数的依赖关系, 需要借助 α-凹算子. 下面的定义和定理主要来源于参考文献 [7].

定义 2.6.1 设 P 是 E 中的体锥, 算子 $A : P^\circ \to P^\circ$. A 称为 α-凹算子 (α-凸算子), 如果

$$A(tx) \geqslant t^\alpha Ax \; (A(tx) \leqslant t^{-\alpha} Ax), \quad \forall x \in P^\circ, \quad 0 < t < 1,$$

其中, $0 \leqslant \alpha < 1$.

定义 2.6.2 如果 $x_1, x_2 \in P^\circ$, $x_1 \leqslant x_2 \Rightarrow Ax_1 \leqslant Ax_2 \; (Ax_1 \geqslant Ax_2)$, 则 A 是增 (减) 算子.

定义 2.6.3 如果 $x_1, x_2 \in P^\circ$, $x_1 < x_2 \Rightarrow Ax_2 - Ax_1 \in P^\circ (Ax_1 - Ax_2 \in P^\circ)$, 则 A 是强增 (强减) 算子.

定义 2.6.4　设 x_λ 是算子 A 对应于固有值 λ 的固有元, 即 $Ax_\lambda = \lambda x_\lambda$. 如果 $\lambda_1 > \lambda_2 \Rightarrow x_{\lambda_1} - x_{\lambda_2} \in P^\circ (x_{\lambda_2} - x_{\lambda_1} \in P^\circ)$, 即 $x_{\lambda_1} \gg x_{\lambda_2} (x_{\lambda_2} \gg x_{\lambda_1})$, 则称 x_λ 是强增的 (强减的).

定理 2.6.1　设 P 是实 Banach E 中的正规锥, $A : P^\circ \to P^\circ$ 是 α-凹增 (或者 $-\alpha-$ 凸减) 算子, 则 A 在 P° 中存在唯一的不动点 x_λ. 而且 x_λ 有如下性质:

(i) $x_\lambda(t)$ 关于 λ 是强增的. 即, $\lambda_1 > \lambda_2 > 0 \Rightarrow x_{\lambda_1}(t) \gg x_{\lambda_2}(t)$, 对 $t \in J$;

(ii) $\lim\limits_{\lambda \to 0^+} \|x_\lambda\| = 0, \quad \lim\limits_{\lambda \to +\infty} \|x_\lambda\| = +\infty$;

(iii) $x_\lambda(t)$ 关于 λ 连续. 即 $\lambda \to \lambda_0 > 0 \Rightarrow \|x_\lambda - x_{\lambda_0}\| \to 0$.

其中, $\lambda > 0$, x_λ 有方程 $Ax = \lambda x$ 确定.

定理 2.6.2　假设 P 是一个实 Banach 空间 E 中的正规锥, $A : P^\circ \to P^\circ$ 是一个 α-凹的增 (或者 α-凸的减) 算子, 则算子 A 在 P° 中恰好有一个不动点.

2.7　Hölder's 不等式

为了获得一些标准的不等式, 我们在 $[a, b]$ 上引入 Hölder's 不等式. 首先, 对 $0 < p < \infty$, 记

$$\|f\|_p = \left(\int_a^b |f(x)|^p dx \right)^{\frac{1}{p}}, \quad \|f\|_\infty = \operatorname*{ess\,sup}_{x \in [a,b]} |f(x)|.$$

定理 2.7.1 (Hölder)　令 $f \in L^p[a, b]$, $p > 1$, $g \in L^q[a, b]$, $q > 1$, 且 $\dfrac{1}{p} + \dfrac{1}{q} = 1$, 则 $fg \in L^1[a, b]$ 且

$$\|fg\|_1 \leqslant \|f\|_p \|g\|_q,$$

即

$$\int_a^b |f(x)g(x)| dx \leqslant \left(\int_a^b |f(x)|^p dx \right)^{\frac{1}{p}} \left(\int_a^b |g(x)|^q dx \right)^{\frac{1}{q}}.$$

令 $f \in L^1[a, b]$, $g \in L^\infty[a, b]$, 则 $fg \in L^1[a, b]$ 且

$$\|fg\|_1 \leqslant \|f\|_1 \|g\|_\infty,$$

即

$$\int_a^b |f(x)g(x)| dx \leqslant \left(\int_a^b |f(x)| dx \right) \left(\int_a^b |g(x)|^q dx \right)^{\frac{1}{q}}.$$

参 考 文 献

[1] Agarwal R P. Boundary Value Problems for Higher Order Differential Equations [M]. Singapore: World Scientific, 1986.

[2] Agarwal R P. Focal Boundary Value Problems for Differential and Difference Equations[M]. Dordrecht: Kluwer, 1998.

[3] 葛渭高. 非线性常微分方程边值问题 [M]. 北京: 科学出版社, 2007.

[4] 郭大钧, 孙经先, 刘兆理. 非线性常微分方程泛函方法 [M]. 济南: 山东科学技术出版社, 1995.

[5] 郭大钧. 非线性泛函分析 [M]. 济南: 山东科学技术出版社, 1985.

[6] 郭大钧. 非线性分析中的半序方法 [M]. 济南: 山东科学技术出版社, 1999.

[7] Guo D, Lakshmikantham V. Nonlinear Problems in Abstract Cones [M]. New York: Academic Press, 1988.

[8] 马如云. 非线性常微分方程非局部问题 [M]. 北京: 科学出版社, 2004.

[9] 郭大钧, 孙经先. 抽象空间常微分方程 [M]. 济南: 山东科学技术出版社, 1989.

[10] Gaines R E, Mawhin J L. Coincidence Degree and Nonlinear Differential Equations[M]. Lecture Notes in Math. Berlin: Springer, 1977.

[11] Bohner M, Peterson A. Dynamic Equations on Time Scales: An Introduction with Applications[M]. Boston: Birkhäser, 2001.

[12] Bohner M, Peterson A. Advances in Dynamic Equations on Time Scales[M]. Boston: Birkhäser, 2003.

[13] Lan K. Multive positive solutions of semilinear differential equations with singularities[J]. J. London Math. Soc., 2001, 63: 690-704.

第3章 二阶奇异微分方程边值问题

二阶常微分方程边值问题有 Dirichlet 边值问题、Neumann 边值问题、Robin 边值问题、Sturm-Liouville 边值问题和周期边值问题. 这些问题已经被国内外学者广泛研究, 并取得了深刻的结果[1-10]. 本章主要运用上下解方法、锥上不动点定理和锥上不动点指数定理分别研究二阶奇异非线性微分方程边值问题、二阶超前型和滞后型非线性微分方程边值问题正解和对称正解的存在性、多解性, 并获得了正解存在的特征值区间以及正解对参数的依赖关系.

3.1 节运用上下解方法并结合锥上不动点指数定理研究了一类广义 Sturm-Liouville 型两点奇异边值问题正解的存在性、多解性和不存在性, 并且获得了正解的存在性、多解性和不存在性与参数 λ 之间的关系: 存在 $\lambda^* > 0$, 当 $\lambda > \lambda^*$ 时, 问题 (3.1.1) 无解; 当 $\lambda = \lambda^*$ 时, 问题 (3.1.1) 至少存在一个正解; 当 $0 < \lambda < \lambda^*$ 时, 问题 (3.1.1) 至少存在两个正解.

在 3.2 节中, 作者运用锥上不动点指数定理并结合 Hölder's 不等式, 研究了一类广义 Sturm-Liouville 型 m 点边值问题

$$
\begin{cases}
\lambda x'' + g(t)f(t,x) = 0, \quad 0 < t < 1, \\
ax(0) - bx'(0) = \displaystyle\sum_{i=1}^{m-2} a_i x(\xi_i), \\
cx(1) + dx'(1) = \displaystyle\sum_{i=1}^{m-2} b_i x(\xi_i)
\end{cases}
$$

多个正解的存在性, 其中, 对任意 $1 \leqslant p \leqslant +\infty$, $g(t) \in L^p[0,1]$.

3.3 节运用锥上的不动点指数定理并结合 Hölder's 不等式讨论了一类带积分边界条件的 Sturm-Liouville 型二阶微分方程边值问题对称正解的存在性. 从边界条件和解的对称性两个方面推广了 3.1 节和 3.2 节的结果.

3.4 节应用锥不动点定理讨论了一类具偏差变元和积分边界条件的广义 Sturm-Liouville 型二阶奇异边值问题的正解的存在性以及正解 x_λ 对参数 λ 的依赖性. 特别地, 获得了问题 (3.4.1) 正解的个数与参数 λ 之间的关系: 存在 $\lambda^* > 0$, 当 $\lambda > \lambda^*$ 时, 问题 (3.4.1) 有 i_0 个解; 当 $0 < \lambda < \lambda^*$ 时, 问题 (3.4.1) 有 i_∞ 个解. 本节的结果不仅发展了已有文献中的理论, 同时改进和推广了 3.1 节—3.3 节中的结果.

3.5 节运用超线性和次线性的适当组合, 并结合锥上不动点定理, 研究了一类

不具有凹性的 m 点奇异边值问题

$$\begin{cases} -x''(t) - a(t)x'(t) + b(t)x(t) = \omega(t)f(t, x(\alpha(t))), & t \in (0,1), \\ x'(0) = 0, \quad x(1) - \int_0^1 h(t)x(t)dt = 0 \end{cases}$$

正解的存在性、多解性和不存在性与参数 λ 之间的关系. 其中, $a \in ([0,1], [0, +\infty))$, $b \in C([0,1], (0, +\infty))$ 且 ω 在 $t = 0$ 点或者/和 $t = 1$ 点奇异.

3.6 节首先给出了一类带积分边界条件和滞后偏差变元且不具有凹性的二阶奇异微分方程对应的 Green 函数, 并获得了 Green 函数的性质. 进而, 类似于 3.3 节, 我们引入记号 i_0 和 i_∞, 并应用 Krasnosel'skii's 不动点定理分 (i) $i_0 = 0$, $i_\infty = 0$; (ii) $i_0 = 0$, $i_\infty = 1$; (iii) $i_0 = 0$, $i_\infty = 2$; (iv) $i_0 = 1$, $i_\infty = 0$; (v) $i_0 = 1$, $i_\infty = 1$ 及 (vi) $i_0 = 2$, $i_\infty = 0$ 六种情况研究了这类问题一个正解和两个正解存在的充分条件.

3.1　二阶奇异微分方程两点边值问题的正解

考虑两点奇异边值问题

$$\begin{cases} \dfrac{1}{p(t)}(p(t)x'(t))' + \lambda g(t)f(x(t)) = 0, & 0 < t < 1, \\ ax(0) - b \lim_{t \to 0^+} p(t)x'(t) = 0, \\ cx(1) + d \lim_{t \to 1^-} p(t)x'(t) = 0, \end{cases} \tag{3.1.1}$$

其中, $\lambda > 0$ 是一个参数: $a \geqslant 0, b \geqslant 0, c \geqslant 0, d \geqslant 0, ac + bc + ad > 0$; p, g, f 分别满足:

(H_1) $p \in C^1((0,1), (0, +\infty))$ 且 $0 < \displaystyle\int_0^1 \frac{dt}{p(t)} < +\infty$;

(H_2) $g \in C((0,1), (0, +\infty))$ 且 $0 < \displaystyle\int_0^1 G(s,s)p(s)g(s)ds < +\infty$;

(H_3) $f \in C([0, +\infty), (0, +\infty))$ 非减, 并且存在 $\bar{\delta} > 0, m \geqslant 2$ 使得 $f(x) > \bar{\delta}x^m, x \in (0, +\infty)$.

令 $J = [0,1]$, $E = C[0,1]$, 显然 E 是 Banach 空间, 其范数定义为 $\|x\| = \max\limits_{0 \leqslant t \leqslant 1} |x(t)|$, $S = \{\lambda > 0 | (3.1.1) \text{ 至少有一个正解}\}$, $P = \{x \in E | x(t) \geqslant 0, t \in J\}$. 容易验证 P 是 E 中的锥.

在这一部分中, 我们总是假设 (H_1), (H_2) 和 (H_3) 成立. 令 $G(t,s)$ 是边值问题

$$\begin{cases} \dfrac{1}{p(t)}(p(t)x'(t))' = 0, & 0 < t < 1, \\[2mm] ax(0) - b \lim\limits_{t \to 0^+} p(t)x'(t) = 0, \\[2mm] cx(1) + d \lim\limits_{t \to 1^-} p(t)x'(t) = 0 \end{cases}$$

的 Green 函数, 则

$$G(t,s) = \frac{1}{D} \begin{cases} \left(b + a \displaystyle\int_0^s \frac{dr}{p(r)}\right)\left(d + c \displaystyle\int_t^1 \frac{dr}{p(r)}\right), & 0 \leqslant s \leqslant t \leqslant 1, \\[4mm] \left(b + a \displaystyle\int_0^t \frac{dr}{p(r)}\right)\left(d + c \displaystyle\int_s^1 \frac{dr}{p(r)}\right), & 0 \leqslant t \leqslant s \leqslant 1, \end{cases} \tag{3.1.2}$$

其中, $D = ad + ac \displaystyle\int_0^1 \frac{dr}{p(r)} + bc$. 易证 $G(t,s)$ 有下列性质.

命题 3.1.1　对任意 $t,s \in J$, 有

$$G(t,s) \leqslant G(s,s) \leqslant \frac{1}{D}\left(b + a\int_0^1 \frac{dr}{p(r)}\right)\left(d + c\int_0^1 \frac{dr}{p(r)}\right) < +\infty. \tag{3.1.3}$$

命题 3.1.2　对任意 $t,s \in J_\theta = [\theta, 1-\theta], \theta \in \left(0, \dfrac{1}{2}\right)$, 有

$$G(t,s) \geqslant \frac{1}{D}\left(b + a\int_0^\theta \frac{dr}{p(r)}\right)\left(d + c\int_{1-\theta}^1 \frac{dr}{p(r)}\right) > 0. \tag{3.1.4}$$

命题 3.1.3　对任意 $t \in J_\theta, s \in J$, 有

$$G(t,s) \geqslant \sigma_0 G(s,s), \tag{3.1.5}$$

其中,

$$\sigma_0 = \min\left\{ \frac{b + a\displaystyle\int_0^\theta \frac{dr}{p(r)}}{b + a\displaystyle\int_0^1 \frac{dr}{p(r)}}, \frac{d + c\displaystyle\int_{1-\theta}^1 \frac{dr}{p(r)}}{d + c\displaystyle\int_0^1 \frac{dr}{p(r)}} \right\}.$$

易证 $0 < \sigma_0 < 1$. 为了应用上下解方法, 下面给出问题 (3.1.1) 上下解的定义.

定义 3.1.1　令 $x(t) \in C[0,1] \cap C^1(0,1)$, 我们称 $x(t)$ 是问题 (3.1.1) 的一个下解, 如果 $x(t)$ 满足:

$$\begin{cases} -\dfrac{1}{p(t)}(p(t)x'(t))' \leqslant \lambda g(t)f(x(t)), & 0 < t < 1, \\[2mm] ax(0) - b \lim\limits_{t \to 0^+} p(t)x'(t) \leqslant 0, \\[2mm] cx(1) + d \lim\limits_{t \to 1^-} p(t)x'(t) \leqslant 0. \end{cases}$$

定义 3.1.2 令 $y(t) \in C[0,1] \cap C^1(0,1)$, 我们称 $y(t)$ 是问题 (3.1.1) 的一个上解, 如果 $y(t)$ 满足:

$$
\begin{cases}
-\dfrac{1}{p(t)}(p(t)y'(t))' \geqslant \lambda g(t)f(y(t)), & 0 < t < 1, \\
ay(0) - b \lim\limits_{t \to 0^+} p(t)y'(t) \geqslant 0, \\
cy(1) + d \lim\limits_{t \to 1^-} p(t)y'(t) \geqslant 0.
\end{cases}
$$

首先, 考虑边值问题

$$
\begin{cases}
\dfrac{1}{p(t)}(p(t)x'(t))' + \lambda g(t)f(x(t)) = 0, & 0 < t < 1, \\
ax(0) - b \lim\limits_{t \to 0^+} p(t)x'(t) = 0, \\
cx(1) + d \lim\limits_{t \to 1^-} p(t)x'(t) = \rho \geqslant 0.
\end{cases}
\tag{3.1.6}
$$

定义算子 $T_\lambda^\rho : E \to E$ 如下:

$$
T_\lambda^\rho x(t) = \int_0^1 G(t,s)\lambda p(s)g(s)f(x(s))ds + \rho h(t),
\tag{3.1.7}
$$

其中, $h(t) = \dfrac{1}{D}\left(b + a\int_0^t \dfrac{dr}{p(r)}\right)$. 对 $c \geqslant 1$, 不难证明 $0 < h(t) \leqslant 1$.

由 (3.1.7) 式, 容易得到下面的引理 3.1.1.

引理 3.1.1 假设 (H_1)—(H_3) 成立. 那么, 边值问题 (3.1.1) 有一个解 x 当且仅当 x 是算子 T_λ^ρ 的一个不动点.

定义锥 Q:

$$
Q = \{x \in C[0,1] \,|\, x(t) \geqslant 0, \min_{t \in J_\theta} x(t) \geqslant \sigma_0 \|x\|\}.
\tag{3.1.8}
$$

容易看出 Q 是 E 中的闭凸锥且 $Q \subset P$.

引理 3.1.2 假设 (H_1)—(H_3) 成立. 那么, $T_\lambda^0(Q) \subset Q$ 且 $T_\lambda^0 : Q \to Q$ 全连续并且非减.

证明 对任意 $x \in P$, 由命题 3.1.1 和 (3.1.7) 式知

$$
T_\lambda^0 x(t) = \int_0^1 G(t,s)\lambda p(s)g(s)f(x(s))ds \leqslant \int_0^1 \lambda G(s,s)p(s)g(s)f(x(s))ds,
$$

因此 $\|T_\lambda^0 x\| \leqslant \int_0^1 \lambda G(s,s)p(s)g(s)f(x(s))ds.$

另外, 对任意 $t \in J_\theta$, 由命题 3.1.2 和 (3.1.7) 式得到

$$\min_{t \in J_\theta} T_\lambda^0 x(t) = \min_{t \in J_\theta} \int_0^1 G(t,s)\lambda p(s)g(s)f(x(s))ds$$

$$\geqslant \lambda \sigma_0 \int_0^1 G(s,s)p(s)g(s)f(x(s))ds$$

$$\geqslant \sigma_0 \|T_\lambda^0 x\|.$$

所以 $T_\lambda^0 x \in Q$. 因此 $T_\lambda^0 P \subset Q$. 又 $Q \subset P$. 进而, 得到 $T_\lambda^0 Q \subset Q$. 用和参考文献 [11] 中类似的方法, 我们可以证明 $T_\lambda^0 : Q \to Q$ 全连续. 另外, 由条件 (H_3), 容易看出算子 T_λ^0 在 $[0, +\infty)$ 上非减.

注 3.1.1 类似于引理 3.1.1 和引理 3.1.2 的证明, 我们可以证明 $T_\lambda^\rho : Q \to Q$ 全连续; x 是问题 (3.1.6) 的解当且仅当 x 是算子 T_λ^ρ 的一个不动点.

下面提到的问题 (3.1.1)′ 是问题 (3.1.1) 中把 λ 替换为 λ' 得到的一个边值问题.$(3.1.1_{\lambda_1})$ 和 $(3.1.1_{\lambda_n})$ 也有类似的定义.

引理 3.1.3 假设 $\lambda \in S$, $S_1 = (\lambda, +\infty) \cap S \neq \varnothing$. 那么, 存在 $R(\lambda) > 0$, 使得 $\|x_{\lambda'}\| \leqslant R(\lambda)$. 其中, $\lambda' \in S_1, x_{\lambda'} \in Q$ 是问题 (3.1.1)′ 的一个解.

证明 对任意 $\lambda' \in S$, 令 $x_{\lambda'}$ 是边值问题 (3.1.1)′ 的一个解, 则

$$x_{\lambda'}(t) = T_{\lambda'}^0 x_{\lambda'}(t)$$

$$= \int_0^1 G(t,s)\lambda' p(s)g(s)f(x_{\lambda'}(s))ds.$$

令 $R(\lambda) = \max \left\{ \left[\lambda' \sigma_0^{m+1} \bar{\delta} \int_\theta^{1-\theta} G(s,s)p(s)g(s)ds \right]^{-1}, 1 \right\}$. 下证 $\|x_{\lambda'}\| \leqslant R(\lambda)$. 事实上, 如果 $\|x_{\lambda'}\| < 1$, 结论显然成立. 另一方面, 如果 $\|x_{\lambda'}\| \geqslant 1$, 那么, 由 (H_3) 我们得到

$$\frac{1}{\|x_{\lambda'}\|} \geqslant \frac{\min\limits_{t \in J_\theta} x_{\lambda'}(t)}{\|x_{\lambda'}\|^2}$$

$$= \frac{1}{\|x_{\lambda'}\|^2} \min_{t \in J_\theta} \int_0^1 G(t,s)\lambda' p(s)g(s)f(x_{\lambda'}(s))ds$$

$$\geqslant \frac{1}{\|x_{\lambda'}\|^2} \sigma_0 \int_\theta^{1-\theta} G(s,s)\lambda' p(s)g(s)\bar{\delta}(x_{\lambda'}(s))^m ds$$

$$\geqslant \frac{1}{\|x_{\lambda'}\|^2} \sigma_0^{m+1} \int_\theta^{1-\theta} G(s,s)\lambda' p(s)g(s)\bar{\delta}\|x_{\lambda'}\|^m ds$$

$$\geqslant \lambda' \sigma_0^{m+1} \bar{\delta} \int_\theta^{1-\theta} G(s,s)p(s)g(s)ds.$$

所以 $\|x_{\lambda'}\| \leqslant R(\lambda)$. 引理 3.1.3 得证.

引理 3.1.4 假设 $f : [0, +\infty) \to (0, +\infty)$ 是连续增的. 对给定的正数 s, s_0 和 M 满足 $0 < s < s_0$, $M > 0$, 则存在 $\bar{s} \in (s, s_0)$, $\rho_0 \in (0, 1)$ 使得

$$sf(x + \rho) < \bar{s}f(x), \quad x \in [0, M], \quad \rho \in (0, \rho_0). \tag{3.1.9}$$

证明 该引理的证明见参考文献 [11]. 证毕.

在证明定理 3.1.1 的第三个结论时总假定 $c \geqslant 1$.

定理 3.1.1 假设 (H_1)—(H_3) 成立. 那么, 存在 $0 < \lambda^* < +\infty$ 使得

(1) 当 $\lambda > \lambda^*$ 时, 边值问题 (3.1.1) 无解;

(2) 当 $\lambda = \lambda^*$ 时, 边值问题 (3.1.1) 至少有一个正解;

(3) 当 $0 < \lambda < \lambda^*$ 时, 边值问题 (3.1.1) 至少有两个正解.

证明 首先, 我们证明结论 (1) 成立. 令 $\beta(t)$ 是下面边值问题

$$\begin{cases} \dfrac{1}{p(t)}(p(t)x'(t))' + g(t) = 0, \quad 0 < t < 1, \\ ax(0) - b \lim_{t \to 0^+} p(t)x'(t) = 0, \\ cx(1) + d \lim_{t \to 1^-} p(t)x'(t) = 0 \end{cases} \tag{3.1.10}$$

的一个解, 则由引理 3.1.1 知 $\beta(t) = \displaystyle\int_0^1 G(t, s)p(s)g(s)ds$.

令 $\beta_0 = \max\limits_{t \in [0,1]} \beta(t)$. 则由 (H_3) 和命题 3.1.3 知

$$T_\lambda^0 \beta(t) \leqslant T_\lambda^0 \beta_0 = \int_0^1 G(t, s)\lambda p(s)g(s)f(\beta_0)ds < \beta(t), \quad \forall 0 < \lambda < \frac{1}{f(\beta_0)},$$

这意味着 $\beta(t)$ 是 T_λ^0 的一个上解.

另外, 记 $\alpha(t) \equiv 0$, $t \in [0, 1]$. 则 $\alpha(t)$ 显然是 T_λ^0 的一个下解, 且 $\alpha(t) < \beta(t)$, $t \in [0, 1]$. 由引理 3.1.2 知, T_λ^0 在 $[\alpha, \beta]$ 上全连续. 因此, T_λ^0 有一个不动点 $x_\lambda \in [\alpha, \beta]$, 并且根据引理 3.1.1 知 x_λ 是边值问题 (3.1.1) 的一个解. 所以, 对任意 $0 < \lambda < \dfrac{1}{f(\beta_0)}$, 可得 $\lambda \in S$, 这意味着 $S \neq \varnothing$.

设 $\lambda_1 \in S$, 则必有 $(0, \lambda_1) \subset S$. 事实上, 如果 x_{λ_1} 是边值问题 $(3.1.1)_{\lambda_1}$ 的一个解, 那么, 由引理 3.1.1 得

$$x_{\lambda_1}(t) = T_{\lambda_1}^0 x_{\lambda_1}(t), \quad t \in [0, 1].$$

因此, 对任意 $\lambda \in (0, \lambda_1)$, 由 (3.1.7) 知

$$T_\lambda^0 x_{\lambda_1}(t) = \int_0^1 G(t, s)\lambda p(s)g(s)f(x_{\lambda_1}(s))ds$$

$$\leqslant \int_0^1 G(t,s)\lambda_1 p(s)g(s)f(x_{\lambda_1}(s))ds$$
$$=T_{\lambda_1}^0 x_{\lambda_1}(t)$$
$$=x_{\lambda_1}(t).$$

这表明 x_{λ_1} 是 T_λ^0 的一个上解. 又 $\alpha(t) \equiv 0$ $(t \in [0,1])$ 是 T_λ^0 的一个下解. 由此并结合引理 3.1.1 知边值问题 (3.1.1) 有一个解. 这意味着 $\lambda \in S$, 且 $(0, \lambda_1) \subset S$.

令 $\lambda^* = \sup S$. 下面证明 $\lambda^* < +\infty$. 否则, 必有 $\mathbf{N} \subset S$. 这里 $\mathbf{N}$ 是自然数集. 因此, 对任意 $n \in \mathbf{N}$, 据引理 3.1.1 知, 存在 $x_n \in Q$ 满足

$$x_n = T_n^0 x_n$$
$$= \int_0^1 G(t,s)np(s)g(s)f(x_n(s))ds.$$

令 $K = \left[\bar{\delta}\sigma_0^{m+1} \int_\theta^{1-\theta} G(s,s)p(s)g(s)ds \right]^{-1}$, $\|x_n\| \geqslant 1$. 则由引理 3.1.1 和条件 (H_3) 知

$$1 \geqslant \frac{1}{\|x_n\|} \geqslant \frac{\min\limits_{\theta \leqslant t \leqslant 1-\theta} x_n(t)}{\|x_n\|^2}$$

$$= \frac{1}{\|x_n\|^2} \min\limits_{\theta \leqslant t \leqslant 1-\theta} \int_0^1 G(t,s)np(s)g(s)f(x_n(s))ds$$

$$\geqslant \frac{1}{\|x_n\|^2} \sigma_0 \int_\theta^{1-\theta} G(s,s)np(s)g(s)\bar{\delta}(x_n(s))^m ds$$

$$\geqslant \frac{1}{\|x_n\|^2} \sigma_0^{m+1} \int_\theta^{1-\theta} G(s,s)np(s)g(s)\bar{\delta}\|x_n\|^m ds$$

$$\geqslant n\sigma_0^{m+1}\bar{\delta} \int_\theta^{1-\theta} G(s,s)p(s)g(s)ds.$$

如果 $\|x_n\| \leqslant 1$, 则

$$1 \geqslant \|x_n\| \geqslant \min\limits_{\theta \leqslant t \leqslant 1-\theta} \int_0^1 G(t,s)np(s)g(s)f(x_n(s))ds \geqslant \sigma_0 \int_\theta^{1-\theta} G(s,s)np(s)g(s)f(0)ds.$$

因为, $n \leqslant \left\{ K, \left[\sigma_0 \int_\theta^{1-\theta} G(s,s)p(s)g(s)f(0)ds \right]^{-1} \right\}$. 这和 $\mathbf{N}$ 无界矛盾. 故 $\lambda^* < +\infty$. 结论 (1) 得证.

其次, 我们验证结论 (2) 成立.

令 $\{\lambda_n\} \subset \left[\dfrac{\lambda^*}{2}, \lambda^* \right)$, $\lambda_n \to \lambda^*(n \to \infty)$, $\{\lambda_n\}$ 是一个增序列. 假设 x_n 是

$(3.1.1)_{\lambda_n}$ 的一个解, 根据引理 3.1.3, 存在 $R\left(\dfrac{\lambda^*}{2}\right) > 0$ 使得 $\|x_n\| \leqslant R\left(\dfrac{\lambda^*}{2}\right), n = 1, 2, \cdots$. 故 x_n 是一个有界集. 显然 $\{x_n\}$ 是 $C[0,1]$ 的一个等度连续集. 由此, 并结合 Arzelà-Ascoli 定理可知 $\{x_n\}$ 是一个紧集, 从而 $\{x_n\}$ 有收敛子列. 不失一般性, 我们假定 x_n 收敛: $x_n \to x^*(n \to +\infty)$. 因为 $x_n = T^0_{\lambda_n} x_n$, 故据控制收敛定理知 $x^* = T^0_{\lambda^*} x^*$. 因此, 根据引理 3.1.1 知 x^* 是边值问题 $(3.1.1)_{\lambda^*}$ 的解. 从而结论 (2) 成立.

最后, 我们证明结论 (3) 成立.

令 $\alpha(t) \equiv 0(t \in [0,1])$, 则对任给的 $\lambda \in (0, \lambda^*)$, $\alpha(t)$ 是边值问题 (3.1.6) 的一个下解. 另一方面, 据引理 3.1.3, 存在 $R(\lambda) > 0$ 使得 $\|x_{\lambda'}\| \leqslant R(\lambda), \lambda' \in [\lambda, \lambda^*]$, 其中 $x_{\lambda'}$ 是边值问题 (3.1.1) 的一个解. 另外, 由引理 3.1.4, 存在 $\bar{\lambda} \in [\lambda, \lambda^*], \rho_0 \in (0,1)$ 满足

$$\lambda f(x + \rho) < \bar{\lambda} f(x), \quad x \in [0, R(\lambda)], \quad \rho \in (0, \rho_0).$$

令 $x_{\bar{\lambda}}$ 是边值问题 (3.1.1) 的一个解. 设 $\bar{x}_\lambda(t) = x_{\bar{\lambda}} + \rho, \rho \in (0, \rho_0)$. 则有

$$\begin{aligned}
\bar{x}_\lambda(t) =& x_{\bar{\lambda}} + \rho \\
=& \int_0^1 G(t,s)\bar{\lambda} g(s) f(x_{\bar{\lambda}}(s))ds + \rho \\
\geqslant& \rho + \int_0^1 G(t,s)\lambda g(s) f(x_{\bar{\lambda}}(s) + \rho)ds \\
\geqslant& \rho h(t) + \int_0^1 G(t,s)\lambda g(s) f(x_{\bar{\lambda}}(s) + \rho)ds \\
=& T^\rho_\lambda \bar{x}_\lambda(t).
\end{aligned}$$

再结合 $a\bar{x}(0) - b \lim\limits_{t \to 0^+} p(t)\bar{x}'(t) \geqslant 0, c\bar{x}(1) + d \lim\limits_{t \to 1^-} p(t)\bar{x}'(t) \geqslant \rho$, 可知 $\bar{x}_\lambda(t)$ 是边值问题 (3.1.6) 的一个上解. 因而边值问题 (3.1.6) 有解. 令 $v_\lambda(t)$ 是边值问题 (3.1.6) 的一个解. 令 $\Omega = \{y \in Q | y(t) < v_\lambda(t), t \in [0,1]\}$. 显然 $\Omega \subset Q$ 是有界开集. 如果 $y \in \partial\Omega$, 则存在 $t_0 \in [0,1]$, 使得 $y(t_0) = v_\lambda(t_0)$. 因此, 对任给的 $\mu \geqslant 1, \rho \in (0, \rho_0), y \in \partial\Omega$, 我们有

$$\begin{aligned}
T^0_\lambda y(t_0) <& \rho h(t) + T^0_\lambda y(t_0) \\
=& \rho h(t) + T^0_\lambda v_\lambda(t_0) \\
=& T^\rho_\lambda v_\lambda(t_0) \\
=& v_\lambda(t_0) \\
=& y(t_0) \\
\leqslant& \mu y(t_0).
\end{aligned}$$

从而对任给的 $\mu \geqslant 1$, 我们有 $T_\lambda^0 y \neq \mu y, y \in \partial\Omega$. 由定理 2.1.9 知

$$i(T_\lambda^0, \Omega, Q) = 1. \tag{3.1.11}$$

下面只需证明定理 2.1.10 的条件满足.

首先, 我们验证定理 2.1.10 中条件 (1) 满足. 事实上, 对任给的 $x \in Q$, 由 (H_3) 和 (3.1.5) 式知

$$\begin{aligned}
T_\lambda^0 x \left(\frac{1}{2}\right) &= \int_0^1 G\left(\frac{1}{2}, s\right) \lambda p(s) g(s) f(x(s)) ds \\
&\geqslant \int_\theta^{1-\theta} G\left(\frac{1}{2}, s\right) \lambda p(s) g(s) \bar\delta \sigma_0^m \|x\|^m ds \\
&= \|x\|^m \int_\theta^{1-\theta} G\left(\frac{1}{2}, s\right) \lambda p(s) g(s) \bar\delta \sigma_0^m ds \\
&= \|x\|^{m-1} \int_\theta^{1-\theta} G\left(\frac{1}{2}, s\right) \lambda p(s) g(s) \bar\delta \sigma_0^m ds \|x\|.
\end{aligned} \tag{3.1.12}$$

取 $\bar R > 0$, 使得 $\bar R^{m-1} \int_\theta^{1-\theta} G\left(\frac{1}{2}, s\right) \lambda p(s) g(s) \bar\delta \sigma_0^m ds > 1$. 故, 对任意 $R > \bar R$ 有 $B_R \subset Q$, 且据 (3.1.12) 式知

$$\|T_\lambda^0 x\| > \|x\| > 0, \quad x \in \partial B_R, \tag{3.1.13}$$

其中, $B_R = \{x \in Q \| \|x\| < R\}$. 因此定理 2.1.10 中条件 (1) 成立.

其次, 证明定理 2.1.10 中的条件 (2) 成立.

事实上, 如果定理 2.1.10 的条件 (2) 不成立, 则存在 $x_1 \in Q \cap \partial B_R, 0 < \mu_1 \leqslant 1$, 使得 $T_\lambda^0 x_1 = \mu_1 x_1$. 从而 $\|T_\lambda^0 x_1\| \leqslant \|x_1\|$. 这与 (3.1.13) 矛盾. 所以, 定理 2.1.10 的条件 (2) 成立. 根据定理 2.1.10 知

$$i(T_\lambda^0, B_R, Q) = 0. \tag{3.1.14}$$

因此, 由不动点指数的可加性知

$$0 = i(T_\lambda^0, B_R, Q) = i(T_\lambda^0, \Omega, Q) + i(T_\lambda^0, B_R \setminus \bar\Omega, Q).$$

又 $i(T_\lambda^0, \Omega, Q) = 1, i(T_\lambda^0, B_R \setminus \bar\Omega, Q) = -1$, 所以, 根据不动点指数的可解性知 T_λ^0 在 Ω 和 $B_R \setminus \bar\Omega$ 中各有一个不动点. 因此, 根据引理 3.1.1 知边值问题 (3.1.1) 至少有两个解. 进而, 条件 (H_1)—(H_3) 保证了边值问题 (3.1.1) 至少有两个正解. 定理得证.

例 3.1.1 考虑

$$
\begin{cases}
\sqrt{t}(1-t)\left(\dfrac{1}{\sqrt{t}(1-t)}x'(t)\right)' + \lambda\dfrac{1-t}{\sqrt[3]{t}}2^{2x} = 0, & 0 < t < 1, \\
x(0) = x(1) = 0,
\end{cases}
\tag{3.1.15}
$$

其中 $\lambda > 0$.

结论 3.1.1 边值问题 (3.1.15) 具有定理 3.1.1 的结果.

证明 令 $p(t) = \dfrac{1}{\sqrt{t}(1-t)}, g(t) = \dfrac{1-t}{\sqrt[3]{t}}, f(x) = 2^{2x}, 0 < t < 1, a = c = 1, b = d = 0.$ 显然, $p(t)$ 在点 $t = 0$ 和点 $t = 1$ 处奇异, $g(t)$ 在点 $t = 0$ 处奇异, 条件 (H_1) 和 (H_2) 成立.

通过计算知问题 (3.1.15) 的 Green 函数为

$$
G(t,s) = \begin{cases}
\dfrac{1}{15}s^{\frac{3}{2}}(5-3s)(2-5t^{\frac{3}{2}}+3t^{\frac{5}{2}}), & 0 \leqslant s \leqslant t \leqslant 1, \\
\dfrac{1}{15}t^{\frac{3}{2}}(5-3t)(2-5t^{\frac{3}{2}}+3s^{\frac{5}{2}}), & 0 \leqslant t \leqslant s \leqslant 1.
\end{cases}
$$

容易看出 $0 \leqslant G(s,s) \leqslant 1$.

另外, 取 $\bar{\delta} = 1 > 0, m = 2$, 则 $f(x) = 2^{2x} = \bar{\delta}2^{2x} > x^2 = x^m > 0.$ 所以条件 (H_3) 也成立. 因此, 定理 3.1.1 的条件满足, 从而知边值问题 (3.1.15) 具有定理 3.1.1 的结论. 证毕.

3.2 二阶微分方程 m 点边值问题的多个正解

考虑 m 点边值问题

$$
\begin{cases}
\lambda x'' + g(t)f(t,x) = 0, & 0 < t < 1, \\
ax(0) - bx'(0) = \displaystyle\sum_{i=1}^{m-2} a_i x(\xi_i), \\
cx(1) + dx'(1) = \displaystyle\sum_{i=1}^{m-2} b_i x(\xi_i),
\end{cases}
\tag{3.2.1}
$$

其中 $\lambda > 0$ 是一个参数, $a \geqslant 0, b \geqslant 0, c \geqslant 0, d \geqslant 0, \rho := ac + bc + ad > 0$, $\xi_i \in (0,1), a_i, b_i \in (0, +\infty)(i = 1, 2, \cdots, m-2)$, 对任意 $1 \leqslant p \leqslant +\infty$, $g \in L^p[0,1]$ 且在 $\left[0, \dfrac{1}{2}\right)$ 中有可列多个奇异点.

考虑 Banach 空间 $E = C[0,1]$, 其中范数定义为 $\|x\| = \max\limits_{0 \leqslant t \leqslant 1} |x(t)|$. 令 K 是 E 中的锥, $K_r = \{x \in K : \|x\| \leqslant r\}$, $\partial K_r = \{x \in K : \|x\| = r\}$, $K_\gamma^R = \{x \in K : \|x\| <$

$R, \min\limits_{t\in J_\theta} x(t) > \gamma\}, \bar{K}_\gamma^R = \{x\in K : \|x\| \leqslant R, \min\limits_{t\in J_\theta} x(t) \geqslant \gamma\}, \partial K_\gamma^R = \{x\in K : \|x\| = R, \min\limits_{t\in J_\theta} x(t) = \gamma\},$ 其中 $\theta \in \left(0, \dfrac{1}{2}\right), J_\theta = [\theta, 1-\theta], r > 0, R > 0, \gamma > 0.$

在讨论边值问题 (3.2.1) 时, 需要下列条件:

(H_1) 对任意 $1 \leqslant p \leqslant +\infty$, $g \in L^p[0,1]$, 并且存在正数 $m > 0$ 使得 $g(t)$ 在 J 上几乎处处有 $g(t) \geqslant m$;

(H_2) $f \in C(J \times [0, +\infty), [0, +\infty))$ 并且 $f(t,0) = 0$;

(H_3) $\Delta < 0, \rho - \sum_{i=1}^{m-2} a_i\phi(\xi_i) > 0, \rho - \sum_{i=1}^{m-2} b_i\psi(\xi_i) > 0$. 其中,

$$\Delta = \begin{vmatrix} -\sum\limits_{i=1}^{m-2} a_i\psi(\xi_i) & \rho - \sum\limits_{i=1}^{m-2} a_i\phi(\xi_i) \\ \rho - \sum\limits_{i=1}^{m-2} b_i\psi(\xi_i) & -\sum\limits_{i=1}^{m-2} b_i\phi(\xi_i) \end{vmatrix},$$

$\psi(t) = b + at$ 和 $\phi(t) = c + d - ct, t \in J$ 是方程 $x'' = 0$ 的两个线性无关解.

为了应用定理 2.1.11, 我们在 E 中构造锥 K:

$$K = \{x \in E : x(t) \geqslant 0, t \in J\},$$

显然 K 是 E 中的闭凸锥.

定义算子 $T_\lambda : K \to K$:

$$(T_\lambda x)(t) = \frac{1}{\lambda}\Bigg[\int_0^1 G(t,s)g(s)f(s, x(s))ds$$
$$+ A(g(\cdot)f(\cdot, x(\cdot)))\psi(t) + B(g(\cdot)f(\cdot, x(\cdot)))\phi(t)\Bigg], \tag{3.2.2}$$

其中,

$$G(t,s) = \frac{1}{\rho}\begin{cases} \psi(s)\phi(t), & 0 \leqslant s \leqslant t \leqslant 1, \\ \psi(t)\phi(s), & 0 \leqslant t \leqslant s \leqslant 1, \end{cases}$$

$$A(gy) := \frac{1}{\Delta}\begin{vmatrix} \sum\limits_{i=1}^{m-2} a_i \int_0^1 G(\xi_i, t)g(t)y(t)dt & \rho - \sum\limits_{i=1}^{m-2} a_i\phi(\xi_i) \\ \sum\limits_{i=1}^{m-2} b_i \int_0^1 G(\xi_i, t)g(t)y(t)dt & -\sum\limits_{i=1}^{m-2} b_i\phi(\xi_i) \end{vmatrix},$$

$$B(gy) := \frac{1}{\Delta}\begin{vmatrix} -\sum\limits_{i=1}^{m-2} a_i\psi(\xi_i) & \sum\limits_{i=1}^{m-2} a_i \int_0^1 G(\xi_i, t)g(t)y(t)dt \\ \rho - \sum\limits_{i=1}^{m-2} b_i\psi(\xi_i) & \sum\limits_{i=1}^{m-2} b_i \int_0^1 G(\xi_i, t)g(t)y(t)dt \end{vmatrix}.$$

不难证明 $G(t,s)$, $A(y)$ 和 $B(y)$ 有下列性质.

命题 3.2.1 对任意 $t,s \in J$, 有

$$0 \leqslant G(t,s) \leqslant G(s,s).$$

命题 3.2.2 对任意 $t \in J_\theta, s \in (0,1)$, 有

$$G(t,s) \geqslant \sigma G(s,s),$$

其中,

$$\sigma = \sigma_\theta = \min\left\{\frac{\psi(\theta)}{\psi(1)}, \frac{\phi(1-\theta)}{\phi(0)}\right\}.$$

事实上, 对任意 $t \in [\theta, 1-\theta]$, 我们得到

$$\frac{G(t,s)}{G(s,s)} \geqslant \min\left\{\frac{\psi(\theta)}{\psi(s)}, \frac{\phi(1-\theta)}{\phi(s)}\right\} \geqslant \min\left\{\frac{\psi(\theta)}{\psi(1)}, \frac{\phi(1-\theta)}{\phi(0)}\right\} =: \sigma,$$

显然, $0 < \sigma < 1$.

命题 3.2.3

$$|A(gy)| \leqslant \frac{1}{\Delta} \left| \begin{array}{cc} \displaystyle\sum_{i=1}^{m-2} a_i \int_0^1 G(\xi_i,t)g(t)dt & \displaystyle\rho - \sum_{i=1}^{m-2} a_i\phi(\xi_i) \\ \displaystyle\sum_{i=1}^{m-2} b_i \int_0^1 G(\xi_i,t)g(t)dt & \displaystyle-\sum_{i=1}^{m-2} b_i\phi(\xi_i) \end{array} \right| \|y\| := \tilde{A}\|y\|.$$

命题 3.2.4

$$|B(gy)| \leqslant \frac{1}{\Delta} \left| \begin{array}{cc} \displaystyle-\sum_{i=1}^{m-2} a_i\psi(\xi_i) & \displaystyle\sum_{i=1}^{m-2} a_i \int_0^1 G(\xi_i,t)g(t)dt \\ \displaystyle\rho - \sum_{i=1}^{m-2} b_i\psi(\xi_i) & \displaystyle\sum_{i=1}^{m-2} b_i \int_0^1 G(\xi_i,t)g(t)dt \end{array} \right| \|y\| := \tilde{B}\|y\|.$$

注 3.2.1 由命题 3.2.2 知存在正数 $\tau > 0$ 使得对任意 $t,s \in J_\theta$ 有 $G(t,s) \geqslant \tau$. 由 (3.2.2) 式, 容易得到下面的引理 3.2.1.

引理 3.2.1 假设条件 (H_1)—(H_3) 成立. 则边值问题 (3.2.1) 有一个解 x 当且仅当 x 是算子 T_λ 的一个不动点.

证明方法和参考文献 [8] 中的引理 5.5.1 类似.

引理 3.2.2 假设条件 (H_1)—(H_3) 成立. 则 $T_\lambda K \subset K$, 并且 $T_\lambda : K \to K$ 全连续.

证明 对任意 $x \in K$, 据 (3.2.1) 知 $T_\lambda x \geqslant 0$. 再运用标准的方法并结合 Arzelà-Ascoli 定理, 我们能证明 $T_\lambda : K \to K$ 全连续. 故证明细节省略.

下面, 我们对 $g \in L^p[0,1] : p > 1$, $p = 1$ 和 $p = \infty$ 三种情况, 讨论边值问题 (3.2.1) 正解的存在性. 首先考虑 $p > 1$ 的情况.

定理 3.2.1 假设 (H_1)—(H_3) 和下面三个条件成立:

(H_4) 关于 $t \in J$, 一致地有 $\lim\limits_{x \to 0} \dfrac{f(t,x)}{x} = 0$;

(H_5) 关于 $t \in J$, 一致地有 $\lim\limits_{x \to +\infty} \dfrac{f(t,x)}{x} = 0$;

(H_6) 存在正数 $\gamma > 0$, 使得对任意 $x \geqslant \gamma$, $t \in J$ 有 $f(t,x) \geqslant \eta$. 其中, $\eta > 0$.
那么, 存在正数 $\delta > 0$ 使得对任意 $0 < \lambda < \delta$, 边值问题 (3.2.1) 至少有两个正解 $x_\lambda^{(1)}(t)$, $x_\lambda^{(2)}(t)$ 满足 $\max\limits_{t \in J} x_\lambda^{(1)}(t) > \gamma$.

证明 令 $\delta = \tau m \eta (1 - 2\theta)\gamma^{-1}$. 则对任意 $0 < \lambda < \delta$, (3.2.2) 和引理 3.2.2 表明 $T_\lambda : K \to K$ 全连续.

首先, 由 (H_4) 知存在正数 r 满足 $0 < r < \gamma$ 使得对任意 $0 \leqslant x \leqslant r$, $t \in J$ 有 $f(t,x) \leqslant \dfrac{\lambda}{2\Lambda}x$, 其中 $\Lambda = \|G\|_q\|g\|_p + \tilde{A}\|\psi\| + \tilde{B}\|\phi\|$.

因此, 对任意 $x \in \partial K_r$, 据命题 3.2.2 知

$$(T_\lambda x)(t) = \frac{1}{\lambda}\left[\int_0^1 G(t,s)g(s)f(s,x(s))ds + A(g(\cdot)f(\cdot,x(\cdot)))\psi(t) + B(g(\cdot)f(\cdot,x(\cdot)))\phi(t)\right]$$

$$\leqslant \frac{1}{\lambda}\left[\int_0^1 G(t,s)g(s)ds + \tilde{A}\|\psi\| + \tilde{B}\|\phi\|\right]\|f(\cdot,x(\cdot))\|$$

$$\leqslant \frac{1}{\lambda}\left[\int_0^1 G(t,s)g(s)ds + \tilde{A}\|\psi\| + \tilde{B}\|\phi\|\right]\frac{\lambda}{2\Lambda}\|x\|$$

$$\leqslant \frac{1}{\lambda}\left[\int_0^1 G(s,s)g(s)ds + \tilde{A}\|\psi\| + \tilde{B}\|\phi\|\right]\frac{\lambda}{2\Lambda}\|x\|$$

$$\leqslant \frac{1}{\lambda}\left[\|G\|_q\|g\|_p + \tilde{A}\|\psi\| + \tilde{B}\|\phi\|\right]\frac{\lambda}{2\Lambda}\|x\|$$

$$= \frac{\|x\|}{2} < \|x\| = r.$$

故, 对任意 $x \in \partial K_r$, 得 $\|T_\lambda x\| < \|x\|$. 进而根据定理 2.1.11 知

$$i(T_\lambda, K_r, K) = 1. \tag{3.2.3}$$

其次, 由条件 (H_5) 知存在正数 $l > 0$ 使得对任意 $t \in J, x > l$, 有 $f(t,x) \leqslant \dfrac{\lambda}{2\Lambda}x$. 令 $L = \max\limits_{t \in J, 0 \leqslant x \leqslant l} f(t,x)$. 则

$$0 \leqslant f(t,x) \leqslant \frac{\lambda}{2\Lambda}x + L. \tag{3.2.4}$$

取

$$R > \max\left\{\gamma, 2\frac{\Lambda L}{\lambda}\right\}. \tag{3.2.5}$$

故, 对任意 $x \in \partial K_R$, 由 (3.2.4) 和 (3.2.5) 式得

$$
\begin{aligned}
(T_\lambda x)(t) &= \frac{1}{\lambda}\left[\int_0^1 G(t,s)g(s)f(s,x(s))ds + A(g(\cdot)f(\cdot,x(\cdot)))\psi(t) + B(g(\cdot)f(\cdot,x(\cdot)))\phi(t)\right] \\
&\leqslant \frac{1}{\lambda}\left[\int_0^1 G(t,s)g(s)ds + \tilde{A}\|\psi\| + \tilde{B}\|\phi\|\right]\|f(\cdot,x(\cdot))\| \\
&\leqslant \frac{1}{\lambda}\left[\int_0^1 G(t,s)g(s)ds + \tilde{A}\|\psi\| + \tilde{B}\|\phi\|\right]\left(\frac{\lambda}{2\Lambda} + L\right)\|x\| \\
&\leqslant \frac{1}{\lambda}\left[\int_0^1 G(s,s)g(s)ds + \tilde{A}\|\psi\| + \tilde{B}\|\phi\|\right]\left(\frac{\lambda}{2\Lambda} + L\right)\|x\| \\
&\leqslant \frac{1}{\lambda}\left[\|G\|_q\|g\|_p + \tilde{A}\|\psi\| + \tilde{B}\|\phi\|\right]\left(\frac{\lambda}{2\Lambda} + L\right)\|x\| \\
&< \frac{\|x\|}{2} + \frac{R}{2} = \|x\|,
\end{aligned}
$$

即

$$i(T_\lambda, K_R, K) = 1. \tag{3.2.6}$$

另一方面, 对任意 $x \in \bar{K}_\gamma^R = \{x \in K : \|x\| \leqslant R, \min\limits_{t \in J_\theta} x(t) \geqslant \gamma\}, t \in J$, 由 (3.2.2) 式、命题 3.2.3 和命题 3.2.4 得

$$\|T_\lambda x\| \leqslant \frac{1}{\lambda}[\|G\|_q\|g\|_p + \tilde{A}\|\psi\| + \tilde{B}\|\phi\|]\left(\frac{\lambda}{2\Lambda} + L\right)\|x\| < R.$$

进而, 对任意 $x \in \bar{K}_\gamma^R$, 由 (3.2.2) 式, 命题 3.2.2 和条件 (H_6) 得

$$
\begin{aligned}
\min_{t \in J_\theta}(T_\lambda x)(t) &= \min_{t \in J_\theta}\frac{1}{\lambda}\left[\int_0^1 G(t,s)g(s)f(s,x(s))ds\right. \\
&\qquad \left. + A(g(\cdot)f(\cdot,x(\cdot)))\psi(t) + B(g(\cdot)f(\cdot,x(\cdot)))\phi(t)\right] \\
&\geqslant \min_{t \in J_\theta}\frac{1}{\lambda}\int_0^1 G(t,s)g(s)f(s,x(s))ds \\
&\geqslant \min_{t \in J_\theta}\frac{1}{\lambda}\int_\theta^{1-\theta} G(t,s)g(s)f(s,x(s))ds \\
&\geqslant \frac{1}{\lambda}\tau\int_\theta^{1-\theta} g(s)f(s,x(s))ds \\
&\geqslant \frac{1}{\lambda}\tau m\eta(1-2\theta)
\end{aligned}
$$

$$> \frac{1}{\delta} \tau m \eta (1 - 2\theta)$$
$$= \gamma.$$

令 $x_0 \equiv \dfrac{\gamma + R}{2}$, $H(t, x) = (1 - t)T_\lambda x + t x_0$. 那么, $H : [0, 1] \times \bar{K}_\gamma^R \to K$ 全连续, 并且通过上面的分析, 可得对任意 $(t, x) \in [0, 1] \times \bar{K}_\gamma^R$ 有

$$H(t, x) \in K_\gamma^R.$$

因此, 对任意 $t \in J, x \in \partial K_\gamma^R$, 我们得 $H(t, x) \neq x$. 所以, 根据不动点指数的正规性和同伦不变性得

$$i(T_\lambda, K_\gamma^R, K) = i(x_0, K_\gamma^R, K) = 1. \tag{3.2.7}$$

再由不动点指数的可解性得 T_λ 有一个不动点 $x_\lambda^{(1)}$ 并且满足 $x_\lambda^{(1)} \in K_\gamma^R$. 进而, 据引理 3.2.2 知 $x_\lambda^{(1)}$ 就是边值问题 (3.2.1) 的解, 并且满足

$$\max_{t \in J} x_\lambda^{(1)} \geqslant \min_{t \in J_\theta} x_\lambda^{(1)} > \gamma.$$

另一方面, 由 (3.2.3), (3.2.6) 和 (3.2.7) 式并结合不动点指数的可加性知

$$i(T_\lambda, K_R \backslash (\bar{K}_r \cup \bar{K}_\gamma^R), K)$$
$$= i(T_\lambda, K_R, K) - i(T_\lambda, K_\gamma^R, K) - i(T_\lambda, K_r, K)$$
$$= 1 - 1 - 1 = -1.$$

因此, 由不动点指数的可解性得 T_λ 有一个不动点 $x_\lambda^{(2)}$ 满足 $x_\lambda^{(2)} \in K_R \backslash (\bar{K}_r \cup \bar{K}_\gamma^R)$. 进而, 根据引理 3.2.2 知 $x_\lambda^{(2)}$ 就是边值问题 (3.2.1) 的解, 并且满足 $x_\lambda^{(1)} \neq x_\lambda^{(2)}$. 定理得证.

下面讨论 $p = \infty$ 的情况, 证明方法和定理 3.2.1 完全相同.

推论 3.2.1　假设 (H_1)—(H_6) 成立. 那么, 存在正数 $\delta > 0$ 使得对任意 $0 < \lambda < \delta$, 边值问题 (3.2.1) 至少有两个正解 $x_\lambda^{(1)}(t)$, $x_\lambda^{(2)}(t)$ 并且满足 $\max\limits_{t \in J} x_\lambda^{(1)}(t) > \gamma$.

证明　用 $\|G\|_1 \|g\|_\infty$ 代替 $\|G\|_p \|g\|_q$, 并且重复上面的过程, 就可得到定理的结论.

最后讨论当 $p = 1$ 时的情况.

推论 3.2.2　假设条件 (H_1)—(H_6) 成立. 那么, 存在正数 $\delta > 0$ 使得对任意 $0 < \lambda < \delta$, 边值问题 (3.2.1) 至少有两个正解 $x_\lambda^{(1)}(t)$, $x_\lambda^{(2)}(t)$ 满足 $\max\limits_{t \in J} x_\lambda^{(1)}(t) > \gamma$.

证明　对任意 $x \in \partial K_r$, 由命题 3.2.2 得

$$(T_\lambda x)(t) = \frac{1}{\lambda} \left[\int_0^1 G(t, s) g(s) f(s, x(s)) ds + A(g(\cdot) f(\cdot, x(\cdot))) \psi(t) + B(g(\cdot) f(\cdot, x(\cdot))) \phi(t) \right.$$

$$\leqslant \frac{1}{\lambda}\left[\int_0^1 G(t,s)g(s)ds + \tilde{A}\|\psi\|\tilde{B}\|\phi\|\right]\|f(\cdot,x(\cdot))\|$$

$$\leqslant \frac{1}{\lambda}\left[\int_0^1 G(t,s)g(s)ds + \tilde{A}\|\psi\| + \tilde{B}\|\phi\|\right]\frac{\lambda}{2\Lambda}\|x\|$$

$$\leqslant \frac{1}{\lambda}\left[\int_0^1 G(s,s)g(s)ds + \tilde{A}\|\psi\| + \tilde{B}\|\phi\|\right]\frac{\lambda}{2\Lambda}\|x\|$$

$$\leqslant \frac{1}{\lambda}\left[\frac{1}{\rho}\psi(1)\phi(0)\|g\|_p + \tilde{A}\|\psi\| + \tilde{B}\|\phi\|\right]\frac{\lambda}{2\Lambda'}\|x\|$$

$$= \frac{\|x\|}{2} < \|x\| = r,$$

其中, $\Lambda' = \dfrac{1}{\rho}\psi(1)\phi(0)\|g\|_p + \tilde{A}\|\psi\| + \tilde{B}\|\phi\|$.

因此, 对任意 $x \in \partial K_r$, 有 $\|T_\lambda x\| < \|x\|$. 进而, 由定理 2.1.11 知 (3.2.3) 式成立. 类似地, 可以证明 (3.2.6) 和 (3.2.7) 式成立. 定理得证.

注 3.2.2 与文献 [8] 相比, 定理 3.2.1、推论 3.2.1 和推论 3.2.2 主要从下面两个方面推广了参考文献 [8] 中定理 5.4.1 的结论:

(1) 考虑了参数 $\lambda > 0$ 的情况;

(2) 对任意 $1 \leqslant p \leqslant \infty$, $g(t) \in L^p[0,1]$ 且在 $\left[0, \dfrac{1}{2}\right)$ 中含有可列多个奇异点.

3.3 带积分边界条件的二阶边值问题的对称正解

考虑二阶边值问题

$$\begin{cases} (g(t)x'(t))' + \omega(t)f(t,x(\alpha(t))) = 0, & 0 < t < 1, \\ ax(0) - b\lim\limits_{t \to 0^+} g(t)x'(t) = \int_0^1 h(s)x(s)ds, \\ ax(1) + b\lim\limits_{t \to 1^-} g(t)x'(t) = \int_0^1 h(s)x(s)ds, \end{cases} \tag{3.3.1}$$

其中, $a, b > 0$, $g \in C^1([0,1],(0,+\infty))$ 在 $J = [0,1]$ 中对称, $w \in L^p[0,1]$, $1 \leqslant p \leqslant +\infty$, 且在 J 中对称, $f : [0,1] \times [0,+\infty) \to [0,+\infty)$ 连续, 且对任意 $(t,x) \in [0,1] \times [0,+\infty)$, $f(1-t,x) = f(t,x)$, $h \in L^1[0,1]$ 非负, 且在 J 对称.

另外, g, ω, f 和 h 满足条件:

(H_1) $g \in C^1(J,(0,+\infty))$, 在 J 中对称;

(H_2) $w \in L^p[0,1]$, $1 \leqslant p \leqslant +\infty$, 在 J 中对称, 且存在 $m > 0$ 使得 ω 在 J 中几乎处处有 $w(t) \geqslant m$;

(H_3) $f : J \times [0, +\infty) \to [0, +\infty)$ 连续, 且对任意 $x \geqslant 0$, $f(\cdot, x)$ 关于 t 在 J 中对称;

(H_4) $h \in L^1[0, 1]$ 非负, 在 J 中对称, 且 $\nu \in [0, a)$, 其中, $\nu = \int_0^1 h(s)ds$.

令 $E = C[0, 1]$, $\|x\| = \max\limits_{0 \leqslant t \leqslant 1} |x(t)|$. 显然, $(E, \|\cdot\|)$ 是一个实 Banach 空间.

令 K 是 E 中的锥, $K_r = \{x \in K : \|x\| \leqslant r\}$, $\partial K_r = \{x \in K : \|x\| = r\}$. 其中, $r > 0$.

如果函数 $x(t) = x(1 - t)$, $t \in J$, 则称函数 x 在 J 中对称.

引理 3.3.1　假设条件 (H_1) 成立, 且 $\nu \neq a$, 则对任意 $y \in E$, 边值问题

$$
\begin{cases}
-(g(t)x'(t))' = y(t), & 0 < t < 1, \\
ax(0) - b \lim\limits_{t \to 0^+} g(t)x'(t) = \int_0^1 h(s)x(s)ds, \\
ax(1) + b \lim\limits_{t \to 1^-} g(t)x'(t) = \int_0^1 h(s)x(s)ds
\end{cases}
\tag{3.3.2}
$$

存在唯一解 x, 且

$$
x(t) = \int_0^1 H(t, s)y(s)ds,
\tag{3.3.3}
$$

其中,

$$
H(t, s) = G(t, s) + \frac{1}{a - \nu} \int_0^1 G(s, \tau)h(\tau)d\tau,
\tag{3.3.4}
$$

$$
G(t, s) = \frac{1}{\Delta}
\begin{cases}
\left(b + a \int_0^s \dfrac{dr}{g(r)}\right)\left(b + a \int_t^1 \dfrac{dr}{g(r)}\right), & 0 \leqslant s \leqslant t \leqslant 1, \\
\left(b + a \int_0^t \dfrac{dr}{g(r)}\right)\left(b + a \int_s^1 \dfrac{dr}{g(r)}\right), & 0 \leqslant t \leqslant s \leqslant 1,
\end{cases}
\tag{3.3.5}
$$

其中, $\Delta = 2ab + a^2 \int_0^1 \dfrac{1}{g(r)}dr$, $\nu = \int_0^1 h(s)ds$.

证明　假设 x 是问题 (3.3.2) 的解. 对 (3.3.2) 式的第一个方程积分, 得

$$
-g(t)x'(t) + \lim\limits_{t \to 0^+} g(t)x'(t) = \int_0^t y(s)ds.
$$

令 $A = \lim\limits_{t \to 0^+} g(t)x'(t)$, 则

$$
x'(t) = \frac{A}{g(t)} - \frac{1}{g(t)} \int_0^t y(s)ds.
$$

再次积分, 得

$$x(t) = x(0) + A \int_0^t \frac{1}{g(s)} ds - \int_0^t \frac{1}{g(s)} \int_0^s y(r) dr ds.$$

根据边界条件, 得

$$\begin{cases} ax(0) - bA = \displaystyle\int_0^1 h(s)x(s)ds, \\ ax(0) + \left[a \displaystyle\int_0^1 \frac{1}{g(s)} ds + b \right] A \\ = \displaystyle\int_0^1 h(s)x(s)ds + a \int_0^1 \frac{1}{g(s)} \int_0^r y(r) dr ds + b \int_0^1 y(s)ds. \end{cases}$$

进而, 得

$$A = \frac{1}{a \displaystyle\int_0^1 \frac{1}{g(s)} ds + 2b} \left[a \int_0^1 \frac{1}{g(s)} \int_0^s y(r) dr ds + b \int_0^1 y(s)ds \right],$$

$$x(0) = \frac{1}{a} \int_0^1 h(s)x(s)ds + \frac{b}{a^2 \displaystyle\int_0^1 \frac{1}{g(s)} ds + 2ab} \left[a \int_0^1 \frac{1}{g(s)} \int_0^s y(r) dr ds + b \int_0^1 y(s)ds \right].$$

由此, 得到

$$x(t) = \frac{1}{a} \int_0^1 h(s)x(s)ds + \frac{b}{a^2 \displaystyle\int_0^1 \frac{1}{g(s)} ds + 2ab} \left[a \int_0^1 \frac{1}{g(s)} \int_0^s y(r) dr ds + b \int_0^1 y(s)ds \right]$$

$$+ \frac{\displaystyle\int_0^t \frac{1}{g(s)} ds}{a \displaystyle\int_0^1 \frac{1}{g(s)} ds + 2b} \left[a \int_0^1 \frac{1}{g(s)} \int_0^s y(r) dr ds + b \int_0^1 y(s)ds \right]$$

$$- \int_0^t \frac{1}{g(s)} \int_0^s y(r) dr ds$$

$$= \frac{1}{a} \int_0^1 h(s)x(s)ds + \int_0^1 G(t,s)y(s)ds,$$

其中, $G(t,s)$ 由 (3.3.5) 式定义.

上述方程两边同乘 $h(t)$ 并再次积分, 得到

$$\int_0^1 h(s)x(s)ds = \frac{a}{a - \displaystyle\int_0^1 h(t)dt} \int_0^1 h(t) \int_0^1 G(t,s)y(s)ds dt.$$

进而, 得到

$$x(t) = \int_0^1 G(t,s)y(s)ds + \frac{1}{a - \int_0^1 h(t)dt} \int_0^1 h(t) \int_0^1 G(t,s)y(s)dsdt$$

$$= \int_0^1 H(t,s)y(s)ds,$$

其中, $H(t,s)$ 由 (3.3.4) 式定义. 引理得证.

由 (3.3.4) 和 (3.3.5) 式, 我们能够得到 $H(t,s), G(t,s)$ 有如下性质.

命题 3.3.1　如果 $\nu \in [0,a)$, 且条件 (H_1) 和 (H_4) 成立, 则

$$H(t,s) > 0, \quad G(t,s) > 0, \quad \forall\, t,s \in J; \tag{3.3.6}$$

$$G(1-t, 1-s) = G(t,s), \quad H(1-t, 1-s) = H(t,s), \quad \forall\, t,s \in J; \tag{3.3.7}$$

$$\frac{1}{\Delta}b^2 \leqslant G(t,s) \leqslant G(s,s) \leqslant \frac{1}{\Delta}D,$$
$$\frac{1}{\Delta}ab^2\gamma \leqslant H(t,s) \leqslant H(s,s) \leqslant \frac{1}{\Delta}a\gamma D, \quad \forall\, t,s \in J, \tag{3.3.8}$$

其中,

$$D = \left(b + a\int_0^1 \frac{dr}{g(r)}\right)^2, \quad \gamma = \frac{1}{a-\nu}, \quad \forall\, t,s \in J.$$

证明　显然, 关系 (3.3.6) 成立. 下面, 我们证明关系 (3.3.7) 和关系 (3.3.8) 也成立.

先考虑关系 (3.3.7). 事实上, 如果 $t \leqslant s$, 则 $1-t \geqslant 1-s$. 根据 (3.3.5) 式和条件 (H_1)(g 在 J 中对称), 得到

$$G(1-t, 1-s) = \frac{1}{\Delta}\left(b + a\int_0^{1-s} \frac{1}{g(r)}dr\right)\left(b + a\int_{1-t}^1 \frac{1}{g(r)}dr\right)$$

$$= \frac{1}{\Delta}\left(b + a\int_1^s \frac{1}{g(1-r)}d(1-r)\right)\left(b + a\int_t^0 \frac{1}{g(1-r)}d(1-r)\right)$$

$$= \frac{1}{\Delta}\left(b + a\int_s^1 \frac{1}{g(r)}dr\right)\left(b + a\int_0^t \frac{1}{g(r)}dr\right)$$

$$= G(t,s), \quad 0 \leqslant t \leqslant s \leqslant 1.$$

类似地, 我们能够证明 $G(1-t, 1-s) = G(t,s)$, $0 \leqslant s \leqslant t \leqslant 1$. 因此, 得到

$$G(1-t, 1-s) = G(t,s), \quad \forall t,s \in J.$$

另外, 根据 (3.3.4) 式和条件 (H_4), 得到

$$
\begin{aligned}
H(1-t,1-s) &= G(1-t,1-s) + \frac{1}{a-\nu}\int_0^1 G(1-s,\tau)h(\tau)d\tau \\
&= G(t,s) + \frac{1}{a-\nu}\int_1^0 G(1-s,1-\tau)h(1-\tau)d(1-\tau) \\
&= G(t,s) + \frac{1}{a-\nu}\int_0^1 G(s,\tau)h(\tau)d\tau \\
&= H(t,s).
\end{aligned}
$$

所以, 关系 (3.3.7) 成立. 下面证明关系 (3.3.8) 成立. 事实上, 如果 $t \leqslant s$, 由 (3.3.5) 式和条件 (H_1) 知

$$
\begin{aligned}
G(t,s) &= \frac{1}{\Delta}\left(b + a\int_0^t \frac{1}{g(r)}dr\right)\left(b + a\int_s^1 \frac{1}{g(r)}dr\right) \\
&\leqslant \frac{1}{\Delta}\left(b + a\int_0^s \frac{1}{g(r)}dr\right)\left(b + a\int_s^1 \frac{1}{g(r)}dr\right) \\
&= G(s,s) \\
&\leqslant \frac{1}{\Delta}\left(b + a\int_0^1 \frac{1}{g(r)}dr\right)\left(b + a\int_0^1 \frac{1}{g(r)}dr\right) \\
&= \frac{1}{\Delta}\left(b + a\int_0^1 \frac{1}{g(r)}dr\right)^2 \\
&= \frac{1}{\Delta}D.
\end{aligned}
$$

类似地, 我们能够证明 $G(t,s) \leqslant G(s,s) \leqslant \dfrac{1}{\Delta}D, \quad \forall 0 \leqslant s \leqslant t \leqslant 1$.

因此, 得到 $G(t,s) \leqslant G(s,s) \leqslant \dfrac{1}{\Delta}D, \forall t,s \in J$. 进而, 由 (3.3.4) 式, 得到

$$
\begin{aligned}
H(t,s) &= G(t,s) + \frac{1}{a-\nu}\int_0^1 G(s,\tau)h(\tau)d\tau \\
&\leqslant G(s,s) + \frac{1}{a-\nu}\int_0^1 G(\tau,\tau)h(\tau)d\tau \\
&\leqslant \frac{1}{\Delta}D + \frac{1}{\Delta}D\frac{1}{a-\nu}\int_0^1 h(\tau)d\tau \\
&= \frac{1}{\Delta}D\left(1 + \frac{1}{a-\nu}\int_0^1 h(\tau)d\tau\right)
\end{aligned}
$$

$$=\frac{1}{\Delta}D\frac{a}{a-\nu}=\frac{1}{\Delta}Da\gamma,\quad \forall t,s\in J.$$

另外, 由 (3.3.5) 式, 得到

$$G(t,s)\geqslant \frac{1}{\Delta}\left(b+a\int_0^0 \frac{1}{g(r)}dr\right)\left(b+a\int_1^1 \frac{1}{g(r)}dr\right)=\frac{1}{\Delta}b^2,\quad \forall t,\ s\in J.$$

进而, 由 (3.3.4) 式, 得到

$$\begin{aligned}H(t,s)&=G(t,s)+\frac{1}{a-\nu}\int_0^1 G(s,\tau)h(\tau)d\tau\\
&\geqslant \frac{1}{\Delta}b^2+\frac{1}{\Delta}b^2\frac{1}{a-\nu}\int_0^1 h(\tau)d\tau\\
&\geqslant \frac{1}{\Delta}b^2\left(1+\frac{1}{a-\nu}\int_0^1 h(\tau)d\tau\right)\\
&=\frac{1}{\Delta}b^2\frac{a}{a-\nu}=\frac{1}{\Delta}b^2 a\gamma,\quad \forall t,s\in J.\end{aligned}$$

因此, 对任意 $t,\ s\in J$, 得到

$$\frac{1}{\Delta}b^2\leqslant G(t,s)\leqslant G(s,s)\leqslant \frac{1}{\Delta}D,\quad \frac{1}{\Delta}ab^2\gamma\leqslant H(t,s)\leqslant H(s,s)\leqslant \frac{1}{\Delta}a\gamma D.$$

证毕.

在 E 中定义锥 K:

$$K=\left\{x\in E:\ x\geqslant 0, x(t)\text{在 }J\text{ 中是对称的、凹的}, \min_{t\in J}x(t)\geqslant \delta_*\|x\|\right\},\quad (3.3.9)$$

其中, $\delta_*=\dfrac{b^2}{D}$.

定义算子 T:

$$(Tx)(t)=\int_0^1 H(t,s)w(s)f(s,x(s))ds.\quad (3.3.10)$$

由 (3.3.10) 式知 $x\in C[0,1]$ 是问题 (3.3.1) 的一个解当且仅当 x 是算子 T 的一个不动点, 且得到下面的引理 3.3.2.

引理 3.3.2　假设条件 (H_1)—(H_4) 成立, 如果 $x\in E$ 是积分方程

$$x(t)=(Tx)(t)=\int_0^1 H(t,s)w(s)f(s,x(s))ds$$

的一个解, 则 $x\in C[0,1]\cap C^2(0,1)$, 且 x 是问题 (3.3.1) 的一个解.

引理 3.3.3　假设条件 (H_1)—(H_4) 成立, 则 $T(K)\subset K$, 且 $T:K\to K$ 全连续.

证明　对任意 $x\in K$, 由 (3.3.10) 式知 $(Tx)''(t)=-w(t)f(t,x(t))\leqslant 0$. 这表明 Tx 在 J 中凹.

另外, 由 (3.3.4) 和 (3.3.10) 式知

$$(Tx)(0) \geqslant 0, \quad (Tx)(1) \geqslant 0.$$

因此, 对任意 $t \in J$, 得 $(Tx)(t) \geqslant 0$. 注意到 w, x 在 J 中对称, 且 $f(t,x)$ 在 J 中对称, 得

$$\begin{aligned}
(Tx)(1-t) &= \int_0^1 H(1-t,s)w(s)f(s,x(s))ds \\
&= \int_1^0 H(1-t,1-s)w(1-s)f(1-s,x(1-s))d(1-s) \\
&= \int_0^1 H(t,s)w(s)f(s,x(s))ds = (Tx)(t).
\end{aligned}$$

这表明 $(Tx)(1-t) = (Tx)(t)$, $t \in J$. 所以, Tx 在 J 中对称.

另外, 由 (3.3.8) 式得

$$\begin{aligned}
(Tx)(t) &= \int_0^1 H(t,s)w(s)f(s,x(s))ds \\
&\leqslant \frac{1}{\Delta}a\gamma D \int_0^1 w(s)f(s,x(s))ds.
\end{aligned}$$

类似地, 由 (3.3.8) 式知

$$\begin{aligned}
(Tx)(t) &= \int_0^1 H(t,s)w(s)f(s,x(s))ds \\
&\geqslant \frac{1}{\Delta}ab^2\gamma \int_0^1 w(s)f(s,x(s))ds \\
&= \delta_* \frac{1}{\Delta}a\gamma D \int_0^1 w(s)f(s,x(s))ds \\
&\geqslant \delta_* \|Tx\|, \quad t \in J.
\end{aligned}$$

因此, $Tx \in K$. 进而, 得到 $T(K) \subset K$.

最后, 类似于文献 [12] 的引理 2.1, 我们能够证明 $T : K \to K$ 全连续. 证毕.

下面, 我们考虑 $w \in L^p[0,1] : p > 1, p = 1$ 和 $p = \infty$ 三种情况. 在定理 3.3.1 中, 我们先研究 $p > 1$ 的情况. 记

$$F^{\beta} = \limsup_{x \to \beta} \max_{t \in J} \frac{f(t,x)}{x}, \quad F_{\beta} = \liminf_{x \to \beta} \min_{t \in J} \frac{f(t,x)}{x},$$

其中, β 表示 0 或者 ∞, 且

$$M_1^{-1} = \max\{\|H\|_q\|w\|_p, \|H\|_1\|w\|_\infty, \|H\|_\infty\|w\|_1\}, \quad m_1^{-1} = \frac{1}{\Delta}\delta_* ab^2\gamma m.$$

定理 3.3.1   假设条件 (H_1)—(H_4) 和下列条件之一成立:

(H_5) $0 < F^0 < M_1$, 且 $m_1 < F_\infty < \infty$;

(H_6) $0 < F^\infty < M_1$, 且 $m_1 < F_0 < \infty$.

则问题 (3.3.1) 至少存在一个对称正解.

证明   我们只考虑条件 (H_5) 的情况. 由 $0 < F^0 < M_1$ 知, 存在 $r > 0, \varepsilon_0 > 0$ 使得 $M_1 - \varepsilon_0 > 0$, 且, 对任意 $0 < x \leqslant r$, 得

$$f(t,x) \leqslant (M_1 - \varepsilon_0)x \leqslant (M_1 - \varepsilon_0)r, \quad t \in J. \tag{3.3.11}$$

因此, 由 (3.3.11) 和 (3.3.8) 式, 得到

$$(Tx)(t) = \int_0^1 H(t,s)w(s)f(s,x(s))ds$$

$$\leqslant \int_0^1 H(s,s)w(s)ds(M_1 - \varepsilon_0)r$$

$$\leqslant \|H\|_q\|w\|_p(M_1 - \varepsilon_0)r$$

$$\leqslant \|H\|_q\|w\|_p M_1 r - \varepsilon_0\|H\|_q\|w\|_p r$$

$$< r, \quad x \in \partial K_r.$$

因此, $Tx \neq \lambda x, \forall x \in \partial K_r$, 且 $\lambda \geqslant 1$. 由定理 2.1.9 知

$$i(T, K_r, K) = 1. \tag{3.3.12}$$

下面, 我们证明定理 2.1.10 的条件满足. 事实上, 由 $m_1 < F_\infty < \infty$ 知, 存在 $R > \delta_* r > 0, \varepsilon_1 > 0$ 使得

$$f(t,x) \geqslant (m_1 + \varepsilon_1)x, \quad \forall x \geqslant R, \quad t \in J.$$

令 $r^* = \delta_*^{-1}R$, 则 $r^* > r$, 且

$$\min_{t \in J} x(t) \geqslant \delta_*\|x\| = R, \quad \forall x \in \partial K_{r^*}.$$

我们证明 $Tx \neq \lambda x, \forall x \in \partial K_{r^*}, 0 < \lambda \leqslant 1$. 如果上式不成立, 则存在 $x_0 \in \partial K_{r^*}$ 和 $0 < \lambda_0 \leqslant 1$ 使得 $Tx_0 = \lambda_0 x_0$. 因此, 得到

$$x_0(t) = \lambda_0^{-1}(Tx_0)(t) = \lambda_0^{-1}\int_0^1 H(t,s)w(s)f(s,x_0(s))ds$$

$$\geqslant \frac{1}{\Delta} ab^2 \gamma \int_0^1 w(s)x(s)ds(m_1 + \varepsilon_1)$$

$$\geqslant \frac{1}{\Delta} \delta_* \gamma ab^2 m \int_0^1 ds(m_1 + \varepsilon_1)r^*$$

$$= r^* \left(1 + \frac{\varepsilon_1}{m_1}\right) > r^*.$$

这表明 $r^* > r^*$. 这是一个矛盾.

另外, 由上面的结论, 我们能够得到 $(Tx)(t) \geqslant \delta_* r^* \left(1 + \dfrac{\varepsilon_1}{m_1}\right) > \delta_* r^*$. 所以, $\inf\limits_{x \in \partial K_{r^*}} \|Tx\| \geqslant \delta_* r^* > 0$.

所以, 定理 2.1.10 的条件满足. 进而, 由定理 2.1.10 得

$$i(T, K_{r^*}, K) = 0. \tag{3.3.13}$$

由 (3.3.12) 和 (3.3.13) 式, 并结合不动点指数的可加性, 得到

$$i(T, K_{r^*} \setminus \bar{K}_r, K) = i(T, K_{r^*}, K) - i(T, K_r, K) = 0 - 1 = -1. \tag{3.3.14}$$

注意到 (3.3.14) 式, 由不动点指数的可解性知算子 T 存在一个不动点 $x^* \in K_{r^*} \setminus \bar{K}_r$. 这表明问题 (3.3.1) 至少存在一个对称正解 x^*. 定理得证.

注 3.3.1 由定理 3.3.1 的证明知, 我们能够得出问题 (3.3.1) 存在另外一个非负解 x^{**}, 且 $x^{**} \in K_r$.

其次, 考虑 $p = \infty$ 的情况.

推论 3.3.1 假设条件 (H_1)—(H_5) 成立, 问题 (3.3.1) 至少存在一个对称正解.

证明 令 $\|H\|_1 \|w\|_\infty$ 替换 $\|H\|_p \|w\|_q$, 并且重复上面的证明过程即可. 证毕.

最后, 考虑 $p = 1$ 的情况.

推论 3.3.2 假设条件 (H_1)—(H_5) 成立, 问题 (3.3.1) 至少存在一个对称正解.

证明 对任意 $x \in \partial K_r$, 得

$$(Tx)(t) = \int_0^1 H(t,s)w(s)f(s,x(s))ds$$

$$\leqslant \int_0^1 H(s,s)ds(M_1 - \varepsilon_0)r$$

$$\leqslant \|H\|_\infty \|w\|_1 (M_1 - \varepsilon_0)r$$

$$\leqslant \|H\|_\infty \|w\|_1 M_1 r - \varepsilon_0 \|H\|_\infty \|w\|_1 r$$

$$< r.$$

因此, $Tx \neq \lambda x$, $\forall x \in \partial K_r, \lambda \geqslant 1$. 这样, 定理 2.1.9 表明 (3.3.12) 式成立. 再结合 (3.3.13) 式就能够完成证明.

例 3.3.1　考虑边值问题

$$
\begin{cases}
-\left(\dfrac{1}{1+\sin(\pi t)}x'(t)\right)' = \dfrac{1}{\left|t-\dfrac{1}{2}\right|^{\frac{1}{3}}}\left[(t-\dfrac{1}{2})^2+1\right]\left[\dfrac{1}{10}\tanh x + \dfrac{\sqrt[3]{2}}{6}x\right], & t \in J, \\
x(0)-x'(0) = \displaystyle\int_0^1 \dfrac{1}{2}dt, \quad x(1)+x'(1) = \displaystyle\int_0^1 \dfrac{1}{2}dt.
\end{cases}
$$

$$(3.3.15)$$

结论 3.3.1　问题 (3.3.15) 至少存在一个对称正解.

证明　首先, 我们把问题 (3.3.15) 写成问题 (3.3.1) 的形式. 其中,

$$
g(t) = \frac{1}{1+\sin(\pi t)}, \quad w(t) = \frac{1}{\left|t-\dfrac{1}{2}\right|^{\frac{1}{3}}}, \quad a = b = 1, \quad h(t) = \frac{1}{2},
$$

$$
f(t,x) = \left[\left(t-\frac{1}{2}\right)^2+1\right]\left[\frac{1}{10}\tanh x + \frac{\sqrt[3]{2}}{6}x\right].
$$

通过计算, 得到

$$
\nu = \frac{1}{2}, \quad \gamma = 2, \quad \Delta = 3 + \frac{2}{\pi}, \quad \delta^* = \frac{1}{\left(2+\dfrac{2}{\pi}\right)^2}, \quad m = \sqrt[3]{2}, \quad m_1 = \frac{\sqrt[3]{2}}{12},
$$

$$
G(t,s) = \frac{1}{3+\dfrac{2}{\pi}}
\begin{cases}
\left(1+\dfrac{1}{\pi}+s-\dfrac{1}{\pi}\cos(\pi s)\right)\left(2+\dfrac{1}{\pi}-t+\dfrac{1}{\pi}\cos(\pi t)\right), & 0 \leqslant s \leqslant t \leqslant 1, \\
\left(1+\dfrac{1}{\pi}+t-\dfrac{1}{\pi}\cos(\pi t)\right)\left(2+\dfrac{1}{\pi}-s+\dfrac{1}{\pi}\cos(\pi s)\right), & 0 \leqslant t \leqslant s \leqslant 1.
\end{cases}
$$

$$
H(s,s) = G(s,s) + \int_0^1 G(s,\tau)d\tau
$$

$$
= \frac{1}{3+\dfrac{2}{\pi}}\left(1+\frac{1}{\pi}+s-\frac{1}{\pi}\cos(\pi s)\right)\left(2+\frac{1}{\pi}-s+\frac{1}{\pi}\cos(\pi s)\right)
$$

$$
+ \frac{1}{3+\dfrac{2}{\pi}}\left(1+\frac{1}{\pi}+s-\frac{1}{\pi}\cos(\pi s)\right)\left(\frac{3}{2}-2s+\frac{1}{\pi}-\frac{1}{\pi}s+\frac{1}{2}s^2-\frac{1}{\pi^2}\sin(\pi s)\right)
$$

$$
+ \frac{1}{3+\dfrac{2}{\pi}}\left(2+\frac{1}{\pi}-s+\frac{1}{\pi}\cos(\pi s)\right)\left(s+\frac{1}{\pi}s+\frac{1}{2}s^2-\frac{1}{\pi^2}\sin(\pi s)\right).
$$

选取 $p = 2$, 则 $q = 2$. 进而, 得

$$\|w\|_2 = \left[\int_0^1 \left(t - \frac{1}{2} \right)^{-\frac{2}{3}} dt \right]^{\frac{1}{2}} = \sqrt{\frac{6}{\sqrt[3]{2}}},$$

$$\|H\|_2 = \left[\int_0^1 [H(s, s)]^2 ds \right]^{\frac{1}{2}} \approx 1.45 = M_1,$$

$$0 < F^0 = \limsup_{x \to 0} \max_{t \in J} \frac{\left[\left(t - \frac{1}{2} \right)^2 + 1 \right] \left[\frac{1}{10} \tanh x + \frac{\sqrt[3]{2}}{6} x \right]}{x}$$

$$= \frac{5}{4} \left(\frac{1}{5} + \frac{\sqrt[3]{2}}{6} \right) < 1.45 = M_1,$$

$$\frac{\sqrt[3]{2}}{12} = m_1 < F_\infty = \liminf_{x \to \infty} \min_{t \in J} \frac{\left[\left(t - \frac{1}{2} \right)^2 + 1 \right] \left[\frac{1}{10} \tanh x + \frac{\sqrt[3]{2}}{6} x \right]}{x} = \frac{\sqrt[3]{2}}{6} < \infty.$$

由定理 3.3.1 知, 问题 (3.3.15) 存在一个对称正解. 证毕.

3.4 具偏差变元和积分边界条件的二阶奇异边值问题的正解

考虑二阶奇异边值问题

$$\begin{cases} (g(t)x'(t))' + \lambda \omega(t) f(t, x(\alpha(t))) = 0, & 0 < t < 1, \\ ax(0) - b \lim_{t \to 0^+} g(t)x'(t) = \int_0^1 h(s)x(s)ds, \\ ax(1) + b \lim_{t \to 1^-} g(t)x'(t) = \int_0^1 h(s)x(s)ds, \end{cases} \tag{3.4.1}$$

其中, $\lambda > 0$ 是一个参数, $a, b > 0$, ω 可能在 $t = 0$ 点和／或者在 $t = 1$ 点奇异.

本节总假设在 $J = [0, 1]$ 上 $\alpha(t) \not\equiv t$. 另外, g, ω, f, α 和 h 满足以下条件:

(H_1) $g \in C^1(J, (0, +\infty))$, $\alpha \in C(J, J)$;

(H_2) $\omega \in C((0, 1), [0, +\infty))$ 满足

$$0 < \int_0^1 \omega(s)ds < \infty,$$

并且 ω 在 $(0, 1)$ 的任何子区间上都不为零;

(H_3) $f \in C([0,1] \times [0,+\infty), [0,+\infty))$ 且 $f(t,x) > 0$, $\forall t \in J$, $x > 0$;

(H_4) $h \in C[0,1]$ 非负且 $\nu \in [0,a)$, 其中,

$$\nu = \int_0^1 h(t)dt. \tag{3.4.2}$$

在本节, 我们将证明问题 (3.4.1) 正解的个数是由 $\dfrac{f(t,x)}{x}$ 在零点和无穷远处的的渐近行为决定的. 特别地, 令

$$f^0 = \limsup_{x \to 0^+} \max_{t \in J} \frac{f(t,x)}{x}, \quad f_0 = \liminf_{x \to 0^+} \min_{t \in J} \frac{f(t,x)}{x},$$

$$f^\infty = \limsup_{x \to \infty} \max_{t \in J} \frac{f(t,x)}{x}, \quad f_\infty = \liminf_{x \to \infty} \min_{t \in J} \frac{f(t,x)}{x}.$$

和参考文献 [13] 一样, 定义

$i_0 =$ 集合 $\{f^0, f^\infty\}$ 中零的个数, $i_\infty =$ 集合 $\{f^0, f^\infty\}$ 中 ∞ 的个数.

显然 i_0, $i_\infty = 0, 1$ 或 2.

考虑 Banach 空间 $E = C[0,1]$, 其中范数定义为 $\|x\| = \max\limits_{0 \leqslant t \leqslant 1} |x(t)|$. 一个函数 $x \in E \cap C^2(0,1)$ 如果满足 (3.4.1) 式, 则称它为问题 (3.4.1) 的解. 如果 $x(t) \geqslant 0$ 并且 $x(t) \not\equiv 0$, $\forall t \in J$, 则 x 称为问题 (3.4.1) 的正解.

引理 3.4.1　设 (H_1) 和 (H_4) 成立. 则对任何 $y \in E$, 边值问题

$$\begin{cases} -(g(t)x'(t))' = y(t), & 0 < t < 1, \\ ax(0) - b \lim\limits_{t \to 0^+} g(t)x'(t) = \int_0^1 h(s)x(s)ds, \\ ax(1) + b \lim\limits_{t \to 1^-} g(t)x'(t) = \int_0^1 h(s)x(s)ds \end{cases} \tag{3.4.3}$$

存在唯一解 x, 且

$$x(t) = \int_0^1 H(t,s)y(s)ds, \tag{3.4.4}$$

其中,

$$H(t,s) = G(t,s) + \frac{1}{a - \nu} \int_0^1 G(\tau,s)h(\tau)d\tau, \tag{3.4.5}$$

$$G(t,s) = \frac{1}{\Delta} \begin{cases} \left(b + a \int_0^s \frac{dr}{g(r)}\right)\left(b + a \int_t^1 \frac{dr}{g(r)}\right), & 0 \leqslant s \leqslant t \leqslant 1, \\ \left(b + a \int_0^t \frac{dr}{g(r)}\right)\left(b + a \int_s^1 \frac{dr}{g(r)}\right), & 0 \leqslant t \leqslant s \leqslant 1, \end{cases} \tag{3.4.6}$$

这里 $\Delta = 2ab + a^2 \int_0^1 \frac{1}{g(r)}dr$, $\nu = \int_0^1 h(s)ds$.

证明 证明请参考文献 [9] 的引理 2.1.

引理 3.4.2 令 G 和 H 是引理 3.4.1 中给出, 则

$$G(t,s) \leqslant G(s,s), \quad H(t,s) \leqslant H(s,s) \leqslant \frac{a}{a-\nu}G(s,s), \quad \forall t,s \in J, \tag{3.4.7}$$

$$G(t,s) \geqslant \delta G(s,s), \quad H(t,s) \geqslant \delta H(s,s) = \frac{\delta a}{a-\nu}G(s,s), \quad \forall t,s \in J, \tag{3.4.8}$$

其中,

$$\delta = \frac{b}{b+a\displaystyle\int_0^1 \frac{1}{g(r)}dr}.$$

证明 由 $G(t,s)$ 和 $H(t,s)$ 的定义知 (3.4.7) 式成立. 下面证明 (3.4.8) 式成立. 注意到, 对任意 $t,s \in J$,

$$\frac{G(t,s)}{G(s,s)} = \frac{b+a\displaystyle\int_t^1 \frac{1}{g(r)}dr}{b+a\displaystyle\int_s^1 \frac{1}{g(r)}dr} \geqslant \frac{b}{b+a\displaystyle\int_0^1 \frac{1}{g(r)}dr}, \quad s \leqslant t,$$

$$\frac{G(t,s)}{G(s,s)} = \frac{b+a\displaystyle\int_0^t \frac{1}{g(r)}dr}{b+a\displaystyle\int_0^s \frac{1}{g(r)}dr} \geqslant \frac{b}{b+a\displaystyle\int_0^1 \frac{1}{g(r)}dr}, \quad t \leqslant s.$$

这表明

$$G(t,s) \geqslant \delta G(s,s).$$

类似地, 能够证明 $H(t,s) \geqslant \delta H(s,s)$, $\forall t,s \in J$. 进而, 由 $G(t,s) \geqslant \delta G(s,s)$ 得到

$$H(t,s) \geqslant \delta H(s,s) = \frac{\delta a}{a-\nu}G(s,s), \quad \forall t,s \in J.$$

引理 3.4.2 得证.

注 3.4.1 注意到 $a,b > 0$, 由 (3.4.5) 和 (3.4.6) 式知

$$\frac{1}{\Delta}b^2 \leqslant G(t,s) \leqslant G(s,s) \leqslant \frac{1}{\Delta}D; \tag{3.4.9}$$

$$\frac{1}{\Delta}ab^2\gamma \leqslant H(t,s) \leqslant H(s,s) \leqslant \frac{1}{\Delta}a\gamma D, \quad t,s \in J, \tag{3.4.10}$$

其中,

$$D = \left(b+a\int_0^1 \frac{dr}{g(r)}\right)^2, \quad \gamma = \frac{1}{a-\nu}. \tag{3.4.11}$$

为了应用引理 2.1.1, 在 E 中定义锥 K:

$$K = \left\{ y \in E : x \geqslant 0, \ \min_{t \in J} x(t) \geqslant \delta \|x\| \right\}. \tag{3.4.12}$$

对正数 r 在 E 中定义开球 Ω_r:

$$\Omega_r = \left\{ x \in E : \|x\| < r \right\}.$$

定义算子 $T : K \to K$:

$$(Tx)(t) = \lambda \int_0^1 H(t,s)\omega(s)f(s, x(\alpha(s)))ds. \tag{3.4.13}$$

引理 3.4.3　假设条件 (H_1)—(H_4) 成立. 如果 $x \in E$ 是算子 T 的不动点, 则 $x \in E \cap C^2(0,1)$, 且 x 是问题 (3.4.1) 的解.

引理 3.4.4　假设条件 (H_1)—(H_4) 成立. 则 $T(K) \subset K$ 且 $T : K \to K$ 全连续.

证明　对任意 $x \in K$, 由 (3.4.7) 和 (3.4.13) 式知

$$
\begin{aligned}
(Tx)(t) =& \lambda \int_0^1 H(t,s)\omega(s)f(s, x(\alpha(s)))ds \\
\leqslant& \lambda \int_0^1 H(s,s)\omega(s)f(s, x(\alpha(s)))ds, \ \ t \in J.
\end{aligned} \tag{3.4.14}
$$

进而, 由 (3.4.8),(3.4.13) 和 (3.4.14) 式知

$$
\begin{aligned}
\min_{t \in [\xi,1]} (Tx)(t) =& \min_{t \in [\xi,1]} \lambda \int_0^1 H(t,s)\omega(s)f(s, x(\alpha(s)))ds \\
\geqslant& \delta\lambda \int_0^1 H(s,s)\omega(s)f(s, x(\alpha(s)))ds \\
=& \delta\|Tx\|,
\end{aligned}
$$

这表明 $T(K) \subset K$.

最后, 类似于文献 [12] 中的引理 2.1, 我们能够证明 $T : K \to K$ 全连续. 证毕.

为了方便, 记

$$\beta = \int_0^1 \omega(s)ds.$$

定理 3.4.1　假设条件 (H_1)—(H_4) 成立, 且 $\alpha(t) \geqslant t$, $\forall t \in J$.

(i) 如果 $i_0 = 1$ 或者 2, 则存在 $\lambda_0 > 0$, 使得, 对任意 $\lambda > \lambda_0$, 问题 (3.4.1) 有 i_0 个正解;

(ii) 如果 $i_\infty = 1$ 或者 2, 则存在 $\lambda_0 > 0$, 使得, 对任意 $0 < \lambda < \lambda_0$, 问题 (3.4.1) 有 i_∞ 个正解;

(iii) 如果 $i_0 = 0$ 或者 $i_\infty = 0$, 则对充分大或者小的 λ, 问题 (3.4.1) 都没有正解.

证明 先证明 (i) 的结论成立. 注意到 $f(t, x) > 0$, $\forall t \in J$, $x > 0$, 我们可以定义

$$m_r = \min_{t \in J,\ \delta r \leqslant x \leqslant r} \{f(t, x)\} > 0, \quad r > 0.$$

因为 $0 \leqslant t \leqslant \alpha(t) \leqslant 1$, $\forall t \in J$, 所以

$$\delta r \leqslant x(t) \leqslant r \Rightarrow \delta r \leqslant x(\alpha(t)) \leqslant r, \quad \forall t \in J.$$

令 $\lambda_0 = \dfrac{\Delta r}{m_r \beta a b^2 \gamma}$. 则对任意 $x \in K \cap \partial\Omega_r$ 和 $\lambda > \lambda_0$, 得到

$$
\begin{aligned}
(Tx)(t) &= \lambda \int_0^1 H(t, s)\omega(s)f(s, x(\alpha(s)))ds \\
&\geqslant \frac{ab^2\gamma}{\Delta}\lambda \int_0^1 \omega(s)f(s, x(\alpha(s)))ds \\
&\geqslant \frac{ab^2\gamma}{\Delta}\lambda \int_0^1 \omega(s)f(s, x(\alpha(s)))ds \\
&\geqslant \frac{ab^2\gamma}{\Delta}\lambda m_r \int_0^1 \omega(s)ds \\
&\geqslant \frac{ab^2\gamma}{\Delta}\lambda m_r \beta \\
&> \frac{ab^2\gamma}{\Delta}\lambda_0 m_r \beta \\
&= r = \|x\|.
\end{aligned}
$$

这表明

$$\|Tx\| > \|x\|, \quad \forall x \in K \cap \partial\Omega_r, \quad \lambda > \lambda_0. \tag{3.4.15}$$

如果 $f^0 = 0$, 选取 $0 < r_1 < r$ 使得

$$f(t, x) \leqslant \frac{\Delta}{a\lambda\beta\gamma D}x, \quad \forall t \in J, \quad 0 \leqslant x \leqslant r_1.$$

因为, 对任意 $t \in J, 0 \leqslant t \leqslant \alpha(t) \leqslant 1$, 所以

$$0 \leqslant x(t) \leqslant r_1 \Rightarrow 0 \leqslant x(\alpha(t)) \leqslant r_1, \quad \forall t \in J.$$

因此, 对任意 $t \in J$ 和 $x \in K \cap \partial\Omega_{r_1}$, 由 (3.4.10) 和 (3.4.13) 式知

$$
\begin{aligned}
(Tx)(t) =& \lambda \int_0^1 H(t,s)\omega(s)f(s,x(\alpha(s)))ds \\
\leqslant& \frac{a\gamma D}{\Delta} \lambda \int_0^1 \omega(s)f(s,x(\alpha(s)))ds \\
\leqslant& \frac{a\gamma D}{\Delta} \lambda \int_0^1 \omega(s)\frac{\Delta}{a\lambda\beta\gamma D}x(\alpha(s))ds \\
\leqslant& \int_0^1 \omega(s)\frac{1}{\beta}\|x\|ds \\
\leqslant& \frac{1}{\beta}\|x\| \int_0^1 \omega(s)ds \\
=& \|x\|.
\end{aligned}
$$

这表明

$$\|Tx\| \leqslant \|x\|, \quad \forall x \in K \cap \partial\Omega_{r_1}. \tag{3.4.16}$$

根据定理 2.1.1 的 (i), 由 (3.4.15) 和 (3.4.16) 式知算子 T 在 $K \cap (\bar{\Omega}_r \backslash \Omega_{r_1})$ 上有一个不动点 x 且满足 $r_1 \leqslant \|x\| \leqslant r$. 再根据引理 3.4.3 知问题 (3.4.1) 至少存在一个正解.

如果 $f^\infty = 0$, 选取 $0 < \varepsilon < \dfrac{\Delta}{a\gamma D\lambda\beta\varepsilon}$ 和 $l > 0$ 使得

$$f(t,x) \leqslant \varepsilon x, \quad \forall t \in J, \quad x \geqslant l.$$

令 $\zeta = \max\limits_{t \in J,\, x \in [0,l]} f(t,x)$, 则

$$0 \leqslant f(t,x) \leqslant \varepsilon x + \zeta, \quad \forall t \in J, \quad x \in [0,\infty).$$

因为 $0 \leqslant t \leqslant \alpha(t) \leqslant 1$, $t \in J$, 由 $x(t) \geqslant l$ 或者 $0 \leqslant x(t) \leqslant l$, $\forall t \in J$ 知

$$x(\alpha(t)) \geqslant l \text{ 或者 } 0 \leqslant x(\alpha(t)) \leqslant l, \quad \forall t \in J.$$

令 $r_2 > \max\left\{ 2r, \dfrac{a\gamma D\lambda\zeta\beta}{\Delta - a\gamma D\lambda\beta\varepsilon} \right\}$. 则对任意 $t \in J$, $x \in K \cap \partial\Omega_{r_2}$, 由 (3.4.10) 和 (3.3.13) 式知

$$
\begin{aligned}
(Tx)(t) =& \lambda \int_0^1 H(t,s)\omega(s)f(s,x(\alpha(s)))ds \\
\leqslant& \frac{a\gamma D}{\Delta} \lambda \int_0^1 \omega(s)f(s,x(\alpha(s)))ds
\end{aligned}
$$

$$\leqslant \frac{a\gamma D}{\Delta}\lambda \int_0^1 \omega(s)(\varepsilon x(\alpha(s))+\zeta)ds$$

$$\leqslant \frac{a\gamma D}{\Delta}\lambda \int_0^1 \omega(s)(\varepsilon\|x\|+\zeta)ds$$

$$\leqslant \frac{a\gamma D}{\Delta}\lambda\beta(\varepsilon r_2+\zeta)$$

$$< r_2.$$

这表明

$$\|Tx\| \leqslant \|x\|, \quad \forall x \in K \cap \partial\Omega_{r_2}. \tag{3.4.17}$$

根据定理 2.1.1 的 (ii), 由 (3.4.15) 和 (3.4.17) 式知 T 在 $K \cap (\bar{\Omega}_{r_2}\backslash\Omega_r)$ 上有一个不动点 x 且满足 $r \leqslant \|x\| \leqslant r_2$. 再根据引理 3.4.3 知问题 (3.4.1) 至少存在一个正解.

考虑 $f^0 = f^\infty = 0$. 选取常数 r_3 和 r_4 满足

$$0 < r_1 < r_3 < \delta r_4 < r_4 < \delta r_2 < r_2 < +\infty. \tag{3.4.18}$$

类似于 (3.4.15) 式的证明, 存在 $\lambda_0 > 0$, 对任意 $\lambda > \lambda_0$, 使得

$$\|Tx\| > \|x\|, \quad \forall x \in K \cap \partial\Omega_{r_i}, \quad i = 3, 4. \tag{3.4.19}$$

再结合 (3.4.16) 和 (3.4.17) 式知 T 在 $K \cap (\Omega_{r_3}\backslash\Omega_{r_1})$ 上有一个不动点 x_1, 在 $K \cap (\bar{\Omega}_{r_2}\backslash\Omega_{r_4})$ 上有一个不动点 x_2 且满足

$$r_1 \leqslant \|x_1\| \leqslant r_3 < r_4 \leqslant \|x_2\| \leqslant r_2.$$

相应地, 对任意 $\lambda > \lambda_0$, 如果 $f^0 = f^\infty = 0$, 则由引理 3.4.3 知问题 (3.4.1) 至少存在两个正解. 第 (i) 部分证毕.

下面证明第 (ii) 部分的结论成立. 注意到 $f(t,x) > 0$, $\forall t \in J$, $x > 0$, 我们可以定义

$$M_r = \max_{t \in J,\ 0 \leqslant x \leqslant r}\{f(t,x)\} > 0, \quad r > 0.$$

因为在 J 上, $0 \leqslant t \leqslant \alpha(t) \leqslant 1$, 所以

$$0 \leqslant x(t) \leqslant r \Rightarrow 0 \leqslant x(\alpha(t)) \leqslant r, \quad \forall t \in J.$$

令 $\lambda_0 \leqslant \dfrac{\Delta r}{M_r\beta aD\gamma}$, 则对任意 $x \in K \cap \partial\Omega_r$ 和 $0 < \lambda < \lambda_0$, 有

$$(Tx)(t) = \lambda \int_0^1 H(t,s)\omega(s)f(s,x(\alpha(s)))ds$$

$$\leqslant \frac{a\gamma D}{\Delta}\lambda \int_0^1 \omega(s)f(s,x(\alpha(s)))ds$$

$$\leqslant \frac{a\gamma D}{\Delta}M_r\lambda \int_0^1 \omega(s)ds$$

$$= \frac{a\gamma D}{\Delta}M_r\lambda\beta$$

$$< \frac{a\gamma D}{\Delta}M_r\lambda_0\beta$$

$$\leqslant r.$$

这表明

$$\|Tx\| < \|x\|, \quad \forall x \in K \cap \partial\Omega_r, \quad 0 < \lambda < \lambda_0. \tag{3.4.20}$$

当 $f_0 = \infty$ 时, 我们能够选取 $0 < r_1 < r$ 使得

$$f(t,x) \geqslant \frac{\Delta}{ab^2\delta\lambda\beta\gamma}x, \quad \forall t \in J, \quad 0 \leqslant x \leqslant r_1.$$

因为在 J 上, $0 \leqslant t \leqslant \alpha(t) \leqslant 1$, 所以

$$0 \leqslant x(t) \leqslant r_1 \Rightarrow 0 \leqslant x(\alpha(t)) \leqslant r_1, \quad \forall t \in J.$$

因此, 对任意 $t \in J$, $x \in K \cap \partial\Omega_{r_1}$, 由 (3.4.10) 和 (3.4.13) 式知

$$(Tx)(t) = \lambda \int_0^1 H(t,s)\omega(s)f(s,x(\alpha(s)))ds$$

$$\geqslant \frac{ab^2\gamma}{\Delta}\lambda \int_0^1 \omega(s)f(s,x(\alpha(s)))ds$$

$$\geqslant \frac{ab^2\gamma}{\Delta}\lambda \int_0^1 \omega(s)f(s,x(\alpha(s)))ds$$

$$\geqslant \frac{ab^2\gamma}{\Delta}\lambda \int_0^1 \omega(s)\frac{\Delta}{ab^2\delta\lambda\beta\gamma}x(\alpha(s))ds$$

$$\geqslant \frac{ab^2\gamma}{\Delta}\lambda \int_0^1 \omega(s)\frac{\Delta}{ab^2\delta\lambda\beta\gamma}\delta\|x\|ds$$

$$\geqslant \|x\|.$$

这表明

$$\|Tx\| \geqslant \|x\|, \quad \forall x \in K \cap \partial\Omega_{r_1}. \tag{3.4.21}$$

根据引理 2.1.1 的 (ii), 由 (3.3.20) 和 (3.3.21) 式知算子 T 在 $K \cap (\bar{\Omega}_r \backslash \Omega_{r_1})$ 上至少有一个不动点 x 且 $r_1 \leqslant \|x\| \leqslant r$. 再根据引理 3.4.3 知问题 (3.4.1) 至少存在一个正解.

当 $f_\infty = \infty$ 时, 我们选取充分大的 $\varepsilon > 0$ 和 $l > 0$ 使得

$$f(t, x) \geqslant \varepsilon x, \quad t \in J, \quad x \geqslant l,$$

其中, ε 满足

$$\frac{ab^2\gamma}{\Delta} \lambda \varepsilon \delta \beta \geqslant 1.$$

因为在 J 上 $0 \leqslant t \leqslant \alpha(t) \leqslant 1$, 所以

$$x(t) \geqslant l \Rightarrow x(\alpha(t)) \geqslant l, \quad \forall t \in J.$$

令 $r_2 > \max\left\{2r, \dfrac{l}{\delta}\right\}$. 则对任意 $t \in J$ 和 $x \in K \cap \partial\Omega_{r_2}$ 得

$$x(t) \geqslant \delta\|x\| > l.$$

进而, 对任意 $t \in J$ 和 $x \in K \cap \partial\Omega_{r_2}$, 由 (3.4.10) 和 (3.4.13) 式知

$$
\begin{aligned}
(Tx)(t) &= \lambda \int_0^1 H(t,s)\omega(s)f(s, x(\alpha(s)))ds \\
&\geqslant \frac{ab^2\gamma}{\Delta}\lambda \int_0^1 \omega(s)f(s, x(\alpha(s)))ds \\
&\geqslant \frac{ab^2\gamma}{\Delta}\lambda \int_0^1 \omega(s)f(s, x(\alpha(s)))ds \\
&\geqslant \frac{ab^2\gamma}{\Delta}\lambda \int_0^1 \omega(s)\varepsilon x(\alpha(s))ds \\
&\geqslant \frac{ab^2\gamma}{\Delta}\lambda \int_0^1 \omega(s)\varepsilon\delta\|x\|ds \\
&= \frac{ab^2\gamma}{\Delta}\lambda\varepsilon\delta\|x\|\beta \\
&\geqslant \|x\|.
\end{aligned}
$$

这表明

$$\|Tx\| \geqslant \|x\|, \quad \forall x \in K \cap \partial\Omega_{r_2}. \tag{3.4.22}$$

根据引理 2.1.1 的 (i), 由 (3.4.20) 和 (3.4.22) 式知算子 T 在 $K \cap (\bar{\Omega}_{r_2} \backslash \Omega_r)$ 上至少有一个不动点 x 且 $r \leqslant \|x\| \leqslant r_2$. 再根据引理 3.4.3 知问题 (3.4.1) 至少存在一个正解.

考虑 $f_0 = f_\infty = \infty$ 的情况. 选取两个数 r_3 和 r_4 满足 (3.4.18) 式. 类似于 (3.4.20) 式的证明, 存在 $\lambda_0 > 0$, 当 $0 < \lambda < \lambda_0$ 时, 使得

$$\|Tx\| < \|x\|, \ \forall x \in K \cap \partial\Omega_{r_i}, \quad i = 3, 4. \tag{3.4.23}$$

由 (3.4.23), (3.4.21) 和 (3.4.22) 式知算子 T 在 $K \cap (\Omega_{r_3} \backslash \Omega_{r_1})$ 上有一个不动点 x_1, 在 $K \cap (\bar{\Omega}_{r_2} \backslash \Omega_{r_4})$ 上有一个不动点 x_2, 并且满足

$$r_1 \leqslant \|x_1\| \leqslant r_3 < r_4 \leqslant \|x_2\| \leqslant r_2.$$

因此, 对任意 $0 < \lambda < \lambda_0$, 当 $f_0 = f_\infty = \infty$ 时, 由引理 3.4.3 知问题 (3.4.1) 存在两个正解.

最后, 证明第 (iii) 部分的结论正确. 如果 $i_0 = 0$, 那么 $f_0 > 0$ 且 $f_\infty > 0$. 因此存在常数 $\eta_1 > 0$, $\eta_2 > 0$, $h_1 > 0$ 和 $h_2 > 0$ 满足 $h_1 < h_2$, 并且使得

$$f(t, x) \geqslant \eta_1 x, \quad t \in J, \quad 0 < x \leqslant h_1 \tag{3.4.24}$$

和

$$f(t, x) \geqslant \eta_2 x, \quad t \in J, \quad x \geqslant h_2. \tag{3.4.25}$$

令

$$\eta = \min\left\{\eta_1, \eta_2, \ \min\left\{\frac{f(t, x)}{x} : t \in J, \ \delta h_1 \leqslant x \leqslant h_2\right\}\right\} > 0.$$

这样, 对任意 $t \in J$, $x \geqslant \delta h_1$, 得

$$f(t, x) \geqslant \eta x, \tag{3.4.26}$$

并且对任意 $t \in J, x \leqslant h_1$, 得

$$f(t, x) \geqslant \eta x. \tag{3.4.27}$$

下面用反证法证明. 设 y 是问题 (3.4.1) 的一个正解. 对任意 $\lambda > \lambda_0 = [ab^2\gamma\eta\delta\beta]^{-1}\Delta$, 我们证明这将导致矛盾.

事实上, 如果 $\|y\| \leqslant h_1$, (3.3.27) 表明

$$f(t, y) \geqslant \eta y, \quad t \in J.$$

另外, 如果 $\|y\| > h_1$, 那么

$$\min_{t \in J} y(t) \geqslant \delta\|y\| > \delta h_1.$$

因为 $0 \leqslant t \leqslant \alpha(t) \leqslant 1$, 所以

$$y(t) > \delta h_1 \Rightarrow y(\alpha(t)) > \delta h_1, \quad \forall t \in J.$$

这和 (3.4.26) 式表明

$$f(t, y(\alpha(t))) \geqslant \eta y(\alpha(t)), \quad \forall t \in J.$$

因为 $(Ty)(t) = y(t)$, 对任意 $\lambda > \lambda_0$, 由 (3.4.10) 和 (3.4.13) 式知

$$\|y\| = \|Ty\|$$

$$= \max_{t \in J} \lambda \int_0^1 H(t, s) w(s) f(s, y(\alpha(s))) ds$$

$$\geqslant \frac{ab^2 \gamma}{\Delta} \lambda \int_0^1 \omega(s) f(s, y(\alpha(s))) ds$$

$$\geqslant \frac{ab^2 \gamma}{\Delta} \lambda \int_0^1 \omega(s) f(s, y(\alpha(s))) ds$$

$$\geqslant \frac{ab^2 \gamma}{\Delta} \lambda \int_0^1 \omega(s) \eta y(\alpha(s)) ds$$

$$\geqslant \frac{ab^2 \gamma}{\Delta} \lambda \int_0^1 \omega(s) \eta \delta \|y\| ds$$

$$= \frac{ab^2 \gamma}{\Delta} \lambda \eta \delta \|y\| \beta$$

$$> \frac{ab^2 \gamma}{\Delta} \lambda_0 \eta \delta \|y\| \beta$$

$$= \|y\|,$$

这是一个矛盾.

如果 $i_\infty = 0$, 则 $f^0 < \infty$ 且 $f^\infty < \infty$. 因此, 存在正数 $\eta_3 > 0$, $\eta_4 > 0$, $h_3 > 0$ 和 $h_4 > 0$ 满足 $h_3 < h_4$ 使得

$$f(t, x) \leqslant \eta_3 x, \quad t \in J, \quad 0 < x \leqslant h_3 \tag{3.4.28}$$

和

$$f(t, x) \leqslant \eta_4 x, \quad t \in J, \quad x \geqslant h_4. \tag{3.4.29}$$

令

$$\eta^* = \max \left\{ \eta_3, \eta_4, \ \max \left\{ \frac{f(t, x)}{x} : t \in J, \ h_3 \leqslant x \leqslant h_4 \right\} \right\} > 0.$$

因此, 得到

$$f(t, x) \leqslant \eta^* x, \quad t \in J, \quad x \in [0, \infty). \tag{3.4.30}$$

因为 $0 \leqslant t \leqslant \alpha(t) \leqslant 1$, $\forall t \in J$, 所以, 由 $0 \leqslant x(t) \leqslant h_3$, $x(t) \geqslant h_4$, $h_3 \leqslant x(t) \leqslant h_4$, $\forall t \in J$ 知 $0 \leqslant x(\alpha(t)) \leqslant h_3$, $x(\alpha(t)) \geqslant h_4$ 和 $h_3 \leqslant x(\alpha(t)) \leqslant h_4$ 在 J 上.

设 y 是问题 (3.4.1) 的一个正解. 对任意 $0 < \lambda < \lambda_0 = [a\gamma D\eta^*\beta]^{-1}\Delta$, 我们证明这将导致矛盾.

因为 $(Ty)(t) = y(t)$, 所以, 对任意 $0 < \lambda < \lambda_0$, 由 (3.4.10) 和 (3.4.13) 式知

$$
\begin{aligned}
\|y\| &= \|Ty\| \\
&= \max_{t \in J} \lambda \int_0^1 H(t,s)w(s)f(s, y(\alpha(s)))ds \\
&\leqslant \frac{a\gamma D}{\Delta} \lambda \int_0^1 \omega(s)f(s, y(\alpha(s)))ds \\
&\leqslant \frac{a\gamma D}{\Delta} \lambda \int_0^1 \omega(s)\eta^* y(\alpha(s))ds \\
&\leqslant \frac{a\gamma D}{\Delta} \lambda \eta^* \|y\| \int_0^1 \omega(s)ds \\
&= \frac{a\gamma D}{\Delta} \lambda \eta^* \|y\| \beta \\
&< \frac{a\gamma D}{\Delta} \lambda_0 \eta^* \|y\| \beta \\
&= \|y\|,
\end{aligned}
$$

这是一个矛盾. 定理得证.

下面的定理 3.4.2 是定理 3.4.1(iii) 的直接结果. 如果定理 3.4.2 的条件满足, 那么我们也能够证明存在参数 λ 的某个区间使得问题 (3.4.1) 没有正解.

定理 3.4.2　假设条件 (H_1)—(H_4) 成立, 且在 J 上 $\alpha(t) \geqslant t$.

(i) 如果存在 $l > 0$ 使得 $f(t,x) \geqslant lx$, $t \in J$, $x \in [0, \infty)$, 则存在 $\lambda_0 > 0$ 使得问题 (3.4.1) 对任意 $\lambda > \lambda_0$ 都不存在正解;

(ii) 如果存在 $L > 0$ 使得 $f(t,x) \leqslant Lx$, $t \in J$, $x \in [0, \infty)$, 则存在 $\lambda_0 > 0$ 使得问题 (3.4.1) 对任意 $0 < \lambda < \lambda_0$ 都不存在正解.

定理 3.4.3　假设条件 (H_1)—(H_4) 成立, 在 J 上 $\alpha(t) \geqslant t$, 且 $i_0 = i_\infty = 0$. 如果

$$
\frac{\Delta}{ab^2\gamma\beta\delta\max\{f_\infty, f^0\}} < \lambda < \frac{\Delta}{aD\gamma\beta\min\{f_\infty, f^0\}}, \tag{3.4.31}
$$

则问题 (3.4.1) 至少存在一个正解.

证明　我们考虑 $f_\infty > f^0$ 和 $f_\infty < f^0$ 两种情况.

如果 $f_\infty > f^0$, 则 (3.3.31) 式表明

$$\frac{\Delta}{ab^2\gamma\beta\delta f_\infty} < \lambda < \frac{\Delta}{aD\gamma\beta f^0}.$$

易知, 存在 $\varepsilon > 0$ 使得

$$\frac{\Delta}{ab^2\gamma\beta\delta(f_\infty - \varepsilon)} \leqslant \lambda \leqslant \frac{\Delta}{aD\gamma\beta(f^0 + \varepsilon)}.$$

一方面, 由 f^0 的定义知存在常数 $r_1 > 0$ 使得

$$f(t,x) \leqslant (f^0 + \varepsilon)x, \quad t \in J, \quad 0 \leqslant x \leqslant r_1.$$

因为 $0 \leqslant t \leqslant \alpha(t) \leqslant 1$, 由 $0 \leqslant x(t) \leqslant r_1$, $t \in J$ 知 $0 \leqslant x(\alpha(t)) \leqslant r_1$. 进而, 类似于 (3.4.16) 式的证明, 对任意 $x \in K \cap \partial\Omega_{r_1}$, 得

$$\|Tx\| \leqslant \frac{a\gamma D}{\Delta}\lambda \int_0^1 \omega(s)f(s,x(\alpha(s)))ds \leqslant \frac{a\gamma D}{\Delta}\lambda(f^0+\varepsilon)\beta\|x\| \leqslant \|x\|.$$

另一方面, 由 f_∞ 的定义知存在常数 $L > 0$ 满足 $L > r_1$ 使得

$$f(t,x) \geqslant (f_\infty - \varepsilon)x, \quad \forall t \in J, \quad x \geqslant L.$$

注意到 $0 \leqslant t \leqslant \alpha(t) \leqslant 1$, 由 $0 \leqslant x(t) \leqslant r_1$, $t \in J$ 知 $x(\alpha(t)) \geqslant L$. 令 $r_2 = \max\left\{2r_1, \dfrac{L}{\delta}\right\}$, 则, 对任意 $t \in J$ 和 $x \in K \cap \partial\Omega_{r_2}$, 得 $x(t) \geqslant \delta\|x\| \geqslant L$. 进而, 类似于 (3.4.22) 式的证明, 对任意 $t \in J$ 和 $x \in K \cap \partial\Omega_{r_2}$, 得

$$\|Tx\| \geqslant \frac{ab^2\gamma}{\Delta}\lambda \int_0^1 \omega(s)f(s,x(\alpha(s)))ds \geqslant \frac{ab^2\gamma}{\Delta}\lambda(f_\infty-\varepsilon)\beta\delta\|x\| \geqslant \|x\|.$$

根据引理 2.1.1 知, 算子 T 在 $K \cap (\bar{\Omega}_{r_2} \backslash \Omega_{r_1})$ 上至少存在一个不动点. 所以, 问题 (3.4.1) 有一个正解.

如果 $f_\infty < f^0$, 则 (3.4.31) 表明

$$\frac{\Delta}{ab^2\gamma\beta\delta f^0} < \lambda < \frac{\Delta}{aD\gamma\beta f_\infty}.$$

易知, 存在 $\varepsilon > 0$ 使得

$$\frac{\Delta}{ab^2\gamma\beta\delta(f^0 - \varepsilon)} \leqslant \lambda \leqslant \frac{\Delta}{aD\gamma\beta(f_\infty + \varepsilon)}.$$

由 f^0 的定义知存在 $r_1 > 0$ 使得 $f(t,x) \geqslant (f^0 - \varepsilon)x$, $t \in J$, $0 \leqslant x \leqslant r_1$.

因为 $0 \leqslant t \leqslant \alpha(t) \leqslant 1$, 所以

$$0 \leqslant x(t) \leqslant r_1 \Rightarrow 0 \leqslant x(\alpha(t)) \leqslant r_1, \quad \forall t \in J.$$

进而, 类似于 (3.4.22) 式的证明, 对任意 $x \in K \cap \partial\Omega_{r_1}$, 得

$$\|Tx\| \geqslant \frac{ab^2\gamma}{\Delta}\lambda \int_0^1 \omega(s)f(s, x(\alpha(s)))ds \geqslant \frac{ab^2\gamma}{\Delta}\lambda(f^0 - \varepsilon)\beta\delta\|x\| \geqslant \|x\|.$$

另外, 由 f_∞ 的定义知存在 $L > 0$ 且 $L > r_1$ 使得 $f(t, x) \leqslant (f_\infty + \varepsilon)x$, $t \in J$, $x \geqslant L$.

令 $\zeta = \max\limits_{t \in J, \ x \in [0, L]} f(t, x)$, 则

$$0 \leqslant f(t, x) \leqslant (f_\infty + \varepsilon)x + \zeta, \quad \forall t \in J \text{ 和 } x \in [0, \infty).$$

因为 $0 \leqslant t \leqslant \alpha(t) \leqslant 1$, $\forall t \in J$, 所以由 $x(t) \geqslant L$ 或者 $0 \leqslant x(t) \leqslant L$, $\forall t \in J$ 知 $x(\alpha(t)) \geqslant L$, $0 \leqslant x(\alpha(t)) \leqslant L$, $\forall t \in J$.

令 $r_2 > \max\left\{2r, \dfrac{a\gamma D\lambda\zeta\beta}{\Delta - a\gamma D\lambda\beta(f_\infty + \varepsilon)}\right\}$. 则对任意 $t \in J$ 和 $x \in K \cap \partial\Omega_{r_2}$, 类似于 (3.4.17) 的证明, 得

$$\|Tx\| \leqslant \frac{a\gamma D}{\Delta}\lambda \int_0^1 \omega(s)f(s, x(\alpha(s)))ds \leqslant \frac{a\gamma D}{\Delta}\lambda\beta\left((f_\infty + \varepsilon)r_2 + \zeta\right) < r_2 = \|x\|.$$

根据引理 2.1.1 知, 算子 T 在 $K \cap (\bar{\Omega}_{r_2} \backslash \Omega_{r_1})$ 中至少存在一个不动点. 因此, 问题 (3.4.1) 至少有一个正解.

推论 3.4.1　假设条件 (H_1)—(H_4) 成立, $\alpha(t) \geqslant t$, $\forall t \in J$ 和 $i_0 = i_\infty = 0$. 如果

$$\frac{\Delta}{ab^2\gamma\beta\delta\max\{f^\infty, f_0\}} < \lambda < \frac{\Delta}{\min\{aD\gamma\beta\min\{f^\infty, f_0\}},$$

则问题 (3.4.1) 在 K 中至少存在一个正解.

证明　证明类似于定理 3.4.3.

下面, 用条件 $(H_3)^*$ 替换条件 (H_3), 我们研究正解 $x_\lambda(t)$ 与参数 λ 的关系.

$(H_3)^* f \in C([0, 1] \times [0, +\infty), [0, +\infty))$.

为了方便, 记

$$\mathbb{M} = \max\left\{\max_{t \in J} f(t, x), \|x\| \leqslant \varsigma\right\},$$

其中, $\varsigma > 0$.

定理 3.4.4　假设条件 (H_1), (H_2), $(H_3)^*$, (H_4) 成立, $\alpha(t) \geqslant t$, $\forall t \in J$ 和 $i_0 = i_\infty = 1$. 则以下两个结论成立:

(i) 如果 $f^0 = 0$ 且 $f_\infty = \infty$, 则对任意 $\lambda > 0$, 问题 (3.4.1) 存在一个正解 $x_\lambda(t)$ 满足 $\lim\limits_{\lambda \to 0^+} \|x_\lambda\| = \infty$;

(ii) 如果 $f_0 = \infty$ 且 $f^\infty = 0$, 则对任意 $\lambda > 0$, 问题 (3.4.1) 存在一个正解 $x_\lambda(t)$ 满足 $\lim\limits_{\lambda \to 0^+} \|x_\lambda\| = 0$.

证明 由 $i_0 = i_\infty = 1$ 知 $f^0 = 0$ 且 $f_\infty = \infty$ 或者 $f_0 = \infty$ 且 $f^\infty = 0$. 我们仅证明定理在 $f^0 = 0$ 且 $f_\infty = \infty$ 的情况下成立. 如果 $f_0 = \infty$ 且 $f^\infty = 0$, 则定理的证明类似.

令 $\lambda > 0$. 考虑 $f^0 = 0$, 则类似于 (3.4.16) 式的证明, 存在 $r > 0$ 使得

$$\|Tx\| \leqslant \|x\|, \quad \forall x \in K \cap \partial\Omega_r. \tag{3.4.32}$$

另外, 再考虑 $f_\infty = \infty$, 类似于 (3.4.22) 式的证明, 存在 $R > 0$ 满足 $R > r$ 使得

$$\|Tx\| \geqslant \|x\|, \quad \forall x \in K \cap \partial\Omega_R. \tag{3.4.33}$$

对 (3.4.32) 和 (3.4.33) 应用定理 2.1.1 的 (i) 知算子 T 在 $x_\lambda \in K \cap (\bar{\Omega}_R \backslash \Omega_r)$ 中存在一个不动点. 因此, 问题 (3.4.1) 在 $x_\lambda \in K \cap (\bar{\Omega}_R \backslash \Omega_r)$ 中有一个正解 x_λ 满足 $r \leqslant \|x_\lambda\| \leqslant R$.

下面证明, 当 $\lambda \to 0^+$ 时, $\|x_\lambda\| = +\infty$.

我们用反证法证明结论成立. 事实上, 如果结论不成立, 则存在常数 $\varsigma > 0$ 和一个序列 $\lambda_n \to 0^+$ 使得

$$\|x_{\lambda_n}\| \leqslant \varsigma \, (n = 1, 2, 3, \cdots).$$

此外, 序列 $\{\|x_{\lambda_n}\|\}$ 包含一个收敛到数 $\eta (0 \leqslant \eta \leqslant \varsigma)$ 的子列. 为了方便, 不妨假设 $\{\|x_{\lambda_n}\|\}$ 它自己收敛到 η.

如果 $\eta > 0$, 则, 对充分大的 $n(n > \mathbb{N})$, $\|x_{\lambda_n}\| > \dfrac{\eta}{2}$. 因为 $0 \leqslant t \leqslant \alpha(t) \leqslant 1$, 由 $0 \leqslant x(t) \leqslant \varsigma$ 知

$$0 \leqslant x(\alpha(t)) \leqslant \varsigma.$$

进而, 由 $\mathbb{M}$ 的定义, (3.4.10) 和 (3.4.13) 式知

$$\frac{1}{\lambda_n} = \frac{\left\| \displaystyle\int_0^1 H(t,s)\omega(s)f(s, x_{\lambda_n}(\alpha(s)))ds \right\|}{\|x_{\lambda_n}\|}$$

$$\leqslant \frac{a\gamma D\Delta^{-1} \displaystyle\int_0^1 \omega(s)f(s, x_{\lambda_n}(\alpha(s)))ds}{\|x_{\lambda_n}\|}$$

$$\leqslant \frac{a\gamma D\Delta^{-1}\beta\mathbb{M}}{\|x_{\lambda_n}\|}$$

$$< \frac{2a\gamma D\Delta^{-1}\beta\mathbb{M}}{\eta} \quad (n > \mathbb{N}).$$

这与 $\lambda_n \to 0^+$ 矛盾.

如果 $\eta = 0$, 则对充分大的 $n(n > \mathbb{N})$, $\|x_{\lambda_n}\| \to 0$. 进而, 由 $f^0 = 0$ 知, 对任何 $\varepsilon > 0$, 存在 $r^* > 0$ 使得

$$f(t, x_{\lambda_n}) \leqslant \varepsilon x_{\lambda_n}, \quad \forall t \in J, \quad 0 \leqslant x_{\lambda_n} \leqslant r^*.$$

因为 $0 \leqslant t \leqslant \alpha(t) \leqslant 1$, 由 $0 \leqslant x_{\lambda_n}(t) \leqslant r^*$ 知

$$0 \leqslant x_{\lambda_n}(\alpha(t)) \leqslant r^*.$$

所以, 对任何 $x_{\lambda_n} \in K \cap \partial\Omega_{r^*}$ 且 $\|x_{\lambda_n}\| = r^*$, 得

$$\frac{1}{\lambda_n} = \frac{\left\| \int_0^1 H(t,s)\omega(s)f(s, x_{\lambda_n}(\alpha(s)))ds \right\|}{\|x_{\lambda_n}\|}$$

$$\leqslant \frac{a\gamma D\Delta_m^{-1} \int_0^1 \omega(s)f(s, x_{\lambda_n}(\alpha(s)))ds}{\|x_{\lambda_n}\|}$$

$$\leqslant \frac{a\gamma D\Delta_m^{-1} \int_0^1 \omega(s)\varepsilon x_{\lambda_n}(\alpha(s))}{\|x_{\lambda_n}\|}$$

$$\leqslant \frac{\beta a\gamma D\Delta^{-1}\varepsilon\|x_{\lambda_n}\|}{\|x_{\lambda_n}\|}$$

$$= \beta a\gamma D\Delta^{-1}\varepsilon.$$

因为 ε 是任意的, 所以 $\lambda_n \to \infty$ $(n \to +\infty)$. 这与 $\lambda_n \to 0^+$ 矛盾. 所以, 当 $\lambda \to 0^+$ 时, $\|x_\lambda\| \to +\infty$. 定理 3.4.4 得证.

注意到, 对任意 $t, s \in J$, 引理 3.4.2 总成立. 我们还可以考虑 $\alpha(t) \leqslant t$ 的情况. 只要在定理 3.4.1—定理 3.4.4 中把

$$\alpha(t) \geqslant t$$

替换为

$$\alpha(t) \leqslant t,$$

就会得到相应的结论. 请读者自己写出.

例 3.4.1 考虑边值问题

$$\begin{cases} -\left(\dfrac{1}{e^t}x'(t)\right)' = \lambda \dfrac{1}{\sqrt{t}}(1+t^2)x^n(\alpha(t)), & t \in J, \\ x(0) - x'(0) = \displaystyle\int_0^1 \dfrac{1}{2}x(t)dt, \quad x(1) + x'(1) = \int_0^1 \dfrac{1}{2}x(t)dt, \end{cases} \tag{3.4.34}$$

其中, 在 J 中, $\alpha \in C(J,J)$, $\alpha(t) \geqslant t$ 且

$$\omega(t) = \frac{1}{\sqrt{t}}, \quad f(t,x) = (1+t^2)x^n,$$

这里 $n \geqslant 2$ 是一个正整数.

这表明问题 (3.4.34) 含有一个超前偏差变元 α. 超前偏差变元 α 是存在的. 例如, 令 $\alpha(t) = \sqrt[3]{t}$. 显然 ω 在 $t = 0$ 点奇异, f 非负连续.

结论 3.4.1 当 $\lambda > \dfrac{e^2(e+1)}{4}$ 时, 问题 (3.4.34) 至少存在一个正解.

证明 问题 (3.4.34) 能写成问题 (3.4.1) 的形式. 其中,

$$g(t) = \frac{1}{e^t}, \quad a = b = 1, \quad h(t) = \frac{1}{2}.$$

令 $n = 2$ 且 $r = 1$, 则通过计算, 得

$$\nu = \frac{1}{2}, \quad \gamma = 2, \quad \Delta = e+1, \quad \beta = 2, \quad \delta = \frac{1}{e}, \quad m_r = \frac{1}{e^2}, \quad \lambda_0 = \frac{e^2(e+1)}{4}.$$

由 g, ω, f, α 和 h 的定义知条件 (H_1)—(H_4) 成立, 且 $f^0 = 0$.

因此, 对任意 $\lambda > \lambda_0 = \dfrac{e^2(e+1)}{4}$, 由定理 3.4.1 的 (i) 知问题 (3.4.34) 有一个正解. 证毕.

3.5 不具凹性的二阶奇异微分方程 m 点边值问题的正解

考虑边值问题

$$\begin{cases} Lx = \lambda w(t)f(t,x), & 0 < t < 1, \\ x'(0) = 0, \quad x(1) = \displaystyle\sum_{i=1}^{m-2} \alpha_i x(\xi_i), \end{cases} \tag{3.5.1}$$

其中, $\lambda > 0$, $\xi_i \in (0,1)$, $\alpha_i \in (0,+\infty)(i = 1,2,\cdots,m-2)$ 是给定的常数, L 表示线性算子:

$$Lx := -x'' - ax' + bx,$$

这里, $a \in C[0,1]$, $b \in C([0,1],(0,+\infty))$; $f \in C([0,1] \times [0,\infty) \to [0,\infty))$, w 可能在点 $t = 0$ 或者/和在点 $t = 1$ 处奇异.

记 Banach 空间 $E = C[0,1]$, 其中范数定义为 $\|x\| = \max\limits_{0 \leqslant t \leqslant 1} |x(t)|$. 令 K 是 E 中的锥, $K_r = \{x \in K : \|x\| \leqslant r\}$, $\partial K_r = \{x \in K : \|x\| = r\}$, $\bar{K}_{r,R} = \{x \in K : r \leqslant \|x\| \leqslant R\}$, 其中 $0 < r < R$.

为方便起见, 列出本节所需条件如下:

(H_1) $w \in C((0,1),[0,+\infty))$ 满足 $0 < \int_0^1 G(s,s)q(s)w(s)ds < +\infty$, 其中 $G(t,s)$ 由 (3.5.3) 定义, $q(t)$ 由 (3.5.10) 给出;

(H_2) $f \in C([0,1] \times [0,+\infty), [0,+\infty))$;

(H_3) $\sum_{i=1}^{m-2} \alpha_i \phi(\xi_i) < 1$, 其中, ϕ 满足

$$L\phi = 0, \quad \phi'(0) = 0, \quad \phi(1) = 1. \tag{3.5.2}$$

下面, 总假设条件 $(H_1), (H_2)$ 和 (H_3) 成立.

令 $G(t,s)$ 是与边值问题 (3.5.1) 对应的齐次边值问题的 Green 函数, 则

$$G(t,s) = \frac{1}{\Delta} \begin{cases} \phi(s)\psi(t), & 0 \leqslant s \leqslant t \leqslant 1, \\ \phi(t)\psi(s), & 0 \leqslant t \leqslant s \leqslant 1, \end{cases} \tag{3.5.3}$$

其中, ϕ 和 ψ 分别满足 (3.5.2) 和

$$L\psi = 0, \quad \psi(0) = 1, \quad \psi(1) = 0. \tag{3.5.4}$$

由参考文献 [14] 知: $\Delta := -\phi(0)\psi'(0) > 0$ 并且 (i)ϕ 在 J 上不减且 $\phi > 0$; (ii)ψ 在 J 上严格减. 根据 (3.5.3) 式, 易证 $G(t,s)$ 有如下性质.

命题 3.5.1 对任意 $t,s \in J$, 有

$$G(t,s) \leqslant G(s,s). \tag{3.5.5}$$

命题 3.5.2 令 $\theta \in \left(0, \frac{1}{2}\right)$, $J_\theta = [\theta, 1-\theta]$. 则对任意 $t \in J_\theta$, $s \in (0,1)$, 有

$$G(t,s) \geqslant \sigma(t)G(s,s), \tag{3.5.6}$$

其中,

$$\sigma(t) := \min\left\{\frac{\psi(t)}{\psi(0)}, \frac{\phi(t)}{\phi(1)}\right\}.$$

事实上, 对任意 $t \in [\theta, 1-\theta]$, 有

$$\frac{G(t,s)}{G(s,s)} \geqslant \min\left\{\frac{\psi(t)}{\psi(s)}, \frac{\phi(t)}{\phi(s)}\right\} \geqslant \min\left\{\frac{\psi(t)}{\psi(0)}, \frac{\phi(t)}{\phi(1)}\right\} =: \sigma(t),$$

显然 $0 < \sigma(t) < 1$.

从而, 存在一个和 θ 有关的正数 γ, 使得对任意 $t \in J_\theta$ 有 $G(t,s) \geqslant \gamma G(s,s)$. 其中, $\gamma = \min\{\sigma(t) : t \in J_\theta\}$.

为了应用锥上的不动点定理, 在 Banach 空间 E 中构造锥 K:

$$K = \{x \in C[0,1] : x \geqslant 0, \min_{t \in J_\theta} x(t) \geqslant \gamma \|x\|\}. \tag{3.5.7}$$

容易证明 K 是 E 中的闭凸集, 且 $\bar{K}_{r,R} \subset K$.

定义算子 $T_\lambda : \bar{K}_{r,R} \to K$:

$$(T_\lambda x)(t) = \lambda \int_0^1 G(t,s)q(s)w(s)f(s,x(s))ds + \lambda A\phi(t), \tag{3.5.8}$$

其中,

$$A = \frac{\displaystyle\sum_{i=1}^{m-2} \alpha_i \int_0^1 G(\xi_i,s)q(s)w(s)f(s,x(s))ds}{1 - \displaystyle\sum_{i=1}^{m-2} \alpha_i \phi(\xi_i)}, \tag{3.5.9}$$

$$q(t) = \exp\left(\int_0^t a(s)ds\right). \tag{3.5.10}$$

由 (3.5.8) 式知边值问题 (3.5.1) 有一个正解 x 当且仅当 $x \in \bar{K}_{r,R}$ 是算子 T_λ 的不动点.

引理 3.5.1 假设条件 (H_1)—(H_3) 成立, 那么 $T_\lambda \bar{K}_{r,R} \subset K$ 且 $T_\lambda : \bar{K}_{r,R} \to K$ 是全连续的.

证明 对任意 $x \in K$, 根据 (3.5.8) 式知 $(T_\lambda x)(t) \geqslant 0$ 且

$$\|T_\lambda x\| \leqslant \lambda \left[\int_0^1 G(s,s)q(s)w(s)f(s,x(s))ds + A\phi(1)\right]. \tag{3.5.11}$$

另外, 对任意 $t \in J_\theta$, 注意到 $1 \geqslant \phi(t) \geqslant \sigma(t)$, 再结合 (3.5.8), (3.5.11) 式和命题 3.5.2, 得

$$\min_{t \in J_\theta}(T_\lambda x)(t) = \min_{t \in J_\theta} \lambda \left[\int_0^1 G(t,s)q(s)w(s)f(s,x(s))ds + A\phi(t)\right]$$

$$\geqslant \lambda\sigma(t) \left[\int_0^1 G(s,s)q(s)w(s)f(s,x(s))ds + A\right]$$

$$= \lambda\sigma(t) \left[\int_0^1 G(s,s)q(s)w(s)f(s,x(s))ds + A\phi(1)\right]$$

$$\geqslant \sigma(t)\|T_\lambda x\| \geqslant \gamma\|T_\lambda x\|.$$

因此, $T_\lambda x \in K$, 即 $T_\lambda K \subset K$. 由 $\bar{K}_{r,R} \subset K$, 进而得到 $T_\lambda \bar{K}_{r,R} \subset K$. 所以 $T_\lambda : \bar{K}_{r,R} \to K$.

最后, 利用 Arzelä-Ascoli 定理, 能够证明 $T_\lambda : \bar{K}_{r,R} \to K$ 全连续. 引理得证.

记

$$f^\beta = \limsup_{x \to \beta} \max_{t \in J} \frac{f(t,x)}{x}, \quad f_\beta = \liminf_{x \to \beta} \min_{t \in J} \frac{f(t,x)}{x},$$

其中, β 表示 0 或者 ∞.

定理 3.5.1　假设条件 (H_1)—(H_3) 成立, $f_\infty = \infty$ 并且 $f^0 = 0$, 则对任意 $\lambda > 0$, 问题 (3.5.1) 至少有一个正解.

证明　首先, 因为 $f_\infty = \infty$, 可以选取 $r_1 > 0$ 使得对任意 $x \geqslant r_1$, $t \in J$, 有 $f(t,x) \geqslant \varepsilon_1 r_1$. 其中, $\varepsilon_1 > 0$ 满足 $\varepsilon_1 \lambda \gamma \frac{1}{\Delta} \phi(\theta) \psi(1-\theta) \int_\theta^{1-\theta} q(s)w(s)ds \geqslant 1$.

因此, 对任意 $x \in \partial K_{r_1}, t \in J$, 由命题 3.5.2 知

$$\|T_\lambda x\| = \max_{t \in J} |(T_\lambda x)(t)|$$

$$= \lambda \max_{t \in J} \left[\int_0^1 G(t,s)q(s)w(s)f(s,x(s))ds + A\phi(t) \right]$$

$$\geqslant \lambda\varepsilon_1 r_1 \max_{t \in J} \left[\int_0^1 G(t,s)q(s)w(s)ds \right]$$

$$\geqslant \lambda\varepsilon_1 r_1 \min_{t \in J_\theta} \int_0^1 G(t,s)q(s)w(s)ds$$

$$\geqslant \lambda\varepsilon_1 r_1 \left(\min_{t \in J_\theta} \sigma(t) \right) \int_0^1 G(s,s)q(s)w(s)ds$$

$$\geqslant \lambda\varepsilon_1 r_1 \gamma \left[\int_\theta^{1-\theta} G(s,s)q(s)w(s)ds \right]$$

$$\geqslant \varepsilon_1 r_1 \lambda \gamma \frac{1}{\Delta} \phi(\theta)\psi(1-\theta) \left[\int_\theta^{1-\theta} q(s)w(s)ds \right]$$

$$\geqslant r_1 = \|x\|.$$

从而, 对任意 $x \in \partial K_{r_1}$, 得

$$\|T_\lambda x\| \geqslant \|x\|. \tag{3.5.12}$$

由 $f^0 = 0$ 可知, 存在 $r_2 : 0 < r_2 < r_1$ 使得对任意 $0 \leqslant x \leqslant r_2$, $t \in J$ 有

$f(t,x) \leqslant \varepsilon_2 x$, 其中, $\varepsilon_2 > 0$ 满足 $\varepsilon_2 \lambda \left[\int_0^1 G(s,s)q(s)w(s)ds + \hat{A} \right] \leqslant 1$, 这里

$$\hat{A} = \frac{\displaystyle\sum_{i=1}^{m-2} \alpha_i \int_0^1 G(\xi_i, s)q(s)w(s)ds}{1 - \displaystyle\sum_{i=1}^{m-2} \alpha_i \phi(\xi_i)}.$$

故, 对任意 $x \in \partial K_{r_2}$, 由命题 3.5.1 可得

$$T_\lambda x(t) \leqslant \lambda \left[\int_0^1 G(s,s)q(s)w(s)f(s, x(s))ds + A\phi(t) \right]$$

$$\leqslant r_2 \varepsilon_2 \lambda \left[\int_0^1 G(s,s)q(s)w(s)ds + \hat{A} \right]$$

$$\leqslant r_2 = \|x\|.$$

从而, 对任意 $x \in \partial K_{r_2}$, 得

$$\|T_\lambda x\| \leqslant \|x\|. \tag{3.5.13}$$

于是, 由定理 2.1.1 的第二部分可知, T_λ 有一个不动点 $x \in \bar{K}_{r_2, r_1}$ 满足 $r_2 \leqslant \|x^*\| \leqslant r_1$ 且 $x^*(t) \geqslant \gamma\|x^*\| > 0$, $t \in J_\theta$. 从而, 对任意 $\lambda > 0$, 得出边值问题 (3.5.1) 至少有一个正解. 定理得证.

定理 3.5.2 假设条件 (H_1)—(H_3) 和下面两个条件成立:

(i) $f^0 = 0$ 或者 $f^\infty = 0$;

(ii) 存在正数 $\rho > 0, \delta > 0$, 使得对任意 $x \geqslant \rho, t \in J$ 有 $f(t,x) \geqslant \delta$.

则存在正数 $\lambda_0 > 0$ 使得对任意 $\lambda > \lambda_0$, 边值问题 (3.5.1) 至少有一个正解.

证明 首先, 因为 $f^0 = 0$, 可以选取 $0 < r_3 < \rho$, 使得对任意 $0 \leqslant x \leqslant r_3$, $t \in J$, 有 $f(t,x) \leqslant \varepsilon_3 r_3$. 其中, $\varepsilon_3 > 0$ 满足 $\lambda \varepsilon_3 \left[\int_0^1 G(s,s)q(s)w(s)ds + \hat{A} \right] \leqslant 1$.

因此, 对任意 $x \in \partial K_{r_3}$, 由命题 3.5.2 知

$$(T_\lambda x)(t) = \lambda \left[\int_0^1 G(t,s)q(s)w(s)f(s, x(s))ds + A\phi(t) \right]$$

$$\leqslant \lambda \varepsilon_3 r_3 \left[\int_0^1 G(t,s)q(s)w(s)ds + \hat{A} \right]$$

$$\leqslant \lambda \varepsilon_3 r_3 \left[\int_0^1 G(s,s)q(s)w(s)ds + \hat{A} \right]$$

$$\leqslant r_3 = \|x\|.$$

从而, 对任意 $x \in \partial K_{r_3}$, 得

$$\|T_\lambda x\| \leqslant \|x\|. \tag{3.5.14}$$

如果 $f^\infty = 0$, 类似于 (3.5.14) 式的证明, 存在 $r_4 > \rho$ 使得, 对任意 $x \geqslant r_4$, $t \in J$, 有 $f(t, x) \leqslant \varepsilon_4 x$. 其中, $\varepsilon_4 > 0$ 满足 $\lambda \varepsilon_4 \left[\displaystyle\int_0^1 G(s, s) q(s) w(s) ds + \hat{A} \right] \leqslant 1$, 并且对任意 $x \in \partial K_{r_4}$, 我们有

$$\|T_\lambda x\| \leqslant \|x\|. \tag{3.5.15}$$

另外, 由 (ii) 知, 当 $\rho > 0$ 固定时, 就存在一个 $\lambda_0 > 0$ 使得对任意 $\lambda > \lambda_0$, $x \in \partial K_\rho$ 有 $f(t, x) \geqslant \delta > \dfrac{1}{\lambda} \left[\gamma \dfrac{1}{\Delta} \phi(\theta) \psi(1 - \theta) \displaystyle\int_\theta^{1-\theta} q(s) w(s) ds \right]^{-1} \rho.$

因此, 对任意 $x \in \partial K_\rho$, $t \in J$, 得

$$\|T_\lambda x\| = \max_{t \in J} |(T_\lambda x)(t)|$$

$$= \lambda \max_{t \in J} \left[\int_0^1 G(t, s) q(s) w(s) f(s, x(s)) ds + A\phi(t) \right]$$

$$\geqslant \lambda \delta \max_{t \in J} \left[\int_0^1 G(t, s) q(s) w(s) ds \right]$$

$$\geqslant \lambda \delta \min_{t \in J_\theta} \int_0^1 G(t, s) q(s) w(s) ds$$

$$\geqslant \lambda \delta \left(\min_{t \in J_\theta} \sigma(t) \right) \int_0^1 G(s, s) q(s) w(s) ds$$

$$\geqslant \lambda \delta \gamma \left[\int_\theta^{1-\theta} G(s, s) q(s) w(s) ds \right]$$

$$\geqslant \lambda \delta \gamma \frac{1}{\Delta} \phi(\theta) \psi(1 - \theta) \left[\int_\theta^{1-\theta} q(s) w(s) ds \right]$$

$$> \rho = \|x\|.$$

所以, 对任意 $x \in \partial K_\rho$, 得

$$\|T_\lambda x\| > \|x\|. \tag{3.5.16}$$

于是, 由定理 2.1.1 可知, 对任意 $\lambda > \lambda_0$, (3.5.14) 和 (3.5.16) 式, (3.5.15) 和 (3.5.16) 式分别蕴含着 T_λ 有一个不动点 x^* 满足 $x^* \in \bar{K}_{r_3, \rho}$, $r_3 \leqslant \|x^*\| < \rho$ 且 $x^*(t) \geqslant \gamma \|x^*\| > 0$, $t \in J_\theta$; 或者满足 $x^* \in \bar{K}_{\rho, r_4}$, $\rho < \|x^*\| \leqslant r_4$ 和 $x^*(t) \geqslant \gamma \|x^*\| > 0$, $t \in J_\theta$. 从而得出边值问题 (3.5.1) 对任意 $\lambda > \lambda_0$ 至少有一个正解. 定理得证.

由定理 3.5.2 的证明, 可以直接得到下面的定理.

定理 3.5.3　假设条件 (H_1)—(H_3) 和下面两个条件成立:

(i) $f^0 = 0$ 和 $f^\infty = 0$;

(ii) 存在正数 $\rho > 0, \delta > 0$, 使得对任意 $x \geqslant \rho, t \in J$ 有 $f(t, x) \geqslant \delta$.

则存在正数 $\lambda_0 > 0$ 使得对任意 $\lambda > \lambda_0$, 边值问题 (3.5.1) 至少有两个正解.

定理 3.5.4　假设条件 (H_1)—(H_3) 成立. 进一步假设 $f_0 > 0$ 并且 $f_\infty > 0$. 则存在正数 $\lambda_0 > 0$ 使得对任意 $\lambda > \lambda_0$, 边值问题 (3.5.1) 没有正解.

证明　因为 $f_0 > 0$ 并且 $f_\infty > 0$, 则存在正数 $\eta_1 > 0, \eta_2 > 0, h_1 > 0$ 和 $h_2 > 0$ 使得 $h_1 < h_2$ 并且对任意 $t \in J, 0 < x \leqslant h_1$, 有

$$f(t, x) \geqslant \eta_1 x,$$

对任意 $t \in J, x \geqslant h_2$, 得

$$f(t, x) \geqslant \eta_2 x.$$

令

$$\eta = \min\left\{\eta_1, \eta_2, \min\left\{\frac{f(t, x)}{x} : t \in J, \gamma h_1 \leqslant x \leqslant h_2\right\}\right\} > 0,$$

所以, 对任意 $t \in J, x \geqslant \gamma h_1$, 有

$$f(t, x) \geqslant \eta x, \tag{3.5.17}$$

对任意 $t \in J, x \leqslant h_1$, 得

$$f(t, x) \geqslant \eta x. \tag{3.5.18}$$

假定 y 是边值问题 (3.5.1) 的一个正解. 对任意

$$\lambda > \lambda_0 = \left[\eta \gamma^2 \int_\theta^{1-\theta} G(s, s) q(s) w(s) ds\right]^{-1},$$

我们证明这将导出一个矛盾.

事实上, 如果 $\|y\| \leqslant h_1$, (3.5.18) 式意味着

$$f(t, x) \geqslant \eta x, \quad t \in J.$$

另一方面, 如果 $\|y\| > h_1$, 那么

$$\min_{t \in J_\theta} y(t) \geqslant \gamma \|y\| > \gamma h_1,$$

结合 (3.5.17) 式, 就蕴含着对任意 $t \in J_\theta$, 有

$$f(t, y) \geqslant \eta y.$$

因为 $(Ty)(t) = y(t)$, 所以对任意 $\lambda > \lambda_0, t \in J$, 有

$$
\begin{aligned}
\|y\| &= \|(T_\lambda y)\| \\
&= \max_{0 \leqslant t \leqslant 1} \lambda \left[\int_0^1 G(t,s) q(s) w(s) f(s, y(s)) ds + A\phi(t) \right] \\
&\geqslant \min_{t \in J_\theta} \lambda \int_\theta^{1-\theta} G(t,s) q(s) w(s) \eta y(s) ds \\
&\geqslant \lambda \eta \gamma \|y\| \sigma(t) \int_\theta^{1-\theta} G(s,s) q(s) w(s) ds \\
&\geqslant \lambda \eta \|y\| \gamma^2 \int_\theta^{1-\theta} G(s,s) q(s) w(s) ds \\
&> \|y\|,
\end{aligned}
$$

这是一个矛盾. 定理得证.

例 3.5.1　考虑奇异边值问题

$$
\begin{cases}
-x'' + x(t) = \lambda \dfrac{1}{\sqrt{t}} \left[\sqrt[3]{t^2+1} x^{\frac{1}{3}} \tanh x \right], & 0 < t < 1, \\
x'(0) = 0, \quad x(1) = e^{\frac{1}{2}} x\left(\dfrac{1}{2} \right),
\end{cases} \tag{3.5.19}
$$

其中, $\lambda > 0$.

结论 3.5.1　对任意 $\lambda > 0$, 边值问题 (3.5.19) 至少有一个正解.

证明　边值问题 (3.5.19) 能写成边值问题 (3.5.1) 的形式, 其中 $a(t) \equiv 0, b(t) \equiv 1, w(t) = \dfrac{1}{\sqrt{t}}, f(t,x) = \sqrt[3]{t^2+1} x^{\frac{1}{3}} \tanh x$. 显然 $w(t)$ 在点 $t = 0$ 处奇异, 并且 $w(t) \geqslant 0, \forall t \in (0,1), f(t,x) \geqslant 0, \forall t \in [0,1], x \in [0, \infty)$.

令 ϕ 和 ψ 分别满足

$$
L\phi = 0, \quad \phi'(0) = 0, \quad \phi(1) = 1,
$$

$$
L\psi = 0, \quad \psi(0) = 1, \quad \psi(1) = 0,
$$

其中, $Lx = -x'' + x(t)$ 并且

$$
\phi(t) = \frac{e^{1-t} + e^{1+t}}{1 + e^2}, \quad \phi(0) = \frac{2e}{1 + e^2},
$$

$$
\psi(t) = \frac{-e^{2-t} + e^t}{1 - e^2}, \quad \psi'(0) = \frac{e^2+1}{1-e^2}, \quad q(t) = 1, \quad \Delta := -\phi(0)\psi'(0) = \frac{2e}{e^2-1} > 0,
$$

$$G(t,s) = \frac{1}{2e(1+e^2)} \begin{cases} (e^{1-s}+e^{1+s})(e^{2-t}-e^t), & 0 \leqslant s \leqslant t \leqslant 1, \\ (e^{1-t}+e^{1+t})(e^{2-s}-e^s), & 0 \leqslant t \leqslant s \leqslant 1. \end{cases}$$

显然 $e^{\frac{1}{2}}\phi\left(\frac{1}{2}\right) = \dfrac{e+e^2}{1+e^2} < 1$, $0 < \displaystyle\int_0^1 G(s,s)q(s)w(s)ds < +\infty$. 所以条件 (H_1)—(H_3) 成立. 另外, 又

$$f^0 = \limsup_{x \to 0} \max_{t \in J} \frac{f(t,x)}{x} = 0,$$

且

$$f^\infty = \limsup_{x \to \infty} \max_{t \in J} \frac{f(t,x)}{x} = 0.$$

取 $\rho = 1$, $\delta = \dfrac{e^2-1}{e^2+1}$, 则有 $f(t,x) = \sqrt[3]{t^2+1}x^{\frac{1}{3}}\tanh x \geqslant \dfrac{e^2-1}{e^2+1} = \delta$, $\forall t \in [0,1], x \geqslant \rho = 1$. 由定理 3.5.2 知边值问题 (3.5.19) 至少存在一个正解. 结论得证.

3.6 滞后型二阶奇异边值问题的正解

考虑二阶奇异边值问题

$$\begin{cases} Lx = \omega(t)f(t,x(\alpha(t))), & t \in (0,1), \\ x'(0) = 0, \quad x(1) - \displaystyle\int_0^1 h(t)x(t)dt = 0, \end{cases} \tag{3.6.1}$$

其中, ω 可能在 $t = 0$ 或者/和在 $t = 1$ 点奇异, L 表示线性算子

$$Lx := -x'' - ax' + bx,$$

这里, $a \in C([0,1],[0,+\infty))$, $b \in C([0,1],(0,+\infty))$, $f \in C([0,1]\times[0,+\infty) \to [0,+\infty))$.

在本节, 总假设 $\alpha(t) \not\equiv t$, $\forall t \in J = [0,1]$. 另外, ω, f, α 和 h 满足条件:

(H_1) $\omega \in C((0,1),[0,+\infty))$, $0 < \displaystyle\int_0^1 \omega(s)ds < \infty$, 并且 ω 在 $(0,1)$ 的任何子区间内不为零;

(H_2) $f \in C([0,1] \times [0,+\infty),[0,+\infty))$, $\alpha \in C(J,J)$ 且 $\alpha(t) \leqslant t$, $\forall t \in J$;

(H_3) $h \in C[0,1]$ 非负, 且 $\nu \in [0,1)$, 其中,

$$\nu = \int_0^1 h(t)\phi(t)dt, \tag{3.6.2}$$

这里, ϕ 满足

$$-\phi''(t) - a\phi'(t) + b\phi(t) = 0, \quad \phi'(0) = 0, \quad \phi(1) = 1. \tag{3.6.3}$$

下面, 我们先讨论与问题 (3.6.1) 相关的 Green 函数及其性质.

引理 3.6.1　假设 $\nu \neq 1$. 则对任意 $y \in C[0,1]$, 边值问题

$$\begin{cases} -x''(t) - a(t)x'(t) + b(t)x(t) - y(t) = 0, & t \in (0,1), \\ x'(0) = 0, \quad x(1) - \displaystyle\int_0^1 h(t)x(t)dt = 0 \end{cases} \tag{3.6.4}$$

存在唯一解 x, 且

$$x(t) = \int_0^1 H(t,s)q(s)y(s)ds, \tag{3.6.5}$$

其中,

$$q(t) = \exp\left(\int_0^t a(s)ds\right), \quad H(t,s) = G(t,s) + G_1(t,s), \tag{3.6.6}$$

$$G(t,s) = \frac{1}{\Delta}\begin{cases} \phi(s)\psi(t), & 0 \leqslant s \leqslant t \leqslant 1, \\ \phi(t)\psi(s), & 0 \leqslant t \leqslant s \leqslant 1, \end{cases} \tag{3.6.7}$$

$$G_1(t,s) = \frac{\phi(t)}{1-\nu}\int_0^1 G(\tau,s)h(\tau)d\tau, \tag{3.6.8}$$

这里, ϕ 和 ψ 分别满足 (3.5.3) 和

$$L\psi = 0, \quad \psi(0) = 1, \quad \psi(1) = 0. \tag{3.6.9}$$

证明　证明和文献 [14] 的引理 2.3 以及文献 [15] 的引理 2.1 类似. 请读者参考.

注 3.6.1　由参考文献 [14] 和 [16] 知 $\Delta := -\phi(0)\psi'(0) > 0$, 且 (i) ϕ 在 J 上非减, 且 $\phi > 0$; (ii) ψ 在 J 上严格递减.

注 3.6.2　表达式 (3.6.2) 与文献 [14] 中的 (2.10) 及文献 [16] 中的 (2.9) 不同. 显然, (3.6.2) 式更简约.

注 3.6.3　注意到 $a \in C([0,1],[0,+\infty))$, 由 q 的定义知

$$1 \leqslant q(t) \leqslant e^M, \quad \forall t \in J,$$

其中, $M = \max\limits_{t \in J} a(t)$.

引理 3.6.2　令 $\xi \in (0,1)$, G, G_1 和 H 由引理 3.5.1 给出, 则

$$G(t,s) \leqslant G(s,s), \quad G_1(t,s) \leqslant G(1,s),$$

$$H(t,s) \leqslant H(s) \leqslant H^0, \quad \forall t,s \in J, \tag{3.6.10}$$

$$G(t,s) \geqslant \delta G(s,s), \quad G_1(t,s) \geqslant \phi(0)G_1(1,s),$$

$$H(t,s) \geqslant \delta H(s) \geqslant \delta H_0, \quad \forall t \in [0,\xi], \quad s \in J, \tag{3.6.11}$$

其中,

$$H(s) = G(s,s) + G_1(1,s), \quad H^0 = \max_{s \in J} H(s),$$

$$H_0 = \min_{s \in J} H(s), \quad \delta = \min\{\psi(\xi), \phi(0)\}. \tag{3.6.12}$$

证明   注意到注 3.5.1, 由 $G(t,s)$, $G_1(t,s)$ 和 $H(t,s)$ 的定义知 (3.6.10) 成立. 下面, 我们证明 (3.6.11) 式成立.

事实上, 对任意 $t \in [0,\xi]$ 和 $s \in J$, 得

$$\frac{G(t,s)}{G(s,s)} \geqslant \min\left\{\frac{\psi(t)}{\psi(s)}, \frac{\phi(t)}{\phi(s)}\right\} \geqslant \min\left\{\frac{\psi(\xi)}{\psi(0)}, \frac{\phi(0)}{\phi(1)}\right\} = \{\psi(\xi), \phi(0)\} = \delta. \tag{3.6.13}$$

类似地, 我们能够证明 $G_1(t,s) \geqslant G_1(0,s) \geqslant \phi(0)G_1(1,s)$, $t \in [0,\xi]$, $s \in J$. 这和 (3.6.12) 式蕴含着

$$H(t,s) \geqslant \delta G(s,s) + \phi(0)G_1(1,s) = \delta H(s), \quad \forall t \in [0,\xi], \quad s \in J.$$

这就给出了引理 3.6.2 的证明.

注 3.6.4   由 (3.6.10) 和 (3.6.11) 式知

$$\delta H_0 \leqslant |H(t,s) \leqslant H^0, \quad \forall t \in [0,\xi], \quad s \in J.$$

考虑 Banach 空间 $E = C[0,1]$, 其中范数定义为 $\|x\| = \max_{0 \leqslant t \leqslant 1} |x(t)|$.

为了应用锥不动点定理 2.1.1, 在 E 中定义锥 K:

$$K = \left\{x \in E : x(t) \geqslant 0, \quad \min_{t \in [0,\xi]} x(t) \geqslant \delta\|x\|\right\} \tag{3.6.14}$$

和算子 $T : K \to K$:

$$(Tx)(t) = \int_0^1 H(t,s)q(s)\omega(s)f(s,x(\alpha(s)))ds. \tag{3.6.15}$$

引理 3.6.3   假设条件 (H_1)—(H_3) 成立. 则 $T(K) \subset K$ 且 $T : K \to K$ 全连续.

证明   对任意 $x \in K$, 由 (3.6.10) 和 (3.6.15) 知

$$\|Tx\| = \max_{t \in J} \int_0^1 H(t,s)q(s)\omega(s)f(s,x(\alpha(s)))ds$$

$$\leqslant \int_0^1 H(s)q(s)\omega(s)f(s,x(\alpha(s)))ds. \tag{3.6.16}$$

由 (3.6.11), (3.6.15) 和 (3.6.16) 式知

$$\min_{t\in[0,\xi]}(Tx)(t) = \min_{t\in[0,\xi]}\int_0^1 H(t,s)q(s)\omega(s)f(s,x(\alpha(s)))ds$$

$$\geqslant \delta\int_0^1 H(s)q(s)\omega(s)f(s,x(\alpha(s)))ds$$

$$\geqslant \delta\|Tx\|.$$

这表明 $T(K) \subset K$.

下面, 应用 Arzelà-Ascoli 定理, 我们能够证明 $T : K \to K$ 全连续. 引理得证.

注 3.6.5　由 (3.6.15) 式知 $x \in E$ 是问题 (3.6.1) 的解, 当且仅当 x 算子 T 的一个不动点.

记

$$f^0 = \limsup_{y\to 0}\max_{t\in J}\frac{f(t,y)}{y}, \quad f_0 = \liminf_{y\to 0}\min_{t\in J}\frac{f(t,y)}{y},$$

$$f^\infty = \limsup_{y\to\infty}\max_{t\in J}\frac{f(t,y)}{y}, \quad f_\infty = \liminf_{y\to\infty}\min_{t\in J}\frac{f(t,y)}{y}.$$

同 3.4 节一样, 我们引入记号 i_0 和 i_∞. Sun 和 Li[17] 指出 i_0, $i_\infty = 0,1$ 或者 2, 有六种可能的情况: (i) $i_0 = 0$, $i_\infty = 0$; (ii) $i_0 = 0$, $i_\infty = 1$; (iii) $i_0 = 0, i_\infty = 2$; (iv) $i_0 = 1$, $i_\infty = 0$; (v) $i_0 = 1$, $i_\infty = 1$; (vi) $i_0 = 2$, $i_\infty = 0$.

下面的定理处理 (i) $i_0 = 1, i_\infty = 1$ 的情况. 为了方便, 记

$$\gamma = \int_0^1 \omega(s)ds, \quad \gamma_1 = \int_\xi^1 \omega(s)ds.$$

定理 3.6.1　假设条件 (H_1)—(H_3) 成立. 如果 $i_0 = 1$ 且 $i_\infty = 1$, 则问题 (3.6.1) 至少存在一个正解.

证明　首先, 考虑 $f^0 = 0$ 且 $f_\infty = \infty$ 的情况. 由 $f^0 = 0$ 知 $r > 0$ 使得

$$f(t,x) \leqslant \frac{1}{H^0\gamma e^M}x, \quad \forall t \in J, \quad 0 \leqslant x \leqslant r.$$

因为 $0 \leqslant \alpha(t) \leqslant t \leqslant 1$, $t \in [0,\xi]$, 所以

$$0 \leqslant x(t) \leqslant r \Rightarrow 0 \leqslant x(\alpha(t)) \leqslant r, \quad \forall t \in J.$$

因此, 对任意 $t \in J$ 和 $x \in K \cap \partial\Omega_r$, 由 (3.6.10) 和 (3.6.15) 知

$$(Tx)(t) = \int_0^1 H(t,s)q(s)\omega(s)f(s,x(\alpha(s)))ds$$

$$\leqslant H^0 e^M\int_0^1 \omega(s)\frac{1}{e^M\gamma H^0}x(\alpha(s))ds$$

$$\leqslant \frac{1}{\gamma}\int_0^1 \omega(s)ds\|x\|$$

$$=\|x\|.$$

这表明

$$\|Tx\| \leqslant \|x\|, \quad \forall x \in K \cap \partial\Omega_r. \tag{3.6.17}$$

下面考虑 $f_\infty = \infty$. 由 f_∞ 的定义知存在常数 R 满足 $0 < r < R$ 使得

$$f(t,x) \geqslant \frac{1}{\delta H_0 \gamma_1} x, \quad \forall t \in J, \ x \geqslant R.$$

因为 $0 \leqslant \alpha(t) \leqslant t \leqslant \xi$, $t \in [0,\xi]$, 所以

$$x(t) \geqslant R \Rightarrow x(\alpha(t)) \geqslant R, \quad \forall t \in [0,\xi].$$

进而, 对任意 $x \in K \cap \partial\Omega_R$, 由注 3.6.4 和 (3.6.15) 式知

$$(Tx)(t) = \int_0^1 H(t,s)q(s)\omega(s)f(s,x(\alpha(s)))ds$$

$$\geqslant \delta H_0 \int_0^1 q(s)\omega(s)f(s,x(\alpha(s)))ds$$

$$\geqslant \delta H_0 \int_0^\xi \omega(s)f(s,x(\alpha(s)))ds$$

$$\geqslant \delta H_0 \int_0^\xi \omega(s)\frac{1}{\delta H_0 \gamma_1}x(\alpha(s))ds$$

$$\geqslant \frac{1}{\delta \gamma_1} \int_0^\xi \omega(s)ds\delta\|x\|$$

$$=\|x\|.$$

这表明

$$\|Tx\| \geqslant \|x\|, \quad \forall x \in K \cap \partial\Omega_R. \tag{3.6.18}$$

根据定理 2.1.1 的 (i), 由 (3.6.17) 和 (3.6.18) 式知, 算子 T 在 $K \cap (\bar{\Omega}_R \backslash \Omega_r)$ 中至少存在一个不动点 x 满足 $r \leqslant \|x\| \leqslant R$. 进而, 由注 3.6.1 知问题 (3.6.1) 至少有一个正解 x 满足 $r \leqslant \|x\| \leqslant R$.

其次, 考虑 $f_0 = \infty$ 且 $f^\infty = 0$ 的情况. 因为 $f_0 = \infty$, 所以我们能够选取 $r > 0$ 使得

$$f(t,x) \geqslant \frac{1}{\delta H_0 \gamma_1}x, \quad \forall t \in J, \quad 0 \leqslant x \leqslant r.$$

因为 $0 \leqslant \alpha(t) \leqslant t \leqslant \xi$, $t \in [0,\xi]$, 所以

$$0 \leqslant x(t) \leqslant r \Rightarrow 0 \leqslant x(\alpha(t)) \leqslant r, \quad \forall t \in [0,\xi].$$

因此, 对任意 $x \in K \cap \partial\Omega_r$, 由注 3.6.4 和 (3.6.15) 式知

$$(Tx)(t) = \int_0^1 H(t,s)q(s)\omega(s)f(s,x(\alpha(s)))ds$$

$$\geqslant \delta H_0 \int_0^1 q(s)\omega(s)f(s,x(\alpha(s)))ds$$

$$\geqslant \delta H_0 \int_0^\xi \omega(s)f(s,x(\alpha(s)))ds$$

$$\geqslant \delta H_0 \int_0^\xi \omega(s)\frac{1}{\delta H_0 \gamma_1}x(\alpha(s))ds$$

$$\geqslant \frac{1}{\delta\gamma_1}\int_0^\xi \omega(s)ds\delta\|x\|$$

$$= \|x\|.$$

这表明

$$\|Tx\| \geqslant \|x\|, \quad \forall x \in K \cap \partial\Omega_r. \tag{3.6.19}$$

当 $f^\infty = 0$ 时, 我们能够选取 $0 < \varepsilon < \dfrac{1}{H^0\gamma e^M}$ 和 $l > 0$ 使得

$$f(t,x) \leqslant \varepsilon x, t \in J, \quad x \geqslant l.$$

令 $\zeta = \max\limits_{t \in J,\ x \in [0,l]} f(t,x)$, 则

$$0 \leqslant f(t,x) \leqslant \varepsilon x + \zeta, \quad \forall\, t \in J, \quad x \in [0,\infty).$$

因为 $0 \leqslant \alpha(t) \leqslant t \leqslant 1$, $\forall t \in J$, 所以, 对任意 $\forall t \in J$, 由 $x(t) \geqslant l$ 或者 $0 \leqslant x(t) \leqslant l$ 知 $x(\alpha(t)) \geqslant l$ 或者 $0 \leqslant x(\alpha(t)) \leqslant l$.

令 $R \geqslant \max\left\{2r, \dfrac{e^M H^0\gamma\zeta}{1 - e^M H^0\gamma\varepsilon}\right\}$. 则对任意 $t \in J$ 和 $x \in K \cap \partial\Omega_R$, 由 (3.5.10) 和 (3.5.15) 式知

$$(Tx)(t) = \int_0^1 H(t,s)q(s)\omega(s)f(s,x(\alpha(s)))ds$$

$$\leqslant H^0 e^M \int_0^1 \omega(s)f(s,x(\alpha(s)))ds$$

$$\leqslant H^0 e^M \int_0^1 \omega(s)(\varepsilon x(\alpha(s)) + \zeta)ds$$

$$\leqslant H^0 e^M \int_0^1 \omega(s)(\varepsilon\|x\| + \zeta)ds$$

$$\leqslant H^0 e^M \gamma(\varepsilon R + \zeta)$$

$$\leqslant R.$$

这表明

$$\|Tx\| \leqslant \|x\|, \quad \forall x \in K \cap \partial\Omega_R. \tag{3.6.20}$$

根据定理 2.1.1 的 (ii), 由 (3.6.19) 和 (3.6.20) 式知, 算子 T 在 $K \cap (\bar{\Omega}_R \backslash \Omega_r)$ 中至少存在一个不动点 x 且 $r \leqslant \|x\| < R$. 由注 3.6.1 知, 问题 (3.6.1) 至少存在一个正解 x 满足 $r \leqslant \|x\| < R$. 定理 3.6.1 证毕.

第 (ii) 情况: $i_0 = 0, i_\infty = 0$.

记

$$f_0^\rho = \max\left\{ \max_{t \in J} \frac{f(t,x)}{\rho} : x \in [0, \rho] \right\}.$$

定理 3.6.2 假设条件 (H_1)—(H_3) 成立. 另外, 令

(H_4) 存在 $\rho_1 > 0$ 使得 $f_0^{\rho_1} \leqslant \dfrac{1}{e^M H^0 \gamma}$;

或者

(H_5) 存在 $\eta > 0$ 和 $\rho_2 > 0$ 且 $\rho_1 \neq \rho_2$ 使得 $f(t,x) \geqslant \eta, t \in J, x \geqslant \rho_2$.

则, 问题 (3.6.1) 至少存在一个正解.

证明 不失一般性, 假设 $\rho_1 < \rho_2$. 由 $f_0^{\rho_1} \leqslant \dfrac{1}{e^M H^0 \gamma}$ 知 $f(t,x) \leqslant \dfrac{1}{e^M H^0 \gamma}\rho_1$, $\forall 0 \leqslant x \leqslant \rho_1, \ t \in J$.

因为 $0 \leqslant \alpha(t) \leqslant t \leqslant 1, t \in J$, 所以

$$0 \leqslant x(t) \leqslant \rho_1 \Rightarrow 0 \leqslant x(\alpha(t)) \leqslant \rho_1.$$

因此, 对任意 $t \in J$ 和 $y \in K \cap \partial\Omega_{\rho_1}$, 由 (3.6.10) 和 (3.6.15) 知

$$(Tx)(t) = \int_0^1 H(t,s)q(s)\omega(s)f(s, x(\alpha(s)))ds$$

$$\leqslant H^0 e^M \int_0^1 \frac{1}{H^0 \gamma e^M}\rho_1 \omega(s)ds$$

$$= \rho_1.$$

这表明

$$\|Tx\| \leqslant \|x\|, \quad \forall x \in K \cap \partial\Omega_\rho. \tag{3.6.21}$$

另外, 根据条件 (H_5), 如果给定 ρ_2, 则存在 $\eta > 0$ 使得

$$f(t,x) \geqslant \eta \geqslant \frac{\rho_2}{\delta H_0 \gamma_1}, \quad \forall t \in J, \quad x \geqslant \rho_2.$$

因为 $0 \leqslant \alpha(t) \leqslant t \leqslant \xi,\ t \in [0, \xi]$, 所以

$$x(t) \geqslant \rho_2 \Rightarrow x(\alpha(t)) \geqslant \rho_2.$$

进而, 对任意 $x \in K \cap \partial\Omega_{\rho_2}$, 由注 3.6.4 和 (3.6.15) 知

$$
\begin{aligned}
(Tx)(t) &= \int_0^1 H(t,s)q(s)\omega(s)f(s,x(\alpha(s)))ds \\
&\geqslant \min_{t \in [0,\xi]} \int_0^1 H(t,s)q(s)\omega(s)f(s,x(\alpha(s)))ds \\
&\geqslant \delta H_0 \int_0^1 q(s)\omega(s)f(s,x(\alpha(s)))ds \\
&\geqslant \delta H_0 \int_0^\xi \omega(s)f(s,x(\alpha(s)))ds \\
&\geqslant \delta\eta H_0 \int_0^\xi \omega(s)ds \\
&= \rho_2.
\end{aligned}
$$

这表明

$$\|Tx\| \geqslant \|x\|, \quad \forall x \in K \cap \partial\Omega_{\rho_2}. \tag{3.6.22}$$

这样, 根据定理 2.1.1 的 (i) 知, 算子 T 在 $K \cap (\bar{\Omega}_{\rho_2} \backslash \Omega_{\rho_1})$ 中至少存在一个不动点 x 满足 $\rho_1 \leqslant \|x\| \leqslant \rho_2$. 再根据注 3.6.1 知问题 (3.6.1) 至少有一个正解 x 满足 $\rho_1 \leqslant \|x\| \leqslant \rho_2$. 定理 3.6.2 证毕.

注意到定理 3.6.2 中的条件 (H_4) 可以被条件 $(H_4)'$ 替代.

$(H_4)'$　$f^0 \leqslant \dfrac{1}{H^0 \gamma e^M}$.

推论 3.6.1　假设条件 (H_1)—(H_3), $(H_4)'$ 和 (H_5) 成立. 则问题 (3.6.1) 至少存在一个正解.

证明　我们证明条件 $(H_4)'$ 蕴含着条件 (H_4). 假设条件 $(H_4)'$ 成立. 则存在正数 $\rho_1 \neq \rho_2$ 使得

$$\frac{f(t,x)}{x} \leqslant \frac{1}{H^0 \gamma e^M}, \quad t \in J, \quad 0 < x \leqslant \rho_1.$$

进而, 得

$$f(t,x) \leqslant \frac{1}{H^0 \gamma e^M} x \leqslant \frac{1}{H^0 \gamma e^M} \rho_1, \quad t \in J, \quad 0 < x \leqslant \rho_1.$$

所以, 条件 (H_4) 成立. 根据定理 3.6.2 知问题 (3.6.1) 至少有一个正解.

定理 3.6.3　假设条件 (H_1)—(H_4) 成立. 另外, 假设以下条件成立:

(H_6) $f_\infty \geqslant \dfrac{1}{\delta H_0 \gamma_1}$.

则问题 (3.6.1) 至少有一个正解.

证明 证明类似于定理 3.6.1 和定理 3.6.2. 证毕.

推论 3.6.2 假设条件 (H_1)—(H_3), $(H_4)'$ 和 (H_6) 成立. 则问题 (3.6.1) 至少有一个正解.

下面讨论 $i_0 = 1$, $i_\infty = 0$ 或者 $i_0 = 0$, $i_\infty = 1$ 的情况.

为了应用方便, 记

$$l = \frac{1}{H^0 \gamma e^M}, \quad L = \frac{1}{\delta^2 H_0 \gamma_1}.$$

定理 3.6.4 假设条件 (H_1)—(H_3) 成立, 且 $f^0 \in [0, l)$, $f_\infty \in (L, \infty)$. 则问题 (3.6.1) 至少有一个正解.

证明 证明类似于定理 3.6.2. 证毕.

定理 3.6.5 假设条件 (H_1)—(H_3) 成立, 且 $f_0 \in (L, \infty)$, $f^\infty \in [0, l)$. 则问题 (3.6.1) 至少有一个正解.

证明 如果 $f_0 \in (L, \infty)$, 则存在 $\rho_1 > 0$ 使得

$$f(t, x) > Lx, \quad \forall 0 \leqslant x \leqslant \rho_1, \quad t \in J.$$

因为 $0 \leqslant \alpha(t) \leqslant t \leqslant 1$, $\forall t \in J$, 所以

$$0 \leqslant x(t) \leqslant \rho_1 \Rightarrow 0 \leqslant x(\alpha(t)) \leqslant \rho_1, \quad \forall t \in J.$$

因此, 对任意 $x \in K \cap \partial\Omega_{\rho_1}$, 由注 3.6.4 和 (3.6.15) 式知

$$(Tx)(t) = \int_0^1 H(t, s) q(s) \omega(s) f(s, x(\alpha(s))) ds$$

$$\geqslant \min_{t \in [0, \xi]} \int_0^1 H(t, s) q(s) \omega(s) f(s, x(\alpha(s))) ds$$

$$\geqslant \delta H_0 \int_0^1 q(s) \omega(s) f(s, x(\alpha(s))) ds$$

$$\geqslant \delta H_0 \int_0^\xi \omega(s) f(s, x(\alpha(s))) ds$$

$$\geqslant \delta H_0 \int_0^\xi \omega(s) L x(\alpha(s)) ds$$

$$\geqslant \delta H_0 \int_0^\xi \omega(s) L \delta \|x\| ds$$

$$\geqslant \|x\|.$$

这表明

$$\|Tx\| \geqslant \|x\|, \quad \forall x \in K \cap \partial\Omega_\rho. \tag{3.6.23}$$

再考虑 $f^\infty \in [0, l)$ 的情况. 事实上, 我们可以证明 $f^\infty \in [0, l)$ 蕴含着条件 (H_4). 令 $\tau \in (f^\infty, l)$, 则存在 $r > \tau$ 使得 $\max\limits_{t \in J} f(t, x) \leqslant \tau x$ 时 $y \in [r, \infty)$. 令

$$\beta = \max \left\{ \max\limits_{t \in J} f(t, x) : 0 \leqslant x \leqslant r \right\}, \quad \rho_1^* > \max \left\{ \frac{\beta}{l - \tau}, \rho \right\}.$$

则得到

$$\max\limits_{0 \leqslant t \leqslant 1} f(t, x) \leqslant \tau x + \beta \leqslant \tau \rho_1^* + \beta < l\rho_1^*, \quad \forall x \in [0, \rho_1^*].$$

这表明 $f_0^{\rho_1^*} \leqslant l$.

因此, 我们证明了 $f^\infty \in [0, l)$ 蕴含着条件 (H_4) 的论断.

类似于 (3.6.20) 的证明, 我们得到

$$\|Tx\| \leqslant \|x\|, \quad \forall x \in K \cap \partial\Omega_{\rho^*}. \tag{3.6.24}$$

这样, 根据定理 2.1.1 的 (ii) 知, 算子 T 在 $K \cap (\bar{\Omega}_{\rho_1^*} \backslash \Omega_\rho)$ 中至少存在一个不动点 x 满足 $\rho \leqslant \|x\| \leqslant \rho_1^*$. 定理 3.6.5 得证.

根据定理 3.6.4 和定理 3.6.5, 我们得到推论 3.6.3.

推论 3.6.3　假设条件 (H_1)—(H_3) 成立. 另外, 假设 $f^0 = 0$ 和定理 3.6.2 中的条件 (H_5) 成立. 则问题 (3.6.1) 至少存在一个正解.

定理 3.6.6　假设条件 (H_1)—(H_3) 成立, 且 $f^0 \in (0, l)$, $f_\infty = \infty$. 则问题 (3.6.1) 至少存在一个正解.

证明　证明和定理 3.6.2 的证明类似. 证毕.

定理 3.6.7　假设条件 (H_1)—(H_3) 成立, 且 $f_0 = \infty$, $f^\infty \in (0, l)$. 则问题 (3.6.1) 至少存在一个正解.

证明　证明和定理 3.6.2 的证明类似. 证毕.

根据定理 3.6.4 和定理 3.6.5, 我们得到推论 3.6.4 和推论 3.6.5.

推论 3.6.4　假设条件 (H_1)—(H_3) 成立. 另外, 假设 $f_0 = \infty$ 和定理 3.6.2 中的条件 (H_4) 成立. 则问题 (3.6.1) 至少存在一个正解.

推论 3.6.5　假设条件 (H_1)—(H_3) 成立. 另外, 假设 $f_\infty = \infty$ 和定理 3.6.2 中的条件 (H_4) 成立. 则问题 (3.6.1) 至少存在一个正解.

最后, 我们讨论当 $i_0 = 0$, $i_\infty = 2$ 或者 $i_0 = 2$, $i_\infty = 0$ 时的情况.

根据定理 3.6.1 和定理 3.6.2 的证明, 我们可以得到以下结论.

定理 3.6.8　假设 (H_1)—(H_3) 和定理 3.6.2 中的条件 (H_4) 成立, 且 $i_0 = 0$, $i_\infty = 2$. 则问题 (3.6.1) 至少存在两个正解.

推论 3.6.6 假设 (H_1)—(H_3) 和定理 3.6.2 中的条件 $(H_4)'$ 成立, 且 $i_0 = 0$, $i_\infty = 2$. 则问题 (3.6.1) 至少存在两个正解.

定理 3.6.9 假设 (H_1)—(H_3) 和定理 3.6.2 中的条件 $(H_4)'$ 成立, 且 $i_0 = 2$, $i_\infty = 0$. 则问题 (3.6.1) 至少存在两个正解.

推论 3.6.7 假设 (H_1)—(H_3) 和定理 3.5.3 中的条件 (H_6) 成立, 且 $i_0 = 2$, $i_\infty = 0$. 则问题 (3.6.1) 至少存在两个正解.

例 3.6.1 考虑边值问题

$$\begin{cases} -x''(t) + bx(t) = \omega(t)f(t, x(\alpha(t))), & t \in J, \\ x'(0) = 0, \quad x(1) = \int_0^1 x(t)dt, \end{cases} \tag{3.6.25}$$

其中, $\alpha \in C(J, J)$, $\alpha(t) \leqslant t$, $t \in J$,

$$\omega(t) = \frac{1}{\sqrt{t}}, \quad f(t, x) = \sqrt[n]{1 + t^n}x^n,$$

这里, $n \geqslant 2$ 是正整数.

这蕴含着问题 (3.6.25) 含有一个超前变元 α. 例如, 取 $\alpha(t) = t^2$. 显然, ω 在 $t = 0$ 点奇异, f 连续非负.

结论 3.6.1 问题 (3.6.25) 至少存在一个正解.

证明 问题 (3.6.25) 能写成问题 (3.6.1) 的形式. 其中, $a(t) \equiv 0$, $b(t) \equiv 1$, $h(t) \equiv 1$.

令 ϕ 和 ψ 满足

$$L\phi = 0, \quad \phi'(0) = 0, \quad \phi(1) = 1, \tag{3.6.26}$$

$$L\psi = 0, \quad \psi(0) = 1, \quad \psi(1) = 0, \tag{3.6.27}$$

其中, $Lx = -x'' + x(t)$,

$$\phi(t) = \frac{e^{1-t} + e^{1+t}}{1 + e^2}, \quad \phi(0) = \frac{2e}{1 + e^2},$$

$$\psi(t) = \frac{-e^{2-t} + e^t}{1 - e^2}, \quad \psi'(0) = \frac{e^2 + 1}{1 - e^2}, \quad q(t) = 1, \quad \Delta := -\phi(0)\psi'(0) = \frac{2e}{e^2 - 1} > 0.$$

由 ω, f 和 h 的定义知条件 (H_1)—(H_3) 成立, 且

$$f^0 = 0, \quad f_\infty = \infty.$$

因此, 由定理 3.6.1 知问题 (3.6.1) 至少有一个正解. 证毕.

例 3.6.2 在例 3.6.1 中取

$$f(t, x) = \left(\frac{1}{3} + \frac{t}{3}\right) + 2\sin x. \tag{3.6.28}$$

结论 3.6.2　如果 $L < \dfrac{7}{3}$ 且 $l > \dfrac{2}{3}$, 则问题 (3.5.28) 至少存在一个正解.

证明　事实上, 通过计算知

$$f_0 = \lim_{x \to 0} \lim \min_{t \in J} \frac{f(t, x)}{x} = \frac{7}{3}, \quad f^\infty = \lim_{x \to \infty} \lim \min_{t \in J} \frac{f(t, x)}{x} = \frac{2}{3}.$$

这表明 $f_0 \in (L, +\infty)$, $f^\infty \in [0, l)$.

根据定理 3.6.5, 例 3.6.2 得证.

例 3.6.3　在例 3.6.1 中取

$$f(t, x) = (1 + t)x^2 + x^{\frac{1}{2}}. \tag{3.6.29}$$

结论 3.6.3　问题 (3.6.29) 至少存在两个正解.

证明　事实上, 通过计算知

$$f_0 = \lim_{x \to 0} \lim \min_{t \in J} \frac{f(t, x)}{x} = \infty, \quad f_\infty = \lim_{x \to \infty} \lim \min_{t \in J} \frac{f(t, x)}{x} = +\infty.$$

这表明 $i_0 = 0$ 且 $i_\infty = 2$.

根据定理 3.6.8, 例 3.6.3 得证.

3.7　附　　注

探索二阶常微分方程边值问题的可解性, 特别是正解和对称正解的存在性, 一直是我们研究的热点问题. 本章主要用上下解方法和锥上的不动点理论研究了两类常微分方程边值问题. 二阶线性算子通常取为 L

$$Lx = x'' \tag{3.7.1}$$

和

$$Lx = x'' + ax' + bx \tag{3.7.2}$$

的形式. 当然, 算子 (3.7.1) 是算子 (3.7.2) 在 $a = b = 0$ 时的特殊情况. 本章的内容对这两种情况都作了详细的研究, 给出了一系列新的结果. 既考虑了含有有限个奇异点的边值问题, 又考察了含无穷个奇异点的边值问题; 既讨论了不含偏差变元的二阶微分方程边值问题正解的存在性, 又探索了超前型和滞后型二阶微分方程边值问题多个正解的存在性问题.

定理 3.1.1 是由 Feng, Zhang 和 Ge 在参考文献 [18] 中获得的. 这里我们允许函数 $p(t)$ 和函数 $g(t)$ 在 $t = 0$ 和 $t = 1$ 处奇异, 并且得到了正解的存在性、多解性和不存在性与参数 λ 之间的关系.

3.2 节的内容取自 Zhang, Feng 和 Ge 的文献 [19]. 在定理 3.2.1 中, 作者运用锥上不动点指数定理并结合 Hölder's 不等式, 研究了一类广义 Sturm-Liouville 型 m 点奇异边值问题多个正解的存在性. 这里, 从边界条件和 $g(t) \in L^p[0,1]$ 两个方面推广了 3.1 节的内容, 研究方法也是不同的.

3.3 节的内容选自 Feng 的文献 [20]. 定理 3.4.1 运用锥上的不动点指数定理并结合 Hölder's 不等式给出了非局部问题存在对称正解的充分条件. 从边界条件和解的对称性两个方面推广了 3.1 节和 3.2 节的结果. 而对于二阶非局部问题存在多个对称正解, 特别是二阶超前型或滞后型非局部问题存在 n 个对称正解的讨论尚未展开, 值得今后深入研究.

定理 3.4.1 到定理 3.4.4 均取自 Zhang 和 Feng 的文献 [21]. 在 3.4 节, 我们将超前型变元和滞后型变元引入到二阶奇异微分方程边值问题. 利用锥上的不动点定理, 得到了正解的存在性以及正解 x_λ 对参数 λ 的依赖性结果. 最大的亮点是借助记号 i_0 和 i_∞, 我们证明了这类边值问题在参数 λ 的某个取值范围内存在 i_0 个正解或者有 i_∞ 个正解的结论. 这些结果不仅发展了已有文献中的理论, 同时改进和推广了 3.1 节到 3.3 节中的内容.

定理 3.5.1 到定理 3.5.4 均来自 Feng 和 Ge 的文献 [16]. 3.5 节运用超线性和次线性的适当组合, 并结合锥上的不动点定理, 研究了一类不具有凹性的 m 点奇异边值问题正解的存在性、多解性和不存在性与参数 λ 之间的关系. 这些结果突破了以往文献只研究超线性或者次线性的情况. 另外, 由于边值问题的解不具凹性, 如果选择了不适当的锥不动点定理, 就可能得不到这类边值问题正解的存在性结果. 比如, 选择 Legget-William's 不动点定理来研究问题 (3.5.1), 到目前还未得到相关结果.

3.6 节内容取自 Zhang 和 Feng 的文献 [22]. 在这一节, 作者获得了丰富结果, 并从引入滞后变元和 Green 函数两个方面推广了已有文献和 3.5 节的结果. 同时, 类似于 3.4 节, 引入记号 i_0 和 i_∞, 并应用 Krasnosel'skii's 不动点定理分 (i) $i_0 = 0$, $i_\infty = 0$; (ii) $i_0 = 0$, $i_\infty = 1$;(iii) $i_0 = 0$, $i_\infty = 2$; (iv) $i_0 = 1$, $i_\infty = 0$; (v) $i_0 = 1$, $i_\infty = 1$ 及 (vi) $i_0 = 2$, $i_\infty = 0$ 六种情况研究了这类问题一个正解和两个正解存在的充分条件. 但是, 我们对方程含超前型变元的情况尚未进行讨论, 今后值得深入研究.

参 考 文 献

[1] Agarwal R P. Boundary Value Problems for Higher Order Differential Equations [M]. Singapore: World Scientific, 1986.

[2] Agarwal R P. Focal Boundary Value Problems for Differential and Difference Equations[M]. Dordrecht: Kluwer, 1998.

[3] 葛渭高. 非线性常微分方程边值问题 [M]. 北京: 科学出版社, 2007.

[4] 郭大钧, 孙经先, 刘兆理. 非线性常微分方程泛函方法 [M]. 济南: 山东科学技术出版社, 1995.

[5] 郭大钧. 非线性泛函分析 [M]. 济南: 山东科学技术出版社, 1985.

[6] 郭大钧. 非线性分析中的半序方法 [M]. 济南: 山东科学技术出版社, 1999.

[7] Guo D, Lakshmikantham V. Nonlinear Problems in Abstract Cones [M]. New York: Academic Press, 1988.

[8] 马如云. 非线性常微分方程非局部问题 [M]. 北京: 科学出版社, 2004.

[9] 郭大钧, 孙经先. 抽象空间常微分方程 [M]. 济南: 山东科学技术出版社, 1989.

[10] 任景莉, 薛春艳. 微分方程中的泛函方法应用研究 [M]. 北京: 北京科学技术出版社, 2006.

[11] Ha K S, Lee Y H. Existence of multiple positive solutions of singular boundary value problems[J]. Nonlinear Anal., 1997, 28: 1429-1438.

[12] Yao Q. Existence and iteration of n symmetric positive solutions for a singular two-point boundary value problem[J]. Comput. Math. Appl., 2004, 47: 1195-1200.

[13] Wang H. Positive periodic solutions of functional differential equations[J]. J. Differential Equations, 2004, 202: 354-366.

[14] Ma R. Existence of positive solutions for a nonlinear m-Point boundary value problem[J]. Acta Math. Sin., 2003, 46: 785-794.

[15] Feng M, Zhang X, Yang X. Positive solutions of nth-Order nonlinear impulsive differential equation with nonlocal boundary conditions[J]. Bound. Value Probl., 2011, 2011: 19.

[16] Feng M, Ge W. Positive solutions for a class of m-point singular boundary value problems[J]. Math. Comput. Modelling, 2007, 46: 375-383.

[17] Sun H, Li W. Existence theory for positive solutions to one-dimensional p-Laplacian boundary value problems on time scales[J]. J. Differential Equations, 2007, 240: 217-248.

[18] Feng M, Zhang X, Ge W. New existence theorems of positive solutions for singular boundary value problems[J]. E. J. Qual. Theory Diff. Equ., 2006, 2006: 1-9.

[19] Zhang X, Feng M, Ge W. Multiple positive solutions for a class of m-point boundary value problems[J]. Appl. Math. Lett., 2009, 22: 12-18.

[20] Feng M. Existence of symmetric positive solutions for a boundary value problem with integral boundary conditions[J]. Appl. Math. Lett., 2011, 24: 1419-1427.

[21] Zhang X, Feng M. Positive solutions for a second-order differential equation with integral boundary conditions and deviating arguments[J]. Bound. Value Probl., 2015, 1: 1-21.

[22] Zhang X, Feng M. Green's function and positive solutions for a second-order singular boundary value problem with integral boundary conditions and a delayed argument[J]. Abstr. Appl. Anal., 2014, 4: 1-9.

第4章 二阶脉冲微分方程边值问题

非线性脉冲微分方程边值问题主要包括两点边值问题、非局部问题以及周期边值问题. 国内外的学者对非线性脉冲微分方程两点边值问题、非局部问题以及周期边值问题展开了深入的研究, 并获得了很多优秀成果[1-11]. 由于脉冲微分方程边值问题绝不是常微分方程边值问题和离散微分方程边值问题的简单叠加, 而是综合了连续和离散边值问题的特征, 但又超出了连续和离散边值问题的范围, 还有许多带有根本性的问题期待解决, 而脉冲微分方程边值问题解的不连续性也给研究带来了新的困难, 人们期待寻求新的研究方法和途径. 本章主要应用锥上不动点理论、特征值理论以及 α-凹算子理论研究了非线性脉冲微分方程边值问题、含一维 p-Laplace 算子的脉冲微分方程边值问题和带参数的非线性脉冲微分方程边值问题正解的存在性、多解性, 并获得了正解对参数的连续依赖关系.

4.1 节讨论了一类带参数的二阶奇异脉冲 Neumann 边值问题. 利用锥上的不动点定理, 我们研究了这类边值问题的正解和参数 λ 之间的依赖关系, 并指出了 Neumann 边值问题未来可能的发展方向.

4.2 节考虑了一类 m 点脉冲微分方程边值问题

$$\begin{cases} -x''(t) = f(t, x(t)), & t \in J, \quad t \neq t_k, \\ -\Delta x'|_{t=t_k} = I_k(x(t_k)), & k = 1, 2, \cdots, n, \\ x(0) = \sum_{i=1}^{m-2} a_i x(\xi_i), & x(1) = \sum_{i=1}^{m-2} b_i x(\xi_i), \end{cases}$$

并利用锥上不动点定理获得了这类问题存在一个正解和两个正解的充分条件. 这节所研究的内容为研究脉冲微分方程非局部问题正解的存在性奠定了基础.

在 4.3 节中, 作者运用特征值理论以及 α-凹算子理论研究了一类带积分边界条件的二阶脉冲微分方程正解的存在性, 特别是证明了正解 x_λ 关于参数 λ 是强增的和连续的. 同时, 作者利用非线性项 f 在 0 和 ∞ 处超线性和次线性的几何性质给出了正解不存在的两个结果. 这和 3.1 节及 3.4 节讨论边值问题不存在正解的方法不同. 事实上, 这是首次把这种处理边值问题正解不存在的方法应用到非局部问题.

4.4 节是 4.3 节内容的延续. 首先, 我们通过一个适当的变换把一类二阶脉冲微分方程变为无脉冲的方程. 进而, 应用锥不动点定理, 我们获得了这类脉冲方程正解的存在性结果. 需要指出的是我们所研究的方程是混合型的: 包含超前型和滞后型两种情况. 另外, 我们还给出了几个算例来验证所得的理论结果.

4.5 节首先给出了一类带积分边界条件的滞后型脉冲微分方程对应的 Green 函数. 有意思的是, 我们给出了同一个 Grenn 函数的两种不同的表达式. 然后, 借助 Legget-William's 不动点定理和 Hölder's 不等式, 我们给出了问题 (4.5.1) 至少存在三个正解的结论. 从模型和研究方法两个方面推广了 4.1 节和 4.2 节的内容.

4.6 节利用不动点指数定理以及不动点指数的可加性和可解性研究了一类含 p-Laplace 算子的二阶奇异脉冲微分方程边值问题多个正解的存在性. 注意到 $p > 1$, 这表明 4.6 节的研究内容从一定程度上推广和发展了第 3 章和 4.1 节到 4.5 节的内容.

4.7 节在无穷区间中讨论了一类非线性项显含导数项的二阶脉冲非局部问题. 我们利用锥理论和单调迭代技术给出了最小解存在的充分条件. 对比 4.1 节到 4.6 节, 4.7 节有三个特点. 其一, 我们在无穷区间 $[0, +\infty]$ 中, 而不是在有限区间 $[0, 1]$ 中研究这类边值问题; 其二, 这里的脉冲项含无穷个脉冲点, 而不是有限个脉冲点; 其三, 非线性项显含导数项. 这为今后深入研究无穷区间中脉冲非局部问题的可解性打下了良好的理论基础.

4.1　二阶奇异脉冲微分方程的正解对参数的依赖性

考虑边值问题

$$
\begin{cases}
-y''(t) + My(t) = \lambda\omega(t)f(t, y(t)), & t \in J, \quad t \neq t_k, \\
-\Delta y'|_{t=t_k} = \lambda I_k(t_k, y(t_k)), & k = 1, 2, \cdots, m, \\
y'(0) = y'(1) = 0,
\end{cases}
\tag{4.1.1}
$$

其中, $M > 0$ 是一个常数, $\lambda > 0$ 是一个参数, $J = [0, 1]$, ω 在 $(0, 1)$ 中是一个非负可测函数, 在 $(0, 1)$ 的任何开子集中 $\omega \neq 0$, 且在 $t = 0$ 和 / 或者 $t = 1$ 点奇异, $t_k(k = 1, 2, \cdots, m)$ (m 是一个固定的正整数) 是固定点, 且 $0 = t_0 < t_1 < t_2 < \cdots < t_k < \cdots < t_m < t_{m+1} = 1$, $\Delta y'\big|_{t=t_k} = y'(t_k^+) - x'(t_k^-)$, $y'(t_k^+)$ 和 $y'(t_k^-)$ 分别表示 $y'(t)$ 在 $t = t_k$ 点的右极限和左极限.

另外, ω, f 和 I_k 还满足

(H_1) $\omega \in L^1_{loc}(0, 1)$;

(H_2) $f \in C(J \times \mathbf{R}^+, \mathbf{R}^+)$, $I_k \in C(J \times \mathbf{R}^+, \mathbf{R}^+)$, $\mathbf{R}^+ = [0, +\infty)$, $k = 1, 2, \cdots, m$. 令 $J' = J \backslash \{t_1, t_2, \cdots, t_m\}$, $k = 1, 2, \cdots, m$,

$$
\begin{aligned}
PC^1[0, 1] = \{ & y \in C[0, 1] : y'|_{(t_k, t_{k+1})} \in C(t_k, t_{k+1}), \ y'(t_k^-), \\
& y'(t_k^+) \ \text{存在}, \ k = 1, 2, \cdots, m \},
\end{aligned}
$$

则 $PC^1[0,1]$ 是一个实 Banach 空间, 其范数为

$$\|y\|_{PC^1} = \max\left\{\|y\|_\infty, \|y'\|_\infty\right\},\qquad(4.1.2)$$

其中, $\|y\|_\infty = \sup\limits_{t\in J}|y(t)|,\quad \|y'\|_\infty = \sup\limits_{t\in J}|y'(t)|.$

一个函数 $y \in PC^1[0,1] \cap C^2(J')$ 如果满足 (4.1.1), 则称为问题 (4.1.1) 的解.

引理 4.1.1　如果条件 (H_1) 和 (H_2) 成立, 则问题 (4.1.1) 存在唯一解 y, 且

$$y(t) = \lambda \int_0^1 G(t,s)\omega(s)f(s,y(s))ds + \lambda\sum_{k=1}^m G(t,t_k)I_k(t_k,y(t_k)),\qquad(4.1.3)$$

其中,

$$G(t,s) = \begin{cases} \dfrac{\cosh(\sqrt{M}(1-t))\cosh(\sqrt{M}s)}{\sqrt{M}\sinh(\sqrt{M})}, & 0\leqslant s\leqslant t\leqslant 1, \\[3mm] \dfrac{\cosh(\sqrt{M}t)\cosh(\sqrt{M}(1-s))}{\sqrt{M}\sinh(\sqrt{M})}, & 0\leqslant t\leqslant s\leqslant 1. \end{cases}\qquad(4.1.4)$$

证明　证明类似于文献 [12] 的引理 2.4. 证毕.

由 (4.1.4) 式, 可以证明 $G(t,s)$ 有如下性质.

$$\frac{1}{\sqrt{M}\sinh(\sqrt{M})} = \alpha \leqslant G(t,s) \leqslant \beta = \frac{\cosh^2(\sqrt{M})}{\sqrt{M}\sinh(\sqrt{M})}, \quad \forall t,s\in J.\qquad(4.1.5)$$

在 $PC^1[0,1]$ 定义锥 K:

$$K = \left\{y \in PC^1[0,1] : y\geqslant 0, y(t)\geqslant \delta\|y\|_{PC^1},\ \ t\in J\right\},\qquad(4.1.6)$$

其中,

$$\delta = \frac{1}{L\cosh^2(\sqrt{M})},\qquad(4.1.7)$$

L 由 (4.1.12) 式定义.

容易看出 K 是 $PC^1[0,1]$ 的一个闭凸锥.

定义算子 $T_\lambda : K \to PC^1[0,1]$:

$$(T_\lambda y)(t) = \lambda \int_0^1 G(t,s)\omega(s)f(s,y(s))ds + \lambda\sum_{k=1}^m G(t,t_k)I_k(t_k,y(t_k)).\qquad(4.1.8)$$

由 (4.1.8) 式知 $y \in PC^1[0,1]$ 是问题 (4.1.1) 的解当且仅当 y 是算子 T_λ 的不动点.

引理 4.1.2   如果条件 (H_1) 和 (H_2) 成立, 则 $T_\lambda(K) \subset K$, 且 $T_\lambda : K \to K$ 全连续.

证明   对任意 $y \in K$, 由 (4.1.5) 和 (4.1.8) 式知

$$(Ty)(t) = \lambda \int_0^1 G(t,s)\omega(s)f(s,y(s))ds + \lambda \sum_{k=1}^m G(t,t_k)I_k(t_k, y(t_k))$$

$$\leqslant \lambda \frac{\cosh^2(\sqrt{M})}{\sqrt{M}\sinh(\sqrt{M})}\Big[\int_0^1 \omega(s)f(s,y(s))ds + \sum_{k=1}^m I_k(t_k, y(t_k))\Big], \quad t \in J. \quad (4.1.9)$$

$$|(Ty)'(t)| \leqslant \lambda \int_0^1 |G_t'(t,s)|\omega(s)f(s,y(\beta(s)))ds + \sum_{k=1}^m |G_t'(t,t_k)|I_k(y(t_k))$$

$$\leqslant \eta\lambda\Big[\int_0^1 \omega(s)f(s,y(\beta(s)))ds + \sum_{k=1}^m I_k(y(t_k))\Big], \quad (4.1.10)$$

其中

$$G_t'(t,s) = \begin{cases} \dfrac{-\sinh(\sqrt{M}(1-t))\cosh(\sqrt{M}s)}{\sinh(\sqrt{M})}, & 0 \leqslant s < t \leqslant 1, \\ \dfrac{\cosh(\sqrt{M}t)\sinh(\sqrt{M}(1-s))}{\sinh(\sqrt{M})}, & 0 \leqslant t < s \leqslant 1, \end{cases}$$

且

$$\max_{t,s \in J, t \neq s} |G_t'(t,s)| = \eta.$$

由 (4.1.9) 和 (4.1.10) 式知

$$\|Ty\|_{PC^1} \leqslant L\Big[\int_0^1 \omega(s)f(s,y(\beta(s)))ds + \sum_{k=1}^m I_k(y(t_k))\Big], \quad (4.1.11)$$

其中,

$$L = \max\Big\{\frac{\cosh^2(\sqrt{M})}{\sqrt{M}\sinh(\sqrt{M})}, \eta, 1\Big\}. \quad (4.1.12)$$

由 (4.1.5),(4.1.11) 和 (4.1.12) 式知

$$(Ty)(t) = \lambda \int_0^1 G(t,s)\omega(s)f(s,y(s))ds + \lambda \sum_{k=1}^m G(t,t_k)I_k(t_k, y(t_k))$$

$$\geqslant \frac{1}{\sqrt{M}\sinh(\sqrt{M})}\lambda\Big[\int_0^1 \omega(s)f(s,y(s))ds + \sum_{k=1}^m I_k(t_k, y(t_k))\Big]$$

$$\geqslant \frac{L}{L\sqrt{M}\sinh(\sqrt{M})}\lambda\left[\int_0^1 \omega(s)f(s,y(s))ds + \sum_{k=1}^m I_k(t_k,y(t_k))\right]$$

$$= \delta L\lambda\left[\int_0^1 \omega(s)f(s,y(s))ds + \sum_{k=1}^m I_k(t_k,y(t_k))\right]$$

$$\geqslant \delta\|Ty\|_{PC^1},$$

这表明 $T(K) \subset K$.

下面, 类似于文献 [13] 引理 2.1 和引理 2.2 的证明, 我们能够证明 $T: K \to K$ 全连续. 证毕.

为了便于阐述, 令

$$f^0 = \limsup_{y\to 0^+}\max_{t\in J}\frac{f(t,y)}{y}, \quad f^\infty = \limsup_{y\to\infty}\max_{t\in J}\frac{f(t,y)}{y}, \quad f_0 = \liminf_{y\to 0^+}\min_{t\in J}\frac{f(t,y)}{y},$$

$$f_\infty = \liminf_{y\to\infty}\min_{t\in J}\frac{f(t,y)}{y}, \quad I^0(k) = \limsup_{y\to 0^+}\max_{t\in J}\frac{I_k(t,y)}{y},$$

$$I^\infty(k) = \limsup_{y\to\infty}\max_{t\in J}\frac{I_k(t,y)}{y},$$

$$I_0(k) = \liminf_{y\to 0^+}\min_{t\in J}\frac{I_k(t,y)}{y}, \quad I_\infty(k) = \liminf_{y\to\infty}\min_{t\in J}\frac{I_k(t,y)}{y}, \quad k = 1,2,\cdots,m,$$

且

$$\gamma = \int_0^1 \omega(s)ds, \quad \rho = \max_{t\in J,\ 0\leqslant y\leqslant c}f(t,y), \quad \rho_* = \max\{\rho_k,\ k = 1,2,\cdots,m\},$$

其中, $\rho_k = \max\limits_{t\in J,\ 0\leqslant y\leqslant c}I_k(t,y),\ k = 1,2,\cdots,m,\ c > 0$ 是一个常数.

定理 4.1.1　假设条件 (H_1) 和 (H_2) 满足, 则下列两个结论成立.

(H_3) 如果 $f^0 = 0$, $I^0(k) = 0$, 且 $f_\infty = \infty$, $I_\infty(k) = \infty$, $k = 1,2,\cdots,m$, 则对任意 $\lambda > 0$, 问题 (4.1.1) 存在一个正解 $y_\lambda(t)$ 满足 $\lim\limits_{\lambda\to 0^+}\|y_\lambda\|_{PC^1} = \infty$;

(H_4) 如果 $f_0 = \infty$, $I_0(k) = \infty$, 且 $f^\infty = 0$, $I^\infty(k) = 0$, $k = 1,2,\cdots,m$, 则对任意 $\lambda > 0$, 问题 (4.1.1) 存在一个正解 $y_\lambda(t)$ 满足 $\lim\limits_{\lambda\to 0^+}\|y_\lambda\|_{PC^1} = 0$.

证明　因为当条件 (H_4) 成立时的证明, 和条件 (H_3) 成立时的证明方法类似, 所以我们仅证明当条件 (H_3) 成立时结论成立.

如果 $f^0 = 0$, $I^0(k) = 0$, 则存在 $l > 0$ 和 $r > 0$ 使得

$$f(t,y) < ly, \quad I_k(t,y) < ly, \quad \forall t \in J, \quad 0 \leqslant y \leqslant r, \quad k = 1,2,\cdots,m,$$

其中, l 满足

$$\lambda\max\{\beta,\eta\}l(\gamma + m) \leqslant 1. \tag{4.1.13}$$

因此, 对任意 $y \in K \cap \partial\Omega_r$, 得

$$
\begin{aligned}
(T_\lambda y)(t) &= \lambda \int_0^1 G(t,s)\omega(s)f(s,y(s))ds + \lambda \sum_{k=1}^m G(t,t_k)I_k(t_k,y(t_k)) \\
&\leqslant \lambda\beta \int_0^1 \omega(s)ly(s)ds + \lambda\beta \sum_{k=1}^m ly(t_k) \\
&\leqslant \lambda\beta l \|y\|_{PC^1} \left(\int_0^1 \omega(s)ds + m \right) \\
&= \lambda\beta l \|y\|_{PC^1}(\gamma + m) \leqslant \|y\|_{PC^1},
\end{aligned}
\tag{4.1.14}
$$

$$
\begin{aligned}
|(T_\lambda y)'(t)| &\leqslant \lambda \int_0^1 |G'_t(t,s)|\omega(s)f(s,y(s))ds + \lambda \sum_{k=1}^m |G'_t(t,t_k)|I_k(t_k,y(t_k)) \\
&\leqslant \lambda\eta \int_0^1 \omega(s)f(s,y(s))ds + \lambda\eta \sum_{k=1}^m I_k(t_k,y(t_k)) \\
&\leqslant \lambda\eta l(\gamma + m)\|y\|_{PC^1} \\
&\leqslant \|y\|_{PC^1}.
\end{aligned}
\tag{4.1.15}
$$

由 (4.1.14) 和 (4.1.15) 式知

$$
\|T_\lambda y\|_{PC^1} \leqslant \|y\|_{PC^1}, \quad \forall y \in K \cap \partial\Omega_r.
\tag{4.1.16}
$$

如果 $f_\infty = \infty$, $I_\infty(k) = \infty$, 则存在 $l' > 0$ 和 $R > r > 0$ 使得

$$
f(t,y) > l'y, \quad I_k(t,y) > l'y, \quad \forall t \in J, \quad y \geqslant R, \quad k = 1,2,\cdots,m,
$$

其中, l' 满足

$$
\lambda\alpha l'\delta(\gamma + m) \geqslant 1.
\tag{4.1.17}
$$

令 $\eta = \dfrac{R}{\delta}$. 这样, 当 $y \in K \cap \partial\Omega_\eta$ 时, 得

$$
y(t) \geqslant \delta\|y\|_{PC^1} = \delta\eta = R, \quad t \in J.
$$

进而, 得

$$
\begin{aligned}
(T_\lambda y)(t) &= \lambda \int_0^1 G(t,s)\omega(s)f(s,y(s))ds + \lambda \sum_{k=1}^m G(t,t_k)I_k(t_k,y(t_k)) \\
&\geqslant \lambda\alpha \int_0^1 \omega(s)Ly(s)ds + \lambda\alpha \sum_{k=1}^m l'y(t_k)
\end{aligned}
$$

$$\geqslant \lambda \alpha l' \delta \|y\|_{PC^1} \left(\int_0^1 \omega(s) ds + m \right)$$

$$= \lambda \alpha l' \delta \|y\|_{PC^1} (\gamma + m)$$

$$\geqslant \|y\|_{PC^1}.$$

这表明

$$\|T_\lambda y\|_{PC^1} \leqslant \|y\|_{PC^1}, \quad \forall y \in K \cap \partial \Omega_\eta. \tag{4.1.18}$$

因此, 对任意 $\lambda > 0$, 定理 2.1.1 的条件 (i) 满足, 这蕴含着算子 T_λ 在 $\bar{\Omega}_\eta \backslash \Omega_r$ 中存在一个不动点 y_λ.

下面证明, 当 $\lambda \to 0^+$ 时, $\|y_\lambda\|_{PC^1} = +\infty$.

用反证法. 假设存在一个数 $c > 0$ 和一个序列 $\lambda_n \to 0^+$ 使得 $\|y_{\lambda_n}\|_{PC^1} \leqslant c$ $(n = 1, 2, 3, \cdots)$. 此外, 序列 $\{\|y_{\lambda_n}\|_{PC^1}\}$ 包含一个收敛到 d 的子列. 其中, $0 \leqslant d \leqslant c$. 为了便于研究, 不妨假定 $\{\|y_{\lambda_n}\|_{PC^1}\}$ 自身收敛到 d.

如果 $d > 0$, 则对充分大的 n $(n > \mathbb{N})$, 得 $\|y_{\lambda_n}\|_{PC^1} > \dfrac{d}{2}$. 进而,

$$\frac{1}{\lambda_n} = \frac{\left\| \int_0^1 G(t,s) \omega(s) f(s, y_{\lambda_n}(s)) ds + \sum_{k=1}^m G(t, t_k) I_k(t_k, y_{\lambda_n}(t_k)) \right\|_{PC^1}}{\|y_{\lambda_n}\|_{PC^1}}$$

$$\leqslant \frac{\beta(\gamma \rho + m \rho^*)}{\|y_{\lambda_n}\|_{PC^1}}$$

$$\leqslant \frac{2\beta(\gamma \rho + m \rho^*)}{d} \quad (n > \mathbb{N}).$$

这表明 $\lambda_n \not\to 0^+$.

如果 $d = 0$, 对充分大的 n $(n > \mathbb{N})$, 得 $\|y_{\lambda_n}\|_{PC^1} \to 0$. 进而, 由条件 (H_3) 知, 对任意 $\varepsilon > 0$, 存在 $b > 0$ 使得

$$f(t, y_{\lambda_n}(t)) \leqslant \varepsilon y_{\lambda_n}, \quad I_k(t, y_{\lambda_n}(t)) \leqslant \varepsilon y_{\lambda_n}, \quad \forall y_{\lambda_n} : 0 \leqslant y_{\lambda_n} \leqslant b,$$

进而由 (4.1.8) 式知

$$\frac{1}{\lambda_n} = \frac{\left\| \int_0^1 G(t,s) \omega(s) f(s, y_{\lambda_n}(s)) ds + \sum_{k=1}^m G(t, t_k) I_k(t_k, y_{\lambda_n}(t_k)) \right\|_{PC^1}}{\|y_{\lambda_n}\|_{PC^1}}$$

$$\leqslant \frac{\beta(\gamma \varepsilon \|y_{\lambda_n}\|_{PC^1} + m \varepsilon \|y_{\lambda_n}\|_{PC^1})}{\|y_{\lambda_n}\|_{PC^1}}$$

$$= \beta(\gamma + m)\varepsilon.$$

由 ε 的任意性, 得 $\lambda_n \to +\infty$ $(n \to +\infty)$. 这与 $\lambda_n \to 0^+$ 矛盾. 所以, 当 $\lambda \to 0^+$ 时, $\|y_\lambda\| \to +\infty$. 定理证毕.

注 4.1.1　假设条件 (H_1) 和 (H_2) 成立. 此外, 在条件 (H_3) 中假设 $f_\infty = \infty$ 或者 $I_\infty(k) = \infty$, $k = 1, 2, \cdots, m$; 或者在条件 (H_4) 中假设 $f_0 = \infty$ 或者 $I_0(k) = \infty$, $k = 1, 2, \cdots, m$, 则定理 4.1.1 中的结论也成立.

注 4.1.2　由定理 4.1.1 的条件知, 在本节我们发展了 Guo 和 Lakshmikantham 关于正解和参数依赖性的一些思想. 详细情况, 请读者参考文献 [14] 的定理 2.3.7.

注 4.1.3　用同样的方法, 还可以研究另一类 Neumann 边值问题

$$
\begin{cases}
y''(t) + My(t) = \lambda\omega(t)f(t, y(t)), & t \in J, \quad t \neq t_k, \\
-\Delta y'|_{t=t_k} = \lambda I_k(t_k, y(t_k)), & k = 1, 2, \cdots, m, \\
y'(0) = y'(1) = 0,
\end{cases}
\tag{4.1.19}
$$

其中, $M > 0$ 是一个常数, $\lambda > 0$ 是一个参数, $J = [0, 1]$, ω 在 $(0, 1)$ 中是一个非负可测函数, 在 $(0, 1)$ 的任何开子集中 $\omega \neq 0$, 且在 $t = 0$ 和 / 或者 $t = 1$ 点奇异, $t_k(k = 1, 2, \cdots, m)$ (m 是一个固定的正整数) 是固定点, 且 $0 = t_0 < t_1 < t_2 < \cdots < t_k < \cdots < t_m < t_{m+1} = 1$, $\Delta y'|_{t=t_k} = y'(t_k^+) - y'(t_k^-)$, $y'(t_k^+)$ 和 $y'(t_k^-)$ 分别表示 $y'(t)$ 在 $t = t_k$ 点的右极限和左极限.

在问题 (4.1.19) 中, 我们要求 M 满足 $0 < M < \dfrac{\pi^2}{4}$. 通过计算知问题 (4.1.19) 对应的 Green 函数为

$$
G_*(t, s) = \begin{cases}
\dfrac{\cos(\sqrt{M}(1-t))\cos(\sqrt{M}s)}{\sqrt{M}\sin(\sqrt{M})}, & 0 \leqslant s \leqslant t \leqslant 1, \\[4mm]
\dfrac{\cos(\sqrt{M}t)\cos(\sqrt{M}(1-s))}{\sqrt{M}\sin(\sqrt{M})}, & 0 \leqslant t \leqslant s \leqslant 1.
\end{cases}
\tag{4.1.20}
$$

类似于定理 4.1.1, 我们可以讨论问题 (4.1.19) 的正解和参数 λ 之间的关系.

注 4.1.4　基于 Green 函数的性质 (4.1.5), 还可以讨论问题 (4.1.1) 在 $\alpha(t) \not\equiv t$ 的情况, 超前型 Neumann 边值问题, 或者滞后型 Neumann 边值问题, 或者混合型 Neumann 边值问题. 请读者考虑.

例 4.1.1　考察边值问题

$$
\begin{cases}
-y''(t) + y(t) = \lambda\dfrac{1}{\sqrt{t}}\sqrt[3]{1 + t^2}y^2(t), & t \in J, \quad t \neq \dfrac{1}{2}, \\
-\Delta y'|_{t_1=\frac{1}{2}} = \dfrac{1}{1+t}\dfrac{y^3}{1+y}, & k = 1, \\
y'(0) = y'(1) = 0.
\end{cases}
\tag{4.1.21}
$$

显然, $y(t) \equiv 0$ 是问题 (4.1.21) 的平凡解.

结论 4.1.1 对任意 $\lambda > 0$, 问题 (4.1.21) 至少存在一个正解.

证明 首先, 我们把问题 (4.1.21) 写成问题 (4.1.1) 的形式. 其中,

$$M = 1, \quad t_1 = \frac{1}{2}, \quad \omega(t) = \frac{1}{\sqrt{t}}, \quad f(t, y) = \sqrt[3]{1 + t^2 y^2(t)}, \quad I_1(t, y) = (1 + t)\frac{y^3}{1 + y}.$$

由 ω, f 和 I 的定义知条件 (H_1) 和 (H_2) 成立, 且 ω 在 $t = 0$ 处奇异. 通过计算, 得

$$\delta = \frac{1}{\cosh^2(1)}, \quad \gamma = \int_0^1 \frac{1}{\sqrt{t}} dt = 2, \quad \alpha = \frac{1}{\sinh(1)}, \quad \beta = \frac{\cosh^2(1)}{\sinh(1)},$$

$$f^0 = \limsup_{y \to 0} \max_{t \in J} \frac{\sqrt[3]{1 + t^2 y^2(t)}}{y} = 0, \tag{4.1.22}$$

$$I^0(k) = \limsup_{y \to 0} \max_{t \in J} \frac{(1 + t)\frac{y^3}{1 + y}}{y} = 0,$$

$$f_\infty = \liminf_{y \to \infty} \min_{t \in J} \frac{\sqrt[3]{1 + t^2 y^2(t)}}{y} = \infty, \quad I_\infty(k) = \limsup_{y \to \infty} \min_{t \in J} \frac{(1 + t)\frac{y^3}{1 + y}}{y} = \infty. \tag{4.1.23}$$

因此, 定理 4.1.1 的条件 (H_3) 满足. 由定理 4.1.1 知问题 (4.1.21) 的结论成立.

4.2 二阶脉冲微分方程多点边值问题的正解

考虑二阶脉冲微分方程多点边值问题

$$\begin{cases} -x''(t) = f(t, x(t)), \quad t \in J, \quad t \neq t_k, \\ -\Delta x'|_{t=t_k} = I_k(x(t_k)), \quad k = 1, 2, \cdots, n, \\ x(0) = \sum_{i=1}^{m-2} a_i x(\xi_i), \quad x(1) = \sum_{i=1}^{m-2} b_i x(\xi_i), \end{cases} \tag{4.2.1}$$

其中, $J = [0, 1]$, $f \in C(J \times \mathbf{R}^+, \mathbf{R}^+)$, $I_k \in C(\mathbf{R}^+, \mathbf{R}^+)$, $\mathbf{R}^+ = [0, +\infty)$, $t_k(k = 1, 2, \cdots, n)(n$ 是固定的正整数) 是固定点满足 $0 < t_1 < t_2 < \cdots < t_k < \cdots < t_n < 1$, $\xi_i(i = 1, 2, \cdots, m - 2) \in (0, 1)$ 是给定的点, 满足 $0 < \xi_1 < \xi_2 < \cdots < \xi_{m-2} < 1$ 且 $\xi_i \neq t_k$, $i = 1, 2, \cdots, m - 2$, $k = 1, 2, \cdots, n$, $\Delta x'|_{t=t_k} = x'(t_k^+) - x'(t_k^-)$, $x'(t_k^+)$ 和 $x'(t_k^-)$ 分别表示 $x'(t)$ 在点 $t = t_k$ 处的右极限和左极限, $a_i, b_i \in (0, +\infty)$, $i = 1, 2, \cdots, m - 2$.

在本节中, 假设下列条件满足:

(H_1) $f \in C(J \times \mathbf{R}^+, \mathbf{R}^+)$, $I_k \in C(\mathbf{R}^+, \mathbf{R}^+)$;

(H_2) $\Lambda \neq 0$, 其中,

$$\Lambda = \begin{vmatrix} -\sum_{i=1}^{m-2} a_i \xi_i & 1 - \sum_{i=1}^{m-2} a_i(1-\xi_i) \\ 1 - \sum_{i=1}^{m-2} b_i \xi_i & -\sum_{i=1}^{m-2} b_i(1-\xi_i) \end{vmatrix}.$$

令 $J' = J \backslash \{t_1, t_2, \cdots, t_n\}$,

$$PC^1[0,1] = \{x \in C[0,1] : x'|_{(t_k,t_{k+1})} \in C(t_k, t_{k+1}),$$
$$x'(t_k^-) = x'(t_k), \quad \exists \, x'(t_k^+), \quad k = 1, 2, \cdots, m\}.$$

那么, $PC^1[0,1]$ 是一个实 Banach 空间, 其范数定义为

$$\|x\|_{PC^1} = \max\{\|x\|_\infty, \|x'\|_\infty\},$$

其中, $\|x'\|_\infty = \sup\limits_{t \in J} |x'(t)|$.

一个函数 $x \in PC^1[0,1] \cap C^2(J')$ 如果满足 (4.2.1), 则称为边值问题 (4.2.1) 的解.

下面讨论几个和本节结论有关的引理.

引理 4.2.1　假设条件 (H_1) 和 (H_2) 成立. 那么, $x \in PC^1[0,1] \cap C^2(J')$ 是边值问题 (4.2) 的一个解当且仅当 x 是积分方程

$$x(t) = \int_0^1 G(t,s) f(s, x(s)) ds + \sum_{k=1}^n G(t, t_k) I_k(x(t_k))$$
$$+ t \left[A(f(\cdot, x(\cdot))) + B(I_k(x(\cdot))) \right]$$
$$+ (1-t) \left[C(f(\cdot, x(\cdot))) + D(I_k(x(\cdot))) \right] \tag{4.2.2}$$

的解. 其中,

$$G(t,s) = \begin{cases} s(1-t), & 0 \leqslant s \leqslant t \leqslant 1, \\ t(1-s), & 0 \leqslant t \leqslant s \leqslant 1, \end{cases}$$

$$A(f(\cdot, x(\cdot))) := \frac{1}{\Lambda} \begin{vmatrix} \sum_{i=1}^{m-2} a_i \int_0^1 G(\xi_i, t) f(t, x(t)) dt & 1 - \sum_{i=1}^{m-2} a_i(1-\xi_i) \\ \sum_{i=1}^{m-2} b_i \int_0^1 G(\xi_i, t) f(t, x(t)) dt & -\sum_{i=1}^{m-2} b_i(1-\xi_i) \end{vmatrix},$$

$$B(I_k(x(\cdot))) := \frac{1}{\Lambda} \begin{vmatrix} \displaystyle\sum_{i=1}^{m-2} a_i \left(\sum_{k=1}^{n} G(\xi_i, t_k) I_k(x(t_k)) \right) & 1 - \displaystyle\sum_{i=1}^{m-2} a_i(1 - \xi_i) \\ \displaystyle\sum_{i=1}^{m-2} b_i \left(\sum_{k=1}^{n} G(\xi_i, t_k) I_k(x(t_k)) \right) & - \displaystyle\sum_{i=1}^{m-2} b_i(1 - \xi_i) \end{vmatrix},$$

$$C(f(\cdot, x(\cdot))) := \frac{1}{\Lambda} \begin{vmatrix} - \displaystyle\sum_{i=1}^{m-2} a_i \xi_i & \displaystyle\sum_{i=1}^{m-2} a_i \int_0^1 G(\xi_i, t) f(t, x(t)) dt \\ 1 - \displaystyle\sum_{i=1}^{m-2} b_i \xi_i & \displaystyle\sum_{i=1}^{m-2} b_i \int_0^1 G(\xi_i, t) f(t, x(t)) dt, \end{vmatrix},$$

$$D(I_k(x(\cdot))) := \frac{1}{\Lambda} \begin{vmatrix} - \displaystyle\sum_{i=1}^{m-2} a_i \xi_i & \displaystyle\sum_{i=1}^{m-2} a_i \left(\sum_{k=1}^{n} G(\xi_i, t_k) I_k(x(t_k)) \right) \\ 1 - \displaystyle\sum_{i=1}^{m-2} b_i \xi_i & \displaystyle\sum_{i=1}^{m-2} b_i \left(\sum_{k=1}^{n} G(\xi_i, t_k) I_k(x(t_k)) \right) \end{vmatrix}.$$

证明 首先假设 $x \in PC^1[0, 1] \cap C^2(J')$ 是边值问题 (4.2.1) 的解. 对 (4.2.1) 积分, 得

$$\begin{aligned} x'(t) &= x'(0) - \int_0^t f(s, x(s)) ds + \sum_{0 < t_k < t} [x'(t_k^+) - x'(t_k)] \\ &= x'(0) - \int_0^t f(s, x(s)) ds - \sum_{0 < t_k < t} I_k(x(t_k)). \end{aligned}$$

再次积分得

$$\begin{aligned} x(t) &= x(0) + x'(0)t - \int_0^t (t - s) f(s, x(s)) ds \\ &\quad - \sum_{0 < t_k < t} I_k(x(t_k))(t - t_k). \end{aligned} \tag{4.2.3}$$

在 (4.2.3) 中令 $t = 1$, 得

$$\begin{aligned} x'(0) &= \sum_{i=1}^{m-2} b_i x(\xi_i) - \sum_{i=1}^{m-2} a_i x(\xi_i) + \int_0^1 (1 - s) f(s, x(s)) ds \\ &\quad + \sum_{k=1}^{n} I_k(x(t_k))(1 - t_k). \end{aligned} \tag{4.2.4}$$

把 $x(0) = \sum_{i=1}^{m-2} a_i x(\xi_i)$ 和 (4.2.4) 代入 (4.2.3), 得

$$x(t) = \sum_{i=1}^{m-2} a_i x(\xi_i) + t \left[\sum_{i=1}^{m-2} b_i x(\xi_i) - \sum_{i=1}^{m-2} a_i x(\xi_i) + \int_0^1 (1-s) f(s, x(s)) ds \right.$$

$$\left. + \sum_{k=1}^{n} I_k(x(t_k))(1-t_k) \right] - \int_0^t (t-s) f(s, x(s)) ds$$

$$- \sum_{0 < t_k < t} I_k(x(t_k))(t-t_k)$$

$$= \int_0^1 G(t,s) f(s, x(s)) ds + \sum_{k=1}^{n} G(t, t_k) I_k(x(t_k))$$

$$+ t \sum_{i=1}^{m-2} b_i x(\xi_i) + (1-t) \sum_{i=1}^{m-2} a_i x(\xi_i).$$

从而

$$x(\xi_i) = \int_0^1 G(\xi_i, s) f(s, x(s)) ds + \sum_{k=1}^{n} G(\xi_i, t_k) I_k(x(t_k))$$

$$+ \xi_i \sum_{i=1}^{m-2} b_i x(\xi_i) + (1 - \xi_i) \sum_{i=1}^{m-2} a_i x(\xi_i);$$

$$\sum_{i=1}^{m-2} a_i x(\xi_i) = \sum_{i=1}^{m-2} a_i \int_0^1 G(\xi_i, s) f(s, x(s)) ds + \sum_{i=1}^{m-2} a_i \sum_{k=1}^{n} G(\xi_i, t_k) I_k(x(t_k))$$

$$+ \sum_{i=1}^{m-2} a_i \xi_i \sum_{i=1}^{m-2} b_i x(\xi_i) + \sum_{i=1}^{m-2} a_i (1 - \xi_i) \sum_{i=1}^{m-2} a_i x(\xi_i); \qquad (4.2.5)$$

$$\sum_{i=1}^{m-2} b_i x(\xi_i) = \sum_{i=1}^{m-2} b_i \int_0^1 G(\xi_i, s) f(s, x(s)) ds + \sum_{i=1}^{m-2} b_i \sum_{k=1}^{n} G(\xi_i, t_k) I_k(x(t_k))$$

$$+ \sum_{i=1}^{m-2} b_i \xi_i \sum_{i=1}^{m-2} b_i x(\xi_i) + \sum_{i=1}^{m-2} b_i (1 - \xi_i) \sum_{i=1}^{m-2} a_i x(\xi_i). \qquad (4.2.6)$$

因此, 由 (4.2.5) 和 (4.2.6) 式知

$$\left(1 - \sum_{i=1}^{m-2} a_i (1 - \xi_i) \right) \sum_{i=1}^{m-2} a_i x(\xi_i) - \sum_{i=1}^{m-2} a_i \xi_i \sum_{i=1}^{m-2} b_i x(\xi_i)$$

$$= \sum_{i=1}^{m-2} a_i \int_0^1 G(\xi_i, s) f(s, x(s)) ds + \sum_{i=1}^{m-2} a_i \sum_{k=1}^{n} G(\xi_i, t_k) I_k(x(t_k));$$

$$- \sum_{i=1}^{m-2} b_i(1-\xi_i) \sum_{i=1}^{m-2} a_i x(\xi_i) + \left(1 - \sum_{i=1}^{m-2} b_i(1-\xi_i)\right) \sum_{i=1}^{m-2} b_i x(\xi_i)$$

$$= \sum_{i=1}^{m-2} b_i \int_0^1 G(\xi_i, s) f(s, x(s)) ds + \sum_{i=1}^{m-2} b_i \sum_{k=1}^{n} G(\xi_i, t_k) I_k(x(t_k)).$$

令

$$\sum_{i=1}^{m-2} a_i x(\xi_i) = C(f(\cdot, x(\cdot))) + D(I_k(x(\cdot))),$$

$$\sum_{i=1}^{m-2} b_i x(\xi_i) = A(f(\cdot, x(\cdot))) + B(I_k(x(\cdot))).$$

从而, 充分性得证.

下证必要性. 反证法. 如果 x 是 (4.2.1) 的一个解. 对 $t \neq t_k$, 直接微分 (4.2.1) 得

$$x'(t) = -\int_0^t s f(s, x(s)) ds + \int_t^1 (1-s) f(s, x(s)) ds - \sum_{k=1}^{n} t_k I_k(x(t_k))$$

$$+ \sum_{k=1}^{n} (1-t_k) I_k(x(t_k)) + A(f(\cdot, x(\cdot))) + B(I_k(x(\cdot)))$$

$$- C(f(\cdot, x(\cdot))) - D(I_k(x(\cdot))). \tag{4.2.7}$$

显然,

$$\Delta x'|_{t=t_k} = -I_k(x(t_k)), \quad k = 1, 2, \cdots, m,$$

$$x''(t) = -f(t, x(t)).$$

因此, $x \in C^2(J')$, $\Delta x'|_{t=t_k} = -I_k(x(t_k))(k = 1, 2, \cdots, m)$, 并且容易验证 $x(0) = \sum_{i=1}^{m-2} a_i x(\xi_i), x(1) = \sum_{i=1}^{m-2} b_i x(\xi_i)$. 引理得证.

引理 4.2.2 假设条件 (H_1) 和下面的条件成立:

(H_3) $\Lambda < 0$, $\sum_{i=1}^{m-2} b_i \xi_i < 1$, $\sum_{i=1}^{m-2} a_i(1-\xi_i) < 1$.

那么, 边值问题 (4.2.1) 的解 x 对任意 $t \in J$ 满足 $x(t) \geqslant 0$.

证明 由于在 $[0,1] \times [0,1]$ 上 $G \geqslant 0$ 且

$$A(f(\cdot, x(\cdot))) \geqslant 0, \quad C(f(\cdot, x(\cdot))) \geqslant 0, \quad B(I_k(x(\cdot))) \geqslant 0, \quad D(I_k(x(\cdot))) \geqslant 0,$$

能够直接得到我们的结论.

注 4.2.1 由 $G(t, s)$ 的定义知

$$t_1(1-t_n)G(s, s) \leqslant G(t, s) \leqslant G(s, s), \quad t \in [t_1, t_n], \quad s \in J,$$

$$G(t, s) \geqslant t_1(1-t_n), \quad t, s \in [t_1, t_n].$$

为了应用锥上的不动点定理, 在 $PC^1[0,1]$ 中构造锥 K:

$$K = \{x \in PC^1[0,1] : x \geqslant 0, x(t) \geqslant t_1(1-t_n)x(s), t \in [t_1, t_n], s \in J\}.$$

定义算子 $T : K \to K$:

$$(Tx)(t) = \int_0^1 G(t,s)f(s,x(s))ds + \sum_{k=1}^n G(t,t_k)I_k(x(t_k))$$
$$+ t[A(f(\cdot,x(\cdot))) + B(I_k(x(\cdot)))] + (1-t)[C(f(\cdot,x(\cdot))) + D(I_k(x(\cdot)))].$$

$$(4.2.8)$$

引理 4.2.3　假设条件 (H_1) 和 (H_3) 成立. 那么, $T(K) \subset K$, 并且 $T : K \to K$ 是全连续的.

证明　对任意 $x \in K$, 由 (4.2.8) 式, 引理 4.1.1 和引理 4.1.2 知 $Tx \geqslant 0$, $Tx \in PC^1[0,1]$, 且

$$(Tx)(t) \leqslant \int_0^1 G(s,s)f(s,x(s))ds + \sum_{k=1}^n G(t_k,t_k)I_k(x(t_k))$$
$$+ t[A(f(\cdot,x(\cdot))) + B(I_k(x(\cdot)))]$$
$$+ (1-t)[C(f(\cdot,x(\cdot))) + D(I_k(x(\cdot)))], \quad t \in J.$$

另一方面, 由 $t_1(1-t_n) \leqslant 1$, 注 4.1.1 和 (4.2.8) 式知

$$(Tx)(t) \geqslant t_1(1-t_n)\int_0^1 G(s,s)f(s,x(s))ds + t_1(1-t_n)\sum_{k=1}^n G(t_k,t_k)I_k(x(t_k))$$
$$+ t_1(1-t_n)\Big\{ t[A(f(\cdot,x(\cdot))) + B(I_k(x(\cdot)))]$$
$$+ (1-t)[C(f(\cdot,x(\cdot))) + D(I_k(x(\cdot)))] \Big\}$$
$$= t_1(1-t_n)\Big\{ \int_0^1 G(s,s)f(s,x(s))ds + \sum_{k=1}^n G(t_k,t_k)I_k(x(t_k))$$
$$+ t[A(f(\cdot,x(\cdot))) + B(I_k(x(\cdot)))] + (1-t)[C(f(\cdot,x(\cdot))) + D(I_k(x(\cdot)))] \Big\}$$
$$\geqslant t_1(1-t_n)\|Tx\|_{pc} \geqslant t_1(1-t_n)(Tx)(u), \quad t \in [t_1,t_n], \quad u \in J.$$

因此, $T(K) \subset K$.

应用和参考文献 [15] 类似的方法, 可以证明 $T : K \to K$ 是全连续的. 所以证明过程省略.

先引入几个记号:

$$f^\beta = \limsup_{x \to \beta} \max_{t \in J} \frac{f(t,x)}{x}, \quad f_\beta = \liminf_{x \to \beta} \min_{t \in J} \frac{f(t,x)}{x},$$

$$I_\beta(k) = \liminf_{x \to \beta} \frac{I_k(x)}{x}, \quad I^\beta(k) = \limsup_{x \to \beta} \frac{I_k(x)}{x},$$

其中 β 表示 0^+ 或者 $+\infty$.

定理 4.2.1 假设条件 (H_1) 和 (H_3) 成立, f 和 I_k 满足下面的条件:

(H_4) $f^0 = 0$ 且 $I^0(k) = 0, k = 1, 2, \cdots, n;$

(H_5) $f_\infty = \infty$ 或者 $I_\infty(k) = \infty, k = 1, 2, \cdots, n.$

那么边值问题 (4.2.1) 至少有一个正解.

证明 由条件 (H_4) 知存在正数 $0 < r < \eta$ 使得对任意 $0 \leqslant x \leqslant r, t \in J$, 有 $f(t,x) \leqslant \varepsilon r, I_k(x) \leqslant \varepsilon_k r, \ k = 1, 2, \cdots, n.$ 其中, $\varepsilon, \varepsilon_k > 0$ 满足 $\varepsilon + \sum_{k=1}^{n} \varepsilon_k + \tilde{A} + \tilde{B} + \tilde{C} + \tilde{D} < 1,$

$$\tilde{A} := \frac{1}{\Lambda} \begin{vmatrix} \sum_{i=1}^{m-2} a_i \int_0^1 G(\xi_i, t)\varepsilon dt & 1 - \sum_{i=1}^{m-2} a_i(1 - \xi_i) \\ \sum_{i=1}^{m-2} b_i \int_0^1 G(\xi_i, t)\varepsilon dt & -\sum_{i=1}^{m-2} b_i(1 - \xi_i) \end{vmatrix},$$

$$\tilde{B} := \frac{1}{\Lambda} \begin{vmatrix} \sum_{i=1}^{m-2} a_i \left(\sum_{k=1}^{n} G(\xi_i, t_k)\varepsilon_k \right) & 1 - \sum_{i=1}^{m-2} a_i(1 - \xi_i) \\ \sum_{i=1}^{m-2} b_i \left(\sum_{k=1}^{n} G(\xi_i, t_k)\varepsilon_k \right) & -\sum_{i=1}^{m-2} b_i(1 - \xi_i) \end{vmatrix},$$

$$\tilde{C} := \frac{1}{\Lambda} \begin{vmatrix} -\sum_{i=1}^{m-2} a_i\xi_i & \sum_{i=1}^{m-2} a_i \int_0^1 G(\xi_i, t)\varepsilon dt \\ 1 - \sum_{i=1}^{m-2} b_i\xi_i & \sum_{i=1}^{m-2} b_i \int_0^1 G(\xi_i, t)\varepsilon dt, \end{vmatrix},$$

$$\tilde{D} := \frac{1}{\Lambda} \begin{vmatrix} -\sum_{i=1}^{m-2} a_i\xi_i & \sum_{i=1}^{m-2} a_i \left(\sum_{k=1}^{n} G(\xi_i, t_k)\varepsilon_k \right) \\ 1 - \sum_{i=1}^{m-2} b_i\xi_i & \sum_{i=1}^{m-2} b_i \left(\sum_{k=1}^{n} G(\xi_i, t_k)\varepsilon_k \right) \end{vmatrix}.$$

现证

$$Tx \not\geqslant x, \quad x \in K, \quad \|x\|_{PC^1} = r. \tag{4.2.9}$$

事实上, 如果存在 $x_1 \in K, \ \|x_1\|_{PC^1} = r$ 使得 $Tx_1 \geqslant x_1$, 我们有

$$0 \leqslant x_1(t) \leqslant \int_0^1 G(t,s)f(s, x_1(s))ds + \sum_{k=1}^{n} G(t, t_k)I_k(x_1(t_k))$$

$$+ t[A(f(\cdot, x_1(\cdot))) + B(I_k(x_1(\cdot)))] + (1-t)[C(f(\cdot, x_1(\cdot))) + D(I_k(x(\cdot)))]$$

$$\leqslant \frac{1}{4} r\varepsilon + \frac{1}{4} r \sum_{k=1}^{n} \varepsilon_k + r\tilde{A} + r\tilde{B} + r\tilde{C} + r\tilde{D}$$

$$= r\left[\frac{1}{4}\varepsilon + \frac{1}{4} \sum_{k=1}^{n} \varepsilon_k + \tilde{A} + \tilde{B} + \tilde{C} + \tilde{D} \right]$$

$$< r = \|x_1\|_{PC^1},$$

$$|x_1'(t)| \leqslant \int_0^1 |G_t'(t,s)| f(s, x_1(s)) ds + \sum_{k=1}^{n} |G_t'|(t, t_k) I_k(x_1(t_k))$$

$$+ A(f(\cdot, x_1(\cdot))) + B(I_k(x_1(\cdot))) + [C(f(\cdot, x_1(\cdot))) + D(I_k(x(\cdot)))]$$

$$\leqslant r\varepsilon + r \sum_{k=1}^{n} \varepsilon_k + r\tilde{A} + r\tilde{B} + r\tilde{C} + r\tilde{D}$$

$$= r\varepsilon + \sum_{k=1}^{n} \varepsilon_k + \tilde{A} + \tilde{B} + \tilde{C} + \tilde{D}$$

$$< r = \|x_1\|_{PC^1},$$

其中,

$$G_t'(t,s) = \begin{cases} -s, & 0 \leqslant s \leqslant t \leqslant 1, \\ 1-s, & 0 \leqslant t \leqslant s \leqslant 1, \end{cases}$$

且

$$\max_{t,s \in J, t \neq s} |G_t'(t,s)| = 1.$$

因此, $\|x_1\|_{PC^1} < \|x_1\|_{PC^1}$, 矛盾. 故 (4.2.9) 成立.

当条件 (H_5) 成立时, 分两种情况证明.

情况 (1) $f_\infty = \infty$. 由此知存在正数 $\tau > 0$ 使得

$$f(t, x) \geqslant Mx, \quad t \in J, \quad x \geqslant \tau,$$

其中, $M > [t_1(1 - t_n)(t_n - t_1)]^{-1}$. 选取

$$R > \max\{r, \tau[t_1(1 - t_n)]^{-1}\}. \tag{4.2.10}$$

我们证明

$$Tx \not\leqslant x, \quad x \in K, \quad \|x\|_{PC^1} = R. \tag{4.2.11}$$

事实上, 如果存在 $x_0 \in K$, $\|x_0\|_{PC^1} = R$ 使得 $Tx_0 \leqslant x_0$, 则有

$$x_0(t) \geqslant t_1(1 - t_n) x_0(s), \quad t \in [t_1, t_n], \quad s \in J,$$

由此和 (4.2.10) 式表明

$$\min_{t \in [t_1, t_n]} x_0(t) \geqslant t_1(1 - t_n)\|x_0\|_{PC^1} = t_1(1 - t_n)R > \tau.$$

因此,

$$t \in J \Longrightarrow x_0(t) \geqslant Tx_0(t) \geqslant \min_{t \in [t_1, t_n]} \int_{t_1}^{t_n} G(t,s)f(s, x_0(s))ds$$
$$\geqslant t_1(1 - t_n)M \int_{t_1}^{t_n} x_0(s)ds,$$

即,

$$\int_{t_1}^{t_n} x_0(t)dt \geqslant t_1(1 - t_n)M(t_n - t_1)\int_{t_1}^{t_n} x_0(s)ds.$$

不难看出

$$\int_{t_1}^{t_n} x_0(s)ds > 0. \tag{4.2.12}$$

事实上, 如果 $\int_{t_1}^{t_n} x_0(s)ds = 0$, 那么对任意 $t \in [t_1, t_n]$, 有 $x_0(t) = 0$. 因为对任意 $s \in J$ 有 $x_0 \in K$, $x_0(s) = 0$. 所以, $\|x_0\|_{PC^1} = \|x_0'\|_\infty = \|x_0\|_\infty = 0$, 这和 $\|x_0\|_{PC^1} = R$ 矛盾. 故 (4.2.12) 成立. 从而, $M \leqslant [t_1(1 - t_n)(t_n - t_1)]^{-1}$. 这也是一个矛盾. 所以 (4.2.11) 式成立.

情况 (2) $I_\infty(k) = \infty$, $k = 1, 2, \cdots, n$. 所以存在 $\tau_1 > 0$ 使得

$$I_k(x) \geqslant M_k x, \quad x \geqslant \tau_1,$$

其中, $M_k > [t_1(1 - t_n)]^{-1}$, $k = 1, 2, \cdots, n$. 如果我们定义 $M^* = \min\{M_k : k = 1, 2, \cdots, n\}$, 那么 $M^* > [t_1(1 - t_n)]^{-1}$. 选取

$$R > \max\{r, \tau_1[t_1(1 - t_n)]^{-1}\}. \tag{4.2.13}$$

我们证明 (4.2.11) 式成立.

事实上, 如果存在 $x_{00} \in K$, $\|x_{00}\|_{PC^1} = R$ 使得 $Tx_{00} \leqslant x_{00}$, 有

$$x_{00}(t) \geqslant t_1(1 - t_n)x_{00}(s), \quad t \in [t_1, t_n], \quad s \in J,$$

这和 (4.2.13) 式表明

$$\min_{t \in [t_1, t_n]} x_{00}(t) \geqslant t_1(1 - t_n)\|x_{00}\|_{PC^1} = t_1(1 - t_n)R > \tau_1.$$

因此,

$$t \in J \Longrightarrow x_{00}(t) \geqslant Tx_{00}(t) \geqslant \min_{t \in [t_1, t_n]} \sum_{k=1}^{n} G(t, t_k) I_k(x_{00}(t_k))$$

$$\geqslant t_1(1 - t_n) \sum_{k=1}^{n} M_k x_{00}(t_k)$$

$$\geqslant t_1(1 - t_n) M^* \sum_{k=1}^{n} x_{00}(t_k). \qquad (4.2.14)$$

由 (4.2.14) 式知

$$x_{00}(t_1) \geqslant t_1(1 - t_n) M^* \sum_{k=1}^{n} x_{00}(t_k),$$

$$x_{00}(t_2) \geqslant t_1(1 - t_n) M^* \sum_{k=1}^{n} x_{00}(t_k),$$

$$\cdots$$

$$x_{00}(t_k) \geqslant t_1(1 - t_n) M^* \sum_{k=1}^{n} x_{00}(t_k).$$

所以

$$\sum_{k=1}^{n} x_{00}(t_k) \geqslant n t_1(1 - t_n) M^* \sum_{k=1}^{n} x_{00}(t_k).$$

由 M^* 的定义知

$$\sum_{k=1}^{n} x_{00}(t_k) > n \sum_{k=1}^{n} x_{00}(t_k), \quad x_{00} \in K, \quad \|x_{00}\|_{PC^1} = R. \qquad (4.2.15)$$

类似于情况 (1), 我们可以证明 $\sum_{k=1}^{n} x_{00}(t_k) > 0$. 那么, 由 (4.2.15) 式知 $n < 1$. 矛盾. 所以在情况 (2) 的情况下, (4.2.11) 式也成立.

由定理 2.1.2 结合 (4.2.9) 和 (4.2.11) 式知算子 T 有一个不动点 $x \in \bar{K}_{r,R} = \{x : r \leqslant \|x^*\|_{PC^1} \leqslant R\}$. 从而, 边值问题 (4.2.1) 有一个正解. 定理得证.

定理 4.2.2　假设条件 (H_1) 和 (H_3) 成立, f 和 I_k 满足下面的条件:

(H_6) $f^\infty = 0$ 和 $I^\infty(k) = 0, k = 1, 2, \cdots, n$;

(H_7) $f_0 = \infty$ 或者 $I_0(k) = \infty, k = 1, 2, \cdots, n$.

那么边值问题 (4.2.1) 至少有一个正解.

证明　由条件 (H_6) 知存在正数 $\bar{r} > 0$, 使得对任意 $x \geqslant \bar{r}$, $t \in J$, 有 $f(t, x) \leqslant \bar{\varepsilon}\bar{r}$, $I_k(x) \leqslant \bar{\varepsilon}_k \bar{r}$, $k = 1, 2, \cdots, n$, 其中, $\bar{\varepsilon}, \bar{\varepsilon}_k > 0$ 满足 $\bar{\varepsilon} + \sum_{k=1}^{n} \bar{\varepsilon}_k + \tilde{A} + \tilde{B} + \tilde{C} + \tilde{D} < 1$.

类似于 (4.2.9) 式的证明过程, 我们可以证明

$$Tx \ngeqslant x, \quad x \in K, \quad \|x\|_{PC^1} = \bar{r}. \tag{4.2.16}$$

另外, 由条件 (H_7), 类似于 (4.2.11) 式的证明过程, 我们能够证明

$$Tx \nleqslant x, \quad x \in K, \quad \|x\|_{PC^1} = \bar{R}. \tag{4.2.17}$$

结合 (4.2.16) 和 (4.2.17) 式, 应用定理 2.1.2 知算子 T 有一个不动点 $\bar{x} \in \bar{K}_{\bar{r},\bar{R}} = \{x : \bar{r} \leqslant \|x\|_{PC^1} \leqslant \bar{R}\}$. 从而, 得出边值问题 (4.2.1) 有一个正解. 定理得证.

定理 4.2.3 假设条件 (H_1), (H_3), (H_4) 和 (H_6) 成立, f 和 I_k 满足下面的条件:

(H_8) 存在一个正数 $\eta > 0$ 满足 $t_1(1 - t_n)\eta \leqslant x \leqslant \eta$ 使得

$$f(t, x) \geqslant \tau\eta, \quad I_k(x) \geqslant \tau_k\eta, \quad t \in J,$$

其中, $\bar{\varepsilon}, \bar{\varepsilon}_k \geqslant 0$ 满足 $\bar{\varepsilon} + \sum_{k=1}^{n} \bar{\varepsilon}_k > 0, \bar{\varepsilon} \int_{t_1}^{t_m} G\left(\frac{1}{2}, s\right) ds + \sum_{k=1}^{n} \varepsilon_k G\left(\frac{1}{2}, t_k\right) > 1$. 那么, 边值问题 (4.2.1) 至少有两个正解 x^* 和 x^{**} 满足 $0 < \|x^*\|_{PC^1} < \eta < \|x^{**}\|_{PC^1}$.

证明 选取 $0 < \rho < \eta < \gamma$. 如果条件 (H_4) 成立, 类似于 (4.2.16) 式的证明过程, 我们可以证明

$$Tx \ngeqslant x, \quad x \in K, \quad \|x\|_{PC^1} = \rho. \tag{4.2.18}$$

同样, 如果条件 (H_6) 成立, 类似于 (4.2.16) 式的证明过程, 有

$$Tx \ngeqslant x, \quad x \in K, \quad \|x\|_{PC^1} = \gamma. \tag{4.2.19}$$

最后, 证明

$$Tx \nleqslant x, \quad x \in K, \quad \|x\|_{PC^1} = \eta. \tag{4.2.20}$$

事实上, 如果存在 $x_2 \in K$ 满足 $\|x_2\|_{PC^1} = \eta$, 由锥 K 的定义知

$$x_2(t) \geqslant t_1(1 - t_n)\|x_2\|_{PC^1} = t_1(1 - t_n)\{t, 1 - t\}\eta.$$

进而由条件 (H_8) 知

$$x_2(t) \geqslant \int_{t_1}^{t_n} G\left(\frac{1}{2}, s\right) f(s, x_2(s)) ds + \sum_{k=1}^{n} G\left(\frac{1}{2}, t_k\right) I_k(x_2(t_k))$$

$$\geqslant \eta \left[\bar{\varepsilon} \int_{t_1}^{t_m} G\left(\frac{1}{2}, s\right) ds + \sum_{k=1}^{n} \varepsilon_k G\left(\frac{1}{2}, t_k\right) \right]$$

$$> \eta = \|x_2\|_{PC^1}, \tag{4.2.21}$$

即 $\|x_2\|_{PC^1} > \|x_2\|_{PC^1}$, 矛盾. 所以, (4.2.20) 式成立.

结合 (4.2.18), (4.2.19) 和 (4.2.20) 式, 应用定理 2.2.2 知算子 T 有两个不动点 x^*, x^{**} 满足 $x^* \in \bar{K}_{\rho,\eta}, x^{**} \in \bar{K}_{\eta,\gamma}$. 从而, 得出边值问题 (4.1.1) 有两个正解 x^*, x^{**} 满足 $0 < \|x^*\|_{PC^1} < \eta < \|x^{**}\|_{PC^1}$. 定理得证.

例 4.2.1　假设 $0 < k, m < \dfrac{1}{2}$, 考虑边值问题

$$\begin{cases} -x'' = \sqrt[3]{t^3 + 1}\, x^3 \tanh x, \quad t \in J, \quad t \neq \dfrac{1}{2}, \\[2mm] -\Delta x'|_{t_1 = \frac{1}{2}} = x^2\left(\dfrac{1}{2}\right), \\[2mm] x(0) = x(1) = \dfrac{1}{3} x\left(\dfrac{1}{3}\right). \end{cases} \tag{4.2.22}$$

结论 4.2.1　边值问题 (4.2.22) 至少有一个正解.

证明　边值问题 (4.2.22) 能写成边值问题 (4.2.1) 的形式, 其中 $a_1 = b_1 = \xi_1 = \dfrac{1}{3}, t_1 = \dfrac{1}{2}, f(t, x) = \sqrt[3]{t^3 + 1}\, x^3 \tanh x, I_1(x) = x^2$. 不难看出条件 (H_1) 和 (H_3) 成立. 另外, 由于

$$f^0 = \limsup_{x \to 0} \max_{t \in J} \frac{f(t, x)}{x} = 0, \quad I^0(k) = \limsup_{x \to 0} \frac{I_k(x)}{x} = 0$$

和

$$f_\infty = \liminf_{x \to \infty} \min_{t \in J} \frac{f(t, x)}{x} = \infty.$$

所以定理 4.2.1 中的条件 (H_4) 和 (H_5) 也成立. 故由定理 4.2.1 知结论成立. 证毕.

4.3　二阶脉冲微分方程非局部问题正解的存在性和对参数的连续依赖性

考虑边值问题

$$\begin{cases} u''(t) + \lambda \omega(t) f(u(t)) = 0, \quad t \in (0, 1), \quad t \neq t_k, \\ u(t_k^+) - u(t_k) = c_k u(t_k), \quad k = 1, 2, \cdots, n, \\ u'(0) = 0, \quad au(1) + bu'(1) = \displaystyle\int_0^1 g(t) u(t) dt, \end{cases} \tag{4.3.1}$$

其中, $\lambda > 0$ 是一个参数, $\omega \in L^p[0,1]$, $1 \leqslant p \leqslant +\infty$, $f \in C(\mathbf{R}^+, \mathbf{R}^+)$, $\mathbf{R}^+ = [0,+\infty]$, t_k $(k = 1, 2, \cdots, n, n$ 是一个固定的正整数) 是固定点, 且满足 $0 < t_1 < t_2 < \cdots < t_k < \cdots < t_n < 1$, $a, b > 0$, $\{c_k\}$ 是一个实序列, 且满足 $c_k > -1$, $k = 1, 2, \cdots, n$, $x(t_k^+)(k = 1, 2, \cdots, n)$ 表示 $x(t)$ 在 $t = t_k$ 点的右极限, $g \in C[0,1]$ 非负.

在本节, 假设 $a, b > 0$. 另外, ω, f, c_k 和 g 满足

(H_1) $\omega \in L^p[0,1]$, $1 \leqslant p \leqslant +\infty$, 并且存在正数 $\xi > 0$ 使得 $\omega(t)$ 在 J 中几乎处处 $\omega(t) \geqslant \xi$;

(H_2) $f \in C([0,+\infty), [0,+\infty))$, $f(0) = 0$, 且 $f(u) > 0$, $u > 0$, $\{c_k\}$ 是一个实序列, 且满足 $c_k > -1$, $k = 1, 2, \cdots, n$, $c(t) := \prod_{0<t_k<t}(1 + c_k)$;

(H_3) $g \in C[0,1]$ 非负, $\mu \in [0, ac(1))$, 其中

$$\mu = \int_0^1 g(t)c(t)dt. \tag{4.3.2}$$

注 4.3.1 在本节, 我们总假设, 在 $c(t) := \prod_{0<t_k<t}(1 + c_k)$ 中, 如果乘积因子个数为零, 则 $c(t) = 0$, 并且令

$$c_M = \max_{t \in J} c(t), \quad c_m = \min_{t \in J} c(t), \quad c^{-1}(t) = \prod_{0<t_k<t}(1 + c_k)^{-1}.$$

注 4.3.2 由条件 (H_2) 和 $c(t)$ 的定义知 $c(t)$ 在 J 中是一个阶梯函数, 并且

$$c(t) > 0, \quad \forall t \in J, \quad c(t) = 1, \quad \forall t \in [0, t_1].$$

为了研究方便, 我们引入记号:

$$f_0 = \lim_{u \to 0^+} \frac{f(u)}{u}, \quad f_\infty = \lim_{u \to +\infty} \frac{f(u)}{u}.$$

类似于文献 [16], 为了获得问题 (4.3.1) 正解的不存在性结果, 我们需要借助 f 在 0 和 ∞ 处超线性和次线性的几何性质 (详细内容见命题 4.3.1 和命题 4.3.2).

命题 4.3.1 如果 $f_0 = +\infty$ 且 $f_\infty = +\infty$ 则存在 $R > 0$ 使得

$$\frac{f(R)}{R} = \min_{t>0} \frac{f(t)}{t}. \tag{4.3.3}$$

令 $\bar{R}$ 是 f 在区间 $(0, R]$ 取得最大值的点, 则得到命题 4.3.2.

命题 4.3.2 如果 $f_0 = 0$ 且 $f_\infty = 0$, 则存在 $R > 0$ 使得

$$\frac{f(R)}{R} = \max_{u>0} \frac{f(u)}{u}. \tag{4.3.4}$$

定义 4.3.1 令 $J = [0,1]$. 一个函数 u 在 J 中如果满足下列条件:

(i) $u(t)$ 在区间 $(0, t_1]$ 和 $(t_k, t_{k+1}](k = 1, 2, \cdots, n)$ 中绝对连续;

(ii) 对任意 $k = 1, 2, \cdots, n$, $u(t_k^+)$ 和 $u(t_k^-)$ 存在, 且 $u(t_k^-) = u(t_k)$;

(iii) $u(t)$ 在 J 中满足 (4.3.1) 式.

我们将把问题 (4.3.1) 转化为一个无脉冲的问题. 为了实现这个目标, 利用变换

$$u(t) = c(t)y(t), \tag{4.3.5}$$

把问题 (4.3.1) 变为

$$
\begin{cases}
-y''(t) = \lambda\omega(t)c^{-1}(t)f(c(t)y(t)), & t \in J, \\
y'(0) = 0, \quad ac(1)y(1) + bc(1)y'(1) = \displaystyle\int_0^1 g(s)c(s)y(s)ds.
\end{cases}
\tag{4.3.6}
$$

引理 4.3.1　假设条件 (H_1)—(H_3) 成立. 则

(i) 如果 $y(t)$ 是问题 (4.3.6) 在 J 中的解, 则 $u(t) = c(t)y(t)$ 是问题 (4.3.1) 在 J 中的解;

(ii) 如果 $u(t)$ 是问题 (4.3.1) 在 J 中的解, 则 $y(t) = c^{-1}(t)u(t)$ 是问题 (4.3.6) 在 J 中的解.

证明　(i) 令 $y(t)$ 是问题 (4.3.6) 在 J 中的解. 易知 $u(t) = c(t)y(t)$ 在区间 $(t_k, t_{k+1}](k = 1, 2, \cdots, n)$ 中绝对连续. 由 $c(t)$ 的定义知 $c'(t) = 0$, $t \neq t_k$. 进而, 对任意 $t \neq t_k$, 得

$$u'(t) = c'(t)y(t) + c(t)y'(t) = c(t)y'(t),$$

$$u''(t) = c'(t)y'(t) + c(t)y''(t) = c(t)y''(t).$$

所以

$$-u''(t) = -c(t)y''(t) = \lambda\omega(t)f(c(t)y(t)) = \lambda\omega(t)f(u(t)).$$

当 $t = t_k$ 时, 得

$$u(t_k^+) = \lim_{t \to t_k^+} c(t)y(t) = \prod_{0 \leqslant t_i \leqslant t_k} (1 + c_i)y(t_k),$$

$$u(t_k^-) = \lim_{t \to t_k^-} c(t)y(t) = \prod_{0 \leqslant t_i \leqslant t_{k-1}} (1 + c_i)y(t_k).$$

由定义 4.3.1 的 (ii) 知 $u(t_k^-) = u(t_k)$. 因此,

$$u(t_k^+) - u(t_k) = u(t_k^+) - u(t_k^-) = \prod_{0 \leqslant t_i \leqslant t_{k-1}} (1 + c_i)c_k y(t_k) = c_k c(t_k)y(t_k) = c_k u(t_k).$$

显然, $u(t)$ 在 J 中满足边界条件. 从而证明了 $u(t)$ 是问题 (4.3.1) 在 J 中的解.

(ii) 容易看出, 对任意 $t \in J$, 得

$$-c(t)y''(t) = \lambda \omega(t)f(c(t)y(t)).$$

当 $t = t_k$ 时, 得

$$
\begin{aligned}
y(t_k^+) - y(t_k^-) &= c^{-1}(t_k^+)u(t_k^+) - c^{-1}(t_k^-)u(t_k^-) \\
&= c^{-1}(t_k^+)(u(t_k) + c_k u(t_k)) - c^{-1}(t_k^-)u(t_k^-) \\
&= c^{-1}(t_k^-)u(t_k^-) - c^{-1}(t_k^-)u(t_k^-) \\
&= 0.
\end{aligned}
$$

所以 $y(t)$ 在 J 中连续. 进而, 可以证明 $y(t)$ 在 J 中绝对连续且满足方程 (4.3.6) 中的边界条件.

因此, $y(t)$ 在 J 中是问题 (4.3.6) 的解.

引理 4.3.2 如果条件 (H_1)—(H_3) 成立, 则问题 (4.3.6) 存在一个解 y, 且

$$y(t) = \lambda \int_0^1 H(t,s)\omega(s)c^{-1}(s)f(c(s)y(s))ds, \qquad (4.3.7)$$

其中,

$$H(t,s) = G(t,s) + \frac{1}{ac(1) - \mu}\int_0^1 G(\tau,s)g(\tau)c(\tau)d\tau + \frac{bc(1)}{ac(1) - \mu}, \qquad (4.3.8)$$

$$G(t,s) = \begin{cases} 1-t, & 0 \leqslant s \leqslant t \leqslant 1, \\ 1-s, & 0 \leqslant t \leqslant s \leqslant 1. \end{cases} \qquad (4.3.9)$$

证明 首先, 假设 y 是问题 (4.3.6) 的一个解. 对问题 (4.3.6) 从 0 到 t 积分, 并且根据边界条件得

$$y'(t) = -\int_0^t z(s)ds, \qquad (4.3.10)$$

其中, $z(s) = \lambda\omega(s)c^{-1}(s)f(c(s)y(s))$.

对 (4.3.10) 式从 0 到 t 积分得

$$y(t) = y(0) - \int_0^t (t-s)z(s)ds. \qquad (4.3.11)$$

在 (4.3.10) 和 (4.3.11) 式中, 令 $t = 1$, 则

$$y(1) = y(0) - \int_0^1 (1-s)z(s)ds,$$

$$y'(1) = -\int_0^1 z(s)ds.$$

由 (4.3.11) 式和边界条件 $ac(1)y(1) + bc(1)y'(1) = \int_0^1 g(t)c(t)y(t)dt$ 知

$$y(t) = \int_0^1 (1-s)z(s)ds + \frac{1}{ac(1)} \int_0^1 g(s)c(s)y(s)ds$$

$$- \int_0^t (t-s)z(s)ds + \frac{b}{a} \int_0^1 z(s)ds$$

$$= \int_0^1 G(t,s)z(s)ds + \frac{1}{ac(1)} \int_0^1 g(s)c(s)y(s)ds + \frac{b}{a} \int_0^1 z(s)ds, \quad (4.3.12)$$

进而,

$$\int_0^1 g(s)c(s)y(s)ds$$

$$= \int_0^1 g(s)c(s) \left[\int_0^1 G(s,\tau)z(\tau)d\tau + \frac{1}{ac(1)} \int_0^1 g(\tau)c(\tau)y(\tau)d\tau + \frac{b}{a} \int_0^1 z(\tau)d\tau \right] ds$$

$$= \frac{1}{ac(1)} \int_0^1 g(s)c(s)ds \int_0^1 g(\tau)c(\tau)y(\tau)d\tau + \int_0^1 g(s)c(s) \left[\int_0^1 G(s,\tau)z(\tau)d\tau \right] ds$$

$$+ \frac{b}{a} \int_0^1 g(s)c(s)ds \int_0^1 z(\tau)d\tau. \quad (4.3.13)$$

因此,

$$\int_0^1 g(s)c(s)y(s)ds = \frac{ac(1)}{ac(1)-\mu} \left\{ \int_0^1 g(s)c(s) \left[\int_0^1 G(s,\tau)z(\tau)d\tau \right] ds \right.$$

$$\left. + \frac{b}{a} \int_0^1 g(s)c(s)ds \int_0^1 z(\tau)d\tau \right\}. \quad (4.3.14)$$

把 (4.3.14) 代入 (4.3.12) 式, 得

$$y(t) = \int_0^1 G(t,s)z(s)ds + \frac{1}{ac(1)-\mu} \int_0^1 g(s)c(s) \left[\int_0^1 G(s,\tau)z(\tau)d\tau \right] ds$$

$$+ \frac{b}{a} \int_0^1 g(s)c(s)ds \int_0^1 z(\tau)d\tau + \frac{b}{a} \int_0^1 z(s)ds$$

$$= \int_0^1 H(t,s)z(s)ds. \quad (4.3.15)$$

所以,

$$y(t) = \lambda \int_0^1 H(t,s)\omega(s)c^{-1}(s)f(c(s)y(s))ds.$$

引理 4.3.2 的充分性得证.

下证必要性. 由 (4.3.7) 式知

$$-y''(t) = \lambda\omega(t)c^{-1}(t)f(c(t)y(t)),$$

$$y'(0) = 0, \quad ac(1)y(1) + bc(1)y'(1) = \int_0^1 g(t)c(t)y(t)dt.$$

引理 4.3.2 的必要性得证. 引理 4.3.2 证毕.

引理 4.3.3 令 $\mu \in [0, ac(1))$, 且 G 和 H 在引理 4.3.2 中有定义, 则

$$H(t,s) > 0, \quad G(t,s) \geqslant 0, \quad \forall t, \quad s \in J, \tag{4.3.16}$$

$$e(t)e(s) \leqslant G(t,s) \leqslant e(s), \quad \forall t, \quad s \in J, \tag{4.3.17}$$

其中, $0 \leqslant e(t) = 1 - t \leqslant 1$, 且

$$0 < \alpha^* \leqslant H(t,s) \leqslant \beta'h(s) \leqslant \beta^*, \quad \forall t, \quad s \in J, \tag{4.3.18}$$

这里,

$$\alpha^* = \frac{bc(1)}{ac(1) - \mu}, \quad \beta' = \frac{c(1)}{ac(1) - \mu}, \quad h(s) = ae(s) + b, \quad \beta^* = \frac{(a+b)c(1)}{ac(1) - \mu}. \tag{4.3.19}$$

证明 显然, 关系 (4.3.16) 成立. 下证关系 (4.3.17) 和关系 (4.3.18) 成立. 事实上, 对任意 $0 \leqslant s \leqslant t \leqslant 1$, 由函数 G 的定义知

$$e(t)e(s) \leqslant e(t) = G(t,s) = 1 - t \leqslant 1 - s = e(s).$$

这表明关系 (4.3.17) 成立.

类似地, 对任意 $t, s \in J$, 由 (4.3.16), (4.3.17) 和 (4.3.19) 式知

$$H(t,s) = G(t,s) + \frac{1}{ac(1) - \mu}\int_0^1 G(\tau,s)g(\tau)c(\tau)d\tau + \frac{bc(1)}{ac(1) - \mu}$$

$$\geqslant \frac{bc(1)}{ac(1) - \mu}$$

$$= \alpha^*.$$

另外,

$$H(t,s) = G(t,s) + \frac{1}{ac(1) - \mu}\int_0^1 G(\tau,s)g(\tau)c(\tau)d\tau + \frac{bc(1)}{ac(1) - \mu}$$

$$\leqslant e(s) + \frac{1}{ac(1) - \mu} \int_0^1 e(s)g(\tau)c(\tau)d\tau + \frac{bc(1)}{ac(1) - \mu}$$

$$= e(s)\left[1 + \frac{1}{ac(1) - \mu} \int_0^1 g(\tau)c(\tau)d\tau\right] + \frac{bc(1)}{ac(1) - \mu}$$

$$= e(s)\frac{ac(1)}{ac(1) - \mu} + \frac{bc(1)}{ac(1) - \mu}$$

$$= \beta'[ae(s) + b]$$

$$\leqslant \beta'h(s) \leqslant \beta^*.$$

这表明关系 (4.3.18) 成立. 引理 4.3.3 得证.

考虑 Banach 空间 $E = C[0,1]$, 其范数 $\|\cdot\|$ 定义为

$$\|x\| = \max_{t \in J} |x(t)|, \quad x \in E.$$

在 E 中定义锥 K 和 K_1:

$$K = \{y \in E : y(t) \geqslant 0, y(t) \geqslant \delta\|y\|, t \in J\},$$
$$K_1 = \{y \in E : y(t) \geqslant 0, t \in J\}, \tag{4.3.20}$$

其中,

$$\delta = \frac{\alpha^*}{\beta^*} = \frac{b}{a+b}.$$

容易看出 K 和 K_1 是 E 中的两个正规体锥, 且

$$K^0 = \{y \in E : y(t) > 0, y(t) \geqslant \delta\|y\|, t \in J\},$$

$$K_1^0 = \{y \in E : y(t) > 0, \ t \in J\}.$$

另外, 对任意 $r > 0$, 定义

$$\Omega_r = \{y \in K : \|y\| < r\},$$

$$\partial\Omega_r = \{y \in K : \|y\| = r\}.$$

定义算子 $T: K \to K$:

$$(Ty)(t) = \int_0^1 H(t,s)\omega(s)c^{-1}(s)f(c(s)y(s))ds, \quad t \in J. \tag{4.3.21}$$

引理 4.3.4　假设条件 (H_1)—(H_3) 成立, 则 $T(K) \subset K$ 且 $T: K \to K$ 全连续.

证明 对任意 $y \in K$, 由 (4.3.18) 和 (4.3.21) 式知

$$(Ty)(t) = \int_0^1 H(t,s)\omega(s)c^{-1}(s)f(c(s)y(s))ds$$

$$\geqslant \alpha^* \int_0^1 \omega(s)c^{-1}(s)f(c(s)y(s))ds$$

$$\geqslant \frac{\alpha^*}{\beta^*} \max_{t \in J} \int_0^1 H(t,s)\omega(s)c^{-1}(s)f(c(s)y(s))ds$$

$$= \delta\|Ty\|.$$

这表明 $T(K) \subset K$.

下面, 我们应用 Arzelà-Ascoli 定理证明算子 $T : K \to K$ 全连续.

令 $B_r = \{y \in E \mid \|y\| \leqslant r\}$, 则, 对任意 $y \in B_r$, 得

$$\|Ty\| = \max_{t \in J} \int_0^1 H(t,s)\omega(s)c^{-1}(s)f(c(s)y(s))ds$$

$$\leqslant c_m^{-1}\beta'\|h\|_q\|\omega\|_p L,$$

其中, $L = \max\limits_{\|c(s)y(s)\| \leqslant c_M r} f(c(s)y(s))$. 因此, $T(B_r)$ 一致有界.

另外, 注意到函数 $H(t,s)$ 在 $J \times J$ 中一致连续, 因此, 对任意 $\varepsilon > 0$, 存在 $\delta_1 > 0$ 使得当 $|t_1 - t_2| < \delta_1$ 时, 得

$$|H(t_1,s) - H(t_2,s)| < \frac{\varepsilon}{\|\omega\|_1 c_m^{-1} L}.$$

进而, 对任意 $y \in B_r$, 当 $|t_1 - t_2| < \delta_1$ 时, 得

$$|(Ty)(t_1) - (Ty)(t_2)| = \left| \int_0^1 H(t_1,s)\omega(s)c^{-1}(s)f(c(s)y(s))ds \right.$$

$$\left. - \int_0^1 H(t_2,s)\omega(s)c^{-1}(s)f(c(s)y(s))ds \right|$$

$$= \int_0^1 |H(t_1,s) - H(t_2,s)| \omega(s)c^{-1}(s)f(c(s)y(s))ds$$

$$\leqslant \frac{\varepsilon}{\|\omega\|_1 c_m^{-1} L} \int_0^1 \omega(s)c^{-1}(s)f(c(s)y(s))ds$$

$$\leqslant \|\omega\|_1 c_m^{-1} L \frac{\varepsilon}{\|\omega\|_1 c_m^{-1} L}$$

$$= \varepsilon.$$

这表明集合 $\{T: y \in B_r\}$ 等度连续. 引理 4.3.4 得证.

对 $\omega \in L^p[0,1]$, 我们分 $p > 1$, $p = 1$, 和 $p = \infty$ 三种情况讨论问题 (4.3.1) 正解的存在性. 先考虑 $p > 1$ 的情况.

定理 4.3.1　假设条件 (H_1)—(H_3) 成立. 如果 $0 < f_\infty < +\infty$, 则存在 $R_0 > 0$ 使得对任意 $r > R_0$, 当

$$\lambda = \lambda_r \in [\lambda_1, \lambda_2] \tag{4.3.22}$$

时, 问题 (4.3.1) 至少存在一个正解 $u_r(t)$ 满足 $\|u_r(t)\| = c_M r$. 其中, λ_1 和 λ_2 是两个正数.

证明　由 (4.3.7) 和 (4.3.21) 知, 问题 (4.3.1) 关于参数 λ 存在正解 $u_r(t)$ 的充分必要条件是, 算子 T 关于固有值 $\frac{1}{\lambda} > 0$ 有一个固有元 y_r.

因为 $0 < f_\infty < +\infty$, 所以, 存在 $l_2 > l_1 > 0$ 和 $\eta > 0$ 使得

$$l_1 y < f(y) < l_2 y, \quad \forall y \geqslant \eta. \tag{4.3.23}$$

下面, 我们证明 $R_0 = \dfrac{\eta}{c_m \delta}$ 符合要求. 这样, 对任意 $r > R_0$, 如果 $y \in K \cap \partial \Omega_r$, 则

$$y(t) \geqslant \delta \|y\| = \delta r, \quad t \in J.$$

注意到 $r > R_0$, 得

$$c(t) y(t) \geqslant c_m \delta \|y\| = c_m \delta r > c_m \delta R_0 = \eta, \quad t \in J.$$

由引理 4.3.4 知算子 $T: K \cap \bar{\Omega}_r \to K$ 全连续, $T\theta = \theta$, 并且,

$$(Ty)(t) = \int_0^1 H(t,s)\omega(s)c^{-1}(s)f(c(s)y(s))ds$$

$$\geqslant \alpha^* \xi c_M^{-1} \int_0^1 l_1 c(s) y(s) ds$$

$$\geqslant \alpha^* \xi c_M^{-1} l_1 c_m \delta \|y\|$$

$$= \alpha^* \xi c_M^{-1} l_1 c_m \delta r > 0.$$

因此, 对任意 $r > R_0$ 和 $y \in K \cap \partial \Omega_r$, 得

$$\inf_{y \in K \cap \partial \Omega_r} \|Ty\| \geqslant \alpha^* \xi c_M^{-1} l_1 c_m \delta r > 0.$$

根据定理 2.5.1 知, 对任意 $r > R_0$, 算子 T 关于固有值 λ 有一个固有元 $y_r \in K$, 并且 $\|y_r\| = r$. 令 $\lambda = \dfrac{1}{\gamma}$, 则问题 (4.3.6) 关于 λ 有一个正解 $y_r(t)$.

所以, 由引理 4.3.1 知问题 (4.3.1) 关于 λ 有一个正解 $u_r(t)$, 且 $\|u_r\| = c_M r$.

由上面的证明可知, 对任意 $r > R_0$, 存在一个和 λ 有关的正解 y_r:

$$y_r(t) = \lambda \int_0^1 H(t,s)\omega(s)c^{-1}(s)f(c(s)y(s))ds$$

且 $y_r \in K \cap \partial\Omega_r$, $\|y_r\| = r$.

一方面,

$$y_r(t) \leqslant \lambda c_m^{-1}\beta'\|h\|_q\|\omega\|_p l_2 c_M r,$$

进而,

$$\|y_r\| = r \leqslant \lambda c_m^{-1}\beta'\|h\|_q\|\omega\|_p l_2 c_M r.$$

这表明

$$\lambda \geqslant \frac{1}{l_2 c_m^{-1} c_M \beta'\|h\|_q\|\omega\|_p} = \lambda_1.$$

另一方面, 注意到

$$y_r(t) \geqslant \lambda \alpha^* \xi c_M^{-1} l_1 c_m \delta r, \tag{4.3.24}$$

则

$$\|y_r\| = r \geqslant \lambda \alpha^* \xi c_M^{-1} l_1 c_m \delta r.$$

这表明

$$\lambda \leqslant \frac{1}{l_1 \delta \alpha^* \xi c_M^{-1} c_m} = \lambda_2.$$

通过计算, 易知 $\lambda_1 < \lambda_2$. 所以, $\lambda \in [\lambda_1, \lambda_2]$ 有意义. 证毕.

下面的推论 4.3.1 讨论 $p = \infty$ 的情况.

推论 4.3.1 假设条件 (H_1)—(H_3) 成立. 如果 $0 < f_\infty < +\infty$, 则存在 $R_1 > 0$ 使得对任意 $r > R_1$, 当

$$\lambda = \lambda_r \in [\lambda_1', \lambda_2]$$

时, 问题 (4.3.1) 至少存在一个正解 $u_r(t)$ 满足 $\|u_r(t)\| = c_M r$. 其中,

$$\lambda_1' = \frac{1}{l_2 c_m^{-1} c_M \beta'\|h\|_1\|\omega\|_\infty}.$$

证明 令 $\|h\|_1\|\omega\|_\infty$ 替换 $\|h\|_q\|\omega\|_p$, 并且重复定理 4.3.1 的证明过程, 推论 4.3.1 得证.

最后, 讨论 $p = 1$ 的情况.

推论 4.3.2 假设条件 (H_1)—(H_3) 成立. 如果 $0 < f_\infty < +\infty$, 则存在 $R_1 > 0$ 使得对任意 $r > R_1$, 当

$$\lambda = \lambda_r \in [\lambda_1'', \lambda_2]$$

时, 问题 (4.3.1) 至少存在一个正解 $u_r(t)$ 满足 $\|u_r(t)\| = c_M r$. 其中,

$$\lambda_1'' = \frac{1}{l_2 c_m^{-1} c_M \beta^* \|\omega\|_1}.$$

证明 令 $\beta^* \|\omega\|_1$ 替换 $\|h\|_q \|\omega\|_p$, 并且重复定理 4.2.1 的证明过程, 推论 4.3.2 得证.

在以下的结论中, 我们仅考虑 $1 < p < +\infty$ 的情况. 对 $p = \infty$ 和 $p = 1$ 的情况, 类似于推论 4.3.1 和推论 4.3.2 的处理方法, 请读者自己写出.

定理 4.3.2 假设条件 (H_1)—(H_3) 成立. 如果 $f_\infty = +\infty$, 则存在 $R_3 > 0$ 使得对任意 $r > R_3$, 当

$$\lambda = \lambda_r \in (0, \lambda_3]$$

时, 问题 (4.3.1) 至少存在一个正解 $u_r(t)$ 满足 $\|u_r(t)\| = c_M r$, 其中, λ_3 是一个正常数.

证明 类似于定理 4.3.1 的证明, 由 (4.3.23) 和 (4.3.24) 式易知定理 4.3.2 也成立. 证毕.

定理 4.3.3 假设条件 (H_1)—(H_3) 成立. 如果 $0 < f_0 < +\infty$, 则存在 $r_0 > 0$ 使得对任意 $0 < r < r_0$, 当

$$\lambda \in [\hat{\lambda}_1, \hat{\lambda}_2]$$

时, 问题 (4.3.1) 至少存在一个正解 $u_r(t)$ 满足 $\|u_r(t)\| = c_M r$, 其中, $\hat{\lambda}_1, \hat{\lambda}_2 \in (0, +\infty)$.

证明 由 $0 < f_0 < +\infty$ 知存在 $\eta' > 0$ 和常数 $c_2 > c_1 > 0$ 使得

$$c_1 u < f(u) < c_2 u, \quad \forall 0 < u < \eta'.$$

令

$$U_r = \{y \in E : \|y\| < r\},$$

其中, $0 < r < r_0$. 则 U_r 是 Banach 空间 E 中的有界开集, 且 $\theta \in U_r$.

下面证明 $r_0 = \dfrac{\eta'}{c_M}$ 符合要求.

这样, 对任意 $y \in K \cap \partial U_r$, 由 $0 < r < r_0$ 知

$$y(t) \geqslant \delta \|y\| = \delta r, \quad t \in J,$$

且

$$0 < c(t)y(t) \leqslant c_M \|y\| = c_M r < c_M r_0 = \eta', \quad t \in J.$$

由引理 4.3.4 知算子 $T: K \cap \bar{U}_r \to K$ 全连续, $T\theta = \theta$, 且

$$\begin{aligned}
(Ty)(t) &= \int_0^1 H(t,s)\omega(s)c^{-1}(s)f(c(s)y(s))ds \\
&\geqslant \alpha^* \xi c_M^{-1} \int_0^1 c_1 c(s)y(s)ds \\
&\geqslant \alpha^* \xi c_M^{-1} c_1 c_m \delta \|y\| \\
&= \alpha^* \xi c_M^{-1} c_1 c_m \delta r > 0.
\end{aligned}$$

所以, 对任意 $0 < r < r_0$ 和 $y \in K \cap \partial U_r$, 得

$$\inf_{y \in K \cap \partial U_r} \|Ty\| \geqslant \alpha^* \xi c_M^{-1} c_1 c_m \delta r > 0.$$

根据定理 2.5.1 知, 对任意 $0 < r < r_0$, 算子 T 关于固有值 $\gamma > 0$ 有一个固有元 $y_r \in K$, 且 $\|y_r\| = r$. 令 $\lambda = \dfrac{1}{\gamma}$, 类似于定理 4.2.1 的证明, 我们得到了定理 4.3.3 的结果.

定理 4.3.4 假设条件 (H_1)—(H_3) 成立. 如果 $f_0 = +\infty$, 则存在 $r_1 > 0$ 使得对任意 $0 < r < r_1$, 当

$$\lambda = \lambda_r \in (0, \hat{\lambda}_3]$$

时, 问题 (4.3.1) 至少存在一个正解 $u_r(t)$ 满足 $\|u_r(t)\| = c_M r$, 其中, $\hat{\lambda}_3$ 是一个正数.

证明 证明类似于定理 4.3.3 的证明过程, 所以我们在这里省略.

定理 4.3.5 假设条件 (H_1)—(H_3) 成立. 如果 $f_0 = f_\infty = +\infty$, 则存在 $\bar{\lambda} > 0$, 当 $\lambda \in [\bar{\lambda}, +\infty)$ 时, 问题 (4.3.1) 不存在正解.

证明 反证法. 假设存在一个序列 $\{\lambda_n\}$ 满足 $\lambda_n > n$ 使得, 对每一个 n 问题 (4.3.6) 都存在一个正解 $y_n \in K$. 令 $\mu_n = \dfrac{1}{\lambda_n}$. 因为 $(Ty_n)(t) = \mu_n y_n(t)$, $t \in J$, 及 $f(u) \geqslant Nu$, $\forall u > 0$, $N = \dfrac{f(R)}{R}$, 得

$$\begin{aligned}
\|y_n\| &= \max_{t \in J} |\lambda_n Ty_n(t)| \\
&\geqslant \lambda_n \int_0^1 H(t,s)\omega(s)c^{-1}(s)f(c(s)y_n(s))ds \\
&\geqslant \lambda_n \alpha^* \xi c_M^{-1} \int_0^1 Nc_m y_n(s)ds
\end{aligned}$$

$$\geqslant \lambda_n \alpha^* \xi c_M^{-1} N c_m \delta \|y_n\|$$
$$> n \alpha^* \xi c_M^{-1} N c_m \delta \|y_n\|.$$

这表明 $1 > n\alpha^* \xi c_M^{-1} N c_m \delta$.

由于 n 可以任意大, 我们得到一个矛盾.

因此, 根据引理 4.3.1 知, 对任意 $\lambda \geqslant \bar{\lambda}$, 问题 (4.3.1) 都不存在正解. 定理 4.3.5 得证. 证毕.

定理 4.3.6　假设条件 (H_1)—(H_3) 成立. 如果 $f_0 = f_\infty = 0$, 则存在 $\underline{\lambda} > 0$, 当 $\lambda \in (0, \underline{\lambda})$ 时, 问题 (4.3.1) 不存在正解.

证明　由 $f_0 = f_\infty = 0$ 和 (1.4) 式知存在 $\bar{v}_0 > 0$ 使得

$$\frac{f(\bar{v}_0)}{\bar{v}_0} = \max_{v > 0} \frac{f(v)}{v}.$$

令

$$\mathfrak{M} = \frac{f(\bar{v}_0)}{\bar{v}_0} + 1,$$

则 $\mathfrak{M} > 0$ 且

$$f(v) \leqslant \mathfrak{M}v, \quad \forall v > 0. \tag{4.3.25}$$

假设 $y(t)$ 是问题 (4.3.6) 的正解. 我们证明, 对任意 $\lambda < \underline{\lambda}$, 这将导致一个矛盾. 其中, $\underline{\lambda} = \left(\beta' \|h\|_q \|\omega\|_p c_m^{-1} c_M \mathfrak{M} \right)^{-1}$. 令 $\mu = \frac{1}{\lambda}$. 注意到 $(Ty)(t) = \mu y(t)$, $\forall t \in J$, 则由 (4.3.21) 式知

$$y(t) = \lambda \int_0^1 H(t, s)\omega(s)c^{-1}(s)f(c(s)y(s))ds$$
$$\leqslant \lambda \beta' \|h\|_q \|\omega\|_p c_m^{-1} \int_0^1 \mathfrak{M}c(s)y(s)ds$$
$$\leqslant \lambda \beta' \|h\|_q \|\omega\|_p c_m^{-1} c_M \mathfrak{M} \|y\|.$$

这表明

$$\|y\| \leqslant \lambda \beta' \|h\|_q \|\omega\|_p c_m^{-1} c_M \mathfrak{M} \|y\|$$
$$< \underline{\lambda} \beta' \|h\|_q \|\omega\|_p c_m^{-1} c_M \mathfrak{M} \|y\|$$
$$= \|y\|.$$

这是一个矛盾. 证毕.

前面证明了问题 (4.3.1) 正解的存在性和不存在性, 下面我们讨论问题 (4.3.1) 的正解对参数 λ 的依赖关系.

定理 4.3.7 假设 $f(u): [0, +\infty) \to [0, +\infty)$ 是一个非减的函数, 且对 $u > 0$, $f(u) > 0$; 对任意 $0 < \rho < 1$, $f(\rho u) \geqslant \rho^\alpha f(u)$, $0 \leqslant \alpha < 1$. 则对任意 $\lambda \in (0, \infty)$, 问题 (4.3.1) 存在唯一解 $u_\lambda(t)$, 且 $u_\lambda(t)$ 有以下性质:

(i) $u_\lambda(t)$ 关于 λ 严格增, 即

$$\lambda_1 > \lambda_2 > 0 \Rightarrow u_{\lambda_1}(t) \gg u_{\lambda_2}(t), \quad \forall t \in J.$$

(ii) $\lim\limits_{\lambda \to 0^+} \|u_\lambda\| = 0$, $\lim\limits_{\lambda \to +\infty} \|u_\lambda\| = +\infty$.

(iii) $u_\lambda(t)$ 关于 λ 连续, 即

$$\lambda \to \lambda_0 > 0 \Rightarrow \|u_\lambda - u_{\lambda_0}\| \to 0.$$

证明 令 $\Psi = \lambda T$. 类似于引理 4.3.4, 算子 $\Psi: K_1 \to K_1$. 根据 $H(t, s) > 0$, $\omega(s) > 0, c^{-1}(s) > 0, f(u) > 0, \forall u > 0$, 容易看出 $\Psi: K_1^0 \to K_1^0$. 下证 $\Psi: K_1^0 \to K_1^0$ 是一个 α-凹的增算子.

事实上,

$$\Psi(\rho y) = \lambda \int_0^1 H(t, s) \omega(s) c^{-1}(s) f(c(s) \rho y(s)) ds$$

$$\geqslant \rho^\alpha \lambda \int_0^1 H(t, s) \omega(s) c^{-1}(s) f(c(s) y(s)) ds$$

$$= \rho^\alpha \Psi(y), \quad \forall 0 < \rho < 1,$$

其中, $0 \leqslant \alpha < 1$. 因为 $f(u)$ 是非增的, 所以

$$(\Psi y_*)(t) = \lambda \int_0^1 H(t, s) \omega(s) c^{-1}(s) f(c(s) y_*(s)) ds$$

$$\leqslant \lambda \int_0^1 H(t, s) \omega(s) c^{-1}(s) f(c(s) y_{**}(s)) ds$$

$$= (\Psi y_{**})(t), \quad y_* \leqslant y_{**}, \quad y_*, y_{**} \in X.$$

由引理 2.6.2 知算子 Ψ 在 $y_\lambda \in K_1^0$ 中存在唯一不动点. 这表明问题 (4.3.6) 有唯一解 $y_\lambda(t)$. 进而, 由引理 4.3.1 知问题 (4.3.1) 存在唯一解 $u_\lambda(t)$.

下面, 给出性质 (i)—(iii) 的证明. 令 $\gamma = \dfrac{1}{\lambda}$, 并且用 $T y_\gamma = \gamma y_\gamma$ 表示 $\lambda T y_\lambda = y_\lambda$. 假设 $0 < \gamma_1 < \gamma_2$, 则 $y_{\gamma_1} \geqslant y_{\gamma_2}$. 事实上, 令

$$\bar{\eta} = \sup\{\eta : y_{\gamma_1} \geqslant \eta y_{\gamma_2}\}. \tag{4.3.26}$$

我们断言 $\bar{\eta} \geqslant 1$. 如果断言不成立, 则 $0 < \bar{\eta} < 1$, 进而

$$\gamma_1 y_{\gamma_1} = T y_{\gamma_1} \geqslant T(\bar{\eta} y_{\gamma_2}) \geqslant \bar{\eta}^\alpha T y_{\gamma_2} = \bar{\eta}^\alpha \gamma_2 y_{\gamma_2}.$$

这表明

$$y_{\gamma_1} \geqslant \bar{\eta}^\alpha \frac{\gamma_2}{\gamma_1} y_{\gamma_2} \gg \bar{\eta}^\alpha y_{\gamma_2} \gg \bar{\eta} y_{\gamma_2}.$$

这与 (4.3.26) 式矛盾.

根据上面的讨论, 得

$$y_{\gamma_1} = \frac{1}{\gamma_1} T y_{\gamma_1} \geqslant \frac{1}{\gamma_1} T y_{\gamma_2} = \frac{\gamma_2}{\gamma_1} y_{\gamma_2} \gg y_{\gamma_2}. \tag{4.3.27}$$

所以, $y_\gamma(t)$ 关于 γ 是严格减的. 这蕴含着 $y_\lambda(t)$ 关于 λ 是严格增的. 根据引理 4.3.1, (i) 得证.

令 $\gamma_2 = \gamma$ 并且固定 (4.3.27) 式中的 γ_1, 得 $y_{\gamma_1} \geqslant \frac{\gamma}{\gamma_1} y_\gamma$, $\gamma > \gamma_1$. 进而

$$\|y_\gamma\| \leqslant \frac{\gamma_1 N_1}{\gamma} \|y_{\gamma_1}\|, \tag{4.3.28}$$

其中, $N_1 > 0$ 是正规常数. 注意到 $\gamma = \frac{1}{\lambda}$, 得 $\lim\limits_{\lambda \to 0^+} \|y_\lambda(t)\| = 0$. 进而, 由引理 4.3.1 知 $\lim\limits_{\lambda \to 0^+} \|u_\lambda(t)\| = 0$.

类似地, 令 $\gamma_1 = \gamma$, 且固定 γ_2, 再次利用 (4.3.27) 式和 K_1 的正规性, 得 $\lim\limits_{\lambda \to +\infty} \|y_\lambda(t)\| = +\infty$. 进而, 由引理 4.3.1 知 $\lim\limits_{\lambda \to +\infty} \|u_\lambda(t)\| = +\infty$. 性质 (ii) 得证.

下证 $u_\gamma(t)$ 的连续性. 对给定的 $\gamma_0 > 0$. 由 (i) 知

$$y_\gamma \ll y_{\gamma_0}, \quad \gamma > \gamma_0. \tag{4.3.29}$$

令 $l_\gamma = \sup\{\nu > 0 \mid y_\gamma \geqslant \nu y_{\gamma_0}, \gamma > \gamma_0\}$. 显然, $0 < l_\gamma < 1$, 且 $y_\gamma \geqslant l_\gamma y_{\gamma_0}$. 所以, 得

$$\gamma y_\gamma = T y_\gamma \geqslant T(l_\gamma y_{\gamma_0}) \geqslant l_\gamma^\alpha T y_{\gamma_0} = l_\gamma^\alpha \gamma_0 y_{\gamma_0},$$

进而

$$y_\gamma \geqslant \frac{\gamma_0}{\gamma} l_\gamma^\alpha y_{\gamma_0}.$$

由 l_γ 的定义知

$$\frac{\gamma_0}{\gamma} l_\gamma^\alpha \leqslant l_\gamma$$

或者

$$l_\gamma \geqslant \left(\frac{\gamma_0}{\gamma} \right)^{\frac{1}{1-\alpha}}.$$

再次根据 l_γ 的定义知

$$y_\gamma \geqslant \left(\frac{\gamma_0}{\gamma}\right)^{\frac{1}{1-\alpha}} y_{\gamma_0}, \quad \gamma > \gamma_0. \tag{4.3.30}$$

注意到 K_1 是一个正规锥, 由 (4.3.29) 和 (4.3.30) 式知

$$\|y_{\gamma_0} - y_\gamma\| \leqslant N_2 \left[1 - \left(\frac{\gamma_0}{\gamma}\right)^{\frac{1}{1-\alpha}}\right] \|y_{\gamma_0}\| \to 0, \quad \gamma \to \gamma_0 + 0.$$

类似地,

$$\|y_\gamma - y_{\gamma_0}\| \to 0, \quad \gamma \to \gamma_0 - 0,$$

其中 $N_2 > 0$ 是一个正规常数.

因此, 由引理 4.3.1 知

$$\|u_{\gamma_0} - u_\gamma\| \leqslant c_M \|y_{\gamma_0} - y_\gamma\| \leqslant c_M N_2 \left[1 - \left(\frac{\gamma_0}{\gamma}\right)^{\frac{1}{1-\alpha}}\right] \|y_{\gamma_0}\| \to 0, \quad \gamma \to \gamma_0 + 0.$$

$$\|u_\gamma - u_{\gamma_0}\| \leqslant c_M \|y_\gamma - y_{\gamma_0}\| \to 0, \quad \gamma \to \gamma_0 - 0.$$

性质 (iii) 得证. 证毕.

注 4.3.3   一般来说, 证明二阶微分方程或二阶脉冲微分方程正解的唯一性是困难的, 见参考文献 [17]—[19].

例 4.3.1   考虑边值问题

$$\begin{cases} u''(t) + \lambda\omega(t)f(t, u(t)) = 0, \quad t \in J, \quad t \neq t_k, \\ u(t_k^+) - u(t_k) = c_k u(t_k), \quad k = 1, 2, \cdots, n, \\ u(0) = u(1) = \displaystyle\int_0^1 h(s)u(t)dt, \end{cases} \tag{4.3.31}$$

其中, $\lambda > 0$ 是一个参数, $J = [0,1]$, $\omega \in L^p[0,1]$, $1 \leqslant p \leqslant +\infty$, $f \in C(J \times \mathbf{R}^+, \mathbf{R}^+)$, $\mathbf{R}^+ = [0, +\infty)$, $t_k(k = 1, 2, \cdots, n$, 这里 n 是固定的正整数) 是固定的点, 且满足 $0 < t_1 < t_2 < \cdots < t_k < \cdots < t_n < 1$, $\{c_k\}$ 是一个实序列, 且满足 $c_k > -1$, $k = 1, 2, \cdots, n$, $x(t_k^+)(k = 1, 2, \cdots, n)$ 表示 $x(t)$ 在 t_k 点的右极限, $h \in C[0,1]$ 非负.

利用变换 (4.3.5), 我们把问题 (4.3.31) 转化为下面无脉冲的问题

$$\begin{cases} -y''(t) = \lambda c^{-1}(t)\omega(t)f(t, c(t)y(t)), \quad t \in J, \\ y(0) = c(1)y(1) = \displaystyle\int_0^1 h(s)c(s)y(s)ds. \end{cases} \tag{4.3.32}$$

类似于引理 4.3.2 的证明, 得下面的引理 4.3.5.

引理 4.3.5　如果条件 (H_1)—(H_3) 成立, 则问题 (4.3.32) 存在唯一解 y, 且

$$y(t) = \lambda \int_0^1 H^*(t,s)\omega(s)c^{-1}(s)f(c(s)y(s))ds, \tag{4.3.33}$$

其中,

$$H^*(t,s) = G^*(t,s) + \frac{1}{1-\nu}\int_0^1 G^*(s,\tau)h(\tau)d\tau, \tag{4.3.34}$$

$$G^*(t,s) = \begin{cases} t(1-s), & 0 \leqslant t \leqslant s \leqslant 1, \\ s(1-t), & 0 \leqslant s \leqslant t \leqslant 1. \end{cases} \tag{4.3.35}$$

不难证明 $H^*(t,s)$ 和 $G^*(t,s)$ 具有和 $H(t,s)$ 及 $G(t,s)$ 类似的性质. 但是, 我们很难保证 $H^*(t,s) > 0$, $t,s \in J$. 这表明我们不难应用引理 4.3.4 研究问题 (4.3.31) 的唯一性.

注 4.3.4　在定理 4.3.7 中, 即使不假设算子 T 全连续, 甚至是连续, 我们也能够证明 u_λ 对参数 λ 的连续依赖性.

注 4.3.5　如果用 K, K^0 分别替换 K_1, K_1^0, 则定理 4.3.7 依然成立.

例 4.3.2　令 $n = 1$, $t_1 = \frac{1}{2}$, $p = 3$. 由 $p = 3$ 知 $q = \frac{3}{2}$. 考虑边值问题

$$\begin{cases} u''(t) + \lambda \left(\dfrac{1}{\left|t-\dfrac{1}{3}\right|^{\frac{1}{4}}}\right)(6u + \arctan u) = 0, & t \in J, \ t \neq t_k, \\ u\left(\dfrac{1}{2}^+\right) - u\left(\dfrac{1}{2}\right) = \dfrac{1}{2}u\left(\dfrac{1}{2}\right), \\ u'(0) = 0, \ u(1) + u'(1) = \displaystyle\int_0^1 u(t)dt. \end{cases} \tag{4.3.36}$$

结论 4.3.1　对任意 $\lambda \in [0.0056, 0.09]$, 问题 (4.3.36) 至少存在一个正解.

证明　首先, 我们把问题 (4.3.36) 写成问题 (4.3.1) 的形式. 其中

$$\omega(t) = \frac{1}{\left|t-\dfrac{1}{3}\right|^{\frac{1}{4}}} \in L^3[0,1], \quad f(u(t)) = 6u + \arctan u,$$

$$a = b = 1, \quad g(t) = 1.$$

利用变换 (4.3.5), 把问题 (4.3.36) 变为以下问题:

$$
\begin{cases}
-y''(t) = \lambda \left(\dfrac{1}{\left| t - \dfrac{1}{3} \right|^{\frac{1}{4}}} \right) c^{-1}(t)(6c(t)y(t) + \arctan c(t)y(t)), & t \in J, \\
y'(0) = 0, \quad \dfrac{3}{2}y(1) + \dfrac{3}{2}y'(1) = \displaystyle\int_0^1 c(s)y(s)ds,
\end{cases} \tag{4.3.37}
$$

其中,

$$
c(t) = \begin{cases}
1, & 0 \leqslant t \leqslant \dfrac{1}{2}, \\
\dfrac{3}{2}, & \dfrac{1}{2} < t \leqslant 1.
\end{cases}
$$

由 $\omega(t) = \dfrac{1}{\left| t - \dfrac{1}{3} \right|^{\frac{1}{4}}}$, $t \in J$, 并且选取 $p = 3$, $q = \dfrac{3}{2}$ 知

$$
\|\omega\|_p = \|\omega\|_3 = \left(\int_0^1 \left(\frac{1}{\left| t - \dfrac{1}{3} \right|^{\frac{1}{4}}} \right)^3 dt \right)^{\frac{1}{3}} = \frac{(4 + 4 \times 2^{\frac{1}{4}})^{\frac{1}{3}}}{3^{\frac{1}{12}}} \approx 1.879,
$$

$$
\|h\|_q = \|h\|_{\frac{3}{2}} = \left(\int_0^1 (2 - t)^{\frac{3}{2}} dt \right)^{\frac{2}{3}} = \left(\frac{2}{5} \times 2^{\frac{5}{2}} - \frac{2}{5} \right)^{\frac{2}{3}} \approx 1.513.
$$

由此, 通过计算知

$$
\omega(t) \geqslant \xi = \sqrt[4]{\frac{3}{2}}, \ a.e. \ t \in J,
$$

$$
\mu = \int_0^1 g(t)c(t)dt = \frac{5}{4}, \quad c_M = \frac{3}{2}, \quad c_m = 1.
$$

$$
\alpha^* = \frac{bc(1)}{ac(1) - \mu} = 6, \quad \beta' = \frac{c(1)}{ac(1) - \mu} = 6, \quad \beta^* = \frac{(a+b)c(1)}{ac(1) - \mu} = 12, \quad \delta = \frac{\alpha^*}{\beta^*} = \frac{1}{2}.
$$

因此, 由 ω, f 和 g 的定义知, 条件 (H_1)—(H_3) 成立, 且

$$
f_\infty = \lim_{u \to +\infty} \frac{f(u)}{u} = \lim_{u \to +\infty} \left(6 + \frac{\arctan u}{u} \right) = 6 + \lim_{u \to +\infty} \frac{\arctan u}{u} = 6,
$$

所以, $0 < f_\infty = 6 < +\infty$. 故, 得

$$
5 < f_\infty < 7.
$$

令 $l_1 = 5$, $l_2 = 7$, 则

$$
\lambda_1 = \frac{1}{l_2 c_m^{-1} c_M \beta' \|h\|_{\frac{3}{2}} \|\omega\|_3} \approx 0.0056,
$$

$$\lambda_2 = \frac{1}{l_1 \delta \alpha^* \xi c_M^{-1} c_m} \approx 0.09.$$

所以, 定理 4.3.1 的条件全部满足. 进而, 根据定理 4.3.1 知问题 (4.3.36) 至少存在一个正解. 证毕.

例 4.3.3　令 $n = 1$, $t_1 = \dfrac{1}{2}$, $p = 1$. 由 $p = 1$ 知 $q = \infty$. 考虑边值问题

$$\begin{cases} u''(t) + \lambda(2t+3)(6u + \arctan u) = 0, & t \in J, \ t \neq t_1, \\ u\left(\dfrac{1}{2}^+\right) - u\left(\dfrac{1}{2}\right) = \dfrac{1}{2}u\left(\dfrac{1}{2}\right), \\ u'(0) = 0, \ u(1) + u'(1) = \displaystyle\int_0^1 u(t)dt. \end{cases} \tag{4.3.38}$$

结论 4.3.2　对任意 $\lambda \in \left[\dfrac{1}{504}, \dfrac{1}{30}\right]$, 问题 (4.3.38) 至少存在一个正解.

证明　首先, 我们把问题 (4.3.38) 写成问题 (4.3.1) 的形式. 其中,

$$\omega(t) = 2t + 3 \in L^1[0,1], \quad f(u) = 6u + \arctan u,$$

并且

$$a = b = 1, \quad g(t) = 1.$$

把问题 (4.3.38) 转化为以下边值问题:

$$\begin{cases} -y''(t) = \lambda(2t+3)c^{-1}(t)(6c(t)y(t) + \arctan c(t)y(t)), & t \in J, \\ y'(0) = 0, \ \dfrac{3}{2}y(1) + \dfrac{3}{2}y'(1) = \displaystyle\int_0^1 c(s)y(s)ds, \end{cases} \tag{4.3.39}$$

其中,

$$c(t) = \begin{cases} 1, & 0 \leqslant t \leqslant \dfrac{1}{2}, \\ \dfrac{3}{2}, & \dfrac{1}{2} < t \leqslant 1. \end{cases}$$

通过计算, 得 $\omega(t) \geqslant \xi = 3$, *a.e.* $t \in J$,

$$\mu = \int_0^1 g(t)c(t)dt = \frac{5}{4}, \quad c_M = \frac{3}{2}, \quad c_m = 1.$$

$$\alpha^* = \frac{bc(1)}{ac(1) - \mu} = 6, \quad \beta^* = \frac{(a+b)c(1)}{ac(1) - \mu} = 12, \quad \delta = \frac{\alpha^*}{\beta^*} = \frac{1}{2}.$$

因此, 根据 ω, f 和 g 的定义知 (H_1)—(H_3) 成立.

另外, 由 $\omega(t) = 2t + 3$ 知

$$\|\omega\|_1 = \int_0^1 (2t + 3)dt = 4.$$

故, 不等式 $5 < f_\infty < 7$ 成立.

令 $l_1 = 5$, $l_2 = 7$, 则

$$\lambda_1'' = \frac{1}{l_2 c_m^{-1} c_M \beta^* \|\omega\|_1} = \frac{1}{504},$$

$$\lambda_2 = \frac{1}{l_1 \delta \alpha^* \xi c_M^{-1} c_m} = \frac{1}{30}.$$

根据推论 4.3.2 知问题 (4.3.38) 至少存在一个正解. 证毕.

4.4　二阶混合型脉冲微分方程的正解

考虑脉冲边值问题

$$\begin{cases} x''(t) + \omega(t)f(t, x(\alpha(t))) = 0, & t \in J, \quad t \neq t_k, \\ x(t_k^+) - x(t_k) = c_k x(t_k), & k = 1, 2, \cdots, n, \\ ax(0) - bx'(0) = ax(1) - bx'(1) = \int_0^1 h(s)x(t)dt, \end{cases} \tag{4.4.1}$$

其中, $J = [0, 1]$, $f \in C(J \times \mathbf{R}^+, \mathbf{R}^+)$, $\mathbf{R}^+ = [0, +\infty)$, $t_k(k = 1, 2, \cdots, n, n$ 是固定的正整数) 是固定点, 且 $0 < t_1 < t_2 < \cdots < t_k < \cdots < t_n < 1$, a, $b > 0$, $\{c_k\}$ 是一个实序列, 满足 $c_k > -1$, $k = 1, 2, \cdots, n$, $x(t_k^+)(k = 1, 2, \cdots, n)$ 表示 $x(t)$ 在 t_k 点的右极限, $h \in C[0, 1]$ 非负.

假设在 $J = [0, 1]$ 中 $\alpha(t) \not\equiv t$. 另外, ω, f, c_k, α 和 h 还满足下列条件:

(H_1) $\omega \in C((0, 1), [0, +\infty))$, $0 < \int_0^1 \omega(s)ds < \infty$ 且 ω 在 $(0, 1)$ 中不恒为零;

(H_2) $f \in C([0, 1] \times [0, +\infty), [0, +\infty))$, $\alpha \in C(J, J)$;

(H_3) $\{c_k\}$ 是一个实序列, 且 $c_k > -1$, $k = 1, 2, \cdots, n$, $c(t) := \prod_{0 < t_k < t}(1 + c_k)$;

(H_4) $h \in C[0, 1]$ 非负, $\nu \in [0, a)$, 其中, $\nu = \int_0^1 h(t)c(t)dt$.

注 4.4.1　由 4.3 节的注 4.3.1 和注 4.3.2 可知

(1) 在 $c(t) := \prod_{0 < t_k < t}(1 + c_k)$ 中, 如果乘积因子个数为零, 则 $c(t) = 0$, 并且令

$$c_M = \max_{t \in J} c(t), \quad c_m = \min_{t \in J} c(t), \quad c^{-1}(t) = \prod_{0 < t_k < t}(1 + c_k)^{-1}.$$

(2) 由条件 (H_3) 和 $c(t)$ 的定义知 $c(t)$ 在 J 中是一个阶梯函数, 并且

$$c(t) > 0, \quad \forall t \in J, \quad c(t) = 1, \quad \forall t \in [0, t_1].$$

首先, 我们利用变换 $x(t) = c(t)y(t)$, 把问题 (4.4.1) 化为无脉冲的边值问题

$$
\begin{cases}
-y''(t) = \omega(t)c^{-1}(t)f(t, c(\alpha(t))y(\alpha(t))), & t \in J, \\
ay(0) - by'(0) = \displaystyle\int_0^1 h(s)c(s)y(s)ds, \\
ac(1)y(1) - bc(1)y'(1) = \displaystyle\int_0^1 h(s)c(s)y(s)ds.
\end{cases}
\tag{4.4.2}
$$

类似于引理 4.3.1, 我们得到引理 4.4.1.

引理 4.4.1　假设条件 (H_1)—(H_4) 成立. 则

(i) 如果 $y(t)$ 是问题 (4.4.2) 在 J 中的一个解, 则 $x(t) = c(t)y(t)$ 是问题 (4.4.1) 在 J 中的一个解;

(ii) 如果 $x(t)$ 是问题 (4.4.1) 在 J 中的一个解, 则 $y(t) = c^{-1}(t)x(t)$ 是问题 (4.4.2) 在 J 中的一个解.

引理 4.4.2　如果条件 (H_1)—(H_4) 成立, 则问题 (4.4.2) 存在唯一解 y, 且

$$y(t) = \int_0^1 H(t, s)c^{-1}(s)f(t, c(\alpha(s))y(\alpha(s)))ds, \tag{4.4.3}$$

其中,

$$H(t, s) = G(t, s) + \frac{1}{a - \nu}\int_0^1 G(\tau, s)c(\tau)h(\tau)d\tau, \tag{4.4.4}$$

$$G(t, s) = \frac{1}{a(a + 2b)}
\begin{cases}
(b + at)(a(1 - s) + b), & 0 \leqslant t \leqslant s \leqslant 1, \\
(b + as)(a(1 - t) + b), & 0 \leqslant s \leqslant t \leqslant 1.
\end{cases}
\tag{4.4.5}$$

证明　证明类似于引理 4.3.2. 证毕.

引理 4.4.3　根据 $G(t, s)$ 和 $H(t, s)$ 的定义, 得

$$G(t, s) \leqslant G(s, s), \quad H(t, s) \leqslant H(s, s) = \frac{a}{a - \nu}G(s, s), \quad \forall t, s \in J, \tag{4.4.6}$$

$$G(t, s) \geqslant \delta G(s, s), \quad H(t, s) \geqslant \delta H(s, s) = \frac{\delta a}{a - \nu}G(s, s), \quad \forall t, s \in J, \tag{4.4.7}$$

其中, $\delta = \dfrac{b}{b + a}$.

证明　易证关系 (4.4.6) 成立. 下证关系 (4.4.7) 成立. 注意到, 对任意 $t, s \in J$, 得

$$\frac{G(t, s)}{G(s, s)} = \frac{b + at}{b + as} \geqslant \frac{b + a\xi}{b + a}, \quad s \leqslant t,$$

$$\frac{G(t,s)}{G(s,s)} = \frac{b+a(1-t)}{b+a(1-s)} \geqslant \frac{b}{b+a}, \ t \leqslant s.$$

这表明

$$G(t,s) \geqslant \delta G(s,s), \quad \forall t,s \in J.$$

类似地, 我们能够证明 $H(t,s) \geqslant \delta H(s,s), \ t,s \in J$. 因此, 由 $G(t,s) \geqslant \delta G(s,s)$ 知

$$H(t,s) \geqslant \delta H(s,s) = \frac{\delta a}{a-\nu} G(s,s), \quad \forall t,s \in J.$$

引理 4.4.3 得证.

注 4.4.2 注意到 $a, b > 0$, 由 (4.4.4) 和 (4.4.5) 式知

$$0 < \beta_1 \leqslant G(t,s) \leqslant \beta_2, \quad \forall t,s \in J \tag{4.4.8}$$

和

$$0 < \beta^* \leqslant H(t,s) \leqslant \beta, \quad \forall t,s \in J, \tag{4.4.9}$$

其中,

$$\beta_1 = \frac{b^2}{a(a+2b)}, \quad \beta_2 = \frac{a+2b}{4a}, \quad \beta^* = \frac{b^2}{a(a+2b)(a-\nu)}, \quad \beta = \frac{a+2b}{4(a-\nu)}. \tag{4.4.10}$$

令 $E = C[0,1]$, 则 E 是一个 Banach 空间, 其范数 $\|\cdot\|$ 定义为

$$\|y\| = \max_{t \in J} |y(t)|, \quad y \in E.$$

在 E 中定义锥 K:

$$K = \{y \in E : y(t) \geqslant 0, \ \min_{t \in J} y(t) \geqslant \delta \|y\|\}. \tag{4.4.11}$$

同时, 对 $r > 0$, 定义 Ω_r:

$$\Omega_r = \{y \in E : \|y\| < r\},$$

则 $\partial \Omega_r = \{y \in E : \|y\| = r\}$.

定义算子 $T : K \to K$:

$$(Ty)(t) = \int_0^1 H(t,s)\omega(s)c^{-1}(s)f(s, c(\alpha(s))y(\alpha(s)))ds. \tag{4.4.12}$$

引理 4.4.4 假设条件 (H_1)—(H_4) 成立, 则 $T(K) \subset K$, 且 $T : K \to K$ 全连续.

证明　对任意 $y \in K$, 由 (4.4.6) 和 (4.4.12) 式知

$$(Ty)(t) = \int_0^1 H(t,s)\omega(s)c^{-1}(s)f(s,c(\alpha(s))y(\alpha(s)))ds$$

$$\leqslant \int_0^1 H(s,s)\omega(s)c^{-1}(s)f(s,c(\alpha(s))y(\alpha(s)))ds, \quad t \in J. \qquad (4.4.13)$$

进而, 由 (4.4.7), (4.4.12) 和 (4.4.13) 式知

$$\min_{t \in J}(Ty)(t) = \min_{t \in J} \int_0^1 H(t,s)\omega(s)c^{-1}(s)f(s,c(\alpha(s))y(\alpha(s)))ds$$

$$\geqslant \delta \int_0^1 H(s,s)\omega(s)c^{-1}(s)f(s,c(\alpha(s))y(\alpha(s)))ds$$

$$\geqslant \delta\|Ty\|.$$

这表明 $T(K) \subset K$.

下面, 类似于引理 4.3.4, 我们能够证明 $T : K \to K$ 全连续. 引理得证.

注 4.4.3　由 (4.4.12) 式知 $y \in E$ 是问题 (4.4.2) 的一个解当且仅当 y 是算子 T 的一个不动点.

由引理 4.4.1 和注 4.4.3 得到下面的结果.

引理 4.4.5　假设条件 (H_1)—(H_4) 成立, 则

(i) 如果 $x(t)$ 是问题 (4.4.1) 在 J 中的一个解, 那么 $y(t) = c^{-1}(t)x(t)$ 是算子 T 的一个不动点;

(ii) 如果 $y(t)$ 是算子 T 的一个不动点, 那么 $x(t) = c(t)y(t)$ 是问题 (4.4.1) 在 J 中的一个解.

为了方便, 我们把证明分为两个部分.

(a) $\alpha(t) \geqslant t(t \in J)$**的情况**

首先, 引入记号:

$$f^0 = \limsup_{y \to 0} \max_{t \in J} \frac{f(t,y)}{y}, \quad f_0 = \liminf_{y \to 0} \min_{t \in J} \frac{f(t,y)}{y},$$

$$f^\infty = \limsup_{y \to \infty} \max_{t \in J} \frac{f(t,y)}{y}, \quad f_\infty = \liminf_{y \to \infty} \min_{t \in J} \frac{f(t,y)}{y}.$$

同 3.5 节一样, 我们引入记号 i_0 和 i_∞, 则 i_0, $i_\infty = 0, 1$ 或者 2, 有六种可能的情况: (i) $i_0 = 0$, $i_\infty = 0$; (ii) $i_0 = 0$, $i_\infty = 1$; (iii) $i_0 = 0$, $i_\infty = 2$; (iv) $i_0 = 1$, $i_\infty = 0$; (v) $i_0 = 1$, $i_\infty = 1$; (vi) $i_0 = 2$, $i_\infty = 0$. 在这六种情况下, 我们应用 Krasnosel'skii's 锥不动点定理, 获得了问题 (4.4.1) 当 $\alpha(t) \geqslant t$ 时存在一个和两个正解的结果.

(a1) $i_0 = 1$ 且 $i_\infty = 1$

令

$$\gamma = \int_0^1 \omega(s)ds.$$

定理 4.4.1   假设条件 (H_1)—(H_4) 成立. 如果 $i_0 = 1$ 且 $i_\infty = 1$, 则问题 (4.4.1) 至少存在一个正解.

证明   首先, 考虑 $f^0 = 0$ 和 $f_\infty = \infty$. 由 $f^0 = 0$ 知存在 $r_1 > 0$ 使得

$$f(t,y) \leqslant \frac{c_m}{\beta\gamma c_M}y, \quad \forall t \in J, \quad 0 \leqslant y \leqslant r_1.$$

因为 $0 \leqslant t \leqslant \alpha(t) \leqslant 1$, $t \in J$, 所以

$$0 \leqslant y(t) \leqslant r_1 \Rightarrow 0 \leqslant y(\alpha(t)) \leqslant r_1, \quad \forall t \in J.$$

令 $r = \min\left\{r_1, \dfrac{1}{c_M}r_1\right\}$, 则, 对任意 $y \in K \cap \partial\Omega_r$, 得 $0 \leqslant y(t) \leqslant r \leqslant r_1$, $t \in J$. 进而,

$$c(\alpha(t))y(\alpha(t)) \leqslant c_M\|y\| = c_M r \leqslant r_1, \quad t \in J.$$

因此, 对任意 $t \in J$ 和 $y \in K \cap \partial\Omega_r$, 由 (4.4.9) 和 (4.4.12) 式知

$$(Ty)(t) = \int_0^1 H(t,s)\omega(s)c^{-1}(s)f(s,c(\alpha(s))y(\alpha(s)))ds$$

$$\leqslant \beta c_m^{-1}\int_0^1 \omega(s)\frac{c_m}{\gamma\beta c_M}c(\alpha(s))y(\alpha(s))ds$$

$$\leqslant \beta c_m^{-1}\frac{c_m}{\gamma\beta c_M}c_M\int_0^1 \omega(s)y(\alpha(s))ds$$

$$\leqslant \frac{1}{\gamma}\int_0^1 \omega(s)ds\|y\|$$

$$= \|y\|.$$

这表明

$$\|Ty\| \leqslant \|y\|, \quad \forall y \in K \cap \partial\Omega_r. \tag{4.4.14}$$

再由 $f_\infty = \infty$ 知存在 $\hat{r} : 0 < r_1 < \hat{r}$ 使得

$$f(t,y) \geqslant \frac{c_M}{c_m\delta\beta^*\gamma}y, \quad \forall t \in J, \quad y \geqslant \hat{r}.$$

因为 $0 \leqslant t \leqslant \alpha(t) \leqslant 1$, $t \in J$, 所以

$$y(t) \geqslant \hat{r} \Rightarrow y(\alpha(t)) \geqslant \hat{r}, \quad \forall t \in J.$$

令 $R > \max\left\{\hat{r}, \dfrac{\hat{r}}{\delta c_m}\right\}$, 则, 对任意 $y \in K \cap \partial\Omega_R$, 得

$$c(\alpha(t))y(\alpha(t)) \geqslant c_m y(\alpha(t)) \geqslant c_m \delta\|y\| \geqslant \hat{r}, \quad t \in J.$$

进而, 对任意 $y \in K \cap \partial\Omega_R$, 由 (4.4.9) 和 (4.4.12) 式知

$$\begin{aligned}
(Ty)(t) &= \int_0^1 H(t,s)\omega(s)c^{-1}(s)f(s, c(\alpha(s))y(\alpha(s)))ds \\
&\geqslant \beta^* \int_0^1 \omega(s)c^{-1}(s)f(s, c(\alpha(s))y(\alpha(s)))ds \\
&\geqslant \beta^* c_M^{-1} \int_0^1 \omega(s)\frac{c_M}{c_m \delta\beta^*\gamma}c(\alpha(s))y(\alpha(s))ds \\
&\geqslant \beta^* c_M^{-1} \frac{c_M}{c_m \delta\beta^*\gamma}c_m \int_0^1 \omega(s)y(\alpha(s))ds \\
&\geqslant \frac{1}{\delta\gamma}\int_0^1 \omega(s)ds\,\delta\|y\| \\
&= \|y\|.
\end{aligned}$$

这表明

$$\|Ty\| \geqslant \|y\|, \quad \forall y \in K \cap \partial\Omega_R. \tag{4.4.15}$$

由定理 2.1.1 的 (i) 知算子 T 在 $K \cap (\bar{\Omega}_R \backslash \Omega_r)$ 中存在一个不动点 y, 且 $r \leqslant \|y\| \leqslant R$. 引理 4.4.5 表明问题 (4.4.1) 至少存在一个正解 x 且满足 $c_m r \leqslant \|x\| \leqslant c_M R$. 定理 4.4.1 得证.

注 4.4.4　关于 $i_0 = 1$ 且 $i_\infty = 1$, 还有另外一种情况 $f^\infty = 0$ 且 $f_0 = \infty$. 然而, 如果在定理 4.4.1 中把 $f^0 = 0$, $f_\infty = \infty$ 替换成 $f^\infty = 0, f_0 = \infty$, 在目前, 我们还得不到问题 (4.4.1) 任何正解的存在性结果. 这也是我们今后进一步讨论的课题之一.

(a2) $i_0 = 0$ 且 $i_\infty = 0$

记:

$$f_0^\rho = \max\left\{\max_{t \in J}\frac{f(t,y)}{\rho} : y \in [0, \rho]\right\}, \quad l = \frac{c_m}{\beta\gamma}, \quad L = \frac{c_M}{c_m\beta^*\delta\gamma_1}.$$

定理 4.4.2　假设条件 (H_1)—(H_4) 成立. 另外, 假设下面两个条件成立:

(H_5) 存在 $l > 0$ 和 $\rho_1 > 0$ 使得 $f_0^{\rho_1} \leqslant l$;

(H_6) 存在 $\eta > 0$ 和 $\rho_2 > 0$ 使得 $f(t,y) \geqslant \eta$, $\forall t \in J$, $y \geqslant \rho_2$, 其中, $\rho_1 \neq \rho_2$. 则问题 (4.4.1) 至少存在一个正解.

证明　不失一般性, 假设 $\rho_1 < \rho_2$. 由 $f_0^{\rho_1} \leqslant l$ 知

$$f(t,y) \leqslant l\rho_1, \quad \forall 0 \leqslant y \leqslant \rho_1, \quad t \in J.$$

因为 $0 \leqslant t \leqslant \alpha(t) \leqslant 1$, $t \in J$, 所以

$$0 \leqslant y(t) \leqslant \rho_1 \Rightarrow 0 \leqslant y(\alpha(t)) \leqslant \rho_1, \quad t \in J.$$

令 $\rho = \min\left\{\rho_1, \dfrac{1}{c_M}\rho_1\right\}$, 则对任意 $y \in K \cap \partial\Omega_\rho$, 得 $0 \leqslant y(t) \leqslant \rho \leqslant \rho_1, \forall t \in J$.

进而, $c(\alpha(t))y(\alpha(t)) \leqslant c_M\|y\| = c_M\rho \leqslant \rho_1$, $t \in J$.

因此, 对任意 $t \in J$ 和 $y \in K \cap \partial\Omega_\rho$, 由 (4.4.9) 和 (4.4.12) 式知

$$\begin{aligned}
(Ty)(t) &= \int_0^1 H(t,s)\omega(s)c^{-1}(s)f(s,c(\alpha(s))y(\alpha(s)))ds \\
&\leqslant \beta c_m^{-1}l\rho_1\int_0^1 \omega(s)ds \\
&= \beta c_m^{-1}l\rho_1\gamma \\
&= \rho_1.
\end{aligned}$$

这表明

$$\|Ty\| \leqslant \|y\|, \quad \forall y \in K \cap \partial\Omega_\rho. \tag{4.4.16}$$

另外, 由条件 (H_7) 知, 如果 ρ_2 固定, 则存在 $\eta > 0$ 使得

$$f(t,y) \geqslant \eta \geqslant \max\left\{\rho_2, \frac{\rho_2}{\delta c_m}\right\} \times \frac{c_M}{\beta^*\gamma}, \quad \forall t \in J,$$

且 $y \geqslant \rho_2$. 因为 $0 \leqslant t \leqslant \alpha(t) \leqslant 1$, $t \in J$, 所以

$$y(t) \geqslant \rho_2 \Rightarrow y(\alpha(t)) \geqslant \rho_2, \quad t \in J.$$

令 $\bar\rho = \max\left\{\rho_2, \dfrac{\rho_2}{\delta c_m}\right\}$, 则对任意 $y \in K \cap \partial\Omega_{\bar\rho}$, 得

$$c(t)y(t) \geqslant c_m y(t) \geqslant c_m\delta\|y\| \geqslant \rho_2, \quad t \in J.$$

进而, 对任意 $y \in K \cap \partial\Omega_{\bar\rho}$, 由 (4.4.9) 和 (4.4.12) 式知

$$\begin{aligned}
(Ty)(t) &= \int_0^1 H(t,s)\omega(s)c^{-1}(s)f(s,c(\alpha(s))y(\alpha(s)))ds \\
&\geqslant \beta^*\int_0^1 \omega(s)c^{-1}(s)f(s,c(\alpha(s))y(\alpha(s)))ds
\end{aligned}$$

$$\geqslant \beta^* c_M^{-1} \int_0^1 \omega(s)\eta ds$$

$$\geqslant \beta^* c_M^{-1} \eta \int_0^1 \omega(s)ds$$

$$= \beta^* c_M^{-1} \eta \gamma$$

$$\geqslant \beta^* c_M^{-1} \gamma \bar{\rho} \frac{c_M}{\beta^* \gamma}$$

$$= \bar{\rho}.$$

这表明

$$\|Ty\| \geqslant \|y\|, \quad \forall y \in K \cap \partial \Omega_{\bar{\rho}}. \tag{4.4.17}$$

由定理 2.1.1 的 (i) 知, 算子 T 在 $K \cap (\bar{\Omega}_{\rho_2} \backslash \Omega_{\rho_1})$ 中至少存在一个不动点 y, 且 $\rho \leqslant \|y\| \leqslant \bar{\rho}$. 进而, 由引理 4.4.5 知, 问题 (4.4.1) 至少有一个正解 x 满足 $c_m \rho \leqslant \|x\| \leqslant c_M \bar{\rho}$. 定理 4.4.2 得证.

定理 4.4.2 中的条件 (H_5) 可以用下面的条件 $(H_5)'$ 替换:

$(H_5)'$ $f^0 \leqslant l$.

这是条件 (H_5) 的特殊情况.

推论 4.4.1 假设条件 (H_1)—(H_4), $(H_5)'$, (H_6) 成立, 则问题 (4.4.1) 至少存在一个正解.

证明 我们证明条件 $(H_5)'$ 能够推导出条件 (H_5). 假设条件 $(H_5)'$ 成立, 则存在正数 $\rho_1 \neq \rho_2$ 使得 $\dfrac{f(t,y)}{y} \leqslant l$, $t \in J$, $0 < y \leqslant \rho_1$. 因此, 得到 $f(t,y) \leqslant ly \leqslant l\rho_1$, $t \in J$, $0 < y \leqslant \rho_1$.

这表明 (H_5) 成立. 进而, 由定理 4.4.2 知, 问题 (4.4.1) 至少存在一个正解. 证毕.

定理 4.4.3 假设条件 (H_1)—(H_5) 成立. 另外, 假设下面的条件成立:

(H_7) $f_\infty \geqslant L$.

则问题 (4.4.1) 至少存在一个正解.

证明 类似于 (4.4.15) 和 (4.4.16) 的证明, 我们可以得到定理 4.4.3 的结论.

推论 4.4.2 假设条件 (H_1)—(H_4), $(H_5)'$, (H_7) 成立, 则问题 (4.4.1) 至少存在一个正解.

(a3) $i_0 = 1$ 且 $i_\infty = 0$ 或者 $i_0 = 0$ 且 $i_\infty = 1$

定理 4.4.4 假设条件 (H_1)—(H_4) 成立, $f^0 \in [0, l)$ 且 $f_\infty \in (L, \infty)$, 则问题 (4.4.1) 至少存在一个正解.

证明 类似于定理 4.4.2, 我们能够证明推论 4.4.4 成立. 证毕.

定理 4.4.5　假设条件 (H_1)—(H_4) 成立, $f_0 \in (L,\infty)$ 且 $f^\infty \in [0,l)$, 则问题 (4.4.1) 至少存在一个正解.

证明　由 $f_0 \in (L,\infty)$ 知, 存在 $\rho_1 > 0$ 使得

$$f(t,y) > Ly, \ \forall 0 \leqslant y \leqslant \rho_1, \quad t \in J.$$

因为 $0 \leqslant t \leqslant \alpha(t) \leqslant 1$, $t \in J$, 所以

$$0 \leqslant y(t) \leqslant \rho_1 \Rightarrow 0 \leqslant y(\alpha(t)) \leqslant \rho_1.$$

令 $\rho = \min\left\{\rho_1, \dfrac{1}{c_M}\rho_1\right\}$, 则对任意 $y \in K \cap \partial\Omega_\rho$, 得 $0 \leqslant y(t) \leqslant \rho \leqslant \rho_1$, $\forall t \in J$. 进而, 得到

$$c(\alpha(t))y(\alpha(t)) \leqslant c_M\|y\| = c_M\rho \leqslant \rho_1, \quad t \in J.$$

因此, 对任意 $y \in K \cap \partial\Omega_\rho$, 由 (4.4.9) 和 (4.4.12) 式知

$$
\begin{aligned}
(Ty)(t) &= \int_0^1 H(t,s)\omega(s)c^{-1}(s)f(s,c(\alpha(s))y(\alpha(s)))ds \\
&\geqslant \beta^* \int_0^1 \omega(s)c^{-1}(s)f(s,c(\alpha(s))y(\alpha(s)))ds \\
&\geqslant \beta^* c_M^{-1} \int_0^1 \omega(s)Lc(\alpha(s))y(\alpha(s))ds \\
&\geqslant \beta^* c_M^{-1} Lc_m\delta\|y\| \int_0^1 \omega(s)ds \\
&= \beta^* c_M^{-1} Lc_m\delta\|y\|\gamma \\
&\geqslant \|y\|.
\end{aligned}
$$

这表明

$$\|Ty\| \geqslant \|y\|, \ \forall y \in K \cap \partial\Omega_\rho. \tag{4.4.18}$$

再考虑 $f^\infty \in [0,l)$. 事实上, 我们能够证明 $f^\infty \in [0,l)$ 蕴含着条件 (H_5) 成立.

令 $\tau \in (f^\infty, l)$. 则存在 $r > \tau$ 使得 $\max\limits_{t \in J} f(t,y) \leqslant \tau y$, $\forall y \in [r, \infty)$. 令

$$\beta = \max\left\{\max\limits_{t \in J} f(t,y) : 0 \leqslant y \leqslant r\right\}, \quad \rho_1^* > \max\left\{\frac{\beta}{l - \tau}, \rho, c_M\rho\right\},$$

则得到 $\max\limits_{0 \leqslant t \leqslant 1} f(t,y) \leqslant \tau y + \beta \leqslant \tau\rho_1^* + \beta < l\rho_1^*$, $\forall y \in [0, \rho_1^*]$. 这表明 $f_0^{\rho_1^*} \leqslant l$. 所以, $f^\infty \in [0,l)$ 蕴含着条件 (H_5) 成立.

类似于 (4.4.16) 式的证明, 得到

$$\|Ty\| \leqslant \|y\|, \quad \forall y \in K \cap \partial\Omega_{\rho^*}, \tag{4.4.19}$$

其中, $\rho^* = \min\left\{\rho_1^*, \dfrac{1}{c_M}\rho_1^*\right\}$.

因此, 根据定理 2.1.1 的 (ii) 知, 算子 T 在 $K \cap (\bar{\Omega}_{\rho^*}\backslash\Omega_\rho)$ 中至少存在一个不动点 y, 且 $\rho \leqslant \|y\| \leqslant \rho^*$. 定理 4.4.5 得证.

由定理 4.4.4 和定理 4.4.5, 得到如下结论.

推论 4.4.3　假设 $f^0 = 0$ 且定理 4.4.2 中的条件 (H_6) 成立, 则问题 (4.4.1) 至少存在一个解.

定理 4.4.6　假设条件 (H_1)—(H_4) 成立, 且 $f_\infty = \infty$, 则问题 (4.4.1) 至少存在一个正解.

证明　类似于定理 4.4.2 的证明, 我们能够获得定理 4.4.6 的结果. 证毕.

定理 4.4.7　假设条件 (H_1)—(H_4) 成立, $f_0 = \infty$ 且 $f^\infty \in (0, l)$, 则问题 (4.4.1) 至少存在一个正解.

证明　类似于定理 4.4.2 的证明, 我们能够获得定理 4.4.7 的结果. 证毕.

由定理 4.4.6 和定理 4.4.7, 容易得到下面的结果.

推论 4.4.4　假设 $f^0 = \infty$ 和定理 4.4.2 中的条件 (H_5) 成立, 则问题 (4.4.1) 至少存在一个正解.

推论 4.4.5　假设 $f_\infty = \infty$ 和定理 4.4.2 中的条件 (H_5) 成立, 则问题 (4.4.1) 至少存在一个正解.

(a4) $i_0 = 0$, $i_\infty = 2$ 或者 $i_0 = 2$, $i_\infty = 0$

结合定理 4.4.1 和定理 4.4.2 的证明, 我们易知下面的结果成立.

定理 4.4.8　假设条件 (H_1)—(H_4) 成立, $i_0 = 0$, $i_\infty = 2$ 以及定理 4.4.2 中的条件 (H_5) 成立, 则问题 (4.4.1) 至少存在两个正解.

推论 4.4.6　假设条件 (H_1)—(H_4) 成立, $Ji_0 = 0$, $i_\infty = 2$ 以及推论 4.4.1 中的条件 $(H_5)'$ 成立, 则问题 (4.4.1) 至少存在两个正解.

注 4.4.5　注意到注 4.4.4, 当 $i_0 = 2$ 且 $i_\infty = 0$ 时, 目前我们还不能得到问题 (4.4.1) 存在正解任何结果.

(b) $\alpha(t) \leqslant t (t \in J)$ **的情况**

令 E, K 和算子 T 和 (a) 部分的定义一样. 类似于引理 4.4.3—引理 4.4.5, 我们能够证明如下结论.

引理 4.4.6　令 G, H 和 δ 和引理 4.4.2 中的一样, 则以下结论成立:

$$G(t,s) \geqslant \delta G(s,s), \quad H(t,s) \geqslant \delta H(s,s) = \frac{\delta a}{a-\nu}G(s,s), \quad \forall t, s \in J.$$

引理 4.4.7   假设条件 (H_1)—(H_4) 成立, 则 $T(K) \subset K$ 且 $T: K \to K$ 全连续.

引理 4.4.8   假设条件 (H_1)—(H_4) 成立, 则

(i) 如果 $x(t)$ 是问题 (4.4.1) 在 J 中的一个解, 则 $y(t) = c^{-1}(t)x(t)$ 算子 T 的一个不动点;

(ii) 如果 y 是算子 T 的一个不动点, 则 $x(t) = c(t)y(t)$ 是问题 (4.4.1) 在 J 中的一个解.

(b1) $i_0 = 1$ 且 $i_\infty = 1$ **的情况**

定理 4.4.9   假设条件 (H_1)—(H_4) 成立. 如果 $i_0 = 1$ 且 $i_\infty = 1$, 那么问题 (4.4.1) 至少存在一个正解.

(b2) $i_0 = 0$ 且 $i_\infty = 0$ **的情况**

令

$$L^* = \frac{c_M}{c_m \alpha \delta \gamma_1^*}.$$

定理 4.4.10   假设条件 (H_1)—(H_5) 成立. 另外, 假设下面的条件成立:

(H_6^*) 存在 $\eta^* > 0$ 和 $\rho_2 > 0$ 使得 $f(t, y) \geqslant \eta^*$, $\forall t \in J$, $y \geqslant \rho_2$. 其中, $\rho_1 \neq \rho_2$.
则问题 (4.4.1) 至少存在一个正解.

推论 4.4.7   假设条件 (H_1)—(H_4), $(H_5)'$, (H_6^*) 成立, 则问题 (4.4.1) 至少存在一个正解.

定理 4.4.11   假设条件 (H_1)—(H_5) 成立. 另外, 还假设下面的条件成立:

(H_7^*) $f_\infty \geqslant L^*$.
则问题 (4.4.1) 至少存在一个正解.

推论 4.4.8   假设条件 (H_1)—(H_4), $(H_5)'$, (H_7^*) 成立, 则问题 (4.4.1) 至少存在一个正解.

(b3) $i_0 = 1$, $i_\infty = 0$ **或者** $i_0 = 0$, $i_\infty = 1$**的情况**

定理 4.4.12   假设条件 (H_1)—(H_4) 成立, $f^0 \in [0, l)$ 且 $f_\infty \in (L^*, \infty)$, 则问题 (4.4.1) 至少存在一个正解.

定理 4.4.13   假设条件 (H_1)—(H_4) 成立, $f_0 \in (L^*, \infty)$ 且 $f^\infty \in [0, l)$, 则问题 (4.4.1) 至少存在一个正解.

(b4) $i_0 = 0$, $i_\infty = 2$ **或者** $i_0 = 2$, $i_\infty = 0$

定理 4.4.14   假设条件 (H_1)—(H_4) 成立, $i_0 = 0$, $i_\infty = 2$, 且定理 4.4.10 中的条件 (H_5) 成立, 则问题 (4.4.1) 至少存在两个正解.

推论 4.4.9   假设条件 (H_1)—(H_4) 成立, $i_0 = 0$, $i_\infty = 2$, 且推论 4.4.7 中的条件 $(H_5)'$ 成立, 则问题 (4.4.1) 至少存在两个正解.

例 4.4.1   考虑边值问题

$$
\begin{cases}
x''(t) + \omega(t)f(t, x(\alpha(t))) = 0, \quad t \in J, \ t \neq \dfrac{1}{2}, \\
x\left(\dfrac{1}{2}^+\right) - x\left(\dfrac{1}{2}\right) = \dfrac{1}{2}x\left(\dfrac{1}{2}\right), \quad k = 1, \\
2x(0) - x'(0) = 2x(1) - x'(1) = \displaystyle\int_0^1 x(t)dt,
\end{cases}
\tag{4.4.20}
$$

其中, $\alpha \in C(J, J)$, $\alpha(t) \geqslant t$, $t \in J$,

$$
\omega(t) = \frac{1}{\sqrt{t}}, \quad f(t, x) = \sqrt[n]{1 + t^n}x^n,
$$

这里, $n \geqslant 2$ 是正整数.

这说明问题 (4.4.20) 具有超前型变元 α. 例如, 选取 $\alpha(t) = \sqrt[3]{t}$. 显然, ω 在 $t = 0$ 奇异, 且 f 非负连续.

结论 4.4.1   问题 (4.4.20) 至少存在一个正解.

证明   问题 (4.4.20) 能够写成问题 (4.4.1) 的形式. 其中, $a = 2$, $b = 1$, $h(t) \equiv 1$,

$$
c(t) = \begin{cases}
1, & 0 \leqslant t \leqslant \dfrac{1}{2}, \\
\dfrac{3}{2}, & \dfrac{1}{2} < t \leqslant 1.
\end{cases}
$$

通过计算得到

$$
\delta = \frac{1}{3}, \quad \nu = \int_0^1 h(t)c(t)dt = \frac{5}{4}, \quad c_M = \frac{3}{2}, \quad c_m = 1,
$$

且

$$
\beta^* = \frac{b^2}{a(a + 2b)(a - \nu)} = \frac{1}{6}, \quad \beta = \frac{a + 2b}{4(a - \nu)} = \frac{4}{3}.
$$

由 ω, f, c 和 h 的定义知条件 (H_1)—(H_4) 成立, 且

$$
f^0 = 0, \quad f_\infty = \infty.
$$

因此, 根据定理 4.4.1 知问题 (4.4.20) 的结论成立. 证毕.

4.5   二阶滞后型脉冲微分方程非局部问题的三个正解

考虑二阶脉冲非局部问题

$$
\begin{cases}
u''(t) + \omega(t)f(t, u(\alpha(t))) = 0, \quad 0 < t < 1, \quad t \neq t_k, \quad k = 1, 2, \cdots, n, \\
-\Delta u'|_{t=t_k} = I_k(u(t_k)), \quad k = 1, 2, \cdots, n, \\
u'(0) = 0, \quad au(1) + bu'(1) = \displaystyle\int_0^1 g(t)u(t)dt,
\end{cases}
\tag{4.5.1}
$$

其中, $f \in C(J \times \mathbf{R}^+, \mathbf{R}^+)$, $\omega \in L^p[0,1]$, $1 \leqslant p \leqslant +\infty$. $I_k \in C(\mathbf{R}^+, \mathbf{R}^+)$, $\mathbf{R}^+ = [0, +\infty)$, $J = [0,1]$, $t_k(k = 1, 2, \cdots, n)$(n 是固定正整数) 是固定点, 且满足 $0 = t_0 < t_1 < t_2 < \cdots < t_k < \cdots < t_n < t_{n+1} = 1$, $\Delta u'|_{t=t_k} = u'(t_k^+) - u'(t_k^-)$, $u'(t_k^+)$ 和 $u'(t_k^-)$ 分别表示 $u'(t)$ 在 $t = t_k$ 点的右极限和左极限, $a, b > 0$, $\alpha(t) \not\equiv t$, $t \in J = [0,1]$.

另外, ω, f 和 g 满足

(H_1) $\omega \in L^p[0,1]$, $1 \leqslant p \leqslant +\infty$, 且存在 $N > 0$ 使得 $\omega(t) \geqslant N$, a.e. $t \in J$;

(H_2) $f \in C(J \times \mathbf{R}^+, \mathbf{R}^+)$, $\alpha \in C(J, J)$, 且 $\alpha(t) \leqslant t$, $t \in J$, $I_k \in C(\mathbf{R}^+, \mathbf{R}^+)$;

(H_3) $g \in L^1[0,1]$ 非负, $\mu \in [0, a)$. 其中, $\mu = \int_0^1 g(s)ds$.

引理 4.5.1 假设条件 (H_3) 成立, 则, 对任意 $y \in C[0,1]$, 边值问题

$$\begin{cases} u''(t) + y(t) = 0, & t \in J, \quad t \neq t_k, \quad k = 1, 2, \cdots, n, \\ -\Delta u'|_{t=t_k} = I_k(u(t_k)), & k = 1, 2, \cdots, n, \\ u'(0) = 0, \quad au(1) + bu'(1) = \int_0^1 g(t)u(t)dt \end{cases} \tag{4.5.2}$$

存在唯一解 u, 且

$$u(t) = \int_0^1 H(t,s)y(s)ds + \sum_{k=1}^n H(t, t_k)I_k(u(t_k)), \tag{4.5.3}$$

其中,

$$H(t,s) = G(t,s) + \frac{1}{a-\mu} \int_0^1 G(\tau, s)g(\tau)d\tau, \tag{4.5.4}$$

$$G(t,s) = \begin{cases} 1 - t + \dfrac{b}{a}, & 0 \leqslant s \leqslant t \leqslant 1, \\ 1 - s + \dfrac{b}{a}, & 0 \leqslant t \leqslant s \leqslant 1. \end{cases} \tag{4.5.5}$$

证明 首先, 假设 u 是问题 (4.5.2) 的解. 对问题 (4.5.2) 两边积分, 得

$$u'(t) - u'(0) = -\int_0^t y(s)ds - \sum_{t_k < t} I_k(u(t_k)). \tag{4.5.6}$$

再次积分, 得

$$u(t) = u(0) + u'(0)t - \int_0^t (t-s)y(s)ds - \sum_{t_k < t} I_k(u(t_k))(t - t_k). \tag{4.5.7}$$

在 (4.5.7) 和 (4.5.6) 式中, 令 $t = 1$, 得

$$u(1) = u(0) + u'(0) - \int_0^1 (1-s)y(s)ds - \sum_{t_k < 1} I_k(u(t_k))(1-t_k),$$

$$u'(1) = -\int_0^1 y(s)ds - \sum_{t_k < 1} I_k(u(t_k)). \tag{4.5.8}$$

把边界条件 $u'(0) = 0$, $au(1) + bu'(1) = \int_0^1 g(t)u(t)dt$ 和 (4.3.8) 代入 (4.3.7) 式, 得

$$u(t) = \frac{1}{a}\int_0^1 g(s)u(s)ds + \int_0^1 (1-s)y(s)ds + \sum_{t_k < 1} I_k(u(t_k))(1-t_k)$$

$$+ \frac{b}{a}\int_0^1 y(s)ds + \frac{b}{a}\sum_{t_k < 1} I_k(u(t_k)) - \int_0^t (t-s)y(s)ds - \sum_{t_k < t} I_k(u(t_k))(t-t_k)$$

$$= \int_0^1 G(t,s)y(s)ds + \sum_{k=1}^n G(t,t_k)I_k(u(t_k)) + \frac{1}{a}\int_0^1 g(s)u(s)ds, \tag{4.5.9}$$

其中,

$$\int_0^1 g(s)u(s)ds = \int_0^1 g(s)\left[\int_0^1 G(s,\tau)y(\tau)d\tau + \sum_{k=1}^n G(s,t_k)I_k(u(t_k))\right.$$

$$\left. + \frac{1}{a}\int_0^1 g(\tau)u(\tau)d\tau\right]ds$$

$$= \frac{1}{a}\int_0^1 g(s)ds \int_0^1 g(\tau)u(\tau)d\tau$$

$$+ \int_0^1 g(s)\left[\int_0^1 G(s,\tau)y(\tau)d\tau + \sum_{k=1}^n G(s,t_k)I_k(u(t_k))\right]ds.$$

因此, 得到

$$\int_0^1 g(s)u(s)ds = \frac{a}{a-\mu}\int_0^1 g(s)\left[\int_0^1 G(s,\tau)y(\tau)d\tau + \sum_{k=1}^n G(s,t_k)I_k(u(t_k))\right]ds,$$

进而, 得到

$$u(t) = \int_0^1 G(t,s)y(s)ds + \sum_{k=1}^n G(t,t_k)I_k(u(t_k))$$

$$+ \frac{1}{a-\mu} \int_0^1 g(s) \left[\int_0^1 G(s,\tau)y(\tau)d\tau + \sum_{k=1}^n G(s,t_k)I_k(u(t_k)) \right] ds$$

$$= \int_0^1 G(t,s)y(s)ds + \sum_{k=1}^n G(t,t_k)I_k(u(t_k))$$

$$+ \frac{1}{a-\mu} \int_0^1 \left[\int_0^1 G(\tau,s)g(\tau)d\tau \right] y(s)ds$$

$$+ \frac{1}{a-\mu} \int_0^1 \left[\sum_{k=1}^n G(\tau,t_k)g(\tau)I_k(u(t_k)) \right] d\tau. \tag{4.5.10}$$

令

$$H(t,s) = G(t,s) + \frac{1}{a-\mu} \int_0^1 G(\tau,s)g(\tau)d\tau, \tag{4.5.11}$$

则

$$u(t) = \int_0^1 H(t,s)y(s)ds + \sum_{k=1}^n H(t,t_k)I_k(u(t_k)). \tag{4.5.12}$$

充分性得证.

相反, 如果 $u(t)$ 是问题 (4.5.2) 的解. 对任意 $t \neq t_k$, 由 (4.5.4) 式直接微分, 得

$$u'(t) = -\int_0^t y(s)ds - \sum_{t_k < t} I_k(u(t_k)).$$

显然,

$$u''(t) = -y(t).$$

$$-\Delta u'|_{t=t_k} = I_k(u(t_k)), \ k = 1, 2, \cdots, n, \ u'(0) = 0, \ au(1) + bu'(1) = \int_0^1 g(t)u(t)dt.$$

引理得证.

由 (4.5.4) 和 (4.5.5) 式, 我们能够证明 $H(t,s)$, $G(t,s)$ 具有如下性质.

引理 4.5.2 令 $\xi \in (0,1)$. 如果 $\mu \in [0,a)$, 则

$$H(t,s) > 0, \quad G(t,s) > 0, \quad \forall \, t,s \in J. \tag{4.5.13}$$

$$\frac{b}{a} \leqslant G(t,s) \leqslant G(s,s) \leqslant 1 + \frac{b}{a}, \quad \forall \, t,s \in J. \tag{4.5.14}$$

$$\rho_1 \leqslant H(t,s) \leqslant \frac{a}{a-\mu}G(s,s) \leqslant \rho_2, \quad \forall \, t,s \in J. \tag{4.5.15}$$

$$G(t,s) \geqslant \delta G(s,s), \quad H(t,s) \geqslant \frac{a\delta}{a-\mu}G(s,s) \geqslant \delta\rho_1, \quad \forall \, t \in [0,\xi], \quad s \in J, \tag{4.5.16}$$

其中,

$$\delta = \frac{1 - \xi + \dfrac{b}{a}}{1 + \dfrac{b}{a}}, \quad \rho_1 = \frac{b}{a - \mu}, \quad \rho_2 = \frac{a + b}{a - \mu}. \tag{4.5.17}$$

证明　由 $G(t,s)$ 和 $H(t,s)$ 的定义知关系 (4.5.13), (4.5.14) 和 (4.5.15) 成立. 下证关系 (4.5.16) 也成立.

事实上, 对任意 $t \in [0, \xi]$ 和 $s \in J$, 得到如下结果.

情况 (1)　如果 $s \leqslant t$, 则

$$\frac{G(t,s)}{G(s,s)} = \frac{1 - t + \dfrac{b}{a}}{1 - s + \dfrac{b}{a}} \geqslant \frac{1 - \xi + \dfrac{b}{a}}{1 + \dfrac{b}{a}}.$$

情况 (2)　如果 $t \leqslant s$, 则

$$\frac{G(t,s)}{G(s,s)} = \frac{1 - s + \dfrac{b}{a}}{1 - s + \dfrac{b}{a}} = 1.$$

这表明

$$G(t,s) \geqslant \delta G(s,s), \quad \forall\, t \in [0, \xi], \quad s \in J.$$

类似地, 能够证明

$$H(t,s) \geqslant \delta H(s,s), \quad \forall\, t \in [0, \xi], \quad s \in J.$$

引理 4.5.2 得证.

注 4.5.1　注意到 (4.5.13) 式, 容易看出和问题 (4.5.1) 对应的 Green 函数是正的.

注 4.5.2　由 δ 和 ρ_2 的定义知

$$0 < \delta < 1, \quad \rho_2 > 1.$$

注 4.5.3　由 4.3 节可知, 问题 (4.5.1) 对应的 Green 函数还可以表示为

$$H_1(t,s) = G(t,s) + \frac{1}{a - \mu} \int_0^1 G(\tau,s) g(\tau) d\tau + \frac{b}{a - \mu},$$

其中,

$$G_1(t,s) = \begin{cases} 1 - t, & 0 \leqslant s \leqslant t \leqslant 1, \\ 1 - s, & 0 \leqslant t \leqslant s \leqslant 1. \end{cases}$$

类似于引理 4.5.2, 我们得到下面的结果.

引理 4.5.2′　令 $\xi \in (0, 1)$. 如果 $\mu \in [0, a)$, 则

$$H_1(t,s) > 0, \quad G_1(t,s) \geqslant 0, \quad \forall t, s \in J;$$

$$e(t)e(s) \leqslant G_1(t,s) \leqslant e(s), \quad \forall t,\ s \in J,$$

其中, $0 \leqslant e(t) = 1 - t \leqslant 1$,

$$0 < \alpha^* \leqslant H_1(t,s) \leqslant \beta'h(s) \leqslant \beta^*, \quad \forall t,\ s \in J,$$

这里,

$$\alpha^* = \frac{b}{a-\mu}, \quad \beta' = \frac{1}{a-\mu}, \quad h(s) = ae(s) + b, \quad \beta^* = \frac{a+b}{a-\mu},$$

注 4.5.4　显然 $G_1(t,s)$ 和 $G(t,s)$ 的性质不同, 而 $H_1(t,s)$ 和 $H(t,s)$ 都是正的.

注 4.5.5　由引理 4.5.2′ 知, 对 $t \in [0,\xi]$, $s \in J$, 不等式

$$0 < \alpha^* \leqslant H_1(t,s) \leqslant \beta'h(s) \leqslant \beta^*$$

依然成立.

令

$$J' = J \setminus \{t_1, t_2, \cdots, t_n\}, \quad J_0 = [t_0, t_1], \quad J_k = (t_k, t_{k+1}], \quad k = 1, 2, \cdots, n,$$

$$PC^1[0,1] = \{x \in C[0,1] : x' \in C(t_k, t_{k+1}), x'(t_k^-) = x'(t_k), \exists x'(t_k^+), k = 1, 2, \cdots, n\}.$$

则 $PC^1[0,1]$ 是一个实 Banach 空间, 其范数定义为

$$\|u\|_{PC^1} = \max\{\|u\|_\infty,\ \|u'\|_\infty\},$$

其中, $\|u\|_\infty = \sup\limits_{t \in J} |u(t)|$, $\|u'\|_\infty = \sup\limits_{t \in J} |u'(t)|$.

在 $PC^1[0,1]$ 中构造锥 K:

$$K = \left\{ u \in PC^1[0,1] : u \geqslant 0,\ \min_{t \in [0,\xi]} u(t) \geqslant \frac{\delta \rho_1}{\rho_2} \|u\|_{PC^1} \right\}. \tag{4.5.18}$$

易知 K 是 $PC^1[0,1]$ 的一个闭凸锥.

定义 $T : K \to PC^1[0,1]$:

$$(Tu)(t) = \int_0^1 H(t,s)\omega(s)f(s, u(\alpha(s)))ds + \sum_{k=1}^n H(t,t_k)I_k(u(t_k)). \tag{4.5.19}$$

由 (4.5.19) 式和引理 4.5.1 知下面的引理 4.5.3 成立.

引理 4.5.3　假设条件 (H_1)—(H_3) 成立, 则 $u \in PC^1[0,1]$ 是问题 (4.5.1) 的解当且仅当 u 是算子 T 的一个不动点.

引理 4.5.4　假设条件 (H_1)—(H_3) 成立, 则 $T(K) \subset K$, $T : K \to K$ 全连续.

证明 对任意 $u \in K$, 则 $Tu \geqslant 0$, $t \in J$, 且由 (4.5.15) 和 (4.5.19) 式知

$$(Tu)(t) = \int_0^1 H(t,s)\omega(s)f(s,u(\alpha(s)))ds + \sum_{k=1}^n H(t,t_k)I_k(u(t_k))$$

$$\leqslant \rho_2\Big(\omega(s)f(s,u(\alpha(s)))ds + \sum_{k=1}^n I_k(u(t_k))\Big), \quad t \in J. \qquad (4.5.20)$$

注意到,

$$H_t'(t,s) = G_t'(t,s) = \begin{cases} -1, & 0 \leqslant s \leqslant t \leqslant 1, \\ 0, & 0 \leqslant t \leqslant s \leqslant 1, \end{cases} \qquad (4.5.21)$$

且

$$\max_{t,s\in J, t\neq s} |H_t'(t,s)| = \max_{t,s\in J, t\neq s} |G_t'(t,s)| = 1,$$

则

$$|(Tu)'(t)| \leqslant \int_0^1 |H_t'(t,s)|\omega(s)f(s,u(\alpha(s)))ds + \sum_{k=1}^n |H_t'(t,t_k)|I_k(u(t_k))$$

$$\leqslant \int_0^1 \omega(s)f(s,u(\alpha(s)))ds + \sum_{k=1}^n I_k(u(t_k)), \quad t \in J. \qquad (4.5.22)$$

由 (4.5.20), (4.5.22) 式和 $\rho_2 > 1$ 知

$$\|Tu\|_{PC^1} \leqslant \rho_2\Big(\int_0^1 \omega(s)f(s,u(\alpha(s)))ds + \sum_{k=1}^n I_k(u(t_k))\Big). \qquad (4.5.23)$$

进而, 由 (4.5.16), (4.5.19) 和 (4.5.23) 知

$$\min_{t\in[0,\xi]} (Tu)$$

$$= \min_{t\in[0,\xi]} \Big(\int_0^1 H(t,s)\omega(s)f(s,u(\alpha(s)))ds + \sum_{k=1}^n H(t,t_k)I_k(u(t_k))\Big)$$

$$\geqslant \delta\rho_1\Big(\int_0^1 \omega(s)f(s,u(\alpha(s)))ds + \sum_{k=1}^n I_k(u(t_k))\Big)$$

$$= \frac{\delta\rho_1}{\rho_2}\rho_2\Big(\int_0^1 \omega(s)f(s,u(\alpha(s)))ds + \sum_{k=1}^n I_k(u(t_k))\Big)$$

$$\geqslant \frac{\delta\rho_1}{\rho_2}\|Tu\|_{PC^1}. \qquad (4.5.24)$$

这表明 $T(K) \subset K$.

下证 $T: K \to K$ 全连续. 显然, 算子 T 在 J 中连续. 令 $B_r = \{u \in PC^1[0,1]$ $\mid \|u\|_{PC^1} \leqslant r\}$ 是有界集. 则对任意 $u \in B_r$, 由 $\|Tu\|_\infty$, $\|Tu'\|_\infty$, $\|Tu\|_{PC^1}$ 的定义及 (4.5.19) 和 (4.5.23) 式知

$$\|Tu\|_\infty = \sup_{t \in J} |Tu(t)|$$
$$\leqslant \rho_2 \left(\int_0^1 \omega(s) f(s, u(\alpha(s))) ds + \sum_{k=1}^n I_k(u(t_k)) \right)$$
$$\leqslant \rho_2 (\|\omega\|_1 L + nB)$$
$$= \Gamma_0,$$

$$\|Tu'\|_\infty = \sup_{t \in J} |Tu'(t)|$$
$$\leqslant \left(\int_0^1 \omega(s) f(s, u(\alpha(s))) ds + \sum_{k=1}^n I_k(u(t_k)) \right)$$
$$\leqslant (\|\omega\|_1 L + nB)$$
$$= \Gamma_1,$$

且

$$\|Tu\|_{PC^1} = \max\{\|Tu\|_\infty,\ \|Tu'\|_\infty\} \leqslant \max\{\Gamma_0,\ \Gamma_1\} = \Gamma_0,$$

其中, $L = \max\limits_{t \in J, u \in K, \|u\|_{PC^1} \leqslant r} f(t, u)$, $B = \max\limits_{u \in K, \|u\|_{PC^1} \leqslant r} I_k(u)$. 因此, $T(B_r)$ 一致有界.

另外, 对任意 $t_1, t_2 \in J_k$ 且 $t_1 < t_2$, 得

$$|(Tu)(t_1) - (Tu)(t_2)| = \left| \int_{t_1}^{t_2} (Tu)'(t) dt \right| \leqslant \Gamma_1 |t_1 - t_2| \to 0 \quad (t_1 \to t_2).$$

由 (4.5.21) 式知 $H'(t, s)$ 是一个常函数, 得

$$|(Tu)'(t_1) - (Tu)'(t_2)| = \left| \int_0^1 [H'_t(t_1, s) - H'_t(t_2, s)] \omega(s) f(s, u(\alpha(s))) ds \right.$$
$$\left. + \sum_{k=1}^n [H'_t(t_1, t_k) - H'_t(t_1, t_k)] I_k(u(t_k)) \right| \to 0 \quad (t_1 \to t_2).$$

这表明 $T(B_r)$ 是等度连续的. 根据 Arzelà-Ascoli 定理知 $T: K \to K$ 全连续. 引理得证.

注 4.5.6 在 $PC^1[0,1]$ 中构造锥 K':

$$K' = \left\{ u \in PC^1[0,1] : u \geqslant 0,\ \min_{t \in [0,\xi]} u(t) \geqslant \frac{b}{a+b} \|u\|_{PC^1} \right\}.$$

定义 $T' : K' \to PC^1[0,1]$:

$$(T'u)(t) = \int_0^1 H_1(t,s)\omega(s)f(s,u(\alpha(s)))ds + \sum_{k=1}^n H_1(t,t_k)I_k(u(t_k)).$$

类似于引理 4.5.3 和引理 4.5.4, 我们得到以下结论.

引理 4.5.3′　假设条件 (H_1)—(H_3) 成立, 则 $u \in PC^1[0,1]$ 是问题 (4.5.1) 的解当且仅当 u 是算子 T' 的一个不动点.

引理 4.5.4′　假设条件 (H_1)—(H_3) 成立, 则 $T'(K') \subset K'$, $T' : K' \to K'$ 全连续.

下面分 $1 < p < +\infty$, $p = 1$ 和 $p = \infty$ 三种情况讨论问题 (4.5.1) 三个正解的存在性. 首先, 我们讨论当 $1 < p < +\infty$ 时问题 (4.5.1) 存在三个正解.

为了讨论方便, 我们引入下列记号:

$$\rho_3 = \max\left\{\frac{a}{a-\mu}, \frac{a}{b}\right\}, \quad D = \rho_3\|G\|_q\|\omega\|_p, \quad D_1 = n\rho_3\left(1 + \frac{b}{a}\right), \quad \delta^* = \frac{\delta\rho_1}{\rho_2},$$

$$f^\infty = \limsup_{u \to \infty} \max_{t \in J} \frac{f(t,u)}{u}, \quad I^\infty(k) = \limsup_{u \to \infty} \frac{I_k(u)}{u}, \quad k = 1, 2, \cdots, n.$$

定理 4.5.1　假设条件 (H_1)—(H_3) 成立. 令 $0 < m < c < \dfrac{c}{\delta^*} \leqslant l$, 若 f 满足以下三个条件:

(H_4)　$f^\infty < \dfrac{1}{2D}$, $I^\infty(k) < \dfrac{1}{2D_1}$, $k = 1, 2, \cdots, n$;

(H_5)　$f(t,u) \geqslant \dfrac{2c}{\xi\delta\rho_1 N}$, $\forall (t,u) \in [0,\xi] \times \left[c, \dfrac{c}{\delta^*}\right]$;

(H_6)　$f(t,u) < \dfrac{m}{2D}$, $I_k(u) < \dfrac{m}{2D_1}$, $\forall (t,u) \in J \times [0,m]$, $k = 1, 2, \cdots, n$.

则问题 (4.5.1) 至少存在 u_1, u_2 和 u_3 三个正解, 且

$$\|u_1\|_{PC^1} < m, \quad c < \beta(u_2), \quad \|u_3\|_{PC^1} > m, \quad \beta(u_3) < c.$$

证明　令 $\beta(u) = \min\limits_{0\leqslant t\leqslant\xi} u(t)$. 显然, $\beta(u)$ 在 K 中是一个非负连续凹泛函, 且对任意 $\beta(u) \leqslant \|u\|_{PC^1}$, $u \in K$.

由条件 (H_4) 知存在 $0 < \gamma < \dfrac{1}{2D}$, $0 < \gamma_1 < \dfrac{1}{2D_1}$ 和 $\rho' > 0$ 使得

$$f(t,u) \leqslant \gamma u, \quad I_k(u) \leqslant \gamma_1 u, \quad k = 1, 2, \cdots, n, \quad \forall t \in J, \quad u \geqslant \rho'.$$

令

$$\eta = \max_{(t,u)\in[0,1]\times[0,\rho']} f(t,u), \quad \eta_1 = \max_{u\in[0,\rho']} I_k(u), \quad k = 1, 2, \cdots, n,$$

则

$$f(t, u(t)) \leqslant \gamma u(t) + \eta, \quad I_k(u) \leqslant \gamma_1 u + \eta_1, \quad \forall\, t \in J, \quad u \geqslant 0. \tag{4.5.25}$$

由 $0 \leqslant \alpha(t) \leqslant t \leqslant 1 (t \in J)$ 知

$$u(t) \geqslant \rho' \Rightarrow u(\alpha(t)) \geqslant \rho', \quad \forall\, t \in J. \tag{4.5.26}$$

令 $l > \max\left\{ \dfrac{2D\eta}{1 - 2D\gamma},\ \dfrac{2D_1\eta_1}{1 - 2D_1\gamma_1},\ \dfrac{c}{\delta^*} \right\}$，则，对任意 $t \in J$ 和 $u \in \bar{K}_l$，由 (4.5.19) 和 (4.5.26) 式知

$$\begin{aligned}
(Tu)(t) &= \int_0^1 H(t,s)\omega(s)f(s, u(\alpha(s)))ds + \Big(1 + \sum_{k=1}^n H(t, t_k)I_k(u(t_k))\Big) \\
&\leqslant \frac{a}{a - \mu}\Big(\int_0^1 G(s,s)\omega(s)f(s, u(\alpha(s)))ds + \sum_{k=1}^n G(t, t_k)I_k(u(t_k)) \Big) \\
&\leqslant \frac{a}{a - \mu}\Big(\|G\|_q \|\omega\|_p \int_0^1 f(s, u(\alpha(s)))ds + \Big(1 + \frac{b}{a}\Big)\sum_{k=1}^n I_k(u(t_k)) \Big),
\end{aligned} \tag{4.5.27}$$

$$\begin{aligned}
|(Tu)'(t)| &\leqslant \int_0^1 |H_t'(t,s)|\omega(s)f(s, u(\alpha(s)))ds + \sum_{k=1}^n |H_t'(t, t_k)|I_k(u(t_k)) \\
&\leqslant \int_0^1 \omega(s)f(s, u(\alpha(s)))ds + \sum_{k=1}^n I_k(u(t_k)) \\
&= \int_0^1 \frac{1}{G(s,s)}G(s,s)\omega(s)f(s, u(\alpha(s)))ds + \frac{1}{G(s,s)}\sum_{k=1}^n G(s,s)I_k(u(t_k)) \\
&\leqslant \frac{a}{b}\Big(\int_0^1 G(s,s)\omega(s)f(s, u(\alpha(s)))ds + \sum_{k=1}^n G(s,s)I_k(u(t_k)) \Big) \\
&\leqslant \frac{a}{b}\Big(\|G\|_q \|\omega\|_p \int_0^1 f(s, u(\alpha(s)))ds + \Big(1 + \frac{b}{a}\Big)\sum_{k=1}^n I_k(u(t_k)) \Big).
\end{aligned} \tag{4.5.28}$$

由 (4.5.27) 和 (4.5.28) 式知

$$\begin{aligned}
\|Tu\|_{PC^1} &\leqslant \rho_3 \Big(\|G\|_q \|\omega\|_p \int_0^1 f(s, u(\alpha(s)))ds + \Big(1 + \frac{b}{a}\Big)\sum_{k=1}^n I_k(u(t_k)) \Big) \\
&\leqslant \rho_3 \|G\|_q \|\omega\|_p (\gamma\|u\|_{PC^1} + \eta) + \rho_3\Big(1 + \frac{b}{a}\Big)n(\gamma_1\|u\|_{PC^1} + \eta_1) \\
&\leqslant \rho_3 \|G\|_q \|\omega\|_p (\gamma l + \eta) + \rho_3\Big(1 + \frac{b}{a}\Big)n(\gamma_1 l + \eta_1)
\end{aligned}$$

$$< \frac{l}{2} + \frac{l}{2}$$
$$= l. \tag{4.5.29}$$

这表明 $Tu \in K_l$, 即, 如果条件 (H_4) 成立, 则算子 $T : \bar{K}_l \to \bar{K}_l$ 全连续.

下证
$$\left\{ u \middle| u \in K\left(\beta, c, \frac{c}{\delta^*}\right), \quad \beta(u) > c \right\} \neq \varnothing$$

和
$$\beta(Tu) > c, \ \forall u \in K \leqslant \left(\beta, c, \frac{c}{\delta^*}\right).$$

取 $u_0(t) = \dfrac{\delta^* + 1}{2\delta^*} c,\ t \in J,$ 则

$$u_0 \in \left\{ u \middle| u \in K\left(\beta, c, \frac{c}{\delta^*}\right), \quad \beta(u) > c \right\}.$$

这表明
$$\left\{ u \mid u \in K\left(\beta, c, \frac{c}{\delta^*}\right), \quad \beta(u) > c \right\} \neq \varnothing.$$

因为 $0 \leqslant \alpha(t) \leqslant t \leqslant \xi,\ t \in [0, \xi]$, 所以

$$c \leqslant u(t) \leqslant \frac{c}{\delta^*} \Rightarrow c \leqslant u(\alpha(t)) \leqslant \frac{c}{\delta^*}, \quad \forall\, t \in [0, \xi].$$

进而, 由条件 (H_5) 知

$$\beta(Tu) = \min_{t \in [0, \xi]} (Tu)$$
$$= \min_{t \in [0, \xi]} \int_0^1 H(t, s)\omega(s) f(s, u(\alpha(s)))ds + \sum_{k=1}^n H(t, t_k) I_k(u(t_k))$$
$$\geqslant \min_{t \in [0, \xi]} \int_0^1 H(t, s)\omega(s) f(s, u(\alpha(s)))ds$$
$$\geqslant \delta \rho_1 \int_0^1 \omega(s) f(s, u(\alpha(s)))ds$$
$$> \frac{1}{2}\delta \rho_1 \int_0^1 \omega(s) f(s, u(\alpha(s)))ds$$
$$\geqslant \frac{1}{2}\delta \rho_1 \int_0^\xi N \frac{2c}{\xi \delta \rho_1 N} ds$$
$$= c. \tag{4.5.30}$$

这表明定理 2.1.5 的条件 (i) 满足.

因为 $0 \leqslant \alpha(t) \leqslant t \leqslant \xi,\ t \in J$, 所以

$$0 \leqslant \|u(t)\|_{PC^1} \leqslant m \Rightarrow 0 \leqslant \|u(\alpha(t))\|_{PC^1} \leqslant m, \quad \forall\, t \in J.$$

所以, 对任意 $u \in \bar{K}_m$, 由条件 (H_6) 和 (4.5.30) 式知

$$
\begin{aligned}
\|Tu\|_{PC^1} &\leqslant \rho_3 \left(\int_0^1 \|G\|_q \|\omega\|_p f(s, u(\alpha(s))) ds + \left(1 + \frac{b}{a}\right) \sum_{k=1}^n I_k(u(t_k)) \right) \\
&= \rho_3 \|G\|_q \|\omega\|_p \int_0^1 f(s, u(\alpha(s))) ds + \rho_1 \left(1 + \frac{b}{a}\right) \sum_{k=1}^n I_k(u(t_k)) \\
&< \rho_3 \|G\|_q \|\omega\|_p \int_0^1 \frac{m}{2D} ds + \rho_3 \left(1 + \frac{b}{a}\right) \sum_{k=1}^n \frac{m}{2D_1} \\
&= \frac{m}{2} + \frac{m}{2} \\
&= m.
\end{aligned}
\tag{4.5.31}
$$

这表明定理 2.1.5 的条件 (ii) 满足.

最后, 我们断言如果 $u \in K(\beta, c, l)$ 且 $\|Tu\|_{PC^1} > \dfrac{c}{\delta^*}$, 则 $\beta(Tu) > c$.

假设 $u \in K(\beta, c, l)$ 且 $\|Tu\|_{PC^1} > \dfrac{c}{\delta^*}$, 则由 (4.5.24) 式得

$$
\begin{aligned}
\beta(Tu) &= \min_{t \in [0, \xi]} (Tu) \\
&= \min_{t \in [0, \xi]} \left[\int_0^1 H(t, s) \omega(s) f(s, u(\alpha(s))) ds + \sum_{k=1}^n H(t, t_k) I_k(u(t_k)) \right] \\
&\geqslant \frac{\delta \rho_1}{\rho_2} \|Tu\|_{PC^1} \\
&= \delta^* \|Tu\|_{PC^1} \\
&> c.
\end{aligned}
\tag{4.5.32}
$$

这表明定理 2.1.5 的条件 (iii) 满足. 所以, 由定理 2.1.5 知问题 (4.5.1) 至少存在 u_1, u_2 和 u_3 三个正解, 且

$$\|u_1\|_{PC^1} < m, \quad c < \beta(u_2), \quad \|u_3\|_{PC^1} > m, \quad \beta(u_3) < c.$$

证毕.

下面的结果研究 $p = \infty$ 的情况.

推论 4.5.1　假设条件 (H_1)—(H_6) 成立. 则问题 (4.5.1) 至少存在 u_1, u_2 和 u_3 三个正解, 且

$$\|u_1\|_{PC^1} < m, \quad c < \beta(u_2), \quad \|u_3\|_{PC^1} > m, \quad \beta(u_3) < c.$$

证明 在定理 4.5.1 的证明过程中, 令 $\|G\|_1\|\omega\|_\infty$ 替换 $\|G\|_q\|\omega\|_p$ 即可证明推论 4.5.1. 证毕.

最后, 讨论 $p = 1$ 的情况. 令

(H_4') $f^\infty < \dfrac{1}{2D'}$, $I^\infty(k) < \dfrac{1}{2D_1'}$, $k = 1, 2, \cdots, n$;

(H_6') $f(t, u) < \dfrac{m}{2D'}$, $I_k(u) < \dfrac{m}{2D_1'}$, $\forall\, (t, u) \in J \times [0, m]$, $k = 1, 2, \cdots, n$,

其中, $D' = \rho_2\|\omega\|_1$, $D_1' = \rho_2 n$.

推论 4.5.2 假设条件 (H_1)—(H_3), (H_4'), (H_5) 和 (H_6') 成立, 则问题 $(4.5.1)$ 至少存在 u_1, u_2 和 u_3 三个正解, 且

$$\|u_1\|_{PC^1} < m, \quad c < \beta(u_2), \quad \|u_3\|_{PC^1} > m, \quad \beta(u_3) < c.$$

证明 令 $l' > \max\left\{\dfrac{2D'\eta}{1 - 2D'\gamma'}, \dfrac{2D_1'\eta_1}{1 - D_1'\gamma_1}, \dfrac{c}{\delta^*}\right\}$, 其中, $0 < \gamma' < \dfrac{1}{2D'}$. 如果 $u \in \bar{K}_{l'}$, 由条件 (H_4'), 及 $(4.5.25)$ 和 $(4.5.26)$ 式知

$$f(t, u(\alpha(t))) \leqslant \gamma' u(\alpha(t)) + \eta.$$

进而, 对任意 $u \in \bar{K}_{l'}$, 由 $(4.5.23)$ 和 $(4.5.26)$ 知

$$\begin{aligned}
\|Tu\|_{PC^1} &\leqslant \rho_2\left(\int_0^1 \omega(s)f(s, u(\alpha(s)))ds + \sum_{k=1}^n I_k(u(t_k))\right) \\
&\leqslant \rho_2\|\omega\|_1 \int_0^1 f(s, u(\alpha(s)))ds + \rho_2 \sum_{k=1}^n I_k(u(t_k)) \\
&\leqslant \rho_2\|\omega\|_1 \int_0^1 (\gamma' u(\alpha(s)) + \eta)ds + \rho_2 n(\gamma_1 u + \eta_1) \\
&\leqslant \rho_2\|\omega\|_1(\gamma'\|u\|_{PC^1} + \eta) + \rho_2 n(\gamma_1\|u\|_{PC^1} + \eta_1) \\
&\leqslant \rho_2\|\omega\|_1(\gamma' l' + \eta) + \rho_2 n(\gamma_1 l' + \eta_1) \\
&< \frac{l'}{2} + \frac{l'}{2} \\
&= l'.
\end{aligned}$$

这表明 $Tu \in K_{l'}$.

因此, 我们证明了, 如果条件 (H_4') 成立, 则 $T : \bar{K}_{l'} \to \bar{K}_{l'}$ 全连续. 如果 $u \in \bar{K}_m$, 则由 $(4.5.23)$ 式和条件 (H_6') 知

$$\|Tu\|_{PC^1} \leqslant \rho_2\left(\int_0^1 \omega(s)f(s, u(\alpha(s)))ds + \sum_{k=1}^n I_k(u(t_k))\right)$$

$$\leqslant \rho_2 \|\omega\|_1 \int_0^1 f(s, u(\alpha(s)))ds + \rho_2 \sum_{k=1}^n I_k(u(t_k))$$

$$< \rho_2 \|\omega\|_1 \int_0^1 \frac{m}{2D'}ds + \rho_2 \sum_{k=1}^n \frac{m}{2D_1'}$$

$$= \frac{m}{2} + \frac{m}{2}$$

$$= m.$$

类似于定理 4.5.1 的证明, 我们能够得到推论 4.5.2 的结果.

例 4.5.1   令 $\xi = \frac{1}{2}$, $n = 1$, $t_1 = \frac{1}{2}$, $p = 2$. 考虑边值问题

$$\begin{cases} u''(t) + \omega(t)f(t, u(\alpha(t))) = 0, & 0 \leqslant t \leqslant 1, \quad t \neq \frac{1}{2}, \\ -\Delta u'|_{t=\frac{1}{2}} = I_1\left(u\left(\frac{1}{2}\right)\right), \\ u'(0) = 0, \quad u(1) + u'(1) = \int_0^1 tu(t)dt, \end{cases} \tag{4.5.33}$$

其中, $\alpha \in C(J, J)$, $\alpha(t) \leqslant t$, $t \in J$, $\omega(t) = \dfrac{1}{\left|t - \dfrac{1}{5}\right|^{\frac{1}{4}}}$, $\alpha(t) = t^2$, $I_1(u) = \dfrac{u}{10}$, $g(t) =$

t, $a = b = 1$,

$$f(t, u) = \begin{cases} \dfrac{1}{4}\sqrt{\dfrac{\sqrt{5}}{15}}m, & t \in J, \quad u \in [0, m], \\ \dfrac{1}{4}\sqrt{\dfrac{\sqrt{5}}{15}}m \times \dfrac{c-u}{c-m} + 3\sqrt{\dfrac{2}{\sqrt{5}}}c \times \dfrac{u-m}{c-m}, & t \in J, \quad u \in [m, c], \\ 3\sqrt{\dfrac{2}{\sqrt{5}}}c, & t \in J, \quad u \in \left[c, \dfrac{c}{\delta^*}\right], \\ 3\sqrt{\dfrac{2}{\sqrt{5}}}c + \sqrt{t\left(u - \dfrac{c}{\delta^*}\right)}, & t \in J, \quad u \in \left[\dfrac{c}{\delta^*}, \infty\right). \end{cases}$$

通过计算, 得 $\omega(t) \geqslant N = \sqrt{\dfrac{\sqrt{5}}{2}}$, a.e. $t \in J$, 且

$$\mu = \int_0^1 g(t)dt = \frac{1}{2}, \quad \rho_1 = \frac{b}{a-\mu} = 2,$$

$$\delta = \frac{2-\xi}{2} = \frac{3}{4}, \quad \rho_2 = \frac{a+b}{a-\mu} = 4,$$

$$\rho_3 = \max\left\{\frac{a}{a-\mu}, \frac{a}{b}\right\} = \max\{2, 1\} = 2, \quad \delta^* = \frac{\delta\rho_1}{\rho_2} = \frac{3}{8}.$$

因此, 由 ω, f 和 g 的定义知, 条件 (H_1)—(H_3) 成立.

另外, 由 $\omega(t) = \dfrac{1}{\left|t - \frac{1}{5}\right|^{\frac{1}{4}}}$, $G(t, t) = 1 - t + \dfrac{b}{a}$ 知

$$\|\omega\|_2 = \left[\int_0^1 \left(\frac{1}{\left|t - \frac{1}{5}\right|^{\frac{1}{4}}}\right)^2 dt\right]^{\frac{1}{2}} = \sqrt{\frac{6\sqrt{5}}{5}} = \sqrt{\frac{6}{\sqrt{5}}},$$

$$\|G\|_2 = \left[\int_0^1 \left(1 - t + \frac{b}{a}\right)^2 dt\right]^{\frac{1}{2}} = \sqrt{\frac{7}{3}}.$$

进而, 得

$$D = \rho_3\|G\|_2\|\omega\|_2 = 2\sqrt{\frac{14}{\sqrt{5}}}, \quad D_1 = n\rho_3\left(1 + \frac{b}{a}\right) = 4,$$

$$\frac{1}{2D} = \frac{1}{4}\sqrt{\frac{\sqrt{5}}{14}}, \quad \frac{1}{2D_1} = \frac{1}{8}.$$

选取 $0 < m < c < \dfrac{8}{3}c \leqslant l$, 得

$$f^\infty = \limsup_{u \to \infty} \max_{t \in J} \frac{f(t, u)}{u} = 0 < \frac{1}{4}\sqrt{\frac{\sqrt{5}}{14}} = \frac{1}{2D}, \quad I^\infty(1) = \frac{1}{10} < \frac{1}{8} = \frac{1}{2D_1},$$

$$f(t, u) = 3\sqrt{\frac{2}{\sqrt{5}}}c > \frac{8}{3}\sqrt{\frac{2}{\sqrt{5}}}c = \frac{2c}{\xi\delta\rho_1 N}, \quad \forall(t, u) \in \left[0, \frac{1}{2}\right] \times \left[c, \frac{8}{3}c\right],$$

$$f(t, u) = \frac{1}{4}\sqrt{\frac{\sqrt{5}}{15}}m < \frac{1}{4}\sqrt{\frac{\sqrt{5}}{14}}m = \frac{m}{2D},$$

$$I_1(u) = \frac{u}{10} \leqslant \frac{m}{10} < \frac{m}{8} = \frac{m}{2D_1}, \quad \forall(t, u) \in [0, 1] \times [0, m].$$

这表明条件 (H_4), (H_5) 和 (H_6) 成立.

根据定理 4.5.1 知问题 (4.5.33) 至少存在 u_1, u_2 和 u_3 三个正解, 且

$$\|u_1\|_{PC^1} < m, \quad c < \beta(u_2), \quad \|u_3\|_{PC^1} > m, \quad \beta(u_3) < c.$$

4.6　带 p-Laplace 算子的二阶奇异脉冲微分方程正解

考虑边值问题:

$$
\begin{cases}
-(\phi_p(u'(t)))' = g(t)f(t,u(t)), & t \neq t_k, \quad t \in (0,1), \\
-\Delta u|_{t=t_k} = I_k(u(t_k)), & k = 1, 2, \cdots, n, \\
u'(0) = u(1) = 0,
\end{cases}
\tag{4.6.1}
$$

其中, $\phi_p(s)$ 是 p-Laplace 算子: $\phi_p(s) = |s|^{p-2}s$, $p > 1, (\phi_p)^{-1} = \phi_q$, $\dfrac{1}{p} + \dfrac{1}{q} = 1$, $t_k(k = 1, 2, \cdots, n$ 这里 n 是固定的正整数) 是一些固定点并且满足 $0 < t_1 < t_2 < \cdots < t_k < \cdots < t_n < 1$ $\Delta u|_{t=t_k}$ 表示 $u(t)$ 在 $t = t_k$ 处的跳跃, 即

$$
\Delta u\big|_{t=t_k} = u(t_k^+) - u(t_k^-),
$$

其中, $u(t_k^+)$ 和 $u(t_k^-)$ 分别代表 $u(t)$ 在 $t = t_k$ 处的右极限和左极限.

另外, g, f 和 I_k 还分别满足:

(H_1) $g \in C((0,1), [0, +\infty))$ 并且满足 $0 < \displaystyle\int_0^1 g(s)ds < \infty$;

(H_2) $f \in C([0,1] \times [0, +\infty), [0, +\infty))$;

(H_3) $I_k \in C([0, +\infty), [0, +\infty))$.

令 $J = [0,1]$, $J' = J \backslash \{t_1, t_2, \cdots, t_n\}$, $PC[0,1] = \{u|u : J \to \mathbf{R}$ 在 $t \neq t_k$ 处连续, 在 $t = t_k$ 处左连续, 并且 $u(t_k^+)$ 存在, $k = 1, 2, \cdots, n\}$. 显然, 在范数 $\|u\|_{PC} = \max\limits_{t \in J} |u(t)|$ 下, $PC[0,1]$ 成为一个 Banach 空间. $u \in PC[0,1] \cap C^2(J')$ 叫做问题 (4.6.1) 的一个解, 如果它满足问题 (4.6.1) 中各等式.

引理 4.6.1　假设条件 (H_1)—(H_3) 成立. 则 $u \in PC[0,1] \cap C^2(J')$ 是问题 (4.6.1) 的解当且仅当 $u \in PC[0,1]$ 是下面的脉冲积分方程的解

$$
u(t) = \int_t^1 \phi_q\left(\left(\int_0^s g(r)f(r,u(r))dr\right)ds + \sum_{t \leqslant t_k} I_k(u(t_k))\right),
\tag{4.6.2}
$$

并且

$$
\min_{t \in [\alpha, \beta]} u(t) \geqslant (1 - \beta)\|u\|_{PC},
\tag{4.6.3}
$$

其中, $t_n < \alpha < \beta < 1$.

证明　首先假设 $u \in PC[0,1] \cap C^2(J')$ 是问题 (4.6.1) 的一个解. 对 (4.6.1) 的第一个方程直接积分, 得

$$
-\phi_p(u'(t)) + \phi_p(u'(0)) = \int_0^t g(s)f(s,u(s))ds.
$$

根据边界条件, 得到

$$u'(t) = -\phi_q \left(\int_0^t g(s) f(s, u(s)) ds \right).$$ (4.6.4)

如果 $t_{n-1} < t \leqslant t_n$, 那么对 (4.6.4) 式从 t_n 到 1 积分, 得

$$u(1) - u(t_n^+) = -\int_{t_n}^1 \phi_q \left(\int_0^s g(r) f(r, u(r)) dr \right) ds.$$ (4.6.5)

再从 t 到 t_n 对 (4.6.4) 式积分, 得

$$u(t_n^-) - u(t) = -\int_t^{t_n} \phi_q \left(\int_0^s g(r) f(r, u(r)) dr \right) ds.$$ (4.6.6)

因此, 由 (4.6.5) 和 (4.6.6) 式, 得

$$u(1) - u(t) = -\int_t^1 \phi_q \left(\int_0^s g(r) f(r, u(r)) dr \right) ds - I_n(u(t_n)), \quad t_{n-1} < t \leqslant t_n.$$

对 $t \in J$, 重复上面的过程, 得到

$$u(t) = u(1) + \int_t^1 \phi_q \left(\int_0^s g(r) f(r, u(r)) dr \right) ds + \sum_{t \leqslant t_k} I_k(u(t_k)).$$ (4.6.7)

把 $u(1) = 0$ 代入 (4.6.7) 式, 得

$$u(t) = \int_t^1 \phi_q \left(\left(\int_0^s g(r) f(r, u(r)) dr \right) ds + \sum_{t \leqslant t_k} I_k(u(t_k)) \right).$$

充分性得证.

反之, 假设 $u \in PC[0, 1]$ 是问题 (4.6.2) 的一个解.

当 $t \neq t_k$ 时, 直接微分得

$$u'(t) = -\phi_q \left(\int_0^t g(s) f(s, u(s)) ds \right)$$

以及

$$(\phi_p(u'(t)))' = -g(t) f(t, u(t)).$$

故 $u \in C^2(J')$ 且

$$\Delta u|_{t=t_k} = -I_k(u(t_k)), \quad k = 1, 2, \cdots, n, \quad u'(0) = u(1) = 0.$$

最后, 我们验证 (4.6.3) 式成立. 显然, $u'(t) = -\phi_q\left(\int_0^t g(s)f(s,x(s))ds\right) < 0$. 这表明

$$\|u\|_{PC} = u(0), \quad \min_{t \in J} u(t) = u(1).$$

另外, 对给定的 $s_1, s_2 \in (0,1)\backslash\{t_1, t_2, \cdots, t_n\}$ 满足 $s_1 \leqslant s_2$, 我们可以证明 $u'(s_2) \leqslant u'(s_1)$. 所以, $u'(t)$ 在 J 上是非增的.

所以, 对每一个 $t \in [\alpha, \beta]$, 得到

$$\frac{u(0) - u(1)}{1 - 0} \leqslant \frac{u(t) - u(1)}{1 - t},$$

i.e., $u(t) - u(1) \geqslant (1-t)u(0) - u(1)$. 所以, 我们得到 $u(t) \geqslant (1-\beta)\|u\|_{PC}$, $t \in [\alpha, \beta]$.

为了在 $PC[0,1] \cap C^2(J')$ 确定问题 (4.6.1) 的正解, 我们在 $PC[0,1]$ 中构造一个闭凸锥 K:

$$K = \left\{ u \in PC[0,1] : u \geqslant 0, \ \min_{\alpha \leqslant t \leqslant \beta} u(t) \geqslant \gamma \|u\|_{PC} \right\},$$

其中, $\gamma = 1 - \beta$.

定义一个算子 $T : K \to PC[0,1]$ 如下:

$$(Tu)(t) = \int_t^1 \phi_q\left(\int_0^s g(r)f(r,u(r))dr\right)ds + \sum_{t \leqslant t_k} I_k(u(t_k)). \tag{4.6.8}$$

由 (4.6.8) 式和引理 4.6.1, 我们容易得到下面的结果.

引理 4.6.2 假设条件 (H_1)—(H_3) 成立, 则 $T : K \to K$ 是全连续算子.

令

$$\Omega_\rho = \left\{ u \in K : \min_{\alpha \leqslant t \leqslant \beta} u(t) < \gamma\rho \right\} = \left\{ x \in PC[0,1] : \gamma\|u\|_{PC} \leqslant \min_{\alpha \leqslant t \leqslant \beta} u(t) < \gamma\rho \right\}.$$

注 4.6.1 在 Ω_ρ 上证明不动点指数等于零所需的条件比在 $K_\rho = \{u \in K : \|u\|_{PC} < \rho\}$ 上弱.

由参考文献 [20] 知 Ω_ρ 有如下性质.

引理 4.6.3 Ω_ρ 有如下性质:

(a) Ω_ρ 相对 K 是开集;

(b) $K_{\gamma\rho} \subset \Omega_\rho \subset K_\rho = \{u \in K : \|u\|_{PC} < \rho\}$;

(c) $u \in \partial\Omega_\rho$ 当且仅当 $\min_{\alpha \leqslant t \leqslant \beta} u(t) = \gamma\rho$;

(d) 如果 $u \in \partial\Omega_\rho$, 则 $\gamma\rho \leqslant u(t) \leqslant \rho$, $t \in [\alpha, \beta]$.

记:

$$f^\rho_{\gamma\rho} = \min\left\{ \min_{t\in J} \frac{f(t,u)}{\phi_p(\rho)} : u \in [\gamma\rho, \rho] \right\}, \quad f^\rho_0 = \max\left\{ \max_{t\in J} \frac{f(t,u)}{\phi_p(\rho)} : u \in [0,\rho] \right\},$$

$$I^\rho_0(k) = \max\left\{ I_k(u) : u \in [0,\rho] \right\}, \quad \frac{1}{m} = \int_0^1 \phi_q\left(\int_0^s g(r)dr \right) ds + n,$$

$$\frac{1}{M} = \int_\beta^1 \phi_q\left(\int_\alpha^\beta g(r)dr \right) ds.$$

定理 4.6.1　假设条件 (H_1)—(H_3) 和下面的两个条件之一成立:

(H_4) 存在 $\rho_1, \rho_2, \rho_3 \in (0,\infty)$, 满足 $\rho_1 < \gamma\rho_2$, $\rho_2 < \rho_3$ 使得

$$f^{\rho_1}_0 < \phi_p(m), \quad I^{\rho_1}_0(k) < m\rho_1, \quad f^{\rho_2}_{\gamma\rho_2} > \phi_p(M), \quad f^{\rho_3}_0 < \phi_p(m), \quad I^{\rho_3}_0(k) < m\rho_3;$$

(H_5) 存在 $\rho_1, \rho_2, \rho_3 \in (0,\infty)$, 满足 $\rho_1 < \rho_2 < \rho_3$ 使得

$$f^{\rho_1}_{\gamma\rho_1} > \phi_p(M), \quad f^{\rho_2}_0 < \phi_p(M), \quad I^{\rho_2}_0(k) < m\rho_2, \quad f^{\rho_3}_{\gamma\rho_3} > \phi_p(M).$$

则问题 (4.6.1) 在 K 中至少存在两个正解 u_1, u_2 满足

$$u_1 \in \Omega_{\rho_2} \backslash \bar{K}_{\rho_1}, \quad u_2 \in K_{\rho_3} \backslash \bar{\Omega}_{\rho_2}.$$

证明　首先, 我们证明 $i_k(T, K_{\rho_1}) = 1$. 事实上, 根据 (4.6.8) 式, $f^{\rho_1}_0 < \phi_p(m)$ 和 $I^{\rho_1}_0(k) < m\rho_1$ 知

$$(Tu)(t) \leqslant \int_0^1 \phi_q\left(\int_0^s g(r)f(r,u(r))dr \right) ds + \sum_{k=1}^n I_k(u(t_k))$$

$$\leqslant m\rho_1 \int_0^1 \phi_q\left(\int_0^s g(r)dr \right) ds + m\rho_1 n$$

$$= m\rho_1 \left[\int_0^1 \phi_q\left(\int_0^s g(r)dr \right) ds + n \right]$$

$$= \rho_1, \quad u \in \partial K_{\rho_1}.$$

这表明 $\|Tu\|_{PC} < \|u\|_{PC}$, $u \in \partial K_{\rho_1}$. 根据定理 2.1.13 中的 (1) 知

$$i_k(T, K_{\rho_1}) = 1. \tag{4.6.9}$$

其次, 证明 $i_k(T, \Omega_{\rho_2}) = 0$.

令 $e(t) \equiv 1$. 则 $e \in \partial K_1$. 我们断言

$$u \neq Tu + \lambda e, \quad u \in \partial\Omega_{\rho_2}, \quad \lambda > 0.$$

事实上, 如果存在 $u_0 \in \partial\Omega_{\rho_2}$ 和 $\lambda_0 \geqslant 0$ 使得

$$u_0 = Tu_0 + \lambda_0 e. \tag{4.6.10}$$

则当 $t \in [\alpha, \beta]$ 时, 由引理 4.6.1 和 (4.6.10) 式得

$$\begin{aligned}
u_0 =& Tu_0 + \lambda_0 e \geqslant \gamma \|Tu_0\|_{PC} + \lambda_0 \\
\geqslant& \gamma \int_\beta^1 \phi_q \left(\int_\alpha^\beta g(r)\phi_p(M) dr \right) ds + \lambda_0 \\
>& \gamma M\rho_2 \int_\beta^1 \phi_q \left(\int_\alpha^\beta g(r) dr \right) ds + \lambda_0 \\
=& \gamma\rho_2 + \lambda_0.
\end{aligned}$$

这表明 $\gamma\rho_2 > \gamma\rho_2 + \lambda_0$, 矛盾. 因此, 根据定理 2.1.13 中的 (2) 知 $i_k(T, \Omega_{\rho_2}) = 0$.

用和证明 $i_k(T, K_{\rho_1}) = 1$ 类似的方法, 我们可以证明 $i_k(T, K_{\rho_3}) = 1$. 因为 $\rho_1 < \gamma\rho_2$, 所以 $\bar{K}_{\rho_1} \subset K_{\gamma\rho_2} \subset \Omega_{\rho_2}$. 因此, 根据定理 2.3.13 中的 (3) 知定理的结论成立.

如果条件 (H_5) 成立, 则证明和上面的过程类似. 证毕.

注 4.6.2   由定理 4.6.1 的证明可以看出, 问题 (4.6.1) 在 K_{ρ_1} 中还存在一个非负解.

注 4.6.3   本节的内容和研究方法还可以推广到研究多点边值问题正解的存在性.

例 4.6.1   考虑边值问题

$$\begin{cases}
-(|u'|u')'(t) = g(t)f(t, u(t)), & t \neq \dfrac{1}{2}, \quad t \in (0, 1), \\
-\Delta u|_{t=\frac{1}{2}} = \dfrac{1}{72000} \left[u\left(\dfrac{1}{2}\right) \right]^2, & k = 1, 2, \cdots, n, \\
u'(0) = u(1) = 0.
\end{cases} \tag{4.6.11}$$

结论 4.6.1   问题 (4.6.11) 至少存在两个正解.

证明   首先, 把问题 (4.6.11) 写成问题 (4.6.1) 的形式. 其中,

$$p = 3, \quad g(t) = \frac{1}{2\sqrt{t}}, \quad n = 1, \quad t_1 = \frac{1}{2}, \quad I_1(u) = \frac{1}{72000} u^2,$$

$$f(t, u) = \begin{cases} (1 + t^2)u^{27}, & 0 \leqslant t \leqslant 1, \quad 0 < u \leqslant 2, \\ (1 + t^2)2^{27}, & 0 \leqslant t \leqslant 1, \quad u > 2. \end{cases}$$

显然, 条件 (H_1)—(H_3) 成立. 下面, 验证条件 (H_4) 也成立.

选取 $\alpha = \dfrac{2}{3}$, $\beta = \dfrac{3}{4}$, $\rho_1 = \dfrac{5}{10}$, $\rho_2 = 16$, $\rho_3 = 40000$. 注意到 $m = \dfrac{5}{9}$, $M = \dfrac{4}{\sqrt{\sqrt{\frac{3}{4}} - \sqrt{\frac{2}{3}}}}$, $\gamma = \dfrac{1}{4}$. 因此, $f(t, u)$ 满足:

$$f_0^{\rho_1} = \frac{2}{\left(\frac{5}{10}\right)^2} \times \left(\frac{5}{10}\right)^{27} < \phi_3(m) = \left(\frac{5}{9}\right)^2, \quad 0 \leqslant t \leqslant 1, \quad 0 \leqslant u \leqslant \rho_1,$$

$$I_0^{\rho_1}(1) = \frac{1}{72000} \times \left(\frac{5}{10}\right)^2 < m\rho_1 = \frac{5}{9} \times \frac{5}{10},$$

$$f_{\gamma\rho_2}^{\rho_2} = \frac{2^{27}}{16^2} > 4.3^2 > \phi_3(M), \quad 0 \leqslant t \leqslant 1, \quad 4 \leqslant u \leqslant \rho_2,$$

$$f_0^{\rho_3} = \frac{2^{28}}{40000^2} < \phi_3(m) = \left(\frac{5}{9}\right)^2, \quad 0 \leqslant t \leqslant 1, \quad 0 \leqslant u \leqslant \rho_3,$$

$$I_0^{\rho_3}(1) = \frac{1}{72000} \times 40000^2 < m\rho_3 = \frac{5}{9} \times 40000, \quad 0 \leqslant u \leqslant \rho_3.$$

所以, (H_4) 中的所有条件都满足. 由此, 根据定理 4.6.1, 我们知道边值问题 (4.6.11) 至少存在两个正解.

注 4.6.4　因为 $p = 3$, g 在点 $t = 0$ 处具有奇异性, 所以例 4.6.1 可由本节的方法解决, 而无法用文献 [21] 中的方法解决.

4.7　无穷区间中二阶脉冲微分方程多点边值问题的最小解

考虑边值问题:

$$\begin{cases} -x''(t) = f(t, x(t), x'(t)), & t \in J, \quad t \neq t_k, \\ \Delta x|_{t=t_k} = I_k(x(t_k)), & k = 1, 2, \cdots, \\ \Delta x'|_{t=t_k} = \bar{I}_k(x(t_k)), & k = 1, 2, \cdots, \\ x(0) = \displaystyle\int_0^\infty g(t)x(t)dt, \quad x'(\infty) = 0. \end{cases} \quad (4.7.1)$$

其中, $J = [0, \infty)$, $f \in C(J \times \mathbf{R}^+ \times \mathbf{R}^+, \mathbf{R}^+)$, $\mathbf{R}^+ = [0, +\infty)$, $0 < t_1 < t_2 < \cdots < t_k < \cdots, t_k \to \infty$, $I_k \in C[\mathbf{R}^+, \mathbf{R}^+]$, $\bar{I}_k \in C[\mathbf{R}^+, \mathbf{R}^+]$, $g(t) \in C(\mathbf{R}^+, \mathbf{R}^+)$ 满足 $\displaystyle\int_0^\infty g(t)dt < 1$. $x'(\infty) = \lim\limits_{t \to \infty} x'(t)$. $\Delta x|_{t=t_k}$ 表示 $x(t)$ 在 $t = t_k$ 处的跳跃, 即

$$\Delta x\big|_{t=t_k} = x(t_k^+) - x(t_k^-),$$

$x(t_k^+)$ 和 $x(t_k^-)$ 分别表示 $x(t)$ 在 $t = t_k$ 处的右极限和左极限. $\Delta x'|_{t=t_k}$ 有类似定义.

假设下列条件成立:

(H_1) 假设 $f \in C[J \times \mathbf{R}^+ \times \mathbf{R}^+, \mathbf{R}^+]$, $I_k \in C[\mathbf{R}^+, \mathbf{R}^+]$, $\bar{I}_k \in C[\mathbf{R}^+, \mathbf{R}^+]$ 且存在 p, q, $r \in C(J, \mathbf{R}^+)$ 和非负数 c_k, d_k, e_k, f_k 使得

$$f(t, u, v) \leqslant p(t)u + q(t)v + r(t), \quad \forall t \in J, \ u, \ v \in \mathbf{R}^+,$$

$$I_k(u) \leqslant c_k u + d_k, \quad \forall u \in \mathbf{R}^+ \ (k = 1, 2, 3, \cdots),$$

$$\bar{I}_k(u) \leqslant e_k u + f_k, \quad \forall u \in \mathbf{R}^+ \ (k = 1, 2, 3, \cdots),$$

$$p^* = \int_0^\infty p(t)(t+1)dt < \infty, \quad q^* = \int_0^\infty q(t)dt < \infty, \quad r^* = \int_0^\infty r(t)dt < \infty,$$

$$c^* = \sum_{k=1}^\infty (t_k + 1)c_k < \infty, \quad d^* = \sum_{k=1}^\infty d_k < \infty.$$

$$e^* = \sum_{k=1}^\infty (t_k + 1)e_k < \infty, \quad f^* = \sum_{k=1}^\infty f_k < \infty.$$

(H_2) $f(t, u_1, v_1) \leqslant f(t, u_2, v_2)$, $I_k(u_1) \leqslant I_k(u_2)$, $\bar{I}_k(u_1) \leqslant \bar{I}_k(u_2)$ 对 $t \in J$, $u_1 \leqslant u_2$, $v_1 \leqslant v_2 (k = 1, 2, 3, \cdots)$.

令 $J = [0, \infty)$, $J' = J \backslash \{t_1, t_2, \cdots, t_k, \cdots\}$, $J_0 = [0, t_1]$, $J_i = (t_i, t_{i+1}] (i = 1, 2, 3, \cdots)$.

$PC[J, \mathbf{R}] = \{x | x : J \to \mathbf{R}$ 在 $t \neq t_k$ 处连续, 在 $t = t_k$ 处左连续, 且 $x(t_k^+)$ 存在 $k = 1, 2, \cdots\}$.

$PC^1[J, \mathbf{R}] = \{x \in PC[J, \mathbf{R}] : x'(t)$ 在 $t \neq t_k$ 处存在且连续, 在 $t = t_k$ 处左连续, 且 $x'(t_k^+)$ 存在, $k = 1, 2, \cdots\}$.

$E = \{x \in PC^1[J, \mathbf{R}] : \sup\limits_{t \in J} \dfrac{|x(t)|}{1+t} < \infty, \sup\limits_{t \in J} |x'(t)| < \infty\}$.

范数 $\|x\| = \max\{\|x\|_1, \|x'\|_\infty\}$, 其中,

$$\|x\|_1 = \sup_{t \in J} \frac{|x(t)|}{1+t}, \quad \|x'\|_\infty = \sup_{t \in J} |x'(t)|.$$

显然, $(E, \|\cdot\|)$ 是 Banach 空间, 简记为 E.

如果 $x(t) \geqslant 0$, $x'(t) \geqslant 0$ 且 $x(t)$ 满足 (4.7.1), 则称 $x \in E \cap C^2[J', \mathbf{R}]$ 是边值问题 (4.7.1) 的一个非负解. 如果 $x(t)$ 是一个非负解且 $x(t) \neq 0$, 则称 $x \in E \cap C^2[J', \mathbf{R}]$ 是边值问题 (4.7.1) 的一个正解.

为了论证本节的主要结论, 先介绍几个引理.

引理 4.7.1　假设条件 (H_1) 成立. 则对任意 $x \in P$, $\displaystyle\int_0^\infty f(t, x(t), x'(t))dt$, $\sum_{k=1}^\infty I_k(x(t_k))$ 和 $\sum_{k=1}^\infty \bar{I}_k(x(t_k))$ 都收敛.

证明　由条件 (H_1) 知

$$f(t, x(t), x'(t)) \leqslant p(t)(t+1)\frac{x(t)}{t+1} + q(t)x'(t) + r(t),$$

$$I_k(x(t_k)) \leqslant c_k(t_k+1)\frac{x(t_k)}{t_k+1} + d_k,$$

$$\bar{I}_k(x(t_k)) \leqslant e_k(t_k+1)\frac{x(t_k)}{t_k+1} + f_k.$$

从而

$$\int_0^\infty f(s, x(s), x'(s))ds \leqslant p^*\|x\|_1 + q^*\|x'\|_\infty + r^* < \infty,$$

$$\sum_{k=1}^\infty I_k(x(t_k)) \leqslant c^*\|x\|_1 + d^* < \infty,$$

$$\sum_{k=1}^\infty \bar{I}_k(x(t_k)) \leqslant e^*\|x\|_1 + f^* < \infty.$$

证毕.

引理 4.7.2　假设条件 (H_1) 成立. 如果 $0 \leqslant \displaystyle\int_0^\infty g(t)dt < 1$, 那么 $x \in E \cap C^2[J', \mathbf{R}]$ 是边值问题 (4.7.1) 的一个解当且仅当 $x \in E$ 是积分方程

$$
\begin{aligned}
x(t) = &\int_0^\infty G(t,s)f(s,x(s),x'(s))ds + \sum_{k=1}^\infty G(t,t_k)\bar{I}_k(x(t_k)) + \sum_{k=1}^\infty G'_s(t,t_k)I_k(x(t_k)) \\
&+ \frac{1}{1-\int_0^\infty g(t)dt}\int_0^\infty g(t)\Big[\int_0^\infty G(t,s)f(s,x(s),x'(s))ds \\
&+ \sum_{k=1}^\infty G(t,t_k)\bar{I}_k(x(t_k)) + \sum_{k=1}^\infty G'_s(t,t_k)I_k(x(t_k))\Big]dt, \quad \forall t \in J
\end{aligned}
\tag{4.7.2}
$$

的一个解. 其中,

$$G(t,s) = \begin{cases} t, & 0 \leqslant t \leqslant s \leqslant +\infty, \\ s, & 0 \leqslant s \leqslant t \leqslant +\infty, \end{cases}$$

$$G'_s(t,s) = \begin{cases} 0, & 0 \leqslant t \leqslant s < +\infty, \\ 1, & 0 \leqslant s \leqslant t < +\infty. \end{cases}$$

证明　首先假定 $x \in E \cap C^2[J', \mathbf{R}]$ 是边值问题 (4.7.1) 的一个解. 对 (4.7.1) 式积分, 得

$$-x'(t) + x'(0) = \int_0^t f(s, x(s), x'(s))ds + \sum_{t_k < t} \bar{I}_k(x(t_k)).$$

对 $t \to \infty$ 取极限, 由引理 4.7.1 和边界条件得

$$x'(0) = \int_0^\infty f(s, x(s), x'(s))ds + \sum_{k=1}^\infty \bar{I}_k(x(t_k)).$$

这样下式成立

$$x'(t) = \int_0^\infty f(s, x(s), x'(s))ds + \sum_{k=1}^\infty \bar{I}_k(x(t_k)) - \int_0^t f(s, x(s), x'(s))ds - \sum_{t_k < t} \bar{I}_k(x(t_k)).$$

$$(4.7.3)$$

对上式积分得

$$
\begin{aligned}
x(t) =& x(0) + \int_0^\infty G(t, s)f(s, x(s), x'(s))ds \\
&+ \sum_{k=1}^\infty G(t, t_k)\bar{I}_k(x(t_k)) + \sum_{k=1}^\infty G'_s(t, t_k)I_k(x(t_k)) \\
=& \int_0^\infty g(t)x(t)dt + \int_0^\infty G(t, s)f(s, x(s), x'(s))ds \\
&+ \sum_{k=1}^\infty G(t, t_k)\bar{I}_k(x(t_k)) + \sum_{k=1}^\infty G'_s(t, t_k)I_k(x(t_k)).
\end{aligned}
\quad (4.7.4)
$$

进而, 得到

$$
\begin{aligned}
\int_0^\infty g(t)dt =& \frac{1}{1 - \int_0^\infty g(t)x(t)dt} \int_0^\infty g(t)\bigg[\int_0^\infty G(t, s)f(s, x(s), x'(s))ds \\
&+ \sum_{k=1}^\infty G(t, t_k)\bar{I}_k(x(t_k)) + \sum_{k=1}^\infty G'_s(t, t_k)I_k(x(t_k)) \bigg]dt.
\end{aligned}
$$

因此, (4.7.2) 式成立.

反之, 如果 $x \in E$ 是问题 (4.7.2) 的一个解.

显然,

$$\Delta x|_{t=t_k} = I_k(x(t_k)) \quad (k = 1, 2, \cdots).$$

对任意 $t \neq t_k$, 直接微分 (4.7.2) 得

$$x'(t) = \int_t^\infty f(s, x(s), x'(s))ds + \sum_{t_k \geqslant t} \bar{I}_k(x(t_k)),$$

$$x''(t) = -f(t, x(t), x'(t)).$$

并且

$$\Delta x'|_{t=t_k} = \bar{I}_k(x(t_k)) \quad (k = 1, 2, \cdots).$$

所以, $x \in C^2[J', \mathbf{R}]$. 容易验证 $x(0) = \int_0^\infty g(t)x(t)dt$, $x'(\infty) = 0$. 引理证毕.

为了确定边值问题 (4.7.1) 在 $E \cap C^2[J', \mathbf{R}]$ 中的非负解, 在 E 中构造锥 P:

$$P = \{x \in E : x(t) \geqslant 0, \ x'(t) \geqslant 0, \ t \in (0, +\infty)\}.$$

定义算子 $T : P \to E$:

$$
(Tx)(t) = \int_0^\infty G(t,s)f(s,x(s),x'(s))ds + \sum_{k=1}^\infty G(t,t_k)\bar{I}_k(x(t_k)) + \sum_{k=1}^\infty G'_s(t,t_k)I_k(x(t_k))
$$

$$
+ \frac{1}{1 - \int_0^\infty g(t)dt} \int_0^\infty g(t)\left[\int_0^\infty G(t,s)f(s,x(s),x'(s))ds \right.
$$

$$
\left. + \sum_{k=1}^\infty G(t,t_k)\bar{I}_k(x(t_k)) + \sum_{k=1}^\infty G'_s(t,t_k)I_k(x(t_k)) \right]dt, \quad \forall t \in J, \tag{4.7.5}
$$

引理 4.7.3　假设条件 (H_1) 和 (H_2) 成立. 那么算子 $T : P \to P$, 且

$$\|Tx\| \leqslant \beta + \alpha\|x\|, \quad \forall x \in P, \tag{4.7.6}$$

其中,

$$
\alpha = \frac{2 - \int_0^\infty g(t)dt}{1 - \int_0^\infty g(t)dt}(p^* + q^* + c^* + e^*), \quad \beta = \frac{2 - \int_0^\infty g(t)dt}{1 - \int_0^\infty g(t)dt}(r^* + f^* + d^*).
$$

此外, 对任意 $x, y \in P$, $x(t) \leqslant y(t)$, $x'(t) \leqslant y'(t)$, $t \in J'$, 得

$$(Tx)(t) \leqslant (Ty)(t), \quad (Tx)'(t) \leqslant (Ty)'(t), \quad \forall t \in J'. \tag{4.7.7}$$

证明　令 $x \in P$. 由算子 T 的定义和条件 (H_1), 我们能够断言 $T : P \to P$, 且

$$
\frac{|(Tx)(t)|}{1+t} \leqslant \int_0^\infty |f(s,x(s),x'(s))|ds + \sum_{k=1}^\infty |\bar{I}_k(x(t_k))| + \sum_{k=1}^\infty |I_k(x(t_k))|
$$

$$+ \frac{1}{1 - \displaystyle\int_0^\infty g(t)dt} \left(\int_0^\infty |f(s, x(s), x'(s))| ds \right.$$

$$\left. + \sum_{k=1}^\infty |\bar{I}_k(x(t_k))| + \sum_{k=1}^\infty |I_k(x(t_k))| \right)$$

$$\leqslant \frac{2 - \displaystyle\int_0^\infty g(t)dt}{1 - \displaystyle\int_0^\infty g(t)dt}(p^* + q^* + c^* + e^*)\|x\| + \frac{2 - \displaystyle\int_0^\infty g(t)dt}{1 - \displaystyle\int_0^\infty g(t)dt}(r^* + f^* + d^*)$$

$$= \alpha\|x\| + \beta, \quad \forall t \in J.$$

对任意 $t \neq t_k$, 把 (4.7.5) 式直接微分, 得

$$(Tx)'(t) = \int_t^\infty f(s, x(s), x'(s))ds + \sum_{t_k \geqslant t} \bar{I}_k(x(t_k)).$$

进而

$$|(Tx)'(t)| \leqslant \int_0^\infty |f(s, x(s), x'(s))| ds + \sum_{k=1}^\infty |\bar{I}_k(x(t_k))| \leqslant \alpha\|x\| + \beta, \quad \forall t \in J'.$$

因此, (4.7.6) 式成立. 根据条件 (H_2), 我们容易验证 (4.7.7) 式成立.

下面给出本节主要结论.

定理 4.7.1 如果条件 (H_1)—(H_2) 成立, 并进一步假设

$$\alpha = \frac{2 - \displaystyle\int_0^\infty g(t)dt}{1 - \displaystyle\int_0^\infty g(t)dt}(p^* + q^* + c^* + e^*) < 1, \tag{4.7.8}$$

那么, 边值问题 (4.7.1) 存在最小非负解 $\bar{x}$ 满足 $\|\bar{x}\| \leqslant \dfrac{\beta}{1 - \alpha}$. 其中, β 在引理 4.7.2 中有定义. 此外, 如果令 $x_0(t) = 0$, $x_n(t) = (Tx_{n-1})(t)$, $\forall t \in J(n = 1, 2, \cdots)$, 则 $x_n \subset P$ 满足

$$0 = x_0(t) \leqslant x_1(t) \leqslant \cdots \leqslant x_n(t) \leqslant \cdots \leqslant \bar{x}(t), \quad \forall t \in J,$$

$$0 = x_0'(t) \leqslant x_1'(t) \leqslant \cdots \leqslant x_n'(t) \leqslant \cdots \leqslant \bar{x}'(t), \quad \forall t \in J',$$

且 $\{x_n(t)\}$ 和 $\{x_n'(t)\}$ 在 $J_i(i = 0, 1, 2, \cdots)$ 上分别一致收敛于 $\bar{x}(t)$ 和 $\bar{x}'(t)$.

证明 由引理 4.7.2 和算子 T 的定义知, $x_n \subset P$, 且

$$\|x_n\| \leqslant \beta + \alpha\|x_{n-1}\| \quad (n = 1, 2, 3, \cdots), \tag{4.7.9}$$

$$0 = x_0(t) \leqslant x_1(t) \leqslant \cdots \leqslant x_n(t) \leqslant \cdots, \quad \forall t \in J, \tag{4.7.10}$$

$$0 = x_0'(t) \leqslant x_1'(t) \leqslant \cdots \leqslant x_n'(t) \leqslant \cdots, \quad \forall t \in J'. \tag{4.7.11}$$

根据 (4.7.9) 式, 得

$$\|x_n\| \leqslant \beta + \alpha\beta + \alpha^2\beta + \cdots + \alpha^{n-1}\beta = \frac{\beta(1-\alpha^n)}{1-\alpha} \leqslant \frac{\beta}{1-\alpha} \quad (n=1,2,\cdots). \tag{4.7.12}$$

由 (4.7.10)—(4.7.12) 式知 $\lim\limits_{n\to\infty} x_n(t)$ 和 $\lim\limits_{n\to\infty} x_n'(t)$ 存在. 假设

$$\lim_{n\to\infty} x_n(t) = \bar{x}(t), \quad \lim_{n\to\infty} x_n'(t) = y(t), \quad \forall t \in J'.$$

根据 $x_n(t)$ 的定义, 得

$$\begin{aligned} x_n'(t) = &\int_t^\infty f(s, x_{n-1}(s), x_{n-1}'(s))ds \\ &+ \sum_{t_k \geqslant t} \bar{I}_k(x_n(t_k)), \ \forall t \in J' \quad (n=1,2,\cdots), \end{aligned} \tag{4.7.13}$$

$$x_n''(t) = -f(t, x_{n-1}(t), x_{n-1}'(t)), \quad \forall t \in J' \quad (n=1,2,\cdots). \tag{4.7.14}$$

由 (4.7.12) 式知

$$\frac{|x_n(t)|}{t+1} \leqslant \frac{\beta}{1-\alpha}, \ |x_n'(t)| \leqslant \frac{\beta}{1-\alpha}, \quad \forall t \in J' \quad (n=1,2,\cdots). \tag{4.7.15}$$

从而得出 $\{x_n(t)\}$ 在每一个 J_i $(i=0,1,2,\cdots)$ 上是等度连续的. 由此并结合 Arzelà-Ascoli 定理和对角线法则知, 在 $J_i(i=0,1,2,\cdots)$ 上存在子列 $\{x_{n_k}(t)\}$ 一致收敛于 $\bar{x}(t)$. 由此再结合 (4.7.10) 式知 $\{x_n(t)\}$ 在 J_i $(i=0,1,2,\cdots)$ 上一致收敛于 $\bar{x}(t)$, 且 $\bar{x} \in PC[J,\mathbf{R}]$, $\|\bar{x}\|_1 \leqslant \frac{\beta}{1-\alpha}$.

类似地, 我们可以证明 $\{x_n'(t)\}$ 在 $J_i(i=0,1,2,\cdots)$ 上一致收敛于 $y(t)$, 且 $y \in PC[J,\mathbf{R}]$, $\|y\|_\infty \leqslant \frac{\beta}{1-\alpha}$. 由上可知 $\bar{x}'(t)$ 存在且 $\bar{x}'(t) = y(t)$, $\forall t \in J'$. 进而, 得到 $\bar{x} \in P$ 且

$$\|\bar{x}\| \leqslant \frac{\beta}{1-\alpha}. \tag{4.7.16}$$

下面证明 $\bar{x}(t) = (T\bar{x})(t)$.

由 f 的连续性和 $x_n(t)$, $x_n'(t)$ 的一致收敛性知

$$f(s, x_n(s), x_n'(s)) \to f(s, \bar{x}(s), \bar{x}'(s)), \quad n \to \infty, \quad \forall t \in J'. \tag{4.7.17}$$

另外, 根据条件 (H_1) 和 (4.7.12), (4.7.15) 式, 得到

$$\|f(s, x_n(s), x_n'(s)) - f(s, \bar{x}(s), \bar{x}'(s))\|$$

$$\leqslant 2\left(p(s)(s+1)+q(s)\right)\frac{\beta}{1-\alpha}+2r(s)$$

$$=z(s)\in L[J,\mathbf{R}^+]\quad(n=1,2,\cdots).\tag{4.7.18}$$

再结合控制收敛定理知

$$\lim_{n\to\infty}\int_t^\infty f(s,x_n(s),x_n'(s))ds=\int_t^\infty f(s,\bar{x}(s),\bar{x}'(s))ds,\quad\forall t\in J.\tag{4.7.19}$$

$$\lim_{n\to\infty}\int_0^t f(s,x_n(s),x_n'(s))ds=\int_0^t f(s,\bar{x}(s),\bar{x}'(s))ds,\quad\forall t\in J.\tag{4.7.20}$$

此外, 能够验证

$$\lim_{n\to\infty}\sum_{0<t_k<t}I_k(x_n(t_k))=\sum_{0<t_k<t}I_k(\bar{x}(t_k)),\tag{4.7.21}$$

$$\lim_{n\to\infty}\sum_{0<t_k<t}\bar{I}_k(x_n(t_k))=\sum_{0<t_k<t}\bar{I}_k(\bar{x}(t_k)),\tag{4.7.22}$$

$$\lim_{n\to\infty}\sum_{t_k\geqslant t}I_k(x_n(t_k))=\sum_{t_k\geqslant t}I_k(\bar{x}(t_k)),\tag{4.7.23}$$

$$\lim_{n\to\infty}\sum_{t_k\geqslant t}\bar{I}_k(x_n(t_k))=\sum_{t_k\geqslant t}\bar{I}_k(\bar{x}(t_k)).\tag{4.7.24}$$

对 $x_n(t)=(Tx_{n-1})(t)$ 两边取极限并结合 (4.7.19)—(4.7.23) 式得

$$\bar{x}(t)=\int_0^\infty G(t,s)f(s,\bar{x}(s),\bar{x}'(s))ds+\sum_{k=1}^\infty G(t,t_k)\bar{I}_k(\bar{x}(t_k))+\sum_{k=1}^\infty G_s'(t,t_k)I_k(\bar{x}(t_k))$$

$$+\frac{1}{1-\int_0^\infty g(t)dt}\int_0^\infty g(t)\left[\int_0^\infty G(t,s)f(s,\bar{x}(s),\bar{x}'(s))ds\right.$$

$$\left.+\sum_{k=1}^\infty G(t,t_k)\bar{I}_k(\bar{x}(t_k))+\sum_{k=1}^\infty G_s'(t,t_k)I_k(\bar{x}(t_k))\right]dt,\quad\forall t\in J.$$

根据引理 4.7.1, 我们知道 $\bar{x}(t)$ 是边值问题 (4.7.1) 的非负解.

假设 $x\in P\cap C^2[J',\mathbf{R}]$ 是边值问题 (4.7.1) 的任意一个非负解. 则 $x(t)=(Tx)(t)$. 显然, $x(t)\geqslant 0$, $x'(t)\geqslant 0$, $\forall t\in J'$. 假设 $x(t)\geqslant x_{n-1}(t)$, $x'(t)\geqslant x_{n-1}'(t)$, $\forall t\in J'$. 由 (4.7.7) 式知 $(Tx)(t)\geqslant(Tx_{n-1})(t),(Tx)'(t)\geqslant(Tx_{n-1})'(t)$, $\forall t\in J'$. 这表明 $x(t)\geqslant x_n(t)$, $x'(t)\geqslant x_n'(t)$, $\forall t\in J'(n=1,2,\cdots)$. 取极限得 $x(t)\geqslant\bar{x}(t)$, $x'(t)\geqslant\bar{x}'(t)$, $\forall t\in J'$. 证毕.

例 4.7.1 考虑边值问题

$$
\begin{cases}
-x'' = \dfrac{1}{100}(t+1)^{-\frac{9}{4}}(1+x+x')^{\frac{2}{3}}, & t \in J, \quad t \neq k, \\[2mm]
\Delta x|_{t=k} = \dfrac{1}{8^k}(x(k)+1)^{\frac{1}{2}} \quad (k=1,2,\cdots), \\[2mm]
\Delta x|_{t=k} = \dfrac{1}{10^k}(x(k)+1)^{\frac{1}{2}} \quad (k=1,2,\cdots), \\[2mm]
x(0) = \displaystyle\int_0^\infty \dfrac{1}{2}e^{-t}x(t)dt, \quad x'(\infty) = 0,
\end{cases}
\tag{4.7.25}
$$

其中,

$$
f(t,x,y) = \frac{1}{100}(t+1)^{-\frac{9}{4}}(1+x+y)^{\frac{2}{3}}, \quad I_k(x(t_k)) = \frac{1}{8^k}(x(k)+1)^{\frac{1}{2}}, \quad k=1,2,\cdots,
$$

$$
\bar{I}_k(x(t_k)) = \frac{1}{10^k}(x(k)+1)^{\frac{1}{2}}, \quad k=1,2,\cdots, \quad g(t) = \frac{1}{2}e^{-t}.
$$

结论 4.7.1 边值问题 (4.7.25) 至少有一个最小正解.

证明 容易看出 $\displaystyle\int_0^\infty \frac{1}{2}e^{-t}dt < 1$, 且条件 (H_2) 成立. 由不等式 $(1+x)^\gamma \leqslant 1+\gamma x$, $\forall 0 \leqslant x < \infty$, $0 < \gamma < 1$ 知

$$
f(t,x,y) \leqslant \frac{1}{100}(t+1)^{-\frac{9}{4}}\left(1 + \frac{2}{3}x + \frac{2}{3}y\right)
$$

和

$$
I_k(x) \leqslant \frac{1}{8^k}\left(1 + \frac{1}{2}x\right), \quad \bar{I}_k(x) \leqslant \frac{1}{10^k}\left(1 + \frac{1}{2}x\right), \quad k=1,2,\cdots.
$$

令

$$
p(t) = \frac{1}{150}(t+1)^{-\frac{9}{4}}, \quad q(t) = \frac{1}{150}(t+1)^{-\frac{9}{4}}, \quad r(t) = \frac{1}{100}(t+1)^{-\frac{9}{4}},
$$

$$
c_k = \frac{1}{2 \times 8^k}, \quad d_k = \frac{1}{8^k}, \quad e_k = \frac{1}{2 \times 10^k}, \quad f_k = \frac{1}{10^k}.
$$

则容易得到

$$
\int_0^\infty p(t)(1+t)dt = \frac{4}{150}, \quad \int_0^\infty q(t)dt = \frac{4}{750}, \quad \int_0^\infty r(t)dt = \frac{2}{250},
$$

$$
\sum_{k=1}^\infty (t_k+1)c_k = \frac{15}{98}, \quad \sum_{k=1}^\infty d_k = \frac{1}{7}, \quad \sum_{k=1}^\infty (t_k+1)e_k = \frac{19}{162}, \quad \sum_{k=1}^\infty f_k = \frac{1}{9}.
$$

这样就验证了条件 (H_1) 成立且 $\alpha = \dfrac{150001}{165375} < 1$. 根据定理 4.7.1, 我们知道边值问题 (4.7.25) 存在最小正解. 证毕.

4.8 附 注

探索二阶脉冲微分方程边值问题的可解性, 特别是正解的存在性问题, 一直是国内外很多数学工作者感兴趣的问题. 本章主要使用锥上的不动点理论、特征值理论和单调迭代技术系统地研究了各类脉冲微分方程边值问题, 得到了一系列新的结果. 从脉冲的性质来分, 既考虑了含有有限个脉冲点的边值问题, 又考察了含无穷个脉冲点的边值问题; 从脉冲函数的性质来分, 既讨论了非线性脉冲函数, 又探索了线性脉冲函数的情况; 从函数区间来分, 既研究了有限区间中脉冲微分方程边值问题, 又探索了无穷区间中脉冲微分方程边值问题边值问题; 从非线性项是否含有偏差变元来分, 既讨论了不含偏差变元的二阶脉冲微分方程边值问题正解的存在性, 又探索了超前型和滞后型二阶脉冲微分方程边值问题多个正解的存在性问题. 这些问题的解决, 为进一步研究二阶脉冲微分方程边值问题的可解性, 特别是高阶脉冲微分方程边值问题的可解性提供了技术支持和理论指导.

定理 4.1.1 是由 Zhang 在参考文献 [22] 中获得的. 在这节, 作者不仅获得了 Neumann 脉冲边值问题正解的存在性, 还研究了正解与参数 λ 之间的依赖关系. 不过, 对于混合型, 或者超前型, 或者滞后型 Neumann 脉冲边值问题正解的存在性问题, 尚未得到充分讨论, 今后值得深入思考.

4.2 节的内容取自 Feng 和 Xie 的文献 [18]. 在定理 4.2.1 到定理 4.2.3 中, 作者运用锥上不动点定理, 研究了一类 m 点脉冲微分方程边值问题多个正解的存在性. 在这以前, 用锥不动点定理研究与脉冲微分方程非局部问题正解存在性相关的文献还很少见到. 这节所研究的内容为研究脉冲微分方程非局部问题正解的存在性奠定了理论基础.

从定理 4.3.1 到定理 4.3.7 均取自 Tian 和 Zhang 的文献 [23]. 在 4.3 节, 作者运用特征值理论以及 α- 凹算子理论研究了一类二阶脉冲微分方程非局部问题正解的存在性, 特别是获得了正解 x_λ 关于参数 λ 是强增的和连续的性质. 这里讨论正解和参数的依赖性关系所用的方法和 4.1 节所用的方法是不同的, 并得到了正解关于参数更好的性质. 此外, 作者利用非线性项 f 在 0 和 ∞ 处超线性和次线性的几何性质给出了正解不存在的两个结果. 这和 3.1 节及 3.4 节讨论边值问题不存在正解的方法也是不同的.

4.4 节内容取自 Zhang 和 Feng[24]. 在这一节, 作者获得了丰富结果, 并从引入超前型偏差变元和滞后型偏差变元两个方面推广了已有文献和 4.3 节的内容. 同时, 类似于 3.5 节, 引入记号 i_0 和 i_∞, 并应用 Krasnosel'skii's 不动点定理在超前型和滞后型两种情况下又细分为 (i) $i_0 = 0$, $i_\infty = 0$; (ii) $i_0 = 0$, $i_\infty = 1$; (iii) $i_0 = 0$, $i_\infty = 2$; (iv) $i_0 = 1$, $i_\infty = 0$; (v) $i_0 = 1$, $i_\infty = 1$ 及 (vi) $i_0 = 2$, $i_\infty = 0$ 等六种情况, 并分别

对每种情况给出了这类问题一个正解和两个正解存在的充分条件. 另外, 值得指出的是 4.3 节和 4.4 节给出了研究二阶脉冲微分方程边值问题的一种新方法: 通过适当变换把脉冲边值问题化为无脉冲的边值问题.

4.5 节内容取自 Lu 和 Feng 的文献 [25]. 在这节, 作者首先给出了一类滞后型脉冲微分方程非局部问题对应的 Green 函数. 通过分析, 我们发现这类边值问题的 Green 函数有两种不同的表达式. 这是一个有意思的现象. 尽管 Green 函数的本质一样, 但是由于 Green 函数的表达式不同, 从而导致 Green 函数所具有的性质也不同. 然后, 借助 Legget-William's 不动点定理和 Hölder's 不等式, 我们给出了问题 (4.5.1) 至少存在三个正解的结论.

定理 4.6.1 选自张学梅和葛渭高的文献 [26]. 作者利用不动点指数定理以及不动点指数的可加性和可解性研究了一类含 p-Laplace 算子的二阶奇异脉冲微分方程边值问题多个正解的存在性. 注意到 $p > 1$ 且 $p \neq 2$. 这表明 4.6 节的研究内容从一定程度上推广并发展了第 3 章和 4.1 节到 4.5 节的内容. 不过, 4.6 节尚未对超前型和滞后型含 p-Laplace 算子的二阶脉冲微分方程边值问题多个正解的存在性进行讨论, 值得进一步深入思考.

4.7 节的内容选自 Zhang, Yang 和 Feng 的文献 [27]. 定理 4.6.1 在无穷区间中讨论了一类非线性项显含导数项的二阶脉冲非局部问题非负解的存在性问题. 我们利用锥理论和单调迭代技术给出了最小解存在的充分条件. 对比 4.1 节到 4.5 节, 4.6 节所研究的内容和所用的处理问题的方法都是不同的. 不难发现, 在本节还没有对混合型, 或者超前型, 或者滞后型脉冲微分方程在无穷区间中展开细致的讨论, 值得我们今后进行深入学习.

参 考 文 献

[1] Agarwal R P, O'Regan D. Multiple nonnegative solutions for second order impulsive differential equations[J]. Appl. Math. Comput., 2000, 114: 51-59.

[2] Ding W, Han M. Periodic boundary value problem for the second order impulsive functional differential equations[J]. Appl. Math. Comput., 2004, 155: 709-726.

[3] Dong Y. Periodic boundary value problems for functional differential equations with impules[J]. J. Math. Anal. Appl., 1997, 210: 170-181.

[4] He Z, Yu J. Periodic boundary value problems for first order ordinary differential equations[J]. J. Math. Anal. Appl., 2002, 272: 67-78.

[5] Hristova S, Bainov D. Monotone-iterative techniques of V. Lakshmikantham for a boundary value problem for systems of impulsive differential-difference equations[J]. J. Math. Anal. Appl., 1996, 197: 1-13.

[6] Jankowski T. Positive solutions of three-point boundary value problems for second order impulsive differential equations with advanced arguments[J]. Appl. Math. Comput., 2008, 197: 179-189.

[7] Lee E, Lee Y. Multiple positive solutions of singular two point boundary value problems for second order impulsive differential equation[J]. Appl. Math. Comput., 2004, 158: 745-759.

[8] Liu B, Yu J. Existence of solution for m-point boundary value problems of second-order differential systems with impulses[J]. Appl. Math. Comput., 2002, 125: 155-175.

[9] Nieto J. Basic theory non-resonance impulsive periodic problems of first order[J]. J. Math. Anal. Appl., 1997, 205: 423-433.

[10] Nieto J. Impulsive resonance periodic problems of first order[J]. Appl. Math. Lett., 2002, 15: 489-493.

[11] Wei Z. Periodic boundary value problems for second order impulsive integrodifferential equations of mixed type in Banach spaces[J]. J. Math. Anal. Appl., 1995, 195: 214-229.

[12] Liu X, Li Y. Positive solutions for Neumann boundary value problems of second-order impulsive differential equations in Banach spaces[J]. Abstr. Appl. Anal., 2012, 2012: 1-18.

[13] Yan J. Existence of positive periodic solutions of impulsive functional differential equations with two parameters[J]. J. Math. Anal. Appl., 2007, 327: 854-868.

[14] Guo D, Lakshmikantham V. Nonlinear Problems in Abstract Cones[M]. NewYork: Academic Press, 1988.

[15] Agarwal R P, O'Regan D. Multiple nonnegative solutions for second order impulsive differential equations[J]. Appl. Math. Comput., 2000, 114: 51-59.

[16] Sánchez J. Multiple positive solutions of singular eigenvalue type problems involving the one-dimensional p-Laplacian[J]. J. Math. Anal. Appl., 2004, 292: 401-414.

[17] Lin X, Jiang D. Multiple solutions of Dirichlet boundary value problems for second order impulsive differential equations[J]. J. Math. Anal. Appl., 2006, 321: 501-514.

[18] Feng M, Xie D. Multiple positive solutions of multi-point boundary value problem for second-order impulsive differential equations[J]. J. Comput. Appl. Math., 2009, 223: 438-448.

[19] Zhou J, Feng M. Triple positive solutions for a second order m-point boundary value problem with a delayed argument[J]. Bound. Value Probl., 2015, 2015: 1-14.

[20] Lan K Q. Multive positive solutions of semilinear differential equations with singularities[J]. J.London Math. Soc., 2001, 63: 690-704.

[21] Guo D, Liu X. Multive positive solutions of boundary value problems for impulsive differential equations[J]. Nonlinear Anal., 1995, 25: 327-337.

[22] Zhang X. Parameter dependence of positive solutions for second order singular Neumann boundary value problems with impulsive effects[J]. Abstr. Appl. Anal., 2014,

2014: 1-6.

[23] Tian Y, Zhang M. Existence and continuity of positive solutions on a parameter for second-order impulsive differential equations[J]. Bound. Value Probl., 2016, 2016: 1-22.

[24] Zhang X, Feng M. Transformation technique, fixed point theorem and positive solutions for second-order impulsive differential equations with deviating arguments[J]. Adv. Differ. Equ-Nv., 2014, 2014(1): 1-20.

[25] Lu G, Feng M. Positive Green's function and triple positive solutions of a second-order impulsive differential equation with integral boundary conditions and a delayed argument[J]. Bound. Value Probl., 2016, 2016: 1-17.

[26] 张学梅, 葛渭高. 带 p-Laplace 算子的奇异脉冲微分方程正解的存在性 [J]. 数学的实践与认识, 2008, 38: 217-221.

[27] Zhang X, Yang X, Feng M. Minimal nonnegative solution of nonlinear impulsive differential equations on infinite interval[J]. Bound. Value Probl., 2011, 2011: 1-15.

第5章　高阶微分方程边值问题

高阶微分方程模型都源自对特定物理、化学和生物现象的描述. 例如, 在材料力学中, 四阶方程描述了弹性梁的静态形变, 根据梁的两端点处的受力情况, 可以抽象出若干类型的边值问题[1-5]. 对高阶微分方程而言, 主要研究其解的存在性、正解的存在性和周期解的存在性等问题, 尤以研究正解存在性的居多 [6-10]. 本章主要运用锥上不同的不动点定理给出了高阶微分方程边值问题正解和对称正解的存在性、多解性的充分条件, 并用最大值原理和上下解方法获得了一类高阶微分方程边值问题正解存在的充分必要条件. 本章的特点是: 既研究了高阶非局部问题, 又考虑了高阶脉冲非局部问题; 既研究了高阶线性算子非局部问题, 又讨论了高阶拟线性算子非局部问题; 既获得了高阶非局部问题正解的存在性结果, 又证明了高阶非局部问题存在对称正解的结论. 研究内容丰富, 论证方法适当、多样.

5.1 节首先利用适当的变换把一个四阶边值问题转化为两个二阶边值问题; 然后运用锥上的带范数形式的不动点定理给出了正解的存在性、多解性和不存在性的结果; 最后给出一个算例, 验证了当非线性项满足不同条件时问题存在一个正解, 或者存在两个正解, 或者不存在正解的情况.

在 5.2 节中, 作者运用锥上不带范数的不动点定理研究了一类带 p-Laplace 算子的四阶非局部问题对称正解的存在性和不存在性, 并且获得了存在 n 个正解的充分条件. 从研究模型、解的对称性和处理方法三个方面推广了 5.1 节的内容.

5.3 节应用 Leggett-Williams's 三解不动点定理和 Hölder's 不等式讨论了一类四阶脉冲微分方程非局部问题, 并获得了至少存在三个正解的充分条件. 在一定程度上, 这节研究的内容推广了第 4 章的内容, 并对 5.1 节和 5.2 节的内容进行了发展和提高. 前者体现在方程的阶数从二阶到四阶, 后者体现在从无脉冲的模型到有脉冲的模型.

在 5.4 节, 我们应用带范数形式的锥压缩和锥拉伸不动点定理研究了一类带 p-Laplace 算子的 4 阶脉冲微分方程非局部问题多个正解的存在性. 我们不仅建立了这类问题存在多个正解的理论, 并且给出了正解在整个区间中的界: 上界和下界. 这些结果发展了 5.1 节和 5.2 节所取得的相关成果. 最后, 通过讨论得出获得 5.4 节的结果是不容易的.

5.5 节运用锥上不带范数的不动点定理研究了一类 n 阶脉冲微分方程非局部问题正解的存在性和多解性, 并获得了正解不存在的充分条件. 5.5 节的内容进一步推广了第 4 章的内容, 同时发展了 5.3 节所研究的模型, 并且与 5.1 节—5.4 节处理高阶微分方程的方法是不同的. 在 5.1 节—5.4 节中, 我们主要应用降阶的方法处理高阶问题, 而在 5.5 节中我们通过复杂的积分运算研究高阶问题.

5.6 节运用最大值原理和上下解方法讨论了一类 $2n$ 阶微分方程边值问题存在 $C^{2n-2}[0,1]$ 正解和 $C^{2n-1}[0,1]$ 正解的问题. 我们不仅给出了正解存在的充分条件, 并且给出了正解存在的必要条件. 在 5.6 节中, 我们研究问题的方法与 5.1 节—5.4 节, 以及第 3 章和第 4 章的方法不同, 所得到的结论也是不同的.

5.1　四阶微分方程非局部问题的正解

考虑边值问题

$$\begin{cases} x^{(4)}(t) = w(t)f(t, x(t), x''(t)), & 0 < t < 1, \\ x(0) = \displaystyle\int_0^1 g(s)x(s)ds, \quad x(1) = 0, \\ x''(0) = \displaystyle\int_0^1 h(s)x''(s)ds, \quad x''(1) = 0, \end{cases} \tag{5.1.1}$$

其中, w 在 $t = 0$ 和 (或者)$t = 1$ 处奇异, $f \in C([0,1] \times [0, +\infty) \times (-\infty, 0], [0, +\infty))$, $g, h \in L^1[0,1]$ 非负.

假设以下条件成立:

(H_1) $w \in C((0,1), [0, +\infty))$, $0 < \displaystyle\int_0^1 w(s)ds < +\infty$, 且 w 在 $(0,1)$ 的任何子集上不恒为零;

(H_2) $f \in C([0,1] \times [0, +\infty) \times (-\infty, 0], [0, +\infty))$;

(H_3) $g, h \in L^1[0,1]$ 非负, $\mu \in [0,1)$, $\nu \in [0,1)$, 其中

$$\mu = \int_0^1 (1-s)g(s)ds, \quad \nu = \int_0^1 (1-s)h(s)ds.$$

令 $J = [0,1]$, $E = C^2[0,1]$. 范数 $\|x\|_2 = \|x\| + \|x''\|$. 其中,

$$\|x\| = \max_{0 \leqslant t \leqslant 1} |x(t)|, \quad \|x''\| = \max_{0 \leqslant t \leqslant 1} |x''(t)|.$$

显然, $(E, \|x\|_2)$ 是一个 Banach 空间, 简记为 E.

令 K 是 E 中的锥, $K_r = \{x \in K : \|x\|_2 \leqslant r\}$, $\partial K_r = \{x \in K : \|x\|_2 = r\}$, $\bar{K}_{r,R} = \{x \in K : r \leqslant \|x\|_2 \leqslant R\}$. 其中, $0 < r < R$.

为了证明本节的主要定理, 先给出下列引理.

引理 5.1.1 假定条件 (H_3) 成立. 则对任意 $y \in C[0,1]$, 边值问题

$$
\begin{cases}
-x''(t) = y(t), \quad t \in (0,1), \\
x(0) = \displaystyle\int_0^1 g(s)x(s)ds, \quad x(1) = 0
\end{cases}
\tag{5.1.2}
$$

存在一个解 x 并可以表示成

$$
x(t) = \int_0^1 H(t,s)y(s)ds,
\tag{5.1.3}
$$

其中,

$$
H(t,s) = G(t,s) + \frac{1-t}{1-\mu} \int_0^1 G(s,\tau)g(\tau)d\tau,
\tag{5.1.4}
$$

$$
G(t,s) = \begin{cases}
t(1-s), & 0 \leqslant t \leqslant s \leqslant 1, \\
s(1-t), & 0 \leqslant s \leqslant t \leqslant 1.
\end{cases}
\tag{5.1.5}
$$

证明 类似于引理 4.3.2 的证明, 我们可以证明引理 5.1.1 的结论正确. 证毕.

由 (5.1.4) 和 (5.1.5) 式, 我们可以证明 $H(t,s), G(t,s)$ 有如下性质.

命题 5.1.1 如果 $\mu \in [0,1)$, 则有

$$
H(t,s) > 0, \quad G(t,s) > 0, \quad \forall t,s \in (0,1); \quad H(t,s) \geqslant 0, \quad G(t,s) \geqslant 0, \quad \forall\, t,s \in J.
\tag{5.1.6}
$$

命题 5.1.2 对任意 $t,s \in J$, 得

$$
e(t)e(s) \leqslant G(t,s) \leqslant G(t,t) = t(1-t) = e(t) \leqslant \bar{e} = \max_{t \in J} e(t) = \frac{1}{4}.
\tag{5.1.7}
$$

命题 5.1.3 令 $\delta \in \left(0, \dfrac{1}{2}\right)$, $J_\delta = [\delta, 1-\delta]$. 则, 对任意 $t \in J_\delta$, $s \in J$, 得

$$
G(t,s) \geqslant \delta G(s,s).
\tag{5.1.8}
$$

证明 令 $t \in J_\delta$, $s \in J$. 我们分两种情况讨论:

情况 (1) $\delta \leqslant t \leqslant s \leqslant 1$.

在这种情况下, 得

$$
G(t,s) = t(1-s) = \frac{t}{s}G(s,s) \geqslant tG(s,s) \geqslant \delta G(s,s).
$$

情况 (2) $0 \leqslant s \leqslant t \leqslant 1-\delta$.

在这种情况下, 得

$$
G(t,s) = s(1-t) = \frac{1-t}{1-s}G(s,s) \geqslant (1-t)G(s,s) \geqslant \delta G(s,s).
$$

因此, 对任意 $t \in J_\delta,\ s \in J,\ $得 $G(t,s) \geqslant \delta G(s,s)$.

命题 5.1.4　如果 $\mu \in [0,1)$, 则对任意 $t, s \in J$, 得

$$\rho e(t)e(s) \leqslant H(t,s) \leqslant \gamma s(1-s) = \gamma e(s), \tag{5.1.9}$$

其中,

$$\gamma = \frac{1 + \displaystyle\int_0^1 sg(s)ds}{1-\mu}, \quad \rho = \frac{\displaystyle\int_0^1 e(\tau)g(\tau)d\tau}{1-\mu}. \tag{5.1.10}$$

证明　由 (5.1.4), (5.1.6) 和 (5.1.7) 式知

$$H(t,s) = G(t,s) + \frac{1-t}{1-\mu}\int_0^1 G(s,\tau)g(\tau)d\tau$$

$$\geqslant \frac{1-t}{1-\mu}\int_0^1 G(s,\tau)g(\tau)d\tau$$

$$\geqslant \frac{\displaystyle\int_0^1 G(s,\tau)g(\tau)d\tau}{1-\mu}t(1-t)$$

$$\geqslant \frac{\displaystyle\int_0^1 e(\tau)g(\tau)d\tau}{1-\mu}t(1-t)s(1-s)$$

$$= \rho e(t)e(s), \quad t \in [0,1]. \tag{5.1.11}$$

另外, 注意到 $G(t,s) \leqslant s(1-s)$, 便有

$$H(t,s) = G(t,s) + \frac{1-t}{1-\mu}\int_0^1 G(s,\tau)g(\tau)d\tau$$

$$\leqslant s(1-s) + \frac{1-t}{1-\mu}\int_0^1 s(1-s)g(\tau)d\tau$$

$$\leqslant s(1-s)\left[1 + \frac{1}{1-\mu}\int_0^1 g(\tau)d\tau\right]$$

$$= s(1-s)\frac{1 + \displaystyle\int_0^1 sg(s)ds}{1-\mu}$$

$$= \gamma e(s), \quad t \in [0,1]. \tag{5.1.12}$$

命题 5.1.5　如果 $\mu \in [0,1)$, 则对任意 $t \in J_\delta,\ s \in J$, 得

$$H(t,s) \geqslant \delta H(s,s). \tag{5.1.13}$$

证明　由 (5.1.8) 式知

$$H(t,s) = G(t,s) + \frac{1-t}{1-\mu} \int_0^1 G(s,\tau)g(\tau)d\tau$$

$$\geqslant \delta G(s,s) + \frac{\delta}{1-\mu} \int_0^1 G(s,\tau)g(\tau)d\tau$$

$$\geqslant \delta G(s,s) + \frac{\delta(1-s)}{1-\mu} \int_0^1 G(s,\tau)g(\tau)d\tau$$

$$= \delta H(s,s), \quad s \in [0,1]. \tag{5.1.14}$$

为了应用定理 2.1.1, 在 E 中构造锥 K:

$$K = \{x \in C^2[0,1] : x \geqslant 0, x'' \leqslant 0, \min_{t \in J_\delta} x(t) \geqslant \delta^2 \|x\|, \max_{t \in J_\delta} x''(t) \leqslant -\delta^2 \|x''\|\}. \tag{5.1.15}$$

易知 K 是 E 的闭凸锥, 且

$$|x(t)| + |x''(t)| \geqslant \delta^2 \|x\|_2, \quad t \in J_\delta, \quad x \in K. \tag{5.1.16}$$

定义算子 $T : C^2[0,1] \to C^2[0,1]$:

$$(Tx)(t) = \int_0^1 \left[\int_0^1 \Upsilon_1(t,\tau)\Upsilon_2(\tau,s)w(s)f(s,x(s),x''(s))d\tau \right] ds, \tag{5.1.17}$$

其中

$$\Upsilon_1(t,\tau) = G(t,\tau) + \frac{1-t}{1-\mu} \int_0^1 G(\tau,v)g(v)dv, \tag{5.1.18}$$

$$\Upsilon_2(\tau,s) = G(\tau,s) + \frac{1-\tau}{1-\nu} \int_0^1 G(s,v)h(v)dv. \tag{5.1.19}$$

令

$$\Upsilon(t,s) = \int_0^1 \Upsilon_1(t,\tau)\Upsilon_2(\tau,s)d\tau. \tag{5.1.20}$$

由 (5.1.20) 式知 $\Upsilon(t,s)$ 有如下性质.

命题 5.1.6　如果条件 (H_3) 成立, 则

$$\Upsilon(t,s) > 0, \quad \forall\, t,s \in (0,1), \tag{5.1.21}$$

$$0 \leqslant \Upsilon(t,s) \leqslant \frac{1}{16}\gamma\gamma_1, \quad \forall t,s \in J, \tag{5.1.22}$$

其中, γ 在 (5.1.10) 中有定义, 且 $\gamma_1 = \dfrac{1 + \displaystyle\int_0^1 sh(s)ds}{1-\nu}$.

证明　显然 (5.1.21) 和 (5.1.22) 式的左边不等式成立. 下面证明 $\Upsilon(t, s) \leqslant \frac{1}{16}\gamma\gamma_1$.

事实上, 由 (5.1.7) 和 (5.1.18) 式知

$$\Upsilon_1(t, \tau) = G(t, \tau) + \frac{1-t}{1-\mu}\int_0^1 G(\tau, v)g(v)dv$$

$$\leqslant \frac{1}{4} + \frac{1}{1-\mu}\int_0^1 \frac{1}{4}g(s)ds$$

$$\leqslant \frac{1}{4}\left[1 + \frac{1}{1-\mu}\int_0^1 g(s)ds\right]$$

$$= \frac{1}{4}\frac{1 - \mu + \int_0^1 g(s)ds}{1-\mu}$$

$$= \frac{1}{4}\gamma. \tag{5.1.23}$$

类似地, 可以证明

$$\Upsilon_1(\tau, s) \leqslant \frac{1}{4}\gamma_1. \tag{5.1.24}$$

由 (5.1.23), (5.1.24) 和 (5.1.20) 式知 (5.1.22) 式右边的不等式也成立.

由 (5.1.17) 式, 能够得到引理 5.1.2.

引理 5.1.2　假设条件 (H_1)—(H_3) 成立. 如果 $x(t) \in C^2[0, 1]$ 是积分方程

$$x(t) = (Tx)(t) = \int_0^1 \left[\int_0^1 \Upsilon_1(t, \tau)\Upsilon_2(\tau, s)w(s)f(s, x(s), x''(s))d\tau\right]ds$$

的解, 则 $x(t) \in C^2[0, 1] \cap C^4(0, 1)$, 且 x 是边值问题 (5.1.1) 的一个解.

引理 5.1.3　假设条件 (H_1)—(H_3) 成立. 则 $T(K) \subset K$, 且 $T : K \to K$ 全连续.

证明　由 Green 函数的性质知, 如果 $x \in C^2[0, 1]$, 那么 $Tx \in C^2[0, 1]$, 且

$$(Tx)''(t) = -\int_0^1 \Upsilon_2(t, s)w(s)f(s, x(s), x''(s))ds. \tag{5.1.25}$$

对任意 $x \in K$, 由 (5.1.17) 和 (5.1.25) 式知

$$(Tx)(t) \geqslant 0, \quad (Tx)''(t) \leqslant 0,$$

且

$$\|Tx\| \leqslant \int_0^1 \left[\int_0^1 \left[G(\tau, \tau) + \frac{1}{1-\mu}\int_0^1 G(v, v)g(v)dv\right.\right.$$

$$\cdot \Upsilon_2(\tau,s)w(s)f(s,x(s),x''(s))d\tau \bigg]ds, \tag{5.1.26}$$

$$\|(Tx)''\| \leqslant \int_0^1 \bigg[G(s,s) + \frac{1}{1-\nu}\int_0^1 G(v,v)h(v)dv \bigg] w(s)f(s,x(s),x''(s))ds. \tag{5.1.27}$$

另外, 根据 (5.1.17), (5.1.26) 和命题 5.1.3 知

$$\min_{t\in J_\delta}(Tx)(t) = \min_{t\in J_\delta}\int_0^1 \bigg[\int_0^1 \Upsilon_1(t,s)\Upsilon_2(\tau,s)w(s)f(s,x(s),x''(s))d\tau \bigg] ds$$

$$\geqslant \delta^2 \int_0^1 \bigg[\int_0^1 \bigg[G(s,s) + \frac{1}{1-\mu}\int_0^1 G(v,v)g(v)dv \bigg]$$

$$\cdot \Upsilon_2(\tau,s)w(s)f(s,x(s),x''(s))d\tau \bigg] ds$$

$$\geqslant \delta^2 \|Tx\|.$$

类似地, 由 (5.1.8) 和 (5.1.27) 式知

$$\max_{J_\delta}(Tx)''(t) = -\max_{J_\delta}\int_0^1 \Upsilon_2(t,s)w(s)f(s,x(s),x''(s))ds$$

$$\leqslant -\delta^2 \int_0^1 \bigg[G(s,s) + \frac{1}{1-\nu}\int_0^1 G(v,v)h(v)dv \bigg]$$

$$\cdot w(s)f(s,x(s),x''(s))ds$$

$$\leqslant -\delta^2 \|(Tx)''\|.$$

故 $Tx \in K$, 进而得到 $T(K) \subset K$.

接着用和参考文献 [11] 中引理 2.1 类似的方法, 我们可以证明 $T: K \to K$ 全连续. 证明完毕.

下面给出本节的主要结论. 记

$$f^\beta = \limsup_{|x|+|y|\to\beta}\max_{t\in J}\frac{f(t,x,y)}{|x|+|y|}, \quad f_\beta = \liminf_{|x|+|y|\to\beta}\min_{t\in J}\frac{f(t,x,y)}{|x|+|y|},$$

其中, β 表示 0 或者 ∞, 且

$$D = \bigg(\frac{1}{4}\gamma_1 + \frac{1}{16}\gamma\gamma_1 \bigg)\int_0^1 w(s)ds, \quad \Lambda = \delta^2 \int_\delta^{1-\delta} \Upsilon_2\bigg(\frac{1}{2},s\bigg)w(s)ds.$$

定理 5.1.1 假设条件 (H_1)—(H_3) 成立. 如果 $Df^0 < 1 < \Lambda f_\infty$, 则边值问题 (5.1.1) 至少存在一个正解.

证明　由 $Df^0 < 1$ 知存在 $r_1 > 0$ 使得 $f(t, x, y) \leqslant (f^0 + \varepsilon_1)(|x| + |y|)$，$\forall t \in J,\ (x, y) \in \{(x, y) : 0 < |x| + |y| \leqslant r_1\}$. 其中，$\varepsilon_1 > 0$ 满足 $D(f^0 + \varepsilon_1) \leqslant 1$.

进而，对任意 $t \in J,\ x \in \partial K_{r_1}$，由 (5.1.22) 和 (5.1.12) 式得

$$
\begin{aligned}
\|(Tx)(t)\| &\leqslant \frac{1}{16}\gamma\gamma_1 \int_0^1 w(s)f(s, x(s), x''(s))ds \\
&\leqslant \frac{1}{16}\gamma\gamma_1(f^0 + \varepsilon_1) \int_0^1 w(s)(|x(s)| + |x''(s)|)ds \\
&\leqslant \frac{1}{16}\gamma\gamma_1(f^0 + \varepsilon_1)\|x\|_2 \int_0^1 w(s)ds,
\end{aligned}
\tag{5.1.28}
$$

$$
\begin{aligned}
\|(Tx)''(t)\| &\leqslant \frac{1}{4}\gamma_1 \int_0^1 w(s)f(s, x(s), x''(s))ds \\
&\leqslant \frac{1}{4}\gamma_1(f^0 + \varepsilon_1) \int_0^1 w(s)(|x(s)| + |x''(s)|)ds \\
&\leqslant \frac{1}{4}\gamma_1(f^0 + \varepsilon_1)\|x\|_2 \int_0^1 w(s)ds.
\end{aligned}
\tag{5.1.29}
$$

故

$$
\begin{aligned}
\|Tx\|_2 &= \|Tx\| + \|(Tx)''\| \\
&\leqslant \left(\frac{1}{4}\gamma_1 + \frac{1}{16}\gamma\gamma_1\right)(f^0 + \varepsilon_1)\|x\|_2 \int_0^1 w(s)ds \\
&\leqslant \|x\|_2.
\end{aligned}
\tag{5.1.30}
$$

这表明

$$
\|Tx\|_2 \leqslant \|x\|_2, \quad \forall x \in \partial K_{r_1}.
\tag{5.1.31}
$$

另外，由 $1 < \Lambda f_\infty$ 知存在 $\bar{r}_2 > 0$ 使得

$$
f(t, x, y) \geqslant (f_\infty - \varepsilon_2)(|x| + |y|), \quad \forall t \in J,\ |x| + |y| \geqslant \bar{r}_2,
$$

其中，$\varepsilon_2 > 0$ 满足 $(f_\infty - \varepsilon_2)\Lambda \geqslant 1$.

令 $r_2 = \max\left\{2r_1, \dfrac{\bar{r}_2}{\delta^2}\right\}$. 则，对任意 $t \in J_\delta,\ x \in \partial K_{r_2}$，由 (5.1.16) 和 (5.1.23) 式知

$$
\left|(Tx)''\left(\frac{1}{2}\right)\right| = \left|-\int_0^1 \Upsilon_2\left(\frac{1}{2}, s\right)w(s)f(s, x(s), x''(s))ds\right|
$$

$$\geqslant (f_\infty - \varepsilon_2) \int_0^1 \Upsilon_2 \left(\frac{1}{2}, s \right) w(s)(|x(s)| + |x''(s)|)ds$$

$$\geqslant (f_\infty - \varepsilon_2) \int_\delta^{1-\delta} w(s) \Upsilon_2 \left(\frac{1}{2}, s \right) (|x(s)| + |x''(s)|)ds$$

$$\geqslant (f_\infty - \varepsilon_2) \delta^2 \|x\|_2 \int_\delta^{1-\delta} w(s) \Upsilon_2 \left(\frac{1}{2}, s \right) ds$$

$$\geqslant \|x\|_2. \tag{5.1.32}$$

因此

$$\|Tx\|_2 = \|Tx\| + \|(Tx)''\|$$

$$\geqslant \left| (Tx)'' \left(\frac{1}{2} \right) \right|$$

$$\geqslant \|x\|_2. \tag{5.1.33}$$

这意味着

$$\|Tx\|_2 \geqslant \|x\|_2, \quad \forall x \in \partial K_{r_2}. \tag{5.1.34}$$

对 (5.1.31) 和 (5.1.34) 应用定理 2.1.1 得出算子 T 存在一个不动点 $x^* \in \bar{K}_{r_1, r_2}$, $r_1 \leqslant \|x^*\| \leqslant r_2$ 且 $x^*(t) \geqslant \delta^2 \|x^*\| > 0, \ t \in J_\delta$. 所以, 边值问题 (5.1.1) 至少存在一个正解. 定理证毕.

定理 5.1.2　假定条件 (H_1)—(H_3) 成立. 如果 $Df^\infty < 1 < \Lambda f_0$, 则边值问题 (5.1.1) 至少存在一个正解.

证明　由 $\Lambda f_0 > 1$ 知, 存在 $r_3 > 0$ 使得 $f(t, x, y) \geqslant (f_0 - \varepsilon_3)(|x| + |y|), \ \forall t \in J, \ (x, y) \in \{(x, y) : 0 < |x| + |y| \leqslant r_3\}$. 其中, $\varepsilon_3 > 0$ 满足 $(f_0 - \varepsilon_3)\Lambda \geqslant 1$.

进而对任意 $t \in J, \ x \in \partial K_{r_3}$, 由 (5.1.25) 和 (5.1.16) 式得

$$\left| (Tx)'' \left(\frac{1}{2} \right) \right| = \left| - \int_0^1 \Upsilon_2 \left(\frac{1}{2}, s \right) w(s) f(s, x(s), x''(s))ds \right|$$

$$\geqslant (f_0 - \varepsilon_3) \int_0^1 \Upsilon_2 \left(\frac{1}{2}, s \right) w(s)(|x(s)| + |x''(s)|)ds$$

$$\geqslant (f_0 - \varepsilon_3) \int_\delta^{1-\delta} w(s) \Upsilon_2 \left(\frac{1}{2}, s \right) (|x(s)| + |x''(s)|)ds$$

$$\geqslant (f_0 - \varepsilon_3) \delta^2 \|x\|_2 \int_\delta^{1-\delta} w(s) \Upsilon_2 \left(\frac{1}{2}, s \right) ds$$

$$\geqslant \|x\|_2. \tag{5.1.35}$$

故

$$\|Tx\|_2 = \|Tx\| + \|(Tx)''\|$$
$$\geqslant \left|(Tx)''\left(\frac{1}{2}\right)\right|$$
$$\geqslant \|x\|_2. \tag{5.1.36}$$

这意味着

$$\|Tx\|_2 \geqslant \|x\|_2, \quad \forall x \in \partial K_{r_3}. \tag{5.1.37}$$

由 $Df^\infty < 1$ 知, 存在 $\bar{r}_4 > 0$ 使得

$$f(t,x,y) \leqslant (f^\infty + \varepsilon_4)(|x| + |y|), \quad \forall\, t \in J, |x| + |y| \geqslant \bar{r}_4,$$

其中 $\varepsilon_4 > 0$ 满足 $D(f^\infty + \varepsilon_4) < 1$.

令

$$M = \max_{0 \leqslant |x| + |y| \leqslant \bar{r}_4, \ t \in J} f(t,x,y).$$

则 $f(t,x,y) \leqslant M + (f^\infty + \varepsilon_4)(|x| + |y|)$.

选取 $r_4 > \max\{r_3, \bar{r}_4, MD(1 - D(f^\infty + \varepsilon_4))^{-1}\}$.

因此, 对任意 $x \in \partial K_{r_4}$, 得

$$\|(Tx)(t)\| \leqslant \frac{1}{16}\gamma\gamma_1 \int_0^1 w(s)f(s,x(s),x''(s))ds$$

$$\leqslant \frac{1}{16}\gamma\gamma_1 \left[M \int_0^1 w(s)ds + (f^\infty + \varepsilon_4)\int_0^1 w(s)(|x(s)| + |x''(s)|)ds\right]$$

$$\leqslant \frac{1}{16}\gamma\gamma_1 \left[M \int_0^1 w(s)ds + (f^\infty + \varepsilon_4)\|x\|_2 \int_0^1 w(s)ds\right] \tag{5.1.38}$$

和

$$\|(Tx)''(t)\| \leqslant \frac{1}{4}\gamma_1 \int_0^1 w(s)f(s,x(s),x''(s))ds$$

$$\leqslant \frac{1}{4}\gamma_1 \left[M \int_0^1 w(s)ds + (f^\infty + \varepsilon_4)\int_0^1 w(s)(|x(s)| + |x''(s)|)ds\right]$$

$$\leqslant \frac{1}{4}\gamma_1 \left[M \int_0^1 w(s)ds + (f^\infty + \varepsilon_4)\|x\|_2 \int_0^1 w(s)ds\right]. \tag{5.1.39}$$

因此

$$\|Tx\|_2 = \|Tx\| + \|(Tx)''\|$$

$$\leqslant \left(\frac{1}{4}\gamma_1 + \frac{1}{16}\gamma\gamma_1\right)[M + (f^\infty + \varepsilon_4)\|x\|_2] \int_0^1 w(s)ds$$

$$\leqslant MD + D(f^\infty + \varepsilon_4)\|x\|_2$$

$$< r_4 - D(f^\infty + \varepsilon_4)r_4 + D(f^\infty + \varepsilon_4)r_4$$

$$= \|x\|_2. \tag{5.1.40}$$

这意味着

$$\|Tx\|_2 < \|x\|_2, \quad \forall x \in \partial K_{r_4}. \tag{5.1.41}$$

对 (5.1.40) 和 (5.1.41) 式应用定理 1.2.1 得出 T 存在一个不动点 $x^* \in \bar{K}_{r_3, r_4}$, $r_3 \leqslant \|x^*\| < r_4$ 且 $x^*(t) \geqslant \delta^2\|x^*\| > 0$, $t \in J_\delta$. 所以, 边值问题 (5.1.1) 至少存在一个正解. 定理证毕.

定理 5.1.3 假设条件 (H_1)—(H_3) 和下列条件成立:

(H_4) $\Lambda f_0 > 1$ 且 $\Lambda f_\infty > 1$;

(H_5) 存在常数 $b > 0$ 使得

$$\max_{t \in J, |x| + |y| \leqslant b} f(t, x, y) < D^{-1}b.$$

则边值问题 (5.1.1) 至少存在两个正解 $x^*(t), x^{**}(t)$ 且满足

$$0 < \|x^{**}\|_2 < b < \|x^*\|_2. \tag{5.1.42}$$

证明 选取常数 r, R 满足 $0 < r < b < R$.

如果 $\Lambda f_0 > 1$, 由 (5.1.37) 式的证明知

$$\|Tx\|_2 \geqslant \|x\|_2, \quad \forall \|x\|_2 = r. \tag{5.1.43}$$

如果 $\Lambda f_\infty > 1$, 由 (5.1.34) 式的证明知

$$\|Tx\|_2 \geqslant \|x\|_2, \quad \forall \|x\|_2 = R. \tag{5.1.44}$$

另外, 由条件 (H_5) 知, 对任意 $x \in \partial K_b$, 得

$$\|Tx\| \leqslant \frac{1}{16}\gamma\gamma_1 \int_0^1 w(s)f(s, x(s), x''(s))ds$$

$$\leqslant \frac{1}{16}\gamma\gamma_1 M^* \int_0^1 w(s)ds, \tag{5.1.45}$$

$$\|(Tx)''\| \leqslant \frac{1}{4}\gamma_1 \int_0^1 w(s)f(s, x(s), x''(s))ds$$

$$\leqslant \frac{1}{4}\gamma_1 M^* \int_0^1 w(s)ds, \tag{5.1.46}$$

其中, 由条件 (H_5) 知

$$M^* = \max\{f(t,x,y) : t \in J, |x| + |y| \leqslant b\} < D^{-1}b. \tag{5.1.47}$$

由 (5.1.43), (5.1.44) 和 (5.1.47) 式知

$$\|Tx\|_2 < b = \|x\|_2. \tag{5.1.48}$$

对 (5.1.43), (5.1.44) 和 (5.1.47) 式应用定理 2.1.1 得出 T 存在一个不动点 $x^{**} \in \bar{K}_{r,b}$, 一个不动点 $x^* \in \bar{K}_{b,R}$. 所以, 边值问题 (5.1.1) 至少存在两个不动点 x^* 和 x^{**}. 注意到 (5.1.48) 式, 就得到 $\|x^*\|_2 \neq b$ 且 $\|x^{**}\|_2 \neq b$. 所以, (5.1.42) 式成立. 证毕.

注 5.1.1　从定理 5.1.3 的证明可知, 如果条件 (H_5) 成立, 且 $\Lambda f_0 > 1$(或者 $\Lambda f_\infty > 1$), 则边值问题 (5.1.1) 至少存在一个正解 x^* 满足 $0 < \|x^{**}\|_2 < b$ (或者 $b < \|x^*\|_2$).

定理 5.1.4　假设条件 (H_1)—(H_3) 和下列条件成立:

(H_6) $Df^0 < 1$ 且 $Df^\infty < 1$;

(H_7) 存在 $B > 0$ 使得 $f(t,x,y) > \delta^2 \Lambda^{-1} B$, $\forall t \in J_\delta$, $x \in [\delta^2 B, B]$, $y \in [-B, -\delta^2 B]$, 其中, δ 在命题 5.1.3 中有定义.

则边值问题 (5.1.1) 至少存在两个正解 $x^*(t), x^{**}(t)$ 且满足

$$0 < \|x^{**}\|_2 < B < \|x^*\|_2.$$

证明　此定理的证明类似于定理 5.1.3 的证明. 故证明细节省略.

注 5.1.2　如果条件 (H_7) 成立, 且 $Df^0 < 1$(或者 $Df^\infty < 1$), 则边值问题 (5.1.1) 至少存在一个正解 x^* 满足 $0 < \|x^{**}\|_2 < B$ (或者 $B < \|x^*\|_2$).

下面两个结果是讨论边值问题 (5.1.1) 没有正解的情况.

定理 5.1.5　假设条件 (H_1)—(H_3) 成立, 且 $Df(t,x,y) < |x| + |y|$, $\forall |x| + |y| > 0$, $t \in J$, 则边值问题 (5.1.1) 没有正解.

证明　假定 x 是边值问题 (5.1.1) 的一个正解. 则对任意 $0 \leqslant t < 1$ 得 $x \in K$, $x(t) > 0$, 并且

$$\|x\| = \max_{t \in J} \|x(t)\|$$

$$\leqslant \frac{1}{16} \gamma \gamma_1 \int_0^1 w(s) f(s, x(s), x''(s)) ds$$

$$< \frac{1}{16} \gamma \gamma_1 \int_0^1 w(s) ds D^{-1} \|x\|_2, \tag{5.1.49}$$

$$\|x''\| \leqslant \frac{1}{4}\gamma_1 \int_0^1 w(s)f(s,x(s),x''(s))ds$$

$$< \frac{1}{4}\gamma_1 \int_0^1 w(s)ds D^{-1}\|x\|_2. \tag{5.1.50}$$

因此, 对任意 $t \in J$, $x \in K$, $\|x\|_2 > 0$, 得

$$\|x\|_2 = \|x\| + \|x''\| < \left(\frac{1}{16}\gamma\gamma_1 + \frac{1}{4}\gamma_1\right) \int_0^1 w(s)ds D^{-1}\|x\|_2 = \|x\|_2, \tag{5.1.51}$$

这是一个矛盾. 故定理成立.

类似地可得到下面的结论.

定理 5.1.6   假设条件 (H_1)—(H_3) 成立, 且 $\Lambda f(t,x,y) > |x| + |y|$, $\forall |x| + |y| > 0$, $t \in J$, 则边值问题 (5.1.1) 没有正解.

例 5.1.1   考虑边值问题

$$\begin{cases} x^{(4)}(t) = w(t)f(t,x(t),x''(t)), & 0 < t < 1, \\ x(0) = \int_0^1 sx(s)ds, & x(1) = 0, \\ x''(0) = \int_0^1 s^2 x''(s)ds, & x''(1) = 0. \end{cases} \tag{5.1.52}$$

结论 5.1.1   在适当条件下, 边值问题 (5.1.52) 存在一个正解、两个正解和不存在
正解.

证明   显然条件 (H_1)—(H_3) 成立. 因此, 我们仅验证其他条件成立即可.

(1) 如果非线性项满足如下条件, 可以证明边值问题 (5.1.52) 正解的存在性:

$$f(t,x,y) = k_1\left(\frac{1}{3} + \frac{1}{3}t\right)(|x| + |y|) + k_2|\sin(|x| + |y|)|,$$

其中, k_1 和 k_2 是两个正实数. 由定理 5.1.2 知, 如果 $D^{-1} > \frac{2}{3}k_1$ 且 $\Lambda^{-1} < \frac{1}{3}k_1 + k_2$, 则边值问题 (5.1.52) 至少存在一个正解.

例如, 当果取 $k_1 = 1$, $k_2 = 111$ 时, 则能够证明

$$Df^{\infty} < 1 < \Lambda f_0. \tag{5.1.53}$$

事实上, 不难看出

$$\limsup_{|x|+|y|\to\infty} \max_{t\in J} \frac{f(t,x,y)}{|x|+|y|} = \frac{2}{3}k_1 = \frac{2}{3}, \tag{5.1.54}$$

$$\liminf_{|x|+|y|\to 0^+} \min_{t\in J} \frac{f(t,x,y)}{|x|+|y|} = \frac{1}{3}k_1 + k_2 = \frac{334}{3}. \tag{5.1.55}$$

由 (5.1.54) 和 (5.1.55) 式知

$$Df^\infty = \frac{21}{22} \times \frac{2}{3} < 1 < \Lambda f_0 = \frac{9}{1000} \times \frac{334}{3},$$

这意味着 (5.1.53) 式成立. 所以, 定理 5.1.2 的条件满足. 故边值问题 (5.1.52) 至少存在一个正解.

(2) 如果非线性项满足如下条件, 我们可以讨论边值问题 (5.1.52) 多个正解的存在性:

$$f(t,x,y) = \begin{cases} (1+t^2)|\sin k_1(|x|+|y|)|, & t\in J,\ |x|+|y|\leqslant 2, \\[2mm] (1+t^2)|\sin k_1(|x|+|y|)| \\ +k_2\dfrac{(1+t)(|x|+|y|-2)^2}{1+|x|+|y|}, & t\in J,\ |x|+|y| > 2, \end{cases}$$

其中, k_1 和 k_2 是两个正实数. 如果下列条件满足:

(i) $\Lambda^{-1} < k_1$ 且 $\Lambda^{-1} < 2k_2$;

(ii) 选取 $b = 2$, 则

$$\max_{t\in J, |x|+|y|\leqslant 2} f(t,x,y) \leqslant 2 < \frac{22}{21} \times 2 = D^{-1}b.$$

则根据定理 5.1.3 知, 边值问题 (5.1.52) 至少存在两个正解.

(3) 我们可以证明边值问题 (5.1.52) 是不存在正解的, 如果非线性项满足如下条件:

$$f(t,x,y) = k_1(1+t)(|x|+|y|) + k_2|\sin(|x|+|y|)|,$$

其中 k_1 和 k_2 是两个正实数. 如果下列条件之一满足:

(i) $2k_1 + k_2 < D^{-1}$;

(ii) $k_1 > \Lambda^{-1}$.

则分别根据定理 5.1.5 和定理 5.1.6 可知边值问题 (5.1.52) 不存在正解.

5.2　带 p-Laplace 算子的四阶微分方程的对称正解

考虑边值问题

$$\begin{cases} (\phi_p(x''(t)))'' = w(t)f(t,x(t)), & 0 < t < 1, \\[2mm] x(0) = x(1) = \displaystyle\int_0^1 g(s)x(s)ds, \\[2mm] \phi_p(x''(0)) = \phi_p(x''(1)) = \displaystyle\int_0^1 h(s)\phi_p(x''(s))ds, \end{cases} \tag{5.2.1}$$

其中, $\phi_p(t) = |t|^{p-2}t$, $p > 1$, $\phi_q = \phi_p^{-1}$, $\frac{1}{p} + \frac{1}{q} = 1$, $w \in L^1[0,1]$ 在 $J = [0,1]$ 上非负、对称 (即 $w(1-t) = w(t)$, $\forall t \in [0,1]$), $f : J \times [0, +\infty) \to [0, +\infty)$) 连续, 且对任意 $(t,x) \in J \times [0, +\infty)$ 有 $f(1-t, x) = f(t, x)$, $g, h \in L^1[0,1]$ 非负, 且在 J 上对称.

假设下列条件满足:

(H_1) $w \in L^1[0,1]$ 非负, 在 J 上对称且在 J 的任意子集上 $w(t) \not\equiv 0$;

(H_2) $f : J \times [0, +\infty) \to [0, +\infty)$ 连续, 且对任意 $x \geqslant 0$, $f(\cdot, x)$ 在 J 上对称;

(H_3) $g, h \in L^1[0,1]$ 非负, 且在 J 上对称, $\mu \in (0,1)$, $\nu \in (0,1)$, 其中,

$$\mu = \int_0^1 g(s)ds, \quad \nu = \int_0^1 h(s)ds.$$

令 $E = C[0,1]$, $\|x\| = \max\limits_{0 \leqslant t \leqslant 1} |x(t)|$. 显然, $(E, \|x\|)$ 是一个实 Banach 空间, 简记为 E.

令 K 是 E 中的锥, $K_r = \{x \in K : \|x\| \leqslant r\}$, $\partial K_r = \{x \in K : \|x\| = r\}$, $\bar{K}_{r,R} = \{x \in K : r \leqslant \|x\| \leqslant R\}$, 其中 $0 < r < R$.

如果

$$x(\tau t_2 + (1-\tau)t_1) \geqslant \tau x(t_2) + (1-\tau)x(t_1), \quad t_1, t_2, \tau \in J,$$

那么称 x 在 J 中是凹的.

如果 $x(t) = x(1-t), t \in J$, 那么称 x 在 $[0,1]$ 上是对称的.

为了证明本节的主要结论, 先给出下列引理.

引理 5.2.1 假设条件 (H_3) 成立. 则对任意 $y \in C(0,1)$, 边值问题

$$\begin{cases} -x''(t) = -\phi_q(y(t)), & t \in (0,1), \\ x(0) = x(1) = \displaystyle\int_0^1 g(s)x(s)ds \end{cases} \tag{5.2.2}$$

存在一个解 x 并可以表示成

$$x(t) = -\int_0^1 H(t,s)\phi_q(y(s))ds, \tag{5.2.3}$$

其中,

$$H(t,s) = G(t,s) + \frac{1}{1-\mu}\int_0^1 G(s,\tau)g(\tau)d\tau, \tag{5.2.4}$$

$$G(t,s) = \begin{cases} t(1-s), & 0 \leqslant t \leqslant s \leqslant 1, \\ s(1-t), & 0 \leqslant s \leqslant t \leqslant 1. \end{cases} \tag{5.2.5}$$

证明 类似于引理 4.3.2 的证明, 我们能够证明引理 5.2.1 的结论正确. 证毕.

由 (5.2.4) 和 (5.2.5) 式, 可以证明 $H(t,s), G(t,s)$ 有如下性质.

命题 5.2.1　如果 $\mu \in [0,1)$, 则有

$$H(t,s) > 0, G(t,s) > 0, \forall t, s \in (0,1); \quad H(t,s) \geqslant 0, G(t,s) \geqslant 0, \forall\, t,\, s \in J. \quad (5.2.6)$$

命题 5.2.2　对任意 $t, s \in J$, 得

$$e(t)e(s) \leqslant G(t,s) \leqslant G(t,t) = t(1-t) = e(t) \leqslant \bar{e} = \max_{t \in [0,1]} e(t) = \frac{1}{4}, \quad (5.2.7)$$

$$G(1-t, 1-s) = G(t,s). \quad (5.2.8)$$

命题 5.2.3　如果条件 (H_3) 成立, 则对任意 $t, s \in J$, 得

$$\rho e(s) \leqslant H(t,s) \leqslant \gamma s(1-s) = \gamma e(s) \leqslant \frac{1}{4}\gamma, \quad (5.2.9)$$

其中,

$$\gamma = \frac{1}{1-\mu}, \quad \rho = \frac{\int_0^1 e(\tau)g(\tau)d\tau}{1-\mu}. \quad (5.2.10)$$

证明　由 (5.2.4) 和 (5.2.7) 式知

$$H(t,s) = G(t,s) + \frac{1}{1-\mu}\int_0^1 G(s,\tau)g(\tau)d\tau$$

$$\geqslant \frac{1}{1-\mu}\int_0^1 G(s,\tau)g(\tau)d\tau$$

$$\geqslant \frac{\int_0^1 e(\tau)g(\tau)d\tau}{1-\mu}s(1-s)$$

$$= \rho e(s), \quad t \in J. \quad (5.2.11)$$

另外, 注意到 $G(t,s) \leqslant s(1-s)$, 便有

$$H(t,s) = G(t,s) + \frac{1}{1-\mu}\int_0^1 G(s,\tau)g(\tau)d\tau$$

$$\leqslant s(1-s) + \frac{1}{1-\mu}\int_0^1 s(1-s)g(\tau)d\tau$$

$$\leqslant s(1-s)\left[1 + \frac{1}{1-\mu}\int_0^1 g(\tau)d\tau\right]$$

$$\leqslant s(1-s)\frac{1}{1-\mu}$$

$$=\gamma e(s), \quad t \in J. \tag{5.2.12}$$

命题 5.2.4 如果条件 (H_3) 成立且 g 在 J 上对称, 则对任意 $t,\ s \in J$, 得

$$H(1-t,1-s) = H(t,s). \tag{5.2.13}$$

证明 由 (5.2.8) 式知

$$H(1-t,1-s) = G(1-t,1-s) + \frac{1}{1-\mu}\int_0^1 G(1-s,\tau)g(\tau)d\tau$$

$$= G(t,s) + \frac{1}{1-\mu}\int_1^0 G(1-s,1-\tau)g(1-\tau)d(1-\tau)$$

$$= G(t,s) + \frac{1}{1-\mu}\int_0^1 G(s,\tau)g(\tau)d\tau$$

$$= H(t,s). \tag{5.2.14}$$

引理 5.2.2 如果条件 (H_3) 成立, 则对任意 $y \in E$, 边值问题

$$\begin{cases} -y''(t) = -w(t)f(t,x(t)), & t \in (0,1), \\ y(0) = y(1) = \displaystyle\int_0^1 h(s)y(s)ds \end{cases} \tag{5.2.15}$$

存在唯一解

$$y(t) = -\int_0^1 H_1(t,s)w(s)f(s,x(s))ds, \tag{5.2.16}$$

其中,

$$H_1(t,s) = G(t,s) + \frac{1}{1-\nu}\int_0^1 G(s,v)h(v)dv. \tag{5.2.17}$$

证明 类似于引理 4.3.2 的证明, 我们能够证明引理 5.2.2 的结论正确. 证毕.

注 5.2.1 由 (5.2.17) 式能够证明 $H_1(t,s)$ 具有和 $H(t,s)$ 类似的性质.

假设 x 是边值问题 (5.2.1) 的一个解, 由引理 5.2.1 知

$$x(t) = -\int_0^1 H(t,s)\phi_q(y(s))ds. \tag{5.2.18}$$

由引理 5.2.2 知

$$x(t) = \int_0^1 H(t,s)\phi_q\left(\int_0^1 H_1(s,\tau)w(\tau)f(\tau,x(\tau))d\tau\right)ds. \tag{5.2.19}$$

为了应用定理 2.1.1, 我们在 E 中构造锥 K:

$$K = \left\{ x \in E : x \geqslant 0,\ x(t) \text{ 在 } J \text{ 中是对称的、凹的, 且 } \min_{t \in [0,1]} x(t) \geqslant \Lambda \|x\| \right\}, \tag{5.2.20}$$

其中,

$$\Lambda = \frac{\rho \rho_1^{q-1}}{\gamma \gamma_1^{q-1}}, \quad \rho_1 = \frac{\displaystyle\int_0^1 e(\tau)h(\tau)d\tau}{1-\nu}, \quad \gamma_1 = \frac{1}{1-\nu}.$$

易知 K 是 E 的闭凸锥.

注 5.2.2　由 ρ, ρ_1, γ 和 γ_1 的定义知 $0 < \Lambda < 1$.

定义算子 $T : E \to E$:

$$(Tx)(t) = \int_0^1 H(t,s)\phi_q \left[\int_0^1 H_1(s,\tau)w(\tau)f(\tau, x(\tau))d\tau \right] ds. \tag{5.2.21}$$

由 (5.2.21) 式知, 如果 $x \in E$ 是边值问题 (5.2.1) 的解当且仅当 x 是算子 T 的一个不动点, 且有如下结论.

引理 5.2.3　假设条件 (H_1)—(H_3) 成立. 如果 $x \in E$ 是积分方程

$$x(t) = (Tx)(t) = \int_0^1 H(t,s)\phi_q \left(\int_0^1 H_1(s,\tau)w(\tau)f(\tau, x(\tau))d\tau \right) ds \tag{5.2.22}$$

的一个解, 则 $x \in C[0,1] \cap C^4(0,1)$, 且 x 是边值问题 (5.2.1) 的解.

引理 5.2.4　如果条件 (H_1)—(H_3) 成立. 则 $T(K) \subset K$, 并且 $T : K \to K$ 全连续.

证明　对任意 $x \in K$, 由 (5.2.21) 式知

$$(Tx)'' = -\phi_q \left[\int_0^1 H_1(t,s)w(s)f(s, x(s))ds \right] \leqslant 0. \tag{5.2.23}$$

这表明 Tx 在 J 中是凹的.

另外, 根据 (5.2.21) 式得

$$(Tx)(0) = (Tx)(1) = \int_0^1 H(0,s)\phi_q \left[\int_0^1 H_1(s,\tau)w(\tau)f(\tau, x(\tau))d\tau \right] ds \geqslant 0.$$

由此, 对任意 $t \in J$, 得到 $(Tx)(t) \geqslant 0$. 注意到 $w(t)$ 在 $(0,1)$ 中对称, $x(t)$ 在 J 中对称, 并且 $f(., x)$ 在 J 中也对称, 得到

$$(Tx)(1-t) = \int_0^1 H(1-t,s)\phi_q \left[\int_0^1 H_1(s,\tau)w(\tau)f(\tau, x(\tau))d\tau \right] ds$$

$$= \int_1^0 H(1-t, 1-s)\phi_q \left[\int_0^1 H_1(1-s, \tau)w(\tau)f(\tau, x(\tau))d\tau \right] d(1-s)$$

$$= \int_0^1 H(t, s)\phi_q \left[\int_0^1 H_1(1-s, \tau)w(\tau)f(\tau, x(\tau))d\tau \right] ds$$

$$= \int_0^1 H(t, s)\phi_q \left[\int_1^0 H_1(1-s, 1-\tau)w(1-\tau)f(1-\tau, x(1-\tau))d(1-\tau) \right] ds$$

$$= \int_0^1 H(t, s)\phi_q \left[\int_0^1 H_1(s, \tau)w(\tau)f(\tau, x(\tau))d\tau \right] ds$$

$$= (Tx)(t),$$

即 $(Tx)(1-t) = (Tx)(t)$, $t \in J$. 故, $(Tx)(t)$ 在 J 中对称.

另外, 由 (5.2.12) 式知

$$(Tx)(t) = \int_0^1 H(t, s)\phi_q \left[\int_0^1 H_1(s, \tau)w(\tau)f(\tau, x(\tau))d\tau \right] ds$$

$$\leqslant \gamma\gamma_1^{q-1} \int_0^1 e(s)\phi_q \left[\int_0^1 e(\tau)w(\tau)f(\tau, x(\tau))d\tau \right] ds.$$

类似地, 由 (5.2.11) 式知

$$(Tx)(t) = \int_0^1 H(t, s)\phi_q \left[\int_0^1 H_1(s, \tau)w(\tau)f(\tau, x(\tau))d\tau \right]$$

$$\geqslant \rho\rho_1^{q-1} \int_0^1 e(s)\phi_q \left[\int_0^1 e(\tau)w(\tau)f(\tau, x(\tau))d\tau \right] ds$$

$$= \Delta\gamma\gamma_1^{q-1} \int_0^1 e(s)\phi_q \left[\int_0^1 e(\tau)w(\tau)f(\tau, x(\tau))d\tau \right] ds$$

$$\geqslant \Delta\|Tx\|, \quad t \in J.$$

所以, 得到 $Tx \in K$, 进而有 $T(K) \subset K$.

接下来利用 Arzelà-Ascoli 定理就能够证明 $T : K \to K$ 全连续. 引理得证.

下面给出本节的主要结论. 记

$$f^\beta = \limsup_{x\to\beta} \max_{t\in J} \frac{f(t, x)}{\phi_p(x)}, \quad f_\beta = \liminf_{x\to\beta} \min_{t\in J} \frac{f(t, x)}{\phi_p(x)},$$

其中, β 表示 0 或者 ∞, 且

$$D = \gamma\gamma_1^{q-1} \int_0^1 e(s)\phi_q \left[\int_0^1 e(\tau)w(\tau)d\tau \right] ds.$$

定理 5.2.1　假设条件 (H_1)—(H_3) 成立. 另外, 假设下列条件之一成立:

(C_1) 存在两个常数 r, R 满足 $0 < r \leqslant \Lambda R$, 使得 $f(t, x) \leqslant \phi_p(D^{-1} r)$, $\forall (t, x) \in [0, 1] \times [\Lambda r, r]$, 并且 $f(t, x) \geqslant \phi_p\left(\dfrac{1}{\Lambda} D^{-1} R\right)$, $\forall (t, x) \in J \times [\Lambda R, R]$;

(C_2) $f_0 > \phi_p\left(D^{-1} \dfrac{1}{\Lambda^2}\right)$ 且 $f^{\infty} < \phi_p(D^{-1})$ (特别地, $f_0 = \infty$ 且 $f^{\infty} = 0$);

(C_3) 存在两个常数 r_2, R_2 满足 $0 < r_2 \leqslant R_2$ 使得对任意 $t \in [0, 1]$ 都有 $f(t, .)$ 在 $[0, R_2]$ 上非减, 且

$$f(t, \Lambda r_2) \geqslant \phi_p\left(\frac{1}{\Lambda} D^{-1} r_2\right), \quad f(t, R_2) \leqslant \phi_p(D^{-1} R_2), \quad \forall t \in [0, 1].$$

则边值问题 (5.2.1) 至少存在一个对称正解.

证明　情况 (1)　考虑条件 (C_1). 对任意 $x \in K$, 由 (5.2.20) 式知 $\min\limits_{t \in [0,1]} x(t) \geqslant \Lambda\|x\|$. 故, 对任意 $x \in \partial K_r$, 得 $x \in [\Lambda r, r]$, 即 $f(t, x(t)) \leqslant \phi_p(D^{-1} r)$. 由此, 对任意 $t \in J$ 得

$$(Tx)(t) = \int_0^1 H(t, s)\phi_q\left[\int_0^1 H_1(s, \tau)w(\tau)f(\tau, x(\tau))d\tau\right]$$

$$\leqslant \gamma\gamma_1^{q-1} \int_0^1 e(s)\phi_q\left[\int_0^1 e(\tau)w(\tau)\phi_p(D^{-1}r)d\tau\right] ds$$

$$= \gamma\gamma_1^{q-1} D^{-1}r \int_0^1 e(s)\phi_q\left[\int_0^1 e(\tau)w(\tau)d\tau\right] ds$$

$$= r = \|x\|.$$

进而, 对任意 $x \in \partial K_r$, 得

$$\|Tx\| \leqslant \|x\|. \tag{5.2.24}$$

另外, 对任意 $x \in \partial K_R$, 得 $x \in [\Lambda R, R]$, 即 $f(t, x(t)) \geqslant \phi_p\left(\dfrac{1}{\Lambda} D^{-1} R\right)$.

由此, 对任意 $t \in J$, 得

$$(Tx)(t) = \int_0^1 H(t, s)\phi_q\left[\int_0^1 H_1(s, \tau)w(\tau)f(\tau, x(\tau))d\tau\right] ds$$

$$\geqslant \rho\rho_1^{q-1} \int_0^1 e(s)\phi_q\left[\int_0^1 e(\tau)w(\tau)\phi_p\left(\frac{1}{\Lambda} D^{-1} R\right)d\tau\right] ds$$

$$= \Lambda\gamma\gamma_1^{q-1} \frac{1}{\Lambda} D^{-1}R \int_0^1 e(s)\phi_q\left[\int_0^1 e(\tau)w(\tau)d\tau\right] ds$$

$$= R = \|x\|.$$

进而, 对任意 $x \in \partial K_R$, 得

$$\|Tx\| \geqslant \|x\|. \tag{5.2.25}$$

情况 (2)　考虑条件 (C_2). 考察 $f_0 > \phi_p\left(D^{-1}\dfrac{1}{\Lambda^2}\right)$ 知, 存在 $r_1 > 0$ 使得 $f(t,x) \geqslant (f_0 - \varepsilon_1)\phi_p(x)$, $\forall t \in J$, $x \in [0, r_1]$. 其中, $\varepsilon_1 > 0$ 满足 $D\Lambda^2(f^0 - \varepsilon_1)^{q-1} \geqslant 1$. 那么, 对任意 $t \in [0, 1]$, $x \in \partial K_{r_1}$, 得

$$
\begin{aligned}
(Tx)(t) &= \int_0^1 H(t,s)\phi_q\left[\int_0^1 H_1(s,\tau)w(\tau)f(\tau, x(\tau))d\tau\right]ds \\
&\geqslant \rho\rho_1^{q-1}\int_0^1 e(s)\phi_q\left[\int_0^1 e(\tau)w(\tau)(f_0 - \varepsilon_1)\phi_p(x(\tau))d\tau\right]ds \\
&\geqslant \rho\rho_1^{q-1}\int_0^1 e(s)\phi_q\left[\int_0^1 e(\tau)w(\tau)(f_0 - \varepsilon_1)\phi_p(\Lambda\|x\|)d\tau\right]ds \\
&= \Lambda\gamma\gamma_1^{q-1}(f_0 - \varepsilon_1)^{q-1}\Lambda\|x\|\int_0^1 e(s)\phi_q\left[\int_0^1 e(\tau)w(\tau)d\tau\right]ds \\
&\geqslant \|x\|.
\end{aligned}
$$

进而, 对任意 $x \in \partial K_{r_1}$, 得

$$\|Tx\| \geqslant \|x\|. \tag{5.2.26}$$

接下来, 考虑 $f^\infty < \phi_p(D^{-1})$, 知道存在 $\bar{R}_1 > 0$ 使得

$$f(t,x) \leqslant (f^\infty + \varepsilon_2)\phi_p(x), \quad \forall t \in J, \ x \in (\bar{R}_1, \infty),$$

其中, $\varepsilon_2 > 0$ 满足 $D(f^\infty + \varepsilon_2)^{q-1} \leqslant 1$.

令

$$M = \max_{0 \leqslant x \leqslant \bar{R}_1, \ t \in [0,1]} f(t,x).$$

则有 $f(t,x) \leqslant M + (f^\infty + \varepsilon_2)\phi_p(x)$.

选取 $R_1 > \max\{r_1, \bar{R}_1, M^{q-1}D(1 - D(f^\infty + \varepsilon_2)^{q-1})^{-1}\}$.

因此, 对任意 $x \in \partial K_{R_1}$, 得

$$
\begin{aligned}
(Tx)(t) &= \int_0^1 H(t,s)\phi_q\left[\int_0^1 H_1(s,\tau)w(\tau)f(\tau, x(\tau))d\tau\right]ds \\
&\leqslant \gamma\gamma_1^{q-1}\int_0^1 e(s)\phi_q\left[\int_0^1 e(\tau)w(\tau)(M + (f^\infty + \varepsilon_2)\phi_p(x(\tau)))d\tau\right]ds \\
&\leqslant M^{q-1}D + (f^\infty + \varepsilon_2)^{q-1}\|x\|D
\end{aligned}
$$

$$< R_1 - DR_1(f^\infty + \varepsilon_2)^{q-1} + (f^\infty + \varepsilon_2)^{q-1}\|x\|D$$
$$= R_1.$$

进而, 对任意 $x \in \partial K_{R_1}$, 得

$$\|Tx\| < \|x\|. \tag{5.2.27}$$

情况 (3)　考虑条件 (C_3). 对任意 $x \in K$, 由 (4.2.20) 式知 $\min\limits_{t \in [0,1]} x(t) \geqslant \Lambda\|x\|$. 故, 对任意 $x \in \partial K_{r_2}$, 得 $x(t) \geqslant \Lambda r_2$, $\forall t \in [0,1]$. 进而, 由条件 (C_3) 得

$$
\begin{aligned}
(Tx)(t) &= \int_0^1 H(t,s)\phi_q\left[\int_0^1 H_1(s,\tau)w(\tau)f(\tau,x(\tau))d\tau\right]ds \\
&\geqslant \int_0^1 H(t,s)\phi_q\left[\int_0^1 H_1(s,\tau)w(\tau)f(\tau,\Lambda r_2)d\tau\right]ds \\
&\geqslant \rho\rho_1^{q-1}\int_0^1 e(s)\phi_p\left[\int_0^1 e(\tau)w(\tau)d\tau\right]ds\frac{1}{\Lambda}D^{-1}r_2 \\
&= \Lambda\gamma\gamma_1^{q-1}\int_0^1 e(s)\phi_p\left[\int_0^1 e(\tau)w(\tau)d\tau\right]ds\frac{1}{\Lambda}D^{-1}r_2 \\
&= r_2 = \|x\|.
\end{aligned}
$$

这表明

$$\|Tx\| \geqslant \|x\|, \quad \forall x \in \partial K_{r_2}. \tag{5.2.28}$$

另外, 对任意 $x \in \partial K_{R_2}$, 得 $x(t) \leqslant R_2, \forall t \in J$. 进而, 由条件 (C_3), 得

$$
\begin{aligned}
(Tx)(t) &= \int_0^1 H(t,s)\phi_q\left[\int_0^1 H_1(s,\tau)w(\tau)f(\tau,x(\tau))d\tau\right]ds \\
&\leqslant \int_0^1 H(t,s)\phi_q\left[\int_0^1 H_1(s,\tau)w(\tau)f(\tau,R_2)d\tau\right]ds \\
&\leqslant \gamma\gamma_1^{q-1}\int_0^1 e(\tau)d\tau\int_0^1 e(s)w(s)dsD^{-1}R_2 \\
&= R_2 = \|x\|.
\end{aligned}
$$

这表明 $x \in \partial K_{R_2}$, 得

$$\|Tx\| \leqslant \|x\|, \quad \forall x \in \partial K_{R_2}. \tag{5.2.29}$$

对 (5.2.24) 和 (5.2.25) 式, 或者 (5.2.26) 和 (5.2.27) 式, 或者 (5.2.28) 和 (5.2.29) 式, 应用定理 2.1.1 得出算子 T 存在一个不动点 $x^* \in \bar{K}_{r,R}$, 或者 $x^* \in \bar{K}_{r_i,R_i}$ ($i = 1, 2$), 且满足 $x^*(t) \geqslant \Lambda\|x^*\| > 0$, $t \in [0,1]$. 这表明边值问题 (5.2.1) 至少存在一个对称正解. 证毕.

类似于定理 5.2.1 的证明, 还可以得到如下结果.

定理 5.2.2 假设条件 (H_1)—(H_3) 成立. 另外, 假设下列条件之一成立:

(C_4) 存在两个常数 r, R 满足 $0 < r \leqslant \Lambda R$ 使得 $f(t,x) \geqslant \phi_p\left(\dfrac{1}{\Lambda}D^{-1}r\right)$, $\forall (t,x) \in J \times [\Lambda r, r]$, 且 $f(t,x) \leqslant \phi_p(D^{-1}R)$, $\forall (t,x) \in J \times [\Lambda R, R]$;

(C_5) $f^0 < \phi_p(D^{-1})$ 且 $f_\infty > \phi_p\left(D^{-1}\dfrac{1}{\Lambda^2}\right)$ (特别地, $f^0 = 0$ 并且 $f_\infty = \infty$).

则边值问题 (5.2.1) 至少存在一个对称正解.

下面, 考虑边值问题 (5.2.1) 多个正解的存在性.

定理 5.2.3 假设条件 (H_1)—(H_3) 和下列条件成立:

(C_6) $f_0 > \phi_p\left(\Lambda^{-1}\dfrac{1}{D^2}\right)$, 且 $f_\infty > \phi_p\left(\Lambda^{-1}\dfrac{1}{D^2}\right)$ (特别地, $f_0 = f_\infty = \infty$);

(C_7) 存在常数 $b > 0$ 使得 $\max\limits_{t \in [0,1], x \in \partial K_b} f(t,x) < \phi_p(D^{-1}b)$.

则边值问题 (5.2.1) 至少存在两个对称正解 $x^*(t), x^{**}(t)$ 且满足

$$0 < \|x^{**}\| < b < \|x^*\|. \tag{5.2.30}$$

证明 考虑条件 (C_6). 选取常数 r, R 满足 $0 < r < b < R$.

如果 $f_0 > \phi_p\left(D^{-1}\dfrac{1}{\Lambda^2}\right)$, 由 (5.2.26) 式的证明知

$$\|Tx\| \geqslant \|x\|, \quad \forall\, x \in \partial K_r. \tag{5.2.31}$$

如果 $f_\infty > \phi_p\left(D^{-1}\dfrac{1}{\Lambda^2}\right)$, 类似于 (5.2.26) 式的证明知

$$\|Tx\| \geqslant \|x\|, \quad \forall x \in \partial K_R. \tag{5.2.32}$$

另外, 由条件 (C_7) 知, 对任意 $x \in \partial K_b$, 得

$$\begin{aligned}
\|Tx\| &\leqslant \gamma\gamma_1^{q-1} \int_0^1 e(s)\phi_q\left[\int_0^1 e(\tau)w(\tau)f(\tau, x(\tau))d\tau\right]ds \\
&< \gamma\gamma_1^{q-1} \int_0^1 e(s)\phi_q\left[\int_0^1 e(\tau)w(\tau)\phi_p(D^{-1}b)d\tau\right]ds \\
&= \gamma\gamma_1^{q-1} \int_0^1 e(s)\phi_q\left[\int_0^1 e(\tau)w(\tau)d\tau\right]ds D^{-1}b \\
&= b.
\end{aligned} \tag{5.2.33}$$

由 (5.2.33) 式知, 对任意 $x \in \partial K_b$, 得

$$\|(Tx)\| < b = \|x\|. \tag{5.2.34}$$

对 (5.2.31), (5.2.32) 和 (5.2.34) 式应用定理 2.1.1 得出算子 T 存在两个不动点. 其中一个 $x^{**} \in \bar{K}_{r,b}$, 另一个 $x^* \in \bar{K}_{b,R}$. 所以, 边值问题 (5.2.1) 至少存在两个不动点 x^* 和 x^{**}. 注意到 (5.2.34) 式, 就得到 $\|x^*\| \neq b$ 且 $\|x^{**}\| \neq b$. 所以, (5.2.30) 式成立. 证毕.

类似地, 可以得到下列结论.

定理 5.2.4 假设条件 (H_1)—(H_3) 和下列条件成立:

(C_8) $f^0 < \phi_p(D^{-1})$ 且 $f^\infty < \phi_p(D^{-1})$;

(C_9) 存在常数 $B > 0$ 使得 $\min\limits_{t\in[0,1],x\in\partial K_B} f(t,x) > \phi_p\left(\frac{1}{\Lambda}D^{-1}B\right)$.

则边值问题 (5.2.1) 至少存在两个对称正解 $x^*(t), x^{**}(t)$ 且满足

$$0 < \|x^{**}\| < b < \|x^*\|. \tag{5.2.35}$$

定理 5.2.5 假设条件 (H_1)—(H_3) 成立. 如果存在 $2n$ 个正数 d_k, b_k, $k = 1, 2, \cdots, n$ 满足 $d_1 < \Lambda b_1 < b_1 < d_2 < \Lambda b_2 < b_2 < \cdots < d_n < \Lambda b_n < b_n$ 使得

(C_{10}) $f(t,x) \leqslant \phi_p(D^{-1}d_k)$, $\forall (t,x) \in J \times [\Lambda d_k, d_k]$ 且 $f(t,x) \geqslant \phi_p\left(\frac{1}{\Lambda}D^{-1}b_k\right)$, $\forall (t,x) \in J \times [\Lambda b_k, b_k]$, $k = 1, 2, \cdots, n$; 或者

(C_{11}) $f(t,x) \geqslant \phi_p\left(\frac{1}{\Lambda}D^{-1}d_k\right)$, $\forall (t,x) \in J \times [\Lambda d_k, d_k]$ 且 $f(t,x) \leqslant \phi_p(D^{-1}b_k)$, $\forall (t,x) \in J \times [\Lambda b_k, b_k]$, $k = 1, 2, \cdots, n$.

则边值问题 (5.2.1) 至少存在 n 个对称正解 x_k, 且满足

$$d_k \leqslant \|x_k\| \leqslant b_k, \quad k = 1, 2, \cdots, n. \tag{5.2.36}$$

定理 5.2.6 假设条件 (H_1)—(H_3) 成立. 如果存在 $2n$ 个正数 d_k, b_k, $k = 1, 2, \cdots, n$ 满足 $d_1 < b_1 < d_2 < b_2 < \cdots < d_n < b_n$ 使得下列条件成立:

(C_{12}) $f(t,\cdot)$, $\forall \in J$ 在 $[0, b_n]$ 上非减;

(C_{13}) $f(t, \Delta d_k) \geqslant \phi_p\left(\frac{1}{\Lambda}D^{-1}d_2\right)$, 且 $f(t, b_k) \leqslant \phi_p(D^{-1}b_k)$, $k = 1, 2, \cdots, n$.

则边值问题 (5.2.1) 至少存在 n 个对称正解 x_k 且, 满足

$$d_k \leqslant \|x_k\| \leqslant b_k, \quad k = 1, 2, \cdots, n. \tag{5.2.37}$$

最后, 讨论边值问题 (5.2.1) 不存在对称正解的情况.

定理 5.2.7 假设条件 (H_1)—(H_3) 成立, 且 $f(t,x) < \phi_p(D^{-1}x), \forall t \in J$, $x > 0$, 则边值问题 (5.2.1) 不存在对称正解.

证明 假定 x 是边值问题 (5.2.1) 的一个正解. 则对任意 $0 < t < 1$ 得 $x \in K$, $x(t) > 0$, 并且

$$\|x\| = \max_{t \in [0,1]} \|x(t)\|$$

$$\leqslant \gamma \gamma_1^{q-1} \int_0^1 e(s) \phi_q \left[\int_0^1 e(\tau) w(\tau) f(\tau, x(\tau)) d\tau \right] ds$$

$$< \gamma \gamma_1^{q-1} \int_0^1 e(s) \phi_q \left[\int_0^1 e(\tau) w(\tau) \phi_p(D^{-1} x(\tau)) d\tau \right] ds$$

$$= \gamma \gamma_1^{q-1} \int_0^1 e(s) \phi_q \left[\int_0^1 e(\tau) w(\tau) d\tau \right] ds D^{-1} \|x\|$$

$$= \|x\|.$$

这是一个矛盾. 故定理成立.

类似地, 可得到下面的结论:

定理 5.2.8 假设条件 (H_1)—(H_3) 成立, 且 $f(t,x) > \phi_p \left(\dfrac{1}{\Lambda^2} D^{-1} x \right)$, $\forall t \in [0,1]$, $x > 0$, (5.2.1) 不存在对称正解.

5.3 四阶脉冲微分方程非局部问题的三个正解

考虑边值问题

$$\begin{cases} x^{(4)}(t) = \omega(t) f(t, x(t)), & 0 < t < 1, \ t \neq t_k, \\ \Delta x|_{t=t_k} = I_k(t_k, x(t_k)), \\ \Delta x'|_{t=t_k} = 0, \quad k = 1, 2, \cdots, m, \\ x(0) = \displaystyle\int_0^1 g(s) x(s) ds, \ x'(1) = 0, \\ x''(0) = \displaystyle\int_0^1 h(s) x''(s) ds, \ x'''(1) = 0, \end{cases} \tag{5.3.1}$$

其中, $\omega \in L^p[0,1]$, $1 \leqslant p \leqslant +\infty$, $t_k(k = 1, 2, \cdots, m)$ (m 是固定的正整数) 是不动点, 且满足 $0 = t_0 < t_1 < t_2 < \cdots < t_k < \cdots < t_m < t_{m+1} = 1$, $\Delta x|_{t=t_k}$ 表示 $x(t)$ 在 $t = t_k$ 点的跳跃, 即 $\Delta x|_{t=t_k} = x(t_k^+) - x(t_k^-)$, $x(t_k^+)$ 和 $x(t_k^-)$ 分别表示 $x(t)$ 在 $t = t_k$ 点的右极限和左极限.

另外, ω, f, I_k, g 和 h 满足以下条件:

(H_1) 对 $1 \leqslant p \leqslant +\infty$, $\omega \in L^p[0,1]$, 且存在 $n > 0$ 使得 $\omega(t) \geqslant n$, a.e. $t \in J$;

(H_2) $f \in C([0,1] \times [0,+\infty), [0,+\infty))$, $I_k \in C([0,1] \times [0,+\infty), [0,+\infty))$;

(H_3) $g, h \in L^1[0,1]$ 非负, $\mu \in [0,1)$, $\nu \in [0,1)$, 其中,

$$\nu = \int_0^1 g(t)dt, \quad \mu = \int_0^1 h(t)dt. \tag{5.3.2}$$

注 5.3.1 关于脉冲条件的一些思想来自文献 [12].

令 $J' = J \backslash \{t_1, t_2, \cdots, t_m\}$,

$$PC[0,1] = \{x \in C[0,1] : x'|_{(t_k, t_{k+1})} \in C(t_k, t_{k+1}),$$
$$x'(t_k^-) = x'(t_k), \ \exists \ x'(t_k^+), \ k = 1, 2, \cdots, m\},$$

$$\|x\| = \max_{t \in J} |x(t)|,$$

则 $PC[0,1]$ 是一个实 Banach 空间.

定义 5.3.1 如果一个函数 $x \in PC[0,1] \cap C^4(J')$ 满足问题 (5.3.1), 那么就把 x 叫做问题 (5.3.1) 的解.

首先, 利用变换

$$x''(t) = -y(t), \tag{5.3.3}$$

我们把问题 (5.3.1) 化为

$$\begin{cases} y''(t) + \omega(t)f(t, x(t)) = 0, & t \in J, \\ y(0) = \int_0^1 h(t)y(t)dt, \ y'(1) = 0 \end{cases} \tag{5.3.4}$$

和

$$\begin{cases} -x''(t) = y(t), & t \in J, \ t \neq t_k, \\ \Delta x|_{t=t_k} = I_k(t_k, x(t_k)), \\ \Delta x'|_{t=t_k} = 0, & k = 1, 2, \cdots, m, \\ x(0) = \int_0^1 g(t)x(t)dt, & x'(1) = 0 \end{cases} \tag{5.3.5}$$

两个边值问题.

引理 5.3.1 假设条件 (H_1)—(H_3) 成立, 则问题 (5.3.4) 存在唯一解 y:

$$y(t) = \int_0^1 H(t,s)\omega(s)f(s, x(s))ds, \tag{5.3.6}$$

其中

$$H(t,s) = G(t,s) + \frac{1}{1-\mu} \int_0^1 G(s,\tau)h(\tau)d\tau, \tag{5.3.7}$$

$$G(t,s) = \begin{cases} t, & 0 \leqslant t \leqslant s \leqslant 1, \\ s, & 0 \leqslant s \leqslant t \leqslant 1. \end{cases} \tag{5.3.8}$$

证明 类似于引理 4.3.2, 我们能够证明引理 5.3.1 的结论正确. 证毕.

记 $e(t) = t$, 则由 (5.3.7) 和 (5.3.8) 式知 $H(t,s)$ 和 $G(t,s)$ 有如下性质.

命题 5.3.1 令 $\delta \in \left(0, \dfrac{1}{2}\right)$, $J_\delta = [\delta, 1-\delta]$. 如果 $\mu \in [0,1)$, 则

$$H(t,s) > 0, \quad G(t,s) > 0, \quad \forall t, s \in (0,1), \tag{5.3.9}$$

$$H(t,s) \geqslant 0, \quad G(t,s) \geqslant 0, \quad \forall t, s \in J, \tag{5.3.10}$$

$$e(t)e(s) \leqslant G(t,s) \leqslant G(t,t) = t = e(t) \leqslant 1, \quad \forall t, s \in J, \tag{5.3.11}$$

$$\rho e(t)e(s) \leqslant H(t,s) \leqslant \gamma s = \gamma e(s) \leqslant \gamma, \quad \forall t, s \in J, \tag{5.3.12}$$

$$G(t,s) \geqslant \delta G(s,s), \quad H(t,s) \geqslant \delta H(s,s), \quad \forall t \in J_\delta, \ s \in J, \tag{5.3.13}$$

其中,

$$\gamma \doteq \frac{1}{1-\mu}, \quad \rho = 1 + \frac{\displaystyle\int_0^1 sh(s)ds}{1-\mu}. \tag{5.3.14}$$

注 5.3.2 由 (5.3.7) 和 (5.3.13) 式知

$$H(t,s) \geqslant \delta s = \delta G(s,s), \quad \forall t \in J_\delta, \ s \in J.$$

引理 5.3.2 如果条件 (H_2) 和 (H_3) 成立, 则问题 (5.3.5) 存在唯一解 x:

$$x(t) = \int_0^1 H_1(t,s)y(s)ds + \sum_{k=1}^m H_{1s}'(t,t_k)I_k(t_k, x(t_k)), \tag{5.3.15}$$

其中

$$H_1(t,s) = G(t,s) + \frac{1}{1-\nu}\int_0^1 G(s,\tau)g(\tau)d\tau, \tag{5.3.16}$$

$$H_{1s}'(t,s) = G_s'(t,s) + \frac{1}{1-\nu}\int_0^1 G_s'(\tau,s)g(\tau)d\tau, \tag{5.3.17}$$

$$G_s'(t,s) = \begin{cases} 0, & 0 \leqslant t \leqslant s \leqslant 1, \\ 1, & 0 \leqslant s \leqslant t \leqslant 1. \end{cases} \tag{5.3.18}$$

证明 类似于引理 4.3.2, 我们能够证明引理 5.3.2 的结论成立. 证毕.

由 (5.3.16)—(5.3.18) 式知 $H_1(t,s)$, $H_{1s}'(t,s)$ 和 $G_s'(t,s)$ 有如下性质.

命题 5.3.2　如果 $\nu \in [0, 1)$, 则

$$H_1(t, s) \geqslant 0, \quad \forall t, s \in J; \tag{5.3.19}$$

$$\rho_1 e(t)e(s) \leqslant H_1(t, s) \leqslant \gamma_1 s = \gamma_1 e(s) \leqslant \gamma_1, \quad \forall t, s \in J, \tag{5.3.20}$$

$$H_1(t, s) \geqslant \delta H_1(s, s), \quad \forall t \in J_\delta, \ s \in J. \tag{5.3.21}$$

$$G'_s(t, s) \leqslant 1, \quad 0 \leqslant H'_{1s}(t, s) \leqslant \frac{1}{1 - \nu}, \tag{5.3.22}$$

其中,

$$\gamma_1 = \frac{1}{1 - \nu}, \quad \rho_1 = 1 + \frac{\displaystyle\int_0^1 sg(s)ds}{1 - \nu}. \tag{5.3.23}$$

注 5.3.3　由 (5.3.16) 和 (5.3.21) 式知

$$H_1(t, s) \geqslant \delta s = \delta G(s, s), \quad \forall t \in J_\delta, \ s \in J.$$

注 5.3.4　由 (5.3.22) 式知

$$0 < H'_{1s}(t, s)(1 - \nu) \leqslant 1, \quad \forall t \in J_\delta, s \in [0, 1). \tag{5.3.24}$$

假设 x 是问题 (5.3.1) 的解, 则由引理 5.3.1 和引理 5.3.2 知

$$x(t) = \int_0^1 \int_0^1 H_1(t, s)H(s, \tau)\omega(\tau)f(\tau, x(\tau))d\tau ds + \sum_{k=1}^m H'_{1s}(t, t_k)I_k(t_k, x(t_k)).$$

在 $PC[0, 1]$ 中定义锥 K:

$$K = \{x \in PC[0, 1] : x \geqslant 0\}. \tag{5.3.25}$$

容易看出 K 是 $PC[0, 1]$ 的一个闭凸锥.

定义算子 $T : K \to PC[0, 1]$:

$$(Tx)(t) = \int_0^1 \int_0^1 H_1(t, s)H(s, \tau)\omega(\tau)f(\tau, x(\tau))d\tau ds + \sum_{k=1}^m H'_{1s}(t, t_k)I_k(t_k, x(t_k)). \tag{5.3.26}$$

由 (5.3.26) 式知 $x \in PC[0, 1]$ 是问题 (5.3.1) 的解, 当且仅当 x 是算子 T 的一个不动点.

引理 5.3.3　假设条件 (H_1)—(H_3) 成立, 则 $T(K) \subset K$, 且 $T : K \to K$ 全连续.

证明　类似于文献 [13] 的引理 2.4, 我们能够证明该引理的结论正确. 证毕.

下面, 我们应用 Hölder's 不等式和 Leggett-Williams's 不动点定理, 研究问题 (5.3.1) 三个正解的存在性. 对 $\omega \in L^p[0,1]$, 我们分别考虑 $p > 1$, $p = 1$ 和 $p = \infty$ 三种情况. 先考虑 $p > 1$ 的情况.

为了研究方便, 引入记号:

$$D = \gamma\gamma_1\|e\|_q\|\omega\|_p, \quad D_1 = \frac{m}{1-\nu},$$

$$\delta_1 = \min_{t \in J_\delta, s \in (0,1)} H'_{1s}(t,s)(1-\nu), \quad \delta^* = \min\left\{\frac{\delta}{\gamma_1}, \delta_1\right\},$$

$$f^\infty = \limsup_{x \to \infty} \max_{t \in J} \frac{f(t,x)}{x}, \quad I^\infty(k) = \limsup_{x \to \infty} \max_{t \in J} \frac{I_k(t,x)}{x}, \quad k = 1, 2, \cdots, m.$$

定理 5.3.1　假设条件 (H_1)—(H_3) 成立. 另外, 假设存在 $0 < d < a < \dfrac{a}{\delta^*} \leqslant c$ 使得

(H_4) $f^\infty < \dfrac{1}{2D}$, $I^\infty(k) < \dfrac{1}{2D_1}$, $k = 1, 2, \cdots, m$;

(H_5) $f(t,x) > \dfrac{3a}{\delta^2(1-2\delta)n}$, $(t,x) \in J_\delta \times \left[a, \dfrac{a}{\delta^*}\right]$;

(H_6) $f(t,x) < \dfrac{d}{2D}$, $I_k(t,x) < \dfrac{d}{2D_1}$, $(t,x) \in J \times [0,d]$, $k = 1, 2, \cdots, m$.

则问题 (5.3.1) 至少存在 x_1, x_2 和 x_3 三个正解, 且

$$\|x_1\| < d, \quad a < \beta(x_2), \text{ 且 } x_3 > d, \quad \beta(x_3) < a.$$

证明　根据算子 T 的定义以及它的全连续性, 我们只要验证算子 T 满足定理 2.1.5 的条件即可.

令 $\beta(x) = \min\limits_{t \in J_\delta} x(t)$, 则 $\beta(x)$ 是锥 K 中的一个非负连续凹函数, 且 $\beta(x) \leqslant \|x\|$, $x \in K$.

记 $b = \dfrac{a}{\delta^*}$.

由条件 (H_4) 知存在 $0 < \sigma < \dfrac{1}{2D}$, $0 < \sigma_1 < \dfrac{1}{2D_1}$ 和 $l > 0$ 使得

$$f(t,x) \leqslant \sigma x, \quad I_k(t,x) \leqslant \sigma_1 x, \quad k = 1, 2, \cdots, m, \quad \forall t \in J, \ x \geqslant l.$$

令

$$\eta = \max_{0 \leqslant x \leqslant l, \, t \in J} f(t,x), \quad \eta_1 = \max_{0 \leqslant x \leqslant l, \, t \in J} I_k(t,x), \quad k = 1, 2, \cdots, m,$$

则

$$f(t,x) \leqslant \sigma x + \eta, \quad I_k(t,x) \leqslant \sigma_1 x + \eta_1, \quad \forall t \in J, \ 0 \leqslant x \leqslant +\infty. \tag{5.3.27}$$

取

$$c > \max\left\{\frac{2D\eta}{1-2D\sigma}, \frac{2D_1\eta_1}{1-2D_1\sigma_1}, \frac{a}{\delta^*}\right\},$$

则对任意 $x \in \bar{K}_c$, 由 (5.3.21),(5.3.23) 和 (5.3.27) 式知

$$(Tx)(t) = \int_0^1 \int_0^1 H_1(t,s)H(s,\tau)\omega(\tau)f(\tau,x(\tau))d\tau ds + \sum_{k=1}^m H'_{1s}(t,t_k)I_k(t_k,x(t_k))$$

$$\leqslant \int_0^1 \int_0^1 \gamma_1\gamma e(\tau)\omega(\tau)f(\tau,x(\tau))d\tau ds + \frac{1}{1-\nu}\sum_{k=1}^m I_k(t_k,x(t_k))$$

$$\leqslant \int_0^1 \int_0^1 \gamma_1\gamma e(\tau)\omega(\tau)(\sigma x+\eta)d\tau ds + \frac{1}{1-\nu}\sum_{k=1}^m (\sigma_1 x+\eta_1)$$

$$\leqslant \int_0^1 \int_0^1 \gamma_1\gamma e(\tau)\omega(\tau)(\sigma\|x\|+\eta)d\tau ds + \frac{1}{1-\nu}\sum_{k=1}^m (\sigma_1\|x\|+\eta_1)$$

$$\leqslant \gamma_1\gamma(\sigma c+\eta)\int_0^1 e(\tau)\omega(\tau)d\tau + \frac{m}{1-\nu}(\sigma_1 c+\eta_1)$$

$$\leqslant \gamma_1\gamma(\sigma c+\eta)\|e\|_q\|\omega\|_p + \frac{m}{1-\nu}(\sigma_1 c+\eta_1)$$

$$< \frac{c}{2} + \frac{c}{2} = c.$$

这表明 $Tx \in K_c$.

因此, 我们证明了如果条件 (H_4) 成立, 则 $T : \bar{K}_c \to K_c$.

下面, 我们验证 $\{x \in K(\beta,a,b) : \beta(x) > a\} \neq \varnothing$, $\beta(Tu) > a$, $\forall x \in K(\beta,a,b)$.

取 $\varphi_0(t) \equiv \frac{\delta^*+1}{2\delta^*}a$, $t \in J$, 则

$$\varphi_0 \in \left\{x \middle| x \in K\left(\beta, a, \frac{a}{\delta^*}\right), \beta(x) > a\right\}.$$

这表明

$$\{x \in K(\beta,a,b) : \beta(x) > a\} \neq \varnothing.$$

故, 由条件 (H_5) 知

$$\beta(Tx) = \min_{t \in J_\delta}(Tx)(t)$$

$$= \min_{t \in J_\delta}\int_0^1 \int_0^1 H_1(t,s)H(s,\tau)\omega(\tau)f(\tau,x(\tau))d\tau ds + \sum_{k=1}^m H'_{1s}(t,t_k)I_k(t_k,x(t_k))$$

$$\geqslant \min_{t\in J_\delta} \int_0^1 \int_0^1 H_1(t,s)H(s,\tau)\omega(\tau)f(\tau,x(\tau))d\tau ds$$

$$\geqslant \delta \int_0^1 \int_0^1 e(s)H(s,\tau)\omega(\tau)f(\tau,x(\tau))d\tau ds$$

$$\geqslant \delta \int_0^1 \int_\delta^{1-\delta} e(s)H(s,\tau)\omega(\tau)f(\tau,x(\tau))d\tau ds$$

$$\geqslant \delta^2 \int_0^1 s^2 ds \int_\delta^{1-\delta} \omega(\tau)f(\tau,x(\tau))d\tau$$

$$> \frac{1}{3}\delta^2 n(1-2\delta)\frac{3a}{\delta^2(1-2\delta)n}$$

$$= a.$$

如果 $x \in \bar{K}_d$, 则由条件 (H_6) 知

$$(Tx)(t) = \int_0^1 \int_0^1 H_1(t,s)H(s,\tau)\omega(\tau)f(\tau,x(\tau))d\tau ds + \sum_{k=1}^m H'_{1s}(t,t_k)I_k(t_k,x(t_k))$$

$$\leqslant \int_0^1 \int_0^1 \gamma_1\gamma e(\tau)\omega(\tau)f(\tau,x(\tau))d\tau ds + \frac{1}{1-\nu}\sum_{k=1}^m I_k(t_k,x(t_k))$$

$$< \int_0^1 \int_0^1 \gamma_1\gamma e(\tau)\omega(\tau)\frac{d}{2D}d\tau ds + \frac{1}{1-\nu}\sum_{k=1}^m \frac{d}{2D_1}$$

$$= d.$$

最后, 我们断言, 如果 $x \in K(\beta,a,c)$ 且 $\|Tx\| > b$, 则 $\beta(Tx) > a$.

假设 $x \in K(\beta,a,c)$ 且 $\|Tx\| > b$, 则由 (5.3.21),(5.3.22) 和 (5.3.25) 式知

$$\beta(Tx) = \min_{t\in J_\delta}(Tx)(t)$$

$$= \min_{t\in J_\delta}\left[\int_0^1 \int_0^1 H_1(t,s)H(s,\tau)\omega(\tau)f(\tau,x(\tau))d\tau ds\right.$$

$$\left. + \sum_{k=1}^m H'_{1s}(t,t_k)I_k(t_k,x(t_k))\right]$$

$$\geqslant \delta \int_0^1 \int_0^1 e(s)H(s,\tau)\omega(\tau)f(\tau,x(\tau))d\tau ds$$

$$+ \min_{t\in J_\delta}\sum_{k=1}^m H'_{1s}(t,t_k)(1-\nu)\frac{1}{1-\nu}I_k(t_k,x(t_k))$$

$$\geqslant \frac{\delta}{\gamma_1}\int_0^1 \int_0^1 \gamma_1 e(s)H(s,\tau)\omega(\tau)f(\tau,x(\tau))d\tau ds + \delta_1\sum_{k=1}^m \frac{1}{1-\nu}I_k(t_k,x(t_k))$$

$$\geqslant \min\left\{\frac{\delta}{\gamma_1}, \delta_1\right\}\left[\int_0^1\int_0^1 \gamma_1 e(s)H(s,\tau)\omega(\tau)f(\tau,x(\tau))d\tau ds + \sum_{k=1}^m \frac{1}{1-\nu}I_k(t_k, x(t_k))\right]$$

$$\geqslant \delta^*\|Tx\|$$

$$> a.$$

总之, 定理 2.1.5 的条件满足. 因此, 由定理 2.1.5 知问题 (5.3.1) 至少存在 x_1, x_2 和 x_3 三个正解, 且

$$\|x_1\| < d, \quad a < \beta(x_2), \quad x_3 > d, \quad \beta(x_3) < a.$$

其次, 我们考虑 $p = \infty$ 的情况.

推论 5.3.1 假设条件 (H_1)—(H_6) 成立, 则问题 (5.3.1) 至少存在 x_1, x_2 和 x_3 三个正解, 且

$$\|x_1\| < d, \quad a < \beta(x_2), \quad x_3 > d, \quad \beta(x_3) < a.$$

证明 令 $\|e\|_1\|\omega\|_\infty$ 替换 $\|e\|_p\|\omega\|_q$ 并且重复定理 5.3.1 的证明过程即可得到推论 5.3.1 的结论. 证毕.

最后, 我们考虑 $p = 1$ 的情况. 令

$(H_4)'$ $f^\infty < \dfrac{1}{D'}$, $I^\infty(k) < \dfrac{1}{D_1}$, $k = 1, 2, \cdots, m$;

$(H_6)'$ $f(t,x) \leqslant \dfrac{d}{2D'}$, $I_k(t,x) \leqslant \dfrac{d}{2D_1}(k = 1, 2, \cdots, m)$, $(t,x) \in J \times [0, d]$.

其中,

$$D' = \gamma\gamma_1\|\omega\|_1.$$

推论 5.3.2 假设条件 (H_1)—(H_3), $(H_4)'$, (H_5) 和 $(H_6)'$ 成立, 则问题 (5.3.1) 至少存在 x_1, x_2 和 x_3 三个正解, 且

$$\|x_1\| < d, \quad a < \beta(x_2), \quad x_3 > d, \quad \beta(x_3) < a.$$

证明 令

$$c' > \max\left\{\frac{2D'\eta}{1 - 2D'\sigma'}, \frac{2D_1\eta_1}{1 - 2D_1\sigma_1}, \frac{a}{\delta^*}\right\},$$

其中, $0 < \sigma' < \dfrac{1}{2D'}$. 则对任意 $x \in \bar{K}_{c'}$, 由 (5.3.21), (5.3.25) 和 (5.3.27) 式知

$$(Tx)(t) = \int_0^1\int_0^1 H_1(t,s)H(s,\tau)\omega(\tau)f(\tau,x(\tau))d\tau ds + \sum_{k=1}^m H_{1s}'(t,t_k)I_k(t_k, x(t_k))$$

$$\leqslant \int_0^1 \int_0^1 \gamma_1 \gamma e(\tau) \omega(\tau) f(\tau, x(\tau)) d\tau ds + \frac{1}{1-\nu} \sum_{k=1}^m I_k(t_k, x(t_k))$$

$$\leqslant \int_0^1 \int_0^1 \gamma_1 \gamma e(\tau) \omega(\tau) (\sigma x + \eta) d\tau ds + \frac{1}{1-\nu} \sum_{k=1}^m (\sigma_1 x + \eta_1)$$

$$\leqslant \int_0^1 \int_0^1 \gamma_1 \gamma e(\tau) \omega(\tau) (\sigma \|x\| + \eta) d\tau ds + \frac{1}{1-\nu} \sum_{k=1}^m (\sigma_1 \|x\| + \eta_1)$$

$$\leqslant \gamma_1 \gamma (\sigma c' + \eta) \int_0^1 \omega(\tau) d\tau + \frac{m}{1-\nu} (\sigma_1 c' + \eta_1)$$

$$\leqslant \gamma_1 \gamma (\sigma c' + \eta) \|\omega\|_1 + \frac{m}{1-\nu} (\sigma_1 c' + \eta_1)$$

$$< \frac{c'}{2} + \frac{c'}{2} = c'.$$

这表明 $Tx \in K_{c'}$.

因此, 我们证明了如果条件 $(H_4)'$ 成立, 则算子 $T : \bar{K}_{c'} \to K_{c'}$.

如果 $x \in \bar{K}_d$, 则由条件 $(H_6)'$ 知

$$(Tx)(t) = \int_0^1 \int_0^1 H_1(t,s) H(s,\tau) \omega(\tau) f(\tau, x(\tau)) d\tau ds + \sum_{k=1}^m H'_{1s}(t, t_k) I_k(t_k, x(t_k))$$

$$\leqslant \int_0^1 \int_0^1 \gamma_1 \gamma e(\tau) \omega(\tau) \frac{d}{2D'} d\tau ds + \frac{1}{1-\nu} \sum_{k=1}^m \frac{d}{2D_1}$$

$$\leqslant \gamma_1 \gamma \frac{d}{2D'} \int_0^1 \omega(\tau) d\tau + \frac{1}{1-\nu} \sum_{k=1}^m \frac{d}{2D_1}$$

$$= d.$$

然后, 类似于定理 5.3.1 的证明, 我们能够得到推论 5.3.2 的结果. 证毕.

我们注意到定理 5.3.1 中的条件 (H_6) 能够用下面的条件替换:

$(H_6)''$ $f_0^d \leqslant \frac{1}{2D}$, $I_0^d(k) \leqslant \frac{1}{2D_1}$, $k = 1, 2, \cdots, m$, 其中,

$$f_0^d = \max \left\{ \max_{t \in J} \frac{f(t,x)}{d} : x \in [0, d] \right\}, \quad I_0^d(k) = \max \left\{ \max_{t \in J} \frac{I_k(t,x)}{d} : x \in [0, d] \right\},$$

$(H_6)'''$ $f^0 \leqslant \frac{1}{2D}, I^0(k) \leqslant \frac{1}{2D_1}, k = 1, 2, \cdots, m$.

推论 5.3.3 如果定理 5.3.1 中的条件 (H_6) 分别由条件 $(H_6)''$ 或者 $(H_6)'''$ 替换, 则定理 5.3.1 的结论依然成立.

证明　类似于定理 5.3.1, 我们能够得到推论 5.3.3 的结论.

例 5.3.1　令 $\delta = \dfrac{1}{4}$, $m = 1$, $t_1 = \dfrac{1}{2}$, $p = 1$. 由 $p = 1$ 知 $q = \infty$. 考虑边值问题

$$
\begin{cases}
x^{(4)}(t) = \omega(t)f(t, x(t)), & 0 < t < 1, \quad t \neq \dfrac{1}{2}, \\[2mm]
\Delta x|_{t=\frac{1}{2}} = I_1\left(\dfrac{1}{2}, x\left(\dfrac{1}{2}\right)\right), \\[2mm]
\Delta x'|_{t=\frac{1}{2}} = 0, \\[2mm]
x(0) = \displaystyle\int_0^1 g(s)x(s)ds, \quad x'(1) = 0, \\[2mm]
x''(0) = \displaystyle\int_0^1 h(s)x''(s)ds, \quad x'''(1) = 0.
\end{cases}
\tag{5.3.28}
$$

结论 5.3.1　问题 (5.3.28) 至少存在三个正解.

证明　首先把问题 (5.3.28) 写成问题 (5.3.1) 的形式. 其中, $\omega(t) = 2t + 3 \in L^1[0,1]$, $g(t) = h(t) = t$, $I_1(t, x) = \dfrac{tx}{20\delta}$,

$$
f(t, x) = \begin{cases}
\dfrac{d}{48}, & t \in J, \quad x \in [0, d], \\[3mm]
\dfrac{d}{48} \times \dfrac{a - x}{a - d} + 64a\dfrac{x - d}{a - d}, & t \in J, \quad x \in [d, a], \\[3mm]
64a, & t \in J, \quad x \in \left[a, \dfrac{a}{\delta^*}\right], \\[3mm]
64a + t\sqrt{x - \dfrac{a}{\delta^*}}, & t \in J, \quad x \in \left[\dfrac{a}{\delta^*}, \infty\right).
\end{cases}
$$

通过计算知 $\omega(t) \geqslant n = 3$, $a.e.\, t \in J$,

$$
\mu = \int_0^1 h(t)dt = \frac{1}{2}, \quad \nu = \int_0^1 g(t)dt = \frac{1}{2}, \quad \gamma = \frac{1}{1 - \mu} = 2, \quad \gamma_1 = \frac{1}{1 - \nu} = 2,
$$

$$
\delta_1 = \frac{3}{4}, \quad \delta^* = \frac{1}{8}.
$$

因此, 由 ω, f, I_1, g 和 h 的定义知条件 (H_1)—(H_3) 成立.

另外, 由 $\omega(t) = 2t + 3$ 和 $e(t) = t$ 知

$$
\|\omega\|_1 = \int_0^1 (2t + 3)dt = 4,
$$

$$
\|e\|_q = \|e\|_\infty = \lim_{q \to \infty}\left(\int_0^1 t^q dt\right)^{\frac{1}{q}} = \lim_{q \to \infty}\left(\frac{1}{q + 1}\right)^{\frac{1}{q}} = 1.
$$

故, 得到

$$
D = \gamma\gamma_1\|\omega\|_1\|e\|_\infty = 16, \quad D_1 = \frac{m}{1 - \mu} = 2, \quad \frac{1}{2D} = \frac{1}{32}, \quad \frac{1}{2D_1} = \frac{1}{4}.
$$

选取 $0 < d < a < 8a \leqslant c$, 得

$$f^\infty = 0 < \frac{1}{32} = \frac{1}{2D}, \quad I^\infty(1) = \frac{1}{5} < \frac{1}{4} = \frac{1}{2D_1},$$

$$f(t,x) = 64a > 32a = \frac{3a}{\delta^2(1-2\delta)n}, \quad \forall(t,x) \in \left[\frac{1}{4}, \frac{3}{4}\right] \times [a, 8a],$$

$$f(t,x) = \frac{d}{48} < \frac{d}{32} = \frac{1}{2D}, \quad I_1(t,x) \leqslant \frac{d}{5} < \frac{d}{4} = \frac{d}{2D_1}, \quad \forall(t,x) \in J \times [0,d].$$

这表明条件 (H_4)—(H_6) 成立.

根据推论 5.3.2 知问题 (5.3.28) 至少存在 x_1, x_2 和 x_3 三个正解, 且

$$\|x_1\| < d, \quad a < \beta(x_2), \quad x_3 > d, \quad \beta(x_3) < a.$$

证毕.

5.4 带 p-Laplace 算子的四阶脉冲微分方程的多个正解

考虑边值问题

$$\begin{cases} (\phi_p(y''(t)))'' = f(t, y(t)), & t \in J, \quad t \neq t_k, \quad k = 1, 2, \cdots, m, \\ \Delta y'|_{t=t_k} = -I_k(y(t_k)), & k = 1, 2, \cdots, m, \\ y(0) = y(1) = \displaystyle\int_0^1 g(t)y(t)dt, \\ \phi_p(y''(0)) = \phi_p(y''(1)) = \displaystyle\int_0^1 h(t)\phi_p(y''(t))dt, \end{cases} \quad (5.4.1)$$

其中, $J = [0,1]$, $\phi_p(s)$ 是 p-Laplace 算子, 即 $\phi_p(s) = |s|^{p-2}s, p > 1, (\phi_p)^{-1} = \phi_q, \frac{1}{p} + \frac{1}{q} = 1, f \in C(J \times \mathbf{R}^+, \mathbf{R}^+)$, $I_k \in C(\mathbf{R}^+, \mathbf{R}^+)$, $\mathbf{R}^+ = [0, +\infty), t_k(k = 1, 2, \cdots, m)$ $(m$ 是固定的正整数$)$ 是固定点, 且 $0 = t_0 < t_1 < t_2 < \cdots < t_k < \cdots < t_m < t_{m+1} = 1$, $\Delta x'|_{t=t_k} = x'(t_k^+) - x'(t_k^-)$, $x'(t_k^+)$ 和 $x'(t_k^-)$ 分别表示 $x'(t)$ 在 $t = t_k$ 点的右极限和左极限, g, $h \in L^1[0,1]$ 非负.

另外, f, $I_k(k = 1, 2, \cdots, m)$, g 和 h 满足以下条件:

(H_1) $f \in C(J \times \mathbf{R}^+, \mathbf{R}^+)$, $I_k \in C(\mathbf{R}^+, \mathbf{R}^+)$, $k = 1, 2, \cdots, m$;

(H_2) g, $h \in L^1[0,1]$, 且

$$0 \leqslant g(t) < (\tau+1)t^\tau, \quad \tau = 0, 1, 2, \cdots, n,$$

$$0 \leqslant h(t) < t^\tau + \frac{\tau}{\tau+1}, \quad \tau = 0, 1, 2, \cdots, n.$$

记

$$\mu = \int_0^1 g(s)ds, \quad \nu = \int_0^1 h(s)ds. \tag{5.4.2}$$

由条件 (H_2) 知 $\mu \in [0,1)$, $\nu \in [0,1)$.

一个函数 $y \in PC^1[0,1] \cap C^4(J')$ 如果满足 (5.4.1) 式, 则称函数 y 是问题 (5.4.1) 的解.

令 $J' = J \setminus \{t_1, t_2, \cdots, t_n\}$,

$$PC^1[0,1] = \{x \in C[0,1] : x'|_{(t_k, t_{k+1})} \in C(t_k, t_{k+1}),$$

$$x'(t_k^-) = x'(t_k), \exists\, x'(t_k^+),\ k = 1, 2, \cdots, m\},$$

$$\|x\|_{PC^1} = \max\{\|x\|_\infty, \|x'\|_\infty\},$$

其中, $\|x\|_\infty = \sup\limits_{t \in J} |x(t)|,\ \ \|x'\|_\infty = \sup\limits_{t \in J} |x'(t)|.$

显然, $(PC^1[0,1], \|x\|_\infty)$ 是一个实 Banach 空间.

令

$$\phi_p(y''(t)) = -x(t), \tag{5.4.3}$$

则我们能够把问题 (5.4.1) 转化为

$$\begin{cases} x''(t) + f(t, y(t)) = 0, & t \in J, \\ x(0) = x(1) = \displaystyle\int_0^1 h(t)x(t)dt \end{cases} \tag{5.4.4}$$

和

$$\begin{cases} y''(t) = -\phi_q(x(t)), & t \in J,\ t \neq t_k, \\ \Delta y'|_{t=t_k} = -I_k(y(t_k)), & k = 1, 2, \cdots, m, \\ y(0) = y(1) = \displaystyle\int_0^1 g(t)y(t)dt. \end{cases} \tag{5.4.5}$$

引理 5.4.1　假设条件 (H_1) 和 (H_2) 成立, 则问题 (5.4.4) 存在唯一解 x, 且

$$x(t) = \int_0^1 H(t,s)f(s, y(s))ds, \tag{5.4.6}$$

其中,

$$H(t,s) = G(t,s) + \frac{1}{1-\nu} \int_0^1 G(s,\tau)h(\tau)d\tau, \tag{5.4.7}$$

$$G(t,s) = \begin{cases} t(1-s), & 0 \leqslant t \leqslant s \leqslant 1, \\ s(1-t), & 0 \leqslant s \leqslant t \leqslant 1. \end{cases} \tag{5.4.8}$$

如果记 $e(t) = t(1-t)$, 则由 (5.4.7) 和 (5.4.8) 式知 $H(t,s), G(t,s)$ 有如下性质.

命题 5.4.1　如果条件 (H_2) 成立, 则

$$H(t,s) > 0, \quad G(t,s) > 0, \quad t,s \in (0,1), \tag{5.4.9}$$

$$H(t,s) \geqslant 0, \quad G(t,s) \geqslant 0, \quad t,s \in J. \tag{5.4.10}$$

命题 5.4.2　对任意 $t,s \in J$, 得

$$e(t)e(s) \leqslant G(t,s) \leqslant G(t,t) = t(1-t) = e(t) \leqslant \bar{e} = \max_{t \in J} e(t) = \frac{1}{4}. \tag{5.4.11}$$

命题 5.4.3　如果条件 (H_2) 成立, 则对任意 $t,s \in J$, 得

$$\rho e(s) \leqslant H(t,s) \leqslant \gamma s(1-s) = \gamma e(s) \leqslant \frac{1}{4}\gamma, \tag{5.4.12}$$

其中,

$$\gamma = \frac{1}{1-\nu}, \quad \rho = \frac{\displaystyle\int_0^1 e(\tau)h(\tau)d\tau}{1-\nu}. \tag{5.4.13}$$

证明　由 (5.4.4) 和 (5.4.11) 式知

$$H(t,s) = G(t,s) + \frac{1}{1-\nu}\int_0^1 G(s,\tau)h(\tau)d\tau$$

$$\geqslant \frac{1}{1-\nu}\int_0^1 G(s,\tau)h(\tau)d\tau$$

$$\geqslant \frac{\displaystyle\int_0^1 e(\tau)h(\tau)d\tau}{1-\nu}s(1-s)$$

$$= \rho e(s), \quad t \in J.$$

另外, 注意到 $G(t,s) \leqslant s(1-s)$, 得

$$H(t,s) = G(t,s) + \frac{1}{1-\nu}\int_0^1 G(s,\tau)h(\tau)d\tau$$

$$\leqslant s(1-s) + \frac{1}{1-\nu}\int_0^1 s(1-s)h(\tau)d\tau$$

$$\leqslant s(1-s)\left[1 + \frac{1}{1-\nu}\int_0^1 h(\tau)d\tau\right]$$

$$\leqslant s(1-s)\frac{1}{1-\nu}$$

$$= \gamma e(s), \quad t \in J.$$

命题得证.

注 5.4.1 由 (5.4.7) 和 (5.4.12) 式知

$$\rho e(s) \leqslant H(s,s) \leqslant \gamma s(1-s) = \gamma e(s) \leqslant \frac{1}{4}\gamma, \quad s \in J.$$

引理 5.4.2 如果条件 (H_1) 和 (H_2) 成立, 则问题 (5.4.5) 存在唯一解 y, 且

$$y(t) = \int_0^1 H_1(t,s)\phi_q(x(s))ds + \sum_{k=1}^m H_1(t,t_k)I_k(y(t_k)), \tag{5.4.14}$$

其中,

$$H_1(t,s) = G(t,s) + \frac{1}{1-\mu}\int_0^1 G(s,\tau)g(\tau)d\tau, \tag{5.4.15}$$

$G(t,s)$ 由 (5.4.8) 式定义.

证明 首先假设 $y \in PC^1[0,1] \cap C^2(J')$ 是问题 (5.4.5) 的解.

如果 $t \in [0,t_1)$, 对 (5.4.5) 式积分得

$$y'(t) = y'(0) - \int_0^t \phi_q(x(s))ds.$$

如果 $t \in [t_1, t_2)$, 则从 t_1 到 t 积分, 得到

$$\begin{aligned}
y'(t) &= y'(t_1^+) - \int_{t_1}^t \phi_q(x(s))ds \\
&= y'(t_1^-) + \Delta y'(t_1) - \int_{t_1}^t \phi_q(x(s))ds \\
&= y'(0) - \int_0^{t_1} \phi_q(x(s))ds + \Delta y'(t_1) - \int_{t_1}^t \phi_q(x(s))ds \\
&= y'(0) - \int_0^t \phi_q(x(s))ds - I_1(y(t_1)).
\end{aligned}$$

类似地, 如果 $t \in [t_k, t_{k+1})$, 则通过积分得到

$$y'(t) = y'(0) - \int_0^t \phi_q(x(s))ds - \sum_{t_k < t} I_k(y(t_k)).$$

再次积分, 得到

$$y(t) = y(0) + y'(0)t - \int_0^t (t-s)\phi_q(x(s))ds - \sum_{t_k < t} I_k(y(t_k))(t-t_k). \tag{5.4.16}$$

在 (5.4.16) 式中, 令 $t = 1$, 得到

$$y'(0) = \int_0^1 (1-s)\phi_q(x(s))ds + \sum_{t_k < 1} I_k(y(t_k))(1 - t_k). \qquad (5.4.17)$$

把 $y(0) = \int_0^1 g(t)y(t)dt$ 和 (5.4.17) 式代入 (5.4.16) 式, 得到

$$\begin{aligned}
y(t) =& y(0) + \int_0^1 t(1-s)\phi_q(x(s))ds + t\sum_{t_k < 1} I_k(y(t_k))(1 - t_k) \\
& - \int_0^t (t-s)\phi_q(x(s))ds - \sum_{t_k < t} I_k(y(t_k))(t - t_k) \\
=& \int_0^1 G(t,s)\phi_q(x(s))ds + \int_0^1 g(t)y(t)dt + \sum_{k=1}^m G(t,t_k)I_k(y(t_k)), \quad (5.4.18)
\end{aligned}$$

其中,

$$\begin{aligned}
\int_0^1 g(t)y(t)dt =& \int_0^1 g(t)\Bigg[\int_0^1 g(t)y(t)dt + \int_0^1 G(t,s)\phi_q(x(s))ds \\
& + \sum_{k=1}^m G(t,t_k)I_k(y(t_k)) \Bigg]dt \\
=& \int_0^1 g(t)dt \times \int_0^1 g(t)y(t)dt + \int_0^1 \int_0^1 G(t,s)g(t)\phi_q(x(s))dsdt \\
& + \int_0^1 g(t)\Bigg(\sum_{k=1}^m G(t,t_k)I_k(y(t_k)) \Bigg)dt.
\end{aligned}$$

因此, 得到

$$\begin{aligned}
\int_0^1 g(s)y(s)ds =& \frac{1}{1 - \int_0^1 g(s)ds}\Bigg[\int_0^1 \Bigg(\int_0^1 G(s,r)g(r)dr \Bigg)\phi_q(x(s))ds \\
& + \int_0^1 g(s)\Bigg(\sum_{k=1}^m G(s,t_k)I_k(y(t_k)) \Bigg)ds \Bigg]
\end{aligned}$$

和

$$y(t) = \int_0^1 G(t,s)\phi_q(x(s))ds + \sum_{k=1}^m G(t,t_k)I_k(y(t_k))$$

$$+ \frac{1}{1-\mu}\Big[\int_0^1 \Big(\int_0^1 G(s,r)g(r)dr \Big) \phi_q(x(s))ds$$

$$+ \int_0^1 g(s) \Big(\sum_{k=1}^m G(s,t_k)I_k(y(t_k)) \Big) ds \Big].$$

令

$$H_1(t,s) = G(t,s) + \frac{1}{1-\mu} \int_0^1 G(s,r)g(r)dr,$$

则

$$y(t) = \int_0^1 H(t,s)\phi_q(x(s))ds + \sum_{k=1}^m H(t,t_k)I_k(y(t_k)).$$

充分性得证.

下证必要性. 假设 y 是 (5.4.14) 的一个解, 则对 (5.4.14) 式直接微分, 得到

$$y'(t) = \int_0^1 (1-s)\phi_q(x(s))ds + \sum_{k=1}^m I_k(y(t_k))(1-t_k)$$

$$- \int_0^t \phi_q(x(s))ds - \sum_{t_k < t} I_k(y(t_k)), \quad t \neq t_k.$$

显然,

$$y''(t) = -\phi_q(x(t)).$$

$$\Delta y'|_{t=t_k} = -I_k(y(t_k)) \ (k=1,2,\cdots,m), \quad y(0) = y(1) = \int_0^1 g(t)y(t)dt.$$

必要性得证. 证毕.

注 5.4.2　由 (5.4.15) 知 $H_1(t,s)$ 具有和 $H(t,s)$ 类似的性质.

假设 y 是问题 (5.4.1) 的解, 则由引理 5.4.1 和引理 5.4.2 知

$$y(t) = \int_0^1 H_1(t,s)\phi_q\Big(\int_0^1 H(s,\tau)f(\tau,y(\tau))d\tau \Big)ds + \sum_{k=1}^m H_1(t,t_k)I_k(y(t_k)).$$

为了应用定理 2.1.1, 我们定义一个锥 K:

$$K = \Big\{ x \in PC^1[0,1] : x \geqslant 0, \ x(t) \geqslant \frac{\rho_1 \rho^{q-1}}{\gamma^{q-1}\gamma_1}x(s), \ t, \ s \in J \Big\}, \tag{5.4.19}$$

其中,

$$\rho_1 = \frac{\displaystyle\int_0^1 e(\tau)g(\tau)d\tau}{1-\mu}, \quad \gamma_1 = \frac{1}{1-\mu}.$$

容易看出 K 是 $PC^1[0,1]$ 的一个闭凸锥.

定义一个算子 $T : K \to K$:

$$(Ty)(t) = \int_0^1 H_1(t,s)\phi_q\left[\int_0^1 H(s,\tau)f(\tau,y(\tau))d\tau\right]ds + \sum_{k=1}^m H_1(t,t_k)I_k(y(t_k)).$$

$$(5.4.20)$$

由 (5.4.20) 式知 $y \in PC^1[0,1]$ 是问题 (5.4.1) 的解当且仅当 y 是算子 T 的一个不动点.

记

$$K_{r,R} = \{x \in K : r < \|x\| < R\},$$

其中, $0 < r < R$.

引理 5.4.3 假设条件 (H_1) 和 (H_2) 成立, 则 $T(K) \subset K$, 且 $T : K_{r,R} \to K$ 全连续.

证明 对任意 $y \in K$, 显然 $Ty \geqslant 0$, $Ty \in PC^1[0,1]$, 并且

$$(Ty)(t) \leqslant \gamma^{q-1}\gamma_1 \int_0^1 e(s)\phi_q\left[\int_0^1 e(\tau)f(\tau,y(\tau))d\tau\right]ds + \gamma_1\sum_{k=1}^m e(t_k)I_k(y(t_k)).$$

由 (5.4.20) 式和注 5.4.1 知:

(1) 如果 μ, $\nu \in \left[0, \dfrac{4}{5}\right]$, 注意到 $0 \leqslant \rho \leqslant 1$, 则

$$(Ty)(t) = \int_0^1 H_1(t,s)\phi_q\left[\int_0^1 H(s,\tau)f(\tau,y(\tau))d\tau\right]ds + \sum_{k=1}^m H_1(t,t_k)I_k(y(t_k))$$

$$\geqslant \rho_1\rho^{q-1}\phi_q\int_0^1 e(s)\left[\int_0^1 e(\tau)f(\tau,y(\tau))d\tau\right]ds + \rho_1\sum_{k=1}^m e(t_k)I_k(y(t_k))$$

$$\geqslant \rho_1\rho^{q-1}\int_0^1 e(s)\phi_q\left[\int_0^1 e(\tau)f(\tau,y(\tau))d\tau\right]ds + \rho_1\rho^{q-1}\sum_{k=1}^m e(t_k)I_k(y(t_k))$$

$$= \frac{\rho_1\rho^{q-1}}{\gamma^{q-1}\gamma_1}\gamma^{q-1}\gamma_1\int_0^1 e(s)\phi_q\left[\int_0^1 e(\tau)f(\tau,y(\tau))d\tau\right]ds$$

$$+ \frac{\rho_1\rho^{q-1}}{\gamma_1}\gamma_1\sum_{k=1}^m e(t_k)I_k(y(t_k))$$

$$\geqslant \frac{\rho_1\rho^{q-1}}{\gamma^{q-1}\gamma_1}\left[\gamma^{q-1}\gamma_1\int_0^1 e(s)\phi_q\left[\int_0^1 e(\tau)f(\tau,y(\tau))d\tau\right]ds + \gamma_1\sum_{k=1}^m e(t_k)I_k(y(t_k))\right]$$

$$\geqslant \frac{\rho_1\rho^{q-1}}{\gamma^{q-1}\gamma_1}(Ty)(s), \quad t,s \in J.$$

(2) 如果 $\mu,\ \nu \in \left[\dfrac{4}{5}, 1\right)$, 注意到 $\rho \geqslant 1$ 和 $\gamma^{q-1} > \rho^{q-1}$, 则

$$(Ty)(t) = \int_0^1 H_1(t,s)\phi_q\left[\int_0^1 H(s,\tau)f(\tau,y(\tau))d\tau\right]ds + \sum_{k=1}^m H_1(t,t_k)I_k(y(t_k))$$

$$\geqslant \rho_1\rho^{q-1}\phi_q\int_0^1 e(s)\left[\int_0^1 e(\tau)f(\tau,y(\tau))d\tau\right]ds + \rho_1\sum_{k=1}^m e(t_k)I_k(y(t_k))$$

$$= \rho_1\rho^{q-1}\int_0^1 e(s)\phi_q\left[\int_0^1 e(\tau)f(\tau,y(\tau))d\tau\right]ds + \frac{\rho_1\rho^{q-1}}{\rho^{q-1}}\sum_{k=1}^m e(t_k)I_k(y(t_k))$$

$$= \frac{\rho_1\rho^{q-1}}{\gamma^{q-1}\gamma_1}\gamma^{q-1}\gamma_1\int_0^1 e(s)\phi_q\left[\int_0^1 e(\tau)f(\tau,y(\tau))d\tau\right]ds$$

$$+ \frac{\rho_1\rho^{q-1}}{\gamma_1\rho^{q-1}}\gamma_1\sum_{k=1}^m e(t_k)I_k(y(t_k))$$

$$\geqslant \frac{\rho_1\rho^{q-1}}{\gamma^{q-1}\gamma_1}\left[\gamma^{q-1}\gamma_1\int_0^1 e(s)\phi_q\left[\int_0^1 e(\tau)f(\tau,y(\tau))d\tau\right]ds + \gamma_1\sum_{k=1}^m e(t_k)I_k(y(t_k))\right]$$

$$\geqslant \frac{\rho_1\rho^{q-1}}{\gamma^{q-1}\gamma_1}(Ty)(s), \quad t,s \in J.$$

因此, $T(y) \in K$, 即 $T(K) \subset K$. 进而, 由 $K_{r,R} \subset K$ 得到 $T(K_{r,R}) \subset K$. 所以, $T: K_{r,R} \to K$.

下面, 我们证明 $T: K_{r,R} \to K$ 全连续.

显然 $T: K_{r,R} \to K$ 连续. 我们只要验证 T 相对紧即可.

令 $B_r = \{x \in PC^1[0,1] | \|x\|_{PC^1} \leqslant r\}$ 是一个有界集, 则对任意 $x \in B_r$, 得

$$\|Tx\|_\infty \leqslant \frac{1}{4}\gamma_1\phi_q\left(\frac{1}{4}\gamma M\right) + \frac{1}{4}\gamma_1 mA = r_0,$$

$$\|Tx'\|_\infty \leqslant \phi_q\left(\frac{1}{4}\gamma M\right) + mA = r_1.$$

因此, $T(B_r)$ 一致有界.

另外, 对任意 $t,s \in J_k(k=0,1,\cdots,m),\ t < s$, 得

$$|(Tx)(t) - (Tx)(s)| = \left|\int_s^t (Tx)'(\tau)d\tau\right| \leqslant r_1|t-s| \to 0, \quad s \to t.$$

进而, 根据 $H_1'(t,s)$ 的连续性, 得到

$$|(Tx)'(t) - (Tx)'(s)| = \left|\int_0^1 [H_1'(t,r) - H_1'(s,r)]\phi_q\left[\int_0^1 H(r,\tau)f(\tau,y(\tau))d\tau\right]dr\right.$$

$$+\sum_{k=1}^{m}[H_1'(t,t_k)-H_1'(s,t_k)]I_k(y(t_k))\bigg|\to 0,\quad s\to t.$$

这表明 $T(B_r)$ 等度连续. 这表明 $T(B_r)$ 在 $PC^1[0,1]$ 中相对紧. 由 Arzelà-Ascoli 定理知 T 全连续. 证毕.

下面, 应用定理 2.1.1 讨论问题 (5.4.1) 正解的存在性. 首先, 对 $f(t,y)$ 和 $I_k(y)$ 给出如下条件:

(H_3) 存在常数 $0<r<R<+\infty$ 使得

$$f(t,y)\leqslant\phi_p\Big(\frac{1}{2\gamma^{q-1}}(1-\mu)r\Big),\quad t\in J,\quad 0\leqslant y\leqslant r;\qquad(5.4.21)$$

$$I_k(y)\leqslant\frac{7}{8m}(1-\mu)r,\quad 0\leqslant y\leqslant r;\qquad(5.4.22)$$

$$f(t,y)\geqslant\phi_p\Big(\frac{\gamma_1\gamma^{q-1}}{\rho_1^2\rho^{2(q-1)}t_1^q(1-t_m)^q(t_m-t_1)^q}R\Big),\quad t\in J,\quad R\leqslant y<\infty,\qquad(5.4.23)$$

其中, μ 由 (5.4.2) 式定义, ρ,γ 由 (5.4.13) 式定义, 且记

$$f^\beta=\limsup_{y\to\beta}\max_{t\in J}\frac{f(t,y)}{\phi_p(y)},\quad f_\beta=\liminf_{y\to\beta}\min_{t\in J}\frac{f(t,y)}{\phi_p(y)},$$

$$I^\beta(k)=\limsup_{y\to\beta}\frac{I_k(y)}{y},$$

其中, β 表示 0^+ 或者 $+\infty$.

定理 5.4.1 假设条件 (H_1)—(H_3) 成立, 则问题 (5.4.1) 至少存在一个正解 y, 且

$$\frac{\rho^{q-1}\rho_1}{\gamma_1\gamma^{q-1}}r\leqslant y(t)\leqslant\frac{\gamma_1\gamma^{q-1}}{\rho^{q-1}\rho_1}R,\quad t\in J.\qquad(5.4.24)$$

证明 对任意 $y\in K$ 且 $\|y\|_{PC^1}=r$, 由 (5.4.12), (5.4.15), (5.4.21) 和 (5.4.22) 式知

$$(Ty)(t)\leqslant\gamma_1\gamma^{q-1}\int_0^1 e(s)\phi_q\Big(\int_0^1 e(\tau)f(\tau,y(\tau))d\tau\Big)ds+\gamma_1\sum_{k=1}^m e(t_k)I_k(y(t_k))$$

$$\leqslant\gamma_1\gamma^{q-1}\frac{1}{4}\Big(\frac{1}{4}\Big)^{q-1}\phi_q\Big(\int_0^1 f(\tau,y(\tau))d\tau\Big)ds+\frac{1}{4}\gamma_1\sum_{k=1}^m I_k(y(t_k))$$

$$\leqslant\gamma_1\gamma^{q-1}\frac{1}{4}\Big(\frac{1}{4}\Big)^{q-1}\phi_q\Big(\int_0^1\phi_p\Big(\frac{1}{2\gamma^{q-1}}(1-\mu)r\Big)d\tau\Big)ds$$

$$+\frac{1}{4}\gamma_1 m\times\frac{7}{8m}(1-\mu)r$$

$$\leqslant \left(\frac{1}{4}\right)^q \frac{1}{2}r + \frac{7}{32}r$$

$$\leqslant \frac{1}{8}r + \frac{7}{32}r$$

$$< r = \|y\|_{PC^1}, \tag{5.4.25}$$

$$|(Ty)'(t)| \leqslant \int_0^1 |H_t'(t,s)|\phi_q\left(\int_0^1 H(s,\tau)f(\tau,y(\tau))d\tau\right)ds + \sum_{k=1}^m |H_t'(t,t_k)|I_k(y(t_k))$$

$$\leqslant \gamma^{q-1}\left(\frac{1}{4}\right)^{q-1}\phi_q\left(\int_0^1 f(\tau,y(\tau))d\tau\right) + \sum_{k=1}^m I_k(y(t_k))$$

$$\leqslant \gamma^{q-1}\left(\frac{1}{4}\right)^{q-1}\phi_q\left(\int_0^1 \left(\frac{1}{2\gamma^{q-1}}(1-\mu)r\right)d\tau\right) + m\times\frac{7}{8m}(1-\mu)r$$

$$\leqslant \frac{1}{8}(1-\mu)r + \frac{7}{8}r$$

$$\leqslant r = \|y\|_{PC^1}, \tag{5.4.26}$$

其中,

$$H_t'(t,s) = G_t'(t,s) = \begin{cases} -s, & 0 \leqslant s \leqslant t \leqslant 1, \\ 1-s, & 0 \leqslant t \leqslant s \leqslant 1, \end{cases}$$

$$\max_{t,s\in J, t\neq s}|H_t'(t,s)| = \max_{t,s\in J, t\neq s}|G_t'(t,s)| = 1.$$

令 $\Omega_1 = \{y \in K : \|y\|_{PC^1} < r\}$, 则 (5.4.25) 和 (5.4.26) 式表明

$$\|Ty\|_{PC^1} \leqslant \|y\|_{PC^1}, \quad y \in \partial\Omega_1. \tag{5.4.27}$$

进而, 令

$$R_1 = \frac{\gamma_1\gamma^{q-1}}{\rho^{q-1}\rho_1}R \tag{5.4.28}$$

和

$$\Omega_2 = \{y \in K : \|y\|_{PC^1} < R_1\}.$$

则由 $y \in K$ 且 $\|y\|_{PC^1} = R_1$ 知

$$y(t) \geqslant \frac{\rho_1\rho^{q-1}}{\gamma^{q-1}\gamma_1}y(s), \quad t,s \in J,$$

即

$$y(t) \geqslant \frac{\rho_1\rho^{q-1}}{\gamma^{q-1}\gamma_1}R_1 = R, \quad t \in J.$$

所以, $y(t) \geqslant R$, $\forall t \in J$. 因此, 由 (5.4.23) 式知

$$(Ty)(t) \geqslant \int_0^1 H_1(t,s)\phi_q\left[\int_0^1 H(s,\tau)f(\tau,y(\tau))d\tau\right]ds$$

$$\geqslant \rho_1\rho^{q-1}\int_{t_1}^{t_m}e(s)\phi_q\left[\int_{t_1}^{t_m}e(\tau)\phi_p\left(\frac{\gamma_1\gamma^{q-1}}{\rho_1^2\rho^{2(q-1)}t_1^q(1-t_m)^q(t_m-t_1)^q}R\right)d\tau\right]ds$$

$$\geqslant \rho_1\rho^{q-1}t_1(1-t_m)t_1^{q-1}(1-t_m)^{q-1}(t_m-t_1)^q$$

$$\times \frac{\gamma_1\gamma^{q-1}}{\rho_1^2\rho^{2(q-1)}t_1^q(1-t_m)^q(t_m-t_1)^q}R$$

$$= \frac{\gamma_1\gamma^{q-1}}{\rho_1\rho^{q-1}}R = R_1 = \|y\|_{PC^1}, \quad t \in J.$$

这表明

$$\|Ty\|_{PC^1} \geqslant \|y\|_{PC^1}, \quad y \in \partial\Omega_2. \tag{5.4.29}$$

由定理 2.1.1 知算子 T 至少存在一个不动点 $y \in \bar{\Omega}_2 \setminus \Omega_1$ 且 $r \leqslant \|y\|_{PC^1} \leqslant R_1$. 因为 $y \in K$, 所以得到 $y(t) \geqslant \dfrac{\rho_1\rho^{q-1}}{\gamma_1\gamma^{q-1}}y(s)$, $t, s \in J$. 这表明 (5.4.24) 式成立. 定理得证.

作为定理 5.4.1 的特殊情况, 我们得到如下结论.

推论 5.4.1 假设条件 (H_1) 和 (H_2) 成立, 如果 $f^0 = 0$, $I^0(k) = 0$ 且 $f_\infty = \infty$, 则对充分小的 $r > 0$ 和充分大的 $R > 0$, 问题 (5.4.1) 至少存在一个正解 y 且 y 满足 (5.4.24) 式.

证明 类似于文献 [14] 的定理 3.1 的证明, 我们能够得到推论 5.4.1 的结论. 证毕.

在定理 5.4.2 中, 我们假设 $f(t,y)$ 和 $I_k(y)$ 满足:

(H_4) 存在常数 $0 < r < R < +\infty$ 使得

$$f(t,y) \geqslant \phi_p\left(\frac{\gamma_1\gamma^{q-1}}{\rho^2\rho_1^{2(q-1)}t_1^q(1-t_m)^q(t_m-t_1)^q}y\right), \quad t \in J, \quad 0 \leqslant y \leqslant r, \tag{5.4.30}$$

$$f(t,y) \leqslant \phi_p\left(\frac{1-\mu}{4}y\right), \quad t \in J, \quad R \leqslant y < \infty, \tag{5.4.31}$$

$$I_k(y) \leqslant \frac{1-\mu}{4m}y, \quad R \leqslant y < \infty, \tag{5.4.32}$$

其中, ρ, γ 由 (5.4.13) 式定义, 且记

$$M = \max_{t \in J, y \in K, \|y\|_{PC^1}=R}f(t,y), \quad N = \max_{y \in K, \|y\|_{PC^1}=R}I_k(y), \tag{5.4.33}$$

$$\eta = \max\left\{ M, \phi_p\left(\frac{1-\mu}{4} \|y\|_{PC^1} \right) \right\}. \tag{5.4.34}$$

定理 5.4.2　假设条件 (H_1), (H_2) 和 (H_4) 成立, 则问题 (5.4.1) 至少存在一个正解 y, 且

$$\frac{\rho^{q-1}\rho_1}{\gamma_1\gamma^{q-1}} r \leqslant y(t) \leqslant \max\left\{ 2R, \frac{4}{3(1-\mu)}\left(\gamma^{q-1}\left(\frac{1}{4}\right)^{q-1}(2\eta)^{q-1} + mN \right) \right\}, \quad \forall t \in J. \tag{5.4.35}$$

证明　对任意 $y \in K$ 且 $\|y\|_{PC^1} = r$, 由 (5.4.30) 式知

$$(Ty)(t) \geqslant \int_0^1 H_1(t,s)\phi_q\left[\int_0^1 H(s,\tau)f(\tau, y(\tau))d\tau \right] ds$$

$$\geqslant \rho_1\rho^{q-1} \int_{t_1}^{t_m} e(s)\phi_q\left[\int_{t_1}^{t_m} e(\tau)\phi_p\left(\frac{\gamma_1\gamma^{q-1}}{\rho_1^2\rho^{2(q-1)}t_1^q(1-t_m)^q(t_m-t_1)^q} y(\tau) \right) d\tau \right] ds$$

$$\geqslant \rho_1\rho^{q-1}t_1(1-t_m)t_1^{q-1}(1-t_m)^{q-1}(t_m-t_1)^q$$

$$\times \frac{\gamma_1\gamma^{q-1}}{\rho_1^2\rho^{2(q-1)}t_1^q(1-t_m)^q(t_m-t_1)^q} \frac{\rho_1\rho^{q-1}}{\gamma_1\gamma^{q-1}} \|y\|_{PC^1}$$

$$= \|y\|_{PC^1}.$$

这表明

$$\|Ty\|_{PC^1} \geqslant \|y\|_{PC^1}, \quad \forall y \in \partial\Omega_1. \tag{5.4.36}$$

由 (5.4.31)—(5.4.34) 式知

$$f(t,y) \leqslant M + \phi_p\left(\frac{1-\mu}{4}y \right), \quad I_k(y) \leqslant \frac{1-\mu}{4m}y + N.$$

令

$$R_2 = \max\left\{ 2R, \frac{4}{3(1-\mu)}\left(\gamma^{q-1}\left(\frac{1}{4}\right)^{q-1}(2\eta)^{q-1} + mN \right) \right\},$$

$$\Omega_3 = \{y \in K : \|y\|_{PC^1} < R_2\},$$

则, 对任意 $y \in \partial\Omega_3$, 得

$$(Ty)(t) \leqslant \gamma_1\gamma^{q-1} \int_0^1 e(s)\phi_q\left(\int_0^1 e(\tau)f(\tau, y(\tau))d\tau \right) ds + \gamma_1 \sum_{k=1}^m e(t_k)I_k(y(t_k))$$

$$\leqslant \gamma_1\gamma^{q-1}\frac{1}{4}\left(\frac{1}{4}\right)^{q-1}\phi_q\left(\int_0^1 f(\tau, y(\tau))d\tau \right) + \frac{1}{4}\gamma_1\sum_{k=1}^m I_k(y(t_k))$$

$$\leqslant \gamma_1 \gamma^{q-1} \frac{1}{4} \left(\frac{1}{4}\right)^{q-1} \phi_q \left(\int_0^1 \left(M + \phi_p\left(\frac{1}{4}(1-\mu)y(\tau)\right)\right) d\tau\right)$$
$$+ \frac{1}{4}\gamma_1 m \times \left(N + \frac{1}{4m}(1-\mu)r\right)$$

$$\leqslant \gamma_1 \gamma^{q-1} \frac{1}{4} \left(\frac{1}{4}\right)^{q-1} \phi_q \left(\int_0^1 (2\eta)d\tau\right) + \frac{1}{4}\gamma_1 m \times \left(N + \frac{1}{4m}(1-\mu)\|y\|_{PC^1}\right)$$

$$\leqslant \gamma_1 \gamma^{q-1} \left(\frac{1}{4}\right)^q (2\eta)^{q-1} + \frac{1}{16}\|y\|_{PC^1} + \frac{1}{4}\gamma_1 m \times N$$

$$\leqslant \frac{3}{4}\|y\|_{PC^1} + \frac{7}{32}\|y\|_{PC^1}$$
$$< \|y\|_{PC^1}, \tag{5.4.37}$$

$$|(Ty)'(t)| \leqslant \int_0^1 |H_t'(t,s)|\phi_q\left(\int_0^1 H(s,\tau)f(\tau,y(\tau))d\tau\right)ds + \sum_{k=1}^m |H_t'(t,t_k)|I_k(y(t_k))$$

$$\leqslant \gamma^{q-1}\left(\frac{1}{4}\right)^{q-1}\phi_q\left(\int_0^1 f(\tau,y(\tau))d\tau\right) + \sum_{k=1}^m I_k(y(t_k))$$

$$\leqslant \gamma^{q-1}\left(\frac{1}{4}\right)^{q-1}\phi_q\left(\int_0^1 \left(M + \phi_p\left(\frac{1}{4}(1-\mu)y(\tau)\right)\right)d\tau\right)$$
$$+ m \times \left(N + \frac{1}{4m}(1-\mu)\|y\|_{PC^1}\right)$$

$$\leqslant \gamma^{q-1}\left(\frac{1}{4}\right)^{q-1}\phi_q\left(\int_0^1 2\eta d\tau\right) + m \times \left(N + \frac{1}{4m}(1-\mu)\|y\|_{PC^1}\right)$$

$$\leqslant \gamma^{q-1}\left(\frac{1}{4}\right)^{q-1}\phi_q\left(\int_0^1 2\eta d\tau\right) + m \times \frac{1}{4m}(1-\mu)\|y\|_{PC^1} + mN$$

$$\leqslant \gamma^{q-1}\left(\frac{1}{4}\right)^{q-1}(2\eta)^{q-1} + m \times \frac{1}{4m}(1-\mu)\|y\|_{PC^1} + mN$$

$$\leqslant \frac{3}{4}(1-\mu)\|y\|_{PC^1} + \frac{4}{4}\|y\|_{PC^1}$$
$$\leqslant (1-\mu)\|y\|_{PC^1}$$
$$\leqslant \|y\|_{PC^1}. \tag{5.4.38}$$

进而, 由 (5.4.37) 和 (5.4.38) 式知

$$\|Ty\|_{PC^1} \leqslant \|y\|_{PC^1}, \quad y \in \partial\Omega_3. \tag{5.4.39}$$

因此, 根据定理 2.1.1 知算子 T 存在一个不动点 $y \in \bar{\Omega}_3 \backslash \Omega_1$ 且 $r \leqslant \|y\|_{PC^1} \leqslant R_2$.
因为, 对任意 $y \in K$, 我们得到 $y(t) \geqslant \dfrac{\rho \rho^{q-1}}{\gamma_1 \gamma^{q-1}} y(s)$, $t, s \in J$. 这表明 (5.4.35) 成立.
定理得证.

推论 5.4.2   假设条件 (H_1) 和 (H_2) 成立. 如果 $f_0 = \infty$ 且 $f^\infty = 0$, $I^\infty(k) = 0$, 则, 对充分小的 $r > 0$ 和充分大的 $R > 0$, 问题 (5.4.1) 至少存在一个正解 y 且 y 满足 (5.4.35) 式.

证明   证明过程请参考文献 [14] 的定理 3.2. 证毕.

定理 5.4.3   假设条件 (H_1), (H_2), 条件 (H_3) 中的 (5.4.21), (5.4.22) 式以及条件 (H_4) 中的 (5.4.31), (5.4.32) 式成立. 另外, 令 f 和 I_k 满足以下条件:

(H_5) 存在常数 $\xi > 0$ 使得

$$f(t, y) > \phi_p \left(\frac{1}{\rho_1 \rho^{q-1} t_1^q (1 - t_m)^q (t_m - t_1)^q} \xi \right), \quad \forall \frac{\rho_1 \rho^{q-1}}{\gamma_1 \gamma^{q-1}} \xi \leqslant y \leqslant \xi, \quad t \in J.$$

则问题 (5.4.1) 至少存在 $y^*(t)$ 和 $y^{**}(t)$ 两个正解, 且

$$\frac{\rho}{\gamma} l \leqslant y^*(t) < \xi < y^{**}(t) \leqslant L, \quad t \in J, \tag{5.4.40}$$

其中, $l > 0$ 和 $L > 0$ 且

$$0 < l < \xi < L.$$

证明   如果 (5.4.21) 和 (5.4.22) 式成立, 类似于 (5.4.27) 式的证明, 得到

$$\|Ty\|_{PC^1} \leqslant \|y\|_{PC^1}, \quad y \in K, \quad \|y\|_{PC^1} = l. \tag{5.4.41}$$

如果 (5.4.31) 和 (5.4.32) 式成立, 类似于 (5.4.38) 式的证明, 得到

$$\|Ty\|_{PC^1} \leqslant \|y\|_{PC^1}, \quad y \in K, \quad \|y\|_{PC^1} = L. \tag{5.4.42}$$

最后, 我们证明

$$\|Ty\|_{PC^1} > \|y\|_{PC^1}, \quad y \in K, \quad \|y\|_{PC^1} = \xi. \tag{5.4.43}$$

事实上, 对任意 $y \in K$ 且 $\|y\|_{PC^1} = \xi$, 由 (5.4.14) 式知

$$y(t) \geqslant \frac{\rho_1 \rho^{q-1}}{\gamma_1 \gamma^{q-1}} \|y\|_{PC^1} = \frac{\rho_1 \rho^{q-1}}{\gamma_1 \gamma^{q-1}} \xi.$$

进而, 由条件 (H_5) 知

$$(Ty)(t) \geqslant \int_0^1 H_1(t, s) \phi_q \left[\int_0^1 H(s, \tau) f(\tau, y(\tau)) d\tau \right] ds$$

$$> \rho_1 \rho^{q-1} \int_{t_1}^{t_m} e(s) \phi_q \left[\int_{t_1}^{t_m} e(\tau) \phi_p \left(\frac{1}{\rho_1 \rho^{q-1} t_1^q (1-t_m)^q (t_m-t_1)^q} \xi \right) d\tau \right] ds$$

$$\geqslant \rho_1 \rho^{q-1} t_1 (1-t_m) t_1^{q-1} (1-t_m)^{q-1} (t_m-t_1)^q$$

$$\times \frac{1}{\rho_1 \rho^{q-1} t_1^q (1-t_m)^q (t_m-t_1)^q} \xi$$

$$= \xi.$$

这表明 (5.4.43) 式成立.

根据定理 2.1.1, 由 (5.4.41)—(5.4.43) 知算子 T 存在 y^*, y^{**} 两个不动点, 且 $y^* \in K_{\bar{l},\xi} = \{x \in K, l \leqslant \|x\|_{PC^1} < \xi\}$, $y^{**} \in K_{\xi,\bar{L}} = \{x \in K, \xi < \|x\|_{PC^1} \leqslant L\}$. 因为 $y^* \in K$, 所以 $y^*(t) \geqslant \dfrac{\rho \rho^{q-1}}{\gamma_1 \gamma^{q-1}} y^*(s)$, $t,s \in J$. 这表明 (5.4.40) 式成立. 定理得证.

注 5.4.3 类似于定理 5.2.5 和定理 5.2.6 的证明, 我们能够证明问题 (5.4.1) 存在 n 个正解.

讨论 5.4.1 一般地, 得到高阶微分方程边值问题正解的上下界是非常困难的. 请读者参考文献 [15]—[24].

例 5.4.1 考虑边值问题

$$\begin{cases} (\phi_p(y''(t)))'' = f(t, y(t)), & t \in J, t \neq t_k, k = 1, 2, \cdots, m, \\ \Delta y'|_{t=t_k} = -I_k(y(t_k)), & k = 1, 2, \cdots, m, \\ y(0) = 0, \quad y(1) = \int_0^1 g(t) y(t) dt, \\ \phi_p(y''(0)) = 0, \quad \phi_p(y''(1)) = \int_0^1 h(t) \phi_p(y''(t)) dt. \end{cases} \quad (5.4.44)$$

其中, $J = [0,1]$, $\phi_p(s)$ 是 p-Laplace 算子, 即 $\phi_p(s) = |s|^{p-2}s, p > 1, (\phi_p)^{-1} = \phi_q, \dfrac{1}{p} + \dfrac{1}{q} = 1, f \in C(J \times \mathbf{R}^+, \mathbf{R}^+)$, $I_k \in C(\mathbf{R}^+, \mathbf{R}^+)$, $\mathbf{R}^+ = [0, +\infty), t_k(k = 1, 2, \cdots, m)(m$ 是固定的正整数) 是固定点, 且 $0 < t_1 < t_2 < \cdots < t_k < \cdots < t_m < 1$, $\Delta x'|_{t=t_k} = x'(t_k^+) - x'(t_k^-), x'(t_k^+)$ 和 $x'(t_k^-)$ 分别表示 $x'(t)$ 在 $t = t_k$ 点的右极限和左极限, $g, h \in L^1[0,1]$ 非负.

利用变换 (5.4.3), 我们能够把问题 (5.4.44) 变成

$$\begin{cases} x''(t) + f(t, y(t)) = 0, & t \in J, \\ x(0) = 0, \quad x(1) = \int_0^1 h(t) x(t) dt \end{cases} \quad (5.4.45)$$

和

$$\begin{cases} y''(t) = -\phi_q(x(t)), \quad t \in J, \quad t \neq t_k, \\ \Delta y'|_{t=t_k} = -I_k(y(t_k)), \quad k = 1, 2, \cdots, m, \\ y(0) = 0, \quad y(1) = \int_0^1 g(t)y(t)dt. \end{cases} \tag{5.4.46}$$

类似于引理 5.4.1 和引理 5.4.2 的证明, 我们能够得到下面的结论. 另外, 如果分别用 μ^*, ν^* 替换条件 (H_2) 中的 μ, ν, 则得到

(H_2^*) 其中

$$\mu^* = \int_0^1 sg(s)ds, \quad \nu^* = \int_0^1 sh(s)ds.$$

引理 5.4.4 如果条件 (H_1) 和 (H_2^*) 成立, 则问题 (5.4.45) 存在唯一解 x, 且

$$x(t) = \int_0^1 H^*(t,s)f(s,y(s))ds, \tag{5.4.47}$$

其中,

$$H^*(t,s) = G(t,s) + \frac{t}{1 - \int_0^1 sh(s)ds} \int_0^1 G(s,\tau)h(\tau)d\tau, \tag{5.4.48}$$

$G(t,s)$ 由 (5.4.8) 定义.

引理 5.4.5 如果条件 (H_1) 和 (H_2^*) 成立, 则问题 (5.4.46) 存在唯一解 y, 且

$$y(t) = \int_0^1 H_1^*(t,s)\phi_q(x(s))ds + \sum_{k=1}^m H_1^*(t,t_k)I_k(y(t_k)), \tag{5.4.49}$$

其中,

$$H_1^*(t,s) = G(t,s) + \frac{t}{1 - \int_0^1 sg(s)ds} \int_0^1 G(s,\tau)g(\tau)d\tau. \tag{5.4.50}$$

不难证明 $H^*(t,s)$ 和 $H_1^*(t,s)$ 与 $H(t,s)$ 和 $H_1(t,s)$ 具有相似的性质. 但是, 对任意 $t \in J$, $H^*(t,s)$ 和 $H_1^*(t,s)$ 不具有性质 (5.4.12). 事实上, 如果 $t \in [t_1, t_m]$, 那么我们能够证明 $H^*(t,s)$ 和 $H_1^*(t,s)$ 具有如下性质.

命题 5.4.4 如果条件 (H_2^*) 成立, 则对任意 $t \in [t_1, t_m]$, $s \in J$, 得

$$\rho^* e(s) \leqslant H^*(t,s) \leqslant \gamma^* s(1-s) = \gamma^* e(s) \leqslant \frac{1}{4}\gamma^*, \tag{5.4.51}$$

$$\rho_1^* e(s) \leqslant H_1^*(t,s) \leqslant \gamma_1^* s(1-s) = \gamma_1^* e(s) \leqslant \frac{1}{4}\gamma_1^*, \tag{5.4.52}$$

其中,

$$\gamma^* = \frac{1 + \int_0^1 (t_m - \tau)g(\tau)d\tau}{1 - \mu^*}, \quad \rho^* = \frac{\int_0^1 e(\tau)g(\tau)d\tau}{1 - \mu^*} t_1(1 - t_m),$$

$$\gamma_1^* = \frac{1 + \int_0^1 (t_m - \tau)h(\tau)d\tau}{1 - \nu^*}, \quad \rho_1^* = \frac{\int_0^1 e(\tau)h(\tau)d\tau}{1 - \nu^*} t_1(1 - t_m).$$

证明 我们仅证明关系 (5.4.51). 由 (5.4.50) 式知

$$H^*(t,s) = G(t,s) + \frac{t}{1 - \mu^*} \int_0^1 G(s,\tau)g(\tau)d\tau$$

$$\geqslant \frac{t_1}{1 - \mu^*} \int_0^1 G(s,\tau)g(\tau)d\tau$$

$$\geqslant \frac{\int_0^1 e(\tau)g(\tau)d\tau}{1 - \mu^*} s(1-s)t_1(1 - t_m)$$

$$= \rho^* e(s), \quad t \in [t_1, t_m], \quad s \in J.$$

另外, 注意到 $G(t,s) \leqslant s(1-s)$, 得到

$$H^*(t,s) = G(t,s) + \frac{t}{1 - \mu^*} \int_0^1 G(s,\tau)g(\tau)d\tau$$

$$\leqslant s(1-s) + \frac{t_m}{1 - \mu^*} \int_0^1 s(1-s)g(\tau)d\tau$$

$$\leqslant s(1-s)\left[1 + \frac{t_m}{1 - \mu^*} \int_0^1 g(\tau)d\tau\right]$$

$$\leqslant s(1-s)\frac{1 + \int_0^1 (t_m - \tau)g(\tau)d\tau}{1 - \mu^*}$$

$$= \gamma^* e(s), \quad t \in J.$$

类似地, 我们也能够证明关系 (5.4.52) 成立. 证毕.

注 5.4.4 由 $\mu^* \in [0,1)$ 知 $\gamma^* > 0$.

根据 (5.4.51) 和 (5.4.52) 式, 我们只能够定义如下的锥 K^*:

$$K^* = \left\{y \in PC^1[0,1] : y \geqslant 0, \ y(t) \geqslant \frac{\rho_1^*(\rho^*)^{q-1}}{\gamma_1^*(\gamma^*)^{q-1}}y(s), \ t \in [t_1, t_m], \ s \in J\right\}.$$

这表明我们不能够得到问题 (5.4.44) 正解的上下界.

例 5.4.2　考虑边值问题

$$
\begin{cases}
(\phi_3(y''(t)))'' = f(t, y(t)), & t \in J, \quad t \neq \dfrac{1}{3}, \quad t \neq \dfrac{2}{3}, \\[2mm]
\Delta y'|_{t=\frac{1}{3}} = -\dfrac{1}{32} y\left(\dfrac{1}{3}\right), \\[2mm]
\Delta y'|_{t=\frac{2}{3}} = -\dfrac{1}{32} y\left(\dfrac{2}{3}\right), \\[2mm]
y(0) = y(1) = \displaystyle\int_0^1 \dfrac{1}{2} y(t) dt, \\[2mm]
\phi_3(y''(0)) = \phi_3(y''(1)) = \displaystyle\int_0^1 t \phi_3(y''(t)) dt,
\end{cases}
\tag{5.4.53}
$$

其中, $t_1 = \dfrac{1}{3}, t_2 = \dfrac{2}{3}, m = 2, p = 3, q = \dfrac{3}{2}, g(t) = \dfrac{1}{2}, h(t) = t,$

$$
f(t, y) = \begin{cases}
\dfrac{1}{256} y^2, & 0 \leqslant y \leqslant 1, \\[2mm]
\left(5668704 - \dfrac{1}{256}\right) y + \left(\dfrac{2}{256} - 5668704\right), & 1 \leqslant y \leqslant 2, \\[2mm]
5668704 y^2, & y \geqslant 2.
\end{cases}
$$

结论 5.4.1　问题 (5.4.53) 至少存在一个正解 y 且

$$
\frac{1}{12\sqrt{12}} \leqslant y(t) \leqslant 24\sqrt{12}.
$$

证明　由计算知 $\mu = \dfrac{1}{2}, \nu = \dfrac{1}{2}, \gamma = 2, \rho = \dfrac{1}{6}, \gamma_1 = 2, \rho_1 = \dfrac{1}{6}.$
选取 $r = 1, R = 2$, 则对 $0 < r < R < +\infty$, 得到

$$
f(t, y) \leqslant \frac{1}{256}, \quad \forall 0 \leqslant y \leqslant 1,
$$

$$
I_k(y) = \frac{1}{32} y \leqslant \frac{7}{32}, \quad \forall 0 \leqslant y \leqslant 1,
$$

$$
f(t, y) \geqslant 5668704, \quad \forall y \geqslant 2.
$$

由定理 5.4.1 知问题 (5.4.53) 至少存在一个正解 y 且

$$
\frac{1}{12\sqrt{12}} \leqslant y(t) \leqslant 24\sqrt{12}.
$$

证毕.

5.5　n 阶非线性脉冲微分方程的正解

考虑 n 阶脉冲微分方程边值问题

$$
\begin{cases}
x^{(n)}(t) + f(t, x(t)) = 0, & t \in J, \quad t \neq t_k, \\
-\Delta x^{(n-1)}\big|_{t=t_k} = I_k(x(t_k)), & k = 1, 2, \cdots, m, \\
x(0) = x'(0) = \cdots = x^{(n-2)}(0) = 0, & x(1) = \displaystyle\int_0^1 h(t)x(t)dt,
\end{cases}
\tag{5.5.1}
$$

其中, $J = [0,1]$, $f \in C(J \times \mathbf{R}^+, \mathbf{R}^+)$, $I_k \in C(\mathbf{R}^+, \mathbf{R}^+)$, $\mathbf{R}^+ = [0, +\infty)$, $t_k(k = 1, 2, \cdots, m)$ (m 是给定正整数) 是满足 $0 < t_1 < t_2 < \cdots < t_k < \cdots < t_m < 1$ 的固定点. $\Delta x^{(n-1)}\big|_{t=t_k} = x^{(n-1)}(t_k^+) - x^{(n-1)}(t_k^-)$, $x^{(n-1)}(t_k^+)$ 和 $x^{(n-1)}(t_k^-)$ 分别表示 $x^{(n-1)}(t)$ 在 $t = t_k$ 处的右极限和左极限, $h \in L^1[0,1]$ 非负.

令 $J' = J \backslash \{t_1, t_2, \cdots, t_m\}$, 且

$$
\begin{aligned}
PC^{n-1}[0,1] = \{ & x \in C[0,1] : x^{(n-1)}\big|_{(t_k, t_{k+1})} \in C(t_k, t_{k+1}), \ x^{(n-1)}(t_k^-) \\
& = x^{(n-1)}(t_k), \ \exists\, x^{(n-1)}(t_k^+) \}, \quad k = 1, 2, \cdots, m.
\end{aligned}
$$

$$
\|x\|_{pc^{n-1}} = \max \left\{ \|x\|_\infty, \|x'\|_\infty, \|x''\|_\infty, \cdots, \|x^{(n-1)}\|_\infty \right\},
$$

其中, $\|x^{(n-1)}\|_\infty = \sup\limits_{t \in J} |x^{(n-1)}(t)|$, $n = 1, 2, \cdots$. 则 $PC^{n-1}[0,1]$ 是 Banach 空间.

如果函数 $x \in PC^{n-1}[0,1] \cap C^n(J')$ 满足 (5.5.1) 式, 则称 x 为 (5.5.1) 的解.

首先给出如下条件:

(H_1) $f \in C(J \times \mathbf{R}^+, \mathbf{R}^+)$, $I_k \in C(\mathbf{R}^+, \mathbf{R}^+)$;

(H_2) $\mu \in [0, 1)$, 其中 $\mu = \displaystyle\int_0^1 h(t)t^{n-1}dt$.

引理 5.5.1　设 (H_1) 和 (H_2) 成立. 则 $x \in PC^{n-1}[0,1] \cap C^n(J')$ 是问题 (5.5.1) 的解的充要条件是, x 是下面积分方程的解

$$
x(t) = \int_0^1 H(t, s)f(s, x(s))ds + \sum_{k=1}^m H(t, t_k)I_k(x(t_k)),
\tag{5.5.2}
$$

其中,

$$
H(t, s) = G_1(t, s) + G_2(t, s),
\tag{5.5.3}
$$

$$
G_1(t, s) = \frac{1}{(n-1)!}
\begin{cases}
t^{n-1}(1-s)^{n-1} - (t-s)^{n-1}, & 0 \leqslant s \leqslant t \leqslant 1, \\
t^{n-1}(1-s)^{n-1}, & 0 \leqslant t \leqslant s \leqslant 1,
\end{cases}
\tag{5.5.4}
$$

$$G_2(t,s) = \frac{t^{n-1}}{1 - \int_0^1 h(t)t^{n-1}dt} \int_0^1 h(t)G_1(t,s)dt. \tag{5.5.5}$$

证明　设 $x \in PC^{n-1}[0,1] \cap C^n(J')$ 是问题 (5.5.1) 的解. 对 (5.5.1) 中的第一式两边积分得

$$x^{(n-1)}(t) = x^{(n-1)}(0) - \int_0^t f(s,x(s))ds + \sum_{0<t_k<t}\left[x^{(n-1)}(t_k^+) - x^{(n-1)}(t_k)\right]$$

$$= x^{(n-1)}(0) - \int_0^t f(s,x(s))ds - \sum_{0<t_k<t} I_k(x(t_k)).$$

再次积分并结合边界条件, 得

$$x^{(n-2)}(t) = x^{(n-1)}(0)t - \int_0^t (t-s)f(s,x(s))ds - \sum_{0<t_k<t} I_k(x(t_k))(t-t_k).$$

类似地, 得到

$$x(t) = -\frac{1}{(n-1)!}\int_0^t (t-s)^{n-1}f(s,x(s))ds$$

$$+ x^{(n-1)}(0)\frac{t^{n-1}}{(n-1)!} - \sum_{t_k<t}\frac{I_k(x(t_k))(t-t_k)^{n-1}}{(n-1)!}. \tag{5.5.6}$$

在 (5.5.6) 中令 $t = 1$, 则有

$$x^{(n-1)}(0) = (n-1)!x(1) + \int_0^1 (1-s)^{n-1}f(s,x(s))ds + \sum_{t_k<1} I_k(x(t_k))(1-t_k)^{n-1}. \tag{5.5.7}$$

将 $x(1) = \int_0^1 h(t)x(t)dt$ 和 (5.5.7) 代入 (5.5.6) 式, 得

$$x(t) = -\frac{1}{(n-1)!}\int_0^t (t-s)^{n-1}f(s,x(s))ds + \frac{t^{n-1}}{(n-1)!}\left[(n-1)!\int_0^1 h(t)x(t)dt\right.$$

$$+ \int_0^1 (1-s)^{n-1}f(s,x(s))ds + \sum_{t_k<1} I_k(x(t_k))(1-t_k)^{n-1}\bigg]$$

$$- \sum_{t_k<t}\frac{I_k(x(t_k))(t-t_k)^{n-1}}{(n-1)!}$$

$$= \int_0^1 G_1(t,s)f(s,x(s))ds + \sum_{k=1}^m G_1(t,t_k)I_k(x(t_k)) + t^{n-1}\int_0^1 h(t)x(t)dt. \tag{5.5.8}$$

在 (5.5.8) 式两边同乘以 $h(t)$ 并积分, 可得

$$\int_0^1 h(t)x(t)dt = \int_0^1 h(t)\int_0^1 G_1(t,s)f(s,x(s))dsdt$$

$$+ \int_0^1 h(t)\sum_{k=1}^m G_1(t,t_k)I_k(x(t_k))dt$$

$$+ \int_0^1 h(t)t^{n-1}dt \int_0^1 h(t)x(t)dt, \qquad (5.5.9)$$

即

$$\int_0^1 h(t)x(t)dt = \frac{1}{1-\int_0^1 h(t)t^{n-1}dt}\left[\int_0^1 h(t)\int_0^1 G_1(t,s)f(s,x(s))dsdt\right.$$

$$\left. + \int_0^1 h(t)\sum_{k=1}^m G_1(t,t_k)I_k(x(t_k))dt\right]. \qquad (5.5.10)$$

从而有

$$x(t) = \int_0^1 G_1(t,s)f(s,x(s))ds + \sum_{k=1}^m G_1(t,t_k)I_k(x(t_k))$$

$$+ \frac{t^{n-1}}{1-\int_0^1 h(t)t^{n-1}dt}\left[\int_0^1 h(t)\int_0^1 G_1(t,s)f(s,x(s))dsdt\right.$$

$$\left. + \int_0^1 h(t)\sum_{k=1}^m G_1(t,t_k)I_k(x(t_k))dt\right]. \qquad (5.5.11)$$

充分性得证.

如果 x 是 (5.5.2) 的解. 对任意 $t \neq t_k$, 对 (5.5.2) 直接求导可得

$$x'(t) = \frac{1}{(n-2)!}\int_0^t \left[t^{n-2}(1-s)^{n-1}-(t-s)^{n-2}\right]f(s,x(s))ds$$

$$+ \frac{1}{(n-2)!}\int_t^1 t^{n-2}(1-s)^{n-1}f(s,x(s))ds$$

$$- \frac{1}{(n-2)!}\sum_{t_k<t}\left[t^{n-2}(1-t_k)^{n-1}-(t-t_k)^{n-2}\right]I_k(x(t_k))$$

$$+ \frac{1}{(n-2)!} \sum_{t_k \geqslant t} t^{n-2}(1-t_k)^{n-1} I_k(x(t_k))$$

$$+ \frac{(n-1)t^{n-2}}{1 - \int_0^1 h(t)t^{n-1}dt} \Big[\int_0^1 h(t) \int_0^1 G_1(t,s)f(s,x(s))dsdt$$

$$+ \int_0^1 h(t) \sum_{k=1}^m G_1(t,t_k)I_k(x(t_k))dt \Big], \tag{5.5.12}$$

$$\cdots$$

$$x^{(n-1)}(t) = \int_0^1 (1-s)^{n-1}f(s,x(s))ds - \int_0^t f(s,x(s))ds$$

$$+ \sum_{t_k < 1}(1-t_k)^{n-1} I_k(x(t_k)) - \sum_{t_k < t} I_k(x(t_k))$$

$$+ \frac{(n-1)!}{1 - \int_0^1 h(t)t^{n-1}dt} \Big[\int_0^1 h(t) \int_0^1 G_1(t,s)f(s,x(s))dsdt$$

$$+ \int_0^1 h(t) \sum_{k=1}^m G_1(t,t_k)I_k(x(t_k))dt \Big]. \tag{5.5.13}$$

显然,

$$\Delta x^{(n-1)}|_{t=t_k} = -I_k(x(t_k)) \quad (k=1,2,\cdots,m),$$

$$x^{(n)}(t) = -f(t,x(t)). \tag{5.5.14}$$

因此 $x \in C^n(J')$ 并且 $\Delta x^{(n-1)}|_{t=t_k} = -I_k(x(t_k))(k=1,2,\cdots,m)$. 另外, 容易证明 $x(0) = x'(0) = \cdots = x^{(n-2)}(0) = 0$, $x(1) = \int_0^1 h(t)x(t)dt$. 引理证毕.

由定义容易得到 $H(t,s)$, $G_1(t,s)$ 和 $G_2(t,s)$ 有下列性质.

命题 5.5.1　$G_1(t,s) \geqslant 0$ 连续 $\forall t, s \in J, G_1(t,s) > 0, \forall t, s \in (0,1)$.

命题 5.5.2　存在 $\gamma > 0$ 使得

$$\min_{t \in [t_m,1]} G_1(t,s) \geqslant \gamma G_1(\tau(s),s), \quad \forall s \in J, \tag{5.5.15}$$

其中, $\tau(s)$ 在 (5.5.17) 中定义.

命题 5.5.3　如果 $\mu \in [0,1)$, 则有

(i) $G_2(t,s) \geqslant 0$ 连续 $\forall t, s \in J, G_2(t,s) > 0, \forall t, s \in (0,1)$;

(ii) $G_2(t,s) \leqslant \dfrac{1}{1-\mu} \displaystyle\int_0^1 h(t)G_1(t,s)dt, \ \forall t \in J, \ s \in (0,1)$.

命题 5.5.4   如果 $\mu \in [0,1)$, 则 $H(t,s)$ 满足

(i) $H(t,s) \geqslant 0$ 连续 $\forall t, s \in J, H(t,s) > 0, \forall t, \ s \in (0,1)$;

(ii) $H(t,s) \leqslant H(s) \leqslant H_0, \forall t, \ s \in J$, 并且

$$\min_{t \in [t_m,1]} H(t,s) \geqslant \gamma^* H(s), \quad \forall s \in J, \tag{5.5.16}$$

其中, $\gamma^* = \min\{\gamma, \ t_m^{n-1}\}$, 且

$$H(s) = G_1(\tau(s), s) + G_2(1, s),$$

$$\tau(s) = \frac{s}{1 - (1-s)^{1+\frac{1}{n-2}}}, \quad H_0 = \max_{s \in J} H(s), \tag{5.5.17}$$

γ 在命题 5.5.2 中有定义.

注 5.5.1   由 γ^* 的定义可以看出 $0 < \gamma^* < 1$.

引理 5.5.2   设条件 (H_1) 和 (H_2) 成立. 则 (5.5.1) 的解 x 满足 $x(t) \geqslant 0, \forall t \in J$.

注 5.5.2   由命题 5.5.4 可以看出

$$\gamma^* H(s) \leqslant H(t,s) \leqslant H(s), \quad t \in [t_m,1], s \in J.$$

构造 $PC^{n-1}[0,1]$ 中的锥 K:

$$K = \{x \in PC^{n-1}[0,1] : x \geqslant 0, x(t) \geqslant \gamma^* x(s), \ t \in [t_m,1], s \in J\}. \tag{5.5.18}$$

定义算子 $T : K \to K$

$$(Tx)(t) = \int_0^1 H(t,s)f(s,x(s))ds + \sum_{k=1}^m H(t,t_k)I_k(x(t_k)). \tag{5.5.19}$$

引理 5.5.3   设条件 (H_1) 和 (H_2) 成立. 则 $T(K) \subset K$ 并且 $T : K \to K$ 全连续.

证明   由命题 5.5.4 和 (5.5.19) 式知

$$\min_{t \in [t_m,1]} (Tx)(t) = \min_{t \in [t_m,1]} \int_0^1 H(t,s)f(s,x(s))ds + \sum_{k=1}^m H(t,t_k)I_k(x(t_k))$$

$$\geqslant \int_0^1 \min_{t \in [t_m,1]} H(t,s)f(s,x(s))ds + \sum_{k=1}^m \min_{t \in [t_m,1]} H(t,t_k)I_k(x(t_k))$$

$$\geqslant \gamma^* \left[\int_0^1 H(s) f(s, x(s)) ds + \sum_{k=1}^m H(t_k) I_k(x(t_k)) \right]$$

$$\geqslant \gamma^* \left[\int_0^1 \max_{t \in [0,1]} H(t, s) f(s, x(s)) ds + \sum_{k=1}^m \max_{t \in J} H(t, t_k) I_k(x(t_k)) \right]$$

$$\geqslant \gamma^* \max_{t \in J} \left[\int_0^1 H(t, s) f(s, x(s)) ds + \sum_{k=1}^m H(t, t_k) I_k(x(t_k)) \right]$$

$$= \gamma^* \|Tx\|, \quad \forall x \in K.$$

因此 $T(K) \subset K$.

用与参考文献 [23] 类似的方法可以证明 $T : K \to K$ 全连续. 引理证毕.

记

$$f^\beta = \limsup_{x \to \beta} \max_{t \in J} \frac{f(t, x)}{x}, \quad f_\beta = \liminf_{x \to \beta} \min_{t \in J} \frac{f(t, x)}{x},$$

$$I_\beta(k) = \liminf_{x \to \beta} \frac{I_k(x)}{x}, \quad I^\beta(k) = \limsup_{x \to \beta} \frac{I_k(x)}{x},$$

其中 β 表示 0^+ 或 $+\infty$.

定理 5.5.1　设条件 (H_1) 和 (H_2) 成立. 另外, 设 f 和 I_k 满足下面条件:

(H_3) $f^0 = 0$ 且 $I^0(k) = 0, k = 1, 2, \cdots, m$;

(H_4) $f_\infty = \infty$ 或 $I_\infty(k) = \infty, k = 1, 2, \cdots, m$.

则边值问题 (5.5.1) 至少有一个正解.

证明　由 (H_3) 知存在 $\eta > 0$ 使得

$$f(t, x) \leqslant \varepsilon x, \quad I_k(x) \leqslant \varepsilon_k x, \quad k = 1, 2, \cdots, m, \quad \forall 0 \leqslant x \leqslant \eta, t \in J, \tag{5.5.20}$$

其中, $\varepsilon, \varepsilon_k > 0$ 满足

$$\max\{H_0, 1 + G_0\} \left(\varepsilon + \sum_{k=1}^m \varepsilon_k \right) < 1,$$

这里,

$$G_0 = \max\{G_0^1, G_0^2, \cdots, G_0^{n-1}\},$$

$$G_0^1 = \max_{t, s \in J, t \neq s} G_{2t}'(t, s) = \max_{t, s \in J, t \neq s} \frac{(n-1) t^{n-2}}{1 - \mu} \int_0^1 h(t) G_1(t, s) dt,$$

$$G_0^2 = \max_{t, s \in J, t \neq s} G_{2t}''(t, s) = \max_{t, s \in J, t \neq s} \frac{(n-1)(n-2) t^{n-3}}{1 - \mu} \int_0^1 h(t) G_1(t, s) dt,$$

$$\cdots$$

$$G_0^{n-1} = \max_{t,s \in J, t \neq s} G_{2t}^{(n-1)}(t,s) = \max_{t,s \in J, t \neq s} \frac{(n-1)!}{1-\mu} \int_0^1 h(t)G_1(t,s)dt.$$

对于任意 $0 < r < \eta$, 我们证明

$$Tx \not\geqslant x, \quad x \in K, \quad \|x\|_{PC^{n-1}} = r. \tag{5.5.21}$$

事实上, 如果存在 $x_1 \in K$, $\|x_1\|_{PC^{n-1}} = r$ 使得 $Tx_1 \geqslant x_1$. 注意到 (5.4.20) 式, 则有

$$0 \leqslant x_1(t) \leqslant \int_0^1 H(t,s)f(s,x_1(s))ds + \sum_{k=1}^m H(t,t_k)I_k(x_1(t_k))$$

$$\leqslant \varepsilon r \int_0^1 H(s)ds + r\sum_{k=1}^m H(t_k)\varepsilon_k$$

$$\leqslant rH_0\left(\varepsilon + \sum_{k=1}^m \varepsilon_k\right)$$

$$< r = \|x_1\|_{PC^{n-1}},$$

$$|x_1'(t)| \leqslant \int_0^1 |H_t'(t,s)|f(s,x_1(s))ds + \sum_{k=1}^m |H_t'(t,t_k)|I_k(x_1(t_k))$$

$$\leqslant \int_0^1 (|G_{1t}'(t,s)| + |G_{2t}'(t,s)|)f(s,x_1(s))ds$$

$$+ \sum_{k=1}^m (|G_{1t}'(t,t_k)| + |G_{2t}'(t,t_k)|)I_k(x_1(t_k))$$

$$\leqslant \int_0^1 (1 + G_0^1)f(s,x_1(s))ds + \sum_{k=1}^m \left(1 + G_0^1\right)I_k(x_1(t_k))$$

$$\leqslant r(1 + G_0^1)\left(\varepsilon + \sum_{k=1}^m \varepsilon_k\right)$$

$$< r = \|x_1\|_{PC^{n-1}},$$

$$|x_1''(t)| \leqslant \int_0^1 |H_t''(t,s)|f(s,x_1(s))ds + \sum_{k=1}^m |H_t''(t,t_k)|I_k(x_1(t_k))$$

$$\leqslant \int_0^1 (|G_{1t}''(t,s)| + |G_{2t}''(t,s)|)f(s,x_1(s))ds$$

$$+ \sum_{k=1}^{m} (|G''_{1t}(t,t_k)| + |G_{2t}''(t,t_k)|) I_k(x_1(t_k))$$

$$\leqslant \int_0^1 (1 + G_0^2) f(s, x_1(s)) ds + \sum_{k=1}^{m} (1 + G_0^2) I_k(x_1(t_k))$$

$$\leqslant r(1 + G_0^2) \left(\varepsilon + \sum_{k=1}^{m} \varepsilon_k \right)$$

$$< r = \|x_1\|_{PC^{n-1}},$$

$$\cdots$$

$$|x_1^{(n-1)}(t)| \leqslant \int_0^1 |H_t^{(n-1)}(t,s)| f(s, x_1(s)) ds + \sum_{k=1}^{m} |H_t^{(n-1)}(t,t_k)| I_k(x_1(t_k))$$

$$\leqslant \int_0^1 \left(|G_{1t}^{(n-1)}(t,s)| + |G_{2t}^{(n-1)}(t,s)| \right) f(s, x_1(s)) ds$$

$$+ \sum_{k=1}^{m} \left(|G_{1t}^{(n-1)}(t,t_k)| + |G_{2t}^{(n-1)}(t,t_k)| \right) I_k(x_1(t_k))$$

$$\leqslant \int_0^1 (1 + G_0^n) f(s, x_1(s)) ds + \sum_{k=1}^{m} (1 + G_0^n) I_k(x_1(t_k))$$

$$\leqslant r(1 + G_0^n) \left(\varepsilon + \sum_{k=1}^{m} \varepsilon_k \right)$$

$$< r = \|x_1\|_{PC^{n-1}},$$

其中,

$$G'_{1t}(t,s) = \frac{1}{(n-2)!} \begin{cases} t^{n-2}(1-s)^{n-1} - (t-s)^{n-2}, & 0 \leqslant s \leqslant t \leqslant 1, \\ t^{n-2}(1-s)^{n-1}, & 0 \leqslant t \leqslant s \leqslant 1, \end{cases}$$

$$G'_{1t}(t,s) = \frac{1}{(n-3)!} \begin{cases} t^{n-3}(1-s)^{n-1} - (t-s)^{n-3}, & 0 \leqslant s \leqslant t \leqslant 1, \\ t^{n-3}(1-s)^{n-1}, & 0 \leqslant t \leqslant s \leqslant 1, \end{cases}$$

$$\cdots$$

$$G_{1t}^{(n-1)}(t,s) = \begin{cases} (1-s)^{n-1} - 1, & 0 \leqslant s \leqslant t \leqslant 1, \\ (1-s)^{n-1}, & 0 \leqslant t \leqslant s \leqslant 1, \end{cases}$$

$$\max_{t,s \in J, t \neq s} |G_{1t}^{(N)}(t,s)| = 1, \quad N = 1, 2, \cdots, n-1.$$

从而, $\|x_1\|_{pc^{n-1}} < \|x_1\|_{PC^{n-1}}$, 矛盾. 所以 (5.5.21) 式成立.

下面考虑条件 (H_4).

情况 (1) $f_\infty = \infty$. 存在 $\tau > 0$ 使得

$$f(t, x) \geqslant Mx, \quad t \in J, \quad x \geqslant \tau,$$

其中 $M > [\gamma^* H_0 (1 - t_m)]^{-1}$. 选取

$$R > \max\{r, \tau(\gamma^*)^{-1}\}. \tag{5.5.22}$$

我们来证明

$$Tx \nleq x, \quad x \in K, \quad \|x\|_{PC^{n-1}} = R. \tag{5.5.23}$$

事实上, 如果存在 $x_0 \in K$, $\|x_0\|_{PC^{n-1}} = R$ 使得 $Tx_0 \leqslant x_0$, 则

$$x_0(t) \geqslant \gamma^* x_0(s), \quad t \in [t_m, 1], \quad s \in J.$$

结合 (5.5.22) 式可得

$$\min_{t \in [t_m, 1]} x_0(t) \geqslant \gamma^* \|x_0\|_{PC^{n-1}} = \gamma^* R > \tau. \tag{5.5.24}$$

所以有

$$t \in J \Longrightarrow x_0(t) \geqslant (Tx_0)(t) \geqslant \min_{t \in [t_m, 1]} \int_{t_m}^1 H(t, s) f(s, x_0(s)) ds \geqslant \gamma^* H_0 M \int_{t_m}^1 x_0(s) ds,$$

即

$$\int_{t_m}^1 x_0(t) dt \geqslant \gamma^* H_0 M (1 - t_m) \int_{t_m}^1 x_0(s) ds. \tag{5.5.25}$$

下面证明

$$\int_{t_m}^1 x_0(s) ds > 0. \tag{5.5.26}$$

事实上, 如果 $\int_{t_m}^1 x_0(s) ds = 0$, 则 $x_0(t) = 0$, $\forall t \in [t_m, 1]$. 因为 $x_0 \in K$, $x_0(s) = 0$, $\forall s \in J$. 所以, $\|x_0\|_{PC^{n-1}} = \|x_0^{(n-1)}\|_\infty = \|x_0\|_\infty = 0$, 这与 $\|x_0\|_{PC^{n-1}} = R$ 矛盾. 因此 (5.4.26) 式成立. 从而有 $M \leqslant [\gamma^* H_0 (1 - t_m)]^{-1}$, 矛盾. 所以 (5.5.23) 成立.

情况 (2) $I_\infty(k) = \infty$, $k = 1, 2, \cdots, m$. 存在 $\tau_1 > 0$ 使得

$$I_k(x) \geqslant M_k x, \quad x \geqslant \tau_1,$$

其中, $M_k > (\gamma^* H_0)^{-1}$, $k = 1, 2, \cdots, m$. 如果定义 $M^* = \min\{M_k : k = 1, 2, \cdots, m\}$, 则 $M^* > (\gamma^* H_0)^{-1}$. 选取

$$R > \max\{r, \tau_1(\gamma^*)^{-1}\}. \tag{5.5.27}$$

我们证明 (5.5.23) 式成立.

如果存在 $x_{00} \in K$, $\|x_{00}\|_{PC^{n-1}} = R$ 使得 $Tx_{00} \leqslant x_{00}$, 则

$$x_{00}(t) \geqslant \gamma^* x_{00}(s), \quad t \in [t_m, 1], s \in J.$$

结合 (5.5.27) 式可得

$$\min_{t \in [t_m, 1]} x_{00}(t) \geqslant \gamma^* \|x_{00}\|_{PC^{n-1}} = \gamma^* R > \tau_1. \tag{5.5.28}$$

所以有

$$t \in J \Longrightarrow x_{00}(t) \geqslant (Tx_{00})(t) \geqslant \min_{t \in [t_m, 1]} \sum_{k=1}^{m} H(t, t_k) I_k(x_{00}(t_k))$$

$$\geqslant \gamma^* H_0 \sum_{k=1}^{m} M_k x_{00}(t_k)$$

$$\geqslant \gamma^* H_0 M^* \sum_{k=1}^{m} x_{00}(t_k). \tag{5.5.29}$$

由 (5.5.29) 式知

$$x_{00}(t_1) \geqslant \gamma^* H_0 M^* \sum_{k=1}^{m} x_{00}(t_k),$$

$$x_{00}(t_2) \geqslant \gamma^* H_0 M^* \sum_{k=1}^{m} x_{00}(t_k),$$

$$\cdots$$

$$x_{00}(t_k) \geqslant \gamma^* H_0 M^* \sum_{k=1}^{m} x_{00}(t_k).$$

从而有

$$\sum_{k=1}^{m} x_{00}(t_k) \geqslant m \gamma^* H_0 M^* \sum_{k=1}^{m} x_{00}(t_k).$$

由 M^* 的定义可以看出

$$\sum_{k=1}^{m} x_{00}(t_k) > m \sum_{k=1}^{m} x_{00}(t_k), \quad x_{00} \in K, \quad \|x_{00}\|_{pc^{n-1}} = R. \tag{5.5.30}$$

类似于情况 (1), 我们可以证明 $\sum_{k=1}^{m} x_{00}(t_k) > 0$. 进而由 (5.5.30) 式知 $m < 1$, 矛盾. 所以 (5.5.23) 式成立.

由定理 2.1.2 知算子 T 有一个不动点 $x \in \bar{K}_{r,R} = \{x : r \leqslant \|x\|_{PC^{n-1}} \leqslant R\}$. 即问题 (5.4.1) 至少有一个正解. 定理证毕.

定理 5.5.2 设条件 (H_1) 和 (H_2) 成立. 另外, 设 f 和 I_k 满足下面条件:

(H_5) $f^\infty = 0$ 且 $I^\infty(k) = 0$, $k = 1, 2, \cdots, m$;

(H_6) $f_0 = \infty$ 或 $I_0(k) = \infty$, $k = 1, 2, \cdots, m$.

则边值问题 (5.5.1) 至少有一个正解.

证明 与定理 5.5.1 的证明类似, 故省略证明过程. 证毕.

定理 5.5.3 设条件 (H_1)—(H_3) 和 (H_5) 成立. 另外, 设 f 和 I_k 满足下列条件:

(H_7) 存在 $\varsigma > 0$ 使得当 $\gamma^*\varsigma \leqslant x \leqslant \varsigma$ 时

$$f(t,x) \geqslant \tau\varsigma, \quad I_k(x) \geqslant \tau_k\varsigma, \quad k = 1, 2, \cdots, m, \quad \forall t \in J$$

成立. 其中, $\tau, \tau_k \geqslant 0$ 满足 $\tau + \sum_{k=1}^{m} \tau_k > 0$, $\tau \int_{t_m}^{1} H\left(\frac{1}{2}, s\right) ds + \sum_{k=1}^{m} \tau_k H\left(\frac{1}{2}, t_k\right) > 1$.

则边值问题 (5.5.1) 至少有两个正解 x^* 和 x^{**} 满足

$$0 < \|x^*\|_{PC^{n-1}} < \varsigma < \|x^{**}\|_{PC^{n-1}}.$$

证明 选取 ρ, ξ 满足 $0 < \rho < \varsigma < \xi$. 如果条件 (H_3) 成立, 类似于 (5.4.21) 式的证明, 我们有

$$Tx \ngeqslant x, \quad x \in K, \quad \|x\|_{PC^1} = \rho. \tag{5.5.31}$$

如果条件 (H_5) 成立, 类似于 (5.5.23) 式的证明, 我们有

$$Tx \ngeqslant x, \quad x \in K, \quad \|x\|_{PC^{n-1}} = \xi. \tag{5.5.32}$$

下面证明

$$Tx \nleqslant x, \quad x \in K, \quad \|x\|_{PC^{n-1}} = \varsigma. \tag{5.5.33}$$

事实上, 如果存在 $x_2 \in K$ 且 $\|x_2\|_{PC^{n-1}} = \varsigma$, 则由 K 的定义有

$$x_2(t) \geqslant \gamma^* \|x_2\|_{PC^{n-1}} = \gamma^*\varsigma.$$

由条件 (H_7) 知

$$x_2(t) \geqslant \int_{t_m}^{1} H\left(\frac{1}{2}, s\right) f(s, x_2(s)) ds + \sum_{k=1}^{m} H\left(\frac{1}{2}, t_k\right) I_k(x_2(t_k))$$

$$\geqslant \varsigma \left[\tau \int_{t_m}^{1} H\left(\frac{1}{2}, s\right) ds + \sum_{k=1}^{m} \tau_k H\left(\frac{1}{2}, t_k\right) \right]$$

$$> \varsigma = \|x_2\|_{PC^{n-1}}, \tag{5.5.34}$$

即 $\|x_2\|_{PC^{n-1}} > \|x_2\|_{PC^{n-1}}$, 矛盾. 从而 (5.5.33) 式成立.

由定理 2.1.2 知算子 T 有两个不动点 x^*, x^{**} 满足 $x^* \in \bar{K}_{\rho,\varsigma}, x^{**} \in \bar{K}_{\varsigma,\xi}$. 从而边值问题 (5.5.1) 有两个正解 x^*, x^{**} 满足 $0 < \|x^*\|_{PC^{n-1}} < \varsigma < \|x^{**}\|_{PC^{n-1}}$.

记

$$\Lambda = H_0(1+m).$$

定理 5.5.4　设 $(H_1), (H_2), f(t,x) < \Lambda^{-1}x, t \in J, x > 0$ 及 $I_k(x) < \Lambda^{-1}x, \forall x > 0$, 则边值问题 (5.5.1) 没有正解.

证明　设边值问题 (5.5.1) 有一个正解, 即算子 T 有一个不动点 y. 则 $y \in K$, $y > 0$, $\forall t \in (0,1)$, 并且

$$\begin{aligned}
\|y\|_\infty &\leqslant \int_0^1 H(s)f(s,y(s))ds + \sum_{k=1}^m H(t_k)I_k(y(t_k)) \\
&< \int_0^1 H(s)\Delta^{-1}y(s)ds + \sum_{k=1}^m H(t_k)\Delta^{-1}\|y\|_\infty \\
&\leqslant H_0\Delta^{-1}\|y\|_\infty + \sum_{k=1}^m H_0\Delta^{-1}\|y\|_\infty \\
&= H_0\Delta^{-1}(1+m)\|y\|_\infty \\
&= \|y\|_\infty,
\end{aligned}$$

矛盾. 定理证毕.

例 5.5.1　考虑下面问题

$$\begin{cases}
-x^{(4)}(t) = \sqrt[3]{t^5+1}x^5\tanh x, & t \in J, \quad t \neq \dfrac{1}{2}, \\
-\Delta x^{(3)}|_{t_1=\frac{1}{2}} = x^3\left(\dfrac{1}{2}\right), & \\
x(0) = x'(0) = x''(0) = 0, \quad x(1) = \displaystyle\int_0^1 tx(t)dt.
\end{cases} \tag{5.5.35}$$

结论 5.5.1　边值问题 (5.5.35) 至少有一个正解.

证明　把边值问题 (5.5.35) 写成边值问题 (5.5.1) 的形式, 其中,

$$h(t) = t, \quad \mu = \int_0^1 t \cdot t^3 dt = \frac{1}{5}, \quad t_1 = \frac{1}{2}, \quad f(t,x) = \sqrt[3]{t^5+1}x^5\tanh x, \quad I_1(x) = x^3,$$

且

$$G_1(t,s) = \frac{1}{6}\begin{cases}
t^3(1-s)^3 - (t-s)^3, & 0 \leqslant s \leqslant t \leqslant 1, \\
t^3(1-s)^3, & 0 \leqslant t \leqslant s \leqslant 1,
\end{cases}$$

$$G_2(t,s) = \frac{1}{24}t^3\left(\frac{3}{4}s - 2s^2 + \frac{3}{2}s^3 - \frac{1}{4}s^5\right).$$

容易验证 (H_1) 和 (H_2) 成立. 另外,

$$f^0 = \limsup_{x\to 0}\max_{t\in J}\frac{f(t,x)}{x} = 0, \quad I^0(k) = \limsup_{x\to 0}\frac{I_k(x)}{x} = 0,$$

且

$$f_\infty = \liminf_{x\to\infty}\min_{t\in J}\frac{f(t,x)}{x} = \infty.$$

故定理 5.5.1 的条件 (H_3) 和 (H_4) 成立. 进而, 由定理 5.5.1 知边值问题 (5.5.35) 至少有一个正解.

5.6 一类 $2n$ 阶奇异边值问题的正解

考虑高阶边值问题

$$\begin{cases} (-1)^n x^{(2n)}(t) = f(t, x(t), -x''(t), \cdots, (-1)^{n-1}x^{(2n-2)}(t)), & t \in (0,1), \\ x^{(2j)}(0) = x^{(2j)}(1) = 0, & j = 0, 1, 2, \cdots, n-1, \end{cases} \tag{5.6.1}$$

其中, $n > 1$ 是一个正整数, 并且 f 满足下列条件:

(ℍ) $f \in C((0,1) \times (0, +\infty)^n, [0, +\infty))$. 对任意固定的 $t \in (0,1)$, 进一步假设 $f(t, x_1, x_2, \cdots, x_n)$ 关于每一个 $x_i, i = 1, 2, \cdots, n$ 是非增的, 并存在一个函数 $g \in C((0,1], [1, +\infty))$ 使得

$$f(t, x_1, x_2, \cdots, kx_i, \cdots, x_n) \leqslant g(k)f(t, x_1, x_2, \cdots, x_i, \cdots, x_n),$$
$$i = 1, 2, \cdots, n, \quad \forall t \in (0,1), \quad x_i \in (0, +\infty). \tag{5.6.2}$$

一类典型的满足条件 (ℍ) 的函数是

$$f(t, x_1, x_2, \cdots, x_n) = \sum_{i=1}^{n} a_i(t) x_1^{-\alpha_{i1}} \times x_2^{-\alpha_{i2}} \times \cdots \times x_n^{-\alpha_{in}},$$

其中, $a_i(t) \in C(0,1), a_i(t) > 0, \ t \in (0,1), \alpha_{il} > 0, l = 1, 2, \cdots, n$.

本节中的奇异性是指问题 (5.6.1) 中的函数 $f(t, x_1, x_2, \cdots, x_n)$ 在点 $x_i = 0, i = 1, 2, \cdots, n, \ t = 0$ 和/或者 $t = 1$ 处无界.

一个函数 $x(t) \in C^{2n-2}[0,1] \cap C^{2n}(0,1)$ 如果满足 (5.6.1) 式, 且 $(-1)^j x(t) > 0, \ j = 0, 1, 2, \cdots, n-1, \ \forall t \in (0,1)$, 则称为问题 (5.6.1) 的 $C^{2n-2}[0,1]$(正) 解.

如果 $x^{(2n-1)}(0^+), x^{(2n-1)}(1^-)$ 存在, 且 $(-1)^j x(t) > 0, \ j = 0, 1, 2, \cdots, n-1, \forall t \in (0,1)$, 则称问题 (5.6.1) 的 $C^{2n-2}[0,1]$(正) 解是 $C^{2n-1}[0,1]$(正) 解.

如果一个函数 $\beta(t)$ 称作问题 (5.6.1) 的下解, 则有 $\beta(t) \in C^{2n-2}[0,1] \cap C^{2n}(0,1)$ 并且满足

$$(-1)^n \beta^{(2n)}(t)$$
$$\leqslant f(t, \beta(t), -\beta''(t), \cdots, (-1)^j \beta^{(2i)}(t), \cdots, (-1)^{n-1}\beta^{(2n-2)}(t)), \quad t \in (0,1), \quad (5.6.3)$$

$$(-1)^j \beta^{(2j)}(0) \leqslant 0, \quad (-1)^j \beta^{(2j)}(1) \leqslant 0, \quad j = 0,1,2,\cdots,n-1. \quad (5.6.4)$$

把上面定义中的不等号反过来就是问题 (5.6.1) 上解的定义. 如果存在问题 (5.6.1) 的一个下解 $\beta(t)$ 和一个上解 $\alpha(t)$ 使得 $\beta(t) \leqslant \alpha(t)$, 那么 $(\beta(t), \alpha(t))$ 是边值问题 (5.6.1) 的一对上下解.

令 $E = C^{2n-2}[0,1]$, $\|x\| = \max\{\|x\|_\infty, \|x''\|_\infty, \cdots, \|x^{(2n-2)}\|_\infty\}$. 其中, $\|x\|_\infty = \max_{0 \leqslant t \leqslant 1} |x(t)|$.

显然, $(E, \|x\|)$ 是一个 Banach 空间, 简记为 E.

为了证明本节的主要定理, 先做如下准备工作.

引理 5.6.1　令 $y \in C[0,1]$. 则边值问题

$$\begin{cases} (-1)^n x^{(2n)}(t) = y(t), & t \in (0,1), \\ x^{(2j)}(0) = x^{(2j)}(1) = 0, & j = 0,1,2,\cdots,n-1 \end{cases} \quad (5.6.5)$$

存在唯一解 x, 且

$$x(t) = \int_0^1 G(t,\xi_1)d\xi_1 \int_0^1 G(\xi_1,\xi_2)d\xi_2 \cdots \int_0^1 G(\xi_{n-1},\xi_n)y(\xi_n)d\xi_n, \quad (5.6.6)$$

其中,

$$G(t,s) = \begin{cases} s(1-t), & 0 \leqslant s \leqslant t \leqslant 1, \\ t(1-s), & 0 \leqslant t \leqslant s \leqslant 1. \end{cases} \quad (5.6.7)$$

证明　类似于引理 5.5.1 的证明, 我们能够论证该引理的结论正确.

由 (5.6.7) 式知 $G(t,s)$ 有如下性质.

命题 5.6.1　对任意 $t, s \in J = [0,1]$, 得

$$e(t)e(s) \leqslant G(t,s) \leqslant G(t,t) = t(1-t) = e(t) \leqslant \bar{e} = \max_{t \in J} e(t) = \frac{1}{4}. \quad (5.6.8)$$

为了证明我们的主要结论, 还要用到下面的最大值原理, 其证明过程见参考文献 [24].

令 $0 \leqslant a < b$, 且

$$F = \{x \in C^{2n-2}[a,b] \cap C^{2n}(a,b), (-1)^j x^{(2j)}(a) \geqslant 0,$$

$$(-1)^j x^{(2j)}(b) \geqslant 0, \quad j = 0, 1, 2, \cdots, n-1\}.$$

引理 5.6.2 (最大值原理)　如果 $x \in F$ 使得 $(-1)^n x^{(2n)}(t) \geqslant 0, t \in (a, b)$, 则 $(-1)^j x^{(2j)}(t) \geqslant 0, t \in [a, b], j = 0, 1, 2, \cdots, n-1$.

下面给出并论证本节的主要结论. 为了方便, 首先引入几个记号:

$$F_1(t, \lambda) = f(t, \lambda, \lambda, \cdots, \lambda),$$

$$F_2(t, \lambda e(t)) = f(t, \lambda e(t), \lambda e(t), \cdots, \lambda e(t)),$$

$$F_3(t, t(1-t)) = f(t, t(1-t), t(1-t), \cdots, t(1-t)),$$

其中, $\lambda \in (0, +\infty)$ 是任意给定的.

定理 5.6.1　假定条件 ($\mathbb{H}$) 成立. 则问题 (5.6.1) 存在 $C^{2n-2}[0, 1]$ 正解的充分必要条件是

$$0 < \int_0^1 e(s) F_1(s, \lambda) ds < +\infty. \tag{5.6.9}$$

证明　(1) 必要性.

假设 $u \in C^{2n-2}[0, 1]$ 是问题 (5.6.1) 的正解, 则 (5.6.1) 中的第一个方程成立, 且

$$(-1)^n u^{(2n)}(t) = f\Big(t, u(t), -u''(t), \cdots, (-1)^{n-1} u^{(2n-2)}(t)\Big). \tag{5.6.10}$$

由问题 (5.6.1) 的边界条件知, 存在 $t_0 \in (0, 1)$ 且满足

$$u^{(2n-1)}(t_0) = 0,$$

$$(-1)^{(n-1)} u^{(2n-1)}(t) > 0, \quad t \in (0, t_0),$$

$$(-1)^{(n-1)} u^{(2n-1)}(t) < 0, \quad t \in (t_0, 1).$$

首先证明 $0 < \int_0^1 e(s) F_1(s, \lambda) ds$. 令

$$\bar{u}_1 = \max_{t \in [0,1]} u(t), \bar{u}_2 = \max_{t \in [0,1]} |-u''(t)|, \cdots, \bar{u}_n = \max_{t \in [0,1]} \big|(-1)^{n-1} u^{(2n-2)}(t)\big|.$$

由条件 ($\mathbb{H}$) 知, 对任意固定的 $u_i, v_i > 0, i = 1, 2, \cdots, n$, 得

$$f(t, u_1, u_2, \cdots, u_i, \cdots, u_n) = f\left(t, u_1, u_2, \cdots, \frac{u_i}{v_i} v_i, \cdots, u_n\right)$$

$$\leqslant g\left(\frac{u_i}{v_i}\right) f(t, u_1, u_2, \cdots, v_i, \cdots, u_n), \quad u_i \leqslant v_i, \quad i = 1, 2, \cdots, n.$$

因此, 得到

$$f(t, u_1, u_2, \cdots, u_i, \cdots, u_n) \leqslant \prod_{i=1}^{n} g\left(\frac{u_i}{v_i}\right) f(t, v_1, v_2, \cdots, v_i, \cdots, v_n),$$

$$u_i \leqslant v_i, \quad i = 1, 2, \cdots, n,$$

且

$$f(t, u_1, u_2, \cdots, u_i, \cdots, u_n) \leqslant \prod_{i=1}^{n} g\left(\frac{2u_i}{u_i + v_i + |u_i - v_i|}\right) f(t, v_1, v_2, \cdots, v_i, \cdots, v_n),$$

$$\forall u_i, v_i \in (0, +\infty), \quad i = 1, 2, \cdots, n. \tag{5.6.11}$$

如果 $F_1(t, \lambda) \equiv 0$, 则由 (5.5.11) 式知

$$0 \leqslant f(t, u_1, u_2, \cdots, u_i, \cdots, u_n) \leqslant \prod_{i=1}^{n} g\left(\frac{2u_i}{u_i + \lambda + |u_i - \lambda|}\right) F_1(t, \lambda),$$

$$i = 1, 2, \cdots, n, \quad \forall t \in (0, 1).$$

这意味着 $f(t, u_1, u_2, \cdots, u_i, \cdots, u_n) \equiv 0$, 进而得到 $u(t) \equiv 0$, 这与 $u(t)$ 为正解矛盾.
因此, $F_1(t, \lambda) \not\equiv 0$. 进而, 得 $0 < \int_0^1 e(s) F_1(s, \lambda) ds$.

其次, 证明 $\int_0^1 e(s) F_1(s, \lambda) ds < +\infty$.

因为 $u^{(2n-1)}(t_0) = 0$, 所以

$$\int_t^{t_0} f\left(s, u(s), -u''(s), \cdots, (-1)^{n-1} u^{(2n-2)}(s)\right) ds$$

$$= (-1)^n \int_t^{t_0} u^{(2n)}(s) ds$$

$$= (-1)^n u^{(2n-1)}(t_0) - (-1)^n u^{(2n-1)}(t)$$

$$= (-1)^{n+1} u^{(2n-1)}(t), \quad \forall t \in (0, t_0), \tag{5.6.12}$$

$$\int_{t_0}^t f\left(s, u(s), -u''(s), \cdots, (-1)^{n-1} u^{(2n-2)}(s)\right) ds$$

$$= (-1)^n \int_{t_0}^t u^{(2n)}(s) ds$$

$$= (-1)^n u^{(2n-1)}(t) - (-1)^n u^{(2n-1)}(t_0)$$

$$= (-1)^n u^{(2n-1)}(t), \quad \forall t \in (t_0, 1). \tag{5.6.13}$$

由此, 得到

$$\int_t^{t_0} f(s, \bar{u}_1, \bar{u}_2, \cdots, \bar{u}_n) ds$$

$$\leqslant \int_t^{t_0} f\big(s, u(s), -u''(s), \cdots, (-1)^{n-1} u^{(2n-2)}(s)\big) ds$$

$$= (-1)^{n+1} u^{(2n-1)}(t), \quad \forall t \in (0, t_0), \tag{5.6.14}$$

$$\int_{t_0}^t f(s, \bar{u}_1, \bar{u}_2, \cdots, \bar{u}_n) ds$$

$$\leqslant \int_{t_0}^t f\left(s, u(s), -u''(s), \cdots, (-1)^{n+1} u^{(2n-2)}(s)\right) ds$$

$$= (-1)^n u^{(2n-1)}(t), \quad \forall t \in (t_0, 1). \tag{5.6.15}$$

由 (5.6.14) 式知

$$\int_0^{t_0} s f(s, \bar{u}_1, \bar{u}_2, \cdots, \bar{u}_n) ds$$

$$= \int_0^{t_0} ds \int_0^s f(s, \bar{u}_1, \bar{u}_2, \cdots, \bar{u}_n) dt$$

$$= \int_0^{t_0} dt \int_t^{t_0} f(s, \bar{u}_1, \bar{u}_2, \cdots, \bar{u}_n) ds$$

$$\leqslant \int_0^{t_0} (-1)^{n+1} u^{(2n-1)}(t) ds$$

$$= (-1)^{n+1} \big[u^{(2n-2)}(t_0) - u^{(2n-2)}(0) \big] < +\infty. \tag{5.6.16}$$

类似地, 由 (5.6.15) 式知

$$\int_{t_0}^1 (1-s) f(s, \bar{u}_1, \bar{u}_2, \cdots, \bar{u}_n) ds < +\infty. \tag{5.6.17}$$

故由 (5.6.11) 和 (5.6.16) 式知

$$\int_0^{t_0} s F_1(s, \lambda) ds$$

$$\leqslant \int_0^{t_0} s \prod_{i=1}^n g\left(\frac{2\lambda}{\lambda + \bar{u}_i + |\lambda - \bar{u}_i|}\right) f(s, \bar{u}_1, \bar{u}_2, \cdots, \bar{u}_n) ds$$

$$= \prod_{i=1}^n g\left(\frac{2\lambda}{\lambda + \bar{u}_i + |\lambda - \bar{u}_i|}\right) \int_0^{t_0} s f(s, \bar{u}_1, \bar{u}_2, \cdots, \bar{u}_n) ds$$

$$< + \infty. \tag{5.6.18}$$

类似地, 得

$$\int_{t_0}^1 (1 - s) F_1(s, \lambda) ds < +\infty. \tag{5.6.19}$$

由 (5.6.18) 和 (5.6.19) 式知

$$\int_0^{t_0} e(s) F_1(s, \lambda) ds \leqslant \int_0^{t_0} s F_1(s, \lambda) ds < +\infty,$$

$$\int_{t_0}^1 e(s) F_1(s, \lambda) ds \leqslant \int_{t_0}^1 (1 - s) F_1(s, \lambda) ds < +\infty.$$

故

$$\int_0^1 e(s) F_1(s, \lambda) ds < +\infty.$$

(2) 充分性.

令

$$a(t) = \int_0^1 G(t, \xi_1) d\xi_1 \int_0^1 G(\xi_1, \xi_2) d\xi_2 \cdots \int_0^1 G(\xi_{n-1}, \xi_n) F_1(\xi_n, \lambda) d\xi_n,$$

$$b(t) = \int_0^1 G(t, \xi_1) d\xi_1 \int_0^1 G(\xi_1, \xi_2) d\xi_2 \cdots \int_0^1 G(\xi_{n-1}, \xi_n) F_2(\xi_n, \lambda e(\xi_n)) d\xi_n.$$

则

$$e(t) = \int_0^1 e(\xi_1) d\xi_1 \int_0^1 G(\xi_1, \xi_2) d\xi_2 \cdots \int_0^1 G(\xi_{n-1}, \xi_n) F_1(\xi_n, \lambda) d\xi_n \leqslant a(t) \leqslant b(t)$$

$$\leqslant \int_0^1 e(\xi_1) d\xi_1 \int_0^1 G(\xi_1, \xi_2) d\xi_2 \cdots \int_0^1 G(\xi_{n-1}, \xi_n) F_2(\xi_n, \lambda e(\xi_n)) d\xi_n,$$

且

$$a'(t) = - \int_0^t \xi_1 d\xi_1 \int_0^1 G(\xi_1, \xi_2) d\xi_2 \cdots \int_0^1 G(\xi_{n-1}, \xi_n) F_1(\xi_n, \lambda) d\xi_n$$

$$+ \int_t^1 (1 - \xi_1) d\xi_1 \int_0^1 G(\xi_1, \xi_2) d\xi_2 \cdots \int_0^1 G(\xi_{n-1}, \xi_n) F_1(\xi_n, \lambda) d\xi_n,$$

$$b'(t) = - \int_0^t \xi_1 d\xi_1 \int_0^1 G(\xi_1, \xi_2) d\xi_2 \cdots \int_0^1 G(\xi_{n-1}, \xi_n) F_2(\xi_n, \lambda e(\xi_n)) d\xi_n$$

$$+ \int_t^1 (1 - \xi_1) d\xi_1 \int_0^1 G(\xi_1, \xi_2) d\xi_2 \cdots \int_0^1 G(\xi_{n-1}, \xi_n) F_2(\xi_n, \lambda e(\xi_n)) d\xi_n,$$

$$a''(t) = -\int_0^1 G(t,\xi_2)d\xi_2 \cdots \int_0^1 G(\xi_{n-1},\xi_n)F_1(\xi_n,\lambda)d\xi_n,$$

$$b''(t) = -\int_0^1 G(t,\xi_2)d\xi_2 \cdots \int_0^1 G(\xi_{n-1},\xi_n)F_2(\xi_n,\lambda e(\xi_n))d\xi_n,$$

$$a'''(t) = \int_0^t \xi_2 d\xi_2 \cdots \int_0^1 G(\xi_{n-1},\xi_n)F_1(\xi_n,\lambda)d\xi_n$$

$$- \int_t^1 (1-\xi_2)d\xi_2 \cdots \int_0^1 G(\xi_{n-1},\xi_n)F_1(\xi_n,\lambda)d\xi_n,$$

$$b'''(t) = \int_0^t \xi_2 d\xi_2 \cdots \int_0^1 G(\xi_{n-1},\xi_n)F_2(\xi_n,\lambda e(\xi_n)d\xi_n$$

$$- \int_t^1 (1-\xi_2)d\xi_2 \cdots \int_0^1 G(\xi_{n-1},\xi_n)F_2(\xi_n,\lambda e(\xi_n))d\xi_n,$$

$$a^{(4)}(t) = \int_0^1 G(t,\xi_3)d\xi_3 \cdots \int_0^1 G(\xi_{n-1},\xi_n)F_1(\xi_n,\lambda)d\xi_n,$$

$$b^{(4)}(t) = \int_0^1 G(t,\xi_3)d\xi_3 \cdots \int_0^1 G(\xi_{n-1},\xi_n)F_2(\xi_n,\lambda e(\xi_n))d\xi_n,$$

$$\cdots$$

$$(-1)^j a^{(2j)}(t) = \int_0^1 G(t,\xi_{j+1})d\xi_{j+1}\int_0^1 G(\xi_{j+1},\xi_{j+2})d\xi_{j+2}\cdots$$

$$\cdot \int_0^1 G(\xi_{n-1},\xi_n)F_1(\xi_n,\lambda)d\xi_n,$$

$$(-1)^j b^{(2j)}(t) = \int_0^1 G(t,\xi_{j+1})d\xi_{j+1}\int_0^1 G(\xi_{j+1},\xi_{j+2})d\xi_{j+2}\cdots$$

$$\cdot \int_0^1 G(\xi_{n-1},\xi_n)F_2(\xi_n,\lambda e(\xi_n))d\xi_n,$$

$$j = 0,1,2,\cdots,n-1.$$

如果 $j = n-1$, 那么

$$(-1)^{n-1}a^{(2n-2)}(t) = \int_0^1 G(t,\xi_n)F_1(\xi_n,\lambda)d\xi_n,$$

$$(-1)^{n-1}b^{(2n-2)}(t) = \int_0^1 G(t,\xi_n)F_1(\xi_n,\lambda e(\xi_n))d\xi_n.$$

如果 $j = n$, 那么

$$(-1)^n a^{(2n)}(t) = F_1(t, \lambda), \quad (-1)^n b^{(2n)}(t) = F_2(t, \lambda e(\xi_n)).$$

令

$$a_i(t) = \int_0^1 G(t, \xi_i) d\xi_i \int_0^1 G(\xi_{i+1}, \xi_{i+2}) d\xi_{i+2} \cdots \int_0^1 G(\xi_{n-1}, \xi_n) F_1(\xi_n, \lambda) d\xi_n,$$

$$k_i = \int_0^1 e(\xi_i) d\xi_i \int_0^1 G(\xi_{i+1}, \xi_{i+2}) d\xi_{i+2} \cdots \int_0^1 G(\xi_{n-1}, \xi_n) F_1(\xi_n, \lambda) d\xi_n,$$

$$b_i(t) = \int_0^1 G(t, \xi_i) d\xi_i \int_0^1 G(\xi_{i+1}, \xi_{i+2}) d\xi_{i+2} \cdots \int_0^1 G(\xi_{n-1}, \xi_n) F_2(\xi_n, \lambda e(\xi_n)) d\xi_n,$$

$$i = 1, 2, \cdots, n,$$

$$l = \min\left\{\lambda^{-1}, k_1^{-1}, k_2^{-1}, \cdots, k_i^{-1}, \cdots, k_n^{-1}\right\},$$

$$L = \max\left\{\lambda^{-1}, k_1^{-1}, k_2^{-1}, \cdots, k_i^{-1}, \cdots, k_n^{-1}\right\}, \quad i = 1, 2, \cdots, n.$$

那么

$$l\lambda \leqslant 1, \quad lk_i \leqslant 1, \quad L\lambda \geqslant 1, \quad Lk_i \geqslant 1, \quad la_i(t) \leqslant lk_i \leqslant 1, \quad i = 1, 2, \cdots, n.$$

进而, 得到

$$Lk_i e(t) \leqslant Lb_i(t), \quad i = 1, 2, \cdots, n.$$

令 $H(t) = \lambda la(t), Q(t) = \lambda Lb(t)$. 那么

$$(-1)^n H^{(2n-2)}(t) - f\big(t, H(t), -H''(t), \cdots, (-1)^{n-1} H^{(2n-2)}(t)\big)$$

$$= l\lambda F_1(t, \lambda) - f(t, \lambda la_1(t), \lambda la_2(t), \cdots, \lambda la_n(t))$$

$$\leqslant l\lambda F_1(t, \lambda) - f(t, \lambda, \lambda, \cdots, \lambda)$$

$$= l\lambda F_1(t, \lambda) - F_1(t, \lambda)$$

$$\leqslant 0, \tag{5.6.20}$$

$$(-1)^n Q^{(2n-2)}(t) - f\big(t, Q(t), -Q''(t), \cdots, (-1)^{n-1} Q^{(2n-2)}(t)\big)$$

$$= L\lambda F_2(t, \lambda e(t)) - f(t, \lambda Lb_1(t), \lambda Lb_2(t), \cdots, \lambda Lb_n(t))$$

$$\geqslant L\lambda F_2(t, \lambda e(t)) - f(t, \lambda Lk_1 e(t), \lambda Lk_2 e(t), \cdots, \lambda Lk_n e(t))$$

$$\geqslant L\lambda F_2(t, \lambda e(t)) - F_2(t, \lambda e(t))$$

$$\geqslant 0. \tag{5.6.21}$$

接下来, 证明下面两个结论成立.

(1) $H^{(2j)}(0) = H^{(2j)}(1) = 0$;

(2) $Q^{(2j)}(0) = Q^{(2j)}(1) = 0, \quad j = 0, 1, 2, \cdots, n - 1.$

事实上, 由 $H(t) = \lambda la(t)$ 知

$$H^{(2j)}(0)$$

$$= \lambda l a^{(2j)}(0)$$

$$= \lambda l (-1)^j \int_0^1 G(0, \xi_{j+1}) d\xi_{j+1} \int_0^1 G(\xi_{j+1}, \xi_{j+2}) d\xi_{j+2} \cdots$$

$$\cdot \int_0^1 G(\xi_{n-1}, \xi_n) F_1(\xi_n, \lambda) d\xi_n = 0,$$

$$H^{(2j)}(1)$$

$$= \lambda l a^{(2j)}(1)$$

$$= \lambda l (-1)^j \int_0^1 G(1, \xi_{j+1}) d\xi_{j+1} \int_0^1 G(\xi_{j+1}, \xi_{j+2}) d\xi_{j+2} \cdots$$

$$\cdot \int_0^1 G(\xi_{n-1}, \xi_n) F_1(\xi_n, \lambda) d\xi_n = 0.$$

结论 (1) 的证明完成.

类似地, 我们也能够证明 (2) 的结论正确.

所以, $H(t), Q(t)$ 分别是问题 (5.6.1) 的下解和上解. 显然, $H(t) > 0, \ \forall t \in (0, 1)$.

最后, 证明问题 (5.6.1) 存在正解 $x^* \in C[0, 1]$ 并满足 $0 < H(t) \leqslant x^* \leqslant Q(t)$.

对任意 $x(t) \in C^{2n-2}[0, 1] \cap C^{2n}(0, 1)$, 定义辅助函数

$$F(t, x) = \begin{cases} f\big(t, H(t), -H''(t), \cdots, (-1)^{n-1} H^{(2n-2)}(t)\big), & x < H(t), \\ f\big(t, x(t), -x''(t), \cdots, (-1)^{n-1} x^{(2n-2)}(t)\big), & H(t) \leqslant x \leqslant Q(t), \\ f\big(t, Q(t), -Q''(t), \cdots, (-1)^{n-1} Q^{(2n-2)}(t)\big), & x > Q(t). \end{cases}$$

$$(5.6.22)$$

由条件 (ℍ) 知 $F : (0, 1) \times \mathbf{R} \to \mathbf{R}^+$ 连续.

令 a_m, b_m 是满足 $0 < \cdots < a_m < \cdots < a_1 < \dfrac{1}{2} < b_1 < \cdots < b_m < b_{m+1} < \cdots < 1$, 并且当 $m \to \infty$ 时, $a_m \to 0$ 和 $b_m \to 1$ 的两个序列 $\{r_{j0}^{(m)}\}, \{r_{j1}^{(m)}\}$ 是满足条件

$$(-1)^j H^{(2j)}(a_m) \leqslant r_{j0}^{(m)} \leqslant (-1)^j Q^{(2j)}(a_m),$$

$$(-1)^j H^{(2j)}(b_m) \leqslant r_{j1}^{(m)} \leqslant (-1)^j Q^{(2j)}(b_m),$$

$$m = 1, 2, \cdots, \quad j = 0, 1, 2, \cdots, n - 1$$

的两个序列.

对每一个 m, 考察边值问题

$$\begin{cases} (-1)^n x^{(2n)}(t) = F(t, x(t)), & t \in [a_m, b_m], \\ (-1)^j x^{(2j)}(a_m) = r_{j0}^{(m)}, & (-1)^j x^{(2j)}(b_m) = r_{j1}^{(m)}, \quad j = 0, 1, 2, \cdots, n-1. \end{cases}$$
(5.6.23)

显然, 问题 (5.6.23) 等价于积分方程

$$\begin{aligned} x(t) =& (A_m x)(t) = R_0(t) + \int_{a_m}^{b_m} G_m(t, \xi_1) R_1(\xi_1) d\xi_1 \\ &+ \int_{a_m}^{b_m} G_m(t, \xi_1) d\xi_1 \int_{a_m}^{b_m} G_m(\xi_1, \xi_2) R_2(\xi_2) d\xi_2 + \cdots \\ &+ \int_{a_m}^{b_m} G_m(t, \xi_1) d\xi_1 \int_{a_m}^{b_m} G_m(\xi_1, \xi_2) R_2(\xi_2) d\xi_2 \cdots \\ &\cdot \int_{a_m}^{b_m} G_m(\xi_{n-1}, \xi_n) F(\xi_n, x(\xi_n)) d\xi_n, \quad t \in [a_m, b_m], \end{aligned}$$
(5.6.24)

其中,

$$G_m(t, s) = \frac{1}{b_m - a_m} \begin{cases} (s - a_m)(b_m - t), & s \leqslant t, \\ (t - a_m)(b_m - s), & t \leqslant s, \end{cases}$$

$$R_i(t) = \frac{t - a_m}{b_m - a_m} r_{j1}^{(m)} + \frac{b_m - t}{b_m - a_m} r_{j0}^{(m)}, \quad j = 0, 1, 2, \cdots, n-1.$$

容易验证 $A_m : E_m \to E_m = C^{2n-2}[a_m, b_m]$ 全连续, 并且 $A_m(E_m)$ 是一个闭集. 此外, $x \in C^{2n-2}[a_m, b_m]$ 是问题 (5.6.23) 的解当且仅当 $A_m x = x$. 根据 Schauder's 不动点定理, 我们得到 A_m 至少存在一个不动点 $x_m \in C^{2m}[a_m, b_m]$.

我们断言

$$H(t) \leqslant x_m \leqslant Q(t), \quad t \in [a_m, b_m],$$
(5.6.25)

也就是

$$(-1)^j H^{(2j)}(t) \leqslant (-1)^j x^{(2j)}(t) \leqslant (-1)^j Q^{(2j)}(t), \quad t \in [a_m, b_m], \quad j = 0, 1, 2, \cdots, n-1.$$

进而, 得到 $x_m \in C^{2n}[a_m, b_m]$ 且满足

$$(-1)^n x^{2n}(t) = f\big(t, x(t), -x''(t), \cdots, (-1)^{n-1} x^{(2n-2)}(t)\big), \quad t \in [a_m, b_m]. \quad (5.6.26)$$

事实上, 假设 $x_m \not\leqslant Q(t)$, 则由 F 的定义知

$$F\big(t, x_m(t)\big) = f\big(t, Q(t), -Q''(t), \cdots, (-1)^{n-1}Q^{(2n-2)}(t)\big), \quad t \in [a_m, b_m].$$

进而, 得到

$$(-1)^n x_m^{(2n)}(t) = f\big(t, Q(t), -Q''(t), \cdots, (-1)^{n-1}Q^{(2n-2)}(t)\big), \quad t \in [a_m, b_m]. \quad (5.6.27)$$

另外, 由于 $Q(t)$ 是问题 (5.6.1) 的上解, 故

$$(-1)^n Q^{(2n)}(t) \geqslant f\big(t, Q(t), -Q''(t), \cdots, (-1)^{n-1}Q^{(2n-2)}(t)\big), \quad t \in [a_m, b_m]. \quad (5.6.28)$$

令

$$z(t) = Q(t) - x_m(t), \quad t \in [a_m, b_m].$$

由 (5.6.23),(5.6.27) 和 (5.6.28) 式知

$$(-1)^n z^{(2n)}(t) \geqslant 0, \quad t \in (a_m, b_m), \quad z \in C^{2n-2}[a_m, b_m] \cap C^{2n}(a_m, b_m),$$

$$(-1)^j z^{(2j)}(a_m) \geqslant 0, \quad (-1)^j z^{(2j)}(b_m) \geqslant 0, \quad j = 0, 1, 2, \cdots, n-1.$$

由引理 5.6.2 知 $(-1)^j z^{(2j)}(t) \geqslant 0$, $t \in [a_m, b_m]$, 这与假设 $x_m(t) \not\leqslant Q(t)$ 矛盾. 所以 $x_m(t) \not\leqslant Q(t)$ 是不可能的.

类似地, 可以证明 $H(t) \leqslant x_m(t)$. 所以, 我们能证明 (5.6.27) 成立.

用和参考文献 [25] 类似的方法结合参考文献 [26] 中定理 3.2, 就能够证明问题 (5.6.1) 存在一个 $C^{2n-2}[0, 1]$ 正解 x 使得 $H(t) \leqslant x(t) \leqslant Q(t)$, 存在一个序列 $\{(-1)^j x_m^{(2j)}(t)\}(j = 0, 1, 2, \cdots, n-1)$ 在 $(0, 1)$ 的任意子集上收敛于 $(-1)^j x^{(2j)}(t)$, $j = 0, 1, 2, \cdots, n-1$. 证毕.

定理 5.6.2 假设条件 (ℍ) 成立, 则问题 (5.6.1) 存在一个 $C^{2n-1}[0, 1]$ 正解当且仅当

$$0 < \int_0^1 F_3(s, s(1-s))ds < +\infty. \quad (5.6.29)$$

证明 (1) 必要性.

假设 $u(t) \in C^{2n-1}[0, 1] \cap C^{2n}(0, 1)$ 是问题 (5.6.1) 的一个正解. 则

$$(-1)^{n-1}u^{(2n-1)}(0) > 0, (-1)^{n-1}u^{(2n-1)}(1) < 0 \text{ 且 } (-1)^{n-1}u^{(2n-2)}(t) > 0, \quad \forall t \in (0, 1).$$

对问题 (5.6.1) 的第一个方程积分, 得

$$\int_0^1 f\big(t, u(t), -u''(t), \cdots, (-1)^{n-1}u^{(2n-2)}(t)\big)dt = (-1)^n \int_0^1 u^{(2n)}(t)dt < +\infty.$$

通过计算, 得 $\lim\limits_{t\to 0^+}\dfrac{u_i(t)}{t(1-t)}>0,\ \lim\limits_{t\to 1^-}\dfrac{u_i(t)}{t(1-t)}>0, i=1,2,\cdots,n.$ 因此, 存在 $M_i>1>m_i>0$ 使得 $m_it(1-t)\leqslant u_i(t)\leqslant M_it(1-t),\ \ i=1,2,\cdots,n.$ 由条件 (ℍ) 知

$$\left[\prod_{i=1}^{n}g(M_i^{-1})\right]^{-1}f(t,t(1-t),t(1-t),\cdots,t(1-t))$$

$$\leqslant f(t,M_1t(1-t),M_2t(1-t),\cdots,M_it(1-t),\cdots,M_nt(1-t))$$

$$\leqslant f(t,u(t),-u''(t),\cdots,(-1)^{n-1}u^{(2n-2)}(t))$$

和

$$\int_0^1 f(t,t(1-t),t(1-t),\cdots,t(1-t))dt$$

$$\leqslant \prod_{i=1}^{n}g(M_i^{-1})\int_0^1 f\big(t,u(t),-u''(t),\cdots,(-1)^ju^{(2j)}(t),\cdots,(-1)^{n-1}u^{(2n-2)}(t)\big)dt$$

$$<+\infty. \tag{5.6.30}$$

由定理 5.6.1, (5.6.30) 式及

$$t(1-t)f(t,1,1,\cdots,1)\leqslant f(t,t(1-t),t(1-t),\cdots,t(1-t)),\ \ i=1,2,\cdots,n$$

知

$$0<\int_0^1 t(1-t)F_1(t,1))dt\leqslant \int_0^1 F_3(t,t(1-t))dt<+\infty.$$

(2) 充分性.

令

$$r(t)=\int_0^1 G(t,\xi_1)d\xi_1\int_0^1 G(\xi_1,\xi_2)d\xi_2\cdots\int_0^1 G(\xi_{n-1},\xi_n)F_3(\xi_n,\xi_n(1-\xi_n))d\xi_n,$$

$$l_i^*=\int_0^1 e(\xi_i)d\xi_i\int_0^1 G(\xi_i,\xi_{i+1})d\xi_{i+1}\cdots\int_0^1 G(\xi_{n-1},\xi_n)F_3(\xi_n,\xi_n(1-\xi_n))d\xi_n,$$

则

$$e(t)\int_0^1 e(\xi_1)d\xi_1\int_0^1 G(\xi_1,\xi_2)d\xi_2\cdots\int_0^1 G(\xi_{n-1},\xi_n)F_3(\xi_n,\xi_n(1-\xi_n))d\xi_n\leqslant r(t)$$

$$\leqslant \int_0^1 e(\xi_1)d\xi_1\int_0^1 G(\xi_1,\xi_2)d\xi_2\cdots\int_0^1 G(\xi_{n-1},\xi_n)F_3(\xi_n,\xi_n(1-\xi_n))d\xi_n,$$

$$r'(t)=-\int_0^t \xi_1 d\xi_1\int_0^1 G(\xi_1,\xi_2)d\xi_2\cdots\int_0^1 G(\xi_{n-1},\xi_n)F_3(\xi_n,\xi_n(1-\xi_n))d\xi_n$$

$$+ \int_t^1 (1-\xi_1)d\xi_1 \int_0^1 G(\xi_1,\xi_2)d\xi_2 \cdots \int_0^1 G(\xi_{n-1},\xi_n)F_3(\xi_n,\xi_n(1-\xi_n))d\xi_n,$$

$$r''(t) = -\int_0^1 G(t,\xi_2)d\xi_2 \cdots \int_0^1 G(\xi_{n-1},\xi_n)F_3(\xi_n,\xi_n(1-\xi_n))d\xi_n,$$

$$r'''(t) = \int_0^t \xi_2 d\xi_2 \cdots \int_0^1 G(\xi_{n-1},\xi_n)F_3(\xi_n,\xi_n(1-\xi_n))d\xi_n$$

$$- \int_t^1 (1-\xi_2)d\xi_2 \cdots \int_0^1 G(\xi_{n-1},\xi_n)F_3(\xi_n,\xi_n(1-\xi_n))d\xi_n,$$

$$r^{(4)}(t) = \int_0^1 G(t,\xi_3)d\xi_3 \cdots \int_0^1 G(\xi_{n-1},\xi_n)F_3(\xi_n,\xi_n(1-\xi_n))d\xi_n,$$

$$\cdots$$

$$(-1)^j r^{(2j)}(t) = \int_0^1 G(t,\xi_{j+1})d\xi_{j+1} \int_0^1 G(\xi_{j+1},\xi_{j+2})d\xi_{j+2} \cdots$$

$$\cdot \int_0^1 G(\xi_{n-1},\xi_n)F_3(\xi_n,\xi_n(1-\xi_n))d\xi_n, \quad j=0,1,2,\cdots,n-1.$$

如果 $j = n-1$, 那么

$$(-1)^{n-1}r^{(2n-2)}(t) = \int_0^1 G(t,\xi_n)F_3(\xi_n,\xi_n(1-\xi_n))d\xi_n,$$

如果 $j = n$, 那么

$$(-1)^n r^{(2n)}(t) = F_3(t,t(1-t)).$$

不难得到

$$l_i^* t(1-t) \leqslant r_i(t) \leqslant l_i^*, \quad i=1,2,\cdots,n,$$

其中

$$r_i(t) = \int_0^1 G(t,\xi_i)d\xi_i \int_0^1 G(\xi_{i+1},\xi_{i+2})d\xi_{i+2} \cdots \int_0^1 G(\xi_{n-1},\xi_n)F_3(\xi_n,\xi_n(1-\xi_n))d\xi_n.$$

令

$$H^*(t) = \frac{1}{L^*}r(t), \quad Q(t) = \frac{1}{l^*}r(t),$$

其中,

$$l^* = \min\{l_1^*,l_2^*,\cdots,l_i^*,\cdots,l_n^*\}, \quad L^* = \max\{l_1^*,l_2^*,\cdots,l_i^*,\cdots,l_n^*\},$$

$$i = 1,2,\cdots,n.$$

则类似于定理 5.6.1 的证明, 存在 $\omega^*(t)$ 满足

$$H^*(t) \leqslant \omega^*(t) \leqslant Q^*(t), \quad t \in [0,1],$$

且

$$
\begin{aligned}
&f\big(t, \omega^*(t), -(\omega^*)''(t), \cdots, (-1)^{n-1}(\omega^*)^{(2n-2)}(t)\big) \\
&\leqslant f\big(t, H^*(t), -(H^*)''(t), \cdots, (-1)^{n-1}(H^*)^{(2n-2)}(t)\big) \\
&\leqslant f\big(t, \frac{1}{L^*} l_1^* t(1-t), \frac{1}{L^*} l_2^* t(1-t), \cdots, \frac{1}{L^*} l_n^* t(1-t)\big) \\
&\leqslant \prod_{i=1}^{n} g\left(\frac{1}{L^*} l_i^*\right) f(t, t(1-t), t(1-t), \cdots, t(1-t)) \\
&= \prod_{i=1}^{n} g\left(\frac{1}{L^*} l_i^*\right) F_3(t, t(1-t)),
\end{aligned}
$$

进而得到 $|(\omega^*)^{(2n)}(t)|$ 是可积的, 且 $(\omega^*)^{(2n-1)}(1-)$, $(\omega^*)^{(2n-1)}(0+)$ 存在. 故 $\omega^*(t)$ 是 $C^{2n-1}[0,1]$ 中的一个正解.

例 5.6.1　考虑边值问题

$$
\begin{cases}
(-1)^3 x^{(6)}(t) = t^{p_1}(1-t)^{q_1} x^{-\gamma_1}\big[-x''(t)\big]^{-\mu_1} + t^{p_2}(1-t)^{q_2} x^{-\gamma_2}\big[x^{(4)}(t)\big]^{-\mu_2} \\
\qquad\qquad + t^{p_3}(1-t)^{q_3} x^{-\gamma_3}\big[-x''(t)\big]^{-\mu_3}\big[x^{(4)}(t)\big]^{-\mu_4}, \quad 0 < t < 1, \\
x^{(2i)}(0) = x^{(2i)}(1) = 0, \quad i = 0,1,2,
\end{cases}
$$

$$(5.6.31)$$

其中, $p_i \in \mathbf{R}$, $q_i \in \mathbf{R}$, $\gamma_i > 0$, $\mu_i > 0$, $i = 1,2,3$.

结论 5.6.1　问题 (5.6.31) 存在 $C^4[0,1]$ 正解的充分必要条件是

$$p_i > -2, \quad q_i > -2, \quad i = 1,2,3;$$

存在 $C^5[0,1]$ 正解的充分必要条件是

$$p_i > -1, \quad q_i > -1, \quad i = 1,2,3.$$

证明　取 $g(k) = \dfrac{1}{k}, k \in (0,1]$, 则 $g(k) \in [1, +\infty)$, 且条件 (Ⅲ) 成立. 因此, 从定理 5.6.1 和定理 5.6.2 知:

(i) 问题 (5.6.31) 存在 $C^4[0,1]$ 正解的充分必要条件是

$$p_i > -2, \quad q_i > -2, \quad i = 1,2,3;$$

(ii) 问题 (5.6.31) 存在 $C^5[0,1]$ 正解的充分必要条件是

$$p_i > -1, \quad q_i > -1, \quad i = 1,2,3.$$

5.7 附 注

本章对高阶微分方程、高阶脉冲微分方程, 特别是四阶微分方程、四阶脉冲微分方程以及含 p-Laplace 算子的四阶微分方程和四阶脉冲微分方程进行了系统的研究, 获得了一个正解、两个正解、三个正解和 n 个正解的存在性结果. 我们不仅给出了正解存在的充分条件, 还得到了一些充要条件. 在适当条件下, 还对正解在整个区间上的界: 上界和下界进行了讨论. 所使用的方法是半序理论结合各类锥上的不动点定理以及最大值原理和上下解方法.

定理 5.1.1— 定理 5.1.6 是由 Zhang 和 Ge 在参考文献 [27] 中获得的. 在这节, 作者利用适当的变换把一个四阶边值问题降阶, 进而转化为两个二阶边值问题. 从而, 我们把对四阶微分方程边值问题的研究变成对二阶边值问题的研究. 这是处理高阶微分方程边值问题有效的方法之一. 借助半序理论并结合锥上的不动点定理, 我们得到了正解的存在性、多解性和不存在性的结果. 不过, 对于混合型, 或者超前型, 或者滞后型四阶微分方程边值问题正解的存在性问题, 尚未得到充分讨论, 今后值得深入思考.

5.2 节的内容取自 Zhang, Feng 和 Ge 的文献 [15]. 这节内容是 5.1 节内容的延续: 我们从 p-Laplace 算子和对称解两个方面推广和发展了 5.1 节的内容. 同时, 我们还获得了这类问题存在 n 个正解的结果. 同样, 对含偏差变元的含 p-Laplace 算子的四阶微分方程边值问题有待于今后继续探讨.

定理 5.3.1 取自 Zhou 和 Zhang 的文谳 [28]. 5.3 节研究的内容推广了第 4 章的内容, 并对 5.1 节和 5.2 节的内容进行了发展和提高. 前者体现在方程的阶数从二阶到四阶, 后者体现在从无脉冲的模型到有脉冲的模型. 对带有时滞的四阶脉冲微分方程边值问题三个正解的存在性研究尚未讨论, 有必要在今后探讨.

5.4 节内容取自 Feng 的文献 [13]. 在这一节, 我们不仅获得了这类问题存在多个正解的结果, 并且给出了正解在整个区间中的界: 上界和下界. 这些结果发展了 5.1 节和 5.2 节所取得的相关成果. 最后, 对这类问题进行了详细的讨论, 得出获得正解的界是困难的. 同时, 指出只有当边值问题对应的 Green 函数具备适当的性质, 才能获得正解的界.

5.5 节内容取自 Feng, Zhang 和 Yang 的文献 [29]. 定理 5.5.1— 定理 5.5.4 进一步推广了第 4 章的内容, 同时发展了 5.3 节所研究的模型, 并且与 5.1 节 —5.4 节处理高阶微分方程的方法是不同的. 在 5.1 节 —5.4 节中, 我们主要应用降阶的方法处理高阶问题, 而在 5.5 节中我们通过复杂的积分运算研究高阶问题.

5.6 节的内容选自 Zhang 和 Feng 的文献 [30]. 定理 5.6.1— 定理 5.6.2 利用最大值原理和单调迭代技术给出了正解存在的充要条件. 5.6 节研究问题的方法与 5.1

节 —5.4 节, 以及第 3 章和第 4 章的方法不同, 所得到的结论也是不同的. 对高阶脉冲微分方程边值问题, 特别是带偏差变元的高阶非局部问题存在正解的充要条件尚未进行深入研究, 今后值得期待这方面成果的出现.

参 考 文 献

[1] Gupta C P. Existence and uniqueness theorems for the bending of an elastic beam equation[J]. Appl. Anal., 1988, 26: 289-304.

[2] Bai Z, Wang H. On the positive solutions of some nonlinear fourth-order beam equations[J]. J. Math. Anal. Appl., 2002, 270: 357-368.

[3] Bai Z, Huang B, Ge W. The iterative solutions for some fourth-order p-Laplace equation boundary value problems [J]. Nonlinear Anal., 2007, 67: 1704-1709.

[4] 冯美强, 张学梅. Banach 空间中四阶常微分方程两点边值问题的多重解 [J]. 应用泛函分析学报, 2004, 6: 56–64.

[5] 姚庆六. 一类弹性梁方程的正解存在性与多解性 [J]. 山东大学学报 (理学版), 2004, 39: 64-67.

[6] Chyan C J, Henderson J. Positive Solutions of $2m$th-Order Boundary Value Problems[J]. Appl. Math. Lett., 2002, 15: 767-774.

[7] Davis J M, Eloe P W, Henderson J. Triple positive solutions and dependence on higher order derivatives[J]. J. Math. Anal. Appl., 1999, 237: 710-720.

[8] Eloe P W, Ahmad B. Positive solutions of a nonlinear nth order boundary value problem with nonlocal conditions[J]. Appl. Math. Lett., 2005, 18: 521-527.

[9] Graef J R, Henderson J, Yang B. Positive solutions of a nonlinear higher order boundary-value problem[J]. Electron. J. Differential Equations, 2007, 45: 1-10.

[10] Graef J R, Qian C, Yang B. A three point boundary value problem for nonlinear fourth order differential equations[J]. J. Math. Anal. Appl., 2003, 287: 217-233.

[11] Wei Z. Existence of positive solutions for $2n$th-order singular sublinear boundary value problems[J]. J. Math. Anal. Appl., 2005, 306: 619-636.

[12] Ding Y, O'Regan D. Positive solutions for a second-order p-Laplacian impulsive boundary value problem[J]. Adv. Difference Equ., 2012, 2012(1): 1-12.

[13] Feng M. Multiple positive solutions of four-order impulsive differential equations with integral boundary conditions and one-dimensional p-Laplacian[J]. Bound. Value Probl., 2011, 2011(1): 1-26.

[14] Yan J. Existence of positive periodic solutions of impulsive functional differential equations with two parameters[J]. J. Math. Anal. Appl., 2007, 327: 854-868.

[15] Zhang X, Feng M, Ge W. Symmetric positive solutions for p-Laplacian fourth order differential equation with integral boundary conditions[J]. J. Comput. Appl. Math., 2008, 222: 561-573.

[16] Zhang X, Feng M, Ge W. Existence results for nonlinear boundary-value problems with integral boundary conditions in Banach spaces[J]. Nonlinear Anal., 2008, 69: 3310-3321.

[17] Aftabizadeh A R. Existence and uniqueness theorems for fourth-order boundary value problems[J]. J. Math. Anal. Appl., 1986, 116: 415-426.

[18] Bai Z, Wang H. On the positive solutions of some nonlinear fourth-order beam equations[J]. J. Math. Anal. Appl., 2002, 270: 357-368.

[19] Ma R, Wang H. On the existence of positive solutions of fourth-order ordinary differential equations[J]. Appl. Anal., 1995, 59: 225-231.

[20] Zhang X, Liu L. Positive solutions of fourth order four-point boundary value problems with p-Laplacian operator[J]. J. Math. Anal. Appl., 2007, 326: 1212-1224.

[21] Ma H. Symmetric positive solutions for nonlocal boundary value problems of fourth order[J]. Nonlinear Anal., 2008, 68: 645-651.

[22] Eloe P W, Ahmad B. Positive solutions of a nonlinear nth order boundary value problem with nonlocal conditions[J]. Appl. Math. Lett., 2005, 18: 521-527.

[23] Agarwal R P, O'Regan D. Multiple nonnegative solutions for second order impulsive differential equations[J]. Appl. Math. Comput., 2000, 114: 51-59.

[24] Wei Z. Existence of positive solutions for $2n$th-order singular sublinear boundary value problems[J]. J. Math. Anal. Appl., 2005, 306: 619-636.

[25] Zhang Y. Positive solutions of singular sublinear Emden-Fower boundary value problems[J]. J. Math. Anal. Appl., 1994, 185: 215-222.

[26] Liu Y. Structure of a class of singular boundary value problem with superlinear effect[J]. J. Math. Anal. Appl., 2003, 284: 64-75.

[27] Zhang X, Ge W. Positive solutions for a class of boundary-value problems with integral boundary conditions[J]. Comput. Math. Appl., 2009, 58: 203-215.

[28] Zhou Y, Zhang X. Triple positive solutions of fourth-order impulsive differential equations with integral boundary conditions[J]. Bound. Value Probl., 2015, 2015(1): 1-14.

[29] Feng M, Zhang X, Yang X. Positive solutions of nth-order nonlinear impulsive differential equation with nonlocal boundary condition[J]. Bound. Value Probl., 2011, 2011(1): 1-19.

[30] Zhang X, Feng M. Positive solutions for a class of $2n$th-order singular boundary value problems[J]. Nonlinear Anal., 2008, 69: 1287-1298.

第 6 章　非线性常微分方程共振边值问题

在第 3 章, 第 4 章和第 5 章, 我们发现了一个问题: 当我们研究问题 (3.3.1)

$$\begin{cases} (g(t)x'(t))' + \omega(t)f(t, x(\alpha(t))) = 0, & 0 < t < 1, \\ ax(0) - b \lim_{t \to 0^+} g(t)x'(t) = \int_0^1 h(s)x(s)ds, \\ ax(1) + b \lim_{t \to 1^-} g(t)x'(t) = \int_0^1 h(s)x(s)ds \end{cases}$$

时, 要求 $\nu \in [0, a)$. 其中, $\nu = \int_0^1 h(s)ds$.

当我们研究问题 (4.3.1)

$$\begin{cases} u''(t) + \lambda \omega(t)f(u(t)) = 0, & t \in (0,1), \quad t \ne t_k, \\ u(t_k^+) - u(t_k) = c_k u(t_k), & k = 1, 2, \cdots, n, \\ u'(0) = 0, au(1) + bu'(1) = \int_0^1 g(t)u(t)dt \end{cases}$$

时, 要求 $\mu \in [0, ac(1))$. 其中 $\mu = \int_0^1 g(t)c(t)dt$.

当我们研究问题 (5.1.1)

$$\begin{cases} x^{(4)}(t) = w(t)f(t, x(t), x''(t)), & 0 < t < 1, \\ x(0) = \int_0^1 g(s)x(s)ds, & x(1) = 0, \\ x''(0) = \int_0^1 h(s)x''(s)ds, & x''(1) = 0 \end{cases}$$

时, 要求 $\mu \in [0,1), \nu \in [0,1)$. 其中, $\mu = \int_0^1 (1-s)g(s)ds, \nu = \int_0^1 (1-s)h(s)ds$.

一个自然的问题是: 在问题 (3.3.1) 中, 当 $\nu = a$ 时; 在问题 (4.3.1) 中, 当 $\mu = ac(1)$ 时; 在问题 (5.1.1) 中, 当 $\mu = 1, \nu = 1$ 时, 对应的问题 (3.3.1), (4.3.1) 和 (5.1.1) 会发生什么变化? 事实上, 这就是本章要解决的另一类边值问题——共振边值问题.

近几十年来, 非线性微分方程共振边值问题, 特别是非局部共振边值问题, 受到国内外诸多学者的关注, 已经获得了不少优秀成果, 见参考文献 [1]—[11] 从这些文献可以看出这样的事实: 关于共振的情况, 或者是研究线性微分算子在无穷区间上共振边值问题, 或者是研究在 $dimKerL = 1$ 情况下的非局部共振问题. 但是, 关于在 $dimKerL = 2$ 情况下研究非局部共振问题、非线性脉冲微分方程共振边值问题、带有 p-Laplace 算子的脉冲非局部共振问题, 还没有出现相关结果. 这些问题都有待于我们思考并加以解决. 基于此, 本章着重讨论二阶微分方程在 $dimKerL = 2$ 的情况下的非局部共振问题和带 p-Laplace 算子的脉冲微分方程共振边值问题. 主要工具是 Mawhin 连续性定理和推广的 Mawhin 连续性定理.

6.1 节利用 Mawhin 连续性定理研究了一类二阶微分方程在 $dimKerL = 2$ 的情况下的非局部共振问题, 并获得了这类问题存在解的充分条件. 因为问题 (6.1.1) 的非线性项中显含一阶导数项, 且研究方法与 3.1 节—3.6 节不同, 所以 6.1 节的研究成果从本质上发展和推广了 3.1 节—3.6 节所获得的的结果.

6.2 节利用推广的 Mawhin 连续性定理研究了一类带 p-Laplace 算子的脉冲微分方程在 $dimKerL = 2$ 的情况下的非局部共振问题, 并获得了这类问题存在解的充分条件. 因为问题 (6.1.2) 的研究方法与 4.1 节 —4.6 节不同, 所以 6.2 节的研究成果从本质上发展和推广了 4.1 节—4.6 节所获得的结果.

6.1　二阶共振非局部问题的可解性

考虑边值问题

$$\begin{cases} x''(t) = f(t, x(t), x'(t)), & t \in (0, 1), \\ x'(0) = \int_0^1 h(t)x'(t)dt, & x'(1) = \int_0^1 g(t)x'(t)dt, \end{cases} \tag{6.1.1}$$

其中, $h, g \in C([0, 1], [0, +\infty))$ 满足 $\int_0^1 h(t)dt = 1, \int_0^1 g(t)dt = 1$. 在这种情况下, 问题 (6.1.1) 就是所谓的共振边值问题.

令 $X = C^1[0, 1]$. 范数 $\|x\| = \max\{\|x\|_\infty, \|x'\|_\infty\}$. 显然, $(X, \|x\|)$ 是 Banach 空间, 简记为 X.

再令 $Z = L^1[0, 1]$. 范数 $\|x\|_1 = \int_0^1 |x(s)|ds$. 显然, $(Z, \|x\|_1)$ 也是 Banach 空间, 简记为 Z.

定义 $L : X \supset domL \to Z$ 如下

$$Lx = x'', \quad x \in domL,$$

其中,

$$domL = \left\{ x \in W^{2,1}(0,1) : x'(0) = \int_0^1 h(t)x'(t)dt, x'(1) = \int_0^1 g(t)x'(t)dt \right\}.$$

定义非线性算子 $G : X \to Z$:

$$(Gx)(t) = f(t, x(t), x'(t)), \quad t \in J = [0,1].$$

下面的引理在本节证明中起到关键作用.

引理 6.1.1　如果 $\int_0^1 h(t)dt = 1, \int_0^1 g(t)dt = 1,$ 且

$$\Lambda = \left| \begin{array}{cc} 1 - \int_0^1 tg(t)dt & \frac{1}{2}\left(1 - \int_0^1 t^2 g(t)dt\right) \\ \int_0^1 th(t)dt & \frac{1}{2}\int_0^1 t^2 h(t)dt \end{array} \right| \neq 0,$$

那么 L 是一个指标为零的 Fredholm 算子. 进而, 线性算子 $K_p : ImL \to domL \cap X_1$ 可以定义为

$$(K_p y)(t) = \int_0^t (t-s)y(s)ds, \quad y \in ImL,$$

且满足 $K_p = L|_{domL \cap X_1}^{-1}$, 其中 $X_1 = \{x \in X | x(0) + x'(0)t = 0\}$. 此外,

$$\|K_p y\| \leqslant \|y\|_1, \quad y \in ImL.$$

证明　显然 $KerL = \{x \in X : x(t) = c_1 + c_2 t, c_1, c_2 \in \mathbf{R}, t \in [0,1]\}$. 此外, 我们知道

$$ImL = \left\{ y \in L^1[0,1] : \int_0^1 g(t)\int_t^1 y(s)dsdt = \int_0^1 h(t)\int_0^t y(s)dsdt = 0 \right\}. \quad (6.1.2)$$

如果 $y \in ImL$, 则存在 $x \in domL$ 使得 $x''(t) = y(t)$. 从 0 到 t 积分, 得到

$$x'(t) - x'(0) = \int_0^t y(s)ds.$$

把边界条件 $x'(0) = \int_0^1 h(t)x'(t)dt$ 代入上式, 得到

$$x'(t) = \int_0^1 h(t)x'(t)dt + \int_0^t y(s)ds.$$

两边同乘以 $h(t)$ 并且从 0 到 1 积分, 得

$$\int_0^1 h(t)x'(t)dt = \int_0^1 h(t)x'(t)dt \int_0^1 h(t)dt + \int_0^1 h(t) \int_0^t y(s)dsdt.$$

由条件 $\int_0^1 h(t)dt = 1$ 知 $\int_0^1 h(t) \int_0^t y(s)dsdt = 0.$

类似地, 我们能得到 $\int_0^1 g(t) \int_t^1 y(s)dsdt = 0.$

另外, 如果 $y \in L^1[0,1]$ 满足

$$\int_0^1 g(t) \int_t^1 y(s)dsdt = \int_0^1 h(t) \int_0^t y(s)dsdt = 0,$$

令 $x(t) = \int_0^t (t-s)y(s)ds$, 那么 $x''(t) = y(t)$, 且 $x'(t) = \int_0^t y(s)ds$. 这样就得到

$$x'(0) = 0 = \int_0^1 h(t)x'(t)dt$$

和

$$x'(1) = \int_0^1 y(s)ds = \int_0^1 g(t) \int_0^1 y(s)dsdt$$

$$= \int_0^1 g(t) \int_0^t y(s)dsdt + \int_0^1 g(t) \int_t^1 y(s)dsdt$$

$$= \int_0^1 g(t) \int_0^t y(s)dsdt = \int_0^1 g(t)x'(t)dt.$$

进而, 得到 $x \in domL$ 和 $Lx = y$, 即 $y \in ImL$. 因此, (6.1.2) 式成立.

对任意 $y \in L^1[0,1]$, 定义 $Q: Z \to Z: Qy = a + bt$. 其中

$$a = \frac{\Lambda_1}{\Lambda}, \quad b = \frac{\Lambda_2}{\Lambda},$$

$$\Lambda_1 = \begin{vmatrix} \int_0^1 g(t) \int_t^1 y(s)dsdt & \frac{1}{2}\left(1 - \int_0^1 t^2 g(t)dt\right) \\ \int_0^1 h(t) \int_0^t y(s)dsdt & \frac{1}{2} \int_0^1 t^2 h(t)dt \end{vmatrix},$$

$$\Lambda_2 = \begin{vmatrix} 1 - \int_0^1 tg(t)dt & \int_0^1 g(t)\int_t^1 y(s)dsdt \\ \int_0^1 th(t)dt & \int_0^1 h(t)\int_0^t y(s)dsdt \end{vmatrix}.$$

令 $y_1(t) = y(t) - Qy.$ 那么 $y_1 \in ImL, Z = ImL \oplus R^2.$ 所以 $dimKerL = codimImL = 2.$ 这表明 L 是一个指标为零的 Fredholm 算子.

定义一个投影算子 $P : X \to KerL$

$$(Px)(t) = \frac{1}{2}x(0) + \frac{1}{2}x'(0)t.$$

令 $X_1 = \{x \in X | x(0) + x'(0)t = 0\}$, 则对任意 $x \in domL \cap X_1$, 得到

$$(K_px)(t) = Kx''(t) = \int_0^t (t-s)x''(s)ds = \int_0^t \int_0^\tau x''(s)dsd\tau$$

$$= \int_0^t (x'(\tau) - x'(0))d\tau = x(t) - x(0) - x'(0)t = x(t).$$

另外, 对任意 $y \in ImL$, 得

$$(LK_py)(t) = ((K_py)(t))'' = \left(\int_0^t (t-s)y(s)ds\right)'' = y(t).$$

这表明 $K_p = L|_{domL\cap X_1}^{-1}.$

最后, 由 K_p 的定义, 易知 $\|K_py\| \leqslant \|y\|_1.$ 引理得证.

下面, 应用引理 6.1.1 并结合 Mawhin 连续性定理给出本节的主要结论.

定理 6.1.1　假设 $f : [0,1] \times R^2 \to R$ 是连续的, 且

(H_1) 存在函数 $p,q,r \in L^1[0,1]$ 使得

$$|f(t,u,v)| \leqslant p(t)|u| + q(t)|v| + r(t), \quad \forall t \in [0,1], (u,v) \in R^2.$$

(H_2) 存在常数 $M, N > 0$ 使得当 $x \in D(L) \setminus KerL$ 且满足条件 $|x(t)| \geqslant N, |x'(t)| \geqslant M, \forall t \in [0,1]$ 时都有

$$\begin{vmatrix} \int_0^1 g(t)\int_t^1 f(s,x(s),x'(s))dsdt & \frac{1}{2}\left(1 - \int_0^1 t^2 g(t)dt\right) \\ \int_0^1 h(t)\int_0^t f(s,x(s),x'(s))dsdt & \frac{1}{2}\int_0^1 t^2 h(t)dt \end{vmatrix} \neq 0$$

和

$$\begin{vmatrix} 1 - \int_0^1 tg(t)dt & \int_0^1 g(t)\int_t^1 f(s,x(s),x'(s))dsdt \\ \int_0^1 th(t)dt & \int_0^1 h(t)\int_0^t f(s,x(s),x'(s))dsdt \end{vmatrix} \neq 0$$

成立.

(H_3) 存在常数 $M_1 > 0, M_2 > 0$, 对任意满足条件 $|c_1| > M_1, |c_2| > M_2$ 的 $c_1, c_2 \in \mathbf{R}$ 都有

$$\frac{c_1}{\Lambda} \begin{vmatrix} \int_0^1 g(t) \int_t^1 f(s, c_1 + c_2 s, c_2) ds dt & \frac{1}{2}\left(1 - \int_0^1 t^2 g(t) dt\right) \\ \int_0^1 h(t) \int_0^t f(s, c_1 + c_2 s, c_2) ds dt & \frac{1}{2} \int_0^1 t^2 h(t) dt \end{vmatrix} > 0,$$

$$\frac{c_2}{\Lambda} \begin{vmatrix} 1 - \int_0^1 t g(t) dt & \int_0^1 g(t) \int_t^1 f(s, c_1 + c_2 s, c_2) ds dt \\ \int_0^1 t h(t) dt & \int_0^1 h(t) \int_0^t f(s, c_1 + c_2 s, c_2) ds dt \end{vmatrix} > 0,$$

或者

$$\frac{c_1}{\Lambda} \begin{vmatrix} \int_0^1 g(t) \int_t^1 f(s, c_1 + c_2 s, c_2) ds dt & \frac{1}{2}\left(1 - \int_0^1 t^2 g(t) dt\right) \\ \int_0^1 h(t) \int_0^t f(s, c_1 + c_2 s, c_2) ds dt & \frac{1}{2} \int_0^1 t^2 h(t) dt \end{vmatrix} < 0,$$

$$\frac{c_2}{\Lambda} \begin{vmatrix} 1 - \int_0^1 t g(t) dt & \int_0^1 g(t) \int_t^1 f(s, c_1 + c_2 s, c_2) ds dt \\ \int_0^1 t h(t) dt & \int_0^1 h(t) \int_0^t f(s, c_1 + c_2 s, c_2) ds dt \end{vmatrix} < 0$$

成立.

如果 $2\|p\|_1 + \|q\|_1 < \dfrac{1}{3}$, 则满足条件 $\int_0^1 h(t) dt = 1, \int_0^1 g(t) dt = 1$ 的边值问题 (6.1.1) 在 $C^1[0,1]$ 中至少存在一个解.

证明　分三步完成证明.

第一步: 令 $U_1 = \{x \in dom L \backslash Ker L, Lx = \lambda Gx, \lambda \in J\}$. 则 U_1 是有界的.

如果 $x \in U_1$, 那么 $\lambda \neq 0, QGx = 0$. 由 Q 的定义, 得到

$$\begin{vmatrix} \int_0^1 g(t) \int_t^1 f(s, x(s), x'(s)) ds dt & \frac{1}{2}\left(1 - \int_0^1 t^2 g(t) dt\right) \\ \int_0^1 h(t) \int_0^t f(s, x(s), x'(s)) ds dt & \frac{1}{2} \int_0^1 t^2 h(t) dt \end{vmatrix} = 0,$$

$$\begin{vmatrix} 1 - \int_0^1 t g(t) dt & \int_0^1 g(t) \int_t^1 f(s, x(s), x'(s)) ds dt \\ \int_0^1 t h(t) dt & \int_0^1 h(t) \int_0^t f(s, x(s), x'(s)) ds dt \end{vmatrix} = 0.$$

由条件 (H_2) 知存在 $t_0, t_1 \in J$ 使得 $|x'(t_0)| \leqslant M, |x(t_1)| \leqslant N$, 进而有

$$|x'(0)| = \left| x'(t_0) - \int_0^{t_0} x''(t)dt \right| \leqslant M + ||x''||_1$$

和

$$|x(0)| = \left| x(t_1) - \int_0^{t_1} x'(t)dt \right| \leqslant N + ||x'||_\infty.$$

此外, 根据引理 6.1.1 和条件 (H_1) 知

$$||(I - P)x|| = ||K_p L(I - P)x||$$

$$\leqslant ||L(I - P)x||_1 = ||Lx||_1 \leqslant ||Gx||_1$$

$$\leqslant ||p||_1 ||x||_\infty + ||q||_1 ||x'||_\infty + ||r||_1.$$

由 $x(t) = \int_0^t x'(s)ds + x(0)$ 知 $||x||_\infty \leqslant ||x'||_1 + |x(0)| \leqslant 2||x'||_\infty + N.$

因此, 对任意 $x \in U_1$, 得

$$||x'||_\infty \leqslant ||x|| \leqslant ||Px|| + ||(I - P)x||$$

$$\leqslant \frac{1}{2}(|x(0)| + |x'(0)|) + ||p||_1 ||x||_\infty + ||q||_1 ||x'||_\infty + ||r||_1$$

$$\leqslant \frac{1}{2}(M + ||x''||_1 + N + ||x'||_\infty) + ||p||_1(N + 2||x'||_\infty) + ||q||_1 ||x'||_\infty + ||r||_1.$$

进而, 得到 $||x'||_\infty \leqslant a_1 + a_2 ||x''||_1.$ 其中

$$a_1 = \frac{\frac{1}{2}(M + N) + N||p||_1 + ||r||_1}{\frac{1}{2} - 2||p||_1 - ||q||_1}, \quad a_2 = \frac{1}{2\left(\frac{1}{2} - 2||p||_1 - ||q||_1\right)}.$$

另外, 注意到

$$||x''||_1 = ||Lx||_1 \leqslant ||Gx||$$

$$\leqslant ||p||_1 ||x||_\infty + ||q||_1 |x'||_\infty + ||r||_1$$

$$\leqslant ||p||_1(N + 2||x'||_\infty) + ||q||_1 |x'||_\infty + ||r||_1$$

$$\leqslant (2||p||_1 + ||q||_1)||x'||_\infty + N||p||_1 + ||r||_1.$$

所以

$$||x''||_1 \leqslant \frac{(2||p||_1 + ||q||_1)a_1 + N||p||_1 + ||r||_1}{1 - (2||p||_1 + ||q||_1)a_2}.$$

第一步证明完成.

第二步: 令 $U_2 = \{x \in KerL : G(x) \in ImL\}$. 下面证明 U_2 有界.

事实上, 如果 $x \in U_2$, 那么 $x = c_1 + c_2 t, c_1, c_2 \in \mathbf{R}$, $QGx = 0$. 因此,

$$
\left| \begin{array}{cc}
\displaystyle\int_0^1 g(t) \int_t^1 f(s, c_1 + c_2 s, c_2) ds dt & \dfrac{1}{2}\left(1 - \displaystyle\int_0^1 t^2 g(t) dt\right) \\[4mm]
\displaystyle\int_0^1 h(t) \int_0^t f(s, c_1 + c_2 s, c_2) ds dt & \dfrac{1}{2}\displaystyle\int_0^1 t^2 h(t) dt
\end{array} \right| = 0,
$$

$$
\left| \begin{array}{cc}
1 - \displaystyle\int_0^1 t g(t) dt & \displaystyle\int_0^1 g(t) \int_t^1 f(s, c_1 + c_2 s, c_2) ds dt \\[4mm]
\displaystyle\int_0^1 t h(t) dt & \displaystyle\int_0^1 h(t) \int_0^t f(s, c_1 + c_2 s, c_2) ds dt
\end{array} \right| = 0.
$$

所以由条件 (H_2) 知存在 $t_0, t_1 \in J$ 使得 $|x'(t_0)| \leqslant M, |x(t_1)| \leqslant N$. 进而, 得到

$$
\|x'\|_\infty = |c_2| \leqslant M.
$$

此外,

$$
\|x\|_\infty \leqslant 2\|x'\|_\infty + N \leqslant 2M + N.
$$

故 $\|x\| \leqslant 2M + N$. 第二步证明完成.

第三步: 考虑条件 (H_3) 的第一部分条件. 令

$$
U_3 = \{x \in KerL : H(x, \lambda) = \lambda x + (1 - \lambda)JQGx = 0, \lambda \in [0, 1]\},
$$

其中, $J : ImQ \to KerL$ 是由 $J(c_1 + c_2 t) = c_1 + c_2 t, \forall c_1, c_2 \in R, t \in [0, 1]$ 定义的线性同构. 那么 U_3 有界.

事实上, 如果 $x = c_1 + c_2 t \in U_3$, 那么 $\lambda(c_1 + c_2 t) + (1 - \lambda)QG(c_1 + c_2 t) = 0$. 由 Q 的定义知

$$
\lambda c_1 + (1 - \lambda)\frac{1}{\Lambda} \left| \begin{array}{cc}
\displaystyle\int_0^1 g(t) \int_t^1 f(s, c_1 + c_2 s, c_2) ds dt & \dfrac{1}{2}\left(1 - \displaystyle\int_0^1 t^2 g(t) dt\right) \\[4mm]
\displaystyle\int_0^1 h(t) \int_0^t f(s, c_1 + c_2 s, c_2) ds dt & \dfrac{1}{2}\displaystyle\int_0^1 t^2 h(t) dt
\end{array} \right| = 0,
$$

$$
\lambda c_2 + (1 - \lambda)\frac{1}{\Lambda} \left| \begin{array}{cc}
1 - \displaystyle\int_0^1 t g(t) dt & \displaystyle\int_0^1 g(t) \int_t^1 f(s, c_1 + c_2 s, c_2) ds dt \\[4mm]
\displaystyle\int_0^1 t h(t) dt & \displaystyle\int_0^1 h(t) \int_0^t f(s, c_1 + c_2 s, c_2) ds dt
\end{array} \right| = 0.
$$

如果 $\lambda = 1$, 那么 $c_1 = 0, c_2 = 0$. 在这种情况下, 显然 U_3 是有界的.

如果 $\lambda \neq 1$, 则存在 $M_1 > 0, M_2 > 0$ 使得 $|c_1| > M_1, |c_2| > M_2$, 由 (H_3) 的第一部分知

$$\lambda c_1^2 = -c_1(1-\lambda)\frac{1}{\Lambda}\begin{vmatrix} \int_0^1 g(t)\int_t^1 f(s, c_1 + c_2 s, c_2)ds dt & \frac{1}{2}\left(1 - \int_0^1 t^2 g(t)dt\right) \\ \int_0^1 h(t)\int_0^t f(s, c_1 + c_2 s, c_2)ds dt & \frac{1}{2}\int_0^1 t^2 h(t)dt \end{vmatrix} < 0,$$

$$\lambda c_2^2 = -c_2(1-\lambda)\frac{1}{\Lambda}\begin{vmatrix} 1 - \int_0^1 tg(t)dt & \int_0^1 g(t)\int_t^1 f(s, c_1 + c_2 s, c_2)ds dt \\ \int_0^1 th(t)dt & \int_0^1 h(t)\int_0^t f(s, c_1 + c_2 s, c_2)ds dt \end{vmatrix} < 0.$$

这与 $\lambda c_1^2 > 0, \lambda c_2^2 > 0$ 矛盾. 所以 $|c_1| \leqslant M_1, |c_2| \leqslant M_2$. 进而有 $||x|| = |c_1| + |c_2| \leqslant M_1 + M_2$. 第三步证明完成.

另外, 如果条件 (H_3) 的第二部分成立, 则令

$$U_3 = \{x \in KerL : H(x, \lambda) = -\lambda x + (1 - \lambda)JQGx = 0, \lambda \in [0, 1]\}.$$

用类似的方法, 我们能够验证 U_3 有界.

最后验证定理 2.2.1 的所有条件都满足. 根据 Arzelà-Ascoli 定理知 $K_{PQG}: \bar{\Omega} \to X$ 是紧的. 进而知 G 是 L-紧的. 令 $\Omega \supset \cup_{i=1}^3 U_i$ 是有界集. 由第一步至第三步知:

(a_1) $Lx \neq \lambda Gx, \forall (x, \lambda) \in [(domL \backslash KerL) \cap \partial\Omega] \times (0, 1)$;

(a_2) $Gx \notin ImL, \forall x \in KerL \cap \partial\Omega$;

(a_3) Let $H(x, \lambda) = \pm \lambda x + (1 - \lambda)JQGx, \lambda \in [0, 1]$.

由以上讨论知 $H(x, \lambda) \neq 0, \forall x \in KerL \cap \partial\Omega$. 由此, 并根据度的同伦不变性得到

$$deg(JQG|_{KerL}, \Omega \cap KerL, 0)$$

$$= deg(H(\cdot, 0), \Omega \cap KerL, 0) = deg(H(\cdot, 1), \Omega \cap KerL, 0)$$

$$= deg(\pm I, \Omega \cap KerL, 0) \neq 0.$$

根据定理 2.2.1 知 $Lx = Gx$ 在 $domL \cap \bar{\Omega}$ 中至少存在一个解. 定理得证.

例 6.1.1 考虑边值问题

$$\begin{cases} x'' = a(t)\left[t^2 + 4 + \frac{1}{12}\sin x + \frac{1}{14}(1 + t)x'\right], & 0 < t < 1, \\ x'(0) = \int_0^1 x'(t)dt, \quad x'(1) = \int_0^1 x'(t)dt, \end{cases} \tag{6.1.3}$$

其中,

$$
a(t) = \begin{cases}
2t - 1, & t \in \left[0, \dfrac{1}{2}\right], \\[2mm]
0, & t \in \left[\dfrac{1}{2}, \dfrac{2}{3}\right], \\[2mm]
3t - 2, & t \in \left[\dfrac{2}{3}, 1\right].
\end{cases}
$$

结论 6.1.1 边值问题 (6.1.3) 在 $C^1[0,1]$ 中至少存在一个解.

证明 边值问题 (6.1.3) 能写成边值问题 (6.1.1) 的形式. 其中,

$$
f(t, x, x') = a(t)w(t) = a(t)\left[t^2 + 4 + \frac{1}{12}\sin x + \frac{1}{14}(1+t)x'\right], \quad h(t) = 1, \quad g(t) = 1.
$$

不难看出 $\displaystyle\int_0^1 h(t)dt = 1, \int_0^1 g(t)dt = 1$ 和

$$
\Lambda = \begin{vmatrix}
1 - \displaystyle\int_0^1 tg(t)dt & \dfrac{1}{2}\left(1 - \displaystyle\int_0^1 t^2 g(t)dt\right) \\[4mm]
\displaystyle\int_0^1 th(t)dt & \dfrac{1}{2}\displaystyle\int_0^1 t^2 h(t)dt
\end{vmatrix} = \begin{vmatrix}
\dfrac{1}{2} & \dfrac{1}{3} \\[3mm]
\dfrac{1}{2} & \dfrac{1}{6}
\end{vmatrix} \neq 0,
$$

下面证明定理 6.1.1 的条件 (H_1)—(H_3) 是满足的.

令 $p(t) = \dfrac{1}{12}, q(t) = \dfrac{1}{7}, r(t) = 5$, 则得到 $2\|p\|_1 + \|q\|_1 = \dfrac{1}{6} + \dfrac{1}{7} = \dfrac{13}{42} < \dfrac{1}{3}$ 和

$$
|f(t, u, v)| = \left|a(t)\left[t^2 + 4 + \frac{1}{12}\sin u + \frac{1}{14}(1+t)v\right]\right| \leqslant p(t)|u| + q(t)|v| + r(t).
$$

由此知条件 (H_1) 成立.

取 $N = 24, M = 84$, 所以, 当 $|x(t)| \geqslant N, |x'(t)| \geqslant M$ 时, 得到 $w(t, x, x') > 0$ 或者 $w(t, x, x') < 0$. 故,

$$
\begin{vmatrix}
\displaystyle\int_0^1 g(t)\int_t^1 f(s, x(s), x'(s))dsdt & \dfrac{1}{2}\left(1 - \displaystyle\int_0^1 t^2 g(t)dt\right) \\[5mm]
\displaystyle\int_0^1 h(t)\int_0^t f(s, x(s), x'(s))dsdt & \dfrac{1}{2}\displaystyle\int_0^1 t^2 h(t)dt
\end{vmatrix}
$$

$$
= \begin{vmatrix}
\displaystyle\int_0^1 g(t)\int_t^1 f(s, x(s), x'(s))dsdt & \dfrac{1}{3} \\[5mm]
\displaystyle\int_0^1 h(t)\int_0^t f(s, x(s), x'(s))dsdt & \dfrac{1}{6}
\end{vmatrix}
$$

$$= \frac{1}{6} \int_0^1 (3s - 2) f(s, x(s), x'(s)) ds \neq 0 \tag{6.1.4}$$

和

$$\begin{vmatrix} 1 - \int_0^1 t g(t) & \int_0^1 g(t) \int_t^1 f(s, x(s), x'(s)) ds dt \\ \int_0^1 t h(t) dt & \int_0^1 h(t) \int_0^t f(s, x(s), x'(s)) ds dt \end{vmatrix}$$

$$= \begin{vmatrix} \dfrac{1}{2} & \int_0^1 g(t) \int_t^1 f(s, x(s), x'(s)) ds dt \\ \dfrac{1}{2} & \int_0^1 h(t) \int_0^t f(s, x(s), x'(s)) ds dt \end{vmatrix}$$

$$= \frac{1}{2} \int_0^1 (1 - 2s) f(s, x(s), x'(s)) ds \neq 0. \tag{6.1.5}$$

由 (6.1.4) 和 (6.1.5) 式知条件 (H_2) 成立.

令 $M_1 = 108, M_2 = 84$. 则, 当 $|c_1| > 108, |c_2| > 84$ 时, 知道条件 (H_3) 成立. 由此, 定理 6.1.1 能保证边值问题 (6.1.3) 在 $C^1[0, 1]$ 中至少存在一个解. 证毕.

6.2　带 p-Laplace 算子的二阶脉冲共振非局部问题的可解性

考虑边值问题

$$\begin{cases} (\phi_p(x'(t)))' = f(t, x(t)), & t \neq t_k, \quad t \in (0, 1), \\ -\Delta x(t_k) = I_k(x(t_k)), & k = 1, 2, \cdots, n, \\ x(0) = \int_0^1 g(t) x(t) dt, & x'(1) = 0, \end{cases} \tag{6.2.1}$$

这里, $\phi_p(s)$ 是 p-Laplace 算子, 即 $\phi_p(s) = |s|^{p-2}s, p > 1, (\phi_p)^{-1} = \phi_q, \frac{1}{p} + \frac{1}{q} = 1$, $t_k(k = 1, 2, \cdots, n$, 其中 n 是给定的正整数) 是满足条件 $0 < t_1 < t_2 < \cdots < t_k < \cdots < t_n < 1$ 的给定的点, $\Delta x(t_k)$ 表示 $x(t)$ 在 $t = t_k$ 处的跳跃, 即

$$\Delta x(t_k) = x(t_k^+) - x(t_k^-),$$

其中, $x(t_k^+)$ 和 $x(t_k^-)$ 分别表示 $x(t)$ 在 $t = t_k$ 处的右极限和左极限.

令 $J = [0, 1], J' = J \backslash \{t_1, t_2, \cdots, t_n\}$.

$$X = PC[0,1] = \left\{ x \middle| x : J \to \mathbf{R} \text{ 在 } t \neq t_k \text{ 处连续, 在 } t = t_k \text{ 处左连续, 且 } x(t_k^+) \right.$$

存在, $k = 1, 2, \cdots, n$, $x(0) = \int_0^1 g(t)x(t)dt$, $x'(1) = 0 \bigg\}$.

范数 $\|x\|_{PC} = \max\limits_{t \in J} |x(t)|$.

显然, $(PC[0,1], \|x\|_{PC})$ 是一个实 Banach 空间, 简记为 $PC[0,1]$.

$$Z = \left\{ y \middle| y : J \to \mathbf{R} \text{ 在 } t \neq t_k \text{ 处连续, 在 } t = t_k \text{ 处左连续, } y(t_k^+) \text{ 存在, } k = \right.$$

$1, 2, \cdots, n \bigg\} \times \mathbf{R}^n$.

$\forall z = (y, e) \in Z$, 定义范数: $\|z\|_1 = \max \left\{ \sup\limits_{t \in J} |y(t)|, \|e\| \right\}$, 其中 $e = (e_1, e_2, \cdots, e_n) \in \mathbf{R}^n$, $\|e\| = \max\{|e_i|, i = 1, 2, \cdots, n\}$. 那么 $(Z, \|z\|_1)$ 是一个实 Banach 空间, 简记为 Z.

令

$$domM = \{x | x : [0,1] \to \mathbf{R} : x \in C^1(J'), \phi_p(x') \in C^1(J')\},$$

$$M : X \cap domM \to Z : x \to ((\phi_p(x'))', -\Delta x(t_1), -\Delta x(t_2), \cdots, -\Delta x(t_n)),$$

$$N_\lambda : X \to Z : x \to (\lambda f(t, x(t)), \lambda I_1(x(t_1)), \lambda I_2(x(t_2)), \cdots, \lambda I_n(x(t_n))).$$

则边值问题 (6.2.1) 等价于 $Mx = Nx$, 其中 $N = N_1$.

引理 6.2.1 如果 $\int_0^1 g(t)dt = 1$, 那么 $M : X \cap domM \to Z$ 是一个拟线性算子, 且

$$KerM = \{x \in X : x = c, c \in \mathbf{R}\},$$

$$ImM = \left\{ (y, a_1, a_2, \cdots, a_n) \in Z : \int_0^1 g(t) \int_0^t \phi_q \left(\int_s^1 y(r)dr \right) dsdt \right.$$

$$+ \int_0^1 g(t) \sum_{t_k < t} a_k dt = 0 \right\}. \tag{6.2.2}$$

证明 显然 $X_1 = KerM = \{x \in X : x = c, c \in \mathbf{R}\}$. 令 $x \in X \cap domM$. 则对任意 $(y, a_1, a_2, \cdots, a_n) \in Z$, 考虑边值问题

$$\begin{cases} (\phi_p(x'(t)))' = y(t), & t \neq t_k, \quad t \in (0,1), \\ -\Delta x(t_k) = a_k, & k = 1, 2, \cdots, n, \\ x(0) = \int_0^1 g(t)x(t)dt, & x'(1) = 0. \end{cases} \tag{6.2.3}$$

从 t 到 1 积分, 得到

$$\phi_p(x'(1)) - \phi_p(x'(t)) = \int_t^1 y(s)ds.$$

把边界条件 $x'(1) = 0$ 代入上式, 得

$$x'(t) = -\phi_q\left(\int_t^1 y(s)ds\right).$$

从 0 到 t 积分, 得

$$x(t) - x(0) = -\int_0^t \phi_q\left(\int_s^1 y(r)dr\right)ds - \sum_{t_k < t} a_k.$$

由边界条件知

$$x(t) = \int_0^1 g(t)x(t)dt - \int_0^t \phi_q\left(\int_s^1 y(r)dr\right)ds - \sum_{t_k < t} a_k.$$

两边同乘以 $g(t)$ 并从 0 到 1 积分, 得

$$\int_0^1 g(t)x(t)dt = \int_0^1 g(t)x(t)dt \int_0^1 g(t)dt - \int_0^1 g(t)\int_0^t \phi_q\left(\int_s^1 y(r)dr\right)dsdt$$

$$- \int_0^1 g(t)\sum_{t_k < t} a_k dt.$$

注意到 $\displaystyle\int_0^1 g(t)dt = 1$, 得到

$$\int_0^1 g(t)\int_0^t \phi_q\left(\int_s^1 y(r)dr\right)dsdt + \int_0^1 g(t)\sum_{t_k < t} a_k dt = 0.$$

另外, 如果 $(y, a_1, a_2, \cdots, a_n) \in Z$ 满足

$$\int_0^1 g(t)\int_0^t \phi_q\left(\int_s^1 y(r)dr\right)dsdt + \int_0^1 g(t)\sum_{t_k < t} a_k dt = 0,$$

那么, 我们可以记 $x(t) = c + \displaystyle\int_0^t \phi_q\left(\int_s^1 y(r)dr\right)ds + \sum_{t_k < t} a_k, c \in \mathbf{R}$. 所以

$$(\phi_p(x'(t)))' = y(t), \quad -\Delta x(t_k) = a_k$$

和

$$\int_0^1 g(t)x(t)dt = \int_0^1 g(t)\left(c + \int_0^t \phi_q\left(\int_s^1 y(r)dr\right)ds + \sum_{t_k < t} a_k\right)dt = c.$$

再由 $x(0) = c$, 便有

$$x(0) = \int_0^1 g(t)x(t)dt.$$

容易看出 $x'(1) = 0$. 所以, 有 $y \in ImM$. 由此知 (6.2.2) 式成立. 这样我们就得出 $dimKerM = 1 < \infty$, 且 $M(X \cap domM) \subset Z$ 是闭的. 这表明 M 是拟线性算子. 证毕.

在下面引理的证明中要用到定义 2.2.5.

引理 6.2.2   如果 $f \in C(J \times \mathbf{R}, \mathbf{R}), I_k \in C(\mathbf{R}, \mathbf{R}), k = 1, 2, \cdots, n$, 那么 $N_\lambda : \bar{\Omega} \to Z$ 在 Ω 上是 M-紧的.

证明   定义投影算子 $P : X \to X_1, Px = x(0), \forall x \in X$.

定义 $Q : Z \to Z, \forall (y, a_1, a_2, \cdots, a_n) \in Z$

$$Q(y, a_1, a_2, \cdots, a_n)$$

$$= \left(\phi_p \left(\frac{q}{1 - \int_0^1 g(t)(1-t)^q dt} \right) \phi_p \left(\int_0^1 g(t) \int_0^t \phi_q \left(\int_s^1 y(r)dr \right) ds dt \right. \right.$$

$$\left. \left. + \int_0^1 g(t) \sum_{t_k < t} a_k dt \right), 0, \cdots, 0 \right), \tag{6.2.4}$$

则对任意 $z \in Z$ 有 $Q^2 z = Qz, Q(\lambda z) = \lambda Q(z)$, 也就是说, Q 是一个半投影算子, 且

$$dimX_1 = dimImQ = 1, \quad ImM = KerQ.$$

令 $\Omega \subset X$ 是一个满足 $\theta \in \Omega$ 的有界开集. 显然 $Q(I - Q)N_\lambda(x) = 0, \forall x \in \bar{\Omega}$. 因此, 我们得到 $(I - Q)N_\lambda(x) \in KerQ = ImM$. 进而, 对任意 $z \in ImM$, 得 $z = z - Qz = (I - Q)z \in (I - Q)Z$, 即 (2.2.1) 式成立. (2.2.2) 式的成立是显然的.

定义 $R : \bar{\Omega} \times J \to X_2$

$$R(x, \lambda)(t) = -\int_0^t \phi_q \left(\int_s^1 \{\lambda f(r, x(r)) - [QN_\lambda x]_1(r)\} dr \right) ds - \sum_{t_k < t} \lambda I_k(x(t_k)),$$

其中

$$[QN_\lambda x]_1(r) = \phi_p \left(\frac{q}{1 - \int_0^1 g(t)(1-t)^q dt} \right)$$

$$\cdot \phi_p \left(\int_0^1 g(t) \int_0^t \phi_q \left(\int_s^1 \lambda f(r, x(r)) dr \right) ds dt \right)$$

$$+ \int_0^1 g(t) \sum_{t_k < t} \lambda I_k(x(t_k)) dt \Big),$$

$X_2 \oplus X_1 = X.$ 显然 $R(\cdot, 0) = \theta.$

下面证明 $R : \bar{\Omega} \times J \to X_2$ 全连续.

首先证明 R 关于 $\lambda \in J$ 是相对紧的. 事实上, 由 $\Omega \subset X$ 有界知, 存在 $r > 0$ 使得 $\bar{\Omega} \subset B_r = \{x \in X | \|x\|_{PC} \leqslant r\}$. 所以, 对任意 $x \in B_r$, 得

$$\|R(x, \lambda)(t)\|_{PC}$$

$$= \left\| -\int_0^t \phi_q \Big(\int_s^1 \{\lambda f(r, x(r)) - [QN_\lambda x]_1(r)\} dr \Big) ds - \sum_{t_k < t} \lambda I_k(x(t_k)) \right\|_{PC}$$

$$\leqslant \begin{cases} \left\| \int_0^t \phi_q \Big(\int_s^1 f(r, x(r)) dr \Big) ds \right\|_{PC} \\ \quad + \left\| \int_0^t \phi_q \Big(\int_s^1 [QN_\lambda x]_1(r) dr \Big) ds \right\|_{PC} \\ \quad + \sum_{k=1}^n I_k(x(t_k)), \quad 1 < q < 2, \\ 2^{q-1} \Big(\left\| \int_0^t \phi_q \Big(\int_s^1 f(r, x(r) dr \Big) ds \right\|_{PC} \\ \quad + \left\| \int_0^t \phi_q \Big(\int_s^1 [QN_\lambda x]_1(r) dr \Big) ds \right\|_{PC} \Big) \\ \quad + \sum_{k=1}^n I_k(x(t_k)), \quad q \geqslant 2, \end{cases}$$

$$\leqslant \begin{cases} \phi_q(M) + M\phi_p \Big(\dfrac{q}{1 - \displaystyle\int_0^1 g(t)(1-t)^q dt} \Big) + nA, \quad 1 < q < 2, \\ 2^{q-1} \Big(\phi_q(M) + M\phi_p \Big(\dfrac{q}{1 - \displaystyle\int_0^1 g(t)(1-t)^q dt} \Big) \Big) + nA, \quad q \geqslant 2, \end{cases}$$

其中, $M = \max\limits_{t \in [0,1], |x| \leqslant r} |f(t, x)|$, $A = \max\{I_1(x), I_2(x), \cdots, I_n(x)\}$. 进而, 得到 $R(B_r, \lambda)$ 在 J 上是一致有界的.

其次, 我们证明 $\{R(x, \lambda) : x \in B_r\}$ 是等度连续的.

事实上, 对任意 $t < s, t, s \in J_k = (t_k, t_{k+1}], k = 1, 2, \cdots, n$, 我们得

$$\|R(x,\lambda)(s) - R(x,\lambda)(t)\|_{PC}$$

$$= \left\|\int_t^s \phi_q\left(\int_s^1 \{\lambda f(r, x(r)) - [QN_\lambda x]_1(r)\}dr\right) ds\right\|_{PC}$$

$$\leqslant \begin{cases} \left(\phi_q(M) + M\phi_p\left(\dfrac{q}{1 - \displaystyle\int_0^1 g(t)(1-t)^q dt}\right)\right)|s - t|, & 1 < q < 2; \\[4em] \left(2^{q-1}\left(\phi_q(M) + M\phi_p\left(\dfrac{q}{1 - \displaystyle\int_0^1 g(t)(1-t)^q dt}\right)\right)\right)|s - t|, & q \geqslant 2; \end{cases}$$

$$\to 0, \quad t \to s, \quad \forall x \in B_r,$$

即 $\{R(x,\lambda) : x \in B_r\}$ 是等度连续的. 由 Arzelà-Ascoli 定理知 $R(x,\lambda) : \bar{\Omega} \times J \to X_2$ 全连续.

最后, 我们验证 (2.2.3) 和 (2.2.4) 式成立.

事实上, 对任意 $x \in \sum_\lambda = \{x \in \bar{\Omega} : Mx = N_\lambda x\}$, 得 $(\phi_p(x'))' = \lambda f(t, x(t))$, $-\Delta x(t_k) = \lambda I_k(x(t_k)), k = 1, 2, \cdots, n$,

$$R(x,\lambda)(t) = -\int_0^t \phi_q\left(\int_s^1 \{\lambda f(r, x(r)) - [QN_\lambda x]_1(r)\}dr\right) ds - \sum_{t_k < t} \lambda I_k(x(t_k))$$

$$= -\int_0^t \phi_q\left(\int_s^1 (\phi_p(x'))' - \phi_p\left(\frac{q}{1 - \displaystyle\int_0^1 g(t)(1-t)^q dt}\right)\right.$$

$$\cdot \phi_p\left(\int_0^1 g(t)\int_0^t \phi_q\left(\int_s^1 \phi_p(x')\right)' dr\right) dsdt$$

$$\left. + \int_0^1 g(t)\sum_{t_k < t} \lambda I_k x(t_k)dt\right) drds - \sum_{t_k < t} \lambda I_k(x(t_k))$$

$$= x(t) - x(0) + \sum_{t_k < t} \lambda I_k(x(t_k)) - \sum_{t_k < t} \lambda I_k(x(t_k))$$

$$= [(I - P)x](t).$$

这表明 (2.2.3) 式成立.

类似地, 对任意 $x \in \bar{\Omega}$, 得到

$$M[(Px) + R(x, \lambda)](t) = M\left[x(0) - \sum_{t_k < t} I_k x(t_k) - \int_0^t \phi_q\left(\int_s^1 \{\lambda f(r, x(r))\right.\right.$$

$$\left.\left. - [QN_\lambda x]_1(r)\}dr\right)ds - \sum_{t_k < t} \lambda I_k(x(t_k))\right]$$

$$= (\lambda f(t, x(t)), -\lambda \Delta x(t_1), -\lambda \Delta x(t_2), \cdots, -\lambda \Delta x(t_n))$$

$$- ([QN_\lambda x]_1(r), 0, 0, \cdots, 0)$$

$$= [(I - Q)N_\lambda](x).$$

这表明 (2.2.4) 式成立.

因此, 得出 N_λ 在 $\bar{\Omega}$ 上是 M-紧的. 证毕.

下面应用定理 2.2.2 给出本节的主要结论.

定理 6.2.1　令 $f : J \times \mathbf{R} \to \mathbf{R}$ 连续, 并且存在常数 $a > 0$ 使得

(1) $f(t, -a) < 0 < f(t, a), t \in J, I_k(-a) < 0 < I_k(a), k = 1, 2, \cdots, n;$

(2) $xf(t, x) \geqslant 0, \forall x \in \mathbf{R}$ 且 $|x| \leqslant a$

成立. 则满足条件 $\int_0^1 g(t)dt = 1$ 的边值问题 (6.2.1) 在 $PC[0, 1]$ 中至少存在一个解 x, 且满足 $\|x\|_{PC} < a$.

证明　令 $\bar{\Omega} = \{x \in X : \|x\|_{PC} < a\}$. 我们证明 $Mx \neq N_\lambda x, \forall \lambda \in (0, 1), x \in \partial\Omega$.

如果相反, 则存在 $\lambda_0 \in (0, 1), x_0 \in \partial\Omega$ 使得 $Mx_0 = N_{\lambda_0} x_0$, 即存在 $t_0 \in J$ 使得 $|x_0(t_0)| = a, |x_0(t)| \leqslant a, t \in J$. 不失一般性, 假定 $x(t_0) = a$.

如果 $t_0 = 0$, 那么 $x_0(0) = a$ 且存在 $\delta_1 > 0$ 使得 $x_0(t) < a, x_0'(t) < 0, \forall t \in (0, \delta_1)$. 另外, 由边界条件 $x_0(0) = \int_0^1 g(t)x_0(t)dt$ 和 $\int_0^1 g(t)dt = 1$ 知 $x_0(0) < a$, 这是一个矛盾.

如果, $t_0 \in (0, 1)\backslash\{t_1, t_2, \cdots, t_n\}$, 那么 $x_0'(t_0) = 0$, 且

$$(\phi_p(x_0'(t_0)))' = \lambda_0 f(t_0, x_0(t_0)) = \lambda_0 f(t_0, a) > 0.$$

因此, 存在 $\delta_2 \in (0, \min\{t_0, 1 - t_0\})$ 使得 $(\phi_p(x_0'(t_0)))' > 0, \forall t \in (t_0 - \delta_2, t_0 + \delta_2)$. 进而得出存在 $\bar{t} \in (t_0 - \delta_2, t_0), \tilde{t} \in (t_0, t_0 + \delta_2)$ 使得 $x_0'(\bar{t}) < 0 < x_0'(\tilde{t})$. 然而, 根据 $x_0(t_0) = a = \max_{t \in [0,1]} x_0(t)$, 我们得到

$$x_0'(t) < x_0'(t_0) = 0, \quad \forall t \in (t_0 - \delta_2, t_0),$$

$$x_0'(t) > x_0'(t_0) = 0, \quad \forall t \in (t_0, t_0 + \delta_2),$$

这是一个矛盾. 如果 $t_0 \in \{t_1, t_2, \cdots, t_n\}$, 那么存在 t_k 使得 $x_0(t_k) = \max\limits_{t \in J} |x_0(t)|$ 或者 $x_0(t_k^+) = \max\limits_{t \in J} |x_0(t)|$. 在第一种情况中, $x_0(t_k) = a$, 由条件 (1) 得 $x_0(t_k^+) = x_0(t_k) + \lambda I_k(a) > x_0(t_k)$. 这是一个矛盾. 在第二种情况下, 有 $x_0(t_k^+) = a$, 则存在 $\delta_2 \in (0, t_{k+1} - t_k)$ 使得 $0 < x_0(t) < a$ 且 $x_0'(t) < 0, \forall t \in (t_k, t_k + \delta_2)$. 由 $(\phi_p(x_0'(t)))' = \lambda_0 f(t, x_0(t)) \geqslant 0, \forall t \in (t_k, t_k + \delta_2)$ 知

$$x_0(t) = x_0(t_k^+) + \int_{t_k^+}^t \phi_q \left(\phi_p(x_0'(t_k^+)) + \int_{s_k^+}^s \lambda_0 f(r, x_0(r)) dr \right) ds \geqslant x_0(t_k^+),$$

这也是一个矛盾.

如果 $t_0 = 1$, 那么 $|x_0(1)| = a > 0, x_0'(1) = 0$, 且 $|x_0(t)| \leqslant a$. 故, 存在 $\delta_3 > 0$ 使得 $x_0(t) > 0, x_0'(t) > 0, \forall t \in (1 - \delta_3, 1)$, 这意味着 $(\phi_p(x_0'(t)))' < 0, \forall t \in (1 - \delta_3, 1)$, 即 $\lambda_0 f(t, x_0(t)) < 0$, 这和条件 (2) 矛盾.

因此, 我们得到 $Mx \neq N_\lambda x, \forall \lambda \in (0, 1), x \in \partial\Omega$.

定义 $J : ImQ \to KerM = X_1$: $J(c, 0, \cdots, 0) = c$. 则 J 满足 $J(\theta) = \theta$ 是一个同构.

由

$$JQNx = \phi_p \left(\frac{q}{1 - \displaystyle\int_0^1 g(t)(1-t)^q dt} \right) \phi_p \left(\int_0^1 g(t) \int_0^t \phi_q \left(\int_s^1 f(r, x(r)) dr \right) ds dt \right.$$
$$\left. + \int_0^1 g(t) \sum_{t_k < t} I_k(x(t_k)) dt \right)$$

和 $\Omega \cap X_1 = \{c \in \mathbf{R} : |c| < a\}$ 知

$$deg\{JQN, \Omega \cap X_1, 0\} = deg\{JQN, (-a, a), 0\}.$$

根据条件 (1), 我们得到

$$JQNx|_{x=-a} = \phi_p \left(\frac{q}{1 - \displaystyle\int_0^1 g(t)(1-t)^q dt} \right)$$
$$\cdot \phi_p \left(\int_0^1 g(t) \int_0^t \phi_q \left(\int_s^1 f(r, -a) dr \right) ds dt \right.$$
$$\left. + \int_0^1 g(t) \sum_{t_k < t} I_k(-a) dt \right) < 0,$$

$$JQNx|_{x=a} = \phi_p \left(\frac{q}{1 - \int_0^1 g(t)(1-t)^q dt} \right)$$

$$\cdot \phi_p \left(\int_0^1 g(t) \int_0^t \phi_q \left(\int_s^1 f(r,a)dr \right) ds dt \right.$$

$$\left. + \int_0^1 g(t) \sum_{t_k < t} I_k(a)dt \right) > 0.$$

所以

$$deg\{JQN, \Omega \cap X_1, 0\} = deg\{JQN, (-a,a), 0\} = 1 \neq 0.$$

根据定理 2.2.2, 我们知道边值问题 (6.2.1) 至少存在一个解 $x \in PC[0,1]$ 且满足 $\|x\|_{PC} < a$. 定理证毕.

例 6.2.1 考虑边值问题

$$\begin{cases} (\phi_p(x'(t)))' = t^2 x + \sin x, t \in (0,1), \quad t \neq \dfrac{1}{3}, \quad t \neq \dfrac{1}{2}, \\ -\Delta x \left(\dfrac{1}{3} \right) = x \left(\dfrac{1}{3} \right), \quad -\Delta x \left(\dfrac{1}{2} \right) = x^3 \left(\dfrac{1}{2} \right), \\ x(0) = \displaystyle\int_0^1 2tx(t)dt, \quad x'(1) = 0, \end{cases} \tag{6.2.5}$$

其中, $f(t,x) = t^2 x + \sin x, g(t) = 2t, I_1(x) = x, I_2(x) = x^3$.

结论 6.2.1 问题 (6.2.5) 在 $PC[0,1]$ 中至少存在一个解.

证明 容易验证 $\displaystyle\int_0^1 g(t)dt = 1$. 选取 $a = \dfrac{\pi}{2}$, 那么, 我们能够验证定理 6.2.1 的条件都成立. 因此, 边值问题 (6.2.5) 存在一个解 $x \in PC[0,1]$ 满足 $\|x\|_{PC} < \dfrac{\pi}{2}$.

6.3 附　　注

本章是第 3 章和第 4 章研究内容的延续, 并且展望了第 5 章的发展前景. 在 $dimKerL = 2$ 的情况下, 分别对二阶非局部共振问题, 带 p-Laplace 算子的二阶脉冲微分方程非局部共振问题进行了研究, 获得了解的存在性结果. 所使用的方法是 Mawhin 连续性定理和推广的 Mawhin 连续性定理.

定理 6.1 是由 Zhang, Feng 和 Ge 在参考文献 [12] 中获得的. 在 6.1 节, 作者利用 Mawhin 连续性定理研究了一类二阶微分方程在 $dimKerL = 2$ 的情况下的非局部共振问题, 并获得了这类问题存在解的充分条件. 不过, 对于高阶微分方程非局部共振问题, 特别是对混合型, 或者超前型, 或者滞后型高阶微分方程非局部共振问题的可解性研究尚未进行充分讨论, 值得今后深入思考.

6.2 节的内容取自冯美强和张学梅的文献 [13]. 这节内容是 6.1 节内容的延续: 我们从 p-Laplace 算子和含脉冲项两个方面推广并发展了 6.1 节的内容. 这是一个新的结果. 而对于高阶脉冲微分方程非局部共振问题, 特别是对混合型, 或者超前型, 或者滞后型高阶脉冲微分方程非局部共振问题的可解性还未深入研究, 期待这方面成果的出现.

参 考 文 献

[1] Du Z, Lin X, Ge W. On a third order multi-point boundary value problem at resonance[J]. J. Math. Anal. Appl., 2005, 302: 217-229.

[2] Feng H, Lian H, Ge W. A symmetric solution of a multipoint boundary value problems with one-dimensional p-Laplacian at resonance[J]. Nonlinear Anal., 2008, 69: 3964-3972.

[3] Feng W, Webb J R L. Solvability of three-point boundary value problems at resonance[J]. Nonlinear Anal., 1997, 30: 3227-3238.

[4] 葛渭高. 非线性常微分方程边值问题 [M]. 北京: 科学出版社, 2007.

[5] 郭大钧, 孙经先, 刘兆理. 非线性常微分方程泛函方法 [M]. 济南: 山东科学技术出版社, 1995.

[6] Gupta C P. A second order m-point boundary value problem at resonance[J]. Nonlinear Anal., 1995, 24: 1483-1489.

[7] Lian H. 迭合度理论与无穷区间上微分方程边值问题 [D]. 北京理工大学博士学位论文, 2007.

[8] 马如云. 非线性常微分方程非局部问题 [M]. 北京: 科学出版社, 2004.

[9] Ma R. Multiplicity results for third order boundary value problem at resonance[J]. Nonlinear Anal., 1998, 32: 493-499.

[10] Nagle R, Pothoven K L. On a third order nonlinear boundary value problem at resonance[J]. J. Math. Anal. Appl., 1995, 195: 149-159.

[11] 任景莉, 薛春艳. 微分方程中的泛函方法应用研究 [M]. 北京: 北京科学技术出版社, 2006.

[12] Zhang X, Feng M, Ge W. Existence result of second-order differential equations with integral boundary conditions at resonance[J]. J. Math. Anal. Appl., 2009, 353: 311-319.

[13] 冯美强, 张学梅. 非线性常微分方程边值问题应用研究 [M]. 北京: 北京科学技术出版社, 2010.

第7章　抽象空间中常微分方程边值问题

在前面几章我们主要研究了标量空间中常微分方程边值问题、脉冲微分方程边值问题, 特别是非局部问题解和正解的存在性问题. 在本章我们将要讨论抽象空间中常微分方程、脉冲微分方程、脉冲积分-微分方程边值理论的最新进展. 抽象空间中常微分方程理论的研究虽经历了不足五十年的发展历程, 但已被广泛应用于诸如无穷维常微分方程组理论、临界点理论、偏微分方程理论、不动点定理理论和特征值等许多领域, 其重要性日益凸显出来. 其中抽象空间中常微分方程边值问题已经获得了大量重要结果[1~10]. 本章的主要内容包括运用抽象空间中锥上不同的不动点定理给出了二阶和高阶微分方程、脉冲积分-微分方程、脉冲微分方程边值问题正解和多个正解的存在性的充分条件, 并获得了一类高阶微分方程非局部问题正解存在性和参数 λ 的关系. 本章的特点是: 既给出了抽象空间中严格集压缩算子新的正的不动点的理论, 又考虑了抽象空间中经典严格集压缩算子不动点定理的运用; 既研究了抽象空间中微分方程边值问题的可解性, 又讨论了抽象空间中脉冲微分方程的可解性; 既研究了抽象空间中二阶微分方程边值问题, 又讨论了抽象空间中高阶微分方程边值问题; 既获得了抽象空间中高阶非局部问题正解的存在性结果, 又证明了带参数的高阶非局部问题存在多个正解的结论. 研究内容丰富、全面, 论证方法灵活、多样.

7.1 节首先利用不动点指数理论, 给出了一个新的范数形式的严格集压缩算子锥压缩和锥拉伸不动点定理; 然后, 运用所获得的不动点定理研究了一类抽象空间中一类二阶非局部问题, 并获得了非局部问题存在正解的充分条件.

在 7.2 节中, 作者运用抽象空间中范数形式的严格集压缩算子锥压缩和锥拉伸不动点定理研究了抽象空间中一类二阶非局部问题, 并获得了正解的存在性、多解性和正解不存在的结果. 这是研究抽象空间中二阶微分方程从两点边值问题到非局部问题的一个标志性成果.

7.3 节应用抽象空间中严格集压缩算子不动点定理指数理论和不动点定理讨论了抽象空间中一类二阶脉冲积分-微分方程三点边值问题的多解性. 从脉冲和非线性项同时含有积分和微分项两个方面推广了 7.1 节和 7.2 节的内容. 这是研究抽象空间中脉冲积分-微分方程从两点边值问题到非局部问题的一个标志性成果.

7.4 节应用抽象空间中有界闭凸集中严格集压缩算子不动点定理讨论了抽象空间中一类二阶脉冲积分-微分方程非局部问题的可解性. 进一步推广了 7.1 节和 7.2

节的内容, 并从边界条件和研究方法两个方面发展了 7.3 节.

在 7.5 节, 我们应用抽象空间中范数形式的严格集压缩算子锥压缩和锥拉伸不动点定理研究了抽象空间中一类四阶微分方程两点边值问题. 利用非线性项 f 在 0 和 ∞ 点的超线性和次线性的适当组合, 我们获得了正解的存在性和多解性的充分条件. 这与以往的参考文献只研究超线性或者次线性是不同的.

7.6 节运用应用抽象空间中严格集压缩算子不动点指数定理研究了一类抽象空间中带参数的四阶微分方程非局部问题, 并获得了正解的存在性、多解性和正解的不存在性与参数 λ 之间的关系. 7.6 节的内容从参数和边界条件两个方面发展了 7.5 节的内容.

7.7 节运用抽象空间中范数形式的严格集压缩算子锥压缩和锥拉伸不动点定理讨论了一类抽象空间中 n 阶微分方程三点边值问题, 并获得了正解的存在性、多解性和正解的不存在性结果. 从本质上发展了第 3 章和 7.1 节—7.6 节的内容.

7.8 节运用抽象空间中范数形式的严格集压缩算子锥压缩和锥拉伸不动点定理讨论了抽象空间中一类带参数的 n 阶微分方程 m 点边值问题, 并获得了正解的存在性结果. 从边界条件的复杂性方面发展了 7.7 节的内容.

7.9 节运用抽象空间中范数形式的严格集压缩算子锥压缩和锥拉伸不动点定理讨论了抽象空间中一类 n 阶脉冲微分方程非局部问题. 我们不仅获得了正解的存在性结果, 同时还给出了正解在整个区间中的界: 上界和下界. 从边界条件、脉冲项和正解的界三个方面发展了 7.8 节的内容.

7.1 抽象空间中严格集压缩算子不动点定理

受参考文献 [11]—[14] 的启发, 并结合不动点指数理论, 本节将给出范数形式的严格集压缩算子的锥压缩和锥拉伸不动点定理新的泛函形式的推广, 并用其研究抽象空间中一类带积分边界条件的二阶微分方程正解的存在性.

定义 7.1.1 如果存在一个连续映射 $r : E \to X$ 满足 $r(x) = x, x \in X$, 则称 E 的子集 X 是 E 的收缩核.

为证明我们的结论, 先做如下准备工作.

引理 7.1.1 令 P 是 E 中的锥. 如果 $\rho : P :\to [0, \infty)$ 是一个一致连续的凸泛函, 且对任意 $x \neq \theta$ 满足 $\rho(\theta) = 0, \rho(x) > 0$, 则 $\forall R > 0, D_R = \{x \in P | \rho(x) \geqslant R\}$ 是 E 的一个收缩核.

证明 该引理的证明请参考文献 [14]. 证毕.

引理 7.1.2 令 E 是一个实 Banach 空间, $\| \cdot \|$ 表示 E 中的范数, P 是 E 中的一个锥, $\Omega = \{x \in E : \|x\| < r\}$, 其中 r 是一个正实数. 假定 $A : P \cap \bar{\Omega} \to P$ 是

一个 k-集压缩 $(k < 1)$, $\rho : P \to [0, \infty)$ 是一个一致连续凸泛函且对任意 $x \neq \theta$ 满足 $\rho(\theta) = 0, \rho(x) > 0$, 且 $\rho(x) \leqslant \|x\|$. 如果下列条件成立:

(i) $\inf\limits_{x \in P \cap \partial\Omega} \rho(x) > 0$, 且存在 $\delta > 0$ 使得 $\dfrac{R}{\inf\limits_{x \in P \cap \partial\Omega} \rho(x)} \leqslant 1 + \dfrac{\delta}{k}, \rho(Ax) \geqslant (k + \delta)\rho(x), \forall x \in P \cap \partial\Omega$,

(ii) $Ax \neq \mu x, \mu \in (0, 1], \forall x \in P \cap \partial\Omega$.

则 $i(A, P \cap \Omega, P) = 0$.

证明 不失一般性, 我们假设 $k + \delta < 1$ (如果 $k + \delta > 1$, 则令 $N = k + \delta$. 证明过程和下面的一样). 令 $N = \dfrac{1}{k + \delta}$, 则 NA 是一个严格集压缩算子. 考虑 $h_t(x) = tAx + (1 - t)NAx, t \in J = [0, 1], x \in P \cap \partial\Omega$. 如果存在 $t_0 \in J, x_0 \in P \cap \partial\Omega$ 使得 $x_0 = t_0 Ax_0 + (1 - t_0)NAx_0$, 那么 $Ax_0 = \dfrac{1}{t_0 + N(1 - t_0)}x_0$. 这与条件 (ii) 矛盾. 那么, 由不动点指数的同伦不变性知 $i(NA, P \cap \Omega, P) = i(A, P \cap \Omega, P)$.

令 $r = \inf\limits_{x \in P \cap \partial\Omega} \rho(x)$. 定义 $D_r = \{x \in P | \rho(x) \geqslant r\}$. 由 $\theta \notin D_r$ 可定义 $d \triangleq \inf\limits_{x \in D_r} \|x\| > 0$. 由 $\rho(x) \leqslant \|x\|$, 可以得出 $r \leqslant d \leqslant R$. 事实上, 由 $(P \cap \partial)\Omega \subset D_r$ 知 $d \leqslant R$.

另外, 对任意 $x \in D_r, \rho(x) = r$, 结合 $\rho(x) \leqslant \|x\|$ 知 $r \leqslant \|x\|, \forall x \in D_r$, 进而 $r \leqslant \inf\limits_{x \in D_r} \|x\| = d$. 记 $M = \dfrac{R}{r}$, 则由条件 (i) 知 $\dfrac{Mk}{k + \delta} < 1, Md > \sup\limits_{x \in P \cap \bar{\Omega}} \|x\|$, 且 $MD_r \cap (P \cap \bar{\Omega}) = \varnothing$, 其中 $MD_r = \{Mx | x \in D_r\}$.

令 $H(t, x) = (1 - t)NAx + tMNAx, \forall (t, x) \in J \times P \cap \bar{\Omega}$. 则

$$\alpha(H(t, S)) \leqslant (1 - t)\alpha(NA(S)) + t\alpha(MNA(S))$$

$$\leqslant (1 - t)\dfrac{k}{k + \delta}\alpha(S) + t\dfrac{Mk}{k + \delta}\alpha(S)$$

$$< \dfrac{Mk}{k + \delta}\alpha(S), \quad \forall S \subset P \cap \Omega.$$

进而, 得 $H(t, \cdot) : P \cap \bar{\Omega} \to P$ 是一个严格集压缩算子. 另外, 对任意 $x \in P \cap \bar{\Omega}, H(t, x)$ 关于 t 显然一致连续.

如果存在 $x_1 \in P \cap \partial\Omega, t_1 \in J$ 使得 $(1 - t_1)NAx_1 + t_1 MNAx_1 = x_1$, 则 $Ax_1 = N(1 - t_1 + t_1 M)^{-1}x_1$. 这与条件 (ii) 矛盾. 由此, 结合不动点指数的同伦不变性知 $i(MNA, P \cap \Omega, P) = i(NA, P \cap \Omega, P)$.

由引理 7.1.1 知 D_R 是 E 的一个收缩核, 所以存在一个收缩算子 $r : E \to D_r$ 使得 $r(x) = x, x \in D_r$. 令 $A_1 = NA, \bar{A}_1 = r \circ A_1$, 则 $\bar{A}_1$ 是一个严格集压缩算子. 由

条件 (i) 和 ρ 的定义知

$$\rho(A_1 x) = \rho(NAx) \geqslant N\rho(Ax) \geqslant \rho(x) \geqslant r, \quad \forall x \in P \cap \partial\Omega.$$

故 $A_1(\partial\Omega) \subset D_r$, 即 $\bar{A}_1 x = A_1 x, \forall x \in P \cap \partial\Omega$. 进而, 得

$$i(M\bar{A}_1, P \cap \Omega, P) = i(MA_1, P \cap \Omega, P).$$

如果 $i(A_1, P \cap \Omega, P) \neq 0$, 则 $i(M\bar{A}_1, P \cap \Omega, P) \neq 0$. 这表明 $M\bar{A}_1$ 在 $P \cap \Omega$ 中存在一个不动点 x^*. 因此 $x^* = M\bar{A}_1 x^* \in MD_r$. 这是一个矛盾. 证毕.

引理 7.1.3 令 P 是一个锥, Ω 是 E 中的有界开集, 且 $\theta \in \Omega$. 假设 $A: P \cap \bar{\Omega} \to P$ 是凝聚算子, 且

$$Ax \neq \mu x, \quad \forall x \in P \cap \partial\Omega, \quad \mu \geqslant 1,$$

则 $i(A, P \cap \Omega, P) = 1$.

证明 该引理的证明请见参考文献 [15]. 证毕.

引理 7.1.4 令 P 是一个锥, Ω 是 E 中的一个有界开集. 假设 $A: P \cap \bar{\Omega} \to P$ 是一个 k-集压缩 $(k < 1)$, $\rho: P \to [0, \infty)$ 是一个一致连续凸泛函且对任意 $x \neq \theta$ 满足 $\rho(\theta) = 0, \rho(x) > 0$. 如果 $\rho(Ax) \leqslant \rho(x)$ 且 $Ax \neq x, \forall x \in P \cap \partial\Omega$, 那么 $i(A, P \cap \Omega, P) = 1$.

证明 如果存在 $x_1 \in P \cap \partial\Omega$ 和 $\mu_1 \geqslant 1$ 使得 $Ax_1 = \mu_1 x_1$, 那么 $\mu_1 > 1$. 所以

$$\rho(x_1) = \rho\left(\frac{1}{\mu_1} Ax_1\right) \leqslant \frac{1}{\mu_1}\rho(Ax_1) \leqslant \frac{1}{\mu_1}\rho(x_1) < \rho(x_1).$$

这是一个矛盾. 由引理 7.1.3 知 $i(A, P \cap \Omega, P) = 1$. 引理得证.

利用引理 7.1.3 和引理 7.1.4, 下面给出本节的主要结果.

定理 7.1.1 令 Ω_1 是 E 中的两个有界开集满足 $\theta \in \Omega_1$, $\Omega_2 = \{x \in E | \|x\| < R\}$ 且 $\bar{\Omega}_1 \subset \Omega_2$. 假定 $A: P \cap (\bar{\Omega}_2 \backslash \Omega_1) \to P$ 是一个 k-集压缩算子 $(k < 1)$, $\rho: P \to [0, \infty)$ 是一个一致连续凸泛函且 $\rho(\theta) = 0, \rho(x) > 0, \forall x \neq \theta, \rho(x) \leqslant \|x\|$. 如果下列条件之一成立:

(a) $\rho(Ax) \leqslant \rho(x), \forall x \in P \cap \partial\Omega_1$;

(b) $\displaystyle\inf_{x \in P \cap \partial\Omega_2} \rho(x) > 0$, 且存在 $\delta > 0$ 使得 $\dfrac{R}{\displaystyle\inf_{x \in P \cap \partial\Omega_2} \rho(x)} \leqslant 1 + \dfrac{\delta}{k}, \rho(Ax) \geqslant$

$(k+\delta)\rho(x); Ax \neq \mu x, \mu \in (0, 1], \forall x \in P \cap \partial\Omega_2$.

那么, 算子 A 在 $P \cap (\Omega_2 \backslash \bar{\Omega}_1)$ 中至少存在一个不动点.

证明 由引理 7.1.2 和引理 7.1.4 可直接得出定理结论正确. 故省略证明细节. 定理得证.

定理 7.1.2　令 $\Omega_1 = \{x \in E | \|x\| < R\}$, Ω_2 是 E 中的有界开集, 且 $\bar{\Omega}_1 \subset \Omega_2$. 假设 $A : P \cap (\bar{\Omega}_2 \backslash \Omega_1) \to P$ 是一个 k-集压缩算子 $(k < 1)$, $\rho : P \to [0, \infty)$ 是一个一致连续凸泛函且 $\rho(\theta) = 0$, $\rho(x) > 0, \forall x \neq \theta, \rho(x) \leqslant \|x\|$. 如果下列条件之一成立:

(a) $\inf\limits_{x \in P \cap \partial\Omega_1} \rho(x) > 0$, 且存在 $\delta > 0$ 使得 $\dfrac{R}{\inf\limits_{x \in P \cap \partial\Omega_1} \rho(x)} \leqslant 1 + \dfrac{\delta}{k}$, $\rho(Ax) \geqslant$ $(k + \delta)\rho(x)$, $Ax \neq \mu x, \mu \in (0, 1]$, $\forall x \in P \cap \partial\Omega_1$;

(b) $\rho(Ax) \leqslant \rho(x), \forall x \in P \cap \partial\Omega_2$.

那么算子 A 在 $P \cap (\Omega_2 \backslash \bar{\Omega}_1)$ 中至少存在一个不动点.

证明　由引理 7.1.3 和引理 7.1.4 可直接得出定理结论正确. 证毕.

注 7.1.1　如果令 $k = 0$, 则 A 是全连续算子. 与参考文献 [14] 的推论 2.1 相比较, 我们的条件较弱.

推论 7.1.1　令 Ω_1 是 E 中的有界开集, 且 $\theta \in \Omega_1$, $\Omega_2 = \{x \in E | \|x\| < R\}$ 满足 $\bar{\Omega}_1 \subset \Omega_2$. 假设 $A : P \cap (\bar{\Omega}_2 \backslash \Omega_1) \to P$ 是一个 k-集压缩算子 $(k < 1)$, $\rho : P \to [0, \infty)$ 是一个一致连续凸泛函且 $\rho(\theta) = 0, \rho(x) > 0$, $\forall x \neq \theta, \rho(x) \leqslant \|x\|$. 如果下列条件之一成立:

(a) $\rho(Ax) \leqslant \rho(x), \forall x \in P \cap \partial\Omega_1$;

(b) $\inf\limits_{x \in P \cap \partial\Omega_2} \rho(x) > 0$ 满足 $\dfrac{R}{\inf\limits_{x \in P \cap \partial\Omega_2} \rho(x)} \leqslant \dfrac{1}{k}, \rho(Ax) \geqslant \rho(x)$ 且 $Ax \neq \mu x, \mu \in$ $(0, 1)$, $\forall x \in P \cap \partial\Omega_2$.

那么算子 A 在 $P \cap (\Omega_2 \backslash \bar{\Omega}_1)$ 中至少存在一个不动点.

证明　由 $k + \delta = 1$ 知推论正确. 证毕.

推论 7.1.2　令 $\Omega_1 = \{x \in E | \|x\| < R\}$, Ω_2 是 E 中的有界开集且 $\bar{\Omega}_1 \subset \Omega_2$. 假设 $A : P \cap (\bar{\Omega}_2 \backslash \Omega_1) \to P$ 是一个 k-集压缩算子 $(k < 1)$, $\rho : P \to [0, \infty)$ 是一个一致连续凸泛函且 $\rho(\theta) = 0$, $\rho(x) > 0, \forall x \neq \theta, \rho(x) \leqslant \|x\|$. 如果下列条件之一成立:

(a) $\inf\limits_{x \in P \cap \partial\Omega_1} \rho(x) > 0$ 满足 $\dfrac{R}{\inf\limits_{x \in P \cap \partial\Omega_1} \rho(x)} \leqslant \dfrac{1}{k}, \rho(Ax) \geqslant \rho(x)$ 且 $Ax \neq \mu x, \mu \in$ $(0, 1]$, $\forall x \in P \cap \partial\Omega_1$;

(b) $\rho(Ax) \leqslant \rho(x), \forall x \in P \cap \partial\Omega_2$.

那么算子 A 在 $P \cap (\Omega_2 \backslash \bar{\Omega}_1)$ 中至少存在一个不动点.

证明　由 $k + \delta = 1$ 知推论正确. 证毕.

最后, 给出定理的应用.

在 $C(J, E)$ 中, 考虑边值问题

$$\begin{cases} x'' + f(t, x) = \theta, & 0 < t < 1, \\ x(0) = \displaystyle\int_0^1 g(t)x(t)dt. & x(1) = \theta, \end{cases} \tag{7.1.1}$$

其中, $f \in C(J \times P, P)$, θ 是 E 中的零元素, $g \in L^1[0,1]$ 非负.

为了方便, 假设下列条件成立:

(ℍ) $f \in C(J \times P, P)$, 且对任意 $l > 0$, f 在 $J \times (P \cap T_l)$ 上一致连续. 进一步假设 $g \in L^1[0,1]$ 非负, $\sigma \in [0,1)$ 且存在满足条件

$$\frac{1}{2} \gamma \eta_l < 1$$

的非负常数 η_l 使得

$$\alpha(f(t, S)) \leqslant \eta_l \alpha(S), \quad t \in J, \quad S \subset P \cap T_l, \tag{7.1.2}$$

其中, $T_l = \{x \in E : \|x\| \leqslant l\}$, $\gamma = \dfrac{1 + \displaystyle\int_0^1 sg(s)ds}{1 - \sigma}$, $\sigma = \displaystyle\int_0^1 (1-s)g(s)ds$.

令 $J = [0,1]$. 范数 $\|x\|_c = \max\limits_{t \in J} \|x(t)\|$. 显然, $(C(J, E), \|\cdot\|_c)$ 是 Banach 空间, 简记为 $C(J, E)$.

显然, 边值问题 (7.1.1) 有解 x 当且仅当 x 是算子

$$(Tx)(t) = \int_0^1 H(t, s) f(s, x(s)) ds \tag{7.1.3}$$

的解. 其中,

$$H(t, s) = G(t, s) + \frac{1-t}{1-\sigma} \int_0^1 G(s, \tau) g(\tau) d\tau, \tag{7.1.4}$$

$$G(t, s) = \begin{cases} t(1-s), & 0 \leqslant t \leqslant s \leqslant 1, \\ s(1-t), & 0 \leqslant s \leqslant t \leqslant 1. \end{cases} \tag{7.1.5}$$

由 (7.1.4) 和 (7.1.5) 式知 $H(t,s), G(t,s)$ 有如下性质.

命题 7.1.1 假设条件 (ℍ) 成立. 则对任意 $t, s \in J$ 得

$$H(t, s) \geqslant 0, \quad G(t, s) \geqslant 0. \tag{7.1.6}$$

命题 7.1.2 对任意 $t, s \in J$, 得

$$e(t)e(s) \leqslant G(t, s) \leqslant G(t, t) = t(1-t) = e(t) \leqslant \bar{e} = \max_{t \in J} e(t) = \frac{1}{4}. \tag{7.1.7}$$

命题 7.1.3 令 $\bar{\delta} \in \left(0, \dfrac{1}{2}\right)$, $J_{\bar{\delta}} = [\bar{\delta}, 1 - \bar{\delta}]$. 则对任意 $t \in J_{\bar{\delta}}, s, u \in J$, 得

$$G(t, s) \geqslant \bar{\delta} G(u, s). \tag{7.1.8}$$

命题 7.1.4　假设条件 (ℍ) 成立. 则对任意 $t, s \in J$, 得

$$\rho e(t)e(s) \leqslant H(t,s) \leqslant \gamma t(1-t) = \gamma e(t), \tag{7.1.9}$$

其中, γ 在条件 (ℍ) 中有定义,

$$\rho = \frac{\displaystyle\int_0^1 e(\tau)g(\tau)d\tau}{1-\sigma}. \tag{7.1.10}$$

证明　由 (7.1.6) 和 (7.1.7) 式知

$$H(t,s) = G(t,s) + \frac{1-t}{1-\sigma}\int_0^1 G(s,\tau)g(\tau)d\tau$$

$$\geqslant \frac{1-t}{1-\sigma}\int_0^1 G(s,\tau)g(\tau)d\tau$$

$$\geqslant \frac{\displaystyle\int_0^1 G(s,\tau)g(\tau)d\tau}{1-\sigma}t(1-t)$$

$$\geqslant \frac{\displaystyle\int_0^1 e(\tau)g(\tau)d\tau}{1-\sigma}t(1-t)s(1-s)$$

$$= \rho e(t)e(s), \quad t \in [0,1]. \tag{7.1.11}$$

另外, 注意到 $G(t,s) \leqslant s(1-s)$, 得

$$H(t,s) = G(t,s) + \frac{1-t}{1-\sigma}\int_0^1 G(s,\tau)g(\tau)d\tau$$

$$\leqslant s(1-s) + \frac{1-t}{1-\sigma}\int_0^1 s(1-s)g(\tau)d\tau$$

$$\leqslant s(1-s)\left[1 + \frac{1}{1-\sigma}\int_0^1 g(\tau)d\tau\right]$$

$$\leqslant s(1-s)\frac{1+\displaystyle\int_0^1 sg(s)ds}{1-\sigma}$$

$$= \gamma e(s), \quad t \in [0,1]. \tag{7.1.12}$$

命题 7.1.5　假设条件 (ℍ) 成立. 则对任意 $t \in J_{\bar\delta}, s, u \in J$, 得

$$H(t,s) \geqslant \bar\delta H(u,s). \tag{7.1.13}$$

证明 由 (7.1.8) 式知

$$H(t,s) = G(t,s) + \frac{1-t}{1-\sigma}\int_0^1 G(s,\tau)g(\tau)d\tau$$

$$\geqslant \bar{\delta}G(u,s) + \frac{\bar{\delta}}{1-\sigma}\int_0^1 G(s,\tau)g(\tau)d\tau$$

$$\geqslant \bar{\delta}G(u,s) + \frac{\bar{\delta}(1-u)}{1-\sigma}\int_0^1 G(s,\tau)g(\tau)d\tau$$

$$= \bar{\delta}H(u,s), \quad s,u \in [0,1]. \tag{7.1.14}$$

为了便于应用本节的理论讨论边值问题 (7.1.1), 我们构造一个锥 K:

$$K = \{x \in Q : x(t) \geqslant \bar{\delta}x(s), t \in J_{\bar{\delta}}, s \in J\}, \tag{7.1.15}$$

其中,

$$Q = \{x \in C(J,E) : x(t) \geqslant \theta, t \in J\}.$$

显然, K 是 $C(J,E)$ 中的锥.

引理 7.1.5 假设条件 (ℍ) 成立. 则对每一个 $l > 0$, T 在 $Q \cap B_l$ 上是严格集压缩算子, 即存在一个常数 $0 \leqslant k_l < 1$ 使得 $\alpha(T(S)) \leqslant k_l\alpha(S), \forall S \subset Q \cap B_l$, 其中 $B_l = \{x \in C[J,E], ||x||_c \leqslant l\}$.

证明 由条件 (ℍ) 知 f 在 $J \times (P \cap T_l)$ 上是一致连续的. 故 f 在 $J \times (P \cap T_l)$ 上有界. 由此, 并结合 (7.1.2) 式和定理 2.3.2 便得到

$$\alpha(f(J \times S)) = \max_{t \in J}\alpha(f(t,S)) \leqslant \eta_l\alpha(S), \quad S \subset Q \cap B_l. \tag{7.1.16}$$

由 f 在 $S \subset Q \cap B_l$ 上一致连续和有界知算子 T 映 $Q \cap B_l$ 到 Q 连续有界.

另外, 易知 $0 \leqslant H(t,s) \leqslant \frac{1}{4}\gamma$, 并用和参考文献 [4] 中引理 2 类似的方法, 得到

$$\alpha(T(S)) \leqslant 2\frac{1}{4}\gamma\eta_l\alpha(S).$$

所以

$$\alpha(T(S)) \leqslant k_l\alpha(S), \quad S \subset Q \cap B_l,$$

其中, $k_l = \frac{1}{2}\gamma\eta_l$, $0 \leqslant k_l < 1$.

引理 7.1.6 假设条件 (ℍ) 成立. 则 $T(K) \subset K$, 且 $T : K \to K$ 是严格集压缩算子.

证明 由 (7.1.3) 和 (7.1.13) 式知

$$\min_{t \in J_{\bar{\delta}}}(Tx)(t) = \min_{t \in J_{\bar{\delta}}} \int_0^1 H(t,s)f(s,x(s))ds$$

$$\geqslant \bar{\delta} \int_0^1 H(u,s)f(s,x(s))ds$$

$$\geqslant \bar{\delta}(Tx)(u), \quad u \in J.$$

因此, $T(x) \in K$, 即 $T(K) \subset K$.

接下来, 由引理 7.1.5, 我们能证明 $T : K \to K$ 是严格集压缩算子. 故省略证明过程. 证毕.

为了给出下面的定理, 先引入记号:

$$\Lambda = \int_{\bar{\delta}}^{1-\bar{\delta}} H\left(\frac{1}{2},s\right)ds.$$

定理 7.1.3 假设条件 (ℍ) 成立且 P 是正规锥. 如果存在 a,b 满足 $0 < a < b$ 使得 $\Psi(f(t,x)) \geqslant \Delta^{-1}a, \forall t \in J_{\bar{\delta}}, ||x|| \leqslant a$, 且 $||f(t,x)|| \leqslant 6\gamma^{-1}b, \forall t \in J_{\bar{\delta}}, ||x|| \leqslant \bar{\delta}^{-1}b$, 其中 $\Psi \in P^*, ||\Psi|| = 1$. 则边值问题 (7.1.1) 至少存在一个正解.

证明 令 $\rho(x) = \sup\limits_{t \in J_{\bar{\delta}}} ||x(t)||$. 则 $\rho : K \to [0, +\infty)$ 是一致连续的凹泛函, 且满足 $\rho(\theta) = 0, \rho(x) > 0, \forall x \neq \theta$. 记

$$\Omega_1 = \{x \in C[J,E] | \rho(x) < a\}, \quad \Omega_2 = \{x \in C[J,E] | \rho(x) < b\}.$$

显然, Ω_1 和 Ω_2 在 $C[J,E]$ 上是两个空集, 且 $\theta \in \Omega_1, \bar{\Omega}_1 \subset \Omega_2$. 如果 $x \in K \cap \Omega_2$, 则 $||x||_c \leqslant \bar{\delta}^{-1}b$. 这意味着 $K \cap \Omega_2$ 有界.

如果 $x \in K \cap \partial\Omega_1$, 那么 $||x||_c = a$. 进而得

$$\rho(Tx) = \sup_{t \in J_{\bar{\delta}}} ||(Tx)(t)|| \geqslant \left|\left|(Tx)\left(\frac{1}{2}\right)\right|\right|$$

$$\geqslant \Psi\left((Tx)\left(\frac{1}{2}\right)\right) = \int_0^1 H\left(\frac{1}{2},s\right)\Psi(f(s,x(s)))ds$$

$$\geqslant \int_{\bar{\delta}}^{1-\bar{\delta}} H\left(\frac{1}{2},s\right)\Psi(f(s,x(s)))ds$$

$$\geqslant \int_{\bar{\delta}}^{1-\bar{\delta}} H\left(\frac{1}{2},s\right)ds\Delta^{-1}a = a = ||x||_c \geqslant \rho(x).$$

如果 $x \in K \cap \partial\Omega_2$, 则 $\rho(x) = b$ 且 $\|x\|_c \leqslant \bar{\delta}^{-1}b$.

$$\rho(Tx) = \sup_{t \in J_{\bar{\delta}}} \|(Tx)(t)\|$$

$$\leqslant \sup_{t \in J_{\bar{\delta}}} \int_0^1 H(t,s)\|f(s,x(s))\|ds$$

$$\leqslant 6\gamma^{-1}b \sup_{t \in J_{\bar{\delta}}} \int_0^1 H(t,s)ds$$

$$= b = \rho(x).$$

由此, 并结合推论 7.1.1 知定理 7.1.3 的结论成立. 证毕.

在边值问题 (7.1.1) 中, 取 $g(t) = 0$,

$$f(t,x) = \begin{cases} 10te^{-x} + 25, & 0 < t < 1, 0 \leqslant x \leqslant 10, \\ \dfrac{1}{324}(x-100)^2 + 10te^{-10}, & 0 < t < 1, x \geqslant 10, \end{cases}$$

则边值问题 (7.1.1) 转化成下面的问题.

例 7.1.1

$$\begin{cases} -x'' = f(t,x), & 0 < t < 1, \\ x(0) = 0, \quad x(1) = 0. \end{cases} \tag{7.1.17}$$

证明 通过计算, 得 $\sigma = 0, \gamma = 1$. 在这种情况下 $E = R, P = R^+, k = 0$. 令 $\Psi \equiv 1, \bar{\delta} = \dfrac{1}{10}$, 则 $\Lambda = \dfrac{2}{5}$. 选取 $a = 10, b = 20$, 则

$$|f(t,x)| \geqslant 10 \times \frac{1}{10} \times e^{-10} + 25 > 25 = \Delta^{-1}a, \quad \forall t \in \left[\frac{1}{10}, \frac{9}{10}\right], x \leqslant 10,$$

$$|f(t,x)| \leqslant \frac{1}{324} \times 100^2 + 10 \times \frac{1}{10} \times e^{-10} < 60 = 6\gamma^{-1}a, \quad \forall t \in \left[\frac{1}{10}, \frac{9}{10}\right], x \leqslant 200.$$

因此, 定理 7.1.3 的条件满足. 因此, 边值问题 (7.1.17) 至少存在一个正解.

7.2 抽象空间中二阶非局部问题的正解

考虑边值问题

$$\begin{cases} x'' + f(t,x) = \theta, & 0 < t < 1 \\ x(0) = \displaystyle\int_0^1 g(t)x(t)dt, \quad x(1) = \theta, \end{cases} \tag{7.2.1}$$

其中, $f \in C(J \times P, P)$, $J = [0,1]$, P 是实 Banach 空间 E 中的锥, θ 是实 Banach 空间 E 中的零元素, 并且 $g \in L^1[0,1]$ 是非负的.

本节总假设下列条件成立:

($\mathbb{H}$) $f \in C(J \times P, P)$, 并且对任意 $l > 0$, f 在 $J \times (P \cap T_l)$ 上一致连续. 另外, $g \in L^1[0,1]$ 非负, $\sigma \in [0,1)$, 并且存在非负的常数 η_l:

$$\frac{1}{2}\gamma\eta_l < 1,$$

使得

$$\alpha(f(t, S)) \leqslant \eta_l \alpha(S), \quad t \in J, \quad S \subset P \cap T_l, \tag{7.2.2}$$

其中, $T_l = \{x \in E : \|x\| \leqslant l\}$, $\gamma = \dfrac{1 + \displaystyle\int_0^1 sg(s)ds}{1 - \sigma}$, $\sigma = \displaystyle\int_0^1 (1-s)g(s)ds$.

引理 7.2.1　假设条件 ($\mathbb{H}$) 成立. 那么, 对任意 $y \in C(J, P)$, 边值问题

$$\begin{cases} -x''(t) = y(t), & t \in (0,1), \\[2mm] x(0) = \displaystyle\int_0^1 g(s)x(s)ds, & x(1) = \theta \end{cases} \tag{7.2.3}$$

有唯一解 x, 并且

$$x(t) = \int_0^1 H(t, s)y(s)ds, \tag{7.2.4}$$

其中,

$$H(t, s) = G(t, s) + \frac{1-t}{1-\sigma}\int_0^1 G(s, \tau)g(\tau)d\tau,$$

$$G(t, s) = \begin{cases} t(1-s), & 0 \leqslant t \leqslant s \leqslant 1, \\[2mm] s(1-t), & 0 \leqslant s \leqslant t \leqslant 1. \end{cases}$$

证明　首先假设 $x \in C[J, E]$ 是边值问题 (7.2.3) 的一个解. 对 (7.2.3) 式积分, 得到

$$x'(t) = x'(0) - \int_0^t y(s)ds,$$

再次积分, 得

$$x(t) = x(0) + x'(0)t - \int_0^t (t-s)y(s)ds. \tag{7.2.5}$$

在 (7.2.5) 式中, 令 $t = 1$, 得

$$x(0) + x'(0) = \int_0^1 (1-s)y(s)ds. \tag{7.2.6}$$

把 $x(0) = \int_0^1 g(s)x(s)ds$ 和 (7.2.6) 代入 (7.2.5) 式, 得

$$x(t) = \int_0^1 g(s)x(s)ds + t\left[\int_0^1 (1-s)y(s)ds - \int_0^1 g(s)x(s)ds\right] - \int_0^t (t-s)y(s)ds$$

$$= \int_0^1 G(t,s)y(s)ds + (1-t)\int_0^1 g(s)x(s)ds, \qquad (7.2.7)$$

其中,

$$\int_0^1 g(s)x(s)ds = \int_0^1 g(s)\left[\int_0^1 G(s,\tau)y(\tau)d\tau + (1-s)\int_0^1 g(\tau)x(\tau)d\tau\right]ds$$

$$= \int_0^1 g(s)\left[\int_0^1 G(s,\tau)y(\tau)d\tau\right]ds + \int_0^1 (1-s)g(s)ds\int_0^1 g(s)x(s)ds,$$

所以,

$$\int_0^1 g(s)x(s)ds = \frac{1}{1 - \int_0^1 (1-s)g(s)ds}\int_0^1 g(s)\left[\int_0^1 G(s,\tau)y(\tau)d\tau\right]ds. \qquad (7.2.8)$$

把 (7.2.8) 代入 (7.2.7) 式, 得

$$x(t) = \int_0^1 G(t,s)y(s)ds + \frac{1-t}{1 - \int_0^1 (1-s)g(s)ds}\int_0^1 g(s)\left[\int_0^1 G(s,\tau)y(\tau)d\tau\right]ds$$

$$= \int_0^1 H(t,s)y(s)ds. \qquad (7.2.9)$$

相反, 假设 $x(t) = \int_0^1 H(t,s)y(s)ds$, 则必有

$$x(t) = \int_0^t s(1-t)y(s)ds + \int_t^1 t(1-s)y(s)ds$$

$$+ \frac{1-t}{1 - \int_0^1 (1-s)g(s)ds}\int_0^1 g(s)\left[\int_0^1 G(s,\tau)y(\tau)d\tau\right]ds. \qquad (7.2.10)$$

对 (7.2.10) 直接微分, 得

$$
\begin{aligned}
x'(t) =& -\int_0^t sy(s)ds + t(1-t)y(t) + \int_t^1 (1-s)y(s)ds - t(1-t)y(t) \\
& - \frac{1}{1 - \displaystyle\int_0^1 (1-s)g(s)ds} \int_0^1 g(s)\left[\int_0^1 G(s,\tau)y(\tau)d\tau\right]ds \\
=& \int_t^1 (1-s)y(s)ds - \int_0^t sy(s)ds \\
& - \frac{1}{1 - \displaystyle\int_0^1 (1-s)g(s)ds} \int_0^1 g(s)\left[\int_0^1 G(s,\tau)y(\tau)d\tau\right]ds,
\end{aligned}
$$

并且

$$
x''(t) = -ty(t) - (1-t)y(t) = -y(t).
$$

又容易验证 $x(0) = \displaystyle\int_0^1 g(s)x(s)ds, x(1) = \theta$. 引理得证.

由 $H(t,s)$ 和 $G(t,s)$ 的定义知, 它们有如下性质.

命题 7.2.1　假设条件 ($\mathbb{H}$) 成立. 那么, 对任意 $t,s \in J$, 有

$$
H(t,s) \geqslant 0, \quad G(t,s) \geqslant 0.
$$

命题 7.2.2　对任意 $t,s \in J$, 有

$$
e(t)e(s) \leqslant G(t,s) \leqslant G(t,t) = t(1-t) = e(t) \leqslant \bar{e} = \max_{t \in [0,1]} e(t) = \frac{1}{4}.
$$

命题 7.2.3　令 $\delta \in \left(0, \dfrac{1}{2}\right), J_\delta = [\delta, 1-\delta]$. 那么, 对任意 $t \in J_\delta, s, u \in J$, 有

$$
G(t,s) \geqslant \delta G(u,s).
$$

命题 7.2.4　假设条件 ($\mathbb{H}$) 成立. 那么, 对任意 $t,s \in J$, 有

$$
\rho e(t)e(s) \leqslant H(t,s) \leqslant \gamma t(1-t) = \gamma e(t),
$$

其中,

$$
\rho = \frac{\displaystyle\int_0^1 e(\tau)g(\tau)d\tau}{1 - \sigma}.
$$

证明 由 $H(t,s)$ 的定义和命题 7.2.2 知

$$H(t,s) = G(t,s) + \frac{1-t}{1-\sigma} \int_0^1 G(s,\tau)g(\tau)d\tau$$

$$\geqslant \frac{1-t}{1-\sigma} \int_0^1 G(s,\tau)g(\tau)d\tau$$

$$\geqslant \frac{\int_0^1 G(s,\tau)g(\tau)d\tau}{1-\sigma} t(1-t)$$

$$\geqslant \frac{\int_0^1 e(\tau)g(\tau)d\tau}{1-\sigma} t(1-t)s(1-s)$$

$$= \rho e(t)e(s), \quad t \in J.$$

另外, 由 $G(t,s) \leqslant s(1-s)$ 知

$$H(t,s) = G(t,s) + \frac{1-t}{1-\sigma} \int_0^1 G(s,\tau)g(\tau)d\tau$$

$$\leqslant s(1-s) + \frac{1-t}{1-\sigma} \int_0^1 s(1-s)g(\tau)d\tau$$

$$\leqslant s(1-s)\left[1 + \frac{1}{1-\sigma} \int_0^1 g(\tau)d\tau\right]$$

$$\leqslant s(1-s)\frac{1 + \int_0^1 sg(s)ds}{1-\sigma}$$

$$= \gamma e(s), \quad t \in J.$$

命题得证.

命题 7.2.5 假设条件 (ℍ) 成立. 那么, 对任意 $t \in J_\delta, s, u \in J$, 有

$$H(t,s) \geqslant \delta H(u,s).$$

证明 由 $H(t,s)$ 的定义和命题 7.2.3 知

$$H(t,s) = G(t,s) + \frac{1-t}{1-\sigma} \int_0^1 G(s,\tau)g(\tau)d\tau$$

$$\geqslant \delta G(u,s) + \frac{\delta}{1-\sigma} \int_0^1 G(s,\tau)g(\tau)d\tau$$

$$\geqslant \delta G(u,s) + \frac{\delta(1-u)}{1-\sigma} \int_0^1 G(s,\tau)g(\tau)d\tau$$

$$= \delta H(u,s), \quad s,u \in J.$$

证毕.

我们构造一个锥 K:

$$K = \{x \in Q : x(t) \geqslant \delta x(s), t \in J_\delta, s \in J\},$$

其中,

$$Q = \{x \in C(J,E) : x(t) \geqslant \theta, t \in J\}.$$

另外, 记

$$B_l = \{x \in C(J,E) : \|x\|_c \leqslant l\}, \quad l > 0.$$

容易看出 K 是 $C(J,E)$ 的一个锥, 并且 $K_{r,R} = \{x \in K : r \leqslant \|x\|_c \leqslant R\} \subset K$, $K \subset Q$.

引理 7.2.2　假设 (ℍ) 成立. 那么, 对任意 $y(t) \in Q$, 边值问题 (7.2.3) 的唯一解 x 满足 $x(t) \geqslant \theta, t \in J$. 即 $x(t) \in Q, t \in J$.

证明　如果 $\sigma \in [0,1)$, 那么命题 7.2.1 成立. 命题 7.2.1, (7.2.4) 和 $y(t) \in Q$ 表明 $x(t) \geqslant \theta, t \in J$, 进而 $x(t) \in Q, t \in J$. 引理得证.

引理 7.2.3　假设 (ℍ) 成立. 那么, 对任意 $y(t) \in Q$, 边值问题 (7.2.3) 的唯一解 x 满足 $x(t) \geqslant \delta x(u), t \in J_\delta, u \in J$.

证明　事实上, 由 (7.2.4) 式知对任意 $t \in J_\delta$, 有

$$x(t) = \int_0^1 H(t,s)y(s)ds$$

$$\geqslant \delta \int_0^1 H(u,s)y(s)ds$$

$$\geqslant \delta x(u), \quad u \in J.$$

引理得证.

由引理 7.2.1 容易看出边值问题 (7.2.1) 有一个解 $x = x(t)$ 当且仅当 x 是下面算子方程的一个解:

$$(Tx)(t) = \int_0^1 H(t,s)f(s,x(s))ds. \tag{7.2.11}$$

引理 7.2.4　假设条件 (ℍ) 成立. 那么, 对每一个 $l > 0$, T 在 $Q \cap B_l$ 上是一个严格集压缩算子, 即存在一个正数 $0 \leqslant k_l < 1$, 使得 $\alpha(T(S)) \leqslant k_l \alpha(S), \forall S \subset Q \cap B_l$.

证明　由条件 (ℍ) 知 f 在 $J \times (P \cap T_l)$ 上一致连续. 所以, f 在 $J \times (P \cap T_l)$ 上有界. 再结合 (7.2.2) 式和定理 2.3.2, 得

$$\alpha(f(J \times S)) = \max_{t \in J} \alpha(f(t, S)) \leqslant \eta_l \alpha(S), \quad \forall S \subset Q \cap B_l.$$

由 (7.2.11) 式和 f 在 $S \subset Q \cap B_l$ 上一致连续有界知 T 在 $Q \cap B_l$ 上是连续的、有界的.

另外, 显然有 $0 \leqslant H(t, s) \leqslant \dfrac{1}{4}\gamma$, 并且用和参考文献 [4] 中证明引理 2 类似的方法, 我们能够得到

$$\alpha(T(S)) \leqslant 2\frac{1}{4}\gamma \eta_l \alpha(S).$$

因此,

$$\alpha(T(S)) \leqslant k_l \alpha(S), \quad S \subset Q \cap B_l,$$

其中, $k_l = \dfrac{1}{2}\gamma \eta_l, 0 \leqslant k_l < 1$. 引理得证.

引理 7.2.5　假设条件 (ℍ) 成立. 那么, $T(K) \subset K$, 并且 $T : K_{r,R} \to K$ 是严格集压缩算子.

证明　由命题 7.2.5 和 (7.2.11) 式知

$$\min_{t \in J_\delta}(Tx)(t) = \min_{t \in J_\delta} \int_0^1 H(t, s) f(s, x(s)) ds$$

$$\geqslant \delta \int_0^1 H(u, s) f(s, x(s)) ds$$

$$\geqslant \delta(Tx)(u), \quad u \in J.$$

所以, $T(x) \in K$, 即 $T(K) \subset K$. 进而由 $K_{r,R} \subset K$ 知 $T(K_{r,R}) \subset K$. 故

$$T : K_{r,R} \to K.$$

再根据引理 7.2.4 知 $T : K_{r,R} \to K$ 是严格集压缩算子. 引理得证.

对任意 $x \in P$, 引入下列记号:

$$f^\beta = \limsup_{\|x\| \to \beta} \max_{t \in J} \frac{\|f(t,x)\|}{\|x\|}, \quad f_\beta = \liminf_{\|x\| \to \beta} \min_{t \in J} \frac{\|f(t,x)\|}{\|x\|}, \quad (\Psi f)_\beta = \liminf_{\|x\| \to \beta} \min_{t \in J} \frac{\Psi(f(t,x))}{\|x\|},$$

其中 β 表示 0 或者 ∞, $\Psi \in P^*$, 且 $\|\Psi\| = 1$.

另外, 记

$$\Lambda = \delta \int_\delta^{1-\delta} H\left(\frac{1}{2}, s\right) ds.$$

定理 7.2.1　假设 (ℍ) 成立, 并且锥 P 是正规的. 如果 $\dfrac{1}{4}\gamma f^0 < 1 < \Lambda(\Psi f)_\infty$,

那么, 边值问题 (7.2.1) 至少存在一个正解.

证明　由 $\frac{1}{4}\gamma f^0 < 1$ 知, 存在正数 $\bar{r}_1 > 0$ 使得对任意 $t \in J, x \in P, \|x\| \leqslant \bar{r}_1$, 有

$\|f(t,x)\| \leqslant (f^0 + \varepsilon_1)\|x\|$, 其中, $\varepsilon_1 > 0$ 满足 $\frac{1}{4}(f^0 + \varepsilon_1)\gamma \leqslant 1$.

令 $r_1 \in (0, \bar{r}_1)$. 那么, 对任意 $t \in J, x \in K, \|x\|_c = r_1$, 有

$$\|(Tx)(t)\| \leqslant \frac{1}{4}\gamma \int_0^1 \|f(s, x(s))\| ds$$

$$\leqslant \frac{1}{4}\gamma \left(f^0 + \varepsilon_1\right) \int_0^1 \|x(s)\| ds$$

$$\leqslant \frac{1}{4}\gamma \left(f^0 + \varepsilon_1\right) \|x\|_c$$

$$\leqslant \|x\|_c.$$

即, 对任意 $x \in K, \|x\|_c = r_1$, 得

$$\|Tx\|_c \leqslant \|x\|_c. \tag{7.2.12}$$

另外, 由 $1 < \Lambda(\Psi f)_\infty$ 知, 存在 $\bar{r}_2 > 0$ 使得

$$\Psi(f(t, x(t))) \geqslant ((\Psi f)_\infty - \varepsilon_2)\|x\|, \quad \forall t \in J, \quad x \in P, \quad \|x\| \geqslant \bar{r}_2,$$

其中, $\varepsilon_2 > 0$ 满足 $((\Psi f)_\infty - \varepsilon_2)\delta \int_\delta^{1-\delta} H\left(\frac{1}{2}, s\right) ds \geqslant 1$.

令 $r_2 = \max\left\{2r_1, \dfrac{\bar{r}_2}{\delta}\right\}$. 那么, 对任意 $t \in J_\delta, x \in K, \|x\|_c = r_2$, 结合命题 6.2.4 知 $\|x(t)\| \geqslant \delta\|x\|_c \geqslant \bar{r}_2$, 并且

$$\left\|(Tx)\left(\frac{1}{2}\right)\right\| \geqslant \Psi\left((Tx)\left(\frac{1}{2}\right)\right) = \int_0^1 H\left(\frac{1}{2}, s\right) \Psi(f(s, x(s))) ds$$

$$\geqslant \int_\delta^{1-\delta} H\left(\frac{1}{2}, s\right) \Psi(f(s, x(s))) ds$$

$$\geqslant ((\Psi f)_\infty - \varepsilon_2) \int_\delta^{1-\delta} H\left(\frac{1}{2}, s\right) \|x(s)\| ds$$

$$\geqslant ((\Psi f)_\infty - \varepsilon_2)\delta\|x\|_c \int_\delta^{1-\delta} H\left(\frac{1}{2}, s\right) ds$$

$$\geqslant \|x\|_c.$$

即, 对任意 $x \in K, \|x\|_c = r_2$, 得

$$\|Tx\|_c \geqslant \|x\|_c. \tag{7.2.13}$$

由定理 2.3.4, (7.2.12) 和 (7.2.13) 式知算子 T 有一个不动点 $x^* \in \bar{K}_{r_1,r_2}$, 满足 $r_1 \leqslant \|x^*\| \leqslant r_2$ 且 $x^*(t) \geqslant \delta \|x^*\| > 0, t \in J_\delta$. 定理得证.

类似于定理 7.2.1 的证明, 我们得到下面的结果.

推论 7.2.1 假设条件 (ℍ) 成立, 且锥 P 是正规的. 如果 $\frac{1}{4}\gamma f^0 < 1 < \Lambda f_\infty$, 那么边值问题 (7.2.1) 至少存在一个正解.

定理 7.2.2 假设条件 (ℍ) 成立, 且锥 P 是正规的. 如果 $\frac{1}{4}\gamma f^\infty < 1 < \Lambda(\Psi f)_0$, 那么边值问题 (7.2.1) 至少存在一个正解.

证明 由 $\Lambda(\Psi f)_0 > 1$ 知, 存在 $\bar{r}_3 > 0$ 使得对任意 $t \in J, x \in P, \|x\| \leqslant \bar{r}_3$, 有 $\Psi(f(t,x)) \geqslant ((\Psi f)_0 - \varepsilon_3)\|x\|$, 其中, $\varepsilon_3 > 0$ 满足 $((\Psi f)_0 - \varepsilon_3)\Lambda \geqslant 1$.

令 $r_3 \in (0, \bar{r}_3)$. 那么, 对任意 $t \in J, x \in K, \|x\|_c = r_3$, 有

$$\left\| (Tx)\left(\frac{1}{2}\right) \right\| \geqslant \Psi\left((Tx)\left(\frac{1}{2}\right)\right) = \int_0^1 H\left(\frac{1}{2}, s\right)\Psi(f(s,x(s)))ds$$

$$\geqslant \int_\delta^{1-\delta} H\left(\frac{1}{2}, s\right)\Psi(f(s,x(s)))ds$$

$$\geqslant ((\Psi f)_0 - \varepsilon_3)\int_\delta^{1-\delta} H\left(\frac{1}{2}, s\right)\|x(s)\|ds$$

$$\geqslant ((\Psi f)_0 - \varepsilon_3)\delta\|x\|_c \int_\delta^{1-\delta} H\left(\frac{1}{2}, s\right)ds$$

$$\geqslant \|x\|_c.$$

即, 当 $x \in K, \|x\|_c = r_3$ 时, 有

$$\|Tx\|_c \geqslant \|x\|_c. \tag{7.2.14}$$

另外, 由 $\frac{1}{4}\gamma f^\infty < 1$ 知, 存在 $\bar{r}_4 > 0$ 使得对任意 $t \in J, x \in P, \|x\| \geqslant \bar{r}_4$, 有

$$\|f(t,x)\| \leqslant (f_\infty + \varepsilon_4)\|x\|,$$

其中, $\varepsilon_4 > 0$ 满足 $\frac{1}{4}(f_\infty + \varepsilon_4)\gamma \leqslant 1$.

令

$$M = \max_{x \in K, \|x\|_c = \bar{r}_4, t \in J} \|f(t, x(t))\|.$$

那么 $\|f(t,x)\| \leqslant M + (f_\infty + \varepsilon_4)\|x\|$.

取 $r_4 > \max\left\{ r_3, \bar{r}_4, \frac{1}{4}\gamma M\left(1 - \frac{1}{4}\gamma(f_\infty + \varepsilon_4)\right)^{-1} \right\}$.

这样, 对任意 $x \in K, \|x\|_c = r_4$, 有

$$\|(Tx)(t)\| \leqslant \frac{1}{4} \gamma \int_0^1 \|f(s, x(s))\| ds$$

$$\leqslant \frac{1}{4} \gamma \int_0^1 [M + (f_\infty + \varepsilon_4)\|x(s)\|] ds$$

$$\leqslant \frac{1}{4} \gamma M + \frac{1}{4} \gamma (f_\infty + \varepsilon_4)\|x\|_c$$

$$< \left(1 - \frac{1}{4} \gamma (f_\infty + \varepsilon_4)\right) r_4 + \frac{1}{4} \gamma (f_\infty + \varepsilon_4)\|x\|_c$$

$$= r_4 = \|x\|_c.$$

即, 当 $x \in K, \|x\|_c = r_4$ 时, 有

$$\|Tx\|_c < \|x\|_c. \tag{7.2.15}$$

由定理 2.3.4, (7.2.14) 和 (7.2.15) 式知算子 T 有一个不动点 $x^* \in \bar{K}_{r_3, r_4}$ 满足 $r_3 \leqslant \|x^*\| < r_4$ 且 $x^*(t) \geqslant \delta\|x^*\| > 0, t \in J_\delta$. 定理得证.

由定理 7.2.2 的证明过程可知下面的结论成立.

推论 7.2.2　假设条件 (ℍ) 成立, 且锥 P 是正规的. 如果 $\frac{1}{4} \gamma f^\infty < 1 < \Lambda f_0$, 那么边值问题 (7.2.1) 至少有一个正解.

定理 7.2.3　假设条件 (ℍ) 成立, 锥 P 正规, 且下面两个条件成立:

(i) $\Lambda(\Psi f)_0 > 1$ 且 $\Lambda(\Psi f)_\infty > 1$;

(ii) 存在正数 $b > 0$ 使得 $\sup\limits_{t \in J, x \in P \cap T_b} \|f(t, x)\| < 4\gamma^{-1} b$.

那么, 边值问题 (7.2.1) 至少有两个正解 $x^*(t), x^{**}(t)$, 且满足

$$0 < \|x^{**}\|_c < b < \|x^*\|_c. \tag{7.2.16}$$

证明　选取常数 r, R 满足 $0 < r < b < R$.

如果 $\Lambda(\Psi f)_0 > 1$, 根据 (7.2.14) 的证明知

$$\|Tx\|_c \geqslant \|x\|_c, \quad \forall x \in K, \quad \|x\|_c = r. \tag{7.2.17}$$

如果 $\Lambda(\Psi f)_\infty > 1$, 根据 (7.2.12) 式的证明知

$$\|Tx\|_c \geqslant \|x\|_c, \quad \forall x \in K, \quad \|x\|_c = R. \tag{7.2.18}$$

另一方面, 根据条件 (ii) 知, 对任意 $x \in K, \|x\|_c = b$, 有

$$\|(Tx)(t)\| \leqslant \frac{1}{4}\gamma \int_0^1 \|f(s, x(s))\|ds \leqslant \frac{1}{4}\gamma M^*, \quad (7.2.19)$$

其中,

$$M^* = \{\|f(t,x)\| : t \in J, x \in P \cap T_b\} < 4\gamma^{-1}b. \quad (7.2.20)$$

所以, 由 (7.2.19) 和 (7.2.20) 式知

$$\|(Tx)\|_c < b = \|x\|_c. \quad (7.2.21)$$

由定理 2.3.4, (7.2.17), (7.2.18) 和 (7.2.21) 式知算子 T 存在不动点 $x^{**} \in \bar{K}_{r,b}$ 和 $x^* \in \bar{K}_{b,R}$. 这样就得到边值问题 (7.2.1) 至少有两个正解 x^* 和 x^{**}. 注意到 (7.2.21) 式, 便有 $\|x^*\|_c \neq b$ 且 $\|x^{**}\|_c \neq b$. 因此, (7.2.16) 式成立. 定理得证.

最后, 我们讨论边值问题 (7.2.1) 不存在正解的情况.

定理 7.2.4 假设条件 (ℍ) 成立, 锥 P 正规, 且 $\frac{1}{4}\gamma\|f(t,x)\| < \|x\|, \forall x \in P, \|x\| > 0$, 那么边值问题 (7.2.1) 没有正解.

证明 用反证法. 假设 x 是边值问题 (7.2.1) 的一个正解. 那么 $x \in K, \|x\|_c > 0, \forall t \in J,$ 且

$$\begin{aligned}
\|x\|_c &= \max_{t \in J}\|x(t)\| \\
&\leqslant \frac{1}{4}\gamma\int_0^1 \|f(s, x(s))\|ds \\
&< \frac{1}{4}\gamma 4\gamma^{-1}\|x\|_c \\
&\leqslant \|x\|_c.
\end{aligned}$$

矛盾. 定理得证.

类似地, 我们有下面的结论.

定理 7.2.5 假设 (ℍ) 成立, 锥 P 正规, 且 $\Lambda\Psi(f(t,x)) > \|x\|, \forall x \in P, \|x\| > 0$, 那么边值问题 (7.2.1) 没有正解.

注 7.2.1 用类似的方法, 我们可以讨论下面边值问题正解的存在性:

$$\begin{cases} x'' + f(t,x) = \theta, & 0 < t < 1, \\ x(0) = \theta, \quad x(1) = \displaystyle\int_0^1 g(t)x(t)dt, \end{cases}$$

其中, $f \in C(J \times P, P)$, θ 是 E 中的零元素, $g \in L^1[0,1]$ 是非负的.

7.3　抽象空间中二阶脉冲积分-微分方程三点边值问题的多个正解

令 P 是实 Banach 空间 E 中的锥, 考虑边值问题

$$\begin{cases} x''(t) + f(t, x(t), x'(t), (Ax)(t), (Bx)(t)) = \theta, \quad t \in J, \quad t \neq t_k, \\[2mm] \Delta x|_{t=t_k} = I_k(x(t_k)), \\[2mm] \Delta x'|_{t=t_k} = \bar{I}_k(x(t_k), x'(t_k)), \quad k = 1, 2, \cdots, m, \\[2mm] x(0) = \theta, x(1) = \rho x(\eta), \end{cases} \qquad (7.3.1)$$

其中, $f \in C(J \times P \times P \times P \times P, P), J = [0,1], 0 < t_1 < t_2 < \cdots < t_k < \cdots < t_m < 1, \rho \in (0,1),$ $\eta \in (0,1), t_m < \eta, I_k \in C[P,P], \bar{I}_k \in C[P \times P, P],$ θ 是 E 中的零元素,

$$(Ax)(t) = \int_0^t g(t,s)x(s)ds, \quad (Bx)(t) = \int_0^1 h(t,s)x(s)ds,$$

$g \in C[D, \mathbf{R}^+], D = \{(t,s) \in J \times J : t \geqslant s\}, h \in C[J \times J, \mathbf{R}], \mathbf{R}^+ = [0, +\infty),$

$$g_0 = \max\{g(t,s) : (t,s) \in D\}, \quad h_0 = \max\{h(t,s) : (t,s) \in D\}.$$

$\Delta x|_{t=t_k}$ 表示 $x(t)$ 在 $t = t_k$ 点的跳跃, 即

$$\Delta x\big|_{t=t_k} = x(t_k^+) - x(t_k^-),$$

其中, $x(t_k^+)$ 和 $x(t_k^-)$ 分别表示 $x(t)$ 在 $t = t_k$ 点的右极限和左极限. $\Delta x'\big|_{t=t_k}$ 和 $x'(t)$ 有相似的意义.

令 $PC[J, E] = \{x : x$ 是映 J 到 E 的一个映射, $x(t)$ 在 $t \neq t_k$ 点连续, 在 $t = t_k$ 点左连续, 且 $x(t_k^+)$ 存在, $k = 1, 2, \cdots, m\}, PC^1[J, E] = \{x \in PC[J, E] : x'(t)$ 在 $t \neq t_k$ 点存在, 在 $t \neq t_k$ 点连续且 $x'(t_k^+), x'(t_k^-)$ 存在, $k = 1, 2, \cdots, m\}, PC[J, P] = \{x \in PC[J, E] : x(t) \geqslant \theta\}$ 且 $PC^1[J, P] = \{x \in PC^1[J, E] : x(t) \geqslant \theta, x'(t) \geqslant \theta\}.$

显然, $PC[J, P]$ 是 $PC[J, E]$ 的一个锥, $PC^1[J, P]$ 是 $PC^1[J, E]$ 的一个锥. $PC[J, E]$ 是一个 Banach 空间, 如果

$$\|x\|_{pc} = \sup_{t \in J} \|x(t)\|;$$

$PC^1[J, E]$ 是一个 Banach 空间, 如果

$$\|x\|_1 = \max\{\|x\|_{pc}, \|x'\|_{pc}\}.$$

令 $J' = J\backslash\{t_1, t_2, \cdots, t_k, \cdots, t_m\}$. 如果 $x \in PC^1[J, E] \cap C^2[J', E]$ 满足 $x(t) \geqslant \theta$, $x'(t) \geqslant \theta$ 且 $x(t)$ 满足 (7.3.1) 式, 则称 x 是问题 (7.3.1) 的一个非负解. 如果 $x \in PC^1[J, E] \cap C^2[J', E]$ 非负, 且满足 $x \not\equiv \theta$, 则称 x 是问题 (7.3.1) 的一个正解.

本节总假设以下条件成立:

(H_1) $f \in C(J \times P^4, P)$, 且对任意 $r > 0, f$ 在 $J \times B_r^4$ 上一致连续. 其中, $B_r = \{x \in P : \|x\| \leqslant r\}$.

(H_2) 存在非负常数 $c_i, i = 1, 2, 3, 4$ 和 $d_k, \bar{d}_k, \hat{d}_k$ 使得

$$\alpha(f(t, B_1, B_2, B_3, B_4)) \leqslant \sum_{i=1}^{4} c_i \alpha(B_i), \quad \forall t \in J, \quad B_i \subset B_r (i = 1, 2, 3, 4), \quad (7.3.2)$$

$$\alpha(I_k(B_1)) \leqslant d_k \alpha(B_1), \quad \forall B_1 \subset B_r \quad (k = 1, 2, \cdots, m), \quad (7.3.3)$$

$$\alpha(\bar{I}_k(B_1, B_2)) \leqslant \bar{d}_k \alpha(B_1) + \hat{d}_k \alpha(B_2), \quad \forall B_1, B_2 \subset B_r \quad (k = 1, 2, \cdots, m), \quad (7.3.4)$$

$$\Gamma_r = \max\{\bar{\Gamma}_r, \hat{\Gamma}_r\} < 1, \quad (7.3.5)$$

其中,

$$\bar{\Gamma}_r = \frac{1}{2(1 - \rho\eta)}(c_1 + c_2 + c_3 g_0 + c_4 h_0)$$

$$+ \sum_{k=1}^{m} \left[\frac{\rho + 2 - \rho\eta}{1 - \rho\eta} d_k + \frac{1}{1 - \rho\eta}(2 - 2t_k + \rho\eta t_k - \rho t_k)(\bar{d}_k + \hat{d}_k) \right],$$

$$\hat{\Gamma}_r = 2q'(c_1 + c_2 + c_3 g_0 + c_4 h_0)$$

$$+ \sum_{k=1}^{m} \left[\frac{\rho + 1 - \rho\eta}{1 - \rho\eta} d_k + \frac{2 - 2t_k + \eta + \rho\eta t_k - 2\rho\eta}{1 - \rho\eta}(\bar{d}_k + \hat{d}_k) \right].$$

这里, q' 由 (7.3.19) 式定义.

(H_3) $\rho \in (0, 1), \eta \in (0, 1)$ 且 $\eta > t_m$.

(H_4) 当 $u_i \in P, i = 1, 2, 3, 4$, $\sum_{i=1}^{4} \|u_i\| \to \infty$ 时,

$$\frac{\|f(t, u_1, u_2, u_3, u_4)\|}{\sum_{i=1}^{4} \|u_i\|} \to 0$$

关于 t 一致.

(H_5) 存在 $F_1 \in C[\mathbf{R}^+, \mathbf{R}^+], F_2 \in C[\mathbf{R}^+ \times \mathbf{R}^+, \mathbf{R}^+]$ 和 $\eta_k, \hat{\eta}_k, \gamma_k, \hat{\gamma}_k (k = 1, 2, \cdots, m)$ 使得

$$\|I_k(u_1)\| \leqslant \eta_k F_1(\|u_1\|), \quad \forall u_1 \in P \quad (k = 1, 2, \cdots, m),$$

$$\|\bar{I}_k(u_1, u_2)\| \leqslant \gamma_k F_2(\|u_1\|, \|u_2\|), \quad \forall u_1, u_2 \in P \quad (k = 1, 2, \cdots, m),$$

$$\frac{\|I_k(u_1)\|}{\hat{\eta}_k \|u_1\|} \to 0, \ u_1 \in P, \quad \|u_1\| \to \infty \quad (k = 1, 2, \cdots, m),$$

$$\frac{\|\bar{I}_k(u_1, u_2)\|}{\hat{\gamma}_k(\|u_1\| + \|u_2\|)} \to 0, \ u_1, u_2 \in P, \quad \|u_1\| + \|u_2\| \to \infty \quad (k = 1, 2, \cdots, m).$$

(H_6) 当 $u_i \in P, i = 1, 2, 3, 4, \ \sum_{i=1}^4 \|u_i\| \to 0$ 时,

$$\frac{\|f(t, u_1, u_2, u_3, u_4)\|}{\displaystyle\sum_{i=1}^4 \|u_i\|} \to 0$$

关于 t 一致, 并且存在 $\bar{\eta}_k, \bar{\gamma}_k (k = 1, 2, \cdots, m)$ 使得

$$\frac{\|I_k(u_1)\|}{\bar{\eta}_k \|u_1\|} \to 0, \ u_1 \in P, \quad \|u_1\| \to 0 (k = 1, 2, \cdots, m),$$

$$\frac{\|\bar{I}_k(u_1, u_2)\|}{\bar{\gamma}_k(\|u_1\| + \|u_2\|)} \to 0, \ u_1, u_2 \in P, \quad \|u_1\| + \|u_2\| \to 0 (k = 1, 2, \cdots, m).$$

我们将要把问题 (7.3.1) 归结为 E 中的一个积分方程. 为此, 首先定义算子 T:

$$\begin{aligned}
(Tx)(t) = & \int_0^1 G(t, s) f(s, x(s), x'(s), (Ax)(s), (Bx)(s)) ds \\
& + \frac{t}{1 - \rho\eta} \Big\{ \rho \sum_{0 < t_k < \eta} [I_k(x(t_k)) + (\eta - t_k) \bar{I}_k(x(t_k), x'(t_k))] \\
& - \sum_{k=1}^m [I_k(x(t_k)) + (1 - t_k) \bar{I}_k(x(t_k), x'(t_k))] \Big\} \\
& + \sum_{0 < t_k < t} [I_k(x(t_k)) + (t - t_k) \bar{I}_k(x(t_k), x'(t_k))],
\end{aligned} \tag{7.3.6}$$

其中,

$$G(t,s) = \frac{1}{1-\rho\eta}\begin{cases} s[1-\rho\eta-t(1-\rho)], & 0 \leqslant s \leqslant t \leqslant \eta < 1 \text{ 或者} \\ & 0 \leqslant s \leqslant \eta \leqslant t \leqslant 1, \\ t[1-\rho\eta-s(1-\rho)], & 0 \leqslant t \leqslant s \leqslant \eta < 1, \\ s(1-\rho\eta)-t(s-\rho\eta), & 0 < \eta \leqslant s \leqslant t \leqslant 1, \\ t(1-s), & 0 < \eta \leqslant t \leqslant s \leqslant 1 \text{ 或者} \\ & 0 \leqslant t \leqslant \eta \leqslant s \leqslant 1. \end{cases} \tag{7.3.7}$$

记 $J_1 = [0, t_1], J_k = (t_{k-1}, t_k] (k = 1, 2, \cdots, m).$

由 (7.3.7) 式知 $G(t,s)$ 有如下性质.

命题 7.3.1 如果 $\rho \in (0,1), \eta \in (0,1)$, 则, 对任意 $t, s \in (0,1)$, 得到 $G(t,s) > 0$.

命题 7.3.2 如果 $\rho \in (0,1), \eta \in (0,1)$, 则, 对任意 $t, s \in J$, 得到

$$0 \leqslant G(t,s) \leqslant \frac{1}{4(1-\rho\eta)}. \tag{7.3.8}$$

证明 $G(t,s) \geqslant 0$ 显然成立. 我们只证明 $G(t,s) \leqslant \frac{1}{4(1-\rho\eta)}$.

事实上, 由 (7.3.7) 式知

$$G(t,s) = \frac{1}{1-\rho\eta}\begin{cases} s[1-\rho\eta-t(1-\rho)], & 0 \leqslant s \leqslant t \leqslant \eta < 1 \text{ 或者} \\ & 0 \leqslant s \leqslant \eta \leqslant t \leqslant 1, \\ t[1-\rho\eta-s(1-\rho)], & 0 \leqslant t \leqslant s \leqslant \eta < 1, \\ s(1-\rho\eta)-t(s-\rho\eta), & 0 < \eta \leqslant s \leqslant t \leqslant 1, \\ t(1-s), & 0 < \eta \leqslant t \leqslant s \leqslant 1 \text{ 或者} \\ & 0 \leqslant t \leqslant \eta \leqslant s \leqslant 1, \end{cases}$$

$$\leqslant \frac{1}{1-\rho\eta}\begin{cases} s(1-t)(1-\rho\eta), & 0 \leqslant s \leqslant t \leqslant \eta < 1 \text{ 或者} \\ & 0 \leqslant s \leqslant \eta \leqslant t \leqslant 1, \\ t(1-s)(1-\rho\eta), & 0 \leqslant t \leqslant s \leqslant \eta < 1, \\ s(1-t)(1-\rho\eta), & 0 < \eta \leqslant s \leqslant t \leqslant 1, \\ t(1-s), & 0 < \eta \leqslant t \leqslant s \leqslant 1 \text{ 或者} \\ & 0 \leqslant t \leqslant \eta \leqslant s \leqslant 1, \end{cases}$$

$$\leqslant \frac{1}{1-\rho\eta}\begin{cases} s(1-t), & 0\leqslant s\leqslant t\leqslant \eta<1 \text{ 或者} \\ & 0\leqslant s\leqslant \eta\leqslant t\leqslant 1, \\ t(1-s), & 0\leqslant t\leqslant s\leqslant \eta<1, \\ s(1-t), & 0<\eta\leqslant s\leqslant t\leqslant 1, \\ t(1-s), & 0<\eta\leqslant t\leqslant s\leqslant 1 \text{ 或者} \\ & 0\leqslant t\leqslant \eta\leqslant s\leqslant 1, \end{cases}$$

$$\leqslant \frac{1}{1-\rho\eta}\begin{cases} t(1-t), & 0\leqslant s\leqslant t\leqslant \eta<1 \text{ 或者} \\ & 0\leqslant s\leqslant \eta\leqslant t\leqslant 1, \\ s(1-s), & 0\leqslant t\leqslant s\leqslant \eta<1, \\ t(1-t), & 0<\eta\leqslant s\leqslant t\leqslant 1, \\ s(1-s), & 0<\eta\leqslant t\leqslant s\leqslant 1 \text{ 或者} \\ & 0\leqslant t\leqslant \eta\leqslant s\leqslant 1, \end{cases}$$

$$\leqslant \frac{1}{4(1-\rho\eta)}.$$

证毕.

引理 7.3.1　如果 $\rho \in (0,1), \eta \in (0,1)$, 那么 $x \in PC^1[J,E] \cap C^2[J',E]$ 问题 (7.3.1) 的解当且仅当 $x \in PC^1[J,E]$ 是脉冲积分方程

$$x(t) = \int_0^1 G(t,s)f(s,x(s),x'(s),(Ax)(s),(Bx)(s))ds$$
$$+ \frac{t}{1-\rho\eta}\Big\{\rho \sum_{0<t_k<\eta}[I_k(x(t_k))+(\eta-t_k)\bar{I}_k(x(t_k),x'(t_k))]$$
$$- \sum_{k=1}^m [I_k(x(t_k))+(1-t_k)\bar{I}_k(x(t_k),x'(t_k))]\Big\}$$
$$+ \sum_{0<t_k<t}[I_k(x(t_k))+(t-t_k)\bar{I}_k(x(t_k),x'(t_k))] \tag{7.3.9}$$

的解, 即 x 算子 T 是 $PC^1[J,E]$ 中的不动点.

证明　首先, 假设 $x \in PC^1[J,E]$ 是问题 (7.3.1) 的一个解. 对 (7.3.1) 式直接

积分, 得到

$$
\begin{aligned}
x'(t) =& x'(0) - \int_0^t f(s, x(s), x'(s), (Ax)(s), (Bx)(s))ds + \sum_{0 < t_k < t} [x'(t_k^+) - x'(t_k)] \\
=& x'(0) - \int_0^t f(s, x(s), x'(s), (Ax)(s), (Bx)(s))ds + \sum_{0 < t_k < t} \bar{I}_k(x(t_k), x'(t_k)).
\end{aligned}
$$

再次积分, 得

$$
\begin{aligned}
x(t) =& x'(0)t - \int_0^t (t - s) f(s, x(s), x'(s), (Ax)(s), (Bx)(s))ds \\
& + \sum_{0 < t_k < t} I_k(x(t_k)) + \sum_{0 < t_k < t} \bar{I}_k(x(t_k), x'(t_k))(t - t_k). \quad (7.3.10)
\end{aligned}
$$

在 (7.3.10) 式中, 令 $t = 1$ 和 $t = \eta$, 得到

$$
\begin{aligned}
x(1) =& x'(0) - \int_0^1 (1 - s) f(s, x(s), x'(s), (Ax)(s), (Bx)(s))ds \\
& + \sum_{k=1}^m I_k(x(t_k)) + \sum_{k=1}^m \bar{I}_k(x(t_k), x'(t_k))(1 - t_k). \quad (7.3.11)
\end{aligned}
$$

$$
\begin{aligned}
x(\eta) =& x'(0)\eta - \int_0^\eta (\eta - s) f(s, x(s), x'(s), (Ax)(s), (Bx)(s))ds \\
& + \sum_{0 < t_k < \eta} I_k(x(t_k)) + \sum_{0 < t_k < \eta} \bar{I}_k(x(t_k), x'(t_k))(\eta - t_k). \quad (7.3.12)
\end{aligned}
$$

因为 $x(1) = \rho x(\eta)$, 所以

$$
\begin{aligned}
& x'(0) - \int_0^1 (1 - s) f(s, x(s), x'(s), (Ax)(s), (Bx)(s))ds \\
& + \sum_{k=1}^m I_k(x(t_k)) + \sum_{k=1}^m \bar{I}_k(x(t_k), x'(t_k))(1 - t_k) \\
=& \rho \Bigg[x'(0)\eta - \int_0^\eta (\eta - s) f(s, x(s), x'(s), (Ax)(s), (Bx)(s))ds \\
& + \sum_{0 < t_k < \eta} I_k(x(t_k)) + \sum_{0 < t_k < \eta} \bar{I}_k(x(t_k), x'(t_k))(\eta - t_k) \Bigg]. \quad (7.3.13)
\end{aligned}
$$

进而, 得到

$$
x'(0) = \frac{1}{1 - \rho\eta} \Bigg\{ \int_0^1 (1 - s) f(s, x(s), x'(s), (Ax)(s), (Bx)(s))ds
$$

$$- \rho \int_0^\eta (\eta - s) f(s, x(s), x'(s), (Ax)(s), (Bx)(s)) ds$$

$$+ \rho \sum_{0 < t_k < \eta} I_k(x(t_k)) + \rho \sum_{0 < t_k < \eta} \bar{I}_k(x(t_k), x'(t_k))(\eta - t_k)$$

$$- \sum_{k=1}^m I_k(x(t_k)) - \sum_{k=1}^m \bar{I}_k(x(t_k), x'(t_k))(1 - t_k) \Big\}. \tag{7.3.14}$$

把 (7.3.14) 代入 (7.3.10) 式, 得到

$$x(t) = \frac{1}{1 - \rho\eta} \Big\{ \int_0^1 (1 - s) f(s, x(s), x'(s), (Ax)(s), (Bx)(s)) ds$$

$$- \rho \int_0^\eta (\eta - s) f(s, x(s), x'(s), (Ax)(s), (Bx)(s)) ds$$

$$+ \rho \sum_{0 < t_k < \eta} I_k(x(t_k)) + \rho \sum_{0 < t_k < \eta} \bar{I}_k(x(t_k), x'(t_k))(\eta - t_k)$$

$$- \sum_{k=1}^m I_k(x(t_k)) - \sum_{k=1}^m \bar{I}_k(x(t_k), x'(t_k))(1 - t_k) \Big\} t$$

$$- \int_0^t (t - s) f(s, x(s), x'(s), (Ax)(s), (Bx)(s)) ds$$

$$+ \sum_{0 < t_k < t} I_k(x(t_k)) + \sum_{0 < t_k < t} \bar{I}_k(x(t_k), x'(t_k))(t - t_k)$$

$$= \int_0^1 G(t, s) f(s, x(s), x'(s), (Ax)(s), (Bx)(s)) ds$$

$$+ \frac{t}{1 - \rho\eta} \Big\{ \rho \sum_{0 < t_k < \eta} [I_k(x(t_k)) + (\eta - t_k)\bar{I}_k(x(t_k), x'(t_k))]$$

$$- \sum_{k=1}^m [I_k(x(t_k)) + (1 - t_k)\bar{I}_k(x(t_k), x'(t_k))] \Big\}$$

$$+ \sum_{0 < t_k < t} [I_k(x(t_k)) + (t - t_k)\bar{I}_k(x(t_k), x'(t_k))]. \tag{7.3.15}$$

反之, 如果 $x \in PC^1[J, E]$ 是问题 (7.3.9) 的一个解. 显然,

$$\Delta x|_{t=t_k} = I_k(x(t_k)) \quad (k = 1, 2, \cdots, m).$$

对 (7.3.9) 直接微分, 得到

$$
\begin{aligned}
x'(t) =& (Tx)'(t) \\
=& -\frac{1}{1-\rho\eta}\Bigg\{ \int_0^1 (1-s)f(s,x(s),x'(s),(Ax)(s),(Bx)(s))ds \\
& -\rho \int_0^\eta (\eta - s)f(s,x(s),x'(s),(Ax)(s),(Bx)(s))ds \\
& -(1-\rho\eta)\int_0^t f(s,x(s),x'(s),(Ax)(s),(Bx)(s))ds \Bigg\} \\
& +\frac{1}{1-\rho\eta}\Bigg\{ \rho \sum_{0<t_k<\eta}[I_k(x(t_k)) + (\eta - t_k)\bar{I}_k(x(t_k),x'(t_k))] \\
& -\sum_{k=1}^m [I_k(x(t_k)) + (1-t_k)\bar{I}_k(x(t_k),x'(t_k))] \Bigg\} \\
& +\sum_{0<t_k<t}\bar{I}_k(x(t_k),x'(t_k)), \quad t \neq t_k
\end{aligned} \tag{7.3.16}
$$

且

$$
x'' = -f(s,x(s),x'(s),(Ax)(s),(Bx)(s)). \tag{7.3.17}
$$

因此, $x \in C^2[J',E], \Delta x'|_{t=t_k} = \bar{I}_k(x(t_k),x'(t_k)),(k=1,2,\cdots,m)$, 并且我们容易验证 $x(1) = \rho x(\eta)$. 引理得证.

由 (7.3.16) 式, 得到

$$
G'_t(t,s) = \frac{1}{1-\rho\eta}
\begin{cases}
-s(1-\rho), & 0 \leqslant s \leqslant t \leqslant \eta < 1 \text{ 或者} \\
& 0 \leqslant s \leqslant \eta \leqslant t \leqslant 1, \\
1-\rho\eta - s(1-\rho), & 0 \leqslant t \leqslant s \leqslant \eta < 1, \\
-(s-\rho\eta), & 0 < \eta \leqslant s \leqslant t \leqslant 1, \\
1-s, & 0 < \eta \leqslant t \leqslant s \leqslant 1 \text{ 或者} \\
& 0 \leqslant t \leqslant \eta \leqslant s \leqslant 1.
\end{cases} \tag{7.3.18}
$$

令

$$
q' = \sup_{t,s \in J, t \neq s} |G'_t(t,s)|. \tag{7.3.19}
$$

对任意 $S \subset PC^1[J,E]$, 定义

$$
S' = \{x' : x \in S\} \subset PC[J,E], \quad S(t) = \{x(t) : x \in S\} \subset E,
$$

$$
S'(t) = \{x'(t) : x \in S\} \subset E(t \in J).
$$

引理 7.3.2　如果 $S \subset PC^1[J,E]$ 是有界集, 并且 S' 的元素在每个 $J_k(k=1,2,\cdots,m)$ 上等度连续, 那么

$$\alpha_{PC^1}(S) = \max\left\{\sup_{t\in J}\alpha(S(t)), \sup_{t\in J}\alpha(S'(t))\right\}.$$

证明　证明过程类似于文献 [16] 的引理 4.3.11.

引理 7.3.3　假设条件 $(H_1),(H_2)$ 和 (H_3) 成立, 则算子 T 是映 $B_r^{(1)} = \{x \in PC^1[J,E] : \|x\|_1 \leqslant r\}$ 入 $PC^1[J,E]$ 的严格集压缩算子.

证明　由条件 (H_1) 知 $T : B_r^{(1)} \to PC^1[J,E]$ 连续有界. 令 $B \subset B_r^{(1)}$ 任意给定. 因此, $T(B) \subset PC^1[J,E]$ 有界.

由 (7.3.16) 式知, 对任意 $x \in PC^1[J,E], t \neq t_k(k=1,2,\cdots,m)$, 得到

$$(Tx)'(t) = \int_0^1 G'_t(t,s) f(s,x(s),x'(s),(Ax)(s),(Bx)(s))ds$$

$$+ \frac{1}{1-\rho\eta}\left\{\rho\sum_{0<t_k<\eta}[I_k(x(t_k)) + (\eta-t_k)\bar{I}_k(x(t_k),x'(t_k))]\right.$$

$$\left. - \sum_{k=1}^m [I_k(x(t_k)) + (1-t_k)\bar{I}_k(x(t_k),x'(t_k))]\right\}$$

$$+ \sum_{0<t_k<t}\bar{I}_k(x(t_k),x'(t_k)). \tag{7.3.20}$$

由 (7.3.16) 式容易看出 $(T(B))'$ 在每个 $J_k(k=1,2,\cdots,m)$ 上等度连续. 进而, 由引理 7.3.2 知

$$\alpha_{PC^1} = \max\left\{\sup_{t\in J}\alpha(T(B))(t)), \sup_{t\in J}\alpha((T(B))'(t))\right\}. \tag{7.3.21}$$

由 (7.3.6), (7.3.2)—(7.3.4) 式, 并利用和文献 [16] 中引理 2.1.1 类似的方法, 得到

$$\alpha((T(B))(t)) \leqslant \frac{1}{4(1-\rho\eta)}[c_1\alpha(B(J)) + c_2\alpha(B'(J)) + c_3 g_0\alpha(B(J)) + c_4 h_0\alpha(B(J))]$$

$$+ \frac{1}{1-\rho\eta}\left\{\rho\sum_{0<t_k<\eta}[\alpha(I_k(B(t_k))) + (\eta-t_k)\alpha(\bar{I}_k((B(t_k),B'(t_k))))]\right.$$

$$\left. + \sum_{k=1}^m [\alpha(I_k((B(t_k))) + (1-t_k)\alpha(\bar{I}_k((B(t_k),B'(t_k))))]\right\}$$

$$+ \sum_{0<t_k<t}[\alpha(I_k(B(t_k))) + (1-t_k)\alpha(\bar{I}_k(x(t_k),x'(t_k)))]$$

$$\leqslant \frac{1}{4(1-\rho\eta)}[(c_1 + c_3g_0 + c_4h_0)\alpha(B(J)) + c_2\alpha(B'(J))]$$

$$+ \frac{1}{1-\rho\eta}\Big\{\rho\sum_{k=1}^{m}[d_k\alpha(B(t_k)) + (\eta - t_k)(\bar{d}_k\alpha(B(t_k)) + \hat{d}_k\alpha(B'(t_k)))]$$

$$+ \sum_{k=1}^{m}[d_k\alpha(B(t_k)) + (1-t_k)(\bar{d}_k\alpha(B(t_k)) + \hat{d}_k\alpha(B'(t_k)))]\Big\}$$

$$+ \sum_{k=1}^{m}[d_k\alpha(B(t_k)) + (1-t_k)(\bar{d}_k\alpha(B(t_k)) + \hat{d}_k\alpha(B'(t_k)))] \qquad (7.3.22)$$

并且

$$\alpha(B(J)) \leqslant 2\alpha_{PC^1}(B), \quad \alpha(B'(J)) \leqslant 2\alpha_{PC^1}(B), \qquad (7.3.23)$$

其中,

$$B(J) = \{x(t) : x \in B, t \in J\}, \quad B'(J) = \{x'(t) : x \in B, t \in J\}.$$

另外, 容易看出

$$\alpha(B(t_k)) \leqslant \alpha_{PC^1}(B), \quad \alpha(B'(t_k)) \leqslant \alpha_{PC^1}(B), \quad k = 1, 2, \cdots, m. \qquad (7.3.24)$$

因此, 由 (7.3.22)—(7.3.24) 式, 得到

$$\alpha(T(B))(t) \leqslant \bar{\Gamma}_r\alpha_{PC^1}(B), \quad \forall t \in J. \qquad (7.3.25)$$

用同样的方法, 根据 (7.3.16), (7.3.2)—(7.3.4), (7.3.23) 和 (7.3.24) 式, 得到

$$\alpha(T(B))'(t) \leqslant \hat{\Gamma}_r\alpha_{PC^1}(B), \quad \forall t \in J. \qquad (7.3.26)$$

最后, 由 (7.3.22), (7.3.25) 和 (7.3.26) 式知

$$\alpha_{PC^1}(T(B)) \leqslant \Gamma_r\alpha_{PC^1}(B).$$

注意到 $\Gamma_r = \max\{\bar{\Gamma}_r, \hat{\Gamma}_r\} < 1$, 我们断言 T 是一个严格集压缩算子. 引理得证.

定理 7.3.1 假设条件 (H_1)—(H_6) 成立, P 是正规体锥, 并且存在 $v \gg \theta, 0 < t_* < t^* < 1$ 和 $\sigma > 0$ 使得对某些 k, 有 $[t_*, t^*] \subset J_k$, 且

$$f(t, u_1, u_2, u_3, u_4) \geqslant \sigma v, \quad \forall t \in J, \quad u_1 > v, \quad u_2 \geqslant \theta, \quad u_3 \geqslant \theta, \quad u_4 \geqslant \theta, \qquad (7.3.27)$$

$$\sigma\gamma^* > 1, \qquad (7.3.28)$$

其中,

$$\gamma^* = \min\left\{\frac{1}{1-\rho\eta}t_*[1-\rho\eta-t^*(1-\rho)](t^*-\bar{t}),\ \frac{1}{1-\rho\eta}t_*[1-\rho\eta-t^*(1-\rho)](\bar{t}-t_*),\right.$$
$$\left.\frac{1}{1-\rho\eta}t_*[1-\rho\eta-\eta(1-\rho)](\eta-t^*)\right\}, \tag{7.3.29}$$

则问题 (7.3.1) 至少存在 $x^*(t), x^{**}(t) \in PC^1[J,P] \cap C^2[J',E]$ 两个正解, 且满足

$$x^*(t) \gg v, \quad (x^*)'(t) \gg v, \quad t \in [t_*, t^*].$$

证明　由条件 (H_3) 知存在 $l > 0$ 使得

$$\|f(t,u_1,u_2,u_3,u_4)\| \leqslant \varepsilon\sum_{i=1}^{4}\|u_i\|, \quad \forall t \in J, \quad u_i \in P, \quad \sum_{i=1}^{4}\|u_i\| > l,$$

其中

$$\varepsilon = \frac{4(1-\rho\eta)}{6(2+g_0+h_0)}. \tag{7.3.30}$$

因此,

$$\|f(t,u_1,u_2,u_3,u_4)\| \leqslant \varepsilon\sum_{i=1}^{4}\|u_i\| + M, \quad \forall t \in J, \quad u_i \in P, \quad i = 1,2,3,4, \tag{7.3.31}$$

其中,

$$M = \sup\left\{\|f(t,u_1,u_2,u_3,u_4)\| : t \in J, \sum_{i=1}^{4}\|u_i\| \leqslant l\right\} < \infty.$$

另外, 由条件 (H_4) 知, 存在 $l_1 > 0$ 使得

$$\|I_k(u_1)\| \leqslant \varepsilon'\hat{\eta}_k\|u_1\|, \quad \forall u_1 \in P \quad (k=1,2,\cdots,m), \quad \|u_1\| > l_1,$$

$$\|I_k(u_1)\| \leqslant \eta_k M', \quad \forall u_1 \in P \quad (k=1,2,\cdots,m), \quad \|u_1\| \leqslant l_1,$$

其中,

$$M' = \max\{F(y_1) : 0 \leqslant y_1 \leqslant l_1\}, \quad \varepsilon' = \frac{1-\rho\eta}{6m(\rho+2-\rho\eta)\eta_1^*}, \tag{7.3.32}$$
$$\eta_1^* = \max\{\hat{\eta}_k\}, \quad k = 1,2,\cdots,m.$$

进而, 得到

$$\|I_k(u_1)\| \leqslant \varepsilon'\hat{\eta}_k\|u_1\| + \eta_k M', \quad \forall u_1 \in P \quad (k=1,2,\cdots,m). \tag{7.3.33}$$

类似地, 由条件 (H_5) 得

$$\|\bar{I}_k(u_1, u_2)\| \leqslant \bar{\varepsilon}\hat{\gamma}_k(\|u_1\| + \|u_2\|) + \gamma_k\bar{M}, \quad \forall u_1 \in P \quad (k = 1, 2, \cdots, m), \quad (7.3.34)$$

其中,

$$\bar{\varepsilon} = \frac{1 - \rho\eta}{6\sum_{k=1}^{m}(2\rho(\eta - t_k) + 2\rho\eta(1 - t_k))\gamma_1^*}, \quad \gamma_1^* = \max\{\hat{\gamma}_k\}, \quad k = 1, 2, \cdots, m. \quad (7.3.35)$$

记

$$\eta_2^* = \max\{\eta_k\}, \quad \gamma_2^* = \max\{\gamma_k\}, \quad k = 1, 2, \cdots, m.$$

由 (7.3.6), (7.3.31), (7.3.32) 和 (7.3.34) 式得

$$\|(Tx)(t)\| \leqslant \frac{1}{4(1 - \rho\eta)}\int_0^1 [\varepsilon(\|x(s)\| + \|x'(s)\| + \|(Ax)(s)\| + \|(Bx)(s)\|) + M]ds$$

$$+ \frac{1}{1 - \rho\eta}\Big\{\rho\sum_{0<t_k<\eta}[\varepsilon'\hat{\eta}_k\|x(t_k)\| + \eta_k M'$$

$$+ (\eta - t_k)(\bar{\varepsilon}\hat{\gamma}_k(\|x(t_k)\| + \|x'(t_k)\|) + \gamma_k\bar{M})]$$

$$+ \sum_{k=1}^{m}[\varepsilon'\hat{\eta}_k\|x(t_k)\| + \eta_k M'$$

$$+ (1 - t_k)(\bar{\varepsilon}\hat{\gamma}_k(\|x(t_k)\| + \|x'(t_k)\|) + \gamma_k\bar{M})]\Big\}$$

$$+ \sum_{0<t_k<t}[\varepsilon'\hat{\eta}_k\|x(t_k)\| + \eta_k M'$$

$$+ (1 - t_k)(\bar{\varepsilon}\hat{\gamma}_k(\|x(t_k)\| + \|x'(t_k)\|) + \gamma_k\bar{M})]$$

$$\leqslant \frac{1}{4(1 - \rho\eta)}[\varepsilon(2 + g_0 + h_0)\|x\|_1 + M]$$

$$+ \frac{1}{1 - \rho\eta}\Big\{\rho\sum_{k=1}^{m}[\varepsilon'\hat{\eta}_k\|x\|_1 + \eta_k M' + 2(\eta - t_k)\bar{\varepsilon}\hat{\gamma}_k\|x\|_1 + (\eta - t_k)\gamma_k\bar{M}]$$

$$+ \sum_{k=1}^{m}[\varepsilon'\hat{\eta}_k\|x\|_1 + \eta_k M' + 2(1 - t_k)\bar{\varepsilon}\hat{\gamma}_k\|x\|_1 + (1 - t_k)\gamma_k\bar{M}]\Big\}$$

$$+ \sum_{k=1}^{m}[\varepsilon'\hat{\eta}_k\|x\|_1 + \eta_k M' + 2(1 - t_k)\bar{\varepsilon}\hat{\gamma}_k\|x\|_1 + (1 - t_k)\gamma_k\bar{M}]$$

$$= \left[\frac{1}{4(1-\rho\eta)}\varepsilon(2+g_0+h_0) + \frac{1}{1-\rho\eta}\sum_{k=1}^{m}(\rho\varepsilon'\hat{\eta}_k + 2\rho(\eta-t_k)\bar{\varepsilon}\hat{\gamma}_k \right.$$

$$\left. + \varepsilon'\hat{\eta}_k + 2(1-t_k)\bar{\varepsilon}\hat{\gamma}_k) + \sum_{k=1}^{m}(\varepsilon'\hat{\eta}_k + 2(1-t_k)\bar{\varepsilon}\hat{\gamma}_k) \right] \|x\|_1$$

$$+ \frac{1}{4(1-\rho\eta)}M + \frac{1}{1-\rho\eta}\sum_{k=1}^{m}[\rho\eta_k M'$$

$$+ \rho(\eta-t_k)\gamma_k\bar{M} + \eta_k M' + (1-t_k)\gamma_k\bar{M}]$$

$$+ \sum_{k=1}^{m}[\eta_k M' + (1-t_k)\gamma_k\bar{M}]$$

$$= \left[\frac{1}{4(1-\rho\eta)}\varepsilon(2+g_0+h_0) + \sum_{k=0}^{m}\left[\frac{\rho\hat{\eta}_k + 2\bar{\eta}_k - \rho\hat{\eta}\eta_k}{1-\rho\eta}\varepsilon' \right.\right.$$

$$\left.\left. + \frac{2\rho(\eta-t_k) + 4 - 2\rho\eta_k - 2t_k(1-\rho\eta)}{1-\rho\eta}\hat{\gamma}_k\bar{\varepsilon} \right]\right] \|x\|_1$$

$$+ \frac{1}{4(1-\rho\eta)}M + \sum_{k=0}^{m}\left[\frac{\rho\eta_k + 2 - \rho\eta\eta_k}{1-\rho\eta}M' + \frac{2-\rho t_k - 2t_k + \rho\eta t_k}{1-\rho\eta}\gamma_k\bar{M} \right]$$

$$\leqslant \left[\frac{1}{4(1-\rho\eta)}\varepsilon(2+g_0+h_0) \right.$$

$$\left. + \sum_{k=0}^{m}\left[\frac{\rho+2-\rho\eta}{1-\rho\eta}\eta_1^*\varepsilon' + \frac{2\rho(\eta-t_k) - 2\rho\eta(1-t_k)}{1-\rho\eta}\gamma_1^*\bar{\varepsilon} \right]\right] \|x\|_1$$

$$+ \frac{1}{4(1-\rho\eta)}M + \sum_{k=0}^{m}\left[\frac{\rho+2-\rho\eta}{1-\rho\eta}\eta_2^*M' + \frac{2-\rho t_k - 2t_k + \rho\eta t_k}{1-\rho\eta}\gamma_2^*\bar{M} \right]$$

$$= \frac{1}{2}\|x\|_1 + M^{(1)}, \tag{7.3.36}$$

其中,

$$M^{(1)} = \frac{1}{4(1-\rho\eta)}M + \sum_{k=0}^{m}\left[\frac{\rho+2-\rho\eta}{1-\rho\eta}\eta_2^*M' + \frac{2-\rho t_k - 2t_k + \rho\eta t_k}{1-\rho\eta}\gamma_2^*\bar{M} \right]. \tag{7.3.37}$$

类似地, 由 (7.3.18), (7.3.31), (7.3.33) 和 (7.3.34) 式, 得到

$$\|(Tx)'(t)\| \leqslant \frac{1}{2}\|x\|_1 + M^{(2)}, \quad \forall t \in J, \tag{7.3.38}$$

其中,

$$M^{(2)} = q'M + \sum_{k=1}^{m} \left[\frac{\rho+1}{1-\rho\eta} \eta_2^* M' + \frac{2-t_k-\rho t_k}{1-\rho\eta} \gamma_2^* \bar{M} \right].$$

因此, 由 (7.3.35) 和 (7.3.38) 式, 得到

$$\|Tx\|_1 \leqslant \frac{1}{2}\|x\|_1 + M, \quad \forall x \in PC^1[J, P], \tag{7.3.39}$$

其中,

$$M = \max\{M^{(1)}, M^{(2)}\}. \tag{7.3.40}$$

下面考虑条件 (H_5). 类似于 (7.3.31), (7.3.33) 和 (7.3.34), 得到

$$\|f(t, u_1, u_2, u_3, u_4)\| \leqslant \varepsilon \sum_{i=1}^{4} \|u_i\|, \quad \forall t \in J, \quad u_i \in P, \quad i = 1, 2, 3, 4, \quad \sum_{i=1}^{4} \|u_i\| \leqslant l, \tag{7.3.41}$$

$$\|I_k(u_1)\| \leqslant \varepsilon' \bar{\eta}_k \|u_1\|, \quad \forall \|u_1\| \leqslant l_1, \tag{7.3.42}$$

$$\|\bar{I}_k(u_1, u_2)\| \leqslant \bar{\varepsilon} \bar{\gamma}_k (\|u_1\| + \|u_2\|), \quad \forall \|u_1\| + \|u_2\| \leqslant l_2 \quad (l_2 > 0), \tag{7.3.43}$$

其中, $\varepsilon, \varepsilon', \bar{\varepsilon}$ 分别由 (7.3.30), (7.3.32) 和 (7.3.35) 式定义.

因此, 由 (7.3.6), (7.3.23) 和 (7.3.41)—(7.3.43) 式, 得到

$$\|Tx\|_1 \leqslant \frac{1}{2}\|x\|_1, \quad \forall x \in PC^1[J, P]. \tag{7.3.44}$$

选取

$$R > \max\left\{ \frac{2}{\delta}\|v\|, 2M \right\}, \tag{7.3.45}$$

其中, M 由 (7.3.40) 式定义,

$$\delta = \min\{2\gamma^*(t^* - t_*)^{-1}, 2\gamma^*(\eta - t_*)^{-1}\}.$$

令 $U_1 = \{x \in PC^1[J, P] : \|x\|_1 < R\}$, 则 $\bar{U}_1 = \{x \in PC^1[J, P] : \|x\|_1 \leqslant R\}$, 并且由 (7.3.39) 和 (7.3.40) 式, 得到

$$\|Tx\|_1 \leqslant \frac{1}{2}\|x\|_1 + M$$

$$< \frac{1}{2}\|x\|_1 + \frac{1}{2}R$$

$$= R, \quad \forall x \in \bar{U}_1.$$

这表明

$$T(\bar{U}_1) \subset U_1. \tag{7.3.46}$$

选取

$$0 < r < \min\left\{\frac{2}{\delta}\|v\|, R\right\}. \tag{7.3.47}$$

令 $U_2 = \{x \in PC^1[J, P] : \|x\|_1 < r\}$, 则 $\bar{U}_2 = \{x \in PC^1[J, P] : \|x\|_1 \leqslant r\}$, 且由 (7.3.46) 和 (7.3.44) 式, 得到

$$\|Tx\|_1 \leqslant \frac{1}{2}\|x\|_1$$

$$< \|x\|_1$$

$$= r, \quad \forall x \in \bar{U}_2.$$

这表明

$$T(\bar{U}_2) \subset U_2, \quad x \in \bar{U}_2. \tag{7.3.48}$$

令

$$U_3 = \{x \in PC^1[J, P] : \|x\|_1 < R, x(t) \gg v, x'(t) \gg v, \forall t \in [t_*, t^*]\}.$$

类似于文献 [3] 中定理 1 的方法, 我们能够证明 U_3 在 $PC^1[J, P]$ 中是开集. 令

$$u(t) = \frac{2}{\delta}tv. \tag{7.3.49}$$

容易看出 $u \in PC^1[J, P], \|u\|_1 \leqslant \frac{2}{\delta}\|v\|$, 且

$$u(t) \geqslant \frac{2}{\delta}t_*v \gg v, \quad u'(t) = \frac{2}{\delta}v \gg v, \quad t \in [t_*, t^*].$$

所以 $u \in U_3$, 进而 $U_3 \neq \varnothing$.

令 $x \in \bar{U}_3$. 由 (7.3.46) 式知 $\|Tx\|_1 < R$. 另外, 令 $\bar{t} = \frac{1}{2}(t_* + t^*)$, 则有 (7.3.6), (7.3.18) 和 (7.3.29) 式, 得到

$$(Tx)(t) \geqslant \int_{\bar{t}}^{t^*} G(t, s)f(s, x(s), x'(s), (Ax)(s), (Bx)(s))ds$$

$$\geqslant \frac{1}{1 - \rho\eta}t_*[1 - \rho\eta - t^*(1 - \rho)](t^* - \bar{t})\sigma v$$

$$\gg v, \quad t \in [t_*, \bar{t}], \tag{7.3.50}$$

$$(Tx)'(t) \geqslant \int_{\bar{t}}^{t^*} G'_t(t, s)f(s, x(s), x'(s), (Ax)(s), (Bx)(s))ds$$

$$\geqslant \frac{1}{1-\rho\eta}t_*[1-\rho\eta-t^*(1-\rho)](t^*-\bar{t})\sigma v$$

$$\gg v, \quad t \in [t_*, \bar{t}], \tag{7.3.51}$$

$$(Tx)(t) \geqslant \int_{\bar{t}}^{t^*} G(t,s)f(s,x(s),x'(s),(Ax)(s),(Bx)(s))ds$$

$$\geqslant \frac{1}{1-\rho\eta}t_*[1-\rho\eta-t^*(1-\rho)](\bar{t}-t_*)\sigma v$$

$$\gg v, \quad t \in [\bar{t}, t^*], \tag{7.3.52}$$

$$(Tx)'(t) \geqslant \int_{t^*}^{\eta} G_t'(t,s)f(s,x(s),x'(s),(Ax)(s),(Bx)(s))ds$$

$$\geqslant \frac{1}{1-\rho\eta}[1-\rho\eta-\eta(1-\rho)](\eta-t^*)\sigma v$$

$$\gg v, \quad t \in [\bar{t}, t^*]. \tag{7.3.53}$$

因此,

$$T(\bar{U}_3) \subset U_3. \tag{7.3.54}$$

因为 U_1, U_2 和 U_3 是 $PC^1[J,P]$ 中的非空闭凸集, 所以由 (7.3.46), (7.3.48) 和 (7.3.44) 式并结合定理 2.3.5 知

$$i(T, U_i, PC^1[J,P]) = 1, \quad i = 1,2,3. \tag{7.3.55}$$

另外, 对任意 $x \in U_3$, 得到 $u(t_*) \gg v$. 进而,

$$\|x\|_1 \geqslant \|u(t_*)\| \geqslant \|v\|.$$

因此, (7.3.47) 式表明

$$U_2 \subset U_1, \quad U_3 \subset U_1, \quad U_2 \cap U_3 = \varnothing. \tag{7.3.56}$$

由 (7.3.55) 和 (7.3.56) 式, 得到

$$i(T, U_1 \setminus (\bar{U}_2 \cup \bar{U}_3), PC^1[J,P])$$
$$=i(T, U_1, PC^1[J,P]) - i(T, U_2, PC^1[J,P]) - i(T, U_3, PC^1[J,P]) = -1. \tag{7.3.57}$$

最后, 由 (7.3.55) 和 (7.3.57) 式知 T 存在 $x^* \in U_3$ 和 $x^{**} \in U_1 \setminus (\bar{U}_2 \cup \bar{U}_3)$ 两个不动点. 进而, 由 (7.3.50), (7.3.51), (7.3.52) 和 (7.3.53) 式, 得 $x^*(t) \gg v, (x^*)'(t) \gg v, t \in [t_*, t^*]$. 又因为 $\|x^{**}\|_1 > r$, 所以 $x^*(t) \neq \theta$, 且 $x^{**}(t) \neq \theta$. 定理证毕.

定理 7.3.2　假设条件 (H_1)—(H_5) 成立, P 是正规体锥, 且存在 $v \gg \theta, 0 <$ $t_* < t^* < 1$ 和 $\sigma > 0$ 使得对某些 K, 有 $[t_*, t^*] \subset J_k$, 且 (7.3.27)—(7.3.29) 式成立, 则问题 (7.3.1) 至少存在一个正解 $x^*(t) \in PC^1[J, P] \cap C^2[J', E]$ 满足 $x^*(t) \geqslant v$, 且 $(x^*)'(t) \geqslant v,\ t \in [t_*, t^*]$.

证明　类似于定理 7.3.1, 我们只需要算子 T 存在一个不动点 $x^* \in PC^1[J, P]$ 满足 $x^*(t) \geqslant v$, 且 $(x^*)'(t) \geqslant v, t \in [t_*, t^*]$.

选取 R 满足 (7.3.45) 式, 令

$$\mathbb{U} = \{x \in PC^1[J, P] : \|x\|_1 \leqslant R, x(t) \geqslant v, x'(t) \leqslant v, \forall t \in [t_*, t^*]\}.$$

显然, $\mathbb{U}$ 是 $PC^1[J, P]$ 中的有界闭集. 注意到 $u \in \mathbb{U}$, 所以 $\mathbb{U} \neq \varnothing$. 其中, $u(t)$ 由 (7.3.49) 式定义. 令 $x \in \mathbb{U}$. 由 (7.3.39) 和 (7.3.40) 式知 $\|x\|_1 < R$. 另外, 由定理 7.3.1 的证明过程知 (7.3.50)—(7.3.53) 式成立.

因此 $Tx \in \mathbb{U}$. 进而, 得 $Tx \subset \mathbb{U}$. 由此, Schauder 不动点定理表明算子 T 有一个不动点 $x \in \mathbb{U}$. 定理得证.

注 7.3.1　当 $F(t, x(t), x'(t)) = f(t, x(t), x'(t), (Ax)(t), (Bx)(t))$ 时, 类似于定理 7.3.1 的证明, 我们考虑边值问题

$$\begin{cases} x''(t) + F(t, x(t), x'(t)) = \theta, & t \in J, \quad t \neq t_k, \\ \Delta x|_{t=t_k} = I_k(x(t_k)), \\ \Delta x'|_{t=t_k} = \bar{I}_k(x(t_k), x'(t_k)), & k = 1, 2, \cdots, m, \\ x(0) = \theta, x(1) = \rho x(\eta), \end{cases} \tag{7.3.58}$$

其中, $F \in C(J \times P \times P, P)$.

定义算子 $\bar{T}$:

$$\begin{aligned} (\bar{T}x)(t) = &\int_0^1 G(t, s) F(s, x(s), x'(s)) ds \\ &+ \frac{t}{1 - \rho\eta} \Big\{ \rho \sum_{0 < t_k < \eta} [I_k(x(t_k)) + (\eta - t_k)\bar{I}_k(x(t_k), x'(t_k))] \\ &- \sum_{k=1}^m [I_k(x(t_k)) + (1 - t_k)\bar{I}_k(x(t_k), x'(t_k))] \Big\} \\ &+ \sum_{0 < t_k < t} [I_k(x(t_k)) + (t - t_k)\bar{I}_k(x(t_k), x'(t_k))], \end{aligned} \tag{7.3.59}$$

其中, $G(t, s)$ 由 (7.3.7) 定义.

引理 7.3.4 如果 $\rho \in (0,1), \eta \in (0,1)$, 则 $x \in PC^1[J,E] \cap C^2[J',E]$ 是问题 (7.3.58) 的解当且仅当 $x \in PC^1[J,E]$ 是脉冲积分方程

$$
\begin{aligned}
x(t) = &\int_0^1 G(t,s) F(s, x(s), x'(s)) ds \\
&+ \frac{t}{1-\rho\eta} \Bigg\{ \rho \sum_{0 < t_k < \eta} [I_k(x(t_k)) + (\eta - t_k)\bar{I}_k(x(t_k), x'(t_k))] \\
&- \sum_{k=1}^m [I_k(x(t_k)) + (1 - t_k)\bar{I}_k(x(t_k), x'(t_k))] \Bigg\} \\
&+ \sum_{0 < t_k < t} [I_k(x(t_k)) + (t - t_k)\bar{I}_k(x(t_k), x'(t_k))]
\end{aligned}
$$

的解. 这表明 $x \in PC^1[J,E]$ 是算子 $\bar{T}$ 的不动点.

推论 7.3.1 假设条件 $(H_3), (H_5)$ 和下列条件成立:

(H_7) $F \in C(J \times P \times P, P)$, 且对任意 $r > 0, F$ 在 $J \times B_r \times B_r$ 中一致连续. 其中, $B_r = \{x \in P : \|x\| \leqslant r\}$.

(H_8) 存在非负常数 c_1, c_2 和 $d_k, \bar{d}_k, \hat{d}_k$ 使得

$$\alpha(F(t, B_1, B_2)) \leqslant c_1 \alpha(B_1) + c_2 \alpha(B_2), \quad \forall t \in J, \quad B_i \subset B_r \quad (i = 1, 2), \tag{7.3.60}$$

$$\alpha(I_k(B_1)) \leqslant d_k \alpha(B_1), \quad B_1 \subset B_r \quad (k = 1, 2, \cdots, m), \tag{7.3.61}$$

$$\alpha(\bar{I}_k(B_1, B_2)) \leqslant \bar{d}_k \alpha(B_1) + \hat{d}_k \alpha(B_2), \quad B_1, B_2 \subset B_r \quad (k = 1, 2, \cdots, m), \tag{7.3.62}$$

$$\Gamma_r = \max\{\bar{\Gamma}_r, \hat{\Gamma}_r\} < 1, \tag{7.3.63}$$

其中,

$$\bar{\Gamma}_r = \frac{1}{2(1-\rho\eta)}(c_1 + c_2) + \sum_{k=1}^m \left[\frac{\rho + 2 - \rho\eta}{1 - \rho\eta} d_k + \frac{1}{1 - \rho\eta}(2 - 2t_k + \rho\eta t_k - \rho t_k)(\bar{d}_k + \hat{d}_k) \right],$$

$$\hat{\Gamma}_r = 2q'(c_1 + c_2) + \sum_{k=1}^m \left[\frac{\rho + 1 - \rho\eta}{1 - \rho\eta} d_k + \frac{2 - 2t_k + \eta + \rho\eta t_k - 2\rho\eta}{1 - \rho\eta}(\bar{d}_k + \hat{d}_k) \right],$$

q' 由 (7.3.19) 式定义.

(H_9) 当 $u_i \in P, i = 1, 2, \|u_1\| + \|u_2\| \to \infty$ 时,

$$\frac{\|F(t, u_1, u_2)\|}{\|u_1\| + \|u_2\|} \to 0$$

关于 $t \in J$ 一致.

(H_{10}) 当 $u_i \in P, i = 1, 2, \|u_1\| + \|u_2\| \to \infty$ 时,

$$\frac{\|F(t, u_1, u_2)\|}{\|u_1\| + \|u_2\|} \to 0$$

关于 $t \in J$ 一致, 并且存在 $\bar{\eta}_k, \bar{\gamma}_k (k = 1, 2, \cdots, m)$ 使得

当 $u_1 \in P, \|u_1\| \to 0$ 时, $\dfrac{\|I_k(u_1)\|}{\bar{\eta}_k \|u_1\|} \to 0 (k = 1, 2, \cdots, m)$,

当 $u_1, u_2 \in P, \|u_1\| + \|u_2\| \to 0$ 时, $\dfrac{\|\bar{I}_k(u_1, u_2)\|}{\bar{\gamma}_k(\|u_1\| + \|u_2\|)} \to 0 (k = 1, 2, \cdots, m)$.

进一步, 假设 P 是正规体锥, 存在 $v \gg \theta, 0 < t_* < t^* < 1$ 和 $\sigma > 0$ 使得, 对某些 k, 有 $[t_*, t^*] \subset J_k$, 且

$$F(t, u_1, u_2) \geqslant \sigma v, \quad \forall t \in J, \quad u_1 > v, \quad u_2 \geqslant \theta, \tag{7.3.64}$$

$$\sigma \gamma^* > 1, \tag{7.3.65}$$

其中,

$$\gamma^* = \min \left\{ \frac{1}{1 - \rho \eta} t_* [1 - \rho \eta - t^*(1 - \rho)](t^* - \bar{t}), \frac{1}{1 - \rho \eta} t_* [1 - \rho \eta - t^*(1 - \rho)](\bar{t} - t_*), \right.$$

$$\left. \frac{1}{1 - \rho \eta} t_* [1 - \rho \eta - \eta(1 - \rho)](\eta - t^*) \right\}, \tag{7.3.66}$$

则问题 (7.5.8) 至少存在 $\bar{x}^*(t), \bar{x}^{**}(t) \in PC^1[J, P] \cap C^2[J', E]$ 两个正解, 且

$$\bar{x}^*(t) \gg v, \quad (\bar{x}^*)'(t) \gg v, \quad t \in [t_*, t^*].$$

推论 7.3.2　假设条件 $(H_3), (H_5), (H_7)$—(H_9) 成立, P 是正规体锥, 且存在 $v \gg \theta, 0 < t_* < t^* < 1$ 和 $\sigma > 0$ 使得对某些 k, 有 $[t_*, t^*] \subset J_k$, 且 (7.3.63)—(7.3.66) 式成立, 则问题 (7.5.8) 至少存在一个 $\bar{x}^*(t) \in PC^1[J, P] \cap C^2[J', E]$ 正解, 且

$$\bar{x}^*(t) \geqslant v, \quad (\bar{x}^*)'(t) \geqslant v, \quad t \in [t_*, t^*].$$

推论 7.3.3　假设条件 $(H_3), (H_7), (H_8)$ 成立. 进一步, 假设存在非负常数 $e, e_k, \bar{e}_k (k = 1, 2, \cdots, m)$ 使得

$$\|F(t, x, y) - F(t, \bar{x}, \bar{y})\| \leqslant e(\|x - \bar{x}\| + \|y - \bar{y}\|), \quad \forall t \in J, \quad x, \bar{x}, y, \bar{y} \in P,$$

$$\|I_k(x) - I_k(y)\| \leqslant e_k \|x - y\|, \quad \forall x, y \in P \quad (k = 1, 2, \cdots, m),$$

$$\|I_k(x, y) - I_k(\bar{x}, \bar{y})\| \leqslant \bar{e}_k(\|x - \bar{x}\| - \|y - \bar{y}\|), \quad \forall x, \bar{x}, y, \bar{y} \in P \quad (k = 1, 2, \cdots, m),$$

$$\zeta = \max\{\zeta_1, \zeta_2\} < 1,$$

其中,

$$\zeta_1 = \frac{1}{2(1-\rho\eta)}e + \sum_{k=1}^{m}\left[\frac{\rho+2-\rho\eta}{1-\rho\eta}e_k + \frac{4-2\rho t_k+2\rho\eta t_k-4t_k}{1-\rho\eta}\bar{e}_k\right],$$

$$\zeta_2 = 2q' + \sum_{k=1}^{m}\left[\frac{\rho+1}{1-\rho\eta}e_k + \frac{4-2\rho t_k-2t_k}{1-\rho\eta}\bar{e}_k\right],$$

则问题 (7.3.58) 存在唯一解 $\bar{x} \in PC^1[J, P] \cup C^2[J, P]$.

证明　类似于 (7.3.36) 和 (7.3.38) 式的证明, 由 (7.3.6) 和 (7.3.20) 式, 得到

$$\|(\bar{T}x)(t)-(\bar{T}y)(t)\| \leqslant \zeta_1\|x-y\|_{PC^1}, \quad \forall t \in J, \quad x, y \in PC^1[J, P],$$

$$\|(\bar{T}x)'(t)-(\bar{T}y)'(t)\| \leqslant \zeta_2\|x-y\|_{PC^1}, \quad \forall t \in J, \quad x, y \in PC^1[J, P].$$

因此, 得到

$$\|\bar{T}x-\bar{T}y\|_{PC^1} \leqslant \zeta\|x-y\|_{PC^1}, \quad \forall t \in J, \quad x, y \in PC^1[J, P].$$

进而, 由 Banach 压缩映像原理知算子 $\bar{T}$ 在 $PC^1[J, P]$ 中存在唯一解. 证毕.

例 7.3.1　考察二阶脉冲积分-微分方程边值问题

$$
\begin{cases}
-x''(t) = 12e^{-t}\left(6x(t) + 7x'(t) + 8\int_0^t e^{-ts}x(s)ds\right. \\
\qquad\qquad\left. +9\int_0^1 e^{-2s}\sin^2(t-s)x(s)ds\right)^2 \\
\qquad\qquad\times\left(1 + x(t) + x'(t) + \int_0^t e^{-ts}x(s)ds\right. \\
\qquad\qquad\left. + \int_0^1 e^{-2s}\sin^2(t-s)x(s)ds\right)^{-2}, \quad t \in J, \quad t \neq t_1, \\
\Delta x|_{t_1=\frac{1}{2}} = \dfrac{1}{60}x^2\left(\dfrac{1}{2}\right), \\
\Delta x'|_{t_1=\frac{1}{2}} = \dfrac{\dfrac{1}{30}\left(x^2\left(\dfrac{1}{2}\right) + x'\left(\dfrac{1}{2}\right)\right)}{x\left(\dfrac{1}{2}\right) + \left(x'\left(\dfrac{1}{2}\right)\right)^2}, \\
x(0) = 0, \quad x(1) = \dfrac{1}{2}x\left(\dfrac{3}{4}\right).
\end{cases}
\tag{7.3.67}
$$

显然, $x(t) \equiv 0$ 是问题 (7.3.67) 的平凡解.

结论 7.3.1　　问题 (7.3.67) 至少存在两个正解 $x^*(t), x^{**}(t)$ 满足 $x^*(t) > 1, \forall \dfrac{1}{4} \leqslant t \leqslant \dfrac{1}{2}$.

证明　　令 $E = \mathbf{R}^1, P = \mathbf{R}^+$, 则 P 是 E 中的正规体锥. 首先, 我们把问题 (7.3.67) 写成问题 (7.3.1) 的形式.

$$g(t,s) = e^{-ts}, \quad h(t,s) = e^{-2s}\sin^2(t-s), \quad m = 1, \quad t_1 = \frac{1}{2},$$

$$f(t, u_1, u_2, u_3, u_4) = 12e^{-t}\left(\frac{6u_1 + 7u_2 + 8u_3 + 9u_4}{1 + u_1 + u_2 + u_3 + u_4}\right)^2, \tag{7.3.68}$$

$$\forall t \in J, \quad u_i \geqslant 0, \quad i = 1, 2, 3, 4,$$

$$I_1(u_1) = \frac{1}{60}u_1^2, \quad \bar{I}_1(u_1, u_2) = \frac{\dfrac{1}{30}\left(x^2\left(\dfrac{1}{2}\right) + x'\left(\dfrac{1}{2}\right)\right)}{u_1 + u_2^2}, \quad \forall u_1 \geqslant 0, \quad u_2 \geqslant 0. \tag{7.3.69}$$

显然,

$$f \in C[J \times P \times P \times P \times P, P], \quad I_1 \in C[P, P], \quad \bar{I}_1 \in C[P \times P, P]$$

并且, 对任意 $r > 0, f$ 在 $J \times B_r \times B_r \times B_r \times B_r$ 中有界且一致连续. 使用和文献 [16] 中例 3.2.1 相同的方法, 我们能够证明对任意 $c_i = 0(i = 1, 2, 3, 4)$, (7.3.2) 式成立. 根据 (7.3.69) 式, 不难证明对 $d_1 = \dfrac{1}{60}$ 和 $\bar{d}_1 = \hat{d}_1 = \dfrac{1}{30}$, (7.3.3) 和 (7.3.4) 式成立. 另外, 因为 $\bar{\Gamma}_r = \dfrac{39}{300}, \hat{\Gamma}_r = \dfrac{45}{300}$, 所以 (7.3.5) 式也成立.

又因为 $\rho = \dfrac{1}{2}, \eta = \dfrac{3}{4}$, 所以本例中的 Green 函数为

$$G(t,s) = \frac{8}{5}\begin{cases} s\left(\dfrac{5}{8} - \dfrac{1}{2}t\right), & 0 \leqslant s \leqslant t \leqslant \dfrac{3}{4} < 1 \text{ 或者} \\ & 0 \leqslant s \leqslant \dfrac{3}{4} \leqslant t \leqslant 1, \\ t\left(\dfrac{5}{8} - \dfrac{1}{2}s\right), & 0 \leqslant t \leqslant s \leqslant \dfrac{3}{4} < 1, \\ \dfrac{5}{8}s - t\left(s - \dfrac{3}{8}\right), & 0 < \dfrac{3}{4} \leqslant s \leqslant t \leqslant 1, \\ t(1-s), & 0 < \dfrac{3}{4} \leqslant t \leqslant s \leqslant 1 \text{ 或者} \\ & 0 \leqslant t \leqslant \dfrac{3}{4} \leqslant s \leqslant 1 \end{cases}$$

且

$$G'(t,s) = \frac{8}{5} \begin{cases} -\dfrac{1}{2}s, & 0 \leqslant s \leqslant t \leqslant \dfrac{3}{4} < 1 \text{ 或者} \\[2mm] & 0 \leqslant s \leqslant \dfrac{3}{4} \leqslant t \leqslant 1, \\[2mm] \dfrac{5}{8} - \dfrac{1}{2}s, & 0 \leqslant t \leqslant s \leqslant \dfrac{3}{4} < 1, \\[2mm] -\left(s - \dfrac{3}{8}\right), & 0 < \dfrac{3}{4} \leqslant s \leqslant t \leqslant 1, \\[2mm] 1 - s, & 0 < \dfrac{3}{4} \leqslant t \leqslant s \leqslant 1 \text{ 或者} \\[2mm] & 0 \leqslant t \leqslant \dfrac{3}{4} \leqslant s \leqslant 1. \end{cases}$$

另外, 通过计算得

$$0 \leqslant f(t, u_1, u_2, u_3, u_4) \leqslant 972 e^{-t} \left(\frac{u_1 + u_2 + u_3 + u_4}{1 + u_1 + u_2 + u_3 + u_4} \right)^2,$$

$$\forall t \in J, \quad u_i \geqslant 0, \quad i = 1, 2, 3, 4,$$

$$0 \leqslant I_1(u_1) = \frac{1}{60} u_1^2, \quad 0 \leqslant I_1(u_1) \leqslant \frac{1}{10} u_1^2, \quad \forall u_1 \geqslant 0,$$

$$0 \leqslant \bar{I}_1(u_1, u_2) = \frac{\dfrac{1}{30}\left(x^2\left(\dfrac{1}{2}\right) + x'\left(\dfrac{1}{2}\right)\right)}{u_1 + u_2^2},$$

$$0 \leqslant \bar{I}_1(u_1, u_2) \leqslant \frac{\dfrac{1}{10}\left(x^2\left(\dfrac{1}{2}\right) + x'\left(\dfrac{1}{2}\right)\right)}{u_1 + u_2^2}, \quad \forall u_1 \geqslant 0, \quad u_2 \geqslant 0.$$

这表明当

$$\eta_1 = \frac{1}{60}, \quad \gamma_1 = \frac{1}{30}, \quad \bar{\eta}_1 = \bar{\gamma}_1 = \frac{1}{10}, \quad F_1(u_1) = u_1^2, \quad F_2(u_1, u_2) = \frac{u_1^2 + u_2}{u_1 + u_2^2}$$

时, 条件 $(H_3), (H_4)$ 和 (H_5) 满足. 对 $\dfrac{1}{4} \leqslant t \leqslant \dfrac{1}{2}$ 和 $u_1 \geqslant 1, u_2 \geqslant 0, u_3 \geqslant 0, u_4 \geqslant 0,$ 由 (7.3.68) 式知

$$f(t, u_1, u_2, u_3, u_4)$$

$$\geqslant 12 e^{-t} \times 36 \left(\frac{u_1 + u_2 + u_3 + u_4}{1 + u_1 + u_2 + u_3 + u_4} \right)^2$$

$$\geqslant 12 e^{-\frac{1}{2}} \times 36 \times \frac{1}{4} = 108 e^{-\frac{1}{2}} = \sigma,$$

且由 (7.3.29) 式知 $\gamma^* = \dfrac{3}{160}$. 因此, $\sigma\gamma^* > 1$. 进而, 对任意 $v = 1, t_* = \dfrac{1}{4}$ 和

$t^* = \dfrac{1}{2} \left([t_*, t^*] \subset J_1 = \left[0, \dfrac{1}{2} \right] \right)$, 不等式 (7.3.27) 和 (7.3.28) 成立. 这样, 根据定理

7.3.1 就得到了我们的结论. 证毕.

7.4　抽象空间中二阶脉冲积分-微分方程非局部问题的正解

令 P 是实 Banach 空间 E 中的锥, 考虑边值问题

$$
\begin{cases}
x''(t) + w(t)f(t, x(t), x'(t), (Ax)(t), (Bx)(t)) = \theta, \quad t \in J, \quad t \neq t_k, \\
\Delta x|_{t=t_k} = I_k(x(t_k)), \\
\Delta x'|_{t=t_k} = \bar{I}_k(x(t_k), x'(t_k)), \quad k = 1, 2, \cdots, m, \\
x(0) = x(1) = \displaystyle\int_0^1 v(s)x(s)ds,
\end{cases}
\tag{7.4.1}
$$

其中, $w \in C(J, [0, +\infty))$, $f \in C(J \times P \times P \times P \times P, P)$, $J = [0, 1]$, $0 < t_1 < t_2 < \cdots < t_k < \cdots < t_m < 1$, $I_k \in C[P, P]$, $\bar{I}_k \in C[P \times P, P]$, θ 是 E 的零元素, $v \in L^1[0, 1]$ 非负,

$$
(Ax)(t) = \int_0^t g(t, s)x(s)ds, \quad (Bx)(t) = \int_0^1 h(t, s)x(s)ds,
$$

这里 $g \in C[D, \mathbf{R}^+]$, $D = \{(t, s) \in J \times J : t \geqslant s\}$, $h \in C[J \times J, \mathbf{R}^+]$, $\mathbf{R}^+$ 是非负实数集, $g_0 = \max\{g(t, s) : (t, s) \in D\}$, $h_0 = \max\{h(t, s) : (t, s) \in J \times J\}$. $\Delta x|_{t=t_k}$ 表示 $x(t)$ 在 $t = t_k$ 处的跳跃, 即

$$
\Delta x\big|_{t=t_k} = x(t_k^+) - x(t_k^-),
$$

$x(t_k^+)$, $x(t_k^-)$ 分别表示 $x(t)$ 在 $t = t_k$ 处的右极限和左极限. $\Delta x'|_{t=t_k}$ 和 $\Delta x|_{t=t_k}$ 有相似的意义.

假设下列条件成立:

(H_1) $f \in C(J \times P^4, P)$, 且对任意 $r > 0$, f 在 $J \times B_r^4$ 上一致连续, 其中 $B_r = \{x \in P : \|x\| \leqslant r\}$. 进一步假设 $\mu \in [0, 1)$, 这里 $\mu = \displaystyle\int_0^1 v(s)ds$;

(H_2) 存在非负常数 $c_i, i = 1, 2, 3, 4$ 和 $d_k, \bar{d}_k, \hat{d}_k$ 使得

$$
\alpha(f(t, u_1, u_2, u_3, u_4)) \leqslant \sum_{i=1}^4 c_i \alpha(u_i), \quad \forall t \in J, \quad u_i \subset B_r \quad (i = 1, 2, 3, 4),
\tag{7.4.2}
$$

$$\alpha(I_k(u_1)) \leqslant d_k\alpha(u_1), \quad \forall u_1 \subset B_r \quad (k = 1, 2, \cdots, m), \tag{7.4.3}$$

$$\alpha(\bar{I}_k(u_1, u_2)) \leqslant \bar{d}_k\alpha(u_1) + \hat{d}_k\alpha(u_2), \quad \forall u_1, u_2 \subset B_r \quad (k = 1, 2, \cdots, m) \tag{7.4.4}$$

和

$$\Gamma_r = \max\{\bar{\Gamma}_r, \hat{\Gamma}_r\} < 1, \tag{7.4.5}$$

其中,

$$\hat{\Gamma}_r = 2\max_{s \in J}\{w(s)\} \times (c_1 + c_2 + c_3g_0 + c_4h_0) + \sum_{k=1}^{m}[d_k + (2 - t_k)(\bar{d}_k + \hat{d}_k)],$$

$$\bar{\Gamma}_r = \frac{1}{2}\gamma \times \max_{s \in J}\{w(s)\} \times (c_1 + c_2 + c_3g_0 + c_4h_0) + \frac{3 - 2\mu}{1 - \mu}\sum_{k=1}^{m}[d_k + (1 - t_k)(\bar{d}_k + \hat{d}_k)],$$

这里, γ 在 (7.4.12) 中有定义;

(H_3) $w \in C(J, [0, +\infty))$, 且存在 $t_0 \in J$ 使得 $w(t_0) > 0$.

令 $J' = J\backslash\{t_1, t_2, \cdots, t_k, \cdots, t_m\}$.

令 $PC[J, E] = \{x : x$ 是从 J 到 E 的一个映射, $x(t)$ 在 $t \neq t_k$ 处连续, 在 $t = t_k$ 处左连续, 且 $x(t_k^+)$ 存在, $k = 1, 2, \cdots, m\}$.

$PC^1[J, E] = \{x \in PC[J, E] : x'(t)$ 在 $t \neq t_k$ 处存在且连续, 在 $t = t_k$ 处左连续, 且 $x'(t_k^+)$ 存在, $k = 1, 2, \cdots, m\}$.

$$PC[J, P] = \{x \in PC[J, E] : x(t) \geqslant \theta\},$$

$$PC^1[J, P] = \{x \in PC^1[J, E] : x(t) \geqslant \theta, x'(t) \geqslant \theta\}.$$

显然, $PC[J, P]$ 是 $PC[J, E]$ 中的一个锥, $PC^1[J, P]$ 是 $PC^1[J, E]$ 中的一个锥. $PC[J, E]$ 是一个 Banach 空间, 如果

$$\|x\|_{pc} = \sup_{t \in J}\|x(t)\|;$$

$PC^1[J, E]$ 一个 Banach 空间, 如果

$$\|x\|_1 = \max\{\|x\|_{pc}, \|x'\|_{pc}\}.$$

若 $x(t) \in PC^1[J, E] \cap C^2[J', E]$ 满足 $x(t) \geqslant \theta$, $x'(t) \geqslant \theta$ 和 (7.4.1), 则称 x 是边值问题 (7.4.1) 的解. 若 $x \in PC^1[J, E] \cap C^2[J', E]$ 是非负的并且满足 $x(t) \not\equiv \theta$, 则称 x 是边值问题 (7.4.1) 的正解.

为了论证本节的结论, 先把边值问题 (7.4.1) 归结为 E 中的一个积分方程. 为此, 定义算子 T:

$$
\begin{aligned}
(Tx)(t) = & \int_0^1 H(t,s)w(s)f(s,x(s),x'(s),(Ax)(s),(Bx)(s))ds \\
& + \sum_{0<t_k<t} [I_k(x(t_k)) + (t-t_k)\bar{I}_k(x(t_k),x'(t_k))] \\
& - t\sum_{k=1}^m [I_k(x(t_k)) + (1-t_k)\bar{I}_k(x(t_k),x'(t_k))] \\
& + \frac{1}{1-\int_0^1 v(s)ds} \int_0^1 \Bigg[\sum_{0<t_k<s} [I_k(x(t_k)) \\
& + (s-t_k)\bar{I}_k(x(t_k),x'(t_k))] \Bigg] ds \\
& - \frac{\int_0^1 sv(s)ds}{1-\int_0^1 v(s)ds} \sum_{k=1}^m [I_k(x(t_k)) + (s-t_k)\bar{I}_k(x(t_k),x'(t_k))], \quad (7.4.6)
\end{aligned}
$$

其中,

$$
H(t,s) = G(t,s) + \frac{1}{1-\mu}\int_0^1 G(s,\tau)v(\tau)d\tau, \tag{7.4.7}
$$

$$
G(t,s) = \begin{cases} t(1-s), & 0 \leqslant t \leqslant s \leqslant 1, \\ s(1-t), & 0 \leqslant s \leqslant t \leqslant 1. \end{cases}
$$

下面, 记 $J_1 = [0,t_1], J_k = (t_{k-1},t_k](k=1,2,\cdots,m)$.

由 (7.4.7) 式和 $G(t,s)$ 的定义知 $H(t,s), G(t,s)$ 有如下性质.

命题 7.4.1　如果 $\mu \in [0,1)$, 则

$$
H(t,s) > 0, \quad G(t,s) > 0, \quad \forall t,s \in (0,1), \tag{7.4.8}
$$

$$
H(t,s) \geqslant 0, \quad G(t,s) \geqslant 0, \quad \forall t,s \in J. \tag{7.4.9}
$$

命题 7.4.2　对任意 $t,s \in J$, 得

$$
e(t)e(s) \leqslant G(t,s) \leqslant G(t,t) = t(1-t) = e(t) \leqslant \bar{e} = \max_{t\in J} e(t) = \frac{1}{4}. \tag{7.4.10}
$$

命题 7.4.3　如果 $\mu \in [0,1)$, 则对任意 $t,s \in J$, 得

$$
\rho e(s) \leqslant H(t,s) \leqslant \gamma s(1-s) = \gamma e(s) \leqslant \frac{1}{4}\gamma, \tag{7.4.11}
$$

其中,

$$\gamma = \frac{1}{1-\mu}, \quad \rho = \frac{\displaystyle\int_0^1 e(\tau)v(\tau)d\tau}{1-\mu}. \tag{7.4.12}$$

证明 由 (7.4.7) 和 (7.4.8) 式知

$$H(t,s) = G(t,s) + \frac{1}{1-\mu}\int_0^1 G(s,\tau)v(\tau)d\tau$$

$$\geqslant \frac{1}{1-\mu}\int_0^1 G(s,\tau)v(\tau)d\tau$$

$$\geqslant \frac{\displaystyle\int_0^1 e(\tau)v(\tau)d\tau}{1-\mu}s(1-s)$$

$$= \rho e(s), \quad t \in J. \tag{7.4.13}$$

另外, 注意到 $G(t,s) \leqslant s(1-s)$, 得

$$H(t,s) = G(t,s) + \frac{1}{1-\mu}\int_0^1 G(s,\tau)v(\tau)d\tau$$

$$\leqslant s(1-s) + \frac{1}{1-\mu}\int_0^1 s(1-s)v(\tau)d\tau$$

$$\leqslant s(1-s)\left[1 + \frac{1}{1-\mu}\int_0^1 v(\tau)d\tau\right]$$

$$\leqslant s(1-s)\frac{1}{1-\mu}$$

$$= \gamma e(s), \quad t \in J. \tag{7.4.14}$$

引理 7.4.1 如果 $\mu \in [0,1)$, 则 $x \in PC^1[J,E] \cap C^2[J',E]$ 是边值问题 (7.4.1) 的解当且仅当 $x \in PC^1[J,E]$ 是下面脉冲积分方程的解:

$$x(t) = \int_0^1 H(t,s)w(s)f(s,x(s),x'(s),(Ax)(s),(Bx)(s))ds$$

$$\quad + \sum_{0<t_k<t}[I_k(x(t_k)) + (t-t_k)\bar{I}_k(x(t_k),x'(t_k))]$$

$$\quad - t\sum_{k=1}^m[I_k(x(t_k)) + (1-t_k)\bar{I}_k(x(t_k),x'(t_k))]$$

$$+\frac{1}{1-\displaystyle\int_0^1 v(s)ds}\int_0^1\left[\sum_{0<t_k<s}[I_k(x(t_k))+(s-t_k)\bar{I}_k(x(t_k),x'(t_k))]\right]ds$$

$$-\frac{\displaystyle\int_0^1 sv(s)ds}{1-\displaystyle\int_0^1 v(s)ds}\sum_{k=1}^m[I_k(x(t_k))+(1-t_k)\bar{I}_k(x(t_k),x'(t_k))], \tag{7.4.15}$$

即 $x\in PC^1[J,E]$ 是算子 T 的不动点.

证明　首先假设 $x\in PC^1[J,E]$ 是边值问题 (7.4.1) 的一个解. 对 (7.4.1) 直接积分, 得

$$x'(t)=x'(0)-\int_0^t w(s)f(s,x(s),x'(s),(Ax)(s),(Bx)(s))ds+\sum_{0<t_k<t}[x'(t_k^+)-x'(t_k)]$$

$$=x'(0)-\int_0^t w(s)f(s,x(s),x'(s),(Ax)(s),(Bx)(s))ds+\sum_{0<t_k<t}\bar{I}_k(x(t_k),x'(t_k)).$$

再次积分, 得

$$x(t)=x(0)+x'(0)t-\int_0^t (t-s)w(s)f(s,x(s),x'(s),(Ax)(s),(Bx)(s))ds$$

$$+\sum_{0<t_k<t}I_k(x(t_k))+\sum_{0<t_k<t}\bar{I}_k(x(t_k),x'(t_k))(t-t_k). \tag{7.4.16}$$

在 (7.4.16) 式中, 令 $t=1$, 得

$$x'(0)=\int_0^1 (1-s)w(s)f(s,x(s),x'(s),(Ax)(s),(Bx)(s))ds$$

$$-\sum_{k=1}^m I_k(x(t_k))-\sum_{k=1}^m \bar{I}_k(x(t_k),x'(t_k))(1-t_k). \tag{7.4.17}$$

把 $x(0)=\displaystyle\int_0^1 v(s)x(s)ds$ 和 (7.3.17) 代入 (7.3.16) 式, 得

$$x(t)=\int_0^1 v(s)x(s)ds+t\left[\int_0^1 (1-s)w(s)f(s,x(s),x'(s),(Ax)(s),(Bx)(s))ds\right.$$

$$\left.-\sum_{k=1}^m I_k(x(t_k))-\sum_{k=1}^m \bar{I}_k(x(t_k),x'(t_k))(1-t_k)\right]$$

$$-\int_0^t (t-s)w(s)f(s,x(s),x'(s),(Ax)(s),(Bx)(s))ds$$

$$+ \sum_{0 < t_k < t} I_k(x(t_k)) + \sum_{0 < t_k < t} \bar{I}_k(x(t_k), x'(t_k))(t - t_k)$$

$$= \int_0^1 G(t, s) w(s) f(s, x(s), x'(s), (Ax)(s), (Bx)(s)) ds$$

$$+ t \left[- \sum_{k=1}^m I_k(x(t_k)) - \sum_{k=1}^m \bar{I}_k(x(t_k), x'(t_k))(1 - t_k) \right]$$

$$+ \sum_{0 < t_k < t} I_k(x(t_k)) + \sum_{0 < t_k < t} \bar{I}_k(x(t_k), x'(t_k))(t - t_k)$$

$$+ \int_0^1 v(s) x(s) ds, \tag{7.4.18}$$

其中,

$$\int_0^1 v(s) x(s) ds = \int_0^1 v(s) \bigg\{ \int_0^1 G(s, u) w(u) f(u, x(u), x'(u), (Ax)(u), (Bx)(u)) du$$

$$- s \left[\sum_{k=1}^m I_k(x(t_k)) + \sum_{k=1}^m \bar{I}_k(x(t_k), x'(t_k))(1 - t_k) \right]$$

$$+ \sum_{0 < t_k < s} I_k(x(t_k)) + \sum_{0 < t_k < s} \bar{I}_k(x(t_k), x'(t_k))(s - t_k)$$

$$+ \int_0^1 v(s) x(s) ds \bigg\} ds. \tag{7.4.19}$$

令

$$\mathbb{A} = \sum_{k=1}^m I_k(x(t_k)) + \sum_{k=1}^m \bar{I}_k(x(t_k), x'(t_k))(1 - t_k),$$

$$\mathbb{B} = \sum_{0 < t_k < s} I_k(x(t_k)) + \sum_{0 < t_k < s} \bar{I}_k(x(t_k), x'(t_k))(s - t_k),$$

则

$$\int_0^1 v(s) x(s) ds = \int_0^1 v(s) \left(\int_0^1 G(s, u) w(u) f(u, x(u), x'(u), (Ax)(u), (Bx)(u)) du \right) ds$$

$$- \mathbb{A} \int_0^1 v(s) s ds + \int_0^1 \mathbb{B} v(s) ds + \int_0^1 v(s) ds \times \int_0^1 v(s) x(s) ds.$$

进而,

$$\int_0^1 v(s)x(s)ds = \frac{1}{1 - \int_0^1 v(s)ds}\bigg[\int_0^1 v(s)\bigg(\int_0^1 G(s,u)w(u)f(u,x(u),$$

$$x'(u),(Ax)(u),(Bx)(u))du\bigg)ds$$

$$-\mathbb{A}\int_0^1 v(s)sds + \int_0^1 \mathbb{B}v(s)ds\bigg]. \tag{7.4.20}$$

把 (7.4.20) 代入 (7.4.18) 式, 得

$$x(t) = \int_0^1 G(t,s)w(s)f(s,x(s),x'(s),(Ax)(s),(Bx)(s))ds$$

$$+ t\bigg[-\sum_{k=1}^m I_k(x(t_k)) - \sum_{k=1}^m \bar{I}_k(x(t_k),x'(t_k))(1-t_k)\bigg]$$

$$+ \sum_{0<t_k<t} I_k(x(t_k)) + \sum_{0<t_k<t} \bar{I}_k(x(t_k),x'(t_k))(t-t_k)$$

$$+ \frac{1}{1 - \int_0^1 v(s)ds}\bigg[\int_0^1 v(s)\bigg(\int_0^1 G(s,u)w(u)f(u,x(u),$$

$$x'(u),(Ax)(u),(Bx)(u))du\bigg)ds$$

$$-\mathbb{A}\int_0^1 v(s)sds + \int_0^1 \mathbb{B}v(s)ds\bigg]$$

$$= \int_0^1 H(t,s)w(s)f(s,x(s),x'(s),(Ax)(s),(Bx)(s))ds$$

$$+ \sum_{0<t_k<t}[I_k(x(t_k)) + (t-t_k)\bar{I}_k(x(t_k),x'(t_k))]$$

$$- t\sum_{k=1}^m [I_k(x(t_k)) + (1-t_k)\bar{I}_k(x(t_k),x'(t_k))]$$

$$+ \frac{1}{1 - \int_0^1 v(s)ds}\int_0^1 \sum_{0<t_k<s}[I_k(x(t_k))$$

$$+ (s-t_k)\bar{I}_k(x(t_k),x'(t_k))]v(s)ds$$

$$- \frac{\int_0^1 sv(s)ds}{1 - \int_0^1 v(s)ds}\sum_{k=1}^m [I_k(x(t_k)) + (1-t_k)\bar{I}_k(x(t_k),x'(t_k))], \tag{7.4.21}$$

其中, $H(t,s)$ 由 (7.4.7) 式定义.

反之, 如果 $x \in PC^1[J,E]$ 是方程 (7.4.15) 的一个解. 显然,

$$\Delta x|_{t=t_k} = I_k(x(t_k)) \quad (k = 1, 2, \cdots, m).$$

当 $t \neq t_k$ 时, 对 (7.4.15) 直接微分, 得

$$x'(t) = (Tx)'(t) = -\int_0^t sw(s)f(s, x(s), x'(s), (Ax)(s), (Bx)(s))ds$$

$$+ \int_t^1 (1-s)w(s)f(s, x(s), x'(s), (Ax)(s), (Bx)(s))ds$$

$$- \sum_{k=1}^m [I_k(x(t_k)) + (1-t_k)\bar{I}_k(x(t_k), x'(t_k))]$$

$$+ \sum_{0 < t_k < t} \bar{I}_k(x(t_k), x'(t_k)), \tag{7.4.22}$$

$$x'' = -w(s)f(s, x(s), x'(s), (Ax)(s), (Bx)(s)). \tag{7.4.23}$$

因此, $x \in C^2[J', E]$ 且 $\Delta x'|_{t=t_k} = \bar{I}_k(x(t_k), x'(t_k))(k = 1, 2, \cdots, m)$, 并且容易验证 $x(0) = x(1) = \int_0^1 v(s)x(s)ds$. 引理得证.

由 (7.4.5) 式知,

$$H'_t(t,s) = G'_t(t,s) = \begin{cases} 1-s, & 0 \leqslant t \leqslant s \leqslant 1 \\ -s, & 0 \leqslant s \leqslant t \leqslant 1. \end{cases} \tag{7.4.24}$$

对任意 $S \subset PC^1[J,E]$, 定义 $S' = \{x' : x \in S\} \subset PC[J,E], S(t) = \{x(t) : x \in S\} \subset E$ 且 $S'(t) = \{x'(t) : x \in S\} \subset E(t \in J)$.

引理 7.4.2 如果 $S \subset PC^1[J,E]$ 是有界集, 并且 S' 的元素在每个 $J_k(k = 1, 2, \cdots, m)$ 上等度连续, 那么

$$\alpha_{PC^1}(S) = \max \left\{ \sup_{t \in J} \alpha(S(t)), \sup_{t \in J} \alpha(S'(t)) \right\}.$$

证明 证明过程请看参考文献 [15] 中的引理 4.3.11. 证毕.

引理 7.4.3 假定条件 (H_1) 和 (H_2) 成立. 那么算子 T 是映 $B_r^{(1)} = \{x \in PC^1[J,E] : \|x\|_1 \leqslant r\}$ 入 $PC^1[J,E]$ 的严格集压缩算子.

证明 由引理 7.4.1 的证明知 $T : PC^1[J,P] \to PC^1[J,E]$. 进而, $T : B_r^{(1)} \to PC^1[J,E]$. 另外, 由条件 (H_1), 易知 $T : B_r^{(1)} \to PC^1[J,E]$ 连续有界. 故 $T(S) \subset PC^1[J,E]$ 有界, 其中 $S \subset B_r^{(1)}$ 任意给定.

由 (7.4.22) 式知,

$$(Tx)'(t) = \int_0^1 H'_t(t,s)w(s)f(s,x(s),x'(s),(Ax)(s),(Bx)(s))ds$$

$$- \sum_{k=1}^m [I_k(x(t_k)) + (1-t_k)\bar{I}_k(x(t_k),x'(t_k))]$$

$$+ \sum_{0<t_k<t} \bar{I}_k(x(t_k),x'(t_k)), \quad \forall x \in PC^1[J,E],$$

$$t \neq t_k \quad (k=1,2,\cdots,m), \tag{7.4.25}$$

其中, $H'_t(t,s)$ 由 (7.4.24) 式定义. 由 (7.4.7) 式容易看出, $(T(B))'$ 的元素在每个 $J_k(k=1,2,\cdots,m)$ 上等度连续. 因此, 引理 7.4.2 表明

$$\alpha_{PC^1} = \max\left\{ \sup_{t\in J} \alpha((T(S))(t)), \sup_{t\in J} \alpha((T(S))'(t)) \right\}. \tag{7.4.26}$$

由 (7.4.6), (7.4.2)—(7.4.4) 式, 并运用和参考文献 [16] 中定理 2.1.1 类似的方法, 我们可以得到

$$\alpha((T(S))(t)) \leqslant \frac{1}{4}\gamma \times \max_{s\in J} w(s) \times [c_1\alpha(S(J)) + c_2\alpha(S'(J))$$

$$+ c_3g_0\alpha(S(J)) + c_4h_0\alpha(S(J))]$$

$$+ \sum_{0<t_k<t} [\alpha(I_k(S(t_k))) + (1-t_k)\alpha(\bar{I}_k((S(t_k)),(S'(t_k))))]$$

$$+ \sum_{k=1}^m [\alpha(I_k((S)(t_k))) + (1-t_k)\alpha(\bar{I}_k((S(t_k)),(S'(t_k))))]$$

$$+ \frac{\mu}{1-\mu} \sum_{0<t_k<s} [\alpha(I_k(S(t_k))) + (1-t_k)\alpha(\bar{I}_k(x(t_k),x'(t_k)))]$$

$$+ \frac{1}{1-\mu} \sum_{k=1}^m [\alpha(I_k(S(t_k))) + (1-t_k)\alpha(\bar{I}_k(x(t_k),x'(t_k)))]$$

$$\leqslant \frac{1}{4}\gamma \times \max_{s\in J} w(s) \times [(c_1 + c_3g_0 + c_4h_0)\alpha(S(J)) + c_2\alpha(S'(J))]$$

$$+ \sum_{0<t_k<t} [d_k\alpha(S(t_k)) + (1-t_k)(\bar{d}_k\alpha(S(t_k)) + \hat{d}_k\alpha(S'(t_k)))]$$

$$+ \sum_{k=1}^m [d_k\alpha(S(t_k)) + (1-t_k)(\bar{d}_k\alpha(S(t_k)) + \hat{d}_k\alpha(S'(t_k)))]$$

$$+ \frac{\mu}{1-\mu} \sum_{0 < t_k < s} [d_k\alpha(S(t_k)) + (1-t_k)(\bar{d}_k\alpha(S(t_k)) + \hat{d}_k\alpha(S'(t_k)))]$$

$$+ \frac{1}{1-\mu} \sum_{k=1}^{m} [d_k\alpha(S(t_k)) + (1-t_k)(\bar{d}_k\alpha(S(t_k))$$

$$+ \hat{d}_k\alpha(S'(t_k)))], \tag{7.4.27}$$

且

$$\alpha(S(J)) \leqslant 2\alpha_{PC^1}(S), \quad \alpha(S'(J)) \leqslant 2\alpha_{PC^1}(S), \tag{7.4.28}$$

其中,

$$S(J) = \{x(t) : x \in S, t \in J\}, \quad S'(J) = \{x'(t) : x \in S, t \in J\}.$$

另外, 类似于参考文献 [17] 中引理 2 的证明, 得到

$$\alpha(S(t_k)) \leqslant \alpha_{PC^1}(S), \quad \alpha(S'(t_k)) \leqslant \alpha_{PC^1}(S), \quad k = 1, 2, \cdots, m. \tag{7.4.29}$$

由 (7.4.26)—(7.4.28) 式知

$$\alpha(T(S))(t) \leqslant \bar{\Gamma}_r \alpha_{PC^1}(S), \quad \forall t \in J. \tag{7.4.30}$$

类似地, 由 (7.4.21), (7.4.2)—(7.4.4), (7.4.28) 和 (7.4.29) 式知

$$\alpha(T(S))'(t) \leqslant \hat{\Gamma}_r \alpha_{PC^1}(S), \quad \forall t \in J. \tag{7.4.31}$$

最后, 由 (7.4.27), (7.4.30) 和 (7.4.31) 式知

$$\alpha_{PC^1}(T(S)) \leqslant \Gamma_r \alpha_{PC^1}(S).$$

注意到 $\Gamma_r = \max\{\bar{\Gamma}_r, \hat{\Gamma}_r\} < 1$, 便知 T 是严格集压缩算子. 引理得证.

下面, 应用定理 2.3.7 讨论边值问题 (7.4.1) 正解的存在性. 为了方便, 先引入一些记号:

$$\overline{\lim}_{\sum_{i=1}^{4} \|u_i\| \to \infty} \left(\sup_{t \in J} \frac{\|f(t, u_1, u_2, u_3, u_4)\|}{\sum_{i=1}^{4} \|u_i\|} \right) = \Lambda,$$

$$\overline{\lim}_{\|u_1\| \to \infty} \frac{\|I_k(u_1)\|}{\|u_1\|} = \Lambda_k \quad (k = 1, 2, \cdots, m),$$

$$\overline{\lim}_{\|u_1\| + \|u_2\| \to \infty} \frac{\|\bar{I}_k \ (u_1, u_2)\|}{\|u_1\| + \|u_2\|} = \bar{\Lambda}_k \quad (k = 1, 2, \cdots, m).$$

定理 7.4.1　假设条件 (H_1)—(H_3) 成立. 进一步假设

$$\delta = \max\{\delta_1, \delta_2\} < 1, \tag{7.4.32}$$

其中,

$$\delta_1 = \frac{1}{4}\gamma\Lambda(2 + g_0 + h_0)\int_0^1 w(s)ds + \frac{3-\mu}{1-\mu}\sum_{k=1}^m [\Lambda_k + 2(1-t_k)\bar{\Lambda}_k],$$

$$\delta_2 = \gamma\Lambda(2 + g_0 + h_0)\int_0^1 w(s)ds + \sum_{k=1}^m [\Lambda_k + 2(2-t_k)\bar{\Lambda}_k].$$

则边值问题 (7.4.1) 至少存在一个正解 $x \in PC^1[J, P] \cap C^2[J', E]$.

　　证明　由引理 7.4.3 知算子 T 是一个映 $B_r^{(1)}$ 到 $PC^1[J, P]$ 的严格集压缩算子. 由引理 7.4.1, 仅需要证明算子 T 存在一个不动点 $x \in PC^1[J, P] \cap C^2[J', E]$ 即可.

　　由 (7.4.32) 式知, 我们可以选择 $\Lambda' > \Lambda$, $\Lambda'_k > \Lambda_k, \bar{\Lambda}'_k > \bar{\Lambda}_k (k = 1, 2, \cdots, m)$ 使得

$$\delta'_1 = \frac{1}{4}\gamma\Lambda'(2 + g_0 + h_0)\int_0^1 w(s)ds + \frac{3-\mu}{1-\mu}\sum_{k=1}^m [\Lambda_k' + 2(1-t_k)\bar{\Lambda}_k'] < 1 \tag{7.4.33}$$

和

$$\delta'_2 = \gamma\Lambda'(2 + g_0 + h_0)\int_0^1 w(s)ds + \sum_{k=1}^m [\Lambda_k' + 2(2-t_k)\bar{\Lambda}_k'] < 1. \tag{7.4.34}$$

由 Λ 的定义知, 存在 $l > 0$, 使得

$$\|f(t, u_1, u_2, u_3, u_4)\| < \Lambda'\sum_{i=1}^4 \|u_i\|, \quad \forall t \in J, \quad u_i \in P, \quad \sum_{i=1}^4 \|u_i\| > l.$$

故

$$\|f(t, u_1, u_2, u_3, u_4)\| < \Lambda'\sum_{i=1}^4 \|u_i\| + M, \quad \forall t \in J, \quad u_i \in P, \quad i = 1, 2, 3, 4, \tag{7.4.35}$$

其中,

$$M = \sup\left\{\|f(t, u_1, u_2, u_3, u_4)\| : t \in J, \sum_{i=1}^4 \|u_i\| \leqslant l\right\} < \infty.$$

类似地, 得到

$$\|I_k(u_1)\| < \Lambda_k'\|u_1\| + M_k, \quad \forall u_1 \in P \quad (k = 1, 2, \cdots, m) \tag{7.4.36}$$

和

$$\|\bar{I}_k(u_1, u_2)\| \leqslant \bar{\Lambda}'_k(\|u_1\| + \|u_2\|) + \bar{M}_k, \quad \forall u_1, u_2 \in P \quad (k = 1, 2, \cdots, m), \quad (7.4.37)$$

其中, $M_k, \bar{M}_k$ 是正常数. 再由 (7.4.6) 和 (7.4.35)—(7.4.37) 式得

$$\|(Tx)(t)\|$$

$$\leqslant \frac{1}{4}\gamma \int_0^1 w(s)[\Lambda'(\|x(s)\| + \|x'(s)\| + \|(Ax)(s)\| + \|(Bx)(s)\|) + M]ds$$

$$+ \sum_{0 < t_k < t} \{(\Lambda'_k\|x(t_k)\| + M_k) + (1 - t_k)[\Lambda'_k(\|x(t_k)\| + \|x'(t_k)\|) + \bar{M}_k)]\}$$

$$+ \sum_{k=1}^m \{(\Lambda'_k\|x(t_k)\| + M_k) + (1 - t_k)[\Lambda'_k(\|x(t_k)\| + \|x'(t_k)\|) + \bar{M}_k)]\}$$

$$+ \frac{1}{1 - \mu} \sum_{0 < t_k < s} \{(\Lambda'_k\|x(t_k)\| + M_k) + (1 - t_k)[\Lambda'_k(\|x(t_k)\| + \|x'(t_k)\|) + \bar{M}_k]\}$$

$$+ \frac{\mu}{1 - \mu} \sum_{0 < t_k < s} \{(\Lambda'_k\|x(t_k)\| + M_k) + (1 - t_k)[\Lambda'_k(\|x(t_k)\| + \|x'(t_k)\|) + \bar{M}_k]\}$$

$$\leqslant \frac{1}{4}\gamma \int_0^1 w(s)[\Lambda'(\|x(s)\| + \|x'(s)\| + \|(Ax)(s)\| + \|(Bx)(s)\|) + M]ds$$

$$+ \sum_{k=1}^m \{(\Lambda'_k\|x(t_k)\| + M_k) + (1 - t_k)[\Lambda'_k(\|x(t_k)\| + \|x'(t_k)\|) + \bar{M}_k]\}$$

$$+ \sum_{k=1}^m \{(\Lambda'_k\|x(t_k)\| + M_k) + (1 - t_k)[\Lambda'_k(\|x(t_k)\| + \|x'(t_k)\|) + \bar{M}_k]\}$$

$$+ \frac{1}{1 - \mu} \sum_{k=1}^m \{(\Lambda'_k\|x(t_k)\| + M_k) + (1 - t_k)[\Lambda'_k(\|x(t_k)\| + \|x'(t_k)\|) + \bar{M}_k]\}$$

$$+ \frac{\mu}{1 - \mu} \sum_{k=1}^m \{(\Lambda'_k\|x(t_k)\| + M_k) + (1 - t_k)[\Lambda'_k(\|x(t_k)\| + \|x'(t_k)\|) + \bar{M}_k]\}$$

$$\leqslant \frac{1}{4}\gamma[\Lambda'(2 + g_0 + h_0)\|x\|_1 + M] \int_0^1 w(s)ds$$

$$+ \frac{3 - \mu}{1 - \mu} \sum_{k=1}^m [\Lambda'_k\|x\|_1 + M_k + 2(1 - t_k)\bar{\Lambda}'_k\|x\|_1 + (1 - t_k)\bar{M}_k]$$

$$= \left\{ \frac{1}{4}\gamma\Lambda'(2 + g_0 + h_0)\int_0^1 w(s)ds + \frac{3-\mu}{1-\mu}\sum_{k=1}^m[\Lambda'_k + 2(1-t_k)\bar{\Lambda}'_k] \right\}\|x\|_1$$

$$+ \frac{1}{4}\gamma M\int_0^1 w(s)ds + \frac{3-\mu}{1-\mu}\sum_{k=1}^m[M'_k + (1-t_k)\bar{M}'_k]$$

$$= \delta'_1\|x\|_1 + M^{(1)}, \tag{7.4.38}$$

其中, δ'_1 由 (7.4.33) 式定义, $M^{(1)}$ 的定义如下

$$M^{(1)} = \frac{1}{4}\gamma M\int_0^1 w(s)ds + \frac{3-\mu}{1-\mu}\sum_{k=1}^m[M'_k + (1-t_k)\bar{M}'_k].$$

类似地, 由 (7.4.25) 和 (7.4.33)—(7.4.36) 式知

$$\|(Tx)'(t)\| \leqslant \delta'_2\|x\|_1 + M^{(2)}, \quad \forall t \in J, \tag{7.4.39}$$

其中, δ'_2 由 (7.4.34) 式定义, $M^{(2)}$ 由下式给出

$$M^{(2)} = M\int_0^1 w(s)ds + \sum_{k=1}^m[M_k + (2-t_k)\bar{M}_k].$$

由 (7.4.38) 和 (7.4.39) 式得

$$\|Tx\|_1 \leqslant \delta'\|x\|_1 + M', \quad \forall x \in PC^1[J, P],$$

其中,

$$\delta' = \max\{\delta'_1, \delta'_2\} < 1, \quad M' = \max\{M^{(1)}, M^{(2)}\}.$$

所以, 我们可以选取一个充分大的 $r > 0$ 使得

$$T(PC^1[J, P] \cap B_r^{(1)}) \subset (PC^1[J, P] \cap B_r^{(1)}).$$

另外, 由引理 7.4.3 知算子 T 是一个映 $PC^1[J, P] \cap B_r^{(1)}$ 到 $PC^1[J, P] \cap B_r^{(1)}$ 的严格集压缩算子. 因此, 由定理 2.3.7 知算子 T 在 $PC^1[J, P] \cap B_r$ 中至少存在一个不动点. 证毕.

注 7.4.1　如果当 $t \in J, \sum_{k=1}^m \|u_i\| \to \infty$ 时, $\|f(t, u_1, u_2, u_3, u_4)\|/\sum_{k=1}^m \|u_i\| \to 0$ 是一致的; 当 $\|u_1\| \to \infty$ 时, $\|I_k(u_1)\|/\|u_1\| \to 0$, 且当 $(\|u_1\| + \|u_2\|) \to \infty(k = 1, 2, \cdots, m)$ 时, $\|I_k(u_1, u_2)\|/(\|u_1\| + \|u_2\|) \to 0$, 那么条件 (7.4.32) 自然满足.

例 7.4.1 考虑边值问题

$$
\begin{cases}
-x_i'' = t^{\frac{1}{2}}\bigg\{ \sqrt[3]{t - x_i + x_{i+1}'} - \dfrac{1}{20}x_{i+2}' - 3\ln(1 + x_{2i}^2), \\[3mm]
\qquad\quad -\dfrac{1}{3}\bigg[\bigg(\displaystyle\int_0^t e^{-ts}x_{i+2}(s)ds\bigg)^2 + \bigg(\int_0^1 \cos(t-s)x_{2i}(s)ds\bigg)^2\bigg]^{\frac{1}{5}}\bigg\}, \quad t \in J, t \neq \dfrac{1}{2}, \\[3mm]
\Delta x_i|_{t_1=\frac{1}{2}} = \dfrac{1}{10}x_{i+1}\left(\dfrac{1}{2}\right), \\[3mm]
\Delta x_i'|_{t_1=\frac{1}{2}} = \dfrac{1}{6}\left(x_i\left(\dfrac{1}{2}\right) - x_{i+1}'\left(\dfrac{1}{2}\right)\right), \\[3mm]
x_i(0) = x_i(1) = \displaystyle\int_0^1 \dfrac{1}{3}sx_i(s)ds,
\end{cases}
\tag{7.4.40}
$$

其中, $x_{n+i} = x_i, x_{n+i}' = x_i'(i = 1, 2, \cdots, n)$.

结论 7.4.1 边值问题 (7.4.40) 至少存在一个正解.

证明 令 $E = \mathbf{R}^n = \{x = (x_1, x_2, \cdots, x_n) : x_i \in \mathbf{R}, i = 1, 2, \cdots, n\}$, 其范数是 $\|x\| = \max\limits_{1 \leqslant i \leqslant n} |x_i|$, $P = \{x = (x_1, x_2, \cdots, x_n) \in R^n : x_i \geqslant 0, i = 1, 2, \cdots, n\}$. 则 P 是 E 中的正规锥, 并且在 E 中系统 (7.4.40) 能写成边值问题 (7.4.1) 的形式, 相当于 $g(t,s) = e^{-ts}, h(t,s) = \cos(t-s), u_i = (u_{i1}, u_{i2}, \cdots, u_{in})(i = 1, 2, 3, 4), f = (f_1, f_2, \cdots, f_n)$. 这里

$$
\begin{aligned}
f_i(t, u_1, u_2, u_3, u_4) ={}& \sqrt[3]{t - x_i + x_{i+1}'} - \frac{1}{20}x_{i+2}' - 3\ln(1 + x_{2i}^2) \\
& - \frac{1}{3}\bigg[\bigg(\int_0^t e^{-ts}x_{i+2}(s)ds\bigg)^2 \\
& + \bigg(\int_0^1 \cos(t-s)x_{2i}(s)ds\bigg)^2\bigg]^{\frac{1}{5}},
\end{aligned}
\tag{7.4.41}
$$

$m = 1, t_1 = \dfrac{1}{2}$, $I_1 = (I_{11}, I_{12}, \cdots, I_{1n})$, $\bar{I}_1 = (\bar{I}_{11}, \bar{I}_{12}, \cdots, \bar{I}_{1n})$ 满足

$$
I_{1i}(u_1) = \frac{1}{10}u_{1i+1}, \quad \bar{I}_{1i}(u_1, u_2) = \frac{1}{6}(u_{1i} - u_{2i+1}), \quad w(t) = t^{\frac{1}{2}}, \quad v(t) = \frac{1}{3}t, \quad \forall t \in J.
\tag{7.4.42}
$$

由 u_i 和 f_i 的定义知 $f \in C(J \times \mathbf{R}^n \times \mathbf{R}^n \times \mathbf{R}^n \times \mathbf{R}^n, \mathbf{R}^n)$. 类似地, $I_1 \in C(\mathbf{R}^n, \mathbf{R}^n), \bar{I}_1 \in C(\mathbf{R}^n \times \mathbf{R}^n, \mathbf{R}^n)$, 并且对任意 $r > 0$, f 在 $J \times B_r \times B_r \times B_r \times B_r$ 上有界和一致连续. 用和参考文献 [16] 中例 3.2.1 同样的方法, 可以证明 (7.4.2)

对 $c_i = 0(i = 1,2,3,4)$ 成立. 由 (7.4.22) 式, 不难证明 (7.4.3) 和 (7.4.4) 对 $d_1 = \frac{1}{10}, \bar{d}_1 = \hat{d}_1 = \frac{1}{6}$ 分别成立. 由于 $\mu = \frac{1}{6}, \gamma = \frac{6}{5}, g_0 = 1, h_0 = 1, \Gamma_r = \frac{64}{75}$, 所以 (7.4.5) 式也成立.

另外, 由 (7.4.41) 和 (7.4.42) 式知

$$\|f(t, u_1, u_2, u_3, u_4)\| \leqslant \sqrt[3]{1 + \|u_1\| + \|u_2\|} + \frac{1}{20}\|u_2\| + 3\ln(1 + \|u_1\|^2)$$
$$+ \frac{1}{3}(\|u_3\|^2 + \|u_4\|^2)^{\frac{1}{5}}$$

和

$$\|I_1(u_1)\| \leqslant \frac{1}{10}\|u_1\|, \quad \|\bar{I}_1(u_1, u_2)\| = \frac{1}{6}(\|u_1\| + \|u_2\|).$$

因此, $\Lambda \leqslant \frac{1}{20}, \Lambda_1 \leqslant \frac{1}{10}, \bar{\Lambda}_1 \leqslant \frac{1}{6}$. 又因为 $\delta_1 = \frac{71}{75}, \delta_2 = \frac{19}{25}$. 故 (7.4.32) 式成立. 这样, 由定理 7.4.1 知边值问题 (7.4.40) 至少存在一个正解. 证毕.

7.5　抽象空间中四阶两点边值问题的正解

令 P 是实 Banach 空间 E 中的锥, 考虑四阶边值问题

$$\begin{cases} x^{(4)}(t) = f(t, x(t)), & 0 < t < 1, \\ x(0) = x(1) = x''(0) = x''(1) = \theta, \end{cases} \tag{7.5.1}$$

其中, $f \in C[J \times P, P], J = [0,1], \theta$ 是 E 中的零元素.

对任何 $t \in J$, 如果 $f(t, \theta) \equiv \theta$, 则 $x(t) \equiv \theta$ 是边值问题 (7.5.1) 的平凡解. 在本节 $x \in C^4[I, E]$ 是边值问题 (7.5.1) 的正解, 是指它满足 (7.5.1) 和 $x \in Q, x(t) \not\equiv \theta$.

在本节, 总假设以下条件成立:

$(H)f \in C[J \times P, P], f(t, \theta) \equiv \theta$. 对任何 $l > 0, f$ 在 $J \times (P \cap T_l)$ 上一致连续, 并且存在 $0 \leqslant L_l < 12$ 使得 $\alpha(f(t, D)) \leqslant L_l\alpha(D), t \in J, D \subset P \cap T_l$.

引理 7.5.1　设 (H) 成立, 则 $x \in C^4[J, E] \bigcap Q$ 是四阶边值问题 (7.5.1) 的解当且仅当 $x \in Q$ 为下面的积分算子

$$(Ax)(t) = \int_0^1 G(t, s)f(s, x(s))ds \tag{7.5.2}$$

的不动点. 其中,

$$G(t,s) = \int_0^1 G_1(t,\xi)G_1(\xi,s)d\xi$$

$$= \begin{cases} t(1-s)\dfrac{2s-s^2-t^2}{6}, 0 \leqslant t \leqslant s \leqslant 1, \\ s(1-t)\dfrac{2t-t^2-s^2}{6}, 0 \leqslant s \leqslant t \leqslant 1, \end{cases} \tag{7.5.3}$$

$$G_1(t,\xi) = \begin{cases} t(1-\xi), 0 \leqslant t \leqslant \xi \leqslant 1, \\ \xi(1-t), 0 \leqslant \xi \leqslant t \leqslant 1. \end{cases}$$

证明 证明过程请参考文献 [1] 中的引理 2.2. 证毕.

可以证明 $G(t,s), G_1(t,s)$ 有下列性质.

命题 7.5.1 设 $\xi \in J$, 则对任意 $t \in J_\gamma = [\gamma, 1-\gamma]$, 有

$$\gamma G_1(\xi,\xi) \leqslant G_1(t,\xi) \leqslant G_1(\xi,\xi),$$

其中 $\gamma \in \left(0, \dfrac{1}{2}\right)$.

命题 7.5.2 设 $s, t \in J$, 则

$$0 \leqslant G(t,s) \leqslant \frac{1}{6}G(s,s) = \frac{1}{6}s(1-s) \leqslant \frac{1}{24}.$$

引理 7.5.2 设 (H) 成立, 则对任何 $l > 0$, 算子 A 是 $Q \bigcap B_l$ 上的严格集压缩算子, 即存在 $0 \leqslant k_l < 1$ 使对任何 $S \subset Q \bigcap B_l$, 有 $\alpha(A(S)) \leqslant k_l \alpha(S)$.

证明 证明过程请参考文献 [1] 中的引理 2.3. 证毕.

为了得到正解的存在性, 构造锥 K:

$$K = \{x \in Q : x(t) \geqslant Mx(s), t \in J_\gamma, s \in J\}, \tag{7.5.4}$$

其中, $M = \gamma^2(1 - 6\gamma^2 + 4\gamma^3)$. 显然 $0 < M < 1$. 我们能够证明 K 为 $C[J,E]$ 中的一个锥, 且 $K \subset Q$.

令

$$K_{r,R} = \{x \in K : r \leqslant \|x\|_c \leqslant R\}, \quad R > r > 0.$$

引理 7.5.3 设 (H) 成立, 则 $AK \subset K$, 进而 $A : K_{r,R} \longrightarrow K$ 是严格集压缩算子.

证明 对 $\forall x \in Q$, 由命题 7.5.1 和命题 7.5.2 知, 对任意

$$t \in J_\gamma \Longrightarrow G(t,s) = \int_0^1 G_1(t,\xi)G_1(\xi,s)d\xi$$

$$\geqslant \min_{t \in J_\gamma} \int_\gamma^{1-\gamma} G_1(t, \xi) G_1(\xi, s) d\xi$$

$$\geqslant \gamma^2 \int_\gamma^{1-\gamma} G_1(\xi, \xi) G_1(s, s) d\xi$$

$$= \gamma^2 s(1-s) \int_\gamma^{1-\gamma} G_1(\xi, \xi) d\xi$$

$$= \frac{1}{6} M s(1-s)$$

$$\geqslant M G(\tau, s), \quad \forall \tau, s \in J. \tag{7.5.5}$$

故由 (7.5.5) 式知, 当 $t \in J_\gamma$ 时, 有下式成立

$$(Ax)(t) = \int_0^1 G(t, s) f(s, x(s)) ds$$

$$\geqslant M \int_0^1 \frac{1}{6} s(1-s) f(s, x(s)) ds$$

$$\geqslant M \int_0^1 G(\tau, s) f(s, x(s)) ds$$

$$\geqslant M(Ax)(\tau), \quad \forall \tau \in J. \tag{7.5.6}$$

故 $AQ \subset K$, 又 $K \subset Q$, 故 $AK \subset K$.

另一方面, 由引理 7.5.2 知 $A : K_{r,R} \to K$ 是严格集压缩算子. 证毕.

记

$$f^\beta = \limsup_{\|x\| \to \beta} \max_{t \in J} \frac{\|f(t, x)\|}{\|x\|}, \quad f_\beta = \liminf_{\|x\| \to \beta} \min_{t \in J} \frac{\|f(t, x)\|}{\|x\|},$$

$$(\phi f)^\beta = \limsup_{\|x\| \to \beta} \max_{t \in J} \frac{\phi(f(t, x))}{\|x\|}, \quad (\phi f)_\beta = \liminf_{\|x\| \to \beta} \min_{t \in J} \frac{\phi(f(t, x))}{\|x\|},$$

其中, β 表示 0 或者 ∞, $\phi \in P^*$, 且 $\|\phi\| = 1$.

定理 7.5.1　设锥 P 是正规锥且条件 (H) 成立. 另外假设对任意 $x \in P$ 有 $f^0 = 0$ 且 $(\phi f)_\infty = \infty$, 则边值问题 (7.5.1) 至少有一正解.

证明　算子 A 由 (7.5.2) 式定义. 由 $f^0 = 0$ 知存在 $R_1 > 0$ 使得当 $t \in J, x \in P, \|x\| \leqslant R_1$ 时, 有 $\|f(t, x)\| \leqslant \eta \|x\|$. 其中, $\eta > 0$ 满足 $\frac{1}{6} \eta \int_0^1 s(1-s) ds \leqslant 1$. 取

$0 < r < R$. 于是当 $x \in K$ 且 $\|x\|_c = r$ 时,

$$\|(Ax)(t)\| \leqslant \frac{1}{6} \int_0^1 s(1-s)\|f(s, x(s))\|ds$$

$$\leqslant \frac{1}{6}\eta \int_0^1 s(1-s)\|x(s)\|ds$$

$$\leqslant \|x\|_c, \quad t \in J. \tag{7.5.7}$$

另一方面, 由 $(\phi f)_\infty = \infty$ 知, 存在 $\bar{R}_2 > 0$ 使得 $\phi(f(t, x(t))) \geqslant \mu\|x\|, t \in J, \forall x \in P$ 且 $\|x\| \geqslant \bar{R}_2$, 其中 μ 满足

$$\mu M \int_\gamma^{1-\gamma} G\left(\frac{1}{2}, s\right) ds \geqslant 1.$$

再令 $R_2 = \max\left\{2R_1, \dfrac{\bar{R}_2}{M}\right\}$, 则当 $x \in K, \|x\|_c = R_2$ 时, 由 (7.5.4) 式知, 对 $t \in J_\gamma$, 有 $\|x(t)\| \geqslant M\|x\|_c = MR_2 \geqslant \bar{R}_2$. 进而, 得

$$\left\|(Ax)\left(\frac{1}{2}\right)\right\| \geqslant \phi\left((Ax)\left(\frac{1}{2}\right)\right) = \int_0^1 G\left(\frac{1}{2}, s\right)\phi(f(s, x(s)))ds$$

$$\geqslant \int_\gamma^{1-\gamma} G\left(\frac{1}{2}, s\right)\phi(f(s, x(s)))ds$$

$$\geqslant \mu \int_\gamma^{1-\gamma} G\left(\frac{1}{2}, s\right)\|x(s)\|ds$$

$$\geqslant \mu M \int_\gamma^{1-\gamma} G\left(\frac{1}{2}, s\right)\|x\|_c ds$$

$$\geqslant \|x\|_c.$$

由此可得,

$$\|Ax\|_c \geqslant \|x\|_c, t \in J, \quad \forall x \in K, \quad \|x\|_c = R_2. \tag{7.5.8}$$

由 (7.5.7) 和 (7.5.8) 式及定理 2.3.4 得 A 至少有一个不动点 x 满足 $r \leqslant \|x\|_c \leqslant R_2$, 即问题 (7.5.1) 至少有一正解.

类似于定理 7.5.1 的证明, 我们可以得到下面的结论.

推论 7.5.1 设锥 P 是正规锥且条件 (H) 成立. 另外假设对 $x \in P$ 有 $f_0 = \infty$ 且 $f^\infty = 0$, 则边值问题 (7.5.1) 至少有一正解.

推论 7.5.2 设锥 P 是正规锥且条件 (H) 成立. 另外假设对 $x \in P$ 有 $f^0 = 0$ 且 $f_\infty = \infty$, 则边值问题 (7.5.1) 至少有一正解.

定理 7.5.2　设锥 P 是正规锥且条件 (H) 成立. 另外, 假设下面满足两个条件:

(i) 对 $x \in P$ 有 $(\phi f)_0 = \infty$ 且 $(\phi f)_\infty = \infty$;

(ii) 存在 $\rho > 0$, 使得 $\displaystyle\sup_{t \in J, x \in P \cap T_\rho} \|f(t, x(t))\| < 24\rho$.

则边值问题 (7.5.1) 至少有两个正解.

证明　由 $(\phi f)_0 = \infty$ 知存在 $0 < r < \rho$, 使得当 $x \in \bar{P}_r$ 时, $\phi(f(t, x(t))) \geqslant \bar{M} \|x\|$. 其中, $\bar{M}$ 满足

$$\bar{M} M \int_\gamma^{1-\gamma} G\left(\frac{1}{2}, s\right) ds \geqslant 1.$$

取 $0 < \delta < r$, 则当 $x \in K, \|x\|_c = \delta$ 时, 由 (7.5.4) 式知, 对任意 $t \in J_\gamma$ 有 $\|x(t)\| \geqslant M \|x\|_c$.

进而, 得到

$$\begin{aligned}
\left\|(Ax)\left(\frac{1}{2}\right)\right\| &\geqslant \phi\left((Ax)\left(\frac{1}{2}\right)\right) = \int_0^1 G\left(\frac{1}{2}, s\right) \phi(f(s, x(s))) ds \\
&\geqslant \int_\gamma^{1-\gamma} G\left(\frac{1}{2}, s\right) \phi(f(s, x(s))) ds \\
&\geqslant \bar{M} \int_\gamma^{1-\gamma} G\left(\frac{1}{2}, s\right) \|x(s)\| ds \\
&\geqslant \bar{M} M \int_\gamma^{1-\gamma} G\left(\frac{1}{2}, s\right) ds \|x\|_c \\
&\geqslant \|x\|_c.
\end{aligned}$$

这表明,

$$\|Ax\|_c \geqslant \|x\|_c, \quad \forall x \in K, \quad \|x\|_c = \delta. \tag{7.5.9}$$

另一方面, 对 $t \in J, x \in K, \|x\|_c = \rho$ 时, 由命题 7.5.2 和 (7.5.2) 式知

$$\begin{aligned}
\|(Ax)(t)\| &\leqslant \frac{1}{6} \int_0^1 s(1-s) \|f(s, x(s))\| ds \\
&\leqslant \frac{1}{24} M^*,
\end{aligned}$$

其中, 由条件 (ii) 知

$$M^* = \{\|f(t, x)\| : t \in J, x \in P \cap T_\rho\} < 24\rho.$$

故 $\|(Ax)(t)\| < \rho$, 从而

$$\|Ax\|_c < \|x\|_c, \quad t \in J, \quad \forall x \in K, \quad \|x\|_c = \rho. \tag{7.5.10}$$

类似 (7.5.9) 式的证明, 由 $(\phi f)_\infty = \infty$ 知存在 $R_1 > \rho$, 使得当 $x \in P, \|x\| \geqslant R_1, t \in J$ 时, 有 $\phi(f(t,x)) \geqslant \mathbb{N}\|x\|$. 其中 $\mathbb{N}$ 满足 $\mathbb{N}M \int_\gamma^{1-\gamma} G\left(\frac{1}{2}, s\right) ds \geqslant 1$. 取 $\mathbb{R} = \dfrac{R_1}{M}$. 则当 $t \in J, x \in K, \|x\|_c = \mathbb{R}$ 时, 由 (7.5.4) 式知 $\|x(t)\| \geqslant M\|x\|_c = \mathbb{R}$. 其中, $t \in J_\gamma$. 进而, 得到

$$\|Ax\|_c \geqslant \|x\|_c. \tag{7.5.11}$$

由 (7.5.9)—(7.5.11) 式及定理 2.3.4 得四阶边值问题 (7.5.1) 至少有两个正解 x_1, x_2 满足 $\delta \leqslant \|x_1\|_c < \rho < \|x_2\|_c \leqslant \mathbb{R}$. 证毕.

类似于定理 7.5.2 的证明, 我们可以得到下面的结论.

推论 7.5.3 在定理 7.5.2 中如果用 $f_0 = \infty$ 替换 $(\phi f)_0 = \infty$, 则定理 7.5.2 的结论仍然成立.

推论 7.5.4 在定理 7.5.2 中如果用 $f_\infty = \infty$ 代替 $(\phi f)_\infty = \infty$, 则定理 7.5.2 的结论仍然成立.

推论 7.5.5 在定理 7.5.2 中如果用 $f_0 = \infty$, $f_\infty = \infty$ 分别代替 $(\phi f)_0 = \infty, (\phi f)_\infty = \infty$, 则定理 7.5.2 的结论仍然成立.

推论 7.5.6 设锥 P 是正规锥且条件 (H) 满足. 另外, 假设下面两个条件满足:

(iii) 对 $x \in P$ 有 $f^0 = 0$ 且 $f^\infty = 0$;

(iv) 存在 $\rho^* > 0$, 使得对于 $x \in \bar{P}_{\rho^*}$ 有 $\|f(t, x(t))\| > \eta^* \rho^*$. 其中

$$P_{\rho^*} = \{x \in P : \|x\| < \rho^*\}, \quad \bar{P}_{\rho^*} = \{x \in P : \|x\| \leqslant \rho^*\},$$

$$\eta^* = \left[M \int_0^1 G(\tau, s) ds \right]^{-1}, \quad \tau \in J.$$

则两点边值问题 (7.5.1) 至少有两个正解.

例 7.5.1 考虑边值问题

$$\begin{cases} x_n^{(4)}(t) = x_n^2(t) + \sin^2(t^2\pi + \pi)x_{n+1}^3(t), & 0 < t < 1 \\ x_n(0) = x_n(1) = x_n''(0) = x_n''(1) = 0, \end{cases} \tag{7.5.12}$$

其中, $x_{n+m} = x_n (n = 1, 2, \cdots, m)$.

结论 7.5.1 问题 (7.5.12) 至少有一个正解.

证明 令 $E = \mathbf{R}^m = \{x = (x_1, \cdots, x_m) : x_n \in \mathbf{R}, n = 1, 2, \cdots, m\}$, 并赋予范数 $\|x\| = \max\limits_{1 \leqslant n \leqslant m} \{|x_n|\}, P = \{x = (x_1, \cdots, x_m) : x_n \geqslant 0 (n = 1, \cdots, m)\}$ 为 E 中的一个正规锥且为体锥. 在 E 中考虑问题 (7.5.12), 先将其转成系统 (7.5.1) 的形式, 相当于 $f = (f_1, \cdots, f_m), f_n(x) = x_n^2(t) + \sin^2(t^2\pi + \pi)x_{n+1}^3(t), n = 1, \cdots, m$.

另外, 显然有 $P^* = P$. 因此取 $\phi = (1, \cdots, 1)$, 则对 $\forall x \in P$ 有

$$\frac{\phi(f(t, x))}{\|x\|} = \frac{\sum_{n=1}^{m} f_n(t, x_1, \cdots, x_m)}{\max_{1 \leqslant n \leqslant m} \{x_n\}},$$

(H) 显然满足.

下面验证 $f^0 = 0$. 因为

$$\limsup_{x \to 0+} \max_{t \in J} \frac{\|f(t, x)\|}{\|x\|} = \limsup_{x \to 0+} \max_{t \in J} \frac{\max_{1 \leqslant n \leqslant m} \{x_n^2(t) + \sin^2(t^2 \pi + \pi) x_{n+1}^3(t)\}}{\max_{1 \leqslant n \leqslant m} \{x_n\}} = 0,$$

又因为, 对 $\forall x > 0$ 都使 $\phi(x) > 0$. 注意到 $x \in P$ 时, $\|x\| \leqslant \phi(x) \leqslant m\|x\|$, 故当 $\|x\| \to \infty$ 时, 我们有

$$\frac{\phi(f(t, x))}{\|x\|} \geqslant \frac{\|f(t, x)\|}{\max_{1 \leqslant n \leqslant m} \{x_n\}} \geqslant \frac{\max_{1 \leqslant n \leqslant m} \{x_n^2\}}{\max_{1 \leqslant n \leqslant m} \{x_n\}} \to \infty.$$

故 $(\phi f)_\infty = \infty$. 由定理 7.5.1 知问题 (7.5.11) 至少存在一个正解. 证毕.

7.6　抽象空间中带参数的四阶非局部问题的多个正解

令 P 是实 Banach 空间 E 中的锥, 考虑边值问题

$$\begin{cases} x^{(4)}(t) - \lambda f(t, x(t)) = \theta, & 0 < t < 1, \\ x(0) = x(1) = \displaystyle\int_0^1 g(s) x(s) ds, & \\ x''(0) = x''(1) = \displaystyle\int_0^1 h(s) x(s) ds, & \end{cases} \tag{7.6.1}$$

其中, λ 是一个正参数, $f \in C(J \times P, P)$, θ 是 E 中的零元素, $g, h \in L^1[0, 1]$ 非负.

令 $J = [0, 1]$. $(C(J, E), \|\cdot\|_c)$ 是一个 Banach 空间, 如果

$$\|x\|_c = \sup_{t \in J} \|x(t)\|,$$

简记为 $C(J, E)$.

若 $x \in C(J, E)$ 满足 (7.6.1), 则称 x 是问题 (7.6.1) 的解. 若 $x \in C(J, E)$ 满足 (7.6.1), 且 $x(t) > \theta, \forall t \in (0, 1)$, 则称 x 是问题 (7.6.1) 的正解.

假设下列条件成立:

(H_1) $f \in C(J \times P, P)$, 并且对任意 $l > 0, f$ 在 $J \times (P \cap T_l)$ 上一致连续. 进一步假设 $\mu \in [0, 1), \nu \in [0, 1)$, 并且存在非负常数 η_l 满足

$$\frac{1}{8(1-\mu)(1-\nu)}\lambda\eta_l < 1$$

使得

$$\alpha(f(t, S)) \leqslant \eta_l\alpha(S), \quad t \in J, \quad S \subset P \cap T_l,$$

其中, $T_l = \{x \in E : \|x\| \leqslant l\}, \mu = \int_0^1 g(s)ds, \nu = \int_0^1 h(s)ds$;

(H_2) 存在一个在测度不为零的子集上不恒为零的函数 $m \in C(J, [0, \infty))$ 使得 $\Psi(f(t, x)) \geqslant m(t)\|x\|, \forall t \in J, x \in P$, 其中 $\Psi \in P^*, \|\Psi\| = 1$;

(H_3) 存在一个在测度不为零的子集上不恒为零的函数 $n \in C(J_\delta, [0, \infty))$ 使得 $\Psi(f(t, x)) \geqslant n(t)\forall t \in J_\delta, x \in P, \|x\| \geqslant d$, 其中 $J_\delta = [\delta, 1-\delta], \delta \in \left(0, \frac{1}{2}\right)$.

为了便于讨论边值问题 (7.6.1) 正解的存在性, 先介绍几个引理.

引理 7.6.1 假设 $\sigma := \int_0^1 \phi(s)ds \neq 1$. 则, 对任意 $\varphi \in C(J, P)$, 边值问题

$$\begin{cases} -x''(t) = \varphi(t), & 0 < t < 1, \\ x(0) = x(1) = \int_0^1 \phi(s)x(s)ds \end{cases} \tag{7.6.2}$$

存在唯一解

$$x(t) = \int_0^1 H(t, s)\varphi(s)ds,$$

其中,

$$H(t, s) = G(t, s) + \frac{1}{1-\sigma}\int_0^1 G(s, \tau)\phi(\tau)d\tau, \tag{7.6.3}$$

$$G(t, s) = \begin{cases} t(1-s), & 0 \leqslant t \leqslant s \leqslant 1, \\ s(1-t), & 0 \leqslant s \leqslant t \leqslant 1. \end{cases} \tag{7.6.4}$$

证明 证明过程类似于参考文献 [1] 的引理 2.1. 故把证明过程省略.

由 (7.6.3) 和 (7.6.4) 式知 $H(t, s), G(t, s)$ 有如下性质.

命题 7.6.1 如果 $\sigma \in [0, 1)$, 则 $H(t, s) > 0, G(t, s) > 0, \forall t, s \in (0, 1)$.

命题 7.6.2 如果 $\sigma \in [0, 1)$, 则

$$0 \leqslant H(t, s), \quad 0 \leqslant G(t, s) \leqslant G(s, s) \leqslant \frac{1}{4}, \quad \forall t, s \in J. \tag{7.6.5}$$

命题 7.6.3　对任意 $t \in J_\delta, s, u \in J$, 得

$$G(t, s) \geqslant \delta G(u, s). \tag{7.6.6}$$

证明　事实上, 对任意 $t \in [\delta, 1 - \delta], s, u \in (0, 1)$, 得:

情况 (1)　如果 $\max\{t, u\} \leqslant s$, 那么

$$\frac{G(t, s)}{G(u, s)} = \frac{t(1 - s)}{u(1 - s)} = \frac{t}{u} \geqslant t \geqslant \delta.$$

情况 (2)　如果 $s \leqslant \min\{t, u\}$, 那么

$$\frac{G(t, s)}{G(u, s)} = \frac{s(1 - t)}{s(1 - u)} = \frac{1 - t}{1 - u} \geqslant 1 - t \geqslant \delta.$$

情况 (3)　如果 $t \leqslant s \leqslant u$, 那么

$$\frac{G(t, s)}{G(u, s)} = \frac{t(1 - s)}{s(1 - u)} \geqslant \frac{t}{s} \geqslant t \geqslant \delta.$$

情况 (4)　如果 $u \leqslant s \leqslant t$, 那么

$$\frac{G(t, s)}{G(u, s)} = \frac{s(1 - t)}{u(1 - s)} \geqslant \frac{1 - t}{1 - s} \geqslant 1 - t \geqslant \delta.$$

另外, 如果 $s, u \in \{0, 1\}$, 则由 $G(t, s)$ 的定义知

$$G(t, s) \geqslant \delta G(u, s).$$

故, 对任意 $t \in J_\delta, s, u \in J$, 得

$$\frac{G(t, s)}{G(u, s)} \geqslant \delta.$$

证毕.

引理 7.6.2　假设条件 (H_1) 成立. 定义算子

$$(Tx)(t) = \lambda \int_0^1 \Upsilon(t, s) f(s, x(s)) ds, \tag{7.6.7}$$

其中,

$$\Upsilon(t, s) = \int_0^1 \Upsilon_1(t, \tau) \Upsilon_2(\tau, s) d\tau, \tag{7.6.8}$$

$$\Upsilon_1(t, \tau) = G(t, \tau) + \frac{1}{1 - \mu} \int_0^1 G(\tau, v) g(v) dv, \tag{7.6.9}$$

$$\Upsilon_2(\tau,s) = G(\tau,s) + \frac{1}{1-\nu}\int_0^1 G(s,v)h(v)dv, \tag{7.6.10}$$

则 x 是边值问题 (7.6.1) 的解当且仅当 x 是算子 T 的一个不动点.

证明 证明类似于参考文献 [1] 的引理 2.2. 故把证明过程省略.

由 (7.6.8) 式知, $\Upsilon(t,s)$ 有如下性质.

命题 7.6.4 如果条件 (H_1) 成立, 则

$$0 \leqslant \Upsilon(t,s) \leqslant \frac{1}{16(1-\mu)(1-\nu)}, \quad \forall t,s \in J. \tag{7.6.11}$$

命题 7.6.5 对任意 $t \in J_\delta, s, u \in J$, 得

$$\Upsilon(t,s) \geqslant \delta\Upsilon(u,s). \tag{7.6.12}$$

证明 事实上, 由 (7.6.6) 和 (7.6.9) 式知

$$\Upsilon_1(t,\tau) \geqslant \delta G(u,\tau) + \frac{1}{1-\mu}\delta\int_0^1 G(\tau,v)g(v)dv = \delta\Upsilon_1(u,\tau), \quad t \in J_\delta, \quad \tau, u \in J.$$

由此, 结合 (7.6.8) 知 (7.6.12) 式成立.

为了获得正解, 构造一个锥 K:

$$K = \{x \in Q : x(t) \geqslant \delta x(s), t \in J_\delta, s \in [0,1]\}, \tag{7.6.13}$$

其中,

$$Q = \{x \in C(J,E) : x(t) \geqslant \theta, t \in J\}.$$

显然 K 是 $C(J,E)$ 的一个锥, 并且 $K_{r,R} = \{x \in K : r \leqslant \|x\| \leqslant R\} \subset K, K \subset Q$.

在下文中, 记

$$B_l = \{x \in C(J,E) : \|x\|_c \leqslant l\}, \quad l > 0.$$

引理 7.6.3 假设条件 (H_1) 成立. 则对每一个 $l > 0$, 算子 T 在 $Q \cap B_l$ 上是一个严格集压缩算子. 即存在一个常数 $0 \leqslant k_l < 1$, 使得 $\alpha(T(S)) \leqslant k_l\alpha(S), \forall S \subset Q \cap B_l$.

证明 对任意 $l > 0$, 假设 $S \subset Q \cap B_l$. 由参考文献 [45] 中引理 2.3 的证明知, 算子 T 映 $Q \cap B_l$ 到 Q 连续有界.

另外, 易知 $0 \leqslant \Upsilon(t,s) \leqslant \dfrac{1}{16(1-\mu)(1-\nu)}$. 用和参考文献 [1] 中引理 2.3 类似的证明方法, 得

$$\alpha(T(S)) \leqslant 2\lambda\frac{1}{16(1-\mu)(1-\nu)}\eta_l\alpha(S).$$

因此,

$$\alpha(T(S)) \leqslant k_l\alpha(S), \quad S \subset Q \cap B_l,$$

其中, $k_l = \lambda \dfrac{1}{8(1-\mu)(1-\nu)} \eta_l, 0 \leqslant k_l < 1$. 证毕.

引理 7.6.4　假设条件 (H_1) 成立. 则 $T(K) \subset K$, 并且 $T : K_{r,R} \to K$ 是一个严格集压缩算子.

证明　由 (7.6.7) 和 (7.6.12) 式知

$$
\begin{aligned}
\min_{t \in J_\delta}(Tx)(t) &= \lambda \min_{t \in J_\delta} \int_0^1 \Upsilon(t,s) f(s, x(s)) ds \\
&\geqslant \lambda \delta \int_0^1 \Upsilon(u,s) f(s, x(s)) ds \\
&\geqslant \delta (Tx)(u), \quad u \in J.
\end{aligned}
$$

因此, $T(x) \in K$, 即 $T(K) \subset K$. 进而有 $T(K_{r,R}) \subset K$. 故 $T : K_{r,R} \to K$.

随后, 据引理 7.6.3, 我们能证明 $T : K_{r,R} \to K$ 是一个严格集压缩算子. 证毕.

下面, 利用定理 2.3.5 和定理 2.3.6, 给出本节的主要结论. 为了方便, 先引入以下记号:

$$
f^\beta = \limsup_{\|x\| \to \beta} \max_{t \in J} \frac{\|f(t,x)\|}{\|x\|}, \quad f_\beta = \liminf_{\|x\| \to \beta} \min_{t \in J} \frac{\|f(t,x)\|}{\|x\|},
$$

$$
(\Psi f)_\beta = \liminf_{\|x\| \to \beta} \min_{t \in J} \frac{\Psi(f(t,x))}{\|x\|},
$$

其中, β 表示 0 或者 ∞, $\Psi \in P^*$, 且 $\|\Psi\| = 1$.

定理 7.6.1　假设条件 $(H_1), (H_2)$ 成立且对任意 $x \in P$ 有 $(\Psi f)_0 = (\Psi f)_\infty = \infty$. 则, 对任意充分小的 λ, 边值问题 (7.6.1) 至少存在两个正解; 而对任意充分大的 λ, 边值问题 (7.6.1) 没有正解.

证明　对 $\mathcal{L} > 0$, 令

$$
F(\mathcal{L}) = \frac{1}{16(1-\mu)(1-v)} \max_{x \in K, \|x\|_c = \mathcal{L}} \int_0^1 \|f(s, x(s))\| ds.
$$

因为 $(\Psi f)_\infty = \infty$, 所以存在 $r_1 > 0$, 使得 $F(r_1) > 0$. 令 $\lambda_1 = \dfrac{r_1}{F(r_1)}$. 则对任意 $\lambda \in (0, \lambda_1)$ 和 $x \in K, \|x\|_c = r_1$, 有

$$
\begin{aligned}
\|(Tx)(t)\| &\leqslant \lambda \frac{1}{16(1-\mu)(1-v)} \int_0^1 \|f(s, x(s))\| ds \\
&< \lambda_1 \frac{1}{16(1-\mu)(1-v)} \int_0^1 \|f(s, x(s))\| ds \\
&\leqslant \lambda_1 F(r_1) = \|x\|_c,
\end{aligned}
$$

即 $x \in K, \|x\|_c = r_1$. 这蕴含着 $\|Tx\|_c < r_1$. 因此, 由定理 2.3.5 知 $i(T, K_{r_1}, K) = 1$.

同样, 由 $(\Psi f)_\infty = \infty$ 知存在 $\bar{r}_2 > 0$ 使得 $\Psi(f(t, x(t))) \geqslant \varepsilon_1 \|x\|, \forall x \in P, t \in J, \|x\| \geqslant \bar{r}_2$. 其中, $\varepsilon_1 > 0$ 满足 $\varepsilon_1 \lambda \delta \int_\delta^{1-\delta} \Upsilon\left(\frac{1}{2}, s\right) ds > 1$.

令 $r_2 = \max\left\{2r_1, \dfrac{\bar{r}_2}{\delta}\right\}$. 则对任意 $t \in J_\delta, x \in K, \|x\|_c = r_2$, 由 (7.6.13) 式知 $\|x(t)\| \geqslant \delta\|x\|_c \geqslant \bar{r}_2$, 进而

$$
\begin{aligned}
\left\|(Tx)\left(\frac{1}{2}\right)\right\| &\geqslant \Psi\left((Tx)\left(\frac{1}{2}\right)\right) = \lambda \int_0^1 \Upsilon\left(\frac{1}{2}, s\right) \Psi(f(s, x(s))) ds \\
&\geqslant \lambda \int_\delta^{1-\delta} \Upsilon\left(\frac{1}{2}, s\right) \Psi(f(s, x(s))) ds \\
&\geqslant \lambda \varepsilon_1 \int_\delta^{1-\delta} \Upsilon\left(\frac{1}{2}, s\right) \|x(s)\| ds \\
&\geqslant \lambda \varepsilon_1 \delta \|x\|_c \int_\delta^{1-\delta} \Upsilon\left(\frac{1}{2}, s\right) ds \\
&> \|x\|_c,
\end{aligned}
$$

即 $x \in K, \|x\|_c = r_2$. 这蕴含着 $\|Tx\|_c > r_2$. 因此, 由定理 2.3.6 知 $i(T, K_{r_2}, K) = 0$.

类似地, 因为 $(\Psi f)_0 = \infty$, 所以存在 $\bar{r}_3$: $0 < \bar{r}_3 < r_1$ 使得 $\Psi(f(t, x)) \geqslant \varepsilon_2 \|x\|, \forall t \in J, x \in P, \|x\| \leqslant \bar{r}_3$. 其中, $\varepsilon_2 > 0$ 满足 $\varepsilon_2 \lambda \gamma \int_\delta^{1-\delta} \Upsilon\left(\frac{1}{2}, s\right) ds > 1$.

令 $0 < r_3 < \bar{r}_3$. 则对任意 $x \in K, \|x\|_c = r_3$, 得 $\|Tx\|_c > r_3$. 因此, 由定理 2.3.6 知 $i(T, K_{r_3}, K) = 0$.

由不动点指数的可加性知,

$$
i(T, K_{r_2}/\bar{K}_{r_1}, K) = -1, \quad i(T, K_{r_1}/\bar{K}_{r_3}, K) = 1.
$$

故算子 T 在 $K_{r_2}/\bar{K}_{r_1}$ 和 $K_{r_1}/\bar{K}_{r_3}$ 中分别存在一个不动点. 它们就是边值问题 (7.6.1) 的两个正解.

下面考虑当 λ 充分大时, 边值问题 (7.6.1) 没有正解的情况. 由条件 (H_2) 知存在一个函数 $m \in C(J, [0, \infty))$ 在一个测度不为零的子集上不恒为零, 且使得 $\Psi(f(t, x)) \geqslant m(t)\|x\|, \forall t \in J, \|x\| \geqslant 0$. 令 $x \in C[J, E]$ 是边值问题 (7.6.1) 的一个正解, 则 $x \in K$. 现在, 选取充分大的 λ 使得

$$
\lambda \delta \int_\delta^{1-\delta} \Upsilon(t, s) m(s) ds > 1.
$$

因此

$$\|x\|_c \geqslant \|x(t)\| \geqslant \Psi(x(t)) = \lambda \int_0^1 \Upsilon(t,s) \Psi(f(s,x(s))) ds$$

$$\geqslant \lambda \int_\delta^{1-\delta} \Upsilon(t,s) m(s) \|x(s)\| ds$$

$$\geqslant \lambda \delta \|x\|_c \int_\delta^{1-\delta} \Upsilon(t,s) m(s) ds$$

$$> \|x\|_c.$$

这是一个矛盾. 定理得证.

类似于定理 7.6.1 的证明, 还可以得到下列结论.

推论 7.6.1　令 $f_\infty = \infty$ 替换定理 7.6.1 中的 $(\Psi f)_\infty = \infty$. 则定理 7.6.1 的结论也成立.

推论 7.6.2　令 $f_0 = \infty$ 替换定理 7.6.1 中的 $(\Psi f)_0 = \infty$. 则定理 7.6.1 的结论也成立.

推论 7.6.3　令 $f_\infty = \infty$ 替换定理 7.6.1 中的 $(\Psi f)_\infty = \infty$ 和 $f_0 = \infty$ 替换定理 7.6.1 中的 $(\Psi f)_0 = \infty$. 则定理 7.6.1 的结论也成立.

定理 7.6.2　假设条件 (H_1), (H_3) 成立, 且 $f^0 = f^\infty = 0, \forall x \in P$. 则对充分大的 λ, 边值问题 (7.6.1) 至少存在两个正解; 而对充分小的 λ, 边值问题 (7.6.1) 不存在正解.

证明　由条件 (H_3) 知存在一个数 $r_4 = \dfrac{d}{\delta} > 0$, 使得

$$F^*(r_4) = \min_{x \in K, \|x\|_c = r_4} \int_\delta^{1-\delta} \Upsilon\left(\frac{1}{2}, s\right) \Psi(f(s,x(s))) ds \geqslant \int_\delta^{1-\delta} \Upsilon\left(\frac{1}{2}, s\right) n(s) ds > 0.$$

令 $\lambda_2 = \dfrac{r_4}{F^*(r_4)}$. 则对任意 $\lambda \in (\lambda_2, \infty), \forall x \in K, \|x\|_c = r_4$, 得

$$\left\|(Tx)\left(\frac{1}{2}\right)\right\| \geqslant \Psi\left((Tx)\left(\frac{1}{2}\right)\right) = \lambda \int_0^1 \Upsilon\left(\frac{1}{2}, s\right) \Psi(f(s,x(s))) ds$$

$$> \lambda_2 \int_\delta^{1-\delta} \Upsilon\left(\frac{1}{2}, s\right) \Psi(f(s,x(s))) ds$$

$$\geqslant \lambda_2 F^*(r_4) = \|x\|_c,$$

即 $x \in K, \|x\|_c = r_4$, 蕴含着 $\|Tx\|_c > r_4$. 因此, 由定理 2.3.6 知 $i(T, K_{r_4}, K) = 0$.

同样, 由 $f^0 = 0$ 知存在 $\bar{r}_5 : 0 < \bar{r}_5 < r_4$, 使得 $\|f(t,x(t))\| \leqslant \varepsilon_3 \|x\|, \forall t \in J, x \in$

$P, \|x\| \leqslant \bar{r}_5$, 其中 $\varepsilon_3 > 0$ 满足 $\varepsilon_3 \lambda \dfrac{1}{16(1-\mu)(1-\upsilon)} < 1$.

令 $0 < r_5 < \bar{r}_5$. 则对任意 $t \in J, x \in K, \|x\|_c = r_5$, 得

$$\|(Tx)(t)\| \leqslant \lambda \frac{1}{16(1-\mu)(1-\upsilon)} \int_0^1 \|f(s,x(s))\| ds$$

$$\leqslant \lambda \varepsilon_3 \frac{1}{16(1-\mu)(1-\upsilon)} \int_0^1 \|x(s)\| ds$$

$$\leqslant \lambda \varepsilon_3 \frac{1}{16(1-\mu)(1-\upsilon)} \|x\|_c$$

$$< \|x\|_c,$$

即 $x \in K, \|x\|_c = r_5$. 这蕴含着 $\|Tx\|_c < r_5$. 因此, 由定理 2.3.5 知 $i(T, K_{r_5}, K) = 1$.

由 $f^\infty = 0$ 知存在 $\bar{r}_6 : \bar{r}_6 > r_4$, 使得 $\|f(t,x)\| \leqslant \varepsilon_4 \|x\|, \forall x \in P, \|x\| \geqslant \bar{r}_6, t \in J$. 其中, $\varepsilon_4 > 0$ 满足 $\varepsilon_4 \lambda \dfrac{1}{16(1-\mu)(1-\upsilon)} < \dfrac{1}{2}$.

令

$$M = \frac{1}{16(1-\mu)(1-\upsilon)} \lambda \sup_{x \in K, \|x\|_c = \bar{r}_6, t \in J} \int_0^1 \|f(t,x(t))\| dt.$$

不难看出 $M < +\infty$.

选取 $r_6 > \max\{r_4, \bar{r}_6, 2M\}$, 则有 $M < \dfrac{1}{2} r_6$.

现在, 任意选取 $x \in \partial K_{r_6}$. 令 $\|\bar{x}(t)\| = \min\{\|x(t)\|, \bar{r}_6\}$, 则 $\|\bar{x}(t)\| \leqslant \bar{r}_6$. 另外, 记 $\triangle(x) = \{t \in J : \|x(t)\| > \bar{r}_6\}$. 故 $\bar{r}_6 < \|x(t)\| \leqslant \|x\|_c = r_6, \forall t \in \triangle(x)$. 根据 $\bar{r}_6$ 的选择, 知 $\|f(t,x(t))\| \leqslant \varepsilon_4 r_6, \forall t \in \triangle(x)$.

因此, 对任意 $x \in K, \|x\|_c = r_6$, 得

$$\|(Tx)(t)\| \leqslant \lambda \frac{1}{16(1-\mu)(1-\upsilon)} \int_0^1 \|f(s,x(s))\| ds$$

$$= \lambda \frac{1}{16(1-\mu)(1-\upsilon)} \int_{\triangle(x)} \|f(s,x(s))\| ds$$

$$+ \lambda \frac{1}{16(1-\mu)(1-\upsilon)} \int_{J \backslash \triangle(x)} \|f(s,x(s))\| ds$$

$$\leqslant \lambda \frac{1}{16(1-\mu)(1-\upsilon)} \int_{\triangle(x)} \|f(s,x(s))\| ds$$

$$+ \lambda \frac{1}{16(1-\mu)(1-\upsilon)} \int_0^1 \|f(s,\bar{x}(s))\| ds$$

$$\leqslant \lambda \frac{1}{16(1-\mu)(1-v)} \varepsilon_4 r_6 + M$$

$$< \frac{1}{2} r_6 + \frac{1}{2} r_6$$

$$= r_6 = \|x\|_c,$$

即 $x \in K, \|x\|_c = r_6$. 这意味着 $\|Tx\|_c < \|x\|_c$. 因此, 由定理 2.3.5 知 $i(T, K_{r_6}, K) = 1$. 由不动点指数的可加性, 得

$$i(T, K_{r_6}/\bar{K}_{r_4}, K) = 1, \quad i(T, K_{r_4}/\bar{K}_{r_5}, K) = -1.$$

由此, 再结合不动点指数的可解性知算子 T 分别在 $K_{r_6}/\bar{K}_{r_4}$ 和 $K_{r_4}/\bar{K}_{r_5}$ 中有一个不动点. 这就是边值问题 (7.6.1) 的两个正解.

下面讨论当 λ 充分小时边值问题 (7.6.1) 没有正解的情况. 由 $f^0 = f^\infty = 0$ 知, 存在 $\varepsilon > 0$, 使得 $\|f(t,x)\| \leqslant \varepsilon \|x\|, \forall t \in J, x \in P, \|x\| \geqslant 0$. 令 $x \in C[J, E]$ 是边值问题 (7.6.1) 的一个正解, 则 $x \in K$. 现在选取 λ 充分小, 使得

$$\lambda \varepsilon \frac{1}{16(1-\mu)(1-v)} < 1.$$

因此

$$\|x\|_c = \max_{t \in J} \|x(t)\| \leqslant \lambda \frac{1}{16(1-\mu)(1-v)} \int_0^1 \|f(s, x(s))\| ds$$

$$\leqslant \lambda \frac{1}{16(1-\mu)(1-v)} \varepsilon \int_0^1 \|x(s)\| ds$$

$$\leqslant \lambda \frac{1}{16(1-\mu)(1-v)} \varepsilon \|x\|_c$$

$$< \|x\|_c.$$

这是一个矛盾.

推论 7.6.4　假设条件 (H_1) 和 (H_2) 成立. 进一步假设, 对任意 $x \in P$, 有 $f^0 = 0$ 且 $(\Psi f)_\infty = \infty$ 成立. 则对任意 $\lambda > 0$, 边值问题 (7.6.1) 至少存在一个正解.

推论 7.6.5　令 $f^\infty = 0$ 替换推论 7.6.3 中的 $f^0 = 0$, 且 $(\Psi f)_0 = \infty$ 替换推论 7.6.3 中的 $(\Psi f)_\infty = \infty$. 则推论 7.6.3 的结论还成立.

推论 7.6.6　令 $f_\infty = \infty$ 替换推论 7.6.3 中的 $(\Psi f)_\infty = \infty$. 则推论 7.6.3 的结论依然成立.

推论 7.6.7　令 $f^\infty = 0$ 替换推论 7.6.3 中的 $f^0 = 0$, 且 $f_0 = \infty$ 替换推论 7.6.3 中的 $(\Psi f)_\infty = \infty$. 则推论 7.6.3 的结论也成立.

例 7.6.1 考虑本节研究边值问题

$$
\begin{cases}
x_n^{(4)}(t) = \lambda \sqrt[3]{t^2+1}\, x_n^{\frac{1}{3}} \tanh x_{n+1}, & t \in J, \\
x_n(0) = x_n(1) = x_n''(0) = x_n''(1) = 0,
\end{cases}
\tag{7.6.14}
$$

其中, $x_{n+m} = x_n, n = 1, 2, \cdots, m$.

结论 7.6.1 当 λ 充分大时, 问题 (7.6.14) 至少存在两个正解; 当 λ 充分小时, 问题 (7.6.14) 不存在正解.

证明 令

$$
E = \mathbf{R}^m = \{x = (x_1, x_2, \cdots, x_m) : x_n \in \mathbf{R}, n = 1, 2, \cdots, m\},
$$

其范数定义为 $\|x\| = \max\limits_{1 \leqslant n \leqslant m} |x_n|$. 令

$$
P = \{x = (x_1, x_2, \cdots, x_m) : x_n \geqslant 0, n = 1, 2, \cdots, m\},
$$

则 P 是 E 中的正规锥.

我们首先把问题 (7.6.14) 写成问题 (7.6.1) 的形式. 其中, $g(t) = h(t) \equiv 0, \forall t \in J, x = (x_1, x_2, \cdots, x_m), f = (f_1, f_2, \cdots, f_m)$. 这里,

$$
f_n = \sqrt[3]{t^2+1}\, x_n^{\frac{1}{3}} \tanh x_{n+1}, \quad n = 1, 2, \cdots, m.
$$

另外, 由 P 的定义知 $P = P^*$. 如果选取 $\psi = (1, 1, \cdots, 1)$, 则, 对任意 $x \in P$, 得到

$$
\psi(f(t, x)) = \sum_{n=1}^{m} f_n(t, x_1, x_2, \cdots, x_m).
$$

注意到, 当 $t \in J, D \subset P \cap \mathrm{T}_l, l > 0$ 时, $\alpha(f(t, D)) = 0$, 且 $E = \mathbf{R}^m$, 所以条件 (H_1) 自动满足.

下面证明条件 (H_3) 成立, 且 $f^0 = f^\infty = 0$.

因为, $g(t) = h(t) = 0$, 所以

$$
\Upsilon(t, s) = \int_1^0 G(t, \xi) G(\xi, s) d\xi
$$

$$
= \begin{cases}
t(1-s)\dfrac{2s - s^2 - t^2}{6}, & 0 \leqslant t \leqslant s \leqslant 1, \\[3mm]
s(1-t)\dfrac{2t - t^2 - s^2}{6}, & 0 \leqslant s \leqslant t \leqslant 1.
\end{cases}
$$

注意到, $\|x\| \leqslant \psi(x)(\forall x \in P)$, 得

$$(f(t,x)) \geqslant \|f(t,x)\|$$

$$= \sqrt[3]{t^2+1} \max_{1 \leqslant n \leqslant m} \left\{ x_n^{\frac{1}{3}} \tanh x_{n+1} \right\}$$

$$\geqslant \sqrt[3]{t^2+1} d^{\frac{1}{3}} \frac{e^{2d}-1}{e^{2d}+1}, \quad t \in J_\delta, \quad x \in P, \quad \|x\| > d,$$

其中,

$$d > 0, \quad \delta \in (0,1), \quad J_\delta = [\delta, 1-\delta].$$

这表明条件 (H_3) 成立.

通过计算, 得

$$f^\infty = \lim_{\|x\| \to \infty} \sup \max_{t \in J} \frac{\|f(t,x)\|}{\|x\|}$$

$$= \lim_{\|x\| \to \infty} \sup \max_{t \in J} \frac{\sqrt[3]{t^2+1} \max_{1 \leqslant n \leqslant m} \left\{ x_n^{\frac{1}{3}} \tanh x_{n+1} \right\}}{\max_{1 \leqslant n \leqslant m} \{x_n\}}$$

$$= 0,$$

$$f^0 = \lim_{\|x\| \to \infty} \sup \max_{t \in J} \frac{\|f(t,x)\|}{\|x\|}$$

$$= \lim_{\|x\| \to 0} \sup \max_{t \in J} \frac{\sqrt[3]{t^2+1} \max_{1 \leqslant n \leqslant m} \left\{ x_n^{\frac{1}{3}} \tanh x_{n+1} \right\}}{\max_{1 \leqslant n \leqslant m} \{x_n\}}$$

$$= 0.$$

因此, 定理 7.6.1 的条件全部满足. 证毕.

7.7　抽象空间中 n 阶非局部问题的正解

令 P 是实 Banach 空间 E 中的锥, 考虑边值问题

$$\begin{cases} x^{(n)}(t) + f(t, x(t), x'(t), \cdots, x^{(n-2)}(t)) = \theta, & t \in J, \\ x^{(i)}(0) = \theta, & i = 0, 1, \cdots, n-2, \\ x^{(n-2)}(1) = \rho x^{(n-2)}(\eta), \end{cases} \quad (7.7.1)$$

其中, $J = [0,1], f \in C(J \times P^{n-1}, P), \rho \in (0,1), \eta \in (0,1), \theta$ 是 E 中的零元素.

假设如下条件成立:

(H_1) $f \in C(J \times P^{n-1}, P)$, 且对任意 $r > 0$, f 在 $J \times P_r^{n-1}$ 上一致连续, 其中 $P_r = \{x \in P : \|x\| \leqslant r\}$;

(H_2) 存在非负常数 $c_k(k = 1, 2, \cdots, n-1)$, 使得

$$\alpha(f(t, B_1, \cdots, B_{n-1})) \leqslant \sum_{k=1}^{n-1} c_k \alpha(B_k), \quad \forall t \in J,$$

且

$$\frac{1}{2(1-\rho\eta)} \left[\sum_{k=1}^{n-2} \frac{c_k}{(n-2-k)!} + c_{n-1} \right] < 1,$$

其中, $B_k \subset P$ 有界.

显然, $(C[J, E], \|\cdot\|_c)$ 是一个 Banach 空间, 如果

$$\|x\|_c = \sup_{t \in J} \|x(t)\|,$$

简记为 $C[J, E]$.

若 $x \in C^{n-2}(J, E)$ 满足 (7.7.1), 则称 x 是边值问题 (7.7.1) 的解. 若 $x \in C^{n-2}(J, E)$ 是问题 (7.7.1) 的解并且满足 $x(t) > \theta, \forall t \in (0, 1)$, 则称 x 是边值问题 (7.7.1) 的正解. 显然, 若 $f(t, \theta, \cdots, \theta) \equiv \theta$, 则 $x(t) \equiv \theta$ 是边值问题 (7.7.1) 的平凡解.

考察算子 T:

$$(Ty)(t) = \int_0^1 G(t, s) f\left(s, \int_0^s \frac{(s-r)^{n-3}}{(n-3)!} y(r)dr, \cdots, \int_0^s y(r)dr, y(s)\right) ds, \quad (7.7.2)$$

其中,

$$G(t, s) = \frac{1}{1-\rho\eta} \begin{cases} s[1 - \rho\eta - t(1-\rho)], & 0 \leqslant s \leqslant t \leqslant \eta < 1 \text{ 或者} \\ & 0 \leqslant s \leqslant \eta \leqslant t \leqslant 1, \\ t[1 - \rho\eta - s(1-\rho)], & 0 \leqslant t \leqslant s \leqslant \eta < 1, \\ s(1-\rho\eta) - t(s-\rho\eta), & 0 < \eta \leqslant s \leqslant t \leqslant 1, \\ t(1-s), & 0 < \eta \leqslant t \leqslant s \leqslant 1 \text{ 或者} \\ & 0 \leqslant t \leqslant \eta \leqslant s \leqslant 1. \end{cases} \quad (7.7.3)$$

由 (7.7.3) 式知 $G(t, s)$ 有如下性质.

命题 7.7.1 对任意 $t, s \in (0, 1)$, 得 $G(t, s) > 0$.

命题 7.7.2 对任意 $t, s \in J$, 得

$$0 \leqslant G(t, s) \leqslant \frac{1}{4(1-\rho\eta)}. \quad (7.7.4)$$

证明　$G(t,s) \geqslant 0$ 是显然的. 我们只证明 $G(t,s) \leqslant \dfrac{1}{4(1-\rho\eta)}$.

事实上, 由 (7.7.3) 式知

$$G(t,s) = \frac{1}{1-\rho\eta} \begin{cases} s[1-\rho\eta - t(1-\rho)], & 0 \leqslant s \leqslant t \leqslant \eta < 1 \text{ 或者} \\ & 0 \leqslant s \leqslant \eta \leqslant t \leqslant 1, \\ t[1-\rho\eta - s(1-\rho)], & 0 \leqslant t \leqslant s \leqslant \eta < 1, \\ s(1-\rho\eta) - t(s-\rho\eta), & 0 < \eta \leqslant s \leqslant t \leqslant 1, \\ t(1-s), & 0 < \eta \leqslant t \leqslant s \leqslant 1 \text{ 或者} \\ & 0 \leqslant t \leqslant \eta \leqslant s \leqslant 1, \end{cases}$$

$$\leqslant \frac{1}{1-\rho\eta} \begin{cases} s[1-\rho\eta - s(1-\rho)], & 0 \leqslant s \leqslant t \leqslant \eta < 1 \text{ 或者} \\ & 0 \leqslant s \leqslant \eta \leqslant t \leqslant 1, \\ t[1-\rho\eta - t(1-\rho)], & 0 \leqslant t \leqslant s \leqslant \eta < 1, \\ s(1-\rho\eta) - s(s-\rho\eta), & 0 < \eta \leqslant s \leqslant t \leqslant 1, \\ t(1-s), & 0 < \eta \leqslant t \leqslant s \leqslant 1 \text{ 或者} \\ & 0 \leqslant t \leqslant \eta \leqslant s \leqslant 1, \end{cases}$$

$$\leqslant \frac{1}{1-\rho\eta} \begin{cases} s[1-\rho s - s + s\rho)], & 0 \leqslant s \leqslant t \leqslant \eta < 1 \text{ 或者} \\ & 0 \leqslant s \leqslant \eta \leqslant t \leqslant 1, \\ t[1-\rho t - t + t\rho], & 0 \leqslant t \leqslant s \leqslant \eta < 1, \\ s - s\rho\eta - s^2 - s\rho\eta, & 0 < \eta \leqslant s \leqslant t \leqslant 1, \\ s(1-s), & 0 < \eta \leqslant t \leqslant s \leqslant 1 \text{ 或者} \\ & 0 \leqslant t \leqslant \eta \leqslant s \leqslant 1, \end{cases}$$

$$\leqslant \frac{1}{1-\rho\eta} \begin{cases} s(1-s), & 0 \leqslant s \leqslant t \leqslant \eta < 1 \text{ 或者} \\ & 0 \leqslant s \leqslant \eta \leqslant t \leqslant 1, \\ t(1-t), & 0 \leqslant t \leqslant s \leqslant \eta < 1, \\ s(1-s), & 0 < \eta \leqslant s \leqslant t \leqslant 1, \\ s(1-s), & 0 < \eta \leqslant t \leqslant s \leqslant 1 \text{ 或者} \\ & 0 \leqslant t \leqslant \eta \leqslant s \leqslant 1, \end{cases}$$

$$\leqslant \frac{1}{4(1-\rho\eta)}.$$

证毕.

命题 7.7.3 令 $\delta \in \left(0, \dfrac{1}{2}\right)$, $J_\delta = [\delta, 1-\delta]$. 则, 对任意 $t \in J_\delta, s, \tau \in J$, 有

$$G(t,s) \geqslant \gamma G(\tau, s), \tag{7.7.5}$$

其中,

$$\gamma = \min \left\{ \frac{1-\delta}{2}\delta, \frac{1-\rho}{2}\delta \right\}. \tag{7.7.6}$$

证明 事实上, 对任意 $t \in [\delta, 1-\delta], \tau \in (0,1], s \in (0,1)$, 得:

情况 (1) $0 < s \leqslant t \leqslant \eta < 1$ 或者 $0 < s \leqslant \eta \leqslant t \leqslant 1$.

(i) $0 < s \leqslant \tau \leqslant \eta < 1$ 或者 $0 < s \leqslant \eta \leqslant \tau \leqslant 1$.

如果 $\eta \leqslant t$, 则

$$\frac{G(t,s)}{G(\tau,s)} = \frac{s[1-\rho\eta - t(1-\rho)]}{s[1-\rho\eta - \tau(1-\rho)]} \geqslant \frac{1-t}{1+\tau\rho} > \frac{\delta}{2}.$$

如果 $\eta \geqslant t$, 则对任意 $\eta \leqslant 1-\delta$, 得

$$\frac{G(t,s)}{G(\tau,s)} \geqslant \frac{1-\rho\eta - \eta(1-\rho)}{1+\tau\rho} = \frac{1-\eta}{1+\tau\rho} > \frac{\delta}{2};$$

如果 $\eta > 1-\delta$, 则 $\max\limits_{t \in J_\delta} t = 1-\delta$, 且

$$\frac{G(t,s)}{G(\tau,s)} \geqslant \frac{1-\rho\eta - (1-\delta)(1-\rho)}{1+\tau\rho} > \frac{\delta + \rho(1-\eta-\delta)}{2} \geqslant \frac{(1-\rho)}{2}\delta.$$

(ii) $0 < \tau \leqslant s \leqslant \eta < 1$.

如果 $\eta \leqslant t$, 则

$$\frac{G(t,s)}{G(\tau,s)} = \frac{s[1-\rho\eta - t(1-\rho)]}{\tau[1-\rho\eta - s(1-\rho)]} \geqslant \frac{s(1-t)}{\tau(1+\rho s)} \geqslant \frac{1-t}{1+\rho s} > \frac{\delta}{2}.$$

如果 $\eta \geqslant t$, 则对任意 $\eta \leqslant 1-\delta$, 得

$$\frac{G(t,s)}{G(\tau,s)} = \frac{s[1-\rho\eta - t(1-\rho)]}{\tau[1-\rho\eta - s(1-\rho)]} \geqslant \frac{s(1-\eta)}{\tau(1+\rho s)} \geqslant \frac{1-t}{1+\rho s} > \frac{\delta}{2};$$

如果 $\eta > 1-\delta$, 则 $\max\limits_{t \in J_\delta} t = 1-\delta$, 且

$$\frac{G(t,s)}{G(\tau,s)} = \frac{s[1-\rho\eta - t(1-\rho)]}{\tau[1-\rho\eta - s(1-\rho)]} \geqslant \frac{s(1-t)}{\tau(1+\rho s)} \geqslant \frac{1-t}{1+\rho s} > \frac{\delta}{2}.$$

情况 (2) $0 < \eta \leqslant s \leqslant t < 1$.

(i) 如果 $0 < \eta \leqslant s \leqslant \tau < 1$, 则

$$\frac{G(t,s)}{G(\tau,s)} = \frac{s(1-\rho\eta) - t(s-\rho\eta)}{s(1-\rho\eta) - \tau(s-\rho\eta)} = \frac{s - ts + \rho\eta(t-s)}{s + \tau\rho\eta - (s\rho\eta + \tau s)}$$

$$\geqslant \frac{s - ts}{s + \tau\rho\eta} = \frac{1 - t}{1 + \rho\tau} > \frac{\delta}{2}.$$

(ii) 如果 $0 < \eta \leqslant \tau \leqslant s < 1$ 或者 $0 < \tau \leqslant \eta \leqslant s < 1$, 则

$$\frac{G(t,s)}{G(\tau,s)} = \frac{s(1 - \rho\eta) - t(s - \rho\eta)}{\tau(1 - s)} \geqslant \frac{s(1 - t)}{\tau(1 - s)} \geqslant \frac{1 - t}{1 - s} \geqslant \frac{\delta}{2}.$$

情况 (3) $0 < t \leqslant s \leqslant \eta < 1$.

(i) 如果 $0 < \tau \leqslant s \leqslant \eta < 1$, 则

$$\frac{G(t,s)}{G(\tau,s)} = \frac{t[1 - \rho\eta - s(1 - \rho)]}{\tau[1 - \rho\eta - s(1 - \rho)]} = \frac{t}{\tau} \geqslant \delta.$$

(ii) 如果 $0 < s \leqslant \tau \leqslant \eta < 1$ 或者 $0 < s \leqslant \eta \leqslant \tau \leqslant 1$, 则

$$\frac{G(t,s)}{G(\tau,s)} = \frac{t[1 - \rho\eta - s(1 - \rho)]}{s[1 - \rho\eta - \tau(1 - \rho)]} \geqslant \frac{t[1 - \rho\eta - \tau(1 - \rho)]}{s[1 - \rho\eta - \tau(1 - \rho)]} \geqslant \delta.$$

情况 (4) $0 < s \leqslant t \leqslant \eta < 1$ 或者 $0 < s \leqslant \eta \leqslant t \leqslant 1$.

(i) 如果 $0 < s \leqslant \tau \leqslant \eta < 1$ 或者 $0 < s \leqslant \eta \leqslant \tau \leqslant 1$, 则

$$\frac{G(t,s)}{G(\tau,s)} = \frac{t(1 - s)}{\tau(1 - s)} = \frac{t}{\tau} \geqslant \delta.$$

(ii) 如果 $0 < \eta \leqslant s \leqslant \tau < 1$, 则

$$\frac{G(t,s)}{G(\tau,s)} = \frac{t(1 - s)}{s(1 - \rho\eta) - \tau(1 - \rho\eta)} \geqslant \frac{t(1 - \delta)}{s + \rho\eta\tau} > \frac{1 - \delta}{2}\delta.$$

故对任意 $t \in J_\delta, s \in (0,1), \tau \in (0,1]$, 得

$$\frac{G(t,s)}{G(\tau,s)} \geqslant \min\left\{\frac{1 - \delta}{2}\delta, \frac{1 - \rho}{2}\delta\right\} =: \gamma.$$

另外, 由 $G(t,s)$ 的定义易知

$$G(t,s) \geqslant \gamma G(\tau,s), \quad \forall t \in J_\delta, \quad s \in \{0,1\}, \quad \tau = 0.$$

证毕.

引理 7.7.1 (i) 如果 $x \in C^{n-2}[J,E]$ 是边值问题 (7.7.1) 的一个解, 则 $y(t) = x^{(n-2)}(t) \in C[J,E]$ 是算子 T 的一个不动点;

(ii) 如果 $y \in C[J,E]$ 是算子 T 的一个不动点, 则 $x(t) = \int_0^t \frac{(t-s)^{n-3}}{(n-3)!} y(s)ds \in C^{n-2}[J,E]$ 是边值问题 (7.7.1) 的一个解.

证明 证明过程和引理 4.3.1 类似. 故把证明细节省略.

为了获得边值问题 (7.7.1) 正解的存在性, 构造一个锥 K:

$$K = \{y \in Q : y(t) \geqslant \gamma y(s), t \in J_\delta, s \in J\}, \tag{7.7.7}$$

其中, γ 在 (7.7.6) 式中有定义, 且

$$Q = \{y \in C[J, E] : y \geqslant \theta, t \in J\}.$$

不难看出 K 是 $C(J, E)$ 中的一个闭凸锥, 且 $K \subset Q$.

引理 7.7.2　假设条件 (H_1)—(H_3) 成立, 则 $T : Q \to Q$ 是一个严格集压缩算子.

证明　由条件 (H_1) 知 $T : Q \to Q$ 连续有界. 令 $S \subset Q$ 有界. 由定理 2.3.8, 再结合条件 (H_1) 知 $\alpha_C(TS) = \max_{t \in J} \alpha((TS)(t))$. 由条件 (H_2) 得

$$\alpha(TS)(t) \leqslant \alpha(\bar{co}\{G(t, s)f(s, (T_1y)(s), \cdots, (T_{n-2}y)(s), y(s)) : s \in [0, t], t \in J, y \in S\})$$

$$\leqslant \frac{1}{4(1 - \rho\eta)} \alpha(\{f(s, (T_1y)(s), \cdots, (T_{n-2}y)(s), y(s)) : s \in [0, t], t \in J, y \in S\})$$

$$\leqslant \frac{1}{4(1 - \rho\eta)} \alpha(f(I \times (T_1S)(J) \times \cdots \times (T_{n-2}S)(J) \times S(J)))$$

$$\leqslant \frac{1}{4(1 - \rho\eta)} \left(\sum_{k=1}^{n-2} c_k \alpha((T_kS)(J)) + c_{n-1}\alpha(S(J)) \right).$$

其中, $(T_ky)(s) = \int_0^s \frac{(s-r)^{n-3}}{(n-2-k)!} y(r)dr, k = 1, 2, \cdots, n-2$. 因此,

$$\alpha_C(TS) \leqslant \frac{1}{4(1 - \rho\eta)} \left(\sum_{k=1}^{n-2} c_k \alpha((T_kS)(J)) + c_{n-1}\alpha(S(J)) \right). \tag{7.7.8}$$

类似地,

$$\alpha(T_kS)(J) \leqslant \frac{1}{(n-2-k)!} \alpha(S(J)). \tag{7.7.9}$$

另外, 使用和参考文献 [1] 中引理 2 类似的方法, 得到

$$\alpha(S(J)) \leqslant 2\alpha_c(S). \tag{7.7.10}$$

因此, 由 (7.7.8)—(7.7.10) 式知

$$\alpha_C(TS) \leqslant 2 \frac{1}{4(1 - \rho\eta)} \left(\sum_{k=1}^{n-2} c_k + c_{n-1} \right) \alpha_C(S).$$

注意到 $\dfrac{1}{2(1-\rho\eta)}\left[\sum\limits_{k=1}^{n-2}\dfrac{c_k}{(n-2-k)!}+c_{n-1}\right]<1$, 我们断言算子 T 是一个严格集压缩算子. 证毕.

引理 7.7.3　假设条件 (H_1) 和 (H_2) 成立, 则 $T(K)\subset K$, 且 $T:K_{r,R}\to K$ 是一个严格集压缩算子.

证明　由 (7.7.2) 和 (7.7.3) 式知

$$
\min_{t\in J_\delta}(Ty)(t)=\min_{t\in J_\delta}\int_0^1 G(t,s)f\left(s,\int_0^s\frac{(s-r)^{n-3}}{(n-3)!}y(r)dr,\cdots,\int_0^s y(r)dr,y(s)\right)ds
$$

$$
\geqslant\gamma\left[\int_0^1 G(\tau,s)f\left(s,\int_0^s\frac{(s-r)^{n-3}}{(n-3)!}y(r)dr,\cdots,\int_0^s y(r)dr,y(s)\right)ds\right.
$$

$$
=\gamma(Ty)(\tau),\quad \tau\in J.
$$

因此, $T(x)\in K$, 即 $T(K)\subset K$. 又因为 $K_{r,R}\subset K$, 所以 $T(K_{r,R})\subset K$. 故 $T:K_{r,R}\to K$.

接着, 根据引理 7.7.2, 我们能证明 $T:K_{r,R}\to K$ 是一个严格集压缩算子. 所以省略证明过程. 证毕.

下面, 应用定理 2.3.4 和定理 2.3.5 研究边值问题 (7.7.1) 正解的存在性. 先引入几个记号:

$$
f^\beta=\limsup_{\sum_{k=1}^{n-1}\|u_k\|\to\beta}\max_{t\in J}\frac{\|f(t,u_1,\cdots,u_{n-1})\|}{\sum\limits_{k=1}^{n-1}\|u_k\|},
$$

$$
f_\beta=\liminf_{\sum_{k=1}^{n-1}\|u_k\|\to\beta}\min_{t\in J}\frac{\|f(t,u_1,\cdots,u_{n-1})\|}{\sum\limits_{k=1}^{n-1}\|u_k\|},
$$

$$
(\Psi f)_\beta=\liminf_{\sum_{k=1}^{n-1}\|u_k\|\to\beta}\min_{t\in J}\frac{\Psi(f(t,u_1,\cdots,u_{n-1}))}{\sum\limits_{k=1}^{n-1}\|u_k\|},\quad \Lambda=\gamma\int_\delta^{1-\delta}G\left(\frac{1}{2},s\right)ds,
$$

其中, $u_k\in P,\beta$ 表示 0 或者 $\infty,\Psi\in P^*$, 且 $\|\Psi\|=1$.

定理 7.7.1　假设条件 (H_1) 和 (H_2) 成立, 且 P 是正规锥. 如果 $f^0<4(1-\rho\eta)$ 且 $(\Psi f)_\infty>\Lambda^{-1}$, 则边值问题 (7.7.1) 至少存在一个正解.

证明　考虑 $f^0<4(1-\rho\eta)$, 则存在一个常数 $\bar r_1>0$ 使得 $\|f(t,u_1,\cdots,u_{n-1})\|\leqslant(f^0+\varepsilon_1)\sum_{k=1}^{n-1}\|u_k\|,\ \forall t\in J,u_k\in P,\sum_{k=1}^{n-1}\|u_k\|\leqslant\bar r_1$. 其中 $\varepsilon_1>0$ 满足

$$
\frac{1}{4(1-\rho\eta)}\sum_{k=0}^{n-2}\frac{1}{k!}(f^0+\varepsilon_1)\leqslant 1.
$$

令 $r_1 \in (0, \bar{r}_1)$. 则对任意 $t \in J, y \in K, \|y\|_c = r_1$, 得

$$\|(Ty)(t)\| \leqslant \frac{1}{4(1-\rho\eta)} \int_0^1 \|f(s, (T_1 y)(s), \cdots, (T_{n-2}y)(s), y(s))\| ds$$

$$\leqslant \frac{1}{4(1-\rho\eta)} (f^0 + \varepsilon_1) \int_0^1 \left(\sum_{k=1}^{n-2} \|(T_k y)(s)\| + \|y(s)\| \right) ds$$

$$\leqslant \frac{1}{4(1-\rho\eta)} (f^0 + \varepsilon_1) \sum_{k=0}^{n-2} \frac{1}{k!} \|y\|_c$$

$$\leqslant \|y\|_c.$$

这表明, 对任意 $y \in K, \|y\|_c = r_1$, 得到

$$\|Ty\|_c \leqslant \|y\|_c. \tag{7.7.11}$$

接下来, 由 $(\Psi f)_\infty > \Lambda^{-1}$ 知, 存在 $\bar{r}_2 > 0$, 使得

$$\Psi(f(t, u_1, \cdots, u_{n-1})) \geqslant ((\Psi f)_\infty - \varepsilon_2) \sum_{k=1}^{n-1} \|u_k\|, \quad \forall t \in J, \quad u_k \in P, \quad \sum_{k=1}^{n-1} \|u_k\| \geqslant \bar{r}_2,$$

其中, $\varepsilon_2 > 0$ 满足 $((\Psi f)_\infty - \varepsilon_2)\gamma \int_\delta^{1-\delta} G\left(\frac{1}{2}, s\right) ds \geqslant 1$.

令 $r_2 = \max \left\{ 2r_1, \dfrac{\bar{r}_2}{\gamma} \right\}$. 则对任意 $t \in J_\delta, y \in K, \|y\|_c = r_2$, 由 (7.7.7) 式知 $\|y(t)\| \geqslant \gamma\|y\|_c \geqslant \bar{r}_2$, 且

$$\left\| (Ty)\left(\frac{1}{2}\right) \right\| \geqslant \Psi\left((Ty)\left(\frac{1}{2}\right) \right)$$

$$= \int_0^1 G\left(\frac{1}{2}, s\right) \Psi(f(s, (T_1 y)(s), \cdots, (T_{n-2}y)(s), y(s))) ds$$

$$\geqslant ((\Psi f)_\infty - \varepsilon_2) \int_\delta^{1-\delta} G\left(\frac{1}{2}, s\right) \left(\sum_{k=1}^{n-2} \|(T_k y)(s)\| + \|y(s)\| \right) ds$$

$$\geqslant ((\Psi f)_\infty - \varepsilon_2) \int_\delta^{1-\delta} G\left(\frac{1}{2}, s\right) \|y(s)\| ds$$

$$\geqslant ((\Psi f)_\infty - \varepsilon_2)\gamma \int_\delta^{1-\delta} G\left(\frac{1}{2}, s\right) ds \|y\|_c$$

$$\geqslant \|y\|_c.$$

这表明, 对任意 $y \in K, \|y\|_c = r_2$, 得到

$$\|Ty\|_c \geqslant \|y\|_c. \tag{7.7.12}$$

由定理 2.3.4, 并结合 (7.7.11) 和 (7.7.12) 式知算子 T 存在一个不动点 $y^* \in \bar{K}_{r_1,r_2}$, $r_1 \leqslant \|y^*\| \leqslant r_2$ 且 $y^*(t) \geqslant \gamma\|y^*\| > 0, t \in J_\delta$. 再由引理 7.7.1 知定理的结论成立. 证毕.

由定理 7.7.1 的证明, 我们还可以得到下面的结论.

推论 7.7.1　假设条件 (H_1) 和 (H_2) 成立, 且 P 是正规锥. 如果 $f^0 < 4(1-\rho\eta)$ 且 $f_\infty > \Lambda^{-1}$, 则边值问题 (7.7.1) 至少存在一个正解.

定理 7.7.2　假设条件 (H_1) 和 (H_2) 成立, 且 P 是正规锥. 如果 $f^\infty < 4(1-\rho\eta)$ 且 $(\Psi f)_0 > \Lambda^{-1}$, 则边值问题 (7.7.2) 至少存在一个正解.

证明　考虑 $(\Psi f)_0 > \Lambda^{-1}$, 则存在 $\bar{r}_3 > 0$, 使得 $\Psi(f(t, u_1, \cdots, u_{n-1})) \geqslant ((\Psi f)_0 - \varepsilon_3) \sum_{k=1}^{n-1} \|u_k\|, \forall t \in J, u_k \in P, \sum_{k=1}^{n-1} \|u_k\| \leqslant \bar{r}_3$. 其中, $\varepsilon_3 > 0$ 满足 $((\Psi f)_0 - \varepsilon_3)\Lambda \geqslant 1$.

令 $r_3 \in (0, \bar{r}_3)$. 则对任意 $t \in J, y \in K, \|y\|_c = r_3$, 得

$$\left\|(Ty)\left(\frac{1}{2}\right)\right\| \geqslant \Psi\left((Ty)\left(\frac{1}{2}\right)\right)$$

$$= \int_0^1 G\left(\frac{1}{2}, s\right) \Psi(f(s, (T_1 y)(s), \cdots, (T_{n-2} y)(s), y(s)))ds$$

$$\geqslant \int_\delta^{1-\delta} G\left(\frac{1}{2}, s\right) \Psi(f(s, (T_1 y)(s), \cdots, (T_{n-2} y)(s), y(s)))ds$$

$$\geqslant ((\Psi f)_0 - \varepsilon_3) \int_\delta^{1-\delta} G\left(\frac{1}{2}, s\right) \left(\sum_{k=1}^{n-2} \|(T_k y)(s)\| + \|y(s)\|\right) ds$$

$$\geqslant ((\Psi f)_0 - \varepsilon_3)\gamma\|y\|_c \int_\delta^{1-\delta} G\left(\frac{1}{2}, s\right) ds$$

$$\geqslant \|y\|_c.$$

即, 对任意 $y \in K, \|y\|_c = r_3$, 得

$$\|Ty\|_c \geqslant \|y\|_c. \tag{7.7.13}$$

接下来, 由 $f^\infty < 4(1-\rho\eta)$ 知, 存在 $\bar{r}_4 > 0$ 使得

$$\|f(t, u_1, \cdots, u_{n-1})\| \leqslant (f^\infty + \varepsilon_4) \sum_{k=1}^{n-1} \|u_k\|, \quad t \in J, \quad u_k \in P, \quad \sum_{k=1}^{n-1} \|u_k\| \geqslant \bar{r}_4,$$

其中, $\varepsilon_4 > 0$ 满足 $\dfrac{1}{4(1-\rho\eta)} \sum_{k=0}^{n-2} \dfrac{1}{k!}(f^\infty + \varepsilon_4) \leqslant 1$.

令

$$M = \max_{(t, u_1, \cdots, u_{n-1}) \in K_{\bar{r}_4}^{n-1}} \|f(t, u_1, \cdots, u_{n-1})\|,$$

则 $\|f(t, u_1, \cdots, u_{n-1})\| \leqslant M + (f^{\infty} + \varepsilon_4) \sum_{k=1}^{n-1} \|u_k\|.$

选取 $r_4 > \max \left\{ r_3, \bar{r}_4, \dfrac{1}{4(1-\rho\eta)} M \left(1 - \dfrac{1}{4(1-\rho\eta)} (f^{\infty} + \varepsilon_4) \sum_{k=0}^{n-2} \dfrac{1}{k!} \gamma \right)^{-1} \right\}.$

由此, 对任意 $y \in K, \|y\|_c = r_4,$ 得

$$\|(Ty)(t)\| \leqslant \frac{1}{4(1-\rho\eta)} \int_0^1 \|f(s, (T_1 y)(s), \cdots, (T_{n-2} y)(s), y(s))\| ds$$

$$\leqslant \frac{1}{4(1-\rho\eta)} \int_0^1 \left(M + (f^{\infty} + \varepsilon_4) \left[\sum_{k=1}^{n-2} \|(T_k y)(s)\| + \|y(s)\| \right] \right) ds$$

$$\leqslant \frac{1}{4(1-\rho\eta)} M + \frac{1}{4(1-\rho\eta)} (f^{\infty} + \varepsilon_4) \sum_{k=0}^{n-2} \frac{1}{k!} \gamma \|y\|_c$$

$$< \left(1 - \frac{1}{4(1-\rho\eta)} (f^{\infty} + \varepsilon_4) \gamma \sum_{k=0}^{n-2} \frac{1}{k!} \right) r_4$$

$$+ \frac{1}{4(1-\rho\eta)} \gamma (f^{\infty} + \varepsilon_4) \sum_{k=0}^{n-2} \frac{1}{k!} \|y\|_c$$

$$= r_4 = \|y\|_c.$$

即, 对任意 $y \in K, \|y\|_c = r_4,$ 得

$$\|Ty\|_c < \|y\|_c. \tag{7.7.14}$$

由定理 2.3.4, 并结合 (7.7.13) 和 (7.7.14) 式知算子 T 存在一个不动点 $y^* \in \bar{K}_{r_1, r_2}, r_1 \leqslant \|y^*\| \leqslant r_2,$ 且 $y^*(t) \geqslant \gamma\|y^*\| > 0, t \in J_\delta.$ 再由引理 7.7.1 知定理的结论成立. 证毕.

由定理 7.7.2 的证明, 我们还可以得到下面的结论.

推论 7.7.2 假设条件 (H_1) 和 (H_2) 成立, 且 P 是正规锥. 如果 $f^{\infty} < 4(1-\rho\eta)$ 且 $f_0 > \Lambda^{-1},$ 则边值问题 (7.7.1) 至少存在一个正解.

定理 7.7.3 假设 P 是正规锥, 并且 $(H_1), (H_2)$ 和下列条件成立:

(i) $(\Psi f)_0 > \Lambda^{-1},$ 且 $(\Psi f)_\infty > \Lambda^{-1};$

(ii) 存在 $b > 0$ 使得 $\sup\limits_{(t, u_1, \cdots, u_{n-1}) \in J \times P_b^{n-1}} \|f(t, u_1, \cdots, u_{n-1})\| < 4(1 - \rho\eta)b,$ 其中, $P_b = \{y \in P : \|y\| \leqslant b\}.$

则边值问题 (7.7.1) 至少存在两个正解.

证明 选取 $r, R : 0 < r < b < R.$

如果 $(\Psi f)_0 > \Lambda^{-1},$ 则由 (7.7.13) 式的证明知

$$\|Ty\|_c \geqslant \|y\|_c, \quad \forall y \in K, \quad \|y\|_c = r. \tag{7.7.15}$$

如果 $(\Psi f)_\infty > \Lambda^{-1}$, 则由 (7.7.12) 式的证明知

$$\|Ty\|_c \geqslant \|y\|_c, \quad \forall y \in K, \quad \|y\|_c = R. \tag{7.7.16}$$

另外, 由条件 (ii) 知, 对任意 $y \in K, \|y\|_c = b$, 得

$$
\begin{aligned}
\|(Ty)(t)\| &\leqslant \frac{1}{4(1-\rho\eta)} \int_0^1 \|f(s, (T_1 y)(s), \cdots, (T_{n-2} y)(s), y(s))\| ds \\
&\leqslant \frac{1}{4(1-\rho\eta)} \sup_{(t, u_1, \cdots, u_{n-1}) \in J \times P_b^{n-1}} \|f(t, u_1, \cdots, u_{n-1})\| \\
&< \frac{1}{4(1-\rho\eta)} 4(1-\rho\eta) b \\
&= b.
\end{aligned}
$$

即, 对任意 $y \in K, \|y\|_c = b$, 得

$$\|(Ty)\|_c < b = \|y\|_c. \tag{7.7.17}$$

对 (7.7.15)—(7.7.17) 式应用定理 2.3.4 知算子 T 至少有一个不动点 $y^{**} \in \bar{K}_{r,b}$, 另一不动点 $y^* \in \bar{K}_{b,R}$. 注意到 (7.7.17) 式, 我们有 $\|y^*\| \neq b$ 且 $\|y^{**}\| \neq b$. 这样由引理 7.7.1 就能完成证明. 证毕.

推论 7.7.3　用 $f_0 > \Lambda^{-1}$ 替换定理 7.7.3 中的 $(\Psi f)_0 > \Lambda^{-1}$, 则定理 7.7.3 的结论还成立.

推论 7.7.4　用 $f_0 > \Lambda^{-1}$ 替换定理 7.7.3 中的 $(\Psi f)_0 > \Lambda^{-1}$. 让 $f_\infty > \Lambda^{-1}$ 替换定理 7.7.3 中的 $(\Psi f)_\infty > \Lambda^{-1}$. 则定理 7.7.3 的结论依然成立.

推论 7.7.5　用 $f_0 > \Lambda^{-1}$ 和 $f_\infty > \Lambda^{-1}$ 分别替换定理 7.7.3 中的 $(\Psi f)_0 > \Lambda^{-1}$ 和 $(\Psi f)_\infty > \Lambda^{-1}$, 则定理 7.7.3 的结论依旧成立.

定理 7.7.4　假设 P 是正规锥, 并且 (H_1), (H_2) 和下列条件成立:

(i) $f^0 < 4(1-\rho\eta)$, 且 $f^\infty < 4(1-\rho\eta)$;

(ii) $v \gg \theta, t \in J_\delta$, 且 $\sigma > 0$ 使得

$$f(t, u_1, \cdots, u_{n-1}) \geqslant \sigma v, \quad \forall t \in J_\delta, \quad u_i \geqslant v \ (i = 1, 2, \cdots, n-1), \tag{7.7.18}$$

且

$$\sigma \gamma^* > 1, \tag{7.7.19}$$

其中,

$$\gamma^* = \gamma \int_\delta^{1-\delta} G(\tau, s) ds. \tag{7.7.20}$$

则边值问题 (7.7.1) 至少存在两个正解.

证明 由条件 (i) 得出 (7.7.11) 和 (7.7.14) 式成立. 选取

$$R > \max\left\{\frac{2}{\delta}\|v\|, r_4\right\}, \tag{7.7.21}$$

其中 r_4 在定理 7.7.2 中有定义.

令 $U_1 = \{x \in Q : \|x\|_c < R\}$. 则 $\bar{U}_1 = \{x \in Q : \|x\|_c \leqslant R\}$, 并且由 (7.7.14) 式知

$$\|Ty\|_c \leqslant \|y\|_c, \quad \forall y \in \bar{U}_1.$$

即, 对任意 $y \in \bar{U}_1$, 得

$$T(\bar{U}_1) \subset U_1. \tag{7.7.22}$$

选取 $0 < r < \min\left\{\frac{2}{\delta}\|v\|, r_1\right\}$, 其中, r_1 在定理 7.7.1 中有定义.

令 $U_2 = \{x \in Q : \|x\|_c < r\}$. 则 $\bar{U}_2 = \{x \in Q : \|x\|_c \leqslant r\}$, 并且由 (7.7.11) 式知

$$\|Ty\|_c \leqslant \|y\|_c, \quad \forall y \in \bar{U}_2.$$

即, 对任意 $y \in \bar{U}_2$, 得

$$T(\bar{U}_2) \subset U_2. \tag{7.7.23}$$

令

$$U_3 = \{y \in Q : \|y\|_c < R, y(t) \gg v, \forall t \in J_\delta\}.$$

正如参考文献 [3] 中定理 1 的证明一样, 我们可以验证 U_3 是 Q 中的开集.

令

$$u(t) = \frac{2}{\delta}tv. \tag{7.7.24}$$

容易看出 $u \in Q, \|u\|_c \leqslant \frac{2}{\delta}\|v\|$ 且 $u(t) \geqslant 2v \gg v, \forall t \in J_\delta$. 所以, $u \in U_3$, 进而 $U_3 \neq \varnothing$.

令 $y \in \bar{U}_3$. 由 (7.7.21) 式知 $\|Ty\|_c < R$. 另外, 由 (7.7.2), (7.7.5), (7.7.18) 和 (7.7.20) 式知

$$
\begin{aligned}
(Ty)(t) &= \int_0^1 G(t,s)f(s, (T_1y)(s), \cdots, (T_{n-2}y)(s), y(s))ds \\
&\geqslant \gamma \int_\delta^{1-\delta} G(\tau, s)ds\sigma v \\
&\gg v, \quad \tau \in J.
\end{aligned}
\tag{7.7.25}
$$

因此,

$$T(\bar{U}_3) \subset U_3. \tag{7.7.26}$$

因为 U_1, U_2 和 U_3 是 Q 中的有界凸开集, 所以由参考文献 [4] 的推论 1.2.3 看出 (7.7.21), (7.7.22) 和 (7.7.26) 式蕴含着

$$i(T, U_i, Q) = 1, \quad i = 1, 2, 3. \tag{7.7.27}$$

另外, 对任意 $x \in U_3$, 得 $u(\delta) \gg v$, 进而

$$\|y\|_c \geqslant \|u(\delta)\| \geqslant \|v\|. \tag{7.7.28}$$

因此, r 的定义蕴含着

$$U_2 \subset U_1, \quad U_3 \subset U_1, \quad U_2 \cap U_3 = \varnothing. \tag{7.7.29}$$

由 (7.7.27) 和 (7.7.29) 式得出

$$i(T, U_1 \setminus (\bar{U}_2 \cup \bar{U}_3), Q) = i(T, U_1, Q)$$

$$-i(T, U_2, Q) - i(T, U_3, Q) = -1. \tag{7.7.30}$$

最后, (7.7.28) 和 (7.7.29) 式蕴含着算子 T 存在不动点 $y^* \in U_3$ 和 $y^{**} \in U_1 \setminus (\bar{U}_2 \cup \bar{U}_3)$. 由 (7.7.25) 式知 $y^*(t) \gg v, y^{**}(t) \gg v, \forall t \in J_\delta$ 并且易知 $\|y^{**}\|_1 > r$. 因此 $y^*(t) \neq \theta$ 且 $y^{**}(t) \neq \theta$. 这样由引理 7.7.1 就完成了证明.

最后, 我们讨论边值问题 (7.7.1) 不存在正解的情况.

定理 7.7.5　设条件 (H_1) 和 (H_2) 成立, P 是正规锥, 且

$$\Psi(f(t, u_1, \cdots, u_{n-1})) > \Lambda^{-1} \sum_{k=1}^{n-1} \|u_k\|, \quad \forall u_k \in P, \quad \sum_{k=1}^{n-1} \|u_k\| > 0,$$

则边值问题 (7.7.1) 不存在正解.

证明　假定边值问题 (7.7.1) 有一个正解 x, 即算子 T 存在一个不动点 y. 则 $y \in K, \|y\|_c > 0, \forall t \in (0, 1)$, 并且

$$\|y\|_c \geqslant \int_0^1 G\left(\frac{1}{2}, s\right) \Psi(f(s, (T_1 y)(s), \cdots, (T_{n-2} y)(s), y(s))) ds$$

$$> \int_0^1 G\left(\frac{1}{2}, s\right) \Lambda^{-1} \left(\sum_{k=1}^{n-2} \|(T_k y)(s)\| + \|y(s)\|\right) ds$$

$$\geqslant \Lambda^{-1} \|y\|_c \gamma \int_\delta^{1-\delta} G\left(\frac{1}{2}, s\right) ds$$

$$= \|y\|_c.$$

这是一个矛盾. 故定理成立.

类似地, 可得到下面的结论.

定理 7.7.6 设条件 (H_1) 和 (H_2) 成立, 且 P 是正规锥, 且

$$\|f(t, u_1, \cdots, u_{n-1})\| > \Lambda^{-1} \sum_{k=1}^{n-1} \|u_k\|, \quad \forall u_k \in P, \sum_{k=1}^{n-1} \|u_k\| > 0,$$

则边值问题 (7.7.1) 不存在正解.

例 7.7.1 考虑边值问题

$$\begin{cases} -x'''_n = 1 + 3e^t + \left[\left(1 + \dfrac{1}{2}t\right)(x_n + x'_n)^3 \right. \\ \qquad\qquad \left. + |\sin(x_n + x'_n)|^3\right]^{\frac{1}{3}}, \quad t \in J, \\ x_n(0) = x'_n(0) = 0, \quad x'_n(1) = \dfrac{1}{2}x'_n\left(\dfrac{1}{2}\right), \end{cases} \tag{7.7.31}$$

其中, $x_{n+m} = x_n (n = 1, 2, \cdots, m)$.

结论 7.7.1 边值问题 (7.7.31) 至少有一个正解 $x_n^*(t), \forall t \in J$.

证明 令 $E = \mathbf{R}^m = \{x = (x_1, x_2, \cdots, x_m) : x_n \in \mathbf{R}, n = 1, 2, \cdots, m\}$, 其范数是 $\|x\| = \max\limits_{1 \leqslant n \leqslant m} |x_n|$, $P = \{x = (x_1, x_2, \cdots, x_m) : x_n \geqslant 0, n = 1, 2, \cdots, m\}$. 则 P 是 E 中的正规锥, 并且在 E 中系统 (7.7.31) 能写成边值问题 (7.7.1) 的形式, 相当于 $\rho = \eta = \dfrac{1}{2}, x = (x_1, x_2, \cdots, x_m), f = (f_1, f_2, \cdots, f_m)$, 这里

$$f_n(t, x_n, x'_n) = 1 + 3e^t + \left[\left(1 + \frac{1}{2}t\right)(x_n + x'_n)^3 + |\sin(x_n + x'_n)|^3\right]^{\frac{1}{3}}.$$

另外, 我们能够得到 $P^* = P$. 如果选取 $\Psi = (1, 1, \cdots, 1)$, 则对任意 $x \in P$, 得

$$\Psi(f(t, u, v)) = \sum_{n=1}^m f_n(t, u, v).$$

显然当 E 是有限维时 (这里, $E = \mathbf{R}^m$), 条件 (H_1) 和 (H_2) 自动满足.

现在, 证明 $f^\infty < 4(1-\rho\eta)$ 和 $(\Psi f)_0 > \Lambda^{-1}$. 因为 $\rho = \eta = \frac{1}{2}$, 所以

$$G(t,s) = \frac{4}{3} \begin{cases} s\left(\dfrac{3}{4} - \dfrac{1}{2}t\right), & 0 \leqslant s \leqslant t \leqslant \dfrac{1}{2} < 1 \text{ 或者} \\[2mm] & 0 \leqslant s \leqslant \dfrac{1}{2} \leqslant t \leqslant 1, \\[2mm] t\left(\dfrac{3}{4} - \dfrac{1}{2}s\right), & 0 \leqslant t \leqslant s \leqslant \dfrac{1}{2} < 1, \\[2mm] \dfrac{3}{4}s - t\left(s - \dfrac{1}{4}\right), & 0 < \dfrac{1}{2} \leqslant s \leqslant t \leqslant 1, \\[2mm] t(1-s), & 0 < \dfrac{1}{2} \leqslant t \leqslant s \leqslant 1 \text{ 或者} \\[2mm] & 0 \leqslant t \leqslant \dfrac{1}{2} \leqslant s \leqslant 1, \end{cases} \tag{7.7.32}$$

且

$$4(1-\rho\eta) = 3, \quad \Lambda = \gamma \int_\delta^{1-\delta} G\left(\frac{1}{2}, s\right) ds,$$

其中, $\delta \in \left(0, \dfrac{1}{2}\right)$, γ 在 (7.7.6) 式中有定义.

又因为

$$f^\infty = \limsup_{(\|u\|+\|v\|) \to \infty} \max_{t \in J} \frac{\|f(t,u,v)\|}{\|u\| + \|v\|}$$

$$= \lim_{(\|u\|+\|v\|) \to \infty} \frac{\max\left\{1 + 3e^t + \left[\left(1 + \dfrac{1}{2}t\right)(u_n + v_n)^3 + |\sin(u_n + v_n)|^3\right]^{\frac{1}{3}}\right\}}{\max(u_n + v_n)}$$

$$= \frac{3}{2},$$

所以, $f^\infty = \dfrac{3}{2} < 3 = 4(1-\rho\eta)$.

另外, 注意到 $\Psi(x) \geqslant \|x\|, \forall x \in P$, 得

$$\frac{\Psi(f(t,u,v))}{\|u\| + \|v\|}$$

$$\geqslant \frac{\|f(t,u,v)\|}{\|u\| + \|v\|}$$

$$= \frac{\max\left\{1 + 3e^t + \left[\left(1 + \dfrac{1}{2}t\right)(u_n + v_n)^3 + |\sin(u_n + v_n)|^3\right]^{\frac{1}{3}}\right\}}{\max(u_n + v_n)}$$

$$\to \infty \quad ((\|u\| + \|v\|) \to 0),$$

进而

$$(\Psi f)_0 > \Lambda^{-1}.$$

由此, 并结合定理 7.7.2, 就完成了边值问题 (7.7.31) 的证明. 证毕.

7.8 抽象空间中带参数的 n 阶非局部问题的正解

令 P 是实 Banach 空间 E 中的锥, 考虑边值问题

$$
\begin{cases}
x^{(n)}(t) + \lambda f(t, x(t)) = \theta, & 0 < t < 1, \\
x(0) = x'(0) = \cdots = x^{(n-2)}(0) = \theta, & x(1) = \sum_{i=1}^{m-2} \beta_i x(\xi_i),
\end{cases} \tag{7.8.1}
$$

其中, $\lambda > 0$ 是一个参数, $\xi_i \in (0,1), \beta_i \in (0,+\infty)(i = 1, 2, \cdots, m-2)$ 是给定的常数, $f \in C(J \times P, P), J = [0,1], \theta$ 是 E 中的零元素.

为了建立问题 (7.8.1) 多个正解的存在性, 我们总假设以下条件成立.

(H_1) $f \in C(J \times P, P), f(t, \theta) \equiv \theta$, 且对任意 $l > 0, f$ 在 $J \times (P \cap \mathcal{T}_l)$ 中一直连续. 进一步, 我们假设存在非负常数 ρ_l 满足 $2\lambda G_0 \rho_l < 1$ 使得

$$\alpha(f(t, S)) \leqslant \rho_l \alpha(S), \quad t \in J, \quad S \subset P \cap \mathcal{T}_l,$$

其中, $\mathcal{T}_l = \{x \in E : \|x\| \leqslant l\}, G_0 = \max_{s \in J} G(s), G(s)$ 由 (7.8.7) 式定义.

(H_2) $D = \sum_{i=1}^{m-2} \beta_i \xi_i^{(n-1)} < 1$.

下面, 我们在 $C[J, E]$ 中考虑问题 (7.8.1). 显然, $(C[J, E], \|\cdot\|)$ 是一个 Banach 空间, 其范数定义为 $\|x\|_c = \max_{t \in J} \|x(t)\|, x \in C[J, E]$. 如果 $x \in C[J, E]$ 满足 (7.8.1) 式, 则称 x 是问题 (7.8.1) 的一个解. 另外, 如果 x 在 $(0,1)$ 中满足 $x(t) > \theta$, 则称 x 是问题 (7.8.1) 的一个正解.

引理 7.8.1 假设条件 (H_1) 和 (H_2) 成立, 则 x 是问题 (7.8.1) 的一个非负解当且仅当 x 是积分方程

$$(Tx)(t) = \lambda \int_0^1 G(t, s) f(s, x(s)) ds \tag{7.8.2}$$

的一个不动点, 其中,

$$G(t, s) = G_1(t, s) + G_2(t, s), \tag{7.8.3}$$

$$G_1(t, s) = \frac{1}{(n-1)!} \begin{cases} t^{n-1}(1-s)^{n-1} - (t-s)^{n-1}, & 0 \leqslant s \leqslant t \leqslant 1, \\ t^{n-1}(1-s)^{n-1}, & 0 \leqslant t \leqslant s \leqslant 1, \end{cases} \tag{7.8.4}$$

$$G_2(t,s) = \frac{D}{(n-1)!(1-D)} t^{n-1}(1-s)^{n-1} - \frac{1}{(n-1)!(1-D)} \sum_{s \leqslant \xi_i} \beta_i t^{n-1}(\xi_i - s)^{n-1}.$$

$$(7.8.5)$$

证明　证明过程请参考引理 5.5.1 的证明. 证毕.

类似于命题 5.5.1—命题 5.5.4, $G(t,s)$ 有如下性质.

命题 7.8.1　对任意 $t,s \in (0,1)$, 得到 $G(t,s) > 0$.

命题 7.8.2　对任意 $t,s \in J$, 得到

$$0 \leqslant G(t,s) \leqslant G(s) \leqslant G_0, \tag{7.8.6}$$

其中,

$$G(s) = G_1(\tau(s),s) + G_2(1,s), \quad \tau(s) = \frac{s}{1-(1-s)^{1+\frac{1}{n-2}}}. \tag{7.8.7}$$

命题 7.8.3　令 $J_\xi = [\xi_1, 1]$, 则存在一个正数 γ, 对任意 $t \in J_\xi, s, u \in J$, 使得

$$G(t,s) \geqslant \gamma G(u,s). \tag{7.8.8}$$

定义一个锥 K:

$$K = \{x \in Q : x(t) \geqslant \gamma x(s), t \in J_\xi, s \in J\}, \tag{7.8.9}$$

其中, $Q = \{x \in C[J,E] : x(t) \geqslant \theta, t \in J\}$.

显然, K 是 $C[J,E]$ 的一个锥, 且 $K_{r,R} = \{x \in K : r \leqslant \|x\| \leqslant R\} \subset K, K \subset Q$.

同时, 定义 $B_l = \{x \in C[J,E] : \|x\|_c \leqslant l\}, l > 0$.

引理 7.8.2　假设条件 (H_1) 和 (H_2) 成立, 则对任意 $l > 0, T$ 在 $Q \cap B_l$ 中是一个严格集压缩算子. 即存在一个常数 $0 \leqslant k_l < 1$ 使得 $\alpha(T(S)) \leqslant k_l \alpha(S), \forall S \subset Q \cap B_l$.

证明　对任意 $l > 0$, 假设 $S \subset Q \cap B_l$. 由文献 [17] 中引理 2 的证明知算子 $T : Q \cap B_l \to Q$ 连续有界.

另外, 注意到 $0 \leqslant G(t,s) \leqslant G_0$, 类似于文献 [17] 中引理 2 的证明, 得到

$$\alpha(T(S)) \leqslant 2\lambda G_0 \rho_l \alpha(S), \quad S \subset Q \cap B_l.$$

因此,

$$\alpha(T(S)) \leqslant k_l \alpha(S), \quad S \subset Q \cap B_l,$$

其中, $k_l = 2\lambda G_0 \rho_l, 0 \leqslant k_l < 1$. 引理得证.

引理 7.8.3　假设条件 (H_1) 和 (H_2) 成立, 则 $T(K) \subset K$, 且 $T : K_{r,R} \to K$ 是一个严格集压缩算子.

证明 由 (7.8.8) 和 (7.8.2) 式, 对任意 $x \in K$, 得到

$$
\begin{aligned}
\min_{t \in J_\xi}(Tx)(t) &= \lambda \min_{t \in J_\xi} \int_0^1 G(t,s)f(s,x(s))ds \\
&\geqslant \lambda\gamma \int_0^1 G(u,s)f(s,x(s))ds \\
&\geqslant \gamma(Tx)(u), \quad u \in J.
\end{aligned}
$$

因此, $T(x) \in K$, 即 $T(K) \subset K$. 进而, 由 $K_{r,R} \subset K$ 知, $T(K_{r,R}) \subset K$. 所以, 得到 $T : K_{r,R} \to K$.

借助引理 7.8.2, 我们能够证明 $T : K_{r,R} \to K$ 是一个严格集压缩算子. 证毕.

记

$$
f^\beta = \limsup_{\|x\| \to \beta} \max_{t \in J} \frac{\|f(t,x)\|}{\|x\|}, \quad f_\beta = \liminf_{\|x\| \to \beta} \min_{t \in J} \frac{\|f(t,x)\|}{\|x\|},
$$

$$
(\Psi f)_\beta = \liminf_{\|x\| \to \beta} \min_{t \in J} \frac{\Psi(f(t,x))}{\|x\|},
$$

其中, β 表示 0 或者 ∞, $\Psi \in P^*$, 且 $\|\Psi\| = 1$.

令

$$
M = \int_{\xi_1}^1 G\left(\frac{1}{2}, s\right) ds.
$$

定理 7.8.1 假设条件 (H_1), (H_2) 成立, P 是一个正规锥, 且对任意 $x \in P$, $f^0 < \infty$ 且 $(\Psi f)_\infty > 0$. 则如果

$$
\frac{1}{\gamma(\Psi f)_\infty M} < \lambda < \frac{1}{f^0 G_0}, \tag{7.8.10}
$$

那么问题 (7.8.1) 在 K 中至少存在一个正解.

证明 由 (7.8.10) 式知存在一个常数 $\varepsilon_1 > 0$ 使得

$$
\frac{1}{\gamma[(\Psi f)_\infty - \varepsilon_1]M} \leqslant \lambda \leqslant \frac{1}{(f^0 + \varepsilon_1)G_0}, \tag{7.8.11}
$$

因为 $f^0 < \infty$, 所以存在 $\bar{r}_1 > 0$ 使得

$$
\|f(t,x)\| \leqslant (f^0 + \varepsilon_1)\|x\|, \quad \|x\| \leqslant \bar{r}_1, \quad x \in P, \quad t \in J.
$$

因此, 对任意 $t \in J, x \in K, \|x\|_c = r_1, 0 < r_1 < \bar{r}_1$, 得到

$$\|(Tx)(t)\| = \lambda \left\| \max_{t \in J} \int_0^1 G(t,s) f(s, x(s)) ds \right\|$$

$$\leqslant \lambda (f^0 + \varepsilon_1) \int_0^1 \max_{t \in J} G(t,s) \|x(s)\| ds$$

$$\leqslant \lambda (f^0 + \varepsilon_1) \|x\|_c G_0$$

$$\leqslant \|x\|_c.$$

这表明

$$\|Tx\|_c \leqslant \|x\|_c, \quad t \in J, \quad x \in K, \quad \|x\|_c = r_1. \tag{7.8.12}$$

下面, 由 $(\Psi f)_\infty > 0$ 知存在 $\bar{r}_2 > 0$ 使得

$$\Psi(f(t, x(t))) \geqslant [(\Psi f)_\infty - \varepsilon_1] \|x\|, \quad \|x\| \geqslant \bar{r}_2, \quad x \in P, \quad t \in J.$$

令 $r_2 = \max\{2r_1, \bar{r}_2\}$, 则对任意 $t \in J_\xi, x \in K, \|x\|_c = r_2$, 由 (7.8.9) 式, 得 $\|x(t)\| \geqslant \gamma \|x\|_c \geqslant \bar{r}_2$, 且

$$\left\| (Tx) \left(\frac{1}{2} \right) \right\| \geqslant \Psi \left((Tx) \left(\frac{1}{2} \right) \right) = \lambda \int_0^1 G \left(\frac{1}{2}, s \right) \Psi(f(s, x(s))) ds$$

$$\geqslant \lambda \int_{\xi_1}^1 G \left(\frac{1}{2}, s \right) \Psi(f(s, x(s))) ds$$

$$\geqslant \lambda [(\Psi f)_\infty - \varepsilon_1] \int_{\xi_1}^1 G \left(\frac{1}{2}, s \right) \|x(s)\| ds$$

$$\geqslant \lambda [(\Psi f)_\infty - \varepsilon_1] \|x\|_c \gamma \int_{\xi_1}^1 G \left(\frac{1}{2}, s \right) ds$$

$$\geqslant \|x\|_c.$$

这表明

$$\|Tx\|_c \geqslant \|x\|_c, \quad t \in J, \quad \forall x \in K, \quad \|x\|_c = r_2. \tag{7.8.13}$$

根据定理 2.3.4 的 (b) 并结合 (7.8.12) 和 (7.8.13) 式知算子 T 存在一个不动点 $x^* \in K_{r_1, r_2}$ 满足 $r_1 \leqslant \|x^*\|_c \leqslant r_2$, 且 $x^*(t) \geqslant \gamma x^*(s) > \theta, t \in J_\xi, s \in J$. 定理证毕.

类似于定理 7.8.1, 得到如下结果.

推论 7.8.1　假设条件 $(H_1), (H_2)$ 成立, P 是一个正规锥, 且对任意 $x \in P$, $f^0 < \infty$ 且 $f_\infty > 0$. 如果

$$\frac{1}{\gamma f_\infty M} < \lambda < \frac{1}{f^0 G_0},$$

则问题 (7.8.1) 在 K 中至少存在一个正解.

定理 7.8.2　假设条件 (H_1), (H_2) 成立, P 是一个正规锥, 且对任意 $x \in P, (\Psi f)_0 > 0$ 且 $f^\infty < \infty$. 如果

$$\frac{1}{\gamma(\Psi f)_0 M} < \lambda < \frac{1}{f^\infty G_0}, \tag{7.8.14}$$

则问题 (7.8.1) 在 K 中至少存在一个正解.

证明　由 (7.8.14) 式知存在一个常数 $\varepsilon_2 > 0$ 使得

$$\frac{1}{\gamma[(\Psi f)_0 - \varepsilon_2]M} \leqslant \lambda \leqslant \frac{1}{(f^\infty + \varepsilon_2)G_0}. \tag{7.8.15}$$

因为 $(\Psi f)_0 > 0$, 所以存在 $\bar{r}_3 > 0$ 使得

$$\Psi(f(t,x)) \geqslant [(\Psi f)_0 - \varepsilon_2]\|x\|, \quad \|x\| \leqslant \bar{r}_3, \quad x \in P, \quad t \in J.$$

因此, 对任意 $t \in J, x \in K, \|x\|_c = r_3, 0 < r_3 < \bar{r}_3$, 得到

$$\begin{aligned}
\left\|(Tx)\left(\frac{1}{2}\right)\right\| &\geqslant \Psi\left((Tx)\left(\frac{1}{2}\right)\right) = \lambda \int_0^1 G\left(\frac{1}{2}, s\right) \Psi(f(s, x(s)))ds \\
&\geqslant \lambda \int_{\xi_1}^1 G\left(\frac{1}{2}, s\right) \Psi(f(s, x(s)))ds \\
&\geqslant \lambda[(\Psi f)_0 - \varepsilon_2] \int_{\xi_1}^1 G\left(\frac{1}{2}, s\right) \|x(s)\|ds \\
&\geqslant \lambda[(\Psi f)_0 - \varepsilon_2]\|x\|_c \gamma \int_{\xi_1}^1 G\left(\frac{1}{2}, s\right) ds \\
&\geqslant \|x\|_c.
\end{aligned}$$

这表明

$$\|Tx\|_c \geqslant \|x\|_c, \quad t \in J, \quad \forall x \in K, \quad \|x\|_c = r_3. \tag{7.8.16}$$

下面, 由 $f^\infty < \infty$ 知存在 $\bar{r}_4 > 0$ 使得

$$\|f(t, x(t))\| \leqslant (f^\infty + \varepsilon_2)\|x\|, \quad \|x\| \geqslant \bar{r}_4, \quad x \in P, \quad t \in J.$$

(1) 假设 f 有界, 则存在 $R > 0$ 使得

$$\|f(t, x)\| \leqslant R, \quad \forall t \in J, \quad x \in P, \quad \|x\| \in [0, \infty).$$

选取 $r_4 = \max\{2r_3, \lambda R G_0\}$, 则, 对任意 $x \in J, x \in K, \|x\|_c = r_4$, 由 (7.8.6) 式, 得到

$$\|(Tx)(t)\| = \lambda \left\| \int_0^1 G(t,s) f(s, x(s)) ds \right\|$$

$$\leqslant \lambda R \int_0^1 G(s) ds$$

$$\leqslant \lambda R G_0 \leqslant r_4 = \|x\|_c.$$

(2) 假设 f 无界. 选取 $r_4^* > \max\{2r_3, \bar{r}_4\}$ 使得

$$\|f(t,x)\| \leqslant \|f(t, r_4^*)\|, \quad t \in J, \quad x \in P, \quad 0 < \|x\| < r_4^*.$$

进而, 对任意 $t \in J, x \in K, \|x\|_c = r_4, \max\{2r_3, \bar{r}_4\} < r_4 < r_4^*$, 得到

$$\|(Tx)(t)\| = \lambda \left\| \int_0^1 \max_{t \in J} G(t,s) f(s, x(s)) ds \right\|$$

$$\leqslant \lambda \int_0^1 \max_{t \in J} G(t,s) \|f(s, r_4)\| ds$$

$$\leqslant \lambda (f^\infty + \varepsilon_2) \|x\|_c \int_0^1 \max_{t \in J} G(t,s) ds$$

$$\leqslant \lambda (f^\infty + \varepsilon_2) \|x\|_c G_0$$

$$\leqslant \|x\|_c.$$

因此,

$$\|Tx\|_c \leqslant \|x\|_c, \quad t \in J, \quad x \in K, \qquad \|x\|_c = r_4. \tag{7.8.17}$$

根据定理 2.3.4 的 (a), 由 (7.7.16) 和 (7.7.17) 式知算子 T 存在一个不动点 $x^* \in K_{r_3, r_4}$ 满足 $r_3 \leqslant \|x^*\|_c \leqslant r_4$ 且 $x^*(t) \geqslant \gamma x^*(s) > \theta, t \in J_\xi, s \in J$. 定理得证.

推论 7.8.2　假设条件 $(H_1), (H_2)$ 成立, P 是一个正规锥, 且对任意 $x \in P, f_0 > 0$ 且 $f^\infty < \infty$. 如果

$$\frac{1}{\gamma f_0 M} < \lambda < \frac{1}{f^\infty G_0},$$

则问题 (7.8.1) 在 K 中至少存在一个正解.

7.9 抽象空间中 n 阶脉冲非局部问题的正解

令 P 是实 Banach 空间 E 中的锥, 考虑边值问题

$$
\begin{cases}
x^{(n)}(t) + f(t, x(t), x'(t), \cdots, x^{(n-2)}(t)) = \theta, \\[2mm]
t \in J, \quad t \neq t_k, \quad k = 1, 2, \cdots, m, \\[2mm]
\Delta x^{(n-1)}|_{t=t_k} = -I_k(x^{(n-2)}(t_k)), \quad k = 1, 2, \cdots, m, \\[2mm]
x^{(i)}(0) = \theta, \quad i = 0, 1, \cdots, n-3, \\[2mm]
x^{(n-2)}(0) = x^{(n-2)}(1) = \displaystyle\int_0^1 g(t) x^{(n-2)}(t) dt,
\end{cases}
\tag{7.9.1}
$$

其中, θ 是 E 中的零元素, $J = [0,1], 0 < t_1 < t_2 < \cdots < t_k < \cdots < t_m < 1, f \in C[J \times P^{n-1}, P], I_k \in C[P, P], k = 1, 2, \cdots, m, g \in L^1[0,1]$ 非负. $\Delta x^{(n-1)}|_{t=t_k}$ 表示 $x^{(n-1)}(t)$ 在 $t = t_k$ 处的跳跃, 即

$$
\Delta x^{(n-1)}\big|_{t=t_k} = x^{(n-1)}(t_k^+) - x^{(n-1)}(t_k^-),
$$

$x^{(n-1)}(t_k^+)$ 和 $x^{(n-1)}(t_k^-)$ 分别表示 $x^{(n-1)}$ 在 $t = t_k$ 处的右极限和左极限.

假设下列条件成立:

(H_1) $f \in C(J \times P^{n-1}, P)$, 且对任意 $r > 0$, f 在 $J \times P_r^{n-1}$ 上一致连续, $I_k \in C(P, P)(k = 1, 2, \cdots, m)$ 在 P_r 上有界, 这里 $P_r = \{x \in P : \|x\| \leqslant r\}$;

(H_2) $g \in L^1[0,1]$ 非负, 且 $\mu \in [0,1)$, 其中,

$$
\mu = \int_0^1 g(t) dt;
$$

(H_3) 存在非负常数 $c_j, d_k, j = 1, 2, \cdots, n-1, k = 1, 2, \cdots, m$ 使得对任意 $t \in J$, 有界集 $B_j \subset P(j = 1, 2, \cdots, n-1)$ 都有

$$
\alpha(f(t, B_1, \cdots, B_{n-1})) \leqslant \sum_{j=1}^{n-1} c_j \alpha(B_j);
$$

$$
\alpha(I_k(B_{n-1})) \leqslant d_k \alpha(B_{n-1}) \quad (k = 1, 2, \cdots, m);
$$

且

$$
\frac{1}{4(1-\mu)} \left[2\left(\sum_{j=1}^{n-2} \frac{c_j}{(n-2-j)!} + c_{n-1} \right) + \sum_{k=1}^{m} d_k \right] < 1.
\tag{7.9.2}
$$

令 $J' = J \setminus \{t_1, t_2, \cdots, t_k, \cdots, t_m\}$.

令 $PC[J, E] = \{x : x$ 是从 J 到 E 的一个映射, $x(t)$ 在 $t \neq t_k$ 处连续, 在 $t = t_k$ 处左连续, 且 $x(t_k^+)$ 存在, $k = 1, 2, \cdots, m\}$.

$PC^{n-1}[J, E] = \{x \in PC[J, E] : x^{(n-1)}(t)$ 在 $t \neq t_k$ 处存在且连续, 在 $t = t_k$ 处左连续且 $x^{(n-1)}(t_k^+)$ 存在, $k = 1, 2, \cdots, m\}$.

$PC[J, E]$ 是一个 Banach 空间, 如果

$$\|x\|_{pc} = \sup_{t \in J} \|x(t)\|;$$

$PC^{n-1}[J, E]$ 一个 Banach 空间, 如果

$$\|x\|_{(n-1)} = \max\{\|x\|_{PC}, \|x'\|_{PC}, \cdots, \|x^{(n-1)}\|_{PC}\}.$$

如果 $x^{(i)}(t) \geqslant \theta (i = 0, 1, \cdots, n-1))$, $\forall t \in J$, 且 x 满足 (7.9.1) 式, 则称 $x \in PC^{n-1}[J, E] \cap C^n[J', E]$ 是边值问题 (7.9.1) 的一个非负解. 若 $x \in PC^{n-1}[J, E] \cap C^n[J', E]$ 是边值问题 (7.9.1) 的一个非负解且 $x(t) \not\equiv \theta$, 则称 x 是边值问题 (7.9.1) 的正解.

我们将要把边值问题 (7.9.1) 写成 $PC[J, E]$ 中积分方程的形式. 为此, 首先根据变换

$$x^{(n-2)}(t) = y(t), \tag{7.9.3}$$

把边值问题 (7.9.1) 转换成下列两个边值问题:

$$\begin{cases} x^{(n-2)}(t) = y(t), & t \in J, \\ x^{(i)}(0) = \theta, & i = 1, 2, \cdots, n-3 \end{cases} \tag{7.9.4}$$

和

$$\begin{cases} -y''(t) = f(t, x(t), x'(t), \cdots, x^{(n-2)}(t)), & t \in J, \quad t \neq t_k, \\ \Delta y'|_{t=t_k} = -I_k(y(t_k)), & k = 1, 2, \cdots, m, \\ y(0) = y(1) = \int_0^1 g(t)y(t)dt. \end{cases} \tag{7.9.5}$$

引理 7.9.1　如果 $y \in C[J, P]$, 则边值问题 (7.9.4) 存在唯一解:

$$x(t) = \int_0^t \frac{(t-s)^{(n-3)}}{(n-3)!} y(s)ds. \tag{7.9.6}$$

证明　证明过程类似于引理 3.3.1. 故把证明细节省略.

引理 7.9.2 如果条件 (H_1) 和 (H_2) 成立, 则边值问题 (7.9.5) 存在唯一解:

$$y(t) = \int_0^1 H(t,s)f(t,x(t),x'(t),\cdots,x^{(n-2)}(t))ds + \sum_{k=1}^m H(t,t_k)I_k(y(t_k)), \quad (7.9.7)$$

其中,

$$H(t,s) = G(t,s) + \frac{1}{1-\mu}\int_0^1 G(s,\tau)g(\tau)d\tau, \quad (7.9.8)$$

$$G(t,s) = \begin{cases} t(1-s), & 0 \leqslant t \leqslant s \leqslant 1, \\ s(1-t), & 0 \leqslant s \leqslant t \leqslant 1. \end{cases}$$

证明 首先假设 $y \in PC[J,E] \cap C^2[J',E]$ 是边值问题 (7.9.5) 的一个解. 对边值问题 (7.9.5) 积分得

$$y'(t) = y'(0) - \int_0^t f(t,x(t),x'(t),\cdots,x^{(n-2)}(t))ds - \sum_{t_k<t} I_k(y(t_k)).$$

再次积分得

$$\begin{aligned} y(t) = &y(0) + y'(0)t - \int_0^t (t-s)f(s,x(s),x'(s),\cdots,x^{(n-2)}(s))ds \\ &- \sum_{t_k<t} I_k(y(t_k))(t-t_k). \end{aligned} \quad (7.9.9)$$

在 (7.9.9) 式中, 令 $t=1$, 得

$$\begin{aligned} y'(0) = &\int_0^1 (1-s)f(s,x(s),x'(s),\cdots,x^{(n-2)}(s))ds \\ &+ \sum_{t_k<1} I_k(y(t_k))(1-t_k). \end{aligned} \quad (7.9.10)$$

把 $y(0) = \int_0^1 g(t)y(t)dt$ 和 (7.8.10) 代入 (7.8.9) 式, 得

$$\begin{aligned} y(t) = &y(0) + \int_0^1 t(1-s)f(s,x(s),x'(s),\cdots,x^{(n-2)}(s))ds \\ &+ t\sum_{t_k<1} I_k(y(t_k))(1-t_k) \\ &- \int_0^t (t-s)f(s,x(s),x'(s),\cdots,x^{(n-2)}(s))ds \\ &- \sum_{t_k<t} I_k(y(t_k))(t-t_k) \end{aligned}$$

$$= \int_0^1 G(t,s)f(s,x(s),x'(s),\cdots,x^{(n-2)}(s))ds + \int_0^1 g(t)y(t)dt$$

$$+ \sum_{k=1}^m G(t,t_k)I_k(y(t_k)), \tag{7.9.11}$$

其中,

$$\int_0^1 g(t)y(t)dt = \int_0^1 g(t)\Big[\int_0^1 g(t)y(t)dt$$

$$+ \int_0^1 G(t,s)f(s,x(s),x'(s),\cdots,x^{(n-2)}(s))ds$$

$$+ \sum_{k=1}^m G(t,t_k)I_k(y(t_k))\Big]dt$$

$$= \int_0^1 g(t)dt \times \int_0^1 g(t)y(t)dt$$

$$+ \int_0^1 \int_0^1 G(t,s)g(t)f(s,x(s),x'(s),\cdots,x^{(n-2)}(s))dsdt$$

$$+ \int_0^1 g(t)\bigg(\sum_{k=1}^m G(t,t_k)I_k(y(t_k))\bigg)dt.$$

因此,

$$\int_0^1 g(s)y(s)ds = \frac{1}{1-\displaystyle\int_0^1 g(s)ds}\bigg[\int_0^1\bigg(\int_0^1 G(s,r)g(r)dr\bigg)$$

$$\cdot f(s,x(s),x'(s),\cdots,x^{(n-2)}(s))ds$$

$$+ \int_0^1 g(s)\bigg(\sum_{k=1}^m G(s,t_k)I_k(y(t_k))\bigg)ds\bigg].$$

进而, 得

$$y(t) = \int_0^1 G(t,s)f(s,x(s),x'(s),\cdots,x^{(n-2)}(s))ds + \sum_{k=1}^m G(t,t_k)I_k(y(t_k))$$

$$+ \frac{1}{1-\mu}\bigg[\int_0^1\bigg(\int_0^1 G(s,r)g(r)dr\bigg)f(s,x(s),x'(s),\cdots,x^{(n-2)}(s))ds$$

$$+ \int_0^1 g(s)\bigg(\sum_{k=1}^m G(s,t_k)I_k(y(t_k))\bigg)ds\bigg].$$

令

$$H(t,s) = G(t,s) + \frac{1}{1-\mu} \int_0^1 G(s,r)g(r)dr.$$

则

$$y(t) = \int_0^1 H(t,s)f(s,x(s),x'(s),\cdots,x^{(n-2)}(s))ds + \sum_{k=1}^m H(t,t_k)I_k(y(t_k)).$$

充分性得证.

反之, 如果 $y \in PC[J,E] \cap C^2[J',E]$ 是 (7.9.7) 的一个解.

对任意 $t \neq t_k$, 直接对 (7.9.7) 式微分, 得

$$y'(t) = \int_0^1 (1-s)f(s,x(s),x'(s),\cdots,x^{(n-2)}(s))ds + \sum_{k=1}^m I_k(y(t_k))(1-t_k)$$

$$- \int_0^t f(s,x(s),x'(s),\cdots,x^{(n-2)}(s))ds - \sum_{t_k<t} I_k(y(t_k))(1-t_k).$$

显然,

$$y''(t) = -f(t,x(t),x'(t),\cdots,x^{(n-2)}(t)).$$

$$\Delta y'|_{t=t_k} = -I_k(y(t_k)) \quad (k=1,2,\cdots,m), \quad y(0) = y(1) = \int_0^1 g(t)y(t)dt.$$

引理得证.

由 (7.9.8) 式和 $G(t,s)$ 的定义知 $H(t,s),G(t,s)$ 有如下性质.

命题 7.9.1 如果条件 (H_2) 成立, 则

$$H(t,s) > 0, \quad G(t,s) > 0, \quad \forall t,s \in (0,1), \tag{7.9.12}$$

$$H(t,s) \geqslant 0, \quad G(t,s) \geqslant 0, \quad \forall t,s \in J. \tag{7.9.13}$$

命题 7.9.2 对任意 $t,s \in J$, 得

$$e(t)e(s) \leqslant G(t,s) \leqslant G(t,t) = t(1-t) = e(t) \leqslant \bar{e} = \max_{t \in [0,1]} e(t) = \frac{1}{4}. \tag{7.9.14}$$

命题 7.9.3 如果条件 (H_2) 成立, 则对任意 $t,s \in J$, 得

$$\rho e(s) \leqslant H(t,s) \leqslant \gamma s(1-s) = \gamma e(s) \leqslant \frac{1}{4}\gamma, \tag{7.9.15}$$

其中,

$$\gamma = \frac{1}{1-\mu}, \quad \rho = \frac{\int_0^1 e(\tau)g(\tau)d\tau}{1-\mu}. \tag{7.9.16}$$

证明　由 (7.9.8) 和 (7.9.14) 式知

$$H(t,s) = G(t,s) + \frac{1}{1-\mu} \int_0^1 G(s,\tau)g(\tau)d\tau$$

$$\geqslant \frac{1}{1-\mu} \int_0^1 G(s,\tau)g(\tau)d\tau$$

$$\geqslant \frac{\int_0^1 e(\tau)g(\tau)d\tau}{1-\mu} s(1-s)$$

$$= \rho e(s), \quad t \in J.$$

另外, 由 $G(t,s) \leqslant s(1-s)$ 知

$$H(t,s) = G(t,s) + \frac{1}{1-\mu} \int_0^1 G(s,\tau)g(\tau)d\tau$$

$$\leqslant s(1-s) + \frac{1}{1-\mu} \int_0^1 s(1-s)g(\tau)d\tau$$

$$\leqslant s(1-s) \left[1 + \frac{1}{1-\mu} \int_0^1 g(\tau)d\tau \right]$$

$$\leqslant s(1-s)\frac{1}{1-\mu}$$

$$= \gamma e(s), \quad t \in J.$$

从而命题得证.

注 7.9.1　由 (7.9.8) 和 (7.9.15) 式知

$$\rho e(s) \leqslant H(s,s) \leqslant \gamma s(1-s) = \gamma e(s) \leqslant \frac{1}{4}\gamma, \quad s \in J.$$

为了在 $PC[J,E] \cap C^2[J',E]$ 中确定边值问题 (7.9.1) 的正解, 我们在 $PC[J,E]$ 中构造一个锥 K:

$$K = \left\{ y \in Q : y(t) \geqslant \frac{\rho}{\gamma} y(s), t, s \in J \right\}, \tag{7.9.17}$$

其中, γ, ρ 在 (7.9.15) 式中有定义, 且

$$Q = \{ y \in PC[J,E] : y(t) \geqslant \theta, t \in J \}.$$

容易看出 K 是 $PC[J,E]$ 中的闭凸锥, 并且 $K \subset Q$.

定义算子 T:

$$(Ty)(t) = \int_0^1 H(t,s)f\left(s, \int_0^s \frac{(s-r)^{n-3}}{(n-3)!}y(r)dr, \cdots, \int_0^s y(r)dr, y(s)\right)ds$$

$$+ \sum_{k=1}^m H(t,t_k)I_k(y(t_k)). \tag{7.9.18}$$

由引理 7.9.1 和引理 7.9.2, 我们能够直接获得下面的结论.

引理 7.9.3 (i) 如果 $x \in PC^{n-1}[J,E] \cap C^n[J',E]$ 是边值问题 (7.9.1) 的一个解, 则 $y(t) = x^{(n-2)}(t) \in PC[J,E] \cap C^2[J',E]$ 是算子 T 的一个不动点;

(ii) 如果 $y(t) = x^{(n-2)}(t) \in PC[J,E] \cap C^2[J',E]$ 是算子 T 的一个不动点, 则

$$x(t) = \int_0^t \frac{(t-s)^{n-3}}{(n-3)!}y(s)ds \in PC^{n-1}[J,E] \cap C^n[J',E]$$ 边值问题 (7.9.1) 的一个解.

引理 7.9.4 假设条件 (H_1)—(H_3) 成立. 则对任意 $l > 0$, $T: Q \cap B_l \to Q$ 是一个严格集压缩算子, 这里 $B_l = \{y \in PC[J,E]: \|y\|_{PC} \leqslant l\}$.

证明 由条件 (H_1) 和 (H_2) 易知 $T: Q \cap B_l \to Q$ 连续有界. 令

$$(T^*y)(t) = \int_0^1 H(t,s)f\left(s, \int_0^s \frac{(s-r)^{n-3}}{(n-3)!}y(r)dr, \cdots, \int_0^s y(r)dr, y(s)\right)ds,$$

$$(T^{**}y)(t) = \sum_{k=1}^m H(t,t_k)I_k(y(t_k)),$$

且 $S \subset Q \cap B_l$. 则

$$(Ty)(t) = (T^*y)(t) + (T^{**}y)(t).$$

再由条件 (H_1) 和 (H_2), 并结合定理 2.3.8 知 $\alpha(T^*S) = \max_{t \in J} \alpha((T^*S)(t))$.

由 (7.9.14) 和条件 (H_3) 得

$$\alpha(T^*S)(t) \leqslant \alpha(\bar{c}o\{H(t,s)f(s,(T_1y)(s),\cdots,(T_{n-2}y)(s),y(s)): s \in [0,t], t \in J, y \in S\})$$

$$\leqslant \frac{1}{4(1-\mu)}\alpha(\{f(s,(T_1y)(s),\cdots,(T_{n-2}y)(s),y(s)): s \in [0,t], t \in J, y \in S\})$$

$$\leqslant \frac{1}{4(1-\mu)}\alpha(f(I \times (T_1S)(J) \times \cdots \times (T_{n-2}S)(J) \times S(J)))$$

$$\leqslant \frac{1}{4(1-\mu)}\left(\sum_{j=1}^{n-2} c_j\alpha((T_jS)(J)) + c_{n-1}\alpha(S(J))\right).$$

其中, $(T_j y)(s) = \int_0^s \dfrac{(s-r)^{n-2-j}}{(n-2-j)!} y(r)dr, j = 1, 2, \cdots, n-2$. 由此,

$$\alpha(T^*S) \leqslant \frac{1}{4(1-\mu)}\left(\sum_{j=1}^{n-2} c_j \alpha((T_jS)(J)) + c_{n-1}\alpha(S(J))\right). \tag{7.9.19}$$

类似地,

$$\alpha(T_jS)(J) \leqslant \frac{1}{(n-2-j)!}\alpha(S(J)). \tag{7.9.20}$$

应用和参考文献 [17] 中引理 2 类似的证明方法, 能够得到

$$\alpha(S(J)) \leqslant 2\alpha(S). \tag{7.9.21}$$

因此, 由 (7.9.19), (7.9.20) 和 (7.9.21) 式得

$$\alpha(T^*S) \leqslant 2\frac{1}{4(1-\mu)}\left(\sum_{j=1}^{n-2} \frac{c_j}{(n-2-j)!} + c_{n-1}\right)\alpha(S). \tag{7.9.22}$$

另外, 容易看出

$$\alpha(T^{**}S) \leqslant \frac{1}{4(1-\mu)}\sum_{k=1}^{m} \alpha(I_k(S^{(k)})), \quad \forall S \subset Q \cap B_l, \tag{7.9.23}$$

其中, $S^{(k)} = \{y(t_k) : y \in S\} \subset Q \cap P_r$. 由条件 (H_3) 知

$$\alpha(I_k(S^{(k)})) \leqslant d_k\alpha(S^{(k)}), \quad k = 1, 2, \cdots, m. \tag{7.9.24}$$

应用和参考文献 [15] 中引理 2 类似的证明方法, 我们能够得到

$$\alpha(S^{(k)}) \leqslant \alpha(S), \quad k = 1, 2, \cdots, m. \tag{7.9.25}$$

由 (7.9.23), (7.9.24) 和 (7.9.25) 式得

$$\alpha(T^{**}S) \leqslant \frac{1}{4(1-\mu)}\sum_{k=1}^{m} d_k\alpha(S), \quad \forall S \subset Q \cap B_l. \tag{7.9.26}$$

最后, 由 (7.9.23), (7.9.26) 和 (7.9.2) 式知

$$\alpha(T(S)) \leqslant k_r\alpha(S), \quad \forall S \subset Q \cap B_l,$$

其中,

$$k_r = \frac{1}{4(1-\mu)}\left[2\left(\sum_{j=1}^{n-2} \frac{c_j}{(n-2-j)!} + c_{n-1}\right) + \sum_{k=1}^{m} d_k\right], \quad 0 \leqslant k_r < 1.$$

引理得证.

引理 7.9.5 假设条件 (H_1)—(H_3) 成立. 则 $T(K) \subset K$, 并且 $T : K_{r,R} \to K$ 是一个严格集压缩算子.

证明 由 (7.9.15) 式和注 7.9.1 知

$$
\begin{aligned}
(Ty)(t) &= \int_0^1 H(t,s) f\left(s, \int_0^s \frac{(s-r)^{n-3}}{(n-3)!} y(r) dr, \cdots, \int_0^s y(r) dr, y(s)\right) ds \\
&\quad + \sum_{k=1}^m H(t, t_k) I_k(y(t_k)) \\
&\geqslant \rho \int_0^1 e(s) f\left(s, \int_0^s \frac{(s-r)^{n-3}}{(n-3)!} y(r) dr, \cdots, \int_0^s y(r) dr, y(s)\right) ds \\
&\quad + \rho \sum_{k=1}^m e(t_k) I_k(y(t_k)) \\
&= \frac{\rho}{\gamma} \left[\int_0^1 \gamma e(s) f\left(s, \int_0^s \frac{(s-r)^{n-3}}{(n-3)!} y(r) dr, \cdots, \int_0^s y(r) dr, y(s)\right) ds \right. \\
&\quad \left. + \sum_{k=1}^m \gamma e(t_k) I_k(y(t_k)) \right] \\
&= \frac{\rho}{\gamma} (Ty)(s), \quad t, s \in J.
\end{aligned}
$$

故 $T(x) \in K$, 即 $T(K) \subset K$. 又因为 $K_{r,R} \subset K$, 所以 $T(K_{r,R}) \subset K$. 进而 $T : K_{r,R} \to K$.

接下来, 由引理 7.9.4, 我们能证明 $T : K_{r,R} \to K$ 是一个严格集压缩算子, 证明过程省略. 证毕.

下面, 应用定理 2.3.4 给出边值问题 (7.9.1) 正解存在的充分条件. 对任意 $u_j \in P, j = 1, 2, \cdots, n-1$, 记

$$
f^\beta = \limsup_{\sum_{j=1}^{n-1} \|u_j\| \to \beta} \max_{t \in J} \frac{\|f(t, u_1, \cdots, u_{n-1})\|}{\sum_{j=1}^{n-1} \|u_j\|},
$$

$$
(\Psi f)_\beta = \liminf_{\sum_{j=1}^{n-1} \|u_j\| \to \beta} \min_{t \in J} \frac{\Psi(f(t, u_1, \cdots, u_{n-1}))}{\sum_{j=1}^{n-1} \|u_j\|},
$$

$$
I^\beta(k) = \limsup_{\|u_{n-1}\| \to \beta} \frac{\|I_k(u_{n-1})\|}{\|u_{n-1}\|}, \quad k = 1, 2, \cdots, m,
$$

其中, β 表示 0 或者 ∞, $\Psi \in P^*$, 且 $\|\Psi\| = 1$.

为了证明方便, 我们先列出关于 $f(t, u_1, \cdots, u_{n-1})$ 和 $I_k(u_{n-1})$ 的条件:

(H_4) 存在常数 $0 < r < R < +\infty$ 使得

$$\|f(t, u_1, \cdots, u_{n-1})\| \leqslant (1 - \mu) \sum_{j=1}^{n-1} \|u_j\|,$$

$$t \in J, \quad u_j \in P (j = 1, 2, \cdots, n-1), \quad \sum_{j=1}^{n-1} \|u_j\| \leqslant r; \tag{7.9.27}$$

$$\|I_k(u_{n-1})\| \leqslant \frac{1 - \mu}{m} \|u_{n-1}\|, \quad u_{n-1} \in P, \quad \|u_{n-1}\| \leqslant r; \tag{7.9.28}$$

$$\Psi(f(t, u_1, \cdots, u_{n-1})) \geqslant \frac{\gamma}{\rho^2 t_1 (1 - t_m)(t_m - t_1)} R,$$

$$t \in J, \quad u_j \in P \setminus \theta \quad (j = 1, 2, \cdots, n-1), \quad R \leqslant \sum_{j=1}^{n-1} \|u_j\| < \infty, \tag{7.9.29}$$

其中, ρ, γ 在 (7.9.16) 式中有定义.

定理 7.9.1　假设条件 (H_1)—(H_4) 成立, 且 P 是正规锥. 则边值问题 (7.9.1) 至少存在一个正解:

$$\frac{\rho}{\gamma} \left(\sum_{j=0}^{n-2} \frac{1}{j!} + 1 \right)^{-1} r \leqslant \|y(t)\| \leqslant \frac{\gamma}{\rho} R, \quad t \in J. \tag{7.9.30}$$

证明　令

$$r_1 = \left(\sum_{j=0}^{n-2} \frac{1}{j!} + 1 \right)^{-1} r. \tag{7.9.31}$$

显然 $3 < \sum_{j=0}^{n-2} \frac{1}{j!} + 1 < 4$. 这表明 $0 < \left(\sum_{j=0}^{n-2} \frac{1}{j!} + 1 \right)^{-1} < 1$. 进而, $r_1 < r$. 对任意 $y \in K : \|y\|_{PC} = r_1$, 由 (7.9.17)—(7.9.20) 式知

$$\|(Ty)(t)\| \leqslant \frac{1}{4(1-\mu)} \left[\int_0^1 \|f(s, (T_1y)(s), \cdots, (T_{n-2}y)(s), y(s))\| ds + \sum_{k=1}^m \|I_k(y(t_k))\| \right]$$

$$\leqslant \frac{1}{4(1-\mu)} \left[(1-\mu) \int_0^1 \left(\sum_{j=1}^{n-2} \|(T_jy)(s)\| + \|y(s)\| \right) ds + \sum_{k=1}^m \frac{1-\mu}{m} \|y(s)\| \right]$$

$$\leqslant \frac{1}{4(1-\mu)} \left[(1-\mu) \left(\sum_{j=0}^{n-2} \frac{1}{j!} + 1 \right) \|y\|_{PC} \right]$$

$$< \|y\|_{PC}. \tag{7.9.32}$$

令 $\Omega_1 = \{y \in K : \|y\|_{PC} < r_1\}$, 则 (7.9.32) 式表明

$$\|Ty\|_{PC} < \|y\|_{PC}, \quad y \in K \cap \partial\Omega_1. \tag{7.9.33}$$

进而, 令

$$R_1 = \frac{\gamma}{\rho}R, \tag{7.9.34}$$

且

$$\Omega_2 = \{y \in K : \|y\|_{PC} < R_1\}.$$

则对任意 $y \in K, \|y\|_{PC} = R_1$, 得

$$y(t) \geqslant \frac{\rho}{\gamma}y(s), \quad t, s \in J,$$

即

$$\|y(t)\| \geqslant \frac{\rho}{\gamma}R_1 = R, \quad t \in J.$$

所以, $\|y(s)\| \geqslant R, \forall s \in J$, 并且能得到

$$(Ty)(t) \geqslant \int_0^1 H(t,s)f(s,u_1(s),\cdots,u_{n-1}(s))ds. \tag{7.9.35}$$

因此, 对任意 $t \in J$, 由 (7.9.15), (7.9.17), (7.9.29) 和 (7.9.35) 式知

$$\|(Ty)(t)\| \geqslant \Psi((Ty)(t)) \geqslant \int_0^1 H(t,s)\Psi(f(s,u_1(s),\cdots,u_{n-1}(s))ds$$

$$\geqslant \rho \int_{t_1}^{t_m} e(s)\Psi(f(s,u_1(s),\cdots,u_{n-1}(s))ds$$

$$\geqslant \rho t_1(1-t_m) \int_{t_1}^{t_m} \Psi(f(s,u_1(s),\cdots,u_{n-1}(s))ds$$

$$\geqslant \rho t_1(1-t_m)(t_m-t_1) \times \frac{\gamma}{\rho^2 t_1(1-t_m)(t_m-t_1)}R$$

$$= \frac{\gamma}{\rho}R = R_1 = \|y\|_{PC}.$$

这表明, 对任意 $y \in K \cap \partial\Omega_2$, 得

$$\|Ty\|_{PC} \geqslant \|y\|_{PC}. \tag{7.9.36}$$

由 (7.9.33) 和 (7.9.36) 式, 并结合定理 2.3.4 知算子 T 存在一个不动点 $y \in \bar{K} \cap (\bar{\Omega}_2 \setminus \Omega_1)$ 且 $r \leqslant \|y\|_{PC} \leqslant R_1$. 又因为 $y \in K$, 所以 $y(t) \geqslant \frac{\rho}{\gamma}y(s), t, s \in J$, 这表明 (7.9.30) 式成立. 由此, 结合引理 7.9.3 就完成了证明. 证毕.

注 7.9.2　　如果我们在标量空间中研究边值问题 (7.9.1), 则边值问题 (7.9.1) 至少存在一个正解 y 满足

$$\frac{\rho}{\gamma}\left(\sum_{j=0}^{n-2}\frac{1}{j!}+1\right)^{-1}r \leqslant y(t) \leqslant \frac{\gamma}{\rho}R, \quad t \in J.$$

推论 7.9.1　　假设条件 (H_1) 和 (H_2) 成立, 且 P 是正规锥. 如果 $f^0 = 0, I^0(k) = 0$ 且 $(\Psi f)_\infty = \infty$, 则对任意充分小的 $r > 0$ 和任意充分大的 $R > 0$, 边值问题 (7.9.1) 至少存在一个正解 y 且满足 (7.9.30) 式.

证明　　证明过程类似于参考文献 [9] 的定理 3.1. 故证明细节省略.

在定理 7.9.2 中, 我们假设下面关于 $f(t, u_1, \cdots, u_{n-1})$ 和 $I_k(u_{n-1})$ 的条件成立:

(H_5) 存在常数 $0 < r < R < +\infty$ 使得

$$\Psi(f(t, u_1, \cdots, u_{n-1})) \geqslant \frac{\gamma}{\rho^2 t_1(1 - t_m)(t_m - t_1)}\sum_{j=1}^{n-1}\|u_j\|,$$

$$t \in J, \quad u_j \in P \setminus \theta(j = 1, 2, \cdots, n-1), \quad \sum_{j=1}^{n-1}\|u_j\| \leqslant r; \tag{7.9.37}$$

$$\|f(t, u_1, \cdots, u_{n-1})\| \leqslant 2(1 - \mu)\sum_{j=1}^{n-1}\|u_j\|,$$

$$t \in J, \quad u_j \in P \quad (k = 1, 2, \cdots, n-1), \quad R \leqslant \sum_{j=1}^{n-1}\|u_j\| < \infty; \tag{7.9.38}$$

$$\|I_k(u_{n-1})\| \leqslant \frac{1 - \mu}{m}\|u_{n-1}\|, \quad u_{n-1} \in P, \quad R \leqslant \|u_{n-1}\| < \infty. \tag{7.9.39}$$

定理 7.9.2　　假设条件 $(H_1), (H_2), (H_3), (H_5)$ 成立, 且 P 是正规锥. 则边值问题 (7.9.1) 至少存在一个正解 y, 且

$$\frac{\rho}{\gamma}\left(\sum_{j=0}^{n-2}\frac{1}{j!}\right)^{-1}r \leqslant \|y(t)\|$$

$$\leqslant \max\left\{2R, \frac{1}{4(1-\mu)}(M + N)\left(1 - \frac{1}{4}\left(\sum_{j=0}^{n-2}\frac{1}{j!}+1\right)\right)^{-1}\right\}, \quad t \in J, \tag{7.9.40}$$

其中, M, N 在 (7.9.42) 式中有定义.

证明　　令

$$r_2 = \left(\sum_{j=0}^{n-2}\frac{1}{j!}\right)^{-1}r.$$

显然 $2 < \sum_{j=0}^{n-2} \frac{1}{j!} < 3$. 这意味着 $0 < \left(\sum_{j=0}^{n-2} \frac{1}{j!} \right)^{-1} < 1$. 进而, 得 $r_2 < r$. 对任意 $y \in K : \|y\|_{PC} = r_2$, 由 (7.9.15),(7.9.17) 和 (7.9.37) 式知

$$
\begin{aligned}
\|(Ty)(t)\| &\geqslant \Psi((Ty)(t)) \geqslant \int_0^1 H(t,s)\Psi(f(s,u_1(s),\cdots,u_{n-1}(s)))ds \\
&\geqslant \rho \int_{t_1}^{t_m} e(s)\Psi(f(s,u_1(s),\cdots,u_{n-1}(s)))ds \\
&\geqslant \rho t_1(1-t_m) \int_{t_1}^{t_m} \Psi(f(s,u_1(s),\cdots,u_{n-1}(s)))ds \\
&\geqslant \rho t_1(1-t_m) \int_{t_1}^{t_m} \frac{\gamma}{\rho^2 t_1(1-t_m)(t_m-t_1)} \left(\sum_{j=1}^{n-2} \|(T_jy)(s) + \|y(s)\| \right) ds \\
&\geqslant \rho t_1(1-t_m)(t_m-t_1) \times \frac{\gamma}{\rho^2 t_1(1-t_m)(t_m-t_1)} \frac{\rho}{\gamma} \|y\|_{PC} \\
&= \|y\|_{PC} = r_2.
\end{aligned}
$$

即, 对任意 $y \in K \cap \partial\Omega_3$, 得

$$
\|Ty\|_{PC} \geqslant \|y\|_{PC}, \tag{7.9.41}
$$

其中,

$$
\Omega_3 = \{y \in K : \|y\|_{PC} < r_2\}.
$$

接下来, 考虑 (7.9.38) 和 (7.9.39) 式. 令

$$
M = \max_{(t,u_1,\cdots,u_{n-1}) \in J \times P_R^{n-1}} \|f(t,u_1,\cdots,u_{n-1})\|, \quad N = \max_{u_{n-1} \in P_R} \|I_k(u_{n-1})\|. \tag{7.9.42}
$$

则

$$
\|f(t,u_1,\cdots,u_{n-1})\| \leqslant M + (1-\mu) \sum_{j=1}^{n-1} \|u_j\|,
$$

$$
\|I_k(u_{n-1})\| \leqslant \frac{1-\mu}{m} \|u_{n-1}\| + N.
$$

令

$$
R_2 = \max \left\{ 2R, \frac{1}{4(1-\mu)}(M+N) \left(1 - \frac{1}{4} \left(\sum_{j=0}^{n-2} \frac{1}{j!} + 1 \right) \right)^{-1} \right\},
$$

$$
\Omega_4 = \{y \in K : \|y\|_{PC} < R_2\}.
$$

因此, 对任意 $y \in K \cap \partial\Omega_4$, 得

$$\|(Ty)(t)\| \leqslant \int_0^1 H(t,s)\|f(s,(T_1y)(s),\cdots,(T_{n-2}y)(s),y(s))\|ds$$

$$+ \sum_{k=1}^m H(t,t_k)\|I_k(y(t_k))\|$$

$$\leqslant \frac{1}{4(1-\mu)}\left[(1-\mu)\sum_{j=0}^{n-2}\frac{1}{j!}\|y\|_{PC} + M + \frac{1-\mu}{m}m\|y\|_{PC} + N\right]$$

$$\leqslant \frac{1}{4(1-\mu)}\left[(1-\mu)\sum_{j=0}^{n-2}\frac{1}{j!}\|y\|_{PC} + M + (1-\mu)\|y\|_{PC} + N\right]$$

$$= \frac{1}{4(1-\mu)}\left[(1-\mu)\left(\sum_{j=0}^{n-2}\frac{1}{j!}+1\right)\|y\|_{PC} + M + N\right]$$

$$\leqslant \left(1 - \frac{1}{4(1-\mu)}(1-\mu)\left(\sum_{j=0}^{n-2}\frac{1}{j!}+1\right)\right)R_2$$

$$+ \frac{1}{4(1-\mu)}(1-\mu)\left(\sum_{j=0}^{n-2}\frac{1}{j!}+1\right)\|y\|_{PC}$$

$$= R_2 = \|y\|_{PC}.$$

即, 对任意 $y \in K \cap \partial\Omega_4$, 得

$$\|Ty\|_{PC} \leqslant \|y\|_{PC}. \tag{7.9.43}$$

由 (7.9.41) 和 (7.9.43) 式, 并结合定理 2.3.4 知算子 T 存在一个不动点 $y \in \bar{K} \cap (\bar{\Omega}_4 \setminus \Omega_3)$ 且满足 $r_2 \leqslant \|y\|_{PC} \leqslant R_2$. 又因为 $y \in K$, 所以 $y(t) \geqslant \frac{\rho}{\gamma}y(s), t,s \in J$. 这表明 (7.9.40) 式成立. 由此, 并结合引理 7.9.3 就完成了证明. 证毕.

注 7.9.3　如果我们在标量空间中研究边值问题 (7.9.1), 则边值问题 (7.9.1) 至少存在一个正解 y, 且

$$\frac{\rho}{\gamma}\left(\sum_{j=0}^{n-2}\frac{1}{j!}\right)^{-1} r \leqslant y(t)$$

$$\leqslant \max\left\{2R, \frac{1}{4(1-\mu)}(M+N)\left(1 - \frac{1}{4}\left(\sum_{j=0}^{n-2}\frac{1}{j!}+1\right)\right)^{-1}\right\}, \quad t \in J.$$

推论 7.9.2　假设条件 (H_1)—(H_3) 成立且 P 是正规锥. 如果 $(\Psi f)_0 = \infty$ 且 $f^\infty = 0, I^\infty(k) = 0$, 则, 对任意充分小的 $r > 0$ 和任意充分大的 $R > 0$, 边值问题 (7.9.1) 至少存在一个正解 y 且满足 (7.9.40) 式.

讨论 7.9.1 在研究边值问题 (7.8.1) 时发现这样一个事实: 并非所有的脉冲微分系统的解都有界.

例 7.9.1 考虑边值问题

$$
\begin{cases}
x^{(n)}(t) + f(t, x(t), x'(t), \cdots, x^{(n-2)}(t)) = \theta, \ t \in J, \ t \ne t_k, \ k = 1, 2, \cdots, m, \\
\Delta x^{(n-1)}|_{t=t_k} = -I_k(x^{(n-2)}(t_k)), \quad k = 1, 2, \cdots, m, \\
x^{(i)}(0) = \theta, \quad i = 0, 1, \cdots, n-2, \\
x^{(n-2)}(1) = \displaystyle\int_0^1 g(t) x^{(n-2)}(t) dt.
\end{cases}
\tag{7.9.44}
$$

显然, 系统 (7.9.44) 的解可表示为

$$
x(t) = \int_0^1 H^*(t, s) f(t, x(t), x'(t), \cdots, x^{(n-2)}(t)) ds + \sum_{k=1}^m H^*(t, t_k) I_k(y(t_k)), \tag{7.9.45}
$$

其中,

$$
H^*(t, s) = G(t, s) + \frac{t}{1 - \displaystyle\int_0^1 s g(s) ds} \int_0^1 G(s, \tau) g(\tau) d\tau, \tag{7.9.46}
$$

$$
G(t, s) = \begin{cases}
t(1 - s), & 0 \leqslant t \leqslant s \leqslant 1, \\
s(1 - t), & 0 \leqslant s \leqslant t \leqslant 1.
\end{cases}
$$

不难看出 $H^*(t, s)$ 有如下性质.

如果 $1 - \displaystyle\int_0^1 s g(s) ds \ne 0$, 则对任意 $t \in [t_1, t_m], s \in [0, 1]$, 得

$$
\rho^* e(s) \leqslant H^*(t, s) \leqslant \gamma^* s(1 - s) = \gamma^* e(s) \leqslant \frac{1}{4} \gamma^*. \tag{7.9.47}
$$

这里

$$
\gamma^* = \frac{1 + \displaystyle\int_0^1 (t_m - \tau) g(\tau) d\tau}{1 - \mu^*}, \quad \rho^* = \frac{\displaystyle\int_0^1 e(\tau) g(\tau) d\tau}{1 - \mu^*} t_1 (1 - t_m).
$$

由 (7.9.47) 式, 我们只能定义如下形式的锥:

$$
K^* = \left\{ y \in Q : y(t) \geqslant \frac{\rho^*}{\gamma^*} y(s), t \in [t_1, t_m], s \in J \right\}.
$$

这意味着我们不能够获得边值问题 (7.9.44) 解的上、下界.

7.10　附　　注

本章发展了抽象空间中常微分方程理论, 完善了抽象空间中常微分方程研究内容, 重点发展了抽象空间中严格集压缩算子泛函形式的锥不动点定理, 主要完善了抽象空间中二阶微分方程和高阶微分方程, 特别是二阶脉冲微分方程和高阶脉冲微分方程边值问题的可解性和多解性研究. 对抽象空间中二阶微分方程、二阶脉冲微分方程、四阶微分方程、四阶脉冲微分方程以及 n 阶微分方程和带参数的 n 阶脉冲微分方程进行了系统的研究, 获得了存在一个正解和存在两个正解的结果. 在适当条件下, 还对正解在整个区间上的界:上界和下界进行了讨论. 由于我们是在抽象空间中研究微分方程解的存在性, 一些在一般空间中常用的方法: 比如, Wirtinger不等式等不再有效, 并且抽象元素之间不再像实数那样直接进行乘除运算. 所以在抽象空间中研究微分方程边值问题解和正解的存在性是一项非常有意义的工作.

定理 7.1.1—定理 7.1.3 是由 Feng, Zhang 和 Ge 在参考文献 [18] 中获得的. 在7.1 节, 作者首先利用抽象空间中严格集压缩算子的不动点指数理论得到了一个新的泛函形式的锥不动点定理; 然后, 利用这个定理对抽象空间中的一类二阶微分方程边值问题的可解性进行了研究, 并获得了边值问题至少存在一个正解的充分条件. 本节获得的结论发展了抽象空间中常微分方程理论, 丰富了抽象空间中常微分方程边值问题的研究内容.

7.2 节的内容取自 Feng, Ji 和 Ge 的文献 [19]. 定理 7.2.1—定理 7.2.5 运用抽象空间中范数形式的严格集压缩算子锥压缩和锥拉伸不动点定理研究了抽象空间中一类带积分边界条件的二阶边值问题, 并获得了正解的存在性、多解性和正解不存在的结果. 本节研究的内容和获得的结果主要发展了 Guo 和 Lakshmikantham 在参考文献 [4] 中的研究成果. 这是研究抽象空间中微分方程从两点边值问题到非局部问题的一个标志性成果, 并为进一步研究抽象空间中常微分方程非局部问题开阔了思路, 提供了技术支持.

定理 7.3.1—定理 7.3.2 取自 Feng 和 Pang 的文献 [20]. 7.3 节研究的内容推广了第 4 章的内容, 并对 7.1 节和 7.2 节的内容进行了发展和提高. 前者体现在研究空间从标量空间到抽象空间, 后者体现在从无脉冲的模型到有脉冲的模型. 本节的研究成果是研究抽象空间中脉冲积分-微分方程从两点边值问题到非局部问题的一个标志性成果.

定理 7.4.1 取自 Zhang, Feng 和 Ge 的文献 [21]. 7.4 节研究的内容进一步推广了第 4 章的内容, 并对 7.1 节—7.3 节的内容进行了发展和提高. 不过对抽象空间中带参数的二阶脉冲积分-微分方程, 特别是带多参数的二阶脉冲积分-微分方程非局部问题正解的存在性研究尚未讨论, 有必要在今后进行深入探讨.

7.5 节内容取自张学梅的文献 [22]. 在这一节, 我们应用抽象空间中范数形式的严格集压缩算子锥压缩和锥拉伸不动点定理, 并结合非线性项 f 在 0 和 ∞ 点的超线性和次线性的适当组合, 我们获得了正解的存在性和多解性的结果, 而对于抽象空间中四阶脉冲积分-微分方程边值问题的可解性研究还未进行, 期待这方面成果的出现.

7.6 节内容取自 Zhang, Feng 和 Ge 的文献 [23]. 定理 7.6.1—定理 7.6.2 推广了 5.1 节和 7.5 节的内容. 注意到 7.6 节和 5.1 节都是研究四阶微分方程边值问题正解的存在性, 多解性和正解的不存在性. 但是这两节所用的研究方法是不同的, 并且 7.6 节考虑了正解存在性, 多解性和正解的不存在性同参数 λ 之间的关系. 不过, 7.6 节尚未对抽象空间中带多参数的四阶脉冲微分方程边值问题进行详细讨论, 值得今后深入思考.

7.7 节的内容选自 Zhang, Feng 和 Ge 的文献 [24]. 定理 7.7.1—定理 7.7.6 利用抽象空间中范数形式的严格集压缩算子锥压缩和锥拉伸不动点定理给出了正解的存在性、多解性和正解不存在的充分条件. 7.7 节研究的结果发展并推广了 7.5 节和 7.6 节的研究理论. 尽管 7.7 节获得了丰富的成果, 但是对抽象空间中高阶脉冲微分方程边值问题, 特别是带偏差变元的高阶非局部问题存在正解的充分条件尚未进行深入研究, 今后值得在这方面进行细致地研究.

7.8 节的内容选自 Feng 和 Ge 的文献 [25]. 定理 7.8.1 和定理 7.8.2 利用抽象空间中范数形式的严格集压缩算子锥压缩和锥拉伸不动点定理给出了正解的存在性与参数 λ 之间的关系. 7.8 节研究的结果发展并推广了 7.7 节的研究成果. 尽管 7.8 节获得了正解的存在性与参数 λ 之间的关系, 但是尚未获得与 4.3 节类似的结果: 正解与参数 λ 之间的连续依赖性. 这是一个有意思的课题, 期待大家思考.

7.9 节的内容选自 Zhang, Yang 和 Ge[26]. 定理 7.9.1 和定理 7.9.2 发展并推广了 7.7 节和 7.8 节的研究成果. 7.9 节不仅利用抽象空间中范数形式的严格集压缩算子锥压缩和锥拉伸不动点定理给出了正解的存在性结果, 还研究了正解在整个区间中的界: 正解存在上界和下界. 不过, 7.9 节还未考虑对抽象空间中带多参数的高阶脉冲微分方程边值问题正解与多参数的关系. 这也是一个大家感兴趣的课题.

参 考 文 献

[1] 冯美强, 张学梅. Banach 空间中四阶常微分方程两点边值问题的多重解 [J]. 应用泛函分析学报, 2004, 6: 56–64.

[2] Guo D. Initial value problems for nonlinear second-order impulsive integro-differential equations in Banach spaces[J]. J. Math. Anal. Appl., 1996, 200: 1-13.

[3] Guo D. Multiple positive solutions for first order nonlinear impulsive integro-differential equations in a Banach space[J]. Appl. Math. Comput., 2003, 143: 233-249.

[4] Guo D, Lakshmikantham V. Multiple solutions of two-point boundary value problems of ordinary differential equations in Banach spaces[J]. J. Math. Anal. Appl., 1988, 129: 211-222.

[5] 郭大钧, 孙经先. 抽象空间常微分方程 [M]. 济南: 山东科学技术出版社, 1989.

[6] Guo F, Liu L, Wu Y H, Siew P. Global solutions of initial value problems for nonlinear second-order impulsive integro-differential equations of mixed type in Banach spaces[J]. Nonlinear Anal., 2005, 61: 1363-1382.

[7] Liu B. Positive solutions of a nonlinear four-point boundary value problems in Banach spaces[J]. J. Math. Annal. Appl., 2005, 305: 253-276.

[8] Qi S. Multiple positive solutions to BVPs for higher order nonlinear differential equations in Banach spaces[J]. Acta mathematicae applicatae sinica., 2001, 17: 271-278.

[9] Zhao Y, Chen H. Existence of multiple positive solutions for m-point boundary value problems in Banach spaces[J]. J. Comput. Appl. Math., 2008, 215: 79-90.

[10] Zhang X, Liu L, Wu Y. Global solutions of nonlinear second-order impulsive integro-differential equations of mixed type in Banach spaces[J]. Nonlinear Anal., 2007, 67: 2335-2349.

[11] Anderson D R, Avery R I. Fixed point theorem of cone expansion and compression of functional type[J]. J. Difference Equ. Appl., 2002, 8: 1073-1083.

[12] Guo Y, Ge W. Positive solutions for three-point boundary value problems with dependence on the first order derivative[J]. J. Math. Anal. Appl., 2004, 290: 291-301.

[13] Sun J. A generalization of Guo's theorem and applications[J]. J. Math. Anal. Appl., 1987, 126: 566-573.

[14] Zhang G, Sun J. A generalization of the cone expansion and compression fixed point theorem and applications[J]. Nonlinear Anal., 2007, 67: 579-586.

[15] Guo D, Lakshmikantham V. Nonlinear Problems in Abstract Cones [M]. New York: Academic Press, 1988.

[16] Guo D, Lakshmikantham V, Liu X. Nonlinear Integral Equations in Abstract Spaces[M]. Dordrecht: Kluwer Academic Publishers, 1996.

[17] Guo D, Liu X. Multiple positive solutions of boundary-value problems for impulsive differential equations[J]. Nonlinear Anal., 1995, 25: 327-337.

[18] Feng M, Zhang X, Ge W. Positive fixed point of strict set contraction operators on ordered banach spaces and applications[J]. Abstr. Appl. Anal., 2010, 2010: 1-13.

[19] Feng M, Ji D, Ge W. Positive solutions for a class of boundary-value problem with integral boundary conditions in Banach spaces[J]. J. Comput. Appl. Math., 2008, 222: 351-363.

[20] Feng M, Pang H. A class of three-point boundary-value problems for second-order

impulsive integro-differential equations in Banach spaces[J]. Nonlinear Anal., 2009, 70: 64-82.

[21] Feng M, Zhang X, Ge W. Existence of solutions of boundary value problems with integral boundary conditions for second-order impulsive integro-differential equations in Banach spaces[J]. J. Comput. Appl. Math., 2010, 233: 1915-1926.

[22] 张学梅. Banach 空间中四阶常微分方程边值问题的正解 [J]. 数学的实践与认识, 2007, 37: 150-155.

[23] Zhang X, Feng M, Ge W. Existence results for nonlinear boundary-value problems with integral boundary conditions in Banach spaces[J]. Nonlinear Anal., 2008, 69: 3310-3321.

[24] Zhang X, Feng M, Ge W. Existence and nonexistence of positive solutions for a class of nth-order three-point boundary value problems in Banach spaces[J]. Nonlinear Anal., 2009, 70: 584-597.

[25] Feng M, Ge W. Existence results for a class of nth order m-point boundary value problems in Banach spaces[J]. Appl. Math. Lett., 2009, 22: 1303-1308.

[26] Zhang X, Yang X, Ge W. Positive solutions of nth-order impulsive boundary value problems with integral boundary conditions in Banach spaces[J]. Nonlinear Anal., 2009, 71: 5930-5945.

第8章　时标上动力方程边值问题

与经典的常微分方程和差分方程边值问题相比, 时标上 (on time scales) 的动力方程边值问题的研究起步较晚. 时标上动力方程的初步研究是 Hilger 在 1990 年实现的, 是当前数学界非常关注的热点问题之一. Hilger 和他的导师 Aulbach 在参考文献 [1] 和 [2] 中把导数和积分的定义推广到了时标上, 创立了时标上的微积分, 从而建立了时标动力学. 通过动力方程, 不但使微分方程和差分方程得到了统一, 而且还推广到了微分方程和差分方程之间的方程, 即所谓的 "q-差分" 方程. 一个时标就是实数集的一个任意闭子集. 当这个时标是实数集时, 动力方程就是微分方程; 当这个时标是整数集时, 动力方程就是差分方程.

目前, 关于时标上动力方程边值问题的研究还处于初级阶段. 近年来, 主要集中于二阶时标上动力方程两点边值问题或周期边值问题的研究, 而关于二阶时标上动力方程非局部问题的研究结果是零星的, 特别是对带有 p-Laplace 算子的时标上动力方程多点边值问题的研究还不多见[3-13]. 究其原因主要有两点: ①常见的微积分工具: 如费马定理, 罗尔中值定理和拉格朗日中值定理等结论在时标上不再有效; ②时标上动力方程含有前差分算子和后差分算子, 在利用反解的方法求相应具有 p-Laplace 算子的二阶时标上动力方程非局部边值问题的积分算子的时候, 其最大值点即算子的分段点很难确定. 而一般的常微分方程就不需要克服这个难点. 因此, 对时标上动力方程的边值问题, 特别是高阶非局部边值问题的研究需要克服很多困难, 也就是说, 这是一项极具吸引力和挑战性的工作. 本章主要运用锥上不同的不动点定理给出了二阶和高阶动力方程边值问题正解和多个正解的存在性的充分条件, 并用最大值原理和上下解方法获得了一类二阶动力方程边值问题正解存在的充分必要条件. 本章的特点是: 既研究了二阶动力方程边值问题, 又考虑了高阶动力方程边值问题; 既研究了二阶动力方程两点边值问题, 又讨论了二阶动力方程非局部问题; 既获得了线性微分算子动力方程边值问题正解的存在性结果, 又证明了拟线性微分算子动力方程边值存在正解的结论.

8.1 节利用 Banach 空间中范数形式的锥压缩和锥拉伸不动点定理研究了一类二阶动力方程两点边值问题, 结合非线性项 f 超线性和次线性的适当组合, 获得了正解的存在性、多解性和正解不存在的结果, 并研究了正解的存在性和参数 λ 之间的关系.

在 8.2 节中, 作者运用利用 Banach 空间中不带范数形式的锥压缩和锥拉伸不动点定理研究了一类二阶动力方程 m 点边值问题, 并且获得了存在多个正解的充分条件. 最后给出一个算例, 验证了当非线性项满足适当条件时问题存在两个正解的结果.

8.3 节应用 Avery-Peterson 三解不动点定理讨论了一类带 p-Laplace 算子的二阶动力方程非局部问题, 并获得了至少存在三个正解的充分条件. 在一定程度上, 这节研究的内容推广了第 3 章的内容, 并对 8.1 节和 8.2 节的内容进行了发展和提高. 前者体现在当时标 $\mathbb{T}$ 是实数集时, 8.3 节的内容就是第 3 章研究的内容, 后者体现在得到的正解的个数不同.

在 8.4 节, 我们应用 Avery 五个泛函三解不动点定理讨论了一类带 p-Laplace 算子的四阶动力方程非局部问题, 得到了至少存在三个正解的充分条件. 在一定程度上, 这节研究的内容推广了第 5 章的内容, 并对 8.1 节—8.3 节的内容进行了发展和提高. 前者体现在当时标 $\mathbb{T}$ 是实数集时 8.4 节的内容就是第 5 章研究的内容, 后者体现在动力方程的阶数从二阶到四阶.

8.5 节运用最大值原理和上下解方法研究了一类二阶动力方程边值问题, 并获得了正解不存在的充要条件. 8.5 节的内容进一步推广了第 3 章的内容, 同时发展了 8.1 节—8.4 节的成果, 并且与 8.1 节—8.4 节处理动力方程的方法是不同的. 在 8.1 节—8.4 节中, 我们主要应用 Banach 空间中锥上的不动点定理研究动力方程边值问题正解的存在性, 而在 8.5 节中我们利用最大值原理和上下解方法研究动力方程正解的存在性.

8.1 时标上带参数的动力方程两点边值问题的正解

考虑边值问题

$$\begin{cases} Lx = \lambda w(t)f(t,x), & t \in [a,b], \\ \alpha x(\rho(a)) - \beta x^{[\Delta]}(\rho(a)) = 0, \\ \gamma x(b) + \delta x^{[\Delta]}(b) = 0, \end{cases} \tag{8.1.1}$$

其中, $\mathbb{T}$ 是一个时标, $\alpha \geqslant 0, \gamma \geqslant 0, \beta > 0, \delta > 0$ 满足 $\alpha + \gamma > 0$, $w : [a,b] \to [0,+\infty)$ 连续, 且存在 $t_0 \in [a,b]$ 使得 $w(t_0) > 0$, 称 $x^{[\Delta]}(t) = p(t)x^{\Delta}(t)$ 是拟 Δ 可微的,

$$Lx := -[p(t)x^{\Delta}(t)]^{\nabla} + q(t)x(t),$$

$p : [a,b] \to (0,+\infty)$ 在 $\mathbb{T}_k$ 上是 ∇-可微的, $q : [a,b] \to [0,+\infty)$ 连续.

记 $J = [a,b]$, 其中 $a,b \in \mathbb{T}$ 满足 $a \leqslant b$. $E = C[a,b]$ 是定义在 $[a,b]$ 上的实值连续 (按照 $\mathbb{T}$ 的拓扑) 函数 $x(t)$ 的集合. 显然, E 是一个 Banach 空间如果它的范数

$\|\cdot\|$ 定义成: $\|x\| = \max\limits_{t \in J} |x(t)|$. 令 K 是 E 中的锥, $K_r = \{x \in K : \|x\| < r\}, \partial K_r = \{x \in K : \|x\| = r\}, r > 0$.

本节总假设下列条件成立:

(H_1) $w : [a,b] \to [0,+\infty)$ 是连续的, 且存在 $t_0 \in [a,b]$ 使得 $w(t_0) > 0$;

(H_2) $p : [a,b] \to (0,+\infty)$ 在 $\mathbb{T}_k$ 上是 ∇-可微的;

(H_3) $q : [a,b] \to [0,+\infty)$ 是连续的, 并且如果 $q \equiv 0$, 那么 $\alpha + \gamma > 0$;

(H_4) $f : [a,b] \times \mathbf{R} \to \mathbf{R}$ 关于 $\mathbf{R} \times \mathbf{R}$ 的拓扑在 (t,ξ) 上是连续的且对任意 $\xi \in \mathbf{R}^+$, $f(t,\xi) \geqslant 0$, 其中 $\mathbf{R}^+$ 表示非负实数集.

在本节中, $G(t,s)$ 是问题 (8.1.1) 对应的齐次边值问题的 Green 函数:

$$G(t,s) = \frac{1}{\Lambda} \begin{cases} \phi(s)\psi(t), & \rho(a) \leqslant s \leqslant t \leqslant \sigma(b), \\ \phi(t)\psi(s), & \rho(a) \leqslant t \leqslant s \leqslant \sigma(b), \end{cases}$$

其中, ϕ 和 ψ 满足

$$L\phi = 0, \quad \phi(\rho(a)) = \beta, \quad \phi^{[\Delta]}(\rho(a)) = \alpha,$$

$$L\psi = 0, \quad \psi(b) = \delta, \quad \psi^{[\Delta]}(b) = -\gamma.$$

从参考文献 [14] 不难看出, $\Lambda := -[\phi(t)\psi^{[\Delta]}(t) - \phi^{[\Delta]}(t)\psi(t)] > 0$, (i)$\phi$ 在 J 上非减且 $\phi \geqslant 0$; (ii)ψ 在 J 上非增且 $\psi \geqslant 0$.

容易证明 $G(t,s)$ 有如下性质.

命题 8.1.1　对任意 $t, s \in J$, 有 $0 \leqslant G(t,s) \leqslant G(s,s)$.

命题 8.1.2　令 $\bar{\theta} \in \mathbb{T}$ 满足 $\bar{\theta} \in \left(a, \dfrac{b+a}{2}\right)$, $J_{\bar{\theta}} = [\bar{\theta}, b+a-\bar{\theta}]$. 那么对任意 $t \in J_{\bar{\theta}}, s \in (a,b)$ 有 $G(t,s) \geqslant \Gamma G(s,s)$, 其中 Γ 是和 $\bar{\theta}$ 有关的常数:

$$\Gamma(= \Gamma_{\bar{\theta}}) = \min\left\{\frac{\psi(b+a-\bar{\theta})}{\psi(a)}, \frac{\phi(\bar{\theta})}{\phi(b)}\right\}.$$

证明　事实上, 对任意 $t \in [\bar{\theta}, b+a-\bar{\theta}]$, 有

$$\frac{G(t,s)}{G(s,s)} \geqslant \min\left\{\frac{\psi(b+a-\bar{\theta})}{\psi(s)}, \frac{\phi(\bar{\theta})}{\phi(s)}\right\} \geqslant \min\left\{\frac{\psi(b+a-\bar{\theta})}{\psi(a)}, \frac{\phi(\bar{\theta})}{\phi(b)}\right\} =: \Gamma.$$

证毕.

显然, $0 < \Gamma < 1$.

为了应用锥不动点定理, 在 E 中构造一个锥 K:

$$K = \left\{x \in C[a,b] : x \geqslant 0, \min_{t \in J_{\bar{\theta}}} x(t) \geqslant \Gamma\|x\|\right\}. \tag{8.1.2}$$

显然 K 是 E 中的闭凸锥.

定义算子 $T_\lambda : K \to K$:

$$(T_\lambda x)(t) = \lambda \int_{\rho(a)}^{b} G(t,s)w(s)f(s,x(s))\nabla s, \quad t \in [a,b], \tag{8.1.3}$$

由 (8.1.3) 式知, 问题 (8.1.1) 存在正解 x 当且仅当 $x \in K$ 是算子 T_λ 的不动点.

引理 8.1.1 假设条件 (H_1)—(H_4) 成立. 那么算子 $T_\lambda K \subset K$, 且 $T_\lambda : K \to K$ 全连续.

证明 对 $x \in K$, 由 (8.1.3) 式知 $T_\lambda x(t) \geqslant 0$, 且

$$\|T_\lambda x\| \leqslant \lambda \int_{\rho(a)}^{b} G(s,s)w(s)f(s,x(s))\nabla s. \tag{8.1.4}$$

另外, 由 (8.1.3), (8.1.4) 式和命题 8.1.2 知

$$\begin{aligned}
\min_{t \in J_\theta}(T_\lambda x)(t) &= \min_{t \in J_\theta} \lambda \int_{\rho(a)}^{b} G(t,s)w(s)f(s,x(s))\nabla s \\
&\geqslant \lambda \Gamma \int_{\rho(a)}^{b} G(s,s)w(s)f(s,x(s))\nabla s \\
&\geqslant \Gamma\|T_\lambda x\|.
\end{aligned}$$

因此 $T_\lambda(x) \in K$, 即 $T_\lambda K \subset K$.

利用 Arzelà-Ascoli 定理我们能够证明 $T_\lambda : K \to K$ 全连续. 证毕.

记

$$f^\beta = \limsup_{x \to \beta} \max_{t \in J} \frac{f(t,x)}{x}, \quad f_\beta = \liminf_{x \to \beta} \min_{t \in J_{\bar{\delta}}} \frac{f(t,x)}{x},$$

其中, β 表示 0 或者 ∞.

定理 8.1.1 假设条件 (H_1)—(H_4) 和下面两个条件之一成立:

(i) $f^0 = 0$ 且 $f_\infty = \infty$;

(ii) $f_0 = \infty$ 且 $f^\infty = 0$.

那么, 对任意 $\lambda > 0$, 边值问题 (8.1.1) 至少存在一个正解.

证明 (1) 由 $f^0 = 0$ 知, 存在正数 $r_1 > 0$ 使得对任意 $0 \leqslant x \leqslant r_1, t \in J$, 有 $f(t,x) \leqslant \varepsilon_1 x$. 其中, $\varepsilon_1 > 0$ 满足 $\varepsilon_1 \lambda \frac{1}{\Lambda} \phi(b)\psi(\rho(a)) \int_{\rho(a)}^{b} w(s)\nabla s \leqslant 1$.

因此对任意 $x \in \partial K_{r_1}$, 由命题 8.1.1 知

$$
\begin{aligned}
(T_\lambda x)(t) &\leqslant \lambda \int_{\rho(a)}^{b} G(s,s)w(s)f(s,x(s))\nabla s \\
&\leqslant \lambda \int_{\rho(a)}^{b} G(s,s)w(s)\varepsilon_1 x(s)\nabla s \\
&\leqslant \lambda \frac{1}{\Lambda}\phi(b)\psi(\rho(a))\|x\|\varepsilon_1 \int_{\rho(a)}^{b} w(s)\nabla s \\
&\leqslant \|x\|.
\end{aligned}
$$

所以, 当 $x \in \partial K_{r_1}, t \in J$ 时, 有

$$
\|T_\lambda x\| \leqslant \|x\|. \tag{8.1.5}
$$

另外, 由 $f_\infty = \infty$ 知, 存在 $\bar{r}_2 > 0$ 使得对任意 $x \geqslant r_2, t \in J_{\bar{\theta}}$, 有 $f(t,x) \geqslant \varepsilon_2 x$. 其中, ε_2 满足 $\varepsilon_2 \frac{1}{\Lambda}\lambda\Gamma^2\phi(\bar{\theta})\psi(b+a-\bar{\theta})\|x\| \int_{\bar{\theta}}^{b+a-\bar{\theta}} w(s)\nabla s \geqslant 1$.

选取 $r_2 = \max\left\{\dfrac{\bar{r}_2}{\Gamma}, r_1+1\right\}$, 则 $r_2 > r_1$. 如果 $x \in \partial K_{r_2}, t \in J_{\bar{\theta}}$, 那么

$$
\min_{t \in J_{\bar{\theta}}} x(t) \geqslant \Gamma\|x\| = \Gamma r_2 \geqslant \bar{r}_2,
$$

且

$$
\begin{aligned}
(T_\lambda x)(t) &\geqslant \lambda \int_{\bar{\theta}}^{b+a-\bar{\theta}} G(t,s)w(s)f(s,x(s))\nabla s \\
&\geqslant \lambda \int_{\bar{\theta}}^{b+a-\bar{\theta}} G(t,s)w(s)\varepsilon_2 x(s)\nabla s \\
&\geqslant \min_{t \in J_{\bar{\theta}}} \lambda \int_{\bar{\theta}}^{b+a-\bar{\theta}} G(t,s)w(s)\varepsilon_2 x(s)\nabla s \\
&\geqslant \lambda\Gamma^2 \int_{\bar{\theta}}^{b+a-\bar{\theta}} G(s,s)w(s)\nabla s \varepsilon_2 \|x\| \\
&\geqslant \frac{1}{\Lambda}\lambda\Gamma^2\phi(\bar{\theta})\psi(b+a-\bar{\theta})\varepsilon_2\|x\| \int_{\bar{\theta}}^{b+a-\bar{\theta}} w(s)\nabla s \\
&\geqslant \|x\|.
\end{aligned}
$$

从而, $\|T_\lambda x\| \geqslant \|x\|$. 因此, 对任意 $x \in \partial K_{r_2}$, 得

$$
\|T_\lambda x\| \geqslant \|x\|. \tag{8.1.6}
$$

由定理 2.1.1 并结合 (8.1.5) 和 (8.1.6) 式知, 算子 T_λ 有一个不动点 $x^* \in \bar{K}_{r_1,r_2}$, $r_1 \leqslant \|x^*\| \leqslant r_2$ 满足 $x^*(t) \geqslant \Gamma\|x^*\| > 0, t \in J_{\bar{\theta}}$. 从而, 对任意 $\lambda > 0$, 边值问题 (8.1.1) 存在一个正解 x^*.

(2) 由 $f_0 = \infty$ 知, 存在正数 $r_3 > 0$ 使得对任意 $0 \leqslant x \leqslant r_3, t \in J_{\bar{\theta}}, f(t,x) \geqslant \varepsilon_3 x$. 其中, $\varepsilon_3 > 0$ 满足 $\dfrac{1}{\Lambda}\lambda\Gamma^2\phi(\theta)\psi(b+a-\theta)\varepsilon_3 \displaystyle\int_\theta^{b+a-\theta} w(s)\nabla s \geqslant 1$.

因此, 对任意 $x \in \partial K_{r_3}, t \in J_\theta$, 由命题 8.1.2 知

$$
\begin{aligned}
(T_\lambda x)(t) &\geqslant \lambda \int_{\bar{\theta}}^{b+a-\bar{\theta}} G(t,s)w(s)f(s,x(s))\nabla s \\
&\geqslant \lambda \int_{\bar{\theta}}^{b+a-\bar{\theta}} G(t,s)w(s)\varepsilon_3 x(s)\nabla s \\
&\geqslant \min_{t \in J_{\bar{\theta}}} \lambda \int_{\bar{\theta}}^{b+a-\bar{\theta}} G(t,s)w(s)\varepsilon_3 x(s)\nabla s \\
&\geqslant \lambda\Gamma^2 \int_{\bar{\theta}}^{b+a-\bar{\theta}} G(s,s)w(s)\nabla s\,\varepsilon_3\|x\| \\
&\geqslant \frac{1}{\Lambda}\lambda\Gamma^2\phi(\bar{\theta})\psi(b+a-\bar{\theta})\varepsilon_3\|x\| \int_{\bar{\theta}}^{b+a-\bar{\theta}} w(s)\nabla s \\
&\geqslant \|x\|.
\end{aligned}
$$

从而, 当 $x \in \partial K_{r_3}, t \in J_{\bar{\theta}}$ 时, 有

$$\|T_\lambda x\| \geqslant \|x\|. \tag{8.1.7}$$

另外, 由 $f^\infty = 0$ 知, 存在正数 $\bar{r}_4 > 0$ 使得对任意 $x \geqslant \bar{r}_4, t \in J, f(t,x) \leqslant \varepsilon_4 x$. 其中, $\varepsilon_4 > 0$ 满足 $\varepsilon_4\lambda\dfrac{1}{\Lambda}\phi(b)\psi(\rho(a)) \displaystyle\int_{\rho(a)}^b w(s)\nabla s \leqslant \dfrac{1}{2}$.

令

$$M = \lambda \sup_{x \in \partial K_{\bar{r}_4}, t \in [\rho_a, b]} f(t,x(t)) \int_{\rho(a)}^b G(t,t)w(t)dt.$$

不难看出 $M < +\infty$.

选取 $r_4 > \max\{r_3, \bar{r}_4, 2M\}$, 则 $M < \dfrac{1}{2}r_4$.

对任意 $x \in \partial K_{r_4}$, 记 $\bar{x}(t) = \min\{x(t), \bar{r}_4\}$. 那么 $\bar{x} \in \partial K_{\bar{r}_4}$. 再令 $e(x) = \{t \in [\rho_a, b] : x(t) > \bar{r}_4\}$. 所以, 对任意 $t \in e(x)$, 有 $\bar{r}_4 < x(t) \leqslant \|x\| = r_4$. 由 $\bar{r}_4$ 的选取知, 对任意 $t \in e(x)$, 有 $f(t,x(t)) \leqslant \varepsilon_4 r_4$.

故, 对任意 $x \in \partial K_{r_4}$ 结合命题 8.1.2 知

$$
(T_\lambda x)(t) \leqslant \lambda \int_{\rho(a)}^b G(s,s)w(s)f(s,x(s))\nabla s
$$

$$
= \lambda \int_{e(x)} G(s,s)w(s)f(s,x(s))\nabla s + \lambda \int_{[\rho_a,b]\setminus e(x)} G(s,s)w(s)f(s,x(s))\nabla s
$$

$$
\leqslant \lambda\varepsilon_4 r_4 \int_{\rho(a)}^b G(s,s)w(s)\nabla s + \lambda \int_{\rho(a)}^b G(s,s)w(s)f(s,\bar{x}(s))\nabla s
$$

$$
\leqslant \lambda\varepsilon_4 r_4 \frac{1}{\Lambda}\phi(b)\psi(\rho(a)) \int_{\rho(a)}^b w(s)\nabla s + M
$$

$$
\leqslant \frac{1}{2}r_4 + \frac{1}{2}r_4
$$

$$
= r_4 = \|x\|.
$$

从而, 当 $x \in \partial K_{r_4}, t \in J$ 时, 有

$$
\|T_\lambda x\| \leqslant \|x\|. \tag{8.1.8}
$$

由定理 2.1.1 并结合 (8.1.7) 和 (8.1.8) 式知, 算子 T_λ 有一个不动点 $x^* \in \bar{K}_{r_3,r_4}$, $r_3 \leqslant \|x^*\| \leqslant r_4$ 满足 $x^*(t) \geqslant \Gamma\|x^*\| > 0, t \in J_{\bar\theta}$. 所以, 边值问题 (8.1.1) 对任意 $\lambda > 0$ 存在一个正解. 定理得证.

定理 8.1.2　假设条件 (H_1)—(H_4) 和下面两个条件成立:

(i) $f^0 = 0$ 或者 $f^\infty = 0$;

(ii) 存在正数 $\rho_1 > 0$, 对任意 $0 \leqslant x \leqslant \rho_1$, $t \in J_\theta$ 使得 $f(t,x) \geqslant \tau_1\rho_1$, 其中,

$$
\tau_1 = \left[\lambda\Gamma\frac{1}{\Lambda}\phi(\bar\theta)\psi(b+a-\bar\theta) \int_{\bar\theta}^{b+a-\bar\theta} w(s)\nabla s\right]^{-1}.
$$

那么, 存在 $\lambda_0 > 0$, 使得对任意 $\lambda > \lambda_0$, 边值问题 (8.1.1) 至少有一个正解.

证明　由 $f^0 = 0$ 知, 存在正数 $0 < r_5 < \rho_1$ 使得对任意 $0 \leqslant x \leqslant r_5, t \in J$, 有 $f(t,x) \leqslant \varepsilon_5 x$. 其中, $\varepsilon_5 > 0$ 满足 $\varepsilon_5\lambda\frac{1}{\Lambda}\phi(b)\psi(\rho(a))\|x\| \int_{\rho(a)}^b w(s)\nabla s \leqslant 1$.

因此, 对任意 $x \in \partial K_{r_5}$, 由命题 8.1.1 知

$$
(T_\lambda x)(t) \leqslant \lambda \int_{\rho(a)}^b G(s,s)w(s)f(s,x(s))\nabla s
$$

$$
\leqslant \lambda \int_{\rho(a)}^b G(s,s)w(s)\varepsilon_5 x(s)\nabla s
$$

$$\leqslant \lambda \frac{1}{\Lambda} \phi(b) \psi(\rho(a)) \|x\| \varepsilon_5 \int_{\rho(a)}^{b} w(s) \nabla s$$

$$\leqslant \|x\|.$$

所以, 当 $x \in \partial K_{r_5}$ 时, 有

$$\|T_\lambda x\| \leqslant \|x\|. \tag{8.1.9}$$

同样, 当 $f^\infty = 0$ 时, 和证明 (8.1.8) 式类似, 存在正数 $r_6 > \rho_1$ 使得对任意 $x \geqslant r_6, t \in J$, 有 $f(t,x) \leqslant \varepsilon_6 x$, 其中 $\varepsilon_6 > 0$ 满足 $\varepsilon_6 \lambda \frac{1}{\Lambda} \phi(b) \psi(\rho(a)) \int_{\rho(a)}^{b} w(s) \nabla s \leqslant 1$, 且当 $x \in \partial K_{r_6}, t \in J$ 时, 有

$$\|T_\lambda x\| \leqslant \|x\|. \tag{8.1.10}$$

由 (ii) 知, 当 $x \in \partial K_{\rho_1}, t \in J_{\bar\theta}$ 时, 有

$$(T_\lambda x)(t) \geqslant \lambda \int_{\bar\theta}^{b+a-\bar\theta} G(t,s) w(s) f(s, x(s)) \nabla s$$

$$\geqslant \lambda \tau_1 \rho_1 \int_{\bar\theta}^{b+a-\bar\theta} G(t,s) w(s) \nabla s$$

$$\geqslant \min_{t \in J_{\bar\theta}} \lambda \tau_1 \rho_1 \int_{\bar\theta}^{b+a-\bar\theta} G(t,s) w(s) \nabla s$$

$$\geqslant \lambda \tau_1 \rho_1 \Gamma \int_{\bar\theta}^{b+a-\bar\theta} G(s,s) w(s) \nabla s$$

$$\geqslant \lambda \Gamma \tau_1 \rho_1 \frac{1}{\Lambda} \phi(\bar\theta) \psi(b+a-\bar\theta) \int_{\bar\theta}^{b+a-\bar\theta} w(s) \nabla s$$

$$= \rho_1 \geqslant \|x\|.$$

所以, 当 $x \in \partial K_{\rho_1}, t \in J_{\bar\theta}$ 时, 有 $\|T_\lambda x\| \geqslant \|x\|$, 这表明存在 $\lambda_0 > 0$ 使得对任意 $x \in \partial K_{\rho_1}, \lambda > \lambda_0$, 有

$$\|T_\lambda x\| > \|x\|. \tag{8.1.11}$$

由定理 2.1.1 知, 对任意 $\lambda > \lambda_0$, (8.1.9) 和 (8.1.11), 或者 (8.1.10) 和 (8.1.11) 就能分别保证算子 T_λ 有一个不动点 $x^* \in \bar{K}_{r_5, \rho_1}$, $r_5 \leqslant \|x^*\| < \rho_1$ 满足 $x^*(t) \geqslant \Gamma \|x^*\| > 0, t \in J_{\bar\theta}$ 或者 $x^* \in \bar{K}_{\rho_1, r_6}$, $\rho_1 < \|x^*\| \leqslant r_6$ 满足 $x^*(t) \geqslant \Gamma \|x^*\| > 0, t \in J_{\bar\theta}$. 这样对任意 $\lambda > \lambda_0$, 边值问题 (8.1.1) 就存在一个正解. 定理得证.

使用和定理 8.1.2 相似的证明方法, 可以得到下面三个结论.

定理 8.1.3 假设 (H_1)—(H_4) 和下面两个条件成立:

(i) $f^0 = 0$ 且 $f^\infty = 0$;

(ii) 存在正数 $\rho_1 > 0$, 对任意 $0 \leqslant x \leqslant \rho_1$, $t \in J_\theta$ 使得 $f(t, x) \geqslant \tau_1 \rho_1$, 其中,

$$\tau_1 = \left[\lambda \Gamma \frac{1}{\Lambda} \phi(\bar{\theta}) \psi(b + a - \bar{\theta}) \int_{\bar{\theta}}^{b+a-\bar{\theta}} w(s) \nabla s \right]^{-1}.$$

那么, 存在 $\lambda_0 > 0$, 使得对任意 $\lambda > \lambda_0$, 边值问题 (8.1.1) 至少有一个正解.

定理 8.1.4　假设 (H_1)—(H_4) 和下面两个条件成立:

(i) $f_0 = \infty$ 或者 $f_\infty = \infty$;

(ii) 存在正数 $\rho_2 > 0$, 对任意 $0 \leqslant x \leqslant \rho_2$, $t \in J_{\bar{\theta}}$ 使得 $f(t, x) \leqslant \tau_2 \rho_2$, 其中

$$\tau_2 = \left[\lambda \Gamma \frac{1}{\Lambda} \phi(b) \psi(\rho(a)) \int_{\bar{\theta}}^{b+a-\bar{\theta}} w(s) \nabla s \right]^{-1}.$$

那么, 存在 $\lambda_0 > 0$, 使得对任意 $0 < \lambda < \lambda_0$, 边值问题 (8.1.1) 至少有一个正解.

定理 8.1.5　假设 (H_1)—(H_4) 和下面两个条件成立:

(i) $f_0 = \infty$ 且 $f_\infty = \infty$;

(ii) 存在正数 $\rho_2 > 0$, 对任意 $0 \leqslant x \leqslant \rho_2$, $t \in J_{\bar{\theta}}$ 使得 $f(t, x) \leqslant \tau_2 \rho_2$, 其中,

$$\tau_2 = \left[\lambda \Gamma \frac{1}{\Lambda} \phi(b) \psi(\rho(a)) \int_{\bar{\theta}}^{b+a-\bar{\theta}} w(s) \nabla s \right]^{-1}.$$

那么, 存在 $\lambda_0 > 0$, 使得对任意 $0 < \lambda < \lambda_0$, 边值问题 (8.1.1) 至少有两个正解.

在本节最后, 讨论边值问题 (8.1.1) 正解不存在的情况.

定理 8.1.6　假设条件 (H_1)—(H_4) 和 $f^0 < \infty$ 且 $f^\infty < \infty$ 成立. 那么, 存在 $\lambda_0 > 0$, 使得对任意 $0 < \lambda < \lambda_0$, 边值问题 (8.1.1) 没有正解.

证明　由 $f^0 < \infty$ 和 $f^\infty < \infty$ 知, 存在正数 $\eta_3 > 0, \eta_4 > 0, h_3 > 0$ 和 $h_4 > 0$ 使得 $h_3 < h_4$, 且对任意 $t \in J, 0 \leqslant x \leqslant h_3$, 有

$$f(t, x) \leqslant \eta_3 x;$$

对任意 $t \in J, x \geqslant h_4$, 有

$$f(t, x) \leqslant \eta_4 x.$$

令

$$\eta^* = \max \left\{ \eta_3, \eta_4, \max \left\{ \frac{f(t, x)}{x} : t \in J, h_3 \leqslant x \leqslant h_4 \right\} \right\} > 0.$$

由此, 对任意 $t \in J, x \in \mathbf{R}^+$, 有

$$f(t, x) \leqslant \eta^* x.$$

假设 y 是边值问题 (8.1.1) 的解. 我们证明对任意

$$0 < \lambda < \lambda_0 = \left[\frac{1}{\Lambda} \eta^* \phi(b) \psi\left(\rho(a)\right) \int_{\rho(a)}^b w(s) \nabla s \right]^{-1},$$

这将得到一个矛盾.

事实上, 对任意 $0 < \lambda < \lambda_0, t \in J$, 由 $(Ty)(t) = y(t)$ 知

$$\|y\| = \|(T_\lambda y)\|$$

$$= \max_{t \in J} \lambda \int_{\rho(a)}^b G(t,s) w(s) f(s, y(s)) \nabla s$$

$$\leqslant \lambda \int_{\rho(a)}^b G(s,s) w(s) f(s, y(s)) \nabla s$$

$$\leqslant \lambda \int_{\rho(a)}^b G(s,s) w(s) \eta^* y(s) \nabla s$$

$$\leqslant \lambda \|y\| \eta^* \frac{1}{\Lambda} \phi(b) \psi(\rho(a)) \int_{\rho(a)}^b w(s) \nabla s$$

$$< \|y\|,$$

这是一个矛盾. 故定理得证.

8.2 时标上 Sturm-Liouville 型 m 点边值问题的正解

考虑边值问题

$$\begin{cases} -[p(t)x^\nabla]^\Delta(t) + q(t)x(t) = f(t, x(t)), & t_1 < t < t_m, \\ \alpha x(t_1) - \beta p(t_1) x^\nabla(t_1) = \sum_{i=2}^{m-1} a_i x(t_i), \\ \gamma x(t_m) + \delta p(t_m) x^\nabla(t_m) = \sum_{i=2}^{m-1} b_i x(t_i), \end{cases} \tag{8.2.1}$$

其中 $\mathbb{T}$ 是一个时标, $t_i \in \mathbb{T}_k^k$, $i \in \{1, 2, \cdots, m\}$ 并且满足 $t_1 < t_2 < \cdots < t_m$.

$$p, q : [t_1, t_m] \to (0, \infty), \quad p \in C^\Delta[t_1, t_m], \quad q \in C[t_1, t_m]; \tag{8.2.2}$$

$$\alpha, \gamma, \beta, \delta \in [0, \infty), \quad \alpha\gamma + \alpha\delta + \beta\gamma > 0,$$

$$a_i, b_i \in [0, \infty), \quad i \in \{2, 3, \cdots, m-1\}; \tag{8.2.3}$$

$$f(t, x) = \sum_{j=1}^{n} c_j(t) x^{v_j}, \quad c_j \in C([t_1, t_m], [0, +\infty)),$$

$$v_j \in [0, \infty), j = 1, 2, \cdots, n. \tag{8.2.4}$$

令 $E = C[\rho(t_1), t_m]$, $\|x\| = \sup\limits_{t \in [\rho(t_1), t_m]} |x(t)|$. 则 $(E, \|\cdot\|)$ 是 Banach 空间. 设 P 是 E 中的锥, 记 $P_r = \{x \in P : \|x\| \leqslant r\}, \partial P_r = \{x \in P : \|x\| = r\}$, 其中 $r > 0$.

易知与边值问题 (8.2.1) 相应的齐次边值问题的 Green 函数为

$$G(t, s) = \frac{1}{d} \begin{cases} \psi(t)\phi(s), & \rho(t_1) \leqslant t \leqslant s \leqslant t_m, \\ \psi(s)\phi(t), & \rho(t_1) \leqslant s \leqslant t \leqslant t_m. \end{cases}$$

其中,

$$d := \alpha\phi(t_1) - \beta p(t_1)\phi^{\nabla}(t_1) = \gamma\psi(t_m) + \delta p(t_m)\psi^{\nabla}(t_m), \tag{8.2.5}$$

ϕ 和 ψ 分别满足

$$-(p\psi^{\nabla})^{\Delta}(t) + q(t)\psi(t) = 0, \quad \psi(t_1) = \beta, \quad p(t_1)\psi^{\nabla}(t_1) = \alpha, \tag{8.2.6}$$

$$-(p\phi^{\nabla})^{\Delta}(t) + q(t)\phi(t) = 0, \quad \phi(t_m) = \delta, \quad p(t_m)\phi^{\nabla}(t_m) = -\gamma. \tag{8.2.7}$$

引理 8.2.1　设 (8.2.2) 和 (8.2.3) 式成立, 则 $d > 0$ 并且函数 ψ 和 ϕ 满足

$$\psi(t) \geqslant 0, \quad t \in [\rho(t_1), t_m], \quad \psi(t) > 0, \quad t \in (\rho(t_1), t_m],$$

$$p(t)\psi^{\nabla}(t) \geqslant 0, \quad t \in [\rho(t_1), t_m], \quad \phi(t) \geqslant 0, \quad t \in [\rho(t_1), t_m],$$

$$\phi(t) > 0, \quad t \in [\rho(t_1), t_m), \quad p(t)\phi^{\nabla}(t) \leqslant 0, \quad t \in [\rho(t_1), t_m].$$

由引理 8.2.1 和 $G(t, s)$ 的定义知, $G(t, s)$ 有如下性质.

命题 8.2.1　对任意 $t, s \in [\xi_1, \xi_2]$,

$$G(t, s) > 0,$$

其中 $\xi_1, \xi_2 \in \mathbb{T}_k^k, \rho(t_1) < \xi_1 < \xi_2 < t_m$.

证明　事实上, 由引理 8.2.1 知 $\psi(t) > 0, \phi(t) > 0, \forall t \in [\xi_1, \xi_2]$. 从而命题 8.2.1 成立.

命题 8.2.2　如果 (8.2.2) 成立, 则

$$0 \leqslant G(t, s) \leqslant G(s, s), \quad \forall t, s \in [\rho(t_1), t_m] \times [\rho(t_1), t_m]. \tag{8.2.8}$$

命题 8.2.3

$$G(t, s) \geqslant \sigma(t)G(s, s), \quad \forall t \in [\xi_1, \xi_2], \quad s \in [\rho(t_1), t_m], \tag{8.2.9}$$

其中,

$$\sigma(t) := \min\left\{\frac{\psi(t)}{\psi(t_m)}, \frac{\phi(t)}{\phi(\rho(t_1))}\right\}. \tag{8.2.10}$$

证明 对于任意 $t \in [\xi_1, \xi_2]$, 有

$$\frac{G(t,s)}{G(s,s)} \geqslant \min\left\{\frac{\psi(t)}{\psi(s)}, \frac{\phi(t)}{\phi(s)}\right\} \geqslant \min\left\{\frac{\psi(t)}{\psi(t_m)}, \frac{\phi(t)}{\phi(\rho(t_1))}\right\} =: \sigma(t).$$

所以 (8.2.9) 式成立.

容易看出, $0 < \sigma(t) < 1, \forall t \in [\xi_1, \xi_2]$. 因此存在 $\bar{\gamma} > 0$ 使得 $G(t,s) \geqslant \bar{\gamma}G(s,s)$, $\forall t \in [\xi_1, \xi_2]$. 其中

$$\bar{\gamma} = \min\{\sigma(t) : t \in [\xi_1, \xi_2]\}. \tag{8.2.11}$$

由命题 8.2.1 知存在 $\tau > 0$ 使得

$$G(t,s) \geqslant \tau, \quad \forall t, s \in [\xi_1, \xi_2]. \tag{8.2.12}$$

令

$$D := \begin{vmatrix} -\sum_{i=1}^{m-2} a_i\psi(t_i) & d - \sum_{i=1}^{m-2} a_i\phi(t_i) \\ d - \sum_{i=1}^{m-2} b_i\psi(t_i) & -\sum_{i=1}^{m-2} b_i\phi(t_i) \end{vmatrix}. \tag{8.2.13}$$

引理 8.2.2 设 (8.2.2) 和 (8.2.3) 式成立. 若 $D \neq 0$ 并且 $u \in C_{rd}[t_1, t_m]$, 则非齐次边值问题

$$\begin{cases} -[p(t)x^\nabla]^\Delta(t) + q(t)x(t) = u(t), & t_1 < t < t_m, \\ \alpha x(t_1) - \beta p(t_1)x^\nabla(t_1) = \sum_{i=2}^{m-1} a_i x(t_i), \\ \gamma x(t_m) + \delta p(t_m)x^\nabla(t_m) = \sum_{i=2}^{m-1} b_i x(t_i) \end{cases}$$

有唯一解 x, 且

$$x(t) = \int_{t_1}^{t_m} G(t,s)u(s)\Delta s + \Gamma(u(t))\psi(t) + \Upsilon(u(t))\phi(t), \tag{8.2.14}$$

其中,

$$\Gamma(u(s)) := \frac{1}{D}\begin{vmatrix} \sum_{i=2}^{m-1} a_i \int_{t_1}^{t_m} G(t_i,s)u(s)\Delta s & d - \sum_{i=2}^{m-1} a_i\phi(t_i) \\ \sum_{i=2}^{m-1} b_i \int_{t_1}^{t_m} G(t_i,s)u(s)\Delta s & -\sum_{i=2}^{m-1} b_i\phi(t_i) \end{vmatrix}, \tag{8.2.15}$$

$$\Upsilon(u(s)) := \frac{1}{D} \begin{vmatrix} -\sum_{i=2}^{m-1} a_i \psi(t_i) & \sum_{i=2}^{m-1} a_i \int_{t_1}^{t_m} G(t_i,s)u(s)\Delta s \\ d - \sum_{i=2}^{m-1} b_i \psi(\xi_i) & \sum_{i=2}^{m-1} b_i \int_{t_1}^{t_m} G(t_i,s)u(s)\Delta s \end{vmatrix}. \tag{8.2.16}$$

类似地可定义

$$\Gamma_0(f(t,x_0(t))), \quad \Gamma_1(f(t,x_1(t))), \quad \Gamma_2(f(t,x_2(t))), \quad \Gamma_*(f(t,x_*(t))), \quad \Upsilon_0(f(t,x_0(t))),$$

$$\Upsilon_1(f(t,x_1(t))), \quad \Upsilon_2(f(t,x_2(t))), \quad \Upsilon_*(f(t,x_*(t))). \tag{8.2.17}$$

假设下列条件成立:

(H_1) 存在 $v_{j1} < 1, v_{j2} > 1$ 使得

$$\inf_{t \in [\xi_1,\xi_2]} c_{j1}(t) = \tau_1 > 0, \quad \inf_{t \in [\xi_1,\xi_2]} c_{j2}(t) = \tau_2 > 0, \quad j = 1,2,\cdots,n,$$

其中 $v_{j1}, v_{j2}, c_{j1}(t)$ 和 $c_{j2}(t)$ 在 (8.2.4) 式中有定义;

(H_2) $D < 0, d - \sum_{i=2}^{m-1} a_i \phi(t_i) > 0$, $d - \sum_{i=2}^{m-1} b_i \psi(t_i) > 0$, 其中 d 和 D 分别在 (8.2.5) 和 (8.2.6) 式中有定义.

如果条件 (H_2) 成立, 可以得到 $\Gamma(f(t,x)), \Upsilon(f(t,x))$ 有下列性质.

命题 8.2.4　如果 (8.2.2)—(8.2.4) 式和条件 (H_2) 成立, 则由 (8.2.15) 式, 得

$$|\Gamma(f(t,x))| \leqslant \frac{1}{D} \begin{vmatrix} \sum_{i=2}^{m-1} a_i & d - \sum_{i=2}^{m-1} a_i \phi(t_i) \\ \sum_{i=2}^{m-1} b_i & -\sum_{i=2}^{m-1} b_i \phi(t_i) \end{vmatrix} M \sum_{j=1}^{n} \|c_j\|_L \|x\|^{v_j}$$

$$=: \tilde{\Gamma} M \sum_{j=1}^{n} \|c_j\|_L \|x\|^{v_j}, \quad \forall x \in C[\rho(t_1), t_m], \tag{8.2.18}$$

其中, $\|c_j\|_L := \int_{t_1}^{t_m} |c_j(s)|\Delta s, M = \max_{(t,s) \in [\rho(t_1),t_m] \times [\rho(t_1),t_m]} G(t,s)$.

证明　令

$$G = \sum_{i=2}^{m-1} a_i \int_{t_1}^{t_m} G(t_i,s)f(s,x(s))\Delta s, \quad H = d - \sum_{i=2}^{m-1} a_i \phi(t_i),$$

$$F = \sum_{i=2}^{m-1} b_i \int_{t_1}^{t_m} G(t_i,s)f(s,x(s))\Delta s, \quad Q = -\sum_{i=2}^{m-1} b_i \phi(t_i).$$

则由 (8.2.2)—(8.2.4) 式和条件 (H_2), 可得 $G \geqslant 0, F \geqslant 0, H > 0, Q \leqslant 0$. 因此, $GQ \leqslant 0, -FH \leqslant 0$.

另一方面, 由

$$\int_{t_1}^{t_m} G(t_i, s) f(s, x(s)) \Delta s \leqslant M \sum_{j=1}^{n} \|c_j\|_L \|x\|^{\upsilon_j} =: \Lambda,$$

可得 $G \leqslant \sum_{i=2}^{m-1} a_i \Lambda, F \leqslant \sum_{i=2}^{m-1} b_i \Lambda$. 故

$$\sum_{i=2}^{m-1} a_i \Lambda Q - H \sum_{i=2}^{m-1} b_i \Lambda \leqslant GQ - FH \leqslant 0.$$

由此并结合 $D < 0$ 可知 (8.2.18) 式成立.

命题 8.2.5 如果 (8.2.2)—(8.2.4) 式和条件 (H_2) 成立, 则由 (8.2.16) 式, 得

$$|\Upsilon(f(t, x))| \leqslant \frac{1}{D} \begin{vmatrix} -\sum_{i=2}^{m-1} a_i \psi(t_i) & \sum_{i=2}^{m-1} a_i \\ d - \sum_{i=2}^{m-1} b_i \psi(\xi_i) & \sum_{i=2}^{m-1} b_i \end{vmatrix} M \sum_{j=1}^{n} \|c_j\|_L \|x\|^{\upsilon_j}$$

$$=: \tilde{\Upsilon} M \sum_{j=1}^{n} \|c_j\|_L \|x\|^{\upsilon_j}, \quad \forall x \in C[\rho(t_1), t_m]. \tag{8.2.19}$$

证明 证明过程与命题 7.5.4 的类似, 故省略. 证毕.

为了应用锥上的不动点定理, 构造 $E = C[\rho(t_1), t_m]$ 中的锥

$$P = \{x \in E : x(t) \geqslant 0, t \in [\rho(t_1), t_m], \min_{t \in [\xi_1, \xi_2]} x(t) \geqslant \bar{\gamma} \|x\|\}, \tag{8.2.20}$$

其中 $\bar{\gamma}$ 在 (8.2.11) 中有定义.

定义算子 $A : P \to P$:

$$(Ax)(t) = \int_{t_1}^{t_m} G(t, s) f(s, x(s)) \Delta s + \Gamma(f(t, x(t))) \psi(t) + \Upsilon(f(t, x(t))) \phi(t). \tag{8.2.21}$$

由 (8.2.14) 可知, 问题 (8.2.1) 存在正解 x 的充分必要条件是 $x \in P$ 是 A 的不动点.

引理 8.2.3 设 (8.2.2)—(8.2.4) 式和条件 (H_1)—(H_2) 成立, 则 $A(P) \subset P$ 且 $A : P \to P$ 全连续.

证明　$\forall x \in P$, 由 (8.2.14) 式知 $Ax(t) \geqslant 0$, 且

$$\|Ax\| \leqslant \int_{t_1}^{t_m} G(s,s)f(s,x(s))\Delta s + \Gamma(f(t,x(t)))\psi(t_m)$$
$$+ \Upsilon(f(t,x(t)))\phi(\rho(t_1)). \tag{8.2.22}$$

另一方面, 对于任意 $t \in [\xi_1, \xi_2]$, 由 (8.2.21), (8.2.22) 和 (8.2.9) 式, 得到

$$\min_{t \in [\xi_1, \xi_2]}(Ax)(t) = \min_{t \in [\xi_1, \xi_2]}\left[\int_{t_1}^{t_m} G(t,s)f(s,x(s))\Delta s + \Gamma(f(t,x(t)))\psi(t)\right.$$
$$+ \Upsilon(f(t,x(t)))\phi(t)\Big]$$
$$\geqslant \sigma(t)\left[\int_{t_1}^{t_m} G(s,s)f(s,x(s))\Delta s + \Gamma(f(t,x(t)))\psi(t_m)\right.$$
$$+ \Upsilon(f(t,x(t)))\phi(\rho(t_1))\Big]$$
$$\geqslant \sigma(t)\|Ax\| \geqslant \bar{\gamma}\|Ax\|.$$

因而 $Ax \in P$, 即 $A(P) \subset P$.

使用 Arzelà-Ascoli 定理可以证明 $A : P \to P$ 全连续.

定理 8.2.1　设 (8.2.2)—(8.2.4) 和条件 (H_1)—(H_2) 成立, 并假设

$$\sum_{j=1}^{n} \|c_j\|_L[1 + \tilde{\Gamma}\psi(t_n) + \tilde{\Upsilon}\phi(t_1)] < M^{-1},$$

其中 $\tilde{\Gamma}, \tilde{\Upsilon}$ 和 M 分别在 (8.2.18), (8.2.19) 和命题 8.2.4 中有定义, 则边值问题 (8.2.1) 至少有两个正解.

证明　令 $S_l = \{x \in E : \|x\| < l\}$, 其中, $l > 0$. 选取 r 和 $\bar{r}$ 满足

$$0 < r < \min\left\{1, (\tau\tau_1(\xi_2 - \xi_1))^{\frac{1}{1-v_{j1}}}\bar{\gamma}^{\frac{v_{j1}}{1-v_{j1}}}\right\}, \tag{8.2.23}$$

$$\bar{r} > \max\left\{1, (\tau\tau_2(\xi_2 - \xi_1))^{\frac{-1}{v_{j2}-1}}\bar{\gamma}^{\frac{-v_{j2}}{v_{j2}-1}}\right\}. \tag{8.2.24}$$

下面, 我们证明

$$Ax \nleqslant x, \quad \forall x \in P \cap \partial S_r, \tag{8.2.25}$$

$$Ax \nleqslant x, \quad \forall x \in P \cap \partial S_{\bar{r}}. \tag{8.2.26}$$

事实上, 如果存在 $x_1 \in P \cap \partial S_r$ 使得 $Ax_1 \leqslant x_1$, 则对任意 $t \in [\xi_1, \xi_2]$, 得

$$
\begin{aligned}
x_1(t) &\geqslant Ax_1(t) \\
&= \int_{t_1}^{t_m} G(t,s)f(s,x_1(s))\Delta s + \Gamma_1(f(t,x_1(t)))\psi(t) \\
&\quad + \Upsilon_1(f(t,x_1(t)))\phi(t) \\
&\geqslant \int_{t_1}^{t_m} G(t,s)f(s,x_1(s))\Delta s \\
&\geqslant \int_{\xi_1}^{\xi_2} G(t,s)c_{j1}(s)[x_1(s)]^{\upsilon_{j1}}\Delta s \\
&\geqslant \tau\tau_1(\xi_2-\xi_1)\bar{\gamma}^{\upsilon_{j1}}\|x_1\|^{\upsilon_{j1}},
\end{aligned}
\tag{8.2.27}
$$

其中, $\Gamma_1(f(t,x(t)))$, $\Upsilon_1(f(t,x(t)))$ 在 (8.2.18) 式中有定义.

因此, $r \geqslant \tau\tau_1(\xi_2-\xi_1)\bar{\gamma}^{\upsilon_{j1}}r^{\upsilon_{j1}}$, i.e., $r \geqslant (\tau\tau_1(\xi_2-\xi_1))^{\frac{1}{1-\upsilon_{j1}}}\bar{\gamma}^{\frac{\upsilon_{j1}}{1-\upsilon_{j1}}}$. 这与 r 的定义 (8.2.23) 式矛盾. 从而 (8.2.25) 式成立.

再证明 (8.2.26) 式成立. 如果存在 $x_2 \in P \cap \partial S_{\bar{r}}$ 使得 $Ax_2 \leqslant x_2$, 则对于任意 $t \in [\xi_1, \xi_2]$, 得

$$
\begin{aligned}
x_2(t) &\geqslant Ax_2(t) \\
&= \int_{t_1}^{t_m} G(t,s)f(s,x_2(s))\Delta s + \Gamma_2(f(t,x_2(t)))\psi(t) + \Upsilon_2(f(t,x_2(t)))\phi(t) \\
&\geqslant \int_{t_1}^{t_m} G(t,s)f(s,x_2(s))\Delta s \\
&\geqslant \int_{\xi_1}^{\xi_2} G(t,s)c_{j2}(s)[x_2(s)]^{\upsilon_{j2}}\Delta s \\
&\geqslant \tau\tau_2(\xi_2-\xi_1)\bar{\gamma}^{\upsilon_{j2}}\|x_2\|^{\upsilon_{j2}},
\end{aligned}
\tag{8.2.28}
$$

其中, $\Gamma_2(f(t,x(t)))$, $\Upsilon_2(f(t,x(t)))$ 在 (8.2.18) 式中有定义.

因此, $\bar{r} \geqslant \tau\tau_2(\xi_2-\xi_1)\bar{\gamma}^{\upsilon_{j2}}\bar{r}^{\upsilon_{j2}}$, i.e., $\bar{r} \leqslant (\tau\tau_2(\xi_2-\xi_1))^{-\frac{1}{\upsilon_{j2}-1}}\bar{\gamma}^{-\frac{\upsilon_{j2}}{\upsilon_{j2}-1}}$. 这与 $\bar{r}$ 的定义 (8.2.24) 式矛盾. 从而 (8.2.26) 式成立.

最后, 我们验证

$$
Ax \not\geqslant x, \quad \forall x \in P \cap \partial S_1.
\tag{8.2.29}
$$

事实上, 如果存在 $x_0 \in P \cap \partial S_1$ 使得 $Ax_0 \geqslant x_0$, 则对于任意 $t \in (t_1, t_m) \cap \mathbb{T}$, 得

$$
1 = \|x_0\| \leqslant \|Ax_0\|
$$

$$\leqslant M \sum_{j=1}^{n} \|c_j\|_L \|x_0\|^{v_j} [1 + \tilde{\Gamma}\psi(t_m) + \tilde{\Upsilon}\phi(t_1)], \tag{8.2.30}$$

即

$$\sum_{j=1}^{n} \|c_j\|_L [1 + \tilde{\Gamma}\psi(t_m) + \tilde{\Upsilon}\phi(t_1)] \geqslant M^{-1}.$$

这与 M 的定义矛盾. 其中, $\Gamma_0(f(t,x(t)))$, $\Upsilon_0(f(t,x(t)))$ 在 (8.2.18) 式中有定义. 从而 (8.2.29) 式成立. 由定理 2.1.2, (8.2.25), (8.2.26) 和 (8.2.29) 式知, 边值问题 (8.2.1) 至少有两个解 x_*, x_{**} 且 $x_* \in P \cap (S_{\bar{r}} \setminus \bar{S}_1), x_{**} \in P \cap (S_1 \setminus \bar{S}_r)$. 定理得证.

令 $\mathbb{T} = \left\{ 0, \dfrac{1}{2}, \dfrac{1}{4}, \cdots, \dfrac{1}{2^n}, \cdots, 1 \right\}$. 在问题 (8.2.1) 中取 $p(t) \equiv 1, q(t) \equiv 0, \alpha = 1, \beta = 0, \gamma = 1, \delta = 0, t_1 = 0, \ t_2 = \dfrac{1}{2}, t_m = 1, a_2 = \dfrac{1}{2}, b_2 = 1.$

例 8.2.1　考虑边值问题

$$\begin{cases} x^{\nabla\Delta}(t) = f(t, x(t)), & 0 < t < 1, \\[2mm] x(0) = \dfrac{1}{2} x\left(\dfrac{1}{2}\right), & x(1) = x\left(\dfrac{1}{2}\right). \end{cases} \tag{8.2.31}$$

结论 8.2.1　问题 (8.2.31) 至少存在两个正解.

证明　首先, 我们把问题 (8.2.31) 写成 (8.2.1) 的形式. 其中,

$$f(t, x) = \frac{1}{10} t x^{\frac{1}{2}} + \frac{1}{20} t^2 x + (t - t^2) x^2.$$

不难看出,

$$c_1(t) = \frac{1}{10} t, \quad c_2(t) = \frac{1}{20} t^2, \quad c_3(t) = t - t^2, \quad v_1 = \frac{1}{2}, \quad v_2 = 1, \quad v_3 = 2.$$

通过计算可得

$$\psi(t) = t, \ \phi(t) = 1 - t, \ d = 1, \ d - \sum_{i=2}^{m-1} a_i \phi(t_i) = 1 - \frac{1}{2} \times \frac{1}{2} = \frac{3}{4} > 0,$$

$$d - \sum_{i=2}^{m-1} b_i \psi(t_i) = 1 - 1 \times \frac{1}{2} = \frac{1}{2} > 0,$$

$$D = \begin{vmatrix} -\dfrac{1}{4} & \dfrac{3}{4} \\[3mm] \dfrac{1}{2} & -\dfrac{1}{2} \end{vmatrix} = -\frac{1}{4} < 0, \quad G(t, s) = \begin{cases} s(1 - t), \\[3mm] t(1 - s), \end{cases}$$

及 $M = \max\limits_{t,s \in [0,1]} G(t,s) = \dfrac{1}{4}, \tilde{\Gamma} = \dfrac{7}{2}, \tilde{\Upsilon} = 2.$

令 $v_{j1} = \dfrac{1}{2}, v_{j2} = 2,\ c_{j1}(t) = \dfrac{1}{10}t,\ c_{j2}(t) = t - t^2.$ 则 $v_{j1} < 1,\ v_{j2} > 1$ 且

$$\inf\limits_{t \in [\xi_1, \xi_2]} c_{j1}(t) = \dfrac{1}{10}\xi_1 > 0,$$

$$\inf\limits_{t \in [\xi_1, \xi_2]} c_{j2}(t) = \min\{\xi_1(1-\xi_1), \xi_2(1-\xi_2)\} > 0, \quad j = 1,2,3.$$

从而条件 (H_1) 和 (H_2) 成立.

最后, 我们证明

$$\sum_{j=1}^{n} \|c_j\|_L [1 + \tilde{\Gamma}\psi(t_n) + \tilde{\Upsilon}\phi(t_1)] < M^{-1}.$$

事实上, 由 $\tilde{\Gamma} = \dfrac{7}{2}, \tilde{\Upsilon} = 2, \psi(1) = 1,\ \phi(0) = 1,$ 得 $1 + \tilde{\Gamma}\psi(t_n) + \tilde{\Upsilon}\phi(t_1) = \dfrac{13}{2},$ 以及

$$\sum_{j=1}^{n} \|c_j\|_L [1 + \tilde{\Gamma}\psi(t_n) + \tilde{\Upsilon}\phi(t_1)] = \dfrac{2}{5} \times \dfrac{13}{2} = \dfrac{13}{5} < 4 = M^{-1}.$$

从而定理 8.2.1 的条件满足. 故边值问题 (8.2.31) 至少存在两个正解.

8.3 时标上带 p-Laplace 算子的动力方程的三个正解

考虑边值问题

$$\begin{cases} (\phi_p(x^\Delta(t)))^\nabla + w(t)f(t, x(t), x^\Delta(t)) = 0, & t_1 < t < t_m, \\ x(t_1) = \displaystyle\sum_{i=2}^{m-1} \alpha_i x(t_i), & x^\Delta(t_m) = 0, \end{cases} \tag{8.3.1}$$

其中, $\phi_p(s)$ 是 p-Laplace 算子, 即 $\phi_p(s) = |s|^{p-2}s, p > 1, (\phi_p)^{-1} = \phi_q, \dfrac{1}{p} + \dfrac{1}{q} = 1,$ 且点 $t_i \in \mathbb{T}_k^k, i \in \{1, 2, \cdots, m\}$ 满足 $0 = t_1 < t_2 < \cdots < t_m = 1, \mathbb{T}$ 是一个时标. 所用的工具是定理 2.1.6.

在本节中, 总假设下列条件成立.

(H_1) $f : [t_1, t_m] \times [0, +\infty) \times \mathbf{R} \to [0, +\infty)$ 是连续的;

(H_2) $w(t) \in C_{ld}([t_1, t_m], [0, +\infty)),$ 并且在 $[t_1, t_m]$ 的任意子区间上不恒为零. 其中, $C_{ld}([t_1, t_m], [0, +\infty))$ 表示从 $\mathbb{T}$ 到 $[0, +\infty)$ 的所有左稠连续函数的集合;

(H_3) $\alpha_i \in [0, \infty), i \in \{2, 3, \cdots, m-1\}$ 满足 $0 < \sum_{i=2}^{m-1} \alpha_i < 1$.

令 $E = C^\Delta[t_1, \sigma(t_m)]$ 是 Banach 空间, 其范数定义为

$$\|x\|_{1,\mathbb{T}} = \max\{\|x\|_{0,\mathbb{T}}, \|x^\Delta\|_{0,\mathbb{T}^k}\}, \quad x \in E,$$

其中, $C^\Delta[t_1, \sigma(t_m)]$ 表示所有在 $[t_1, \sigma(t_m)]$ 上 Δ-可微并且 Δ-可微连续函数的集合, $\|x\|_{0,\mathbb{T}} := \sup\{|x(t)| : t \in [t_1, t_m]\}, \|x\|_{0,\mathbb{T}^k} := \sup\{|x^\Delta(t)| : t \in [t_1, t_m]_{\mathbb{T}^k}\}, x \in E$.

由于对任意 $t \in [t_1, t_m]_{\mathbb{T}^k_k}$ 有 $(\phi_p(x^\Delta(t)))^\nabla = -w(t)f(t, x(t), x^\Delta(t)) \leqslant 0$ 知, x 在 $[t_1, t_m]$ 上是凹的. 所以, 我们可以定义锥 $P \subset E$:

$$P = \left\{ x \in E : x(t) \geqslant 0, x(t_1) = \sum_{i=2}^{m-1} \alpha_i x(t_i), x在[t_1, t_m]上是凹的 \right\} \subset E.$$

为了应用定理 2.1.6, 我们在锥 P 上定义非负连续凹泛函 α_1, 非负连续凸泛函 θ_1, γ_1, 非负连续泛函 ψ_1:

$$\gamma_1(x) = \max_{t \in [t_1, t_m]_{\mathbb{T}^k}} |x^\Delta(t)|, \quad \psi_1(x) = \theta_1(x) = \max_{t \in [t_1, t_m]} |x(t)|,$$

$$\alpha_1(x) = \min_{t \in [1/n, (n-1)/n]_{\mathbb{T}}} |x(t)|, \quad x \in P,$$

其中 $n > \max\left\{ \dfrac{1}{t_2}, \dfrac{2}{t_m - t_{m-1}} \right\}$.

为了证明本节的主要结论, 先给出几个关键引理.

引理 8.3.1　如果条件 (H_3) 成立, 那么对任意 $x \in P$, 存在正数 $M > 0$ 使得

$$\max_{t \in [t_1, t_m]} |x(t)| \leqslant M \max_{t \in [t_1, t_m]_{\mathbb{T}^k}} |x^\Delta(t)|.$$

证明　由 x 的凹性知

$$x(t) - x(t_1) \leqslant x^\Delta(t_1) \leqslant \max_{\xi \in [t_1, t_m]_{\mathbb{T}^k}} |x^\Delta(\xi)|.$$

类似地, 得

$$\left(1 - \sum_{i=2}^{m-1} \alpha_i \right) x(t_1) = \sum_{i=2}^{m-1} \alpha_i[x(t_i) - x(t_1)] \leqslant \sum_{i=2}^{m-1} \alpha_i \max_{\xi \in [t_1, t_m]_{\mathbb{T}^k}} |x^\Delta(\xi)|.$$

从而, 有

$$\max_{t \in [t_1, t_m]} |x(t)| \leqslant \frac{1}{1 - \sum\limits_{i=2}^{m-1} \alpha_i} \max_{t \in [t_1, t_m]_{\mathbb{T}^k}} |x^\Delta(t)|.$$

故, 只要取

$$M = \frac{1}{1 - \displaystyle\sum_{i=2}^{m-1} \alpha_i},$$

引理就得证.

由引理 8.3.1 和 x 的凹性知, 对任意 $x \in P$, 上面所定义的函数有下列关系成立:

$$\frac{1}{n}\theta_1(x) \leqslant \alpha_1(x) \leqslant \theta_1(x), \quad \|x\|_{1,\mathbb{T}} = \max\{\theta_1(x), \gamma_1(x)\} \leqslant M\gamma_1(x). \tag{8.3.2}$$

故定理 2.1.6 的条件 (2.1.1) 满足.

引理 8.3.2 如果条件 (H_3) 成立, 那么, 对任意 $y \in C_{ld}[t_1, t_m]$, 边值问题

$$\begin{cases} (\phi_p(x^\Delta(t)))^\nabla + y(t) = 0, & t_1 < t < t_m, \\ x(t_1) = \displaystyle\sum_{i=2}^{m-1} \alpha_i x(t_i), & x^\Delta(t_m) = 0 \end{cases} \tag{8.3.3}$$

有一个解 x, 且

$$x(t) = \int_{t_1}^{t} \phi_q\left(\int_s^{t_m} y(r)\nabla r\right)\Delta s + \frac{1}{1 - \displaystyle\sum_{i=2}^{m-1}\alpha_i}\sum_{i=2}^{m-1}\alpha_i \int_{t_1}^{t_i}\phi_q\left(\int_s^{t_m} y(r)\nabla r\right)\Delta s. \tag{8.3.4}$$

证明 从 t 到 t_m 积分, 得 $\phi_p(x^\Delta(t)) = \displaystyle\int_t^{t_m} y(r)\nabla r$, 即

$$x^\Delta(t) = \phi_q\left(\int_t^{t_m} y(r)\nabla r\right).$$

从 t_1 到 t 再次积分, 得

$$x(t) - x(t_1) = \int_{t_1}^{t}\phi_q\left(\int_s^{t_m} y(r)\nabla r\right)\Delta s,$$

即

$$x(t) = x(t_1) + \int_{t_1}^{t}\phi_q\left(\int_s^{t_m} y(r)\nabla r\right)\Delta s. \tag{8.3.5}$$

由第二个边界条件和 (8.3.5) 式得

$$x(t_1) = \frac{1}{1 - \displaystyle\sum_{i=2}^{m-1}\alpha_i}\sum_{i=2}^{m-1}\alpha_i \int_{t_1}^{t_i}\phi_q\left(\int_s^{t_m} y(r)\nabla r\right)\Delta s. \tag{8.3.6}$$

因此, 由 (8.3.5) 和 (8.3.6) 知 (8.3.4) 式成立.

反之, 令 x 满足 (8.3.4) 式. 求 Δ 微分得 $x^{\Delta}(t) = \phi_q \left(\int_t^{t_m} y(r)\nabla r \right)$, 即

$$\phi_p(x^{\Delta}(t)) = \int_t^{t_m} y(r)\nabla r. \tag{8.3.7}$$

显然 $x^{\Delta}(t_m) = 0$. 把边界点 t_i 代入 (8.3.4) 式得

$$\sum_{i=2}^{m-1} \alpha_i x(t_i) = \sum_{i=2}^{m-1} \alpha_i \int_{t_1}^{t_i} \phi_q \left(\int_s^{t_m} y(r)\nabla r \right) \Delta s \left(1 + \frac{\displaystyle\sum_{i=2}^{m-1} \alpha_i}{1 - \displaystyle\sum_{i=2}^{m-1} \alpha_i} \right)$$

$$= \frac{\displaystyle\sum_{i=2}^{m-1} \alpha_i}{1 - \displaystyle\sum_{i=2}^{m-1} \alpha_i} \int_{t_1}^{t_i} \phi_q \left(\int_s^{t_m} y(r)\nabla r \right) \Delta s$$

$$= x(t_1).$$

因此, 边值问题 (8.3.3) 的边界条件满足. 对 (8.3.17) 求 ∇ 微分得 $(\phi_p(x^{\Delta}(t)))^{\nabla}$ $= -y(t)$. 引理得证.

引理 8.3.3　如果条件 (H_3) 成立, 那么当 $y \in C_{ld}[t_1, t_m]$ 且 $y \geqslant 0$ 时, 边值问题 (8.3.3) 的唯一解 x 满足 $x(t) \geqslant 0$.

证明　对任意 $t \in [t_1, t_m]$, 由引理 8.3.2 知

$$x(t) = \int_{t_1}^{t} \phi_q \left(\int_s^{t_m} y(r)\nabla r \right) \Delta s + \frac{1}{1 - \displaystyle\sum_{i=2}^{m-1} \alpha_i} \sum_{i=2}^{m-1} \alpha_i \int_{t_1}^{t_i} \phi_q \left(\int_s^{t_m} y(r)\nabla r \right) \Delta s.$$

再结合 (H_3) 得 $x(t) \geqslant 0$. 引理得证.

定义算子 $A : P \to P$:

$$(Ax)(t) := \int_{t_1}^{t} \phi_q \left(\int_s^{t_m} w(r)f(r, x(r), x^{\Delta}(r))\nabla r \right) \Delta s$$

$$+ \frac{1}{1 - \displaystyle\sum_{i=2}^{m-1} \alpha_i} \sum_{i=2}^{m-1} \alpha_i \int_{t_1}^{t_i} \phi_q \left(\int_s^{t_m} w(r)f(r, x(r), x^{\Delta}(r))\nabla r \right) \Delta s.$$

$$\tag{8.3.8}$$

由 (8.3.8) 式知, 边值问题 (8.3.1) 存在一个正解 x 当且仅当 $x \in P$ 是算子 A 的不动点, 且

$$(Ax)^\Delta(t) := \phi_q\left(\int_t^{t_m} w(r)f(r,x(r),x^\Delta(r))\nabla r\right), \quad \forall x \in P, \quad t \in [t_1, t_m]_{\mathbb{T}^k}. \quad (8.3.9)$$

引理 8.3.4 假设条件 (H_1)—(H_3) 成立. 那么 $A(P) \subset P$ 且 $A : P \to P$ 是全连续的.

证明 对任意 $x \in P$, 由 (7.3.8) 式知, $Ax \in C^\Delta[t_1, \sigma(t_m)]$ 是非负的且 $(Ax)(t_1) = \sum_{i=2}^{m-1} \alpha_i x(t_i)$.

另外, 应用参考文献 [15] 中的定理 8.39 得

$$(\phi_p(x^\Delta(t)))^\nabla = -w(t)f(t,x(t),x^\Delta(t)) \leqslant 0, \quad t \in [t_1, t_m]_{\mathbb{T}_k^k},$$

这表明 Ax 在 $[t_1, t_m]$ 上是凹的. 因此, $A(P) \subset P$.

下面我们分三步证明算子 A 是全连续的.

第一步. 算子 A 是连续的. 这一点可由函数 f 的连续性保证.

第二步. 对每一个 $l > 0$, 令 $B_l = \{x \in P : \|x\|_{1,\mathbb{T}} \leqslant l\}$. 那么 B_l 是 P 中的闭凸集. 对 $\forall x \in B_l$, 由 (8.3.8) 和 (8.3.9) 式知

$$\|(Ax)(t)\|_{0,\mathbb{T}} \leqslant (\mathbb{MN})^{q-1}(t - t_1) + \frac{1}{1 - \sum\limits_{i=2}^{m-1} \alpha_i} \sum_{i=2}^{m-1} \alpha_i (\mathbb{MN})^{q-1}(t_i - t_1)$$

$$\leqslant (\mathbb{MN})^{q-1}(1 - t_1) + \frac{1}{1 - \sum\limits_{i=2}^{m-1} \alpha_i} \sum_{i=2}^{m-1} \alpha_i (\mathbb{MN})^{q-1}(1 - t_1)$$

$$= (\mathbb{MN})^{q-1} + \frac{1}{1 - \sum\limits_{i=2}^{m-1} \alpha_i} \sum_{i=2}^{m-1} \alpha_i (\mathbb{MN})^{q-1}$$

$$= \frac{1}{1 - \sum\limits_{1=2}^{m-1} \alpha_i} (\mathbb{MN})^{q-1},$$

且

$$\|(Ax)^\Delta(t)\|_{0,\mathbb{T}^k} \leqslant (\mathbb{MD})^{q-1},$$

其中,

$$\mathbb{M} = \sup_{r \in [s,t_m]_{\mathbb{T}}, \|x\|_{1,\mathbb{T}} \leqslant l} f(t,x(t),x^\Delta(t)), \quad \mathbb{N} = \int_s^{t_m} w(r)\nabla r,$$

$$\mathbb{D} = \int_t^{t_m} w(r)\nabla r, \quad s \in [t_1, t_m], \quad t \in [t_1, t_m]_{\mathbb{T}^k}.$$

因此, $A(B_l)$ 是一致有界的.

第三步. $\{A_x : x \in B_l\}$ 是一族等度连续函数.

令 $\bar{t}, t^* \in [t_1, t_m]_{\mathbb{T}^k}, \bar{t} < t^*, B_l = \{x \in P : \|x\|_{1,\mathbb{T}} \leqslant l\}$ 是 P 中一个有界集.

所以

$$\left| (Ax)(\bar{t}) - (Ax)(t^*) \right| = \left| \int_{t_1}^{\bar{t}} \phi_q \left(\int_s^{t_m} w(r)f(r, x(r), x^\Delta(r))\nabla r \right) \Delta s \right.$$

$$\left. - \int_{t_1}^{t^*} \phi_q \left(\int_s^{t_m} w(r)f(r, x(r), x^\Delta(r))\nabla r \right) \Delta s \right|$$

$$= \left| \int_{t_1}^{\bar{t}} \phi_q \left(\int_s^{t_m} w(r)f(r, x(r), x^\Delta(r))\nabla r \right) \Delta s \right.$$

$$- \int_{t_1}^{\bar{t}} \phi_q \left(\int_s^{t_m} w(r)f(r, x(r), x^\Delta(r))\nabla r \right) \Delta s$$

$$\left. - \int_{\bar{t}}^{t^*} \phi_q \left(\int_s^{t_m} w(r)f(r, x(r), x^\Delta(r))\nabla r \right) \Delta s \right|.$$

当 $\bar{t} \to t^*$ 时, 上面不等式的右边和 $x \in B_l$ 无关且趋于零.

类似地, 可得

$$\left| (Ax)^\Delta(\bar{t}) - (Ax)^\Delta(t^*) \right|$$

$$= \left| \phi_q \left(\int_{\bar{t}}^{t_m} w(r)f(r, x(r), x^\Delta(r))\nabla r \right) \right.$$

$$\left. - \phi_q \left(\int_{t^*}^{t_m} w(r)f(r, x(r), x^\Delta(r))\nabla r \right) \right|$$

$$= \left| \phi_q \left(\int_{\bar{t}}^{t^*} w(r)f(r, x(r), x^\Delta(r))\nabla r \right. \right.$$

$$\left. + \int_{t^*}^{t_m} w(r)f(r, x(r), x^\Delta(r))\nabla r \right)$$

$$\left. - \phi_q \left(\int_{t^*}^{t_m} w(r)f(r, x(r), x^\Delta(r))\nabla r \right) \right|$$

$$\to 0 \quad (\bar{t} \to t^*),$$

故集合 $\{A_x : x \in B_l\}$ 是等度连续的.

由第一步至第三步并结合 Arzelà-Ascoli 知, $A : P \to P$ 是全连续的. 引理得证.

另外, 还要用到下面的结论.

$$\min_{t\in[1/n,(n-1)/n]_{\mathbb{T}}}(Ax)(t)\geqslant\frac{1}{n}\|Ax\|_{0,\mathbb{T}}=\frac{1}{n}(Ax)(t_m).\tag{8.3.10}$$

事实上, 由 Ax 在 $[t_1,t_m]$ 的凹性, $t_m=1$ 和 (8.3.8) 式知

$$\frac{(Ax)(t)}{t}\geqslant\frac{(Ax)(t_m)}{t_m}=\|Ax\|_{0,\mathbb{T}},\quad\forall t\in[1/n,(n-1)/n]_{\mathbb{T}}.$$

这表明 (8.3.10) 成立.

为了证明方便, 先引入几个记号:

$$\delta_i=\int_{t_i}^{t_i^*}\phi_q\left(\int_s^{t_i^*}w(r)\nabla r\right)\Delta s,\quad\delta=\min_{i\in[t_1,t_{m-1}]}\{\delta_i\},\quad\rho=\phi_q\left(\int_{t_1}^{t_m}w(r)\nabla r\right),$$

$$L_i=\int_{t_1}^{t_m}\phi_q\left(\int_s^{t_m}w(r)\nabla r\right)\Delta s+\frac{1}{1-\displaystyle\sum_{i=2}^{m-1}\alpha_i}\sum_{i=2}^{m-1}\alpha_i\int_{t_1}^{t_i}\phi_q\left(\int_s^{t_m}w(r)\nabla r\right)\Delta s,$$

$$L=\max_{i\in[t_1,t_{m-1}]}\{L_i\},\quad t_i^*=\frac{t_i+t_{i+1}}{2}\quad(i=1,2,\cdots,m-1),$$

$$N=\frac{n}{2}\left[1+\left(1-\sum_{i=2}^{m-1}\alpha_i\right)\right],\quad 0=t_1<\frac{1}{n}<t_2<\cdots<t_{m-1}=t_m-\frac{2}{n}<t_m=1.$$

定理 8.3.1 假设条件 (H_1)—(H_3) 成立. 令 $0<a<b\leqslant\dfrac{2Md}{N}$, 若 f 满足下面三个条件:

(A_1) 对任意 $(t,u,v)\in[t_1,t_m]\times[0,Md]\times[-d,d]$, $f(t,u,v)\leqslant\phi_p(d/\rho)$;

(A_2) 对任意 $(t,u,v)\in\left[\dfrac{1}{n},\dfrac{n-1}{n}\right]_{\mathbb{T}}\times[b,Nb]\times[-d,d]$, $f(t,u,v)>\phi_p(nb/\delta)$;

(A_3) 对任意 $(t,u,v)\in[t_1,t_m]\times[0,a]\times[-d,d]$, $f(t,u,v)<\phi_p(a/L)$.

那么, 边值问题 (8.3.1) 至少存在三个正解 x_1,x_2 和 x_3 且满足

$$\max_{t\in[t_1,t_m]_{\mathbb{T}K}}|x_i^\Delta(t)|\leqslant d,\quad i=1,2,3,$$

$$b<\min_{t\in[1/n,(n-1)/n]_{\mathbb{T}}}|x_1(t)|,\quad\max_{t\in[t_1,t_m]}|x_1(t)|\leqslant Md,$$

$$a<\max_{t\in[t_1,t_m]}|x_2(t)|,\quad\min_{t\in[1/n,(n-1)/n]_{\mathbb{T}}}|x_2(t)|<b,$$

$$\max_{t\in[t_1,t_m]}|x_3(t)|<a.$$

证明　边值问题 (8.3.1) 有一个解 $x = x(t)$ 当且仅当 x 满足算子方程 $x = Ax$. 这样, 我们只要验证算子 A 满足定理 2.1.6 泛函不动点定理的条件, 就能证明我们的结论正确.

对任意 $x \in \overline{P(\gamma_1, d)}$, 有 $\gamma_1(x) = \max\limits_{t \in [t_1, t_m]} |x^\Delta(t)| \leqslant d$. 对任意 $t \in [t_1, t_m]_{\mathbb{T}^k}$, 由引理 8.3.1 知 $\max\limits_{t \in [t_1, t_m]} |x(t)| \leqslant Md$, 进而条件 (A_1) 表明 $f(t, x(t), x^\Delta(t)) \leqslant \phi_p(d/\rho)$. 另外, 对 $x \in P$, 有 $Ax \in P$. 所以, Ax 在 $[t_1, t_m]$ 是凹的, 且 $\max\limits_{t \in [t_1, t_m]_{\mathbb{T}^k}} |(Ax)^\Delta(t)| = (Ax)^\Delta(t_1)$. 因此

$$\gamma_1(Ax) = \max_{t \in [t_1, t_m]_{\mathbb{T}^K}} |(Ax)^\Delta(t)|$$

$$= \phi_p^{-1} \left(\int_{t_1}^{t_m} w(r) f(r, x(r), x^\Delta(r)) \nabla r \right)$$

$$\leqslant \frac{d}{\rho} \phi_p^{-1} \left(\int_{t_1}^{t_m} w(r) \nabla r \right) = \frac{d}{\rho} \rho = d.$$

所以, $A : \overline{P(\gamma_1, d)} \to \overline{P(\gamma_1, d)}$.

首先, 验证定理 2.1.6 的条件 $(S1)$ 成立. 取

$$x_0(t) = \frac{nb \left(1 - \sum\limits_{i=2}^{m-1} \alpha_i x(t_i) \right)}{2} t + \frac{nb}{2} = \frac{Mnb}{2} t + \frac{nb}{2} = Nbt, \quad t \in [t_1, t_m].$$

易证 $x_0 \in P(\gamma_1, \theta_1, \alpha_1, b, Nb, d)$, $\alpha_1(x_0) > b$, 且

$$\{x \in P(\gamma_1, \theta_1, \alpha_1, b, Nb, d) | \alpha_1(x) > b\} \neq \varnothing.$$

因此, 对 $t \in [1/n, (n-1)/n]_{\mathbb{T}}, x(t) \in P(\gamma_1, \theta_1, \alpha_1, b, Nb, d)$, 有

$$b \leqslant x(t) \leqslant Nb, \quad |x^\Delta(t)| \leqslant d.$$

由此, 对任意 $t \in [1/n, (n-1)/n]_{\mathbb{T}}$, 由本定理的条件 (A_2) 知

$$f(t, x(t), x^\Delta(t)) > \phi_p(nb/\delta),$$

结合 α_1 和 P 的条件及 (8.3.10) 式知

$$\alpha_1(Ax) = \min_{t \in [1/n, (n-1)/n]_{\mathbb{T}}} |(Ax)(t)| \geqslant \frac{1}{n} \|Ax\|_{0,\mathbb{T}} = \frac{1}{n}(Ax)(t_m)$$

$$= \frac{1}{n} \left[\int_{t_1}^{t_m} \phi_q \left(\int_s^{t_m} w(r) f(r, x(r), x^\Delta(r)) \nabla r \right) \Delta s \right.$$

$$+ \frac{1}{1 - \sum\limits_{i=2}^{m-1} \alpha_i} \sum_{i=2}^{m-1} \alpha_i \int_{t_1}^{t_i} \phi_q \left(\int_s^{t_m} w(r) f(r, x(r), x^\Delta(r)) \nabla r \right) \Delta s \Bigg]$$

$$> \frac{1}{n} \left[\int_{t_i}^{t_i^*} \phi_q \left(\int_s^{t_i^*} w(r) \nabla r \right) \Delta s \right] \frac{nb}{\delta}$$

$$\geqslant b,$$

即 $\alpha_1(Ax) > b, \forall x \in P(\gamma_1, \theta_1, \alpha_1, b, Nb, d)$.

这表明定理 2.1.6 的条件 (S_1) 满足.

其次, 由引理 8.3.1 知, 对任意 $x \in P(\gamma_1, \alpha_1, b, d)$ 且 $\theta_1(Ax) > nb$, 有

$$\alpha_1(Ax) \geqslant \frac{1}{n} \theta_1(Ax) > \frac{1}{n} nb = b.$$

这样, 定理 2.1.6 的条件 (S_2) 满足.

最后, 证明定理 2.1.6 的条件 (S_3) 也满足. 显然, 当 $\psi_1(0) = 0 < a$ 时, $0 \notin R(\gamma_1, \psi_1, a, d)$. 假设 $x \in R(\gamma_1, \psi_1, a, d)$ 满足 $\psi_1(x) = a$. 那么, 由本定理的条件 (A_3) 知

$$\psi_1(Ax) = \max_{t \in [t_1, t_m]} |(Ax)(t)| = \|Ax\|_{0, \mathbb{T}} = (Ax)(t_m)$$

$$= \int_{t_1}^{t_m} \phi_q \left(\int_s^{t_m} w(r) f(r, x(r), x^\Delta(r)) \nabla r \right) \Delta s$$

$$+ \frac{1}{1 - \sum\limits_{i=2}^{m-1} \alpha_i} \sum_{i=2}^{m-1} \alpha_i \int_{t_1}^{t_i} \phi_q \left(\int_s^{t_m} w(r) f(r, x(r), x^\Delta(r)) \nabla r \right) \Delta s$$

$$< \frac{a}{L} \Bigg[\int_{t_1}^{t_m} \phi_q \left(\int_s^{t_m} w(r) \nabla r \right) \Delta s$$

$$+ \frac{1}{1 - \sum\limits_{i=2}^{m-1} \alpha_i} \sum_{i=2}^{m-1} \alpha_i \int_{t_1}^{t_i} \phi_q \left(\int_s^{t_m} w(r) \nabla r \right) \Delta s \Bigg]$$

$$\leqslant a. \tag{8.3.11}$$

这表明

$$\psi_1(Ax) = \max_{t \in [t_1, t_m]} |Ax(t)| < a.$$

因此, 定理 2.1.6 的条件 (S_2) 满足. 又因为对任意 $x \in P$, (8.3.2) 式成立. 所

以, 应用定理 2.1.6 得边值问题 (8.3.1) 至少存在三个正解 x_1, x_2 和 x_3, 且满足

$$\max_{t\in[t_1,t_m]_{\mathbb{T}k}} |x_i^{\Delta}(t)| \leqslant d, \quad i=1,2,3;$$

$$b < \min_{t\in[1/n,(n-1)/n]_{\mathbb{T}}} |x_1(t)|, \quad \max_{t\in[t_1,t_m]} |x_1(t)| \leqslant Md,$$

$$a < \max_{t\in[t_1,t_m]} |x_2(t)|, \quad \min_{t\in[1/n,(n-1)/n]_{\mathbb{T}}} |x_2(t)| < b,$$

$$\max_{t\in[t_1,t_m]} |x_3(t)| < a.$$

定理得证.

令 $\mathbb{T} = \left\{0, \dfrac{4}{5}\right\} \cup \{1/5^n : n \in \mathbf{N}_0\}$, 其中 $\mathbf{N}_0$ 表示非负整数集. 在 (8.3.1) 中取 $p=3, \alpha_2 = \dfrac{1}{2}, t_1 = 0, t_2 = \dfrac{1}{2}, t_m = 1,$

$$f(t,u,v) = \begin{cases} \dfrac{1}{5}t + \dfrac{60^{14}}{73^6}u^{13} + \dfrac{1}{1000}\left(\dfrac{73^6}{60^{15}}v\right)^2, & \forall u \leqslant \dfrac{1}{16} \times \dfrac{74^{\frac{6}{11}}}{60^{\frac{1}{11}}}, \\[4mm] \dfrac{1}{5}t + \dfrac{60^{14}}{73^6} \times \left[\dfrac{1}{16} \times \dfrac{74^{\frac{6}{11}}}{60^{\frac{1}{11}}}\right]^{13} + \dfrac{1}{1000}\left(\dfrac{73^6}{60^{15}}v\right)^2, & \forall u > \dfrac{1}{16} \times \dfrac{74^{\frac{6}{11}}}{60^{\frac{1}{11}}}. \end{cases}$$

则问题 (8.3.1) 转化成下面的问题.

例 8.3.1　在时标上考虑动力方程三点边值问题:

$$\begin{cases} (\phi_p(x^{\Delta}(t)))^{\nabla} + f(t, x(t), x^{\Delta}(t)) = 0, & 0 = t_1 < t < t_m = 1, \\[2mm] x(0) = \dfrac{1}{2}x\left(\dfrac{1}{2}\right), & x^{\Delta}(1) = 0. \end{cases} \tag{8.3.12}$$

结论 8.3.1　边值问题 (8.3.12) 至少存在三个正解.

证明　由直接计算得 $\rho = 1, \delta = \dfrac{1}{12}, L = 2.$

选取 $a = \dfrac{72^{\frac{6}{11}}}{4^{\frac{1}{4}} \times 60^{\frac{14}{11}}}, b = \dfrac{74^{\frac{6}{11}}}{60^{\frac{12}{11}}}, d = \left(\dfrac{15}{4}\right)^{13} \times \dfrac{74^{\frac{24}{11}}}{60^{\frac{4}{11}}}.$ 那么, 由

$$M = 2, \quad n = 5 > \max\left\{\dfrac{1}{t_2}, \dfrac{1}{1-t_2}\right\}, \quad N = \dfrac{n}{2}[1 + (1-\alpha_2)] = \dfrac{15}{4}$$

得 $0 < a < b < \dfrac{2Md}{N}$, 进而知 $f(t,u,v)$ 满足

(1) $f(t, u, v) \leqslant \dfrac{1}{5} + \dfrac{60^{14}}{73^6} \times \dfrac{1}{16} \times \dfrac{74^{\frac{6}{11}}}{60^{\frac{1}{11}}} + \dfrac{1}{1000} < \left(\dfrac{15}{4}\right)^{26} \times \dfrac{74^{\frac{48}{11}}}{60^{\frac{8}{11}}} = \phi_3\left(\dfrac{d}{\rho}\right),$

$$\forall (t, u, v) \in [0, 1] \times \left[0, 2 \times \left(\dfrac{15}{4}\right)^{13} \times \dfrac{74^{\frac{24}{11}}}{60^{\frac{4}{11}}}\right]$$

$$\times \left[-\left(\dfrac{15}{4}\right)^{13} \times \dfrac{74^{\frac{24}{11}}}{60^{\frac{4}{11}}}, \quad \left(\dfrac{15}{4}\right)^{13} \times \dfrac{74^{\frac{24}{11}}}{60^{\frac{4}{11}}}\right];$$

(2) $f(t, u, v) \geqslant \dfrac{1}{5} + \dfrac{60^{14}}{73^6} \times \dfrac{74^{\frac{78}{11}}}{60^{\frac{156}{11}}} + \dfrac{1}{1000} > \dfrac{74^{\frac{12}{11}}}{60^{\frac{2}{11}}} = \phi_3\left(\dfrac{nb}{\delta}\right),$

$$\forall (t, u, v) \in \left[\dfrac{1}{5}, \dfrac{4}{5}\right] \times \left[\dfrac{74^{\frac{6}{11}}}{60^{\frac{12}{11}}}, \dfrac{15}{4} \times \dfrac{74^{\frac{6}{11}}}{60^{\frac{12}{11}}}\right]$$

$$\times \left[-\left(\dfrac{15}{4}\right)^{13} \times \dfrac{74^{\frac{24}{11}}}{60^{\frac{4}{11}}}, \quad \left(\dfrac{15}{4}\right)^{13} \times \dfrac{74^{\frac{24}{11}}}{60^{\frac{4}{11}}}\right];$$

(3) $f(t, u, v) \leqslant \dfrac{1}{5} + \dfrac{60^{14}}{73^6} \times \dfrac{72^{\frac{78}{11}}}{4^{\frac{13}{4}} \times 60^{\frac{182}{11}}} + \dfrac{1}{1000} < \dfrac{72^{\frac{12}{11}}}{4^{\frac{3}{2}} \times 60^{\frac{28}{11}}} = \phi_3\left(\dfrac{a}{L}\right),$

$$\forall (t, u, v) \in [0, 1] \times \left[0, \dfrac{72^{\frac{6}{11}}}{4^{\frac{1}{4}} \times 60^{\frac{14}{11}}}\right]$$

$$\times \left[-\left(\dfrac{15}{4}\right)^{13} \times \dfrac{74^{\frac{24}{11}}}{60^{\frac{4}{11}}}, \quad \left(\dfrac{15}{4}\right)^{13} \times \dfrac{74^{\frac{24}{11}}}{60^{\frac{4}{11}}}\right].$$

因此, 由定理 8.3.1 知边值问题 (8.3.12) 至少有三个正解 x_1, x_2, x_3 且满足

$$\max_{t \in [0,1]_{\mathbb{T}^k}} |x_i^{\Delta}(t)| \leqslant \left(\dfrac{15}{4}\right)^{13} \times \dfrac{74^{\frac{24}{11}}}{60^{\frac{4}{11}}}, \quad i = 1, 2, 3,$$

$$\dfrac{74^{\frac{6}{11}}}{60^{\frac{1}{11}}} < \min_{t \in [\frac{1}{5}, \frac{4}{5}]_{\mathbb{T}}} |x_1(t)|, \quad \max_{t \in [\frac{1}{5}, \frac{4}{5}]_{\mathbb{T}}} |x_1(t)| \leqslant 2 \times \left(\dfrac{15}{4}\right)^{13} \times \dfrac{74^{\frac{24}{11}}}{60^{\frac{4}{11}}},$$

$$\dfrac{72^{\frac{6}{11}}}{4^{\frac{1}{4}} \times 60^{\frac{14}{11}}} < \max_{t \in [0,1]} |x_2(t)|, \quad \min_{t \in [\frac{1}{2}, \frac{3}{4}]_{\mathbb{T}}} |x_2(t)| < \dfrac{74^{\frac{6}{11}}}{60^{\frac{1}{11}}},$$

$$\max_{t \in [\frac{1}{5}, \frac{4}{5}]_{\mathbb{T}}} |x_3(t)| < \dfrac{72^{\frac{6}{11}}}{4^{\frac{1}{4}} \times 60^{\frac{14}{11}}}.$$

8.4　时标上带 p-Laplace 算子的四阶动力方程非局部问题的三个正解

考虑边值问题

$$\begin{cases} (\phi_p(x^{\Delta\nabla}(t)))^{\nabla\Delta} - w(t)f(x(t)) = 0, & t \in (0,1), \\ x(0) - \lambda x^{\Delta}(\eta) = x^{\Delta}(1) = 0, & x^{\Delta\nabla}(0) = \alpha_1 x^{\Delta\nabla}(\xi), \quad x^{\Delta\nabla}(1) = \beta_1 x^{\Delta\nabla}(\xi), \end{cases} \tag{8.4.1}$$

其中, $\lambda \geqslant 0, \alpha_1 \geqslant 0, \beta_1 \geqslant 0, 0 < \xi, \eta < 1, \phi_p(s)$ 是 p-Laplace 算子, 即, $\phi_p(s) = |s|^{p-2}s, p > 1, (\phi_p)^{-1} = \phi_q, \frac{1}{p} + \frac{1}{q} = 1.$

令 $E = C([\rho^2(0), \sigma(1)], \mathbf{R})$ 是 Banach 空间, 其范数定义为

$$\|x\|_{0,\mathbb{T}} := \sup\{|x(t)| : t \in [\rho^2(0), \sigma(1)]\}, \quad x \in E.$$

定义锥 $P \subset E$ 为

　　$P = \{x \in E : x \geqslant 0, x(t)$ 在 $[\rho^2(0), \sigma(1)]$ 是凹的且是非减的 $\}$

　　在本节中, 总假设以下条件成立:

　　(H_1) $f : \mathbf{R} \to [0, +\infty)$ 连续;

　　(H_2) $w(t) \in C_{rd}([0,1], [0, +\infty))$, 其中 $C_{rd}([0,1], [0, +\infty))$ 表示从 $\mathbb{T}$ 到 $[0, +\infty)$ 的右稠连续函数的集合.

　　下面给出几个重要的引理.

　　引理 8.4.1　如果 $y \in E$, 则边值问题

$$\begin{cases} -x^{\Delta\nabla}(t) = -\phi_q(y(t)), & t \in (0,1), \\ x(0) - \lambda x^{\Delta}(\eta) = 0, & x^{\Delta}(1) = 0 \end{cases} \tag{8.4.2}$$

有唯一解 x, 且

$$x(t) = -\int_0^1 h(t,s)\phi_q(y(s))\nabla s, \tag{8.4.3}$$

其中,

$$h(t,s) = \begin{cases} s, & s \leqslant t < \eta \text{ 或者} s \leqslant \eta \leqslant t, \\ t, & t \leqslant s \leqslant \eta, \\ s + \lambda, & \eta \leqslant s \leqslant t, \\ t + \lambda, & \eta \leqslant t \leqslant s \text{ 或者} t < \eta \leqslant s. \end{cases}$$

证明 事实上, 如果 x 是 (8.4.2) 的解, 那么

$$x(t) = \int_0^t (t-s)\phi_q(y(s))\nabla s + \bar{A}t + \bar{B}, \quad t \in (0,1).$$

由问题 (8.4.2) 的边界条件知

$$\bar{A} = -\int_0^1 \phi_q(y(s))\nabla s, \quad \bar{B} = x(0) = \lambda x^\Delta(\eta) = -\lambda \int_\eta^1 \phi_q(y(s))\nabla s.$$

因此

$$x(t) = \int_0^t (t-s)\phi_q(y(s))\nabla s - t\int_0^1 \phi_q(y(s))\nabla s - \lambda \int_\eta^1 \phi_q(y(s))\nabla s$$

$$= -\int_0^1 h(t,s)\phi_q(y(s))\nabla s.$$

证毕.

引理 8.4.2 如果 $y \in E$, 则边值问题

$$\begin{cases} -y^{\nabla\Delta}(t) = -w(t)f(x(t)), & t \in (0,1), \\ y(0) = \phi_p(\alpha_1)y(\xi), \quad y(1) = \phi_p(\beta_1)y(\xi) \end{cases} \tag{8.4.4}$$

有唯一解 y, 且

$$y(t) = -\frac{1}{M}\int_0^1 g(t,s)w(s)f(x(s))\Delta s, \tag{8.4.5}$$

其中,

$$g(t,s) = \begin{cases} s(1-t) + \phi_p(\beta_1)s(t-\xi), & s \leqslant t < \xi \text{ 或者} s \leqslant \xi \leqslant t, \\ t(1-s) + \phi_p(\beta_1)t(s-\xi) + \phi_p(\alpha_1)(1-\xi)(s-t), & t \leqslant s \leqslant \xi, \\ s(1-t) + \phi_p(\beta_1)\xi(t-s) + \phi_p(\alpha_1)(1-t)(\xi-s), & \xi \leqslant s \leqslant t, \\ (1-s)(t - \phi_p(\alpha_1)t + \phi_p(\alpha_1)\xi), & \xi \leqslant t \leqslant s \text{ 或者} t < \xi \leqslant s, \end{cases}$$

且 $M = 1 - \phi_p(\alpha_1) - (\phi_p(\beta_1) - \phi_p(\alpha_1))\xi \neq 0$.

证明　事实上, 如果 y 是问题 (8.4.4) 的解, 那么

$$y(t) = \int_0^t (t-s)w(s)f(x(s))\Delta s + A^*t + B^*, \quad t \in (0,1).$$

由问题 (8.4.4) 的边界条件知

$$B^* = \phi_p(\alpha_1) \int_0^\xi (\xi-s)w(s)f(s,x(s))\Delta s + \phi_p(\alpha_1)\xi A^* + \phi_p(\alpha_1)B^*,$$

且

$$\int_0^1 (1-s)w(s)f(s,x(s))\Delta s + A^* + B^*$$

$$= \phi_p(\beta_1) \int_0^\xi (\xi-s)w(s)f(s,x(s))\Delta s$$

$$+ \phi_p(\beta_1)\xi A^* + \phi_p(\beta_1)B^*.$$

因此

$$y(t) = \int_0^t (t-s)w(s)f(s,x(s))\Delta s - \frac{(1-\phi_p(\alpha_1))t}{M} \int_0^1 (1-s)f(s)\Delta s$$

$$+ \frac{(\phi_p(\beta_1)+\phi_p(\alpha_1))t}{M} \int_0^\xi (\xi-s)f(s)\Delta s - \frac{\phi_p(\alpha_1)\xi}{M} \int_0^1 (1-s)f(s)\Delta s$$

$$+ \frac{\phi_p(\alpha_1)}{M} \int_0^\xi (\xi-s)w(s)f(s,x(s))\Delta s$$

$$= -\frac{1}{M} \int_0^1 g(t,s)w(s)f(s,x(s))\Delta s.$$

证毕.

　　显然, 如果 $M > 0$, 那么对任意 $(t,s) \in [0,1] \times [0,1]$, 有 $g(t,s) \geqslant 0$.
　　假设 x 是问题 (8.4.1) 的解. 那么, 由引理 8.4.1 知

$$x(t) = -\int_0^1 h(t,s)\phi_q(y(s))\nabla s. \tag{8.4.6}$$

把 (8.4.6) 代入 (8.4.5) 式, 得

$$x(t) = \frac{1}{\phi_q(M)} \int_0^1 h(t,s)\phi_q\left(\int_0^1 g(s,\tau)w(\tau)f(x(\tau))\Delta\tau \right)\nabla s.$$

引理 8.4.3　假设 $0 < t_1 < t_2 < 1$ 且 $\eta, \xi \in (0,1)$. 那么, 对任意 $s \in [\rho^2(0), \sigma(1)]$ 有

$$\frac{h(t_1,s)}{h(t_2,s)} \geqslant \frac{t_1}{t_2}, \tag{8.4.7}$$

且

$$\frac{h(1,s)}{h(\xi,s)} \leqslant \frac{1}{\xi}.\tag{8.4.8}$$

证明 通过直接计算, 可以得到我们的结论. 证毕.

为了应用 Avery 五个泛函不动点定理, 我们定义 γ, β 和 θ 是 P 中非负连续凸泛函; α 和 ψ 是 P 中非负连续凹泛函:

$$\gamma(x) = \max_{t\in[0,t_3]} x(t) = x(t_3), \quad x \in P; \quad \psi(x) = \min_{t\in[\xi,\sigma(1)]} x(t) = x(\xi), \quad x \in P;$$

$$\beta(x) = \max_{t\in[\xi,\sigma(1)]} x(t) = x(\sigma(1)), \quad x \in P; \quad \alpha(x) = \min_{t\in[t_1,t_2]} x(t) = x(t_1), \quad x \in P;$$

$$\theta(x) = \max_{t\in[t_1,t_2]} x(t) = x(t_2), \quad x \in P,$$

其中, $t_1, t_2, t_3 \in (0,1)$ 且 $t_1 < t_2$.

显然, 对任意 $x \in P$, 有 $\alpha(x) = x(t_1) \leqslant x(\sigma(1)) = \beta(x), \|x\|_{0,\mathrm{T}} = x(\sigma(1)) \leqslant \frac{\sigma(1)}{t_3} x(t_3) = \frac{\sigma(1)}{t_3} \gamma(x)$.

定理 8.4.1 假设条件 (H_1) 和 (H_2) 成立. 如果存在正数 $0 < a < b < c$ 使得 $0 < a < b < \frac{t_1}{t_2} b \leqslant c$, 且 $f(x)$ 满足下列条件:

(H_3) $f(x) \leqslant \phi_q(a/c), 0 \leqslant x \leqslant a;$

(H_4) $f(x) \geqslant \phi_q(b/B), b \leqslant x \leqslant \frac{t_1}{t_2}b;$

(H_5) $f(x) \leqslant \phi_q(c/A), 0 \leqslant x \leqslant \frac{\sigma(1)}{t_3}c,$

其中,

$$A = \frac{1}{\phi_q(M)} \int_0^1 h(t_3,s) \left[\phi_q\left(\int_0^1 g(s,\tau)w(\tau)\Delta\tau\right)\right] \nabla s,$$

$$B = \frac{1}{\phi_q(M)} \int_0^1 h(t_1,s) \left[\phi_q\left(\int_{t_1}^{t_2} g(s,\tau)w(\tau)\Delta\tau\right)\right] \nabla s,$$

$$C = \frac{1}{\phi_q(M)} \int_0^1 h(\sigma(1),s) \left[\phi_q\left(\int_0^1 g(s,\tau)w(\tau)\Delta\tau\right)\right] \nabla s,$$

$$M = 1 - \phi_p(\alpha_1) - (\phi_p(\beta_1) - \phi_p(\alpha_1))\xi > 0.$$

那么, 边值问题 (8.4.1) 至少有三个正解 $x_1, x_2, x_3 \in \overline{P(\gamma,c)}$, 且满足

$$x_i(t_3) \leqslant c, \quad i = 1,2,3, \quad x_1(t_1) > b, \quad x_2(\sigma(1)) < a, \quad x_3(t_1) < b, \quad x_3(\sigma(1)) > a.\tag{8.4.9}$$

证明　定义全连续算子 $\Psi: P_1 \to E$ 如下

$$(\Psi x)(t) = \frac{1}{\phi_q(M)} \int_0^1 h(t,s)\phi_q\left(\int_0^1 g(s,\tau)w(\tau)f(x(\tau))\Delta\tau\right)\nabla s. \qquad (8.4.10)$$

容易证明 x 是问题 (8.4.1) 的正解当且仅当 x 是 T 在 P 中的不动点.

首先证明 $\Psi: \overline{P(\gamma,c)} \to \overline{P(\gamma,c)}$

对 $x \in P$, 由 $M > 0$ 知 $\Psi x \geqslant 0$. 另外, 由 (8.4.10) 式知

$$(\Psi x)^\Delta(t) = \int_t^1 \phi_q\left(\int_0^1 g(s,\tau)w(\tau)f(x(\tau))\Delta\tau\right)\nabla s \geqslant 0,$$

$$(\Psi x)^{\Delta\nabla}(t) = -\phi_q\left(\int_0^1 g(t,s)w(s)f(x(s))\right)\Delta s \leqslant 0.$$

因此, $\Psi: P \to P_1$.

由 $x \in \overline{P(\gamma,c)}$, 且注意到 $\alpha(x) \leqslant \beta(x), \|x\| \leqslant \dfrac{\sigma(1)}{t_3}\gamma(x) \leqslant \dfrac{\sigma(1)}{t_3}c$, 得 $0 \leqslant x(t) \leqslant \dfrac{\sigma(1)}{t_3}\gamma(x) \leqslant \dfrac{\sigma(1)}{t_3}c$. 由 (H_5) 知

$$\begin{aligned}
\gamma(\Psi x) &= \max_{t\in[0,t_3]}|(\Psi x)(t)| = (\Psi x)(t_3) \\
&= \frac{1}{\phi_q(M)}\int_0^1 h(t_3,s)\phi_q\left(\int_0^1 g(s,\tau)w(\tau)f(x(\tau))\Delta\tau\right)\nabla s \\
&= \frac{1}{\phi_q(M)}\int_0^1 h(t_3,s)\phi_q\left(\int_0^1 g(s,\tau)w(\tau)\phi_p(c/A)\Delta\tau\right)\nabla s \\
&\leqslant \frac{C}{A}\frac{1}{\phi_q(M)}\int_0^1 h(t_3,s)\phi_q\left(\int_0^1 g(s,\tau)w(\tau)\Delta\tau\right)\nabla s \\
&= c.
\end{aligned}$$

因此, $\Psi: \overline{P(\gamma,c)} \to \overline{P(\gamma,c)}$.

接下来, 逐步验证定理 2.1.7 的其他条件.

为了验证定理 2.1.7 的条件 (i), 选取

$$x_1(t) = b + \varepsilon_1, \quad \forall 0 < \varepsilon_1 < \frac{t_2}{t_1}b - b, \quad x_2(t) = a - \varepsilon_2, \quad \forall 0 < \varepsilon_2 < a - t_3 a.$$

不难看出, $x_1 \in P\left(\gamma,\theta,\alpha,b,\dfrac{t_2}{t_1}b,c\right), x_2 \in Q(\gamma,\beta,\psi,\xi a,a,c)$ 且 $\alpha(x_1) > b$, $\beta(x_2) < a$. 因此,

$$\left\{x \in P\left(\gamma,\theta,\alpha,b,\frac{t_2}{t_1}b,c\right)\Big|\alpha(x) > b\right\} \neq \varnothing, \quad \{x \in Q(\gamma,\beta,\psi,\xi a,a,c)|\beta(x) < a\} \neq \varnothing.$$

所以, 对任意 $t \in [t_1, t_2], x \in P\left(\gamma, \theta, \alpha, b, \dfrac{t_2}{t_1}b, c\right)$, 有

$$x(t) \geqslant x(t_1) = \alpha(x) \geqslant b, \quad x(t) \leqslant x(t_2) = \theta(x) \leqslant \frac{t_2}{t_1}b.$$

由此, 对任意 $t \in [t_1, t_2], x \in P\left(\gamma, \theta, \alpha, b, \dfrac{t_2}{t_1}b, c\right)$, 由条件 (H_4) 知

$$
\begin{aligned}
\alpha(\Psi x) &= \min_{t \in [t_1, t_2]} |(\Psi x)(t)| = (\Psi x)(t_1) \\
&= \frac{1}{\phi_q(M)} \int_0^1 h(t_1, s) \phi_q \left(\int_0^1 g(s, \tau) w(\tau) f(x(\tau)) \Delta \tau \right) \nabla s \\
&> \frac{1}{\phi_q(M)} \int_0^1 h(t_1, s) \phi_q \left(\int_0^1 g(s, \tau) w(\tau) \phi_p(b/B) \Delta \tau \right) \nabla s \\
&= \frac{b}{B\phi_q(M)} \int_0^1 h(t_1, s) \phi_q \left(\int_0^1 g(s, \tau) w(\tau) \Delta \tau \right) \nabla s = b.
\end{aligned}
$$

这表明定理 2.1.7 的条件 (i) 成立.

其次, 对任意 $x \in Q(\gamma, \beta, \psi, \xi a, a, c)$, 我们证明 $\beta(\Psi x) < a$.

事实上, 对任意 $t \in [0, \sigma(1)], x \in Q(\gamma, \beta, \psi, \xi a, a, c)$, 有

$$0 \leqslant x(t) \leqslant x(\sigma(1)) = \beta(x) \leqslant a.$$

由此, 对任意 $t \in [0, \sigma(1)], x \in Q(\gamma, \beta, \psi, \xi a, a, c)$, 由条件 (H_3) 知

$$
\begin{aligned}
\beta(\Psi x) &= \max_{t \in [\xi, \sigma(1)]} |(\Psi x)(t)| = (\Psi x)(\sigma(1)) \\
&= \frac{1}{\phi_q(M)} \int_0^1 h(\sigma(1), s) \phi_q \left(\int_0^1 g(s, \tau) w(\tau) f(x(\tau)) \Delta \tau \right) \nabla s \\
&< \frac{1}{\phi_q(M)} \int_0^1 h(\sigma(1), s) \phi_q \left(\int_0^1 g(s, \tau) w(\tau) \phi_p(a/C) \Delta \tau \right) \nabla s \\
&= \frac{a}{C\phi_q(M)} \int_0^1 h(\sigma(1), s) \phi_q \left(\int_0^1 g(s, \tau) w(\tau) \Delta \tau \right) \nabla s = a.
\end{aligned}
$$

因此, 定理 2.1.7 的条件 (ii) 满足.

下证对任意 $x \in P(\gamma, \alpha, b, c)$ 和 $\theta(\Psi x) > \dfrac{t_2}{t_1}b$, 有 $\alpha(\Psi x) > b$. 事实上,

$$
\begin{aligned}
\alpha(\Psi x) &= \min_{t \in [t_1, t_2]} |(\Psi x)(t)| = (\Psi x)(t_1) \\
&= \frac{1}{\phi_q(M)} \int_0^1 h(t_1, s) \phi_q\left(\int_0^1 g(s, \tau) w(\tau) f(x(\tau)) \Delta\tau \right) \nabla s \\
&= \frac{1}{\phi_q(M)} \int_0^1 \frac{h(t_1, s)}{h(t_2, s)} h(t_2, s) \phi_q\left(\int_0^1 g(s, \tau) w(\tau) f(x(\tau)) \Delta\tau \right) \nabla s \\
&\geqslant \frac{t_1}{t_2} (\Psi x)(t_2) = \frac{t_1}{t_2} \theta(\Psi x) > b.
\end{aligned}
$$

这表明定理 2.1.7 中的条件 (iii) 满足.

最后, 我们证明定理 2.1.7 的条件 (iv) 也满足. 事实上, 因为对任意 $x \in Q(\gamma, \beta, a, c)$ 和 $\psi(\Psi x) < \xi a$, 有

$$
\begin{aligned}
\beta(\Psi x) &= \max_{t \in [\xi, \sigma(1)]} |(\Psi x)(t)| = (\Psi x)(\sigma(1)) \\
&= \frac{1}{\phi_q(M)} \int_0^1 h(\sigma(1), s) \phi_q\left(\int_0^1 g(s, \tau) w(\tau) f(x(\tau)) \Delta\tau \right) \nabla s \\
&= \frac{1}{\phi_q(M)} \int_0^1 \frac{h(\sigma(1), s)}{h(\xi, s)} h(\xi, s) \phi_q\left(\int_0^1 g(s, \tau) w(\tau) f(x(\tau)) \Delta\tau \right) \nabla s \\
&\leqslant \frac{1}{\xi} (\Psi x)(\xi) = \frac{1}{\xi} \psi(\Psi x) < a.
\end{aligned}
$$

所以, 定理 2.1.7 的条件 (iv) 是满足的. 因此, 由定理 2.1.7 知边值问题 (8.4.1) 至少有三个正解 x_1, x_2, x_3 满足

$$
x_i(t_3) \leqslant c, \quad i = 1, 2, 3, \quad x_1(t_1) > b, \quad x_2(\sigma(1)) < a, \quad x_3(t_1) < b, \quad x_3(\sigma(1)) > a.
$$

定理得证.

注 8.4.1　类似于定理 8.4.1 的证明, 我们可以讨论下列四阶四点边值问题:

$$
\begin{cases}
(\phi_p(x^{\Delta\nabla}(t)))^{\nabla\Delta} - w(t) f(x(t)) = 0, \quad t \in (0, 1), \\
x(1) + \lambda x^{\Delta}(\eta) = x^{\Delta}(0) = 0, \quad x^{\Delta\nabla}(0) = \alpha_1 x^{\Delta\nabla}(1), \quad x^{\Delta\nabla}(1) = \beta_1 x^{\Delta\nabla}(\xi),
\end{cases}
$$

其中, $\mathbb{T}$ 是一个时标, $\lambda \geqslant 0, \alpha_1 \geqslant 0, \beta_1 \geqslant 0, 0 < \xi, \eta < 1$, $\phi_p(s)$ 是 p-Laplace 算子, 即, $\phi_p(s) = |s|^{p-2}s, p > 1, (\phi_p)^{-1} = \phi_q, \dfrac{1}{p} + \dfrac{1}{q} = 1$, 且 (H_1)—(H_2) 成立. 所得结论与定理 8.4.1 类似.

8.5 时标上动力方程奇异边值问题的正解

考虑边值问题

$$\begin{cases} x^{\Delta\nabla}(t) + f(t,x) = 0, & t \in (0,1)_{\mathbb{T}}, \\ x(0) = x(1) = 0, \end{cases} \tag{8.5.1}$$

其中, $\mathbb{T}$ 是一个时标, $(0,1)_{\mathbb{T}} = (0,1) \cap \mathbb{T}$, 并且 0 是右稠点, 1 是左稠点. f 满足条件:

(H) $f : (0,1)_{\mathbb{T}} \times [0,+\infty) \to [0,+\infty)$ 连续, $f(t,x)$ 关于 x 非增, 并且存在函数 $g(k) : [0,1] \to [1,\infty)$ 使得下式成立:

$$f(t,kx) \leqslant g(k)f(t,x), \quad \forall (t,x) \in (0,1)_{\mathbb{T}} \times [0,+\infty). \tag{8.5.2}$$

如果函数 $x(t) \in C_{ld}[0,1]_{\mathbb{T}} \bigcap C_{ld}^{\Delta\nabla}(0,1)_{\mathbb{T}}$ 满足 (8.5.1) 式, 且 $x(t) > 0, \forall t \in (0,1)_{\mathbb{T}}$, 则称 x 为边值问题 (8.5.1) 的 $C_{ld}[0,1]_{\mathbb{T}}$ (正) 解; 如果 $x^{\Delta}(0^+), x^{\Delta}(1^-)$ 存在, 则称它是边值问题 (8.5.1) 的 $C_{ld}^{\Delta}[0,1]_{\mathbb{T}}$ (正) 解.

令 $E = C_{ld}[0,1]_{\mathbb{T}}$, 范数 $\|x\| := \sup\limits_{t \in [0,1]_{\mathbb{T}}} |x(t)|$. 显然, $(E, \|x\|)$ 是一个 Banach 空间, 简记为 E.

易知

$$G(t,s) = \begin{cases} s(1-t), & 0 \leqslant s \leqslant t \leqslant 1, \\ t(1-s), & 0 \leqslant t \leqslant s \leqslant 1 \end{cases} \tag{8.5.3}$$

是相应于边值问题 (8.5.1) 的齐次边值问题的 Green 函数, 且 $G(t,s)$ 有如下性质.

命题 8.5.1 对任意 $t,s \in J = [0,1]$, 得

$$e(t)e(s) \leqslant G(t,s) \leqslant G(t,t) = t(1-t) = e(t) \leqslant \bar{e} = \max\limits_{t \in J} e(t) = \frac{1}{4}. \tag{8.5.4}$$

为了得到本节的结论, 要用到如下引理.

引理 8.5.1 (最大值原理) 令 $a,b \in [0,1]_{\mathbb{T}}$ 并且 $a < b$. 如果 $x \in C_{ld}[0,1]_{\mathbb{T}} \bigcap C_{ld}^{\Delta\nabla}(0,1)_{\mathbb{T}}$, $x(a) \geqslant 0, x(b) \geqslant 0$, 并且 $x^{\Delta\nabla}(t) \leqslant 0, t \in (a,b)_{\mathbb{T}}$. 则 $x(t) \geqslant 0, t \in [a,b]_{\mathbb{T}}$.

引理 8.5.2 假定条件 (H) 满足. 如果

$$\int_0^{t_0} \nabla s \int_0^s f(s,\bar{u})\Delta t \text{ 和 } \int_0^{t_0} \Delta t \int_t^{t_0} f(s,\bar{u})\nabla s$$

存在并且有限, 则有

$$\int_0^{t_0} \nabla s \int_0^s f(s,\bar{u})\Delta t = \int_0^{t_0} \Delta t \int_t^{t_0} f(s,\bar{u})\nabla s.$$

证明　不失一般性, 假定只有一个右散点 $t_1 \in [0,1]_{\mathbb{T}}$. 则

$$\int_0^{t_0} \nabla s \int_0^s f(s,\bar{u})\Delta t = \int_0^{t_1} \nabla s \int_0^s f(s,\bar{u})\Delta t + \int_{\sigma(t_1)}^{t_0} \nabla s \int_0^s f(s,\bar{u})\Delta t$$

$$+ \int_{t_1}^{\sigma(t_1)} \nabla s \int_0^s f(s,\bar{u})\Delta t$$

$$= \int_0^{t_1} \Delta t \int_t^{t_1} f(s,\bar{u})\nabla s + \int_0^{\sigma(t_1)} \Delta t \int_{\sigma(t_1)}^{t_0} f(s,\bar{u})\nabla s$$

$$+ \int_{\sigma(t_1)}^{t_0} \Delta t \int_t^{t_0} f(s,\bar{u})\nabla s + \mu(t_1)f(\sigma(t_1),\bar{u})\sigma(t_1)$$

$$= \int_0^{t_1} \Delta t \int_t^{t_1} f(s,\bar{u})\nabla s + \int_{\sigma(t_1)}^{t_0} \Delta t \int_t^{t_0} f(s,\bar{u})\nabla s$$

$$+ \sigma(t_1) \int_{\sigma(t_1)}^{t_0} f(s,\bar{u})\nabla s + \mu(t_1)f(\sigma(t_1),\bar{u})\sigma(t_1)$$

和

$$\int_0^{t_0} \Delta t \int_0^s f(s,\bar{u})\nabla s = \int_0^{t_1} \Delta t \int_t^{t_0} f(s,\bar{u})\nabla s + \int_{t_1}^{\sigma(t_1)} \Delta t \int_t^{t_0} f(s,\bar{u})\nabla s$$

$$+ \int_{\sigma(t_1)}^{t_0} \Delta t \int_t^{t_0} f(s,\bar{u})\nabla s$$

$$= \int_0^{t_1} \Delta t \int_t^{t_1} f(s,\bar{u})\nabla s + \int_0^{t_1} \Delta t \int_{t_1}^{t_0} f(s,\bar{u})\nabla s$$

$$+ \mu(t_1) \int_{t_1}^{t_0} f(s,\bar{u})\nabla s + \int_{\sigma(t_1)}^{t_0} \Delta t \int_t^{t_0} f(s,\bar{u})\nabla s$$

$$= \int_0^{t_1} \Delta t \int_t^{t_1} f(s,\bar{u})\nabla s + (t_1 + \mu(t_1)) \int_{t_1}^{t_0} f(s,\bar{u})\nabla s$$

$$+ \int_{\sigma(t_1)}^{t_0} \Delta t \int_t^{t_0} f(s,\bar{u})\nabla s$$

$$= \int_0^{t_1} \Delta t \int_t^{t_1} f(s,\bar{u})\nabla s + \int_{\sigma(t_1)}^{t_0} \Delta t \int_t^{t_0} f(s,\bar{u})\nabla s$$

$$+ \sigma(t_1) \left[\int_{t_1}^{\sigma(t_1)} f(s,\bar{u})\nabla s + \int_{\sigma(t_1)}^{t_0} f(s,\bar{u})\nabla s \right]$$

$$= \int_0^{t_1} \Delta t \int_t^{t_1} f(s, \bar{u}) \nabla s + \int_{\sigma(t_1)}^{t_0} \Delta t \int_t^{t_0} f(s, \bar{u}) \nabla s$$

$$+ \sigma(t_1) \int_{\sigma(t_1)}^{t_0} f(s, \bar{u}) \nabla s + \mu(t_1) f(\sigma(t_1), \bar{u}) \sigma(t_1).$$

即

$$\int_0^{t_0} \Delta t \int_0^s f(s, \bar{u}) \nabla s = \int_0^{t_0} \Delta t \int_0^s f(s, \bar{u}) \nabla s.$$

类似地, 可以证明

$$\int_{\sigma(t_0)}^1 \nabla s \int_s^1 f(s, \bar{u}) \Delta t = \int_{\sigma(t_0)}^1 \Delta t \int_{\sigma(t_0)}^t f(s, \bar{u}) \nabla s.$$

引理得证.

定理 8.5.1 假定条件 (H) 成立. 则边值问题 (8.5.1) 存在 $C_{ld}[0,1]_{\mathbb{T}}$ 正解的充分必要条件是

$$0 < \int_0^1 e(s) f(s, 1) \nabla s < +\infty. \tag{8.5.5}$$

证明 (1) 必要性.

由条件 (H) 知, 存在 $g(k): [0,1] \to [1, \infty)$ 使得 $f(t, kx) \leqslant g(k) f(t, x)$. 不失一般性, 我们假定 $g(k)$ 在 $[0,1]$ 上是非增的, 并且 $g(1) \geqslant 1$.

设 u 是边值问题 (8.5.1) 的一个正解, 则

$$u^{\Delta \nabla}(t) = -f(t, u(t)) \leqslant 0,$$

这蕴含着 u 在 $[0,1]_{\mathbb{T}}$ 上是凹的. 结合边界条件, 我们有 $u^{\Delta}(0) > 0, u^{\Delta}(1) < 0$. 从而 $u^{\Delta}(0) u^{\Delta}(1) < 0$. 根据参考文献 [15] 中的定理 1.115, 存在 $t_0 \in (0,1)_{\mathbb{T}}$ 满足 $u^{\Delta}(t_0) = 0$ 或者 $u^{\Delta}(t_0) u^{\Delta}(\sigma(t_0)) \leqslant 0$. 并且 $u^{\Delta}(t) > 0 \ \forall t \in (0, t_0)$, $u^{\Delta}(t) < 0$, $\forall t \in (\sigma(t_0), 1)$. 记 $\bar{u} = \max\{u(t_0), u(\sigma(t_0))\}$, 则有 $\bar{u} = \max\limits_{t \in [0,1]_{\mathbb{T}}} u(t)$.

首先证明 $0 < \int_0^1 e(s) f(s, 1) \nabla s$. 由条件 (H) 知, 对任意给定的 $u, v > 0$, 得

$$f(t, u) = f\left(t, \frac{u}{v} v\right) \leqslant g\left(\frac{u}{v}\right) f(t, v), \quad u \leqslant v,$$

从而, 得到

$$f(t, u) \leqslant g\left(\frac{2u}{u + v + |u - v|}\right) f(t, v), \quad \forall u, v \in \mathbf{R}^+ = [0, +\infty). \tag{8.5.6}$$

如果 $f(t, 1) \equiv 0$, 则由 (8.5.6) 式知

$$0 \leqslant f(t, u) \leqslant g\left(\frac{2u}{u + 1 + |u - 1|}\right) f(t, 1), \quad \forall t \in (0, 1)_{\mathbb{T}}.$$

这意味着 $f(t, u(t)) \equiv 0$, 则 $u(t) \equiv 0$, 这与 $u(t)$ 是正解矛盾. 因而 $f(t, 1) \not\equiv 0$, 从而有 $0 < \displaystyle\int_0^1 e(s)f(s, 1)\nabla s$.

下面证明 $\displaystyle\int_0^1 e(s)f(s, 1)\nabla s < +\infty$.

如果 $u^\Delta(t_0) = 0$, 则

$$\int_t^{t_0} f(s, u(s))\nabla s = -\int_t^{t_0} u^{\Delta\nabla}(s)\nabla s = -u^\Delta(t_0) + u^\Delta(t)$$

$$= u^\Delta(t), \quad \forall t \in (0, t_0), \tag{8.5.7}$$

$$\int_{t_0}^t f(s, u(s))\nabla s = -\int_{t_0}^t u^{\Delta\nabla}(s)\nabla s = -u^\Delta(t) + u^\Delta(t_0)$$

$$= -u^\Delta(t), \quad \forall t \in (t_0, 1). \tag{8.5.8}$$

若 $u^\Delta(t_0)u^\Delta(\sigma(t_0)) < 0$, 则有 $u^\Delta(t_0) > 0$, $u^\Delta(\sigma(t_0)) < 0$, 和

$$\int_t^{t_0} f(s, u(s))\nabla s = -\int_t^{t_0} u^{\Delta\nabla}(s)\nabla s$$

$$= -u^\Delta(t_0) + u^\Delta(t) \leqslant u^\Delta(t), \quad \forall t \in (0, t_0), \tag{8.5.9}$$

$$\int_{\sigma(t_0)}^t f(s, u(s))\nabla s = -\int_{\sigma(t_0)}^t u^{\Delta\nabla}(s)\nabla s$$

$$= -u^\Delta(t) + u^\Delta(\sigma(t_0)) \leqslant -u^\Delta(t), \quad \forall t \in (\sigma(t_0), 1). \tag{8.5.10}$$

所以

$$\int_t^{t_0} f(s, \bar{u})\nabla s \leqslant \int_t^{t_0} f(s, u(s))\nabla s \leqslant u^\Delta(t), \quad \forall t \in (0, t_0), \tag{8.5.11}$$

$$\int_{\sigma(t_0)}^t f(s, \bar{u})\nabla s \leqslant \int_{\sigma(t_0)}^t f(s, u(s))\nabla s \leqslant -u^\Delta(t), \quad \forall t \in (\sigma(t_0), 1). \tag{8.5.12}$$

由 (8.5.11) 和 (8.5.12) 式, 得到

$$\int_0^{t_0} sf(s, \bar{u})\nabla s = \int_0^{t_0} \nabla s \int_0^s f(s, \bar{u})\Delta t$$

$$= \int_0^{t_0} \Delta t \int_t^{t_0} f(s, \bar{u})\nabla s$$

$$\leqslant \int_0^{t_0} u^\Delta(t)\Delta t$$

$$=u(t_0) - u(0)$$

$$=u(t_0) < +\infty, \tag{8.5.13}$$

$$\int_{\sigma(t_0)}^{1} (1-s)f(s,\bar{u})\nabla s = \int_{\sigma(t_0)}^{1} \nabla s \int_{s}^{1} f(s,\bar{u})\Delta t$$

$$= \int_{\sigma(t_0)}^{1} \Delta t \int_{\sigma(t_0)}^{t} f(s,\bar{u})\nabla s$$

$$\leqslant -\int_{\sigma(t_0)}^{1} u^{\Delta}(t)\Delta t$$

$$=u(\sigma(t_0)) - u(1)$$

$$=u(\sigma(t_0)) < +\infty. \tag{8.5.14}$$

再结合 (8.5.6) 式得

$$\int_{0}^{t_0} sf(s,1)\nabla s \leqslant \int_{0}^{t_0} sg\left(\frac{2}{1+\bar{u}+|1-\bar{u}|}\right)f(s,\bar{u})\nabla s$$

$$= g\left(\frac{2}{1+\bar{u}+|1-\bar{u}|}\right)\int_{0}^{t_0} sf(s,\bar{u})\nabla s < +\infty.$$

类似地, 我们能够证明

$$\int_{\sigma(t_0)}^{1} (1-s)f(s,1)\nabla s < +\infty.$$

从而得到

$$0 < \int_{0}^{1} e(s)f(s,1)\nabla s < +\infty.$$

(2) 充分性. 令

$$a(t) = \int_{0}^{1} G(t,s)f(s,1)\nabla s, \quad b(t) = \int_{0}^{1} G(t,s)f(s,e(s))\nabla s.$$

则有

$$e(t)\int_{0}^{1} e(s)f(s,1)\nabla s \leqslant a(t) \leqslant b(t) \leqslant \int_{0}^{1} e(s)f(s,e(s))\nabla s$$

和

$$a^{\Delta\nabla}(t) = -f(t,1), \quad b^{\Delta\nabla}(t) = -f(t,e(t)).$$

记

$$k_1 = \int_{0}^{1} e(s)f(s,1)\nabla s, \ l = \min\{1, k_1^{-1}\},$$

$$L = \max\{1, k_1^{-1}\}, \ k_2 = \int_0^1 e(s)f(s, e(s))\nabla s,$$

则有 $l \leqslant 1, L \geqslant 1$.

令 $H(t) = la(t), Q(t) = Lb(t)$. 则

$$la(t) \leqslant l \int_0^1 e(s)f(s, 1)\nabla s \leqslant 1, \quad Lk_1 e(t) \leqslant Lb(t) \leqslant Lk_2 \triangleq \rho.$$

进而, 得到

$$H^{\Delta\nabla}(t) + f(t, H(t))$$

$$= f(t, la(t)) - lf(t, 1)$$

$$\geqslant f(t, 1) - lf(t, 1) \geqslant 0, \tag{8.5.15}$$

$$Q^{\Delta\nabla}(t) + f(t, Q(t))$$

$$= f(t, Lb(t)) - Lf(t, e(t))$$

$$\leqslant f(t, Lk_1 e(t)) - Lf(t, e(t))$$

$$\leqslant f(t, e(t)) - Lf(t, e(t)) \leqslant 0 \tag{8.5.16}$$

及 $H(0) = H(1) = Q(0) = Q(1) = 0$. 故 $H(t), Q(t)$ 分别是边值问题 (8.5.1) 的上下解. 显然 $H(t) > 0, \forall t \in (0,1)_{\mathbb{T}}$.

下面证明边值问题 (8.5.1) 有一个正解 $x^* \in C_{ld}[0,1]_{\mathbb{T}}$ 且满足 $0 < H(t) \leqslant x^* \leqslant Q(t)$.

定义函数

$$F(t, x) = \begin{cases} f(t, H(t)), & x < H(t), \\ f(t, x), & H(t) \leqslant x \leqslant Q(t), \\ f(t, Q(t)), & x > Q(t). \end{cases} \tag{8.5.17}$$

则 $F : (0,1)_{\mathbb{T}} \times \mathbf{R}^+ \to \mathbf{R}^+$ 连续. 考虑边值问题

$$\begin{cases} -x^{\Delta\nabla}(t) = F(t, x) \\ x(0) = x(1) = 0. \end{cases} \tag{8.5.18}$$

定义映射 $A : E \to E$

$$Ax(t) = \int_0^1 G(t,s)F(s,x(s))\nabla s.$$

则边值问题 (8.5.1) 有一个正解当且仅当 A 有一个不动点 $x^* \in C_{ld}[0,1]_{\mathbb{T}}$ 满足 $0 < H(t) \leqslant x^* \leqslant Q(t)$.

显然 A 连续. 令 $D = \{x : \|x\| \leqslant \rho^*, x \in E, \rho^* \in \mathbf{R}^+\}$. 由 (8.5.5) 和 (8.5.14) 式知, 对于 $\forall x \in D$, 得到

$$\int_0^1 G(t,s)F(s,x(s))\nabla s$$

$$\leqslant \int_0^1 G(t,s)f(s,H(s))\nabla s$$

$$\leqslant \int_0^1 G(t,s)f(s,0)\nabla s$$

$$\leqslant g(0)\int_0^1 G(t,s)f(t,1)\nabla s$$

$$\leqslant g(0)\int_0^1 e(s)f(t,1)\nabla s < +\infty.$$

故 $A(D)$ 有界. 由 $G(t,s)$ 的连续性易得 $\{Au(t)|u(t) \in D\}$ 是等度连续的. 从而 A 全连续. 由 Schauder 不动点定理知 A 至少有一个不动点 $x^* \in D$.

最后证明 $0 < H(t) \leqslant x^* \leqslant Q(t)$. 如果存在 $t_* \in (0,1)_{\mathbb{T}}$ 使得

$$x^*(t_*) > Q(t_*). \tag{8.5.19}$$

令 $z(t) = Q(t) - x^*, c = \inf\{t_1|0 \leqslant t_1 < t_*, z(t) < 0, \forall t \in (t_1, t_*]\}, d = \sup\{t_2|t_* < t_2 \leqslant 1, z(t) < 0, \forall t \in (t_*, t_2]\}$, 则 $Q(t) < x^*, \forall t \in (c,d)_{\mathbb{T}}$. 因而 $F(t,x^*) = f(t,Q(t)), t \in (c,d)_{\mathbb{T}}$. 由 (8.5.16) 式知 $z^{\Delta\nabla}(t) = Q^{\Delta\nabla}(t) - x^{\Delta\nabla}(t) \leqslant 0$, 且 $z(c) = Q(c) - x^*(c) \geqslant 0, z(d) = Q(d) - x^*(d) \geqslant 0$. 由引理 8.5.1 知 $z(t) \geqslant 0, t \in [c,d]_{\mathbb{T}}$. 这是一个矛盾. 从而 $x^* \leqslant Q(t)$. 类似地可以证明 $H(t) \leqslant x^*$. 证毕.

定理 8.5.2 假设条件 (H) 成立, 则边值问题 (8.5.1) 有一个 $C_{ld}^{\Delta}[0,1]_{\mathbb{T}}$ 正解的充分必要条件是

$$0 < \int_0^1 f(s,e(s))\nabla s < +\infty. \tag{8.5.20}$$

证明 (1) 必要性. 令 $u(t) \in C_{ld}^{\Delta}[0,1]_{\mathbb{T}}$ 是边值问题 (8.5.1) 的正解. 则 $u^{\Delta}(t)$ 在 $[0,1]_{\mathbb{T}}$ 上递减. 因此 $u^{\Delta\nabla}(t)$ 可积并且

$$\int_0^1 f(t, u(t))\nabla t = -\int_0^1 u^{\Delta\nabla}(t)\nabla t < +\infty.$$

由参考文献 [15] 中的定理 1.119 并经过简单计算可得 $\lim\limits_{t\to 0+} \dfrac{u(t)}{e(t)} > 0$, $\lim\limits_{t\to 1-} \dfrac{u(t)}{e(t)} > 0$. 所以存在 $M > 1 > m > 0$ 使得 $me(t) \leqslant u(t) \leqslant Me(t)$. 由条件 (H) 可得

$$g(M^{-1})^{-1} f(t, e(t)) \leqslant f(t, Me(t)) \leqslant f(t, u(t))$$

及

$$\int_0^1 f(t, e(t))\nabla t \leqslant g(M^{-1}) \int_0^1 f(t, u(t))\nabla t < \infty.$$

由

$$e(t)f(t, 1) \leqslant f(t, e(t)) \leqslant g(e(t))f(t, 1)$$

知

$$0 < \int_0^1 e(t)f(t, 1)\nabla t \leqslant \int_0^1 f(t, e(t))\nabla t < \infty.$$

(2) 充分性.

令 $r(t) = \displaystyle\int_0^1 G(t, s)f(s, e(s))\nabla s$, 则有

$$e(t)\int_0^1 G(s, s)f(s, e(s))\nabla s \leqslant r(t) \leqslant \int_0^1 f(s, e(s))\nabla s.$$

与定理 8.5.1 的证明方法类似, 令

$$l' = \min\{1, k_2^{-1}\}, L' = \max\{1, k_2^{-1}\}, \quad H(t) = l'a(t), Q(t) = L'r(t),$$

则存在 $\omega^*(t)$ 满足 $H(t) \leqslant \omega^*(t) \leqslant Q(t)$ 和

$$f(t, \omega^*(t)) \leqslant f(t, H(t)) \leqslant f(t, l'k_2e(t)) \leqslant g(l'k_2)f(t, e(t)).$$

从而 $\omega^{*\Delta\nabla}(t)$ 可积并且 $\omega^{*\Delta}(1-), \omega^{*\Delta}(0+)$ 存在. 所以 $\omega^*(t)$ 是 $C_{ld}^{\Delta}[0, 1]_{\mathbb{T}}$ 正解. 证毕.

例 8.5.1　考虑边值问题

$$\begin{cases} -x^{\Delta\nabla}(t) = t^{-\frac{1}{2}}e^{-x}, & t \in (0, 1)_{\mathbb{T}}, \\ x(0) = x(1) = 0, \end{cases} \tag{8.5.21}$$

其中,

$$f(t, x) = t^{-\frac{1}{2}}e^{-x}, \quad \mathbb{T} = \left[0, \frac{1}{2}\right) \cup \left\{\frac{1}{2}, \frac{2}{3}, \frac{3}{4}, \cdots, \frac{n}{n+1}\cdots, 1\right\}.$$

选取 $g(k) = e(2 - k), k \in J$, 则有

$$f(t, kx) \leqslant g(k)f(t, x), \quad \forall(t, x) \in (0, 1)_{\mathbb{T}} \times [0, +\infty),$$

并且

$$0 < \int_0^1 s(1-s)s^{-\frac{1}{2}}e^{-1}\nabla s = e^{-1}\left[\frac{2}{3}\left(\frac{1}{2}\right)^{\frac{3}{2}} + \frac{2}{5}\left(\frac{1}{2}\right)^{\frac{5}{2}} + \sum_{n=1}^{\infty}\frac{1}{(n+1)^{\frac{7}{2}}n^{\frac{1}{2}}}\right]$$

$$\leqslant e^{-1}\left[\sum_{n=1}^{\infty}\frac{1}{n^4} + \frac{2}{3}\left(\frac{1}{2}\right)^{\frac{3}{2}} + \frac{2}{5}\left(\frac{1}{2}\right)^{\frac{5}{2}}\right] < +\infty.$$

由定理 8.5.1 知边值问题 (8.5.21) 存在一个 $C_{ld}[0, 1]_{\mathbb{T}}$ 正解.

8.6 附 注

本章对时标上动力方程边值问题, 特别是二阶动力方程两点边值问题, 二阶动力方程非局部边值问题、带参数的二阶动力方程边值问题、带 p-Laplace 算子的时标上动力方程多点边值问题、四阶动力方程非局部问题进行了系统研究, 获得了正解的存在性、多解性和正解的不存在性结果. 我们不仅给出了时标上动力方程边值问题存在正解的充分条件, 还在适当条件下讨论了时标上一类二阶动力方程边值问题存在正解的充要条件.

定理 8.1.1—定理 8.1.6 是由 Feng, Zhang 和 Ge 在参考文献 [16] 中获得的. 在 8.1 节, 作者利用 Banach 空间中范数形式的锥压缩和锥拉伸不动点定理研究了一类二阶动力方程两点边值问题正解的存在性、多解性和正解的不存在. 最大亮点是在时标上尝试利用非线性项 $f(t, x)$ 关于 x 在 0 和 ∞ 点的超线性和次线性的适当组合讨论动力方程边值问题正解的存在性和参数 λ 之间的关系. 不过, 对于时标上二阶超前型动力方程边值问题, 或者时标上二阶滞后型动力方程边值问题正解的存在性, 多解性和正解的不存在性研究还未进行, 今后值得深入探索这方面的成果.

8.2 节的内容取自 Feng, Zhang 和 Ge 的文献 [17]. 定理 8.2.1 运用 Banach 空间中不带范数形式的锥压缩和锥拉伸不动点定理研究了时标上一类二阶 Sturm-Liouville 型非局部问题, 并获得了多个正解的存在性结果. 本节研究的内容和获得的结果在一定程度上发展了第 3 章和 8.1 节的研究成果. 前者体现在 8.2 节所研究的内容既包含了二阶微分方程边值问题, 又适用于差分方程边值问题; 后者体现在 8.2 节所研究的问题是非局部的.

定理 8.3.1 取自 Feng M, Feng H, Zhang 的文献 [18]. 8.3 节研究的内容推广和发展了 8.1 节和 8.2 节的内容. 主要体现在 8.3 节研究了一类拟线性算子动力方程边值问题, 并利用 Avery-Peterson 三解不动点定理获得了三个正解存在的充分条

件. 本节对时标上带 p-Laplace 算子的动力方程非局部问题正解的存在性进行了探索性研究. 带参数的拟线性算子动力方程边值问题的可解性尚需研究.

8.4 节内容取自 Feng, Li 和 Ge 的文献 [19]. 在这一节, 我们应用 Avery 五个泛函三解不动点定理讨论了一类带 p-Laplace 算子的四阶动力方程非局部问题, 得到了至少存在三个正解的充分条件. 在一定程度上, 这节研究的内容推广了第 5 章的内容, 并对 8.1 节—8.3 节的内容进行了发展和提高. 前者体现在当时标 $\mathbb{T}$ 是实数集时 8.4 节的内容就是第 5 章研究的内容, 后者体现在动力方程的阶数从二阶到四阶. 对于时标上高阶脉冲动力方程边值问题的可解性研究还未进行, 期待这方面成果的出现.

8.5 节内容取自 Feng, Li, Zhang 和 Ge 的文献 [20]. 定理 8.5.1—定理 8.5.2 推广了第 3 章的内容, 同时发展了 8.1 节—8.4 节的成果, 并且与 8.1 节—8.4 节处理动力方程的方法是不同的. 在 8.1 节—8.4 节中, 我们主要应用 Banach 空间中锥上的不动点定理研究时标上动力方程边值问题正解的存在性, 而在 8.5 节中我们利用最大值原理和上下解方法研究动力方程存在正解的存在性. 不过, 8.5 节尚未对时标上二阶非局部动力方程边值问题存在正解的充要条件进行详细讨论, 值得今后深入思考.

参 考 文 献

[1] Aulbach B, Hilger S. Linear dynamic process with inhomogeneous time scale [J]//Nonlinear Dynamics and Dynamical Systems. Berlin: Academic Verlag, 1990, 59: 9-20.

[2] Hilger S. Analysis on measure chains—a unified approach to continuous and discrete calculus[J]. Resultate Math., 1990, 18: 18-56.

[3] Anderson D R. Solutions to second-order three-point problems on time scales[J]. J. Difference Equ. Appl., 2002, 8: 673-688.

[4] Avery R I, Anderson D R. Existence of three positive solutions to a second-order boundary value problem on a measure chain[J]. J. Comput. Appl. Math., 2002, 141: 65-73.

[5] Avery R I, Chyan C J, Henderson J. Twin solutions of boundary value problems for ordinary differential equations and finite difference equations[J]. Comput. Math. Appl., 2001, 42: 695-704.

[6] Avery R I. Henderson J. Two positive fixed points of nonlinear operator on ordered Banach spaces[J]. Comm. Appl. Nonlinear Anal., 2001, 8: 27-36.

[7] Chyan C J, Henderson J. Twin solutions of boundary value problems for differential equations on measure chains[J]. J. Comput. Appl. Math., 2002, 141: 123-131.

[8] Akin E. Boundary value problems for a differential equation on a measure chain[J]. Panamer. Math. J., 2000, 10: 17-30.

[9] Sun H R, Li W T. Positive solutions for nonlinear m-point boundary value problems on time scales[J]. Acta Math. Sin., 2006, 49(2): 369-380.

[10] He Z, Jiang X. Triple positive solutions of boundary value problems for p-Laplacian dynamic equations on time scales[J]. J. Math. Anal. Appl., 2006, 321: 911-920.

[11] Henderson J, Peterson A, Tisdell C C. On the existence and uniqueness of solutions to boundary value problems on time scales[J]. Adv. Difference Equ., 2004, 2004(2): 93-109.

[12] Henderson J, Tisdell C C. Topological transversality and boundary value problems on time scales[J]. J. Math. Anal. Appl., 2004, 289: 110-125.

[13] Su Y H, Li W T. Triple positive solutions of m-point BVPs for p-Laplacian dynamic equations on time scales[J]. Nonlinear Anal., 2008, 69: 3811-3820.

[14] Atici F M, Guseinov G S. On Green's functions and positive solutions for boundary value problems on time scales[J]. J. Comput. Appl. Math., 2002, 141: 75-99.

[15] Bohner M, Peterson A. Dynamic Equations on Time Scales. An Introduction with Applications[M]. Boston: Birkhäser, 2001.

[16] Feng M, Zhang X, Ge W. Positive solutions for a class of boundary value problems on time scales[J]. Comput. Math. Appl., 2007, 54: 467-475.

[17] Feng M, Zhang X, Ge W. Multiple positive solutions for a class of m-point boundary value problems on time scales[J]. Adv. Difference Equ., 2009, 1-14.

[18] Feng M, Feng H, Zhang X, et al. Triple positive solutions for a class of m-point dynamic equations on time scales with p-Laplacian[J]. Math. Comput. Modelling, 2008, 48: 1213-1226.

[19] Feng M, Li X, Ge W. Triple positive solutions of fourth-order four-point boundary value problems of p-Laplacian dynamic equations on time scales[J]. Adv. Difference Equ., 2008, 1-9.

[20] Feng M, Li X, Zhang X, et al. Necessary and sufficient conditions for the existence of positive solution for singular boundary value problems on time scales[J]. Adv. Difference Equ., 2009, 1-14.